Jahrbuch

über die

Fortschritte der Mathematik

im Verein mit anderen Mathematikern

herausgegeben

von

Carl Ohrtmann, Felix Müller, Albert Wangerin.

Vierter Band.

Jahrgang 1872.

Berlin.
Druck und Verlag von Georg Reimer.
1875.

Erklärung der Citate.

Eine eingeklammerte (arabische) Zahl vor der (römischen) Bandzahl bezeichnet die Reihe (Serie), zu der der Band gehört.

Altpr. Monatsschr.: Altpreussische Monatsschrift. Der neuen preussischen Provinzialblätter vierte Folge. Herausgegeben von R. Reiche und E. Wiechert. Königsberg i. Pr. 8.

Ann. de Belg.: Annuaire de l'Académie Royale des sciences, des lettres et des beaux-arts de Belgique. Bruxelles. 12.

Ann. de l'Éc. Norm.: Annales scientifiques de l'école normale supérieure publiées sous les auspices du ministre de l'instruction publique par Mr. Le Pasteur. Paris. 4.

Ann. d. Mines: Annales des Mines. Paris. 8.

Ann. d. P. et Ch.: Annales des Ponts et des Chaussées. Paris. 8.

Ann. d. R. M. I. d. Torino: Annali delle Reale Museo Industriale di Torino. Torino.

Ann. d. Un. Tosc.: Annali delle Università Toscane. Pisa.

Arch. Néerl.: Archives Néerlandaises des sciences exactes et naturelles, publiées par la Société Hollandaise des Sciences à Harlem. La Haye. 8.

Astr. Nachr.: Astronomische Nachrichten begründet von H. C. Schumacher, herausgegeben von C. A. F. Peters. Altona. 4.

Astr. Viert.: Vierteljahrschrift der Astronomischen Gesellschaft herausgegeben von C. Bruhns. Leipzig. 8.

Att. d. Acc. P. d. N. Linc.: Atti della Accademia Pontifica dei Nuovi Lincei. Roma.

Att. d. Acc. R. d. Linc.: Atti della Accademia Reale dei Lincei. Roma.

Att. d. R. Ist. Ven.: Atti del Reale Istituto Veneto di scienze, lettere ed arti. Vinezia.

Att. d. Torino: Atti della Reale Accademia delle scienze di Torino. Torino.

Battaglini G.: Giornale di Matematiche ad uso degli studenti delle università italiane pubblicata per cura del Prof. G. Battaglini. Napoli. gr. 8.

Ber. d. Böhm. V.: Bericht des Vereins Böhmischer Mathematiker. Prag. 8.

Berl. Abh.: Mathematisch-physikalische Abhandlungen der Kgl. Preussischen Akademie der Wissenschaften zu Berlin. Berlin. 4.

Berl. Monatsber.: Monatsberichte der Kgl. Preussischen Akademie der Wissenschaften zu Berlin. Berlin. 8.

Boncompagni Bull.: Bulletino di Bibliografia e di Storia delle scienze matematiche e fisiche pubblicata da B. Boncompagni. Roma. 4.

Borchardt J.: Journal für reine und angewandte Mathematik. Als Fortsetzung des von A. L. Crelle gegründeten Journals, herausgegeben unter Mitwirkung der Herren Schellbach, Kummer, Kronecker, Weierstrass von C. W. Borchardt. Berlin. 4.

Brioschi Ann.: Annali di Matematica pura ed applicata diretti da F. Brioschi e L. Cremona in continuazione degli Annali gia pubblicati in Roma da Prof. Tortolini. Milano. 4.
Bull. de Belg.: Bulletin de l'Académie Royale des sciences, des lettres et des beaux arts de Belgique. Bruxelles 8.
Bull. de Moscou.: Bulletin de la Société Impériale des Naturalistes de Moscou. Moscou. 8.
Bull. de St. Pét.: Bulletin de l'Académie Impériale de St. Pétersbourg. Pétersbourg et Leipzig. Folio.
Carl Repert.: Repertorium für Experimental-Physik herausgegeben von Dr. Ph. Carl. München. gr. 8.
Casopis: Zeitschrift zur Pflege der Mathematik und Physik, redigirt mit besonderer Rücksicht auf Studirende der Mittel- und Hochschulen von F. J. Studnička, herausgegeben vom Vereine böhmischer Mathematiker in Prag. Prag. 8.
Clebsch Ann.: Mathematische Annalen herausgegeben von A. Clebsch und C. Neumann. Leipzig. 8.
C. R.: Comptes Rendus hebdomadaires des séances de l'Académie des Sciences. Paris. 4.
Darboux Bull.: Bulletin des sciences mathématiques et astronomiques, rédigé par G. Darboux. Paris. 8.
Educ. Times: Mathematical Reprint of the Educational Times. London. 8.
Forh. af Christ.: Forhandlingar i Videnskabs Selskabet i Christiania. Christiania. 8.
Giebel Z.: Zeitschrift für die gesammten Naturwissenschaften, herausgegeben von dem naturwissenschaftlichen Vereine für Sachsen und Thüringen in Halle, redigirt von F. Giebel. Halle. 8.
Gött. Abh.: Abhandlungen der Königlichen Gesellschaft der Wissenschaften zu Göttingen. Göttingen. 4.
Gött. Anz.: Göttingische gelehrte Anzeigen. Unter der Aufsicht der Kgl. Gesellschaft der Wissenschaften. Göttingen. 12.
Gött. Nachr.: Nachrichten von der Königlichen Gesellschaft der Wissenschaften und der G. A. Universität zu Göttingen. Göttingen. 12.
Grunert Arch.: Archiv für Mathematik und Physik mit besonderer Berücksichtigung der Bedürfnisse der Lehrer an den höheren Unterrichtsanstalten herausgegeben von J. A. Grunert. Greifswald. 8.
Handl. Stockholm: Kgl. Svenska Vetenskaps Akademiens Handlingar. Stockholm. 4.
Hoffmann Z.: Zeitschrift für mathematischen und naturwissenschaftlichen Unterricht. Unter Mitwirkung von Fachlehrern herausgegeben von J. C. V. Hoffmann Leipzig. 8.
Jaarb. v. Amst.: Jaarbock van de koninkligke Akademie van Wetenschapen. Amsterdam.
Il Nuovo Cimento: Il nuovo Cimento, Giornale di fisica, di chimica e scienze affini da C. Matteucci, R. Piria, G. Meneghini. Torino e Pisa. 8.
J. d. l'Éc. Pol.: Journal de l'école impériale polytechnique publié par le conseil d'instruction de cet établissement. Paris. 4.
J. Phil. d. Moscou.: Journal de la Société Philomatique de Moscou. Moscou.
Inst.: L'Institut, Journal universel des sciences et des sociétés savantes en France et à l'étranger. Première section. Sciences mathématiques, physiques et naturelles. Paris. 4.
Leipz. Abh.: Abhandlungen der Kgl. Sächsischen Gesellschaft der Wissenschaften zu Leipzig. Leipzig. gr. 8.
Leipz. Ber.: Berichte über die Verhandlungen der Kgl. Sächsischen Gesellschaft der Wissenschaften zu Leipzig. Mathematisch-physikalische Klasse. Leipzig. 8.

Liouville J.: Journal de Mathématiques pures et appliquées ou Recueil mensuel des mémoires sur les diverses parties de mathématiques, par J. Liouville. Paris. 4.

Lunds Un. Års.: Lunds Universitets-Årsskrift.

Marb. Ber.: Sitzungsberichte der Gesellschaft zur Beförderung der gesammten Naturwissenschaften zu Marburg. Marburg. 8.

Mél. math. et astr.: Mélanges mathématiques et astronomiques tirés du Bulletin de l'Académie Impériale des Sciences de St. Pétersbourg. Leipzig. Petersburg. 8.

Mém. de Belg.: Mémoires couronnés et mémoires des savants étrangers publiés par l'Académie Royale des Sciences de Belgique. Bruxelles. 4.

Mem. di Bologna: Memorie dell' Accademia delle scienze dell' Istituto di Bologna. Bologna. 4.

Mém. de Bordeaux: Mémoires de la Société des Sciences Physiques et Naturelles de Bordeaux. Paris. Bordeaux. 8.

Mem. d. Ist. Lomb.: Memorie del Reale Istituto Lombardo di scienze, lettere ed arti. Milano. gr. 8.

Mém. de Kasan: Mémoires de l'Université de Kasan. Kasan.

Mem. of Manch.: Memoirs of the litterary and philosophical society of Manchester. Manchester.

Mém. de Paris: Mémoires de l'Académie des Sciences de l'Institut de France. Paris. 4.

Mem. of R. Astr. Soc.: Memoirs of the Royal Astronomical Society. London. 4.

Mém. d. l. S. R. de Liège: Mémoires de la Société Royale de Liège.

Mém. d. l. S. Ph. de Moscou: Mémoires de la Société Philomatique de Moscou. Moscou. 8.

Mém. de St. Pét.: Mémoires de l'Académie Impériale des Sciences de St. Pétersbourg. St. Pétersbourg. 4.

Mem. di Torino: Memorie dell' Accademia delle scienze di Torino. Torino.

Mem. di Vinez.: Memorie del Reale Istituto Veneto di scienze, lettere ed arti. Vinezia.

Messenger: The Messenger of Mathematics, edited by M. Allen Whitworth, C. Taylor, R. Pendlebury, J. W. L. Glaisher. London and Cambridge. Macmillan. 8.

Mondes: Les Mondes, revue hebdomadaire des sciences et de leur application aux arts et à l'industrie par l'Abbé Moigno. Paris. 8.

Monthl. Not.: Monthly Notices of the Royal Astronomical Society. London. 4.

Münch. Abh.: Abhandlungen der Kgl. Baierschen Akademie der Wissenschaften zu München. Zweite Klasse. München.

Münch. Ber.: Sitzungsberichte der Kgl. Baierschen Akademie der Wissenschaften zu München. München. 8.

Nov. Act. Ups.: Nova Acta Regiae Societatis Scientiarum Upsaliensis. Upsala. 4.

Nouv. Mém. de Belg.: Nouveaux Mémoires de l'Académie Royale des sciences, des lettres et des beaux arts de Belgique. Bruxelles. 8.

Nouv. Ann.: Nouvelles Annales de Mathématiques. Journal des candidats aux écoles polytechnique et normale, rédigé par Gerono et Bourget. Paris. 8.

Nyt Mag.: Nyt Magazin for Naturvidenskaberne, ved Sars og Kjerulf. Christiania. 8.

Öfv. af Forh. Stockh.: Öfversigt af Kongl. Vetenskaps-Akademiens Forhandlingar. Stockholm.

Overs. v. Kopenh.: Oversigt over det Kongelige Danske Videnskabernes Selskabs Forhandlingar. Af J. J. S. Steenstrup. Kopenhagen.

Phil. Mag.: The London, Edinburgh and Dublin philosophical Magazine and Journal of Science, by Brewster, Kane, Francis. London. 8.

Pogg. Ann.: Annalen der Physik und Chemie herausgegeben zu Berlin von Poggendorff. Leipzig. 8.
Polyt. Tidsskr.: Polyteknisk Tidsskrift. Christiania.
Prag. Abh.: Abhandlungen der Kgl. Böhmischen Gesellschaft der Wissenschaften. Prag. 4.
Prag. Ber.: Sitzungsberichte der Kgl. Böhmischen Gesellschaft der Wissenschaften. Prag. 8.
Proc. of Edinb.: Proceedings of the Royal Society of Edinburgh. Edinburgh. 8.
Proc. of L. M. S.: Proceedings of the London Mathematical Society. London. 8.
Proc. of London: Proceedings of the Royal Society of London. London. 8.
Proc. of Manch.: Proceedings of the litterary and philosophical Society of Manchester. Manchester.
Quart. J.: The Quarterly Journal of pure and applied mathematics. Edited by Sylvester and Ferrers. London. 8.
Rend. di Bologna: Rendiconti delle sessioni dell' Accademia delle scienze dell' Istituto di Bologna. Bologna. 4.
Rend. d. Ist. Lomb.: Reale Istituto Lombardo di scienze e lettere. Rendiconti. Milano. 8.
Rend. di Napoli: Rendiconti dell' Accademia delle scienze fisiche e matematiche di Napoli. Napoli.
Report of the Brit. Ass.: Report of the meeting of the British Association for the advancement of scienze. London. 8.
Rübezahl: Rübezahl. Schlesische Provinzialblätter. Neue Folge. Breslau.
Schlömilch Z.: Zeitschrift für Mathematik und Physik, herausgegeben unter der verantwortl. Redaction von Schlömilch, Kahl und Cantor. Leipzig. 8.
Skrift. v. Kopenh.: Det Kongl. Danske Videnskabernes Selskabs Skrifter Naturvidenskabelig og mathematisk Afdeling. Kopenhagen.
Sybel Hist. Z.: Sybel, Historische Zeitschrift.
Trans. of Cambridge: Transactions of the Philosophical Society of Cambridge. Cambridge.
Trans. of Dublin: Transactions of the Royal Irish Academy. Dublin.
Trans. of Edinb.: Transactions of the Royal Society of Edinburgh. Edinburgh.
Trans. of London: Philosophical Transactions of the Royal Society of London. London. 4.
Verh. d. Ak. d. Wet. Amst.: Verhandlingen der Kongl. Akademie de Wetenschapen. Amsterdam.
Verh. d. Vereins z. Bef. d. Gew. i. Pr.: Verhandlungen des Vereins zur Beförderung des Gewerbfleisses in Preussen. Berlin. 4.
Versl. en Mededeel.: Verslagen en Mededeelingen d. Kongl. Akademie van Wetenschapen to Amsterdam. Amsterdam.
Wien. Ber.: Sitzungsberichte der mathem.-naturwissenschaftlichen Klasse der Kaiserl. Akademie der Wissenschaften zu Wien. Zweite Abtheilung. Wien. 8.
Wien. Denkschr.: Denkschriften der Kaiserl. Akademie der Wissenschaften. Mathematisch-naturwissenschaftliche Klasse. Wien.
Wolf J.: Vierteljahrsschrift der naturforschenden Gesellschaft in Zürich von R. Wolf. Zürich. 8.
Z. dtsch. Ing.: Zeitschrift des Vereins deutscher Ingenieure herausgegeben von Ziebarth. Berlin. 4.
Zeuthen Tidsskr.: Tidsskrift for Mathematik. Udgivet af Zeuthen. Kopenhagen. 8.

Inhaltsverzeichniss.

(Die mit einem † bezeichneten Arbeiten sind ohne Referate.)

Erster Abschnitt. Geschichte und Philosophie.

Capitel 1. Geschichte.

Capitel 2. Philosophie.

Seite

Zweiter Abschnitt. Algebra.

Capitel 1. Gleichungen. (Allgemeine Theorie. Besondere algebraische und transcendente Gleichungen).

Capitel 2. Theorie der Formen.

Capitel 3. Elimination und Substitution, Determinanten, Invarianten, Covarianten, symmetrische Functionen.

Dritter Abschnitt. Zahlentheorie.

Capitel 1. Allgemeines.

Capitel 2. Theorie der Formen und Kettenbrüche.

Vierter Abschnitt. Wahrscheinlichkeitsrechnung und Combinationslehre.

Seite

Fünfter Abschnitt. Reihen.

Capitel 1. Allgemeines.

Capitel 2. Besondere Reihen.

Sechster Abschnitt. Differential- und Integralrechnung.

Capitel 1. Allgemeines (Lehrbücher etc.).

Capitel 2. Differentialrechnung. (Differentiale, Functionen von Differentialen, Maxima und Minima).

Capitel 3. Integralrechnung.

Capitel 4. Bestimmte Integrale.

Capitel 5. Gewöhnliche Differentialgleichungen.

Capitel 6. Partielle Differentialgleichungen.

Capitel 7. Variationsrechnung.

Siebenter Abschnitt. Functionentheorie.

Capitel 1. Allgemeines.

Capitel 2. Besondere Functionen.

Achter Abschnitt. Reine, elementare und synthetische Geometrie.

Capitel 1. Principien der Geometrie.

Capitel 2. Continuitätsbetrachtungen (analysis situs).

Seite

Capitel 4. Darstellende Geometrie.

Capitel 5. Neuere synthetische Geometrie.

A. Ebene Gebilde.

B. Räumliche Gebilde.

C. Geometrie der Anzahl.

Neunter Abschnitt. Analytische Geometrie.

Capitel 1. Coordinaten.

Capitel 2. Analytische Geometrie der Ebene.

A. Allgemeine Theorie der ebenen Curven.

B. Theorie der algebraischen Curven.

C. Gerade Linie und Kegelschnitte.

D. Andere specielle Curven.

Capitel 3. Analytische Geometrie des Raumes.

A. Allgemeine Theorie der Flächen und Raumcurven.

B. Theorie der algebraischen Flächen und Raumcurven.

C. Raumgebilde ersten, zweiten und dritten Grades.

D. Andere specielle Raumgebilde.

Zehnter Abschnitt. Mechanik.

Capitel 1. Allgemeines. (Lehrbücher etc.)

Capitel 2. Kinematik.

Capitel 3. Statik.

A. Statik fester Körper.

B. Hydrostatik.

Capitel 4. Dynamik.

A. Dynamik fester Körper.

B. Hydrodynamik.

Capitel 5. Potentialtheorie.

Elfter Abschnitt. Mathematische Physik.

Capitel 1. Molecularphysik, Elasticität und Capillarität.

Capitel 2. Akustik und Optik.

Capitel 3. Electricität und Magnetismus.

Capitel 4. Wärmelehre.

Zwölfter Abschnitt. Geodäsie und Astronomie.

Capitel 1. Geodäsie.

Capitel 2. Astronomie.

Anhang.

Verzeichniss

der Herren, welche für den vierten Band Referate geliefert haben.

(Die Verantwortlichkeit für den Inhalt tragen die Herren Referenten. Die in Klammern gesetzten Chiffern bezeichnen die Uebersetzer der in fremder Sprache eingesandten Referate).

Herr Dr. August in Berlin.	A.
- Prof. Björling in Lund.	Bg.
- Prof. Boltzmann in Wien.	Bn.
- Prof. Brill in Darmstadt.	Bl.
- Dr. Bruns in Dorpat.	B.
- Prof. J. Casey in Dublin.	Csy.
- Prof. Cayley in Cambridge.	Cly.
- Curtze in Thorn.	Ce.
- Prof. Frobenius in Berlin.	Fs.
- Prof. Glaisher in Cambridge.	Glr.
- Dr. Günther in München.	Gr.
- Dr. Hamburger in Berlin.	Hr.
- P. C. V. Hansen in Kopenhagen.	Hn.
- Prof. Henrici in London.	Hi.
- Prof. Hoppe in Berlin.	H.
- Prof. Jung in Mailand.	Jg.
- Prof. Klein in Erlangen.	Kln.
- Prof. Korkine in Petersburg.	Ke.
- Dr. Kretschmer in Posen	K.
- Prof. Lie in Christiania.	L.
- Prof. Mansion in Gent.	Mn.
- Prof. A. Mayer in Leipzig.	Mr.
- Dr. Maynz in Ludwigslust.	Mz.
- Dr. Felix Müller in Berlin.	M.
- Dr. Netto in Berlin.	No.
- Prof. C. Neumann in Leipzig.	Nn.
- Dr. Oberbeck in Berlin.	Ok.
- Dr. Ohrtmann in Berlin.	O.
- Panzerbieter in Berlin.	Pr.
- Dr. Scholz in Berlin.	Schz.
- Dr. Schubert in Hildesheim.	Scht.
- Dr. Schumann in Berlin.	Schn.
- Prof. Stolz in Innsbruck.	St.
- Prof. Sturm in Darmstadt.	Sm.
- Dr. Teichert in Freienwalde a. O. (†).	T.
- Dr. Wangerin in Berlin.	Wn.
- Prof. Em. Weyr in Prag.	W.
- Dr. Wittstein in München.	Wtn.
- Prof. Zolotareff in Petersburg.	Z.

Briefe und Zusendungen erbitten wir entweder durch Vermittelung der Verlagshandlung oder unter der Adresse:

Dr. C. Ohrtmann, Berlin SW., Markgrafenstr. 78. III.

Erster Abschnitt.

Geschichte und Philosophie.

Capitel 1.

Geschichte.

G. Friedlein. Beiträge zur Geschichte der Mathematik, II. Pr. Hof. Recens. dazu v. M. Cantor. Schlömilch Lit. Z. XVII. 105-110.

Die Beiträge enthalten Studien über die Geometrie der Griechen vor Euklides. Cantor hat richtig als Hauptresultat der Arbeit herausgehoben die beiden Sätze: 1) „Die Aegypter besassen eine mystische Geometrie, von welcher die griechischen Denker sich mächtig angezogen fühlten"; 2) „Die Aegypter beachteten den Winkel als solchen und seine Eigenschaften noch nicht, erst den Griechen und zunächst Thales verdankt die Wissenschaft diese Kenntniss." Er hat in seiner Recension gewichtige Gründe gegen die Resultate Friedlein's beigebracht; dieselben werden durch die Veröffentlichung des Rhind'schen Papyrus, die nahe bevorsteht, wesentlich verstärkt werden. Ce.

F. W. C. Gensler. Die thebanischen Tafeln stündlicher Sternaufgänge aus den Gräbern der Könige Ramses VI. und Ramses IX. für die 24 halbmonatlichen Epochen des Jahres 1262/61 v. Chr. Leipzig. Hinrichs.

Ce.

Th. H. Martin. Hypothèse astronomique de Pythagore. Boncompagni Bull. V. 99-126.

Die Abhandlung bildet das Capitel IV. einer „Histoire des hypothèses astronomiques chez les Grecs et les Romains", welche der Verfasser vorbereitet. Seine Resultate sind folgende: Nach Pythagoras steht 1) die Erde unbeweglich im Mittelpunkte der Welt. 2) Um sie drehen sich die Planeten in der Ordnung: Saturn, Jupiter, Mars, Venus, Merkur, Sonne, Mond und endlich der Fixsternhimmel. 3) Er kannte wenigstens theilweise die Ungleichheit der Planetenbewegungen. 4) Er führte in Griechenland die Kenntniss der Kugelgestalt der Erde und der Eigenbewegung der Planeten von Westen nach Osten in schiefem Kreise gegen den Himmelsäquator ein. Alle übrigen dem Pythagoras zugeschriebenen Kenntnisse sind fälschlich von seinen Schülern und Nachfolgern auf ihn übertragen worden. Ce.

Th. H. Martin. Hypothèse astronomique de Philolaus. Boncompagni Bull. V. 127-157.

Capitel VI. der obenerwähnten unvollendeten Schrift des Verfassers. Dasselbe lässt alle Nachrichten der Alten über das System des Philolaus und seiner Schüler Revue passiren, und kommt in letzter Instanz auf die Resultate Böckh's zurück, die dieser in den vielfachen Abhandlungen, welche er dem Philolaus gewidmet, veröffentlicht hat. Die Resultate desselben sind nach Martin in Deutschland allgemein anerkannt, während in Frankreich die falschen Ansichten noch immer als wahr gelehrt werden. Ce.

M. Cantor. Euclide e il suo secolo. Saggio storico matematico. Traduzione di G. B. Biadego. Boncompagni Bull. V. 1-64.

G. B. Biadego. Note. Boncompagni Bull. V. 65-74.

Die Schrift Cantors erschien zuerst 1867 im Supplementheft von Schlömilch's Zeitschrift und als Separatabdruck. Sie behandelt Euklid und seine Zeitgenossen, vorzugsweise Archimedes und Apollonios. Sie giebt ein anschauliches Bild ihres Lebens, soweit dasselbe bekannt ist, und ihrer Werke; sie zeigt den Standpunkt in der Entwickelung der Mathematik, auf dem die behandelten Schriftsteller sich befinden, und wie sich diese unter einander in stetigem Fortschritte verknüpfen. Die beweisenden, zum Theil erläuternden Anmerkungen sind am Ende vereinigt. Der Uebersetzer, Herr Biadego, hat aus andern nach 1867 erschienenen Schriften vorzugsweise aus Bretschneider: „Die Geometrie und die Geometer vor Euklides“ in 14 Noten einige Punkte der Abhandlung Cantor's weiter ausgeführt. Ce.

C. J. Gehrhardt. Der Sammlung des Pappus von Alexandrien siebentes und achtes Buch. Griechisch und Deutsch. Halle. Schmidt. 1871.

Zum ersten Male erscheint hier der Urtext der beiden Bücher des Pappos, von denen bis jetzt nur der Abschnitt über das Porisma veröffentlicht war. Wo der Herausgeber seinen Text her hat, welchen Werth und welches Alter die benutzten Handschriften besitzen, das sind Räthsel, welche der Herausgeber dem Leser aufgiebt, da auch nicht ein Wort einer Einleitung beliebt ist. Die Uebersetzung scheint treu und doch nicht sclavisch zu sein. Ce.

A. Schwarz. Der jüdische Kalender historisch und astronomisch untersucht. Breslau. Schletter. Ce.

J. A. M. Mensinga. Ueber alte und neuere Astrologie. Berlin. Lüderitz. 1871.

Der Verfasser sucht die Frage zu entscheiden, worauf die Astrologie als Grundlage basire. Er sucht sie aus den Religionsansichten, nicht aus Mystik zu erklären, und führt ihren Ursprung auf die Chaldäer zurück, indem er die Uebereinstimmung der Grundprincipien mit der Religion derselben zeigt. Er setzt weiter auseinander, dass die Astrologie sich völlig rationell (auf den falschen Grundlagen) entwickelt habe und deshalb wohl sogar auf den Namen „Wissenschaft“ Anspruch machen könne, und unterzieht dann den Unterschied zwischen alter und neuerer Astrologie einer andeutungsweisen Betrachtung. O.

L. Am. Sédillot. Sur quelques points de l'histoire de l'astronomie ancienne et en particulier sur la précession des équinoxes. Lettre à D. B. Boncompagni. Boncompagni Bull. V. 306-317.

Eine Kritik derjenigen Stellen aus den Werken Th. H. Martin's, in denen von der Präcession der Nachtgleichen bei den Alten gesprochen wird, vorzugsweise veranlasst durch Prioritätsansprüche. Der Verfasser spricht den Indiern jeden Einfluss auf die Untersuchung dieser Erscheinung ab; alle Rechnungen, die man bei denselben finde, seien untergeschoben, erst nach Christi Geburt gemacht und auf griechischen Ursprung zurückzuführen. Ganz Aehnliches behauptet er von der chinesischen Astronomie. Seitenhiebe gegen die deutsche Wissenschaft der vergleichenden Sprachforschung fehlen nicht. Ableitungen wie Sanscrit = Sanct-um Script-um kritisiren sich selbst. Ce.

B. Boncompagni. Sulle scienze occulte nel medio evo e sopra un codice della famiglia speciale, discorso letto all' Accademia di scienze e lettere in Palermo dal Sac. Isidoro Carini. Palermo. Perino. Boncompagni Bull. V. 543-544.

Anzeige des oben bezeichneten Buches durch Herrn Boncompagni mit Hervorhebung der interessantesten in demselben angeführten und beschriebenen Schriften. O.

M. Steinschneider. Vite di matematici Arabi tratte da un' opera inedita di Bernardino Baldi con note. Boncompagni Bull. V. 427-534.

Herr Boncompagni besitzt in seiner Bibliothek 3 Manuscripte des bisher noch unedirten Werkes: „De le vite de' matematici" von Bernardino Baldi (geb. d. 5. oder 6. Juni 1553 zu Urbino, gest. den 10. October 1617). Herr Steinschneider veröffentlicht mit Erlaubniss des Herrn Boncompagni in vorliegender Arbeit 14 Artikel desselben, die er mit zahlreichen und eingehenden Notizen literarischen und historischen Inhalts versehen hat. Der erste Abschnitt ist überschrieben: Autori Arabi Orientali (Secoli IX.—XII.) und behandelt: Messala, Alfragano, Alchindo, Albumasaro, Tebitte, Albategno, Almansore; der zweite Abschnitt trägt den Titel: Autori Egiziani, Mauritani e Spagnuoli (Secoli IX). In ihm werden besprochen: Alhazeno, Ali Abenrodano, Punico, Ali Abenragele, Arzahele, Gebro, Alpetragio. Leider gestattet der hier erlaubte Raum ein näheres Eingehen nicht und müssen wir daher auf die Arbeit selbst verweisen. O.

H. Hankel. Storia delle matematiche presso gli Arabi. Traduzione dal Tedesco del Sign. Filippo Keller. Boncompagni Bull. V. 343-401.

Die Arbeit zerfällt in zwei Theile. Im ersten Theil werden die Mathematiker und Astronomen, welche unter den Arabern die Mathematik gefördert haben, chronologisch geordnet besprochen. Dieser Theil enthält hauptsächlich biographische Notizen. Nach einigen einleitenden historischen Worten bespricht das erste Capitel die Einführung der Astronomie bei den Arabern. Im zweiten Capitel werden die arabischen Uebersetzungen griechischer mathematischer Autoren behandelt. Die beiden folgenden Capitel betrachten das 9te und 10te und 11te Jahrhundert, während sich der Verfasser im 5ten Capitel nach Spanien wendet, und im 6ten zum Schluss den Orient vom 13ten bis 16ten Jahrhundert in den Bereich seiner Besprechung zieht. Der 2te wissenschaftliche Theil (Cap. 7—15) behandelt die einzelnen Disciplinen der Mathematik für sich. Zunächst werden die Zahlzeichen besprochen, dann folgen die elementare Arithmetik, die Algebra, die theoretische Arithmetik und unbestimmte Analysis, die Geometrie, an welche sich die Construction der cubischen Gleichungen schliesst, endlich die Trigonometrie und die trigonometrischen Tafeln. O.

L. Am. Sédillot. Lettre à D. B. Boncompagni au sujet d'une note de M. Th. Henri Martin. Boncompagni Bull. V. 294-296.

Richtet sich gegen die im 3ten Bande dieses Jahrbuchs p. 3 erwähnten „Quelques mots de réponse à M. Sédillot“ von Th. H. Martin, und ist rein persönlicher Natur. Ce.

Schanz. Der Cardinal Nicolaus von Cusa als Mathematiker. Tübingen. Fues.

Ce.

A. Knoetel. Die schlesische Abstammung des Nikolaus Kopernikus. Rübezahl (2) XI. 285-291; 334-339.

Nach dem ältesten Thorner Schöppenbuch ist der Stammort der Familie Koppernick Frankenstein in der Grafschaft Glatz. Der Verfasser zeigt nun, dass in alter Zeit in der Nähe von Frankenstein ein Ort Koppirnik gelegen war — jetzt Köppriche —, von dem also der Name stammen dürfte. Er zeigt ferner, dass die ältesten Koppirnik's, die in Thorn auftraten, Kupferschmiede waren, dass der Vater des Astronomen mit Kupfer handelte (nach Danziger Archivalien); er spricht die Vermuthung aus, — die sich durch neuere Nachforschungen glänzend bestätigt hat, und nicht nur für das Frankensteiner Köppernick — dass in Köppernick Kupfer gegraben wurde, und leitet daraus den Namen ab, indem er Koppirnick als ein Mischwort aus Koppir = Kupfer und der polnischen Ableitungssilbe nik annimmt, wie in Krakau der Kürschner noch heute Futer-nik, d. h., der sich mit Pelz beschäftigt, heisst, und weist daher die Ableitung von dem polnischen Worte Koper = Dillkraut, der die älteste urkundliche Form Koppirnik mit ihrem i und Doppel-p schon entgegensteht, zurück.

Ce.

R*** (Romer). Beiträge zur Beantwortung der Frage nach der Nationalität des Nicolaus Copernicus. Breslau. Priebatsch.

L. Prowe. Zum Streit über die Nationalität des Copernicus. Sybel Hist. Zeitschr. XXVIII. 367-372.

M. P(erlbach). Recension der Beiträge. Altpr. Monatsschr. IX. 347-357.

M. Curtze. Recension der Beiträge. Grunert Arch. LIV. Litb. CCXV. 6-9.

Die Schrift Romer's will beweisen, dass Copernicus nach Vaterland, Familie, Namen und politischer Denk- und Handlungsweise ein Pole ist, im Gegensatz zu Prowe, den er persönlich in massloser Weise angreift und beschimpft. Die Arbeit ist fleissig zusammengestellt, ihr fehlt aber doch, wie Perlbach hervorhebt, die Kenntniss der neuesten deutschen Forschungen zur Geschichte Preussens. Was sie beweisen will, beweist sie nur dem, der nichts weiteres gelesen hat als sie selbst. Alles, was dem Verfasser unbequem ist, ignorirt er einfach oder verdreht es; es kommt ihm auch auf ein — gelinde gesagt — Ableugnen von Thatsachen nicht an, deren Folgerungen er sich aber in seiner Weise zu Nutzen macht.

Die hauptsächlichsten Fälschungen deckt Prowe in seiner Besprechung auf; auf einzelne Widersprüche hat auch Curtze hingewiesen. Perlbach steht zu sehr ausserhalb der Copernicanischen Forschungen, als dass es ihm möglich gewesen wäre, den Hauptsachen für diese Frage nachzugehen; seine Recension dreht sich um Punkte, die für den Streit um die Nationalität zu den untergeordnetsten gehören. Bewiesen ist durch die Schrift Romer's für seinen Zweck nichts. Ce.

H. Zeissberg. Zu Albert v. Brudzewo, dem Lehrer des Copernicus. Altpr. Monatsschr. IX. 377.

Aus einem Bande, der früher dem Brudzeski angehörte, giebt der Verfasser Notizen über diesen angeblichen Lehrer des Copernicus. Danach ist er 1468 zur Universität gegangen, 1470 zum Baccalaureus promovirt, 1474 zum Magister; 1476 ist er in der Bursa Ungarorum in das Collegium minus berufen und 1490 zum Baccalaureus der Theologie promovirt worden. Der Nachweis, dass nicht Brudzeski der Lehrer des Copernicus gewesen, ist nicht von R*** geführt (s. oben) sondern von Prof. Karliński in Krakau, den R***, ohne seine Quelle zu nennen, ausgeschrieben hat. Ce.

M. Curtze. Ueber die Originalhandschrift des Copernicanischen Hauptwerkes: „De revolutionibus orbium coelestium libri VI." Altpr. Monatsschr. IX. 187-189.

M. CURTZE. Die Originalhandschrift des Copernicanischen Hauptwerkes: „De Revolutionibus“ und die Neuausgabe desselben durch den Copernicus-Verein für Wissenschaft und Kunst zu Thorn. Grunert Arch. LIV. Litt. Ber. CCXVI. 1-7.

Das erste ein kurzer Auszug, das zweite der Abdruck des Berichtes, der von dem Verfasser über seine Collation der Originalhandschrift des Copernicus seinen Auftraggebern erstattet ist.
Ce.

F. HIPLER. Analecta Warmiensia. Studien zur Geschichte der ermländischen Archive und Bibliotheken. Braunsberg. Peter.

Enthält auf S. 119—123 Nachrichten über Bücher, welche Copernicus einst besessen hat, nebst Mittheilung einiger der Notizen, welche darin von des Copernicus Hand eingezeichnet sind, zum Theil falsch gelesen und unvollständig. Ce.

A. M. Recension dazu. Altpr. Monatsschrift IX. 666-672.
Ce.

E. FASBENDER. Die Kopernikanischen Sehnen- und Dreiecksberechnungen. Pr. Thorn.

Eine geschickte Darstellung der wichtigen Capitel 12 und 13 des ersten Buches der Revolutiones des Copernicus in der Sprache unserer Mathematik, aber ohne Einführung der trigonometrischen Functionen als solche. Es soll durch die kleine Arbeit gezeigt werden, mit welchen Schwierigkeiten Copernicus zu kämpfen hatte bei Bewältigung von Problemen, welche die neuere Mathematik durch eine kurze Formel erledigt. Ce.

G. GOVI. Il S. Offizio, Copernico e Galileo, a proposito di un opusculo postumo del P. Olivieri sullo stesso argomento. Atti di Torino VII. 565-590, 808-838.

Der Dominikaner P. Tommaso Bonora hat ein Buch veröffentlicht: „Di Copernico e di Galileo scritto postumo del

P. Maurizio Benedetto Olivieri Ex-generale dei Dominicani e Commissario della Santa Romana ed universale Inquisizione, ora per la prima volta messo in luce sull' autografo per cura di un religioso dello stesso istituto. Bologna 1872 un vol. in 8°.“ Der Verfasser bekämpft Olivieri und weist die Argumente desselben eingehend zurück. Jg. (O.)

M. Chasles. Sur l'ouvrage de M. G. Govi intitulé: Il S. Offizio, Copernico e Galileo, a proposito di un Opuscolo postumo del P. Olivieri sullo stesso argomento. C. R. LXXV. 893-894.

Chasles giebt bei Ueberreichung des Buches im Namen des Verfassers einen kurzen Ueberblick über den Inhalt desselben. Ce.

E. Wohlwill. Zum Inquisitionsprocess des Galileo Galilei. Schlömilch Lit. Z. XVII. 1-31, 81-98.

G. Friedlein. Zum Inquisitionsprocess des Galileo Galilei. Schlömilch Lit. Z. XVII. 41-45.

G. Friedlein. Factische Berichtigung. Schlömilch Lit. Z. XVII. 112-113.

Im zweiten Bande der Fortschritte p. 11 ist die Schrift des Herrn Wohlwill über den Inquisitionsprocess des Galileo Galilei, sowie die Recension derselben von G. Friedlein besprochen worden. Herr Wohlwill sucht in der ersten der oben citirten Arbeiten die Ansichten des Herrn Friedlein, namentlich auf Grund der an derselben Stelle und auch Bd. III. p. 8 erwähnten Gherardi'schen Publication zu widerlegen. Daran schliessen sich die übrigen Arbeiten als Erwiderung und Gegenerwiderung. Der Ton in denselben wird je länger desto leidenschaftlicher und persönlicher, persönlicher als in einer wissenschaftlichen Streitfrage erlaubt scheint. Referent glaubt daher nicht näher auf dieselbe eingehen zu dürfen, um so mehr, da der Streit resultatlos verläuft, insofern wenigstens resultatlos, als beide Herren bei ihrer ursprünglichen Meinung bleiben. Eines Urtheils über die

Sache selbst glaubt sich Referent, bei dem Charakter des Jahrbuchs, enthalten zu müssen. O.

J. v. Hasner. Tycho Brahe und J. Kepler in Prag. Eine Studie. Prag. Calve.

Auf unedirte Urkunden basirende Darstellung des Aufenthaltes Tycho's und Kepler's in Prag. Der Verfasser zeigt darin auch die Unbegründetheit der Nachricht, dass Kepler in dürftigen Verhältnissen gelebt habe. Das Buch ist für die Geschichte Kepler's und die seiner Arbeiten von hohem Werthe. Ce.

K. Goebel. Ueber Kepler's astronomische Anschauungen und Forschungen. Ein Beitrag zur Entdeckungsgeschichte seiner Gesetze. Halle. Waisenhaus. Ce.

L. F. Ofterdinger. Zum Andenken an Johannes Kepler. Rede. Ulm. Ling.

Ein kurzer Abriss des Lebens Kepler's und der Entdeckung der drei Kepler'schen Gesetze, anknüpfend an die mancherlei Andenken an Kepler, welche die Stadt Ulm bewahrt. Ce.

J. Rogner. Ueber Johannes Kepler's Leben und Wirken. Graz. Leuschner und Lubensky. Grunert Arch. LIV. 447-458.

Eine anregend geschriebene Biographie des Gefeierten mit besonderer Betonung seines Aufenthaltes als steiermärkischer Landschaftsmathematiker zu Graz. Ce.

C. G. Reuschle. Kepler und die Astronomie. Zum Dreihundertjährigen Jubiläum von Kepler's Geburt am 27. December 1571. Frankfurt a. M. Heyder u. Zimmer. 1871.

Diese wichtige nnd umfassende Arbeit zerfällt in drei Theile. Der erste: „das welthistorische Zeitalter der Astronomie" überschrieben, behandelt den Zustand der Astronomie, in den Copernicus, Kepler und Newton sie gesetzt, nachdem der Zustand vor diesen näher dargelegt ist. Der zweite Theil mit der Ueberschrift „Ein Bild von Kepler in Worten“ giebt eine Darstellung seiner Lebensverhältnisse seiner Zeit und seiner Werke. Der dritte Theil endlich, „Dreihundert Jahre nach Kepler's Geburt“ handelt über den Zustand der Astronomie im 19ten Jahrhundert und das Gedächtniss Kepler's in demselben. Ce.

R. Wolf. Johannes Kepler und Jost Bürgi. Vortrag. Zürich, Schulthess.

Eine kurze Darstellung des Lebenslaufes und der Entdeckungen Kepler's und Bürgi's, eines der Gehilfen Kepler's in Prag, und eines der Erfinder der Logarithmen. Dass Bürgi auch selbstständig eine noch heute existirende Pendeluhr construirte, hat der Verfasser später in seinen astronomischen Mittheilungen bewiesen. Ce.

W. Förster. Johann Kepler. Berlin, Lüderitz.

Eine Darstellung des gesammten Entwickelungsganges der Astronomie von den ältesten Zeiten bis auf Kepler; eine Darlegung der Gründe, weshalb dieser nicht anders stattfinden konnte, als die Geschichte ihn giebt. Ce.

C. Bruhns. Einige Notizen über Kepler. Leipz. Ber. XXIV. 31-49.

Im Vorliegenden berichtet der Verfasser über einige auf Kepler sich beziehende, bisher ungedruckte Schriften. Im ersten Actenstücke, einem von dem Kurfürsten Christian an seinen Kammermeister gerichteten Schreiben (ausgestellt zu Unnaburg am 27. Januar 1607), findet sich nur ein kurzer, Kepler betreffender Passus, wo nämlich von der Bewilligung eines Geschenkes von 20 Thalern für die dem Kurfürsten übersandte Abhandlung: „Stella nova in pede serpentarii etc.“ die Rede ist. Das zweite Document: „Joannis Kepleri S. C. Mt. Mathematici judicium de praecedentibus scriptis Sethi Calvisii et D. Joestelii“ ein Gutachten, das Kepler über die eine Verbesserung des alten Kalenders anstrebenden Arbeiten von Sethus Calvisius, Cantor an der Thomasschule zu Leipzig, und Dr. Jöstel aus Meissen abgab, wird hier eingehend besprochen, und am Schlusse im Originaltext vollständig mitgetheilt. Drittens wird ein, bereits vollständig in dem Werke des Herrn von Weber: „Aus vier Jahrhunderten", neue Folge, 2. Band (S. 27) zur Publication gelangter Brief Kepler's aus Prag an den Kurfürsten Georg I. (datirt vom 29. Februar 1628) angeführt, der als Begleitschreiben zu einem gleichzeitig übersendeten Exemplare seiner Rudolphinischen Tafeln dient. Schliesslich hat der Herr Verfasser seinem Aufsatze noch ein Albumblatt beigefügt, das eines Theils als Facsimile der Handschrift Kepler's interessant ist, andern Theils aber auch sein treffendes Urtheil über den damaligen Stand der Chemie beweist. Wtn.

L. F. Ofterdinger. Discurs, welcher Gestalt allerhand Ulmische Maasssachen in einander zu verknüpfen und zu conserviren sein möchten, von Johannes Kepler. Ulm. Walter.

Die Arbeit besteht aus zwei getrennten Theilen. Im ersten Theile sucht der Verfasser die Annahme fester zu begründen, dass der eigentliche Verfasser des 5ten Buches des Euklides Eudoxos von Knidos sei. Im zweiten giebt er nach dem Originalmanuscript die Arbeit Kepler's über die Ulmischen Maasssachen heraus, von dem er eine Analyse in dem auf S. 10 des 2ten Bandes dieses Jahrbuches erwähnten Schriftchen ab. Ce.

L. F. Ofterdinger. Ein Manuscript Kepler's. Tübingen. Fues.

J. Kepleri Opera omnia. Herausgegeben von Ch. Frisch. Vol. VIII. Frankfurt. Heyder u. Zimmer.

R. Peinlich. Die steierischen Landschaftsmathematiker vor Kepler. Graz. Leuschner und Lubensky, auch Grunert Arch. LIV. 470-492.

Handelt von den beiden Mathematikern, welche vor Kepler das Amt eines Landschaftsmathematikers von Steiermark inne hatten. Dies Amt war nichts weiter als das eines Kalendermachers für genanntes Land. Der erste Inhaber der Stelle war M. Hironymus Lauterbach von 1561 — 1577, sein Nachfolger M. Georg Stadius (nicht zu verwechseln mit dem berühmten Professor gleichen Namens zu Paris) von 1577 resp. 1582—1593. Sein Nachfolger war Kepler. Die Lebensbeschreibung Beider und die Bemerkungen über die Art der damaligen Kalendermacherei sind recht interessant. Ce.

J. Newton. Mathematische Principien der Naturlehre. Mit Bemerkungen und Erläuterungen herausgegeben von J. Ph. Wolfers. Berlin. Oppenheim.

Eine fliessende Uebersetzung des classischen Buches. Die Bemerkungen und Erläuterungen des Uebersetzers tragen viel zum Verständniss bei. Es ist zu bedauern, dass jede geschichtliche Notiz, wie absichtlich vermieden ist, zu der doch so mancher Anlass vorhanden wäre. Ce.

A. D. Wackerbarth. Hyperbolic and Napierian logarithms. Monthl. Not. XXXI. 263-264. 1871.

Das von Napier erfundene Logarithmensystem wird erklärt und mit dem verglichen, welches 2,71828... zur Basis hat. Am Schluss wird auf 4 Fehler aufmerksam gemacht, die sich in des Verfassers: „Femställige Logarithm-Tabelle" finden. Siehe F. d. M. III. p. 8. Glr. (O.)

E. Dubois. Logarithmes hyperboliques et népériens. Mondes (2) XXVII. 651-652.

In der obigen Arbeit, die auch schon im vorigen Bande p. 8 besprochen war, war auf eine Differenz der Neper'schen und hyperbolischen Logarithmen aufmerksam gemacht. Herr Dubois sucht in seiner Notiz das Entstehen derselben zu erläutern.

O.

J. W. L. Glaisher. On errors in Vlacq's (often called Brigg's or Neper's) table of ten-figure logarithms of numbers. Monthl. Not. XXXII. 255-262.

Die einzigen zehnstelligen Logarithmentafeln, die existiren, sind: Vlacq's „Arithmetica logarithmica" (fol. Gauda 1628 und London 1631) und Vega's „Thesaurus logarithmorum completus (fol. Leipzig 1794), von denen die erste die für den Gebrauch passendste ist, weil sie nur die Logarithmen der Zahlen enthält und weil die Differenzen neben die Logarithmen gestellt sind. Sie enthält jedoch eine grosse Zahl von Fehlern, welche nach und nach entdeckt und im Laufe von zwei Jahrhunderten publicirt sind, deren eine Hälfte indess der Oeffentlichkeit ganz entgangen ist. Der Verfasser hat alle Fehlerlisten, die es giebt, geprüft und verglichen, und giebt hier eine Liste, welche eine Ergänzung zu den beiden von Vlacq selbst in einigen Exemplaren der Arithmetica von 1628 gegebenen sein soll, ebenso wie zu der von Herrn Lefort im vierten Theil der Annales de l'observatoire de Paris 1828 gegebenen. Die Zahl der Fehler in Vlacq's Tafeln erreicht 600, ungefähr die Hälfte der wichtigen, d. h. derer, bei denen die letzte Stelle um mehr als eins falsch ist. Es folgen einige bibliographische Notizen, nach denen es scheint, dass die Londoner Ausgabe von 1631 nicht, wie man glaubte, ein Neudruck, sondern nur ein Abdruck der deutschen Ausgabe von 1628 mit einer kleinen englischen Erklärung und Vorrede ist, so dass dieselbe Fehlerliste für beide genügt. Zum Schluss giebt der Verfasser auch noch einige Bemerkungen über die Nützlichkeit zehnstelliger Logarithmen. Glr. (O.)

J. W. L. Glaisher. Addition to a paper on errors in Vlacq's ten-figure logarithms published in the last number of the monthly notices. Monthl. Not. XXXII. 288-290.

Berichtet hauptsächlich über verschiedene Fehlerlisten zu Vega's „Thesaurus logarithmorum completus", Leipzig 1794 und fügt den Punkten, die in der obigen Notiz besprochen, Einiges hinzu. Glr. (O.)

F. v. Kobell. Nekrolog von Charles Babbage. Münch. Ber. I. 1872.

Babbage (geb. 26. Decbr. 1792, gest. 20. Octbr. 1871) war der Nachfolger Newton's auf der mathematischen Lehrkanzel der

Universität Cambridge. Als wissenschaftliche Leistungen führt der Verfasser an: Anwendungen der Wahrscheinlichkeitsrechnung, Summirung mehrerer Klassen unendlicher Reihen, Rotationsmagnetismus, Barometerbeobachtungen etc. Bekannt sind seine nur theilweise mit Erfolg gekrönten Versuche zur Herstellung einer Rechen- und Schachmaschine. Grössere Schriften sind: Economy of machinery and manufactures, reflections on the decline of science in England.

Nachzutragen möchte noch sein, dass Babbage zuerst die periodischen Functionen in Betracht zog. Gr.

D. Bierens de Haan. Notice sur Meindert Semeijns. Boncompagni Bull. V. 213-220.

B. Boncompagni. Intorno alla vita ed ai lavori di Meindert Semeijns. Boncompagni Bull. V. 221-228.

Meindert Semeijns wurde geboren am 30. Juli 1704 zu Enkhuizen am Zuidersee. Nach längeren Diensten in der holländisch-ostindischen Compagnie kehrte er in seine Vaterstadt zurück, wo er mehrere Jahre das Amt eines Schöffen verwaltete, und starb daselbst am 10. April 1775. Nach einer Hypothese Halley's über die Abweichung des Compass hatte Semeijns sich ein magnetisches System gebildet, durch welches man für jeden Ort der Erde die Missweisung des Compass sollte berechnen können, das er den Generalstaaten mittheilte, die den Prof. J. Lulofs in Leiden mit dem Berichte beauftragten. Die abfällige Beurtheilung desselben brachte Semeijns in heftigen Streit mit seinem Recensenten, und dieser Streit bildet den Gegenstand der Notiz von Bierens de Haan. Boncompagni giebt genaue Nachrichten über das Leben Semeijns und Lulofs, sowie genaue bibliographische Notizen über die Streitschriften Semeijns.

Ce.

M. Cantor. Die Familie Fagnano. Schlömilch Z. XVII. 88.

Eine dem Boncompagni Bull. III. entlehnte kurze Notiz über die Geburts- und Todestage der Mathematiker Julius Carl Fagnano (geb. d. 26. Sept. 1682, gest. d. 18. Mai 1766) und Johann Franz Fagnano (geb. d. 31. Jan. 1715, gest. d. 14. Mai 1797). M.

J. Sclopis. Communicazione di una lettera di Luigi Lagrange. Atti di Torino. VII. 428-434, Grunert Arch. Litb. CCXV. 2-6.

Behandelt einen noch nicht publicirten Brief von Lagrange an den Marquis Domenico Caracciolo aus Berlin vom 13ten Octbr. 1781, von dem sich eine Copie unter den Papieren des Grafen Ludovico Morozzo (gest. 1804), früherem Präsidenten der Akademie der Wissenschaften zu Turin gefunden hat. Herr Sclopis theilt diesen Brief mit, den er für nützlich hält, um drei Punkte aus dem Leben Lagrange's aufzuklären, nämlich den Werth, den er in der Theorie der schweren Körper der Lehre Galilei's beigelegt hat; die an ihn ergangene Einladung, eine hervorragende wissenschaftliche Stellung im Königreich beider Sicilien zu übernehmen; endlich die Liebe zu Italien, die er trotz der Abwesenheit so vieler Jahre sich bewahrt hatte. Jg. (O.)

M. Cantor, Bürmann. Schlömilch Z. XVII. 428-430.

Der Verfasser vorliegender Notiz macht darauf aufmerksam, dass über Bürmann's Lebensverhältnisse bis jetzt sehr wenig bekannt sei, dass das Bekannte manche in sich nicht zu vereinigende Widersprüche und Unklarheiten enthalte. Er fordert deshalb zu Nachforschungen über Bürmann auf, indem er bestimmte Fragen dazu formulirt. O.

F. v. Kobell. Nekrolog von Sir John Frederick William Herschel. Münch. Ber. 1872.

Herschel, Sohn des berühmten Astronomen, wurde geboren am 7. März 1792 und starb am 11. Mai 1872. In den Jahren 1823, 27 und 28 setzte er die Arbeiten seines Vaters fort, und lieferte drei Cataloge von je 300, 295 und 384 neuen Doppelsternen. Drei weitere Cataloge brachten neue Positionen von resp. 1236, 2007 und 286 dieser wichtigen Objecte. Zu diesem Zweck hielt er sich vier Jahre lang ohne irgend welche Subvention am Cap der guten Hoffnung auf. Als selbstständige Werke erschienen: „A treatise on astronomy“ und „Outlines of astronomy.“

Noch wichtiger war Herschel's Thätigkeit in der Physik. Lebhaft betheiligte er sich an dem alle Forscher jener Zeit beschäftigenden Streite zwischen Emissions- und Undulationstheorie. Während er in der „Theorie des Lichtes“ beide Hypothesen als gleich berechtigt zu betrachten scheint, stellt er sich späterhin mit Entschiedenheit auf die Seite der letzteren. Sonst werden noch folgende Entdeckungen Herschel's hier namhaft gemacht: Die Beobachtung, dass jede Farbe die grösste Veränderung in den die Complementärfarbe enthaltenden Strahlen erleide bei Pflanzen, Untersuchungen über die Curven des Polarisationsbildes der Krystalle, welche er als Lemniscaten (im allgemeineren Sinne) erkannte, Interferenz der Schallwellen, die blaue Spektrallinie des Strontiums und verschiedene chemische Arbeiten.

Erwähnt hätte noch werden können, dass auch reine Mathematik den eifrigen Gelehrten vielfach beschäftigte; so war es eine seiner ersten literarischen Leistungen, dass er zusammen mit Peacock ein Lehrbuch der höheren Analysis umarbeitete.

Gr.

Ad. Quetelet. Notice sur Sir John Fréd. Will. Herschel.
Ann. de Belg. XXXVIII. 161-199.

Enthält Notizen über das Leben Sir John Herschel's (geb. den 7. März 1792 zu Slough bei Windsor, gest. d. 11. Mai 1871 zu Collingwood in Kent). Dieselben beziehen sich namentlich auf Arbeiten, mit denen der Verfasser der Notiz durch seine eigene Thätigkeit in Verbindung gestanden hat. Die Arbeit giebt daher ebenso sehr ein Bild von Arbeiten des Herrn Quetelet, wie von denen Herschel's. Eingestreut sind Briefe von Herschel an den Verfasser, die in der Originalsprache wie in Uebersetzung mitgetheilt werden.

O.

A. Clebsch. Notice sur les travaux de Jules Plücker. Traduit de l'allemand par le Dr. Paul Mansion.
Boncompagni Bull. V. 183-212.

Uebersetzung der auf S. 10 des III. Bandes dieses Jahrbuches erwähnten Schrift von Clebsch: Zum Gedächtniss an Julius Plücker. Ce.

Liste des travaux scientifiques de J. Plücker. Darboux Bull. III. 59-64.

Abdruck nach demselben Werke von Clebsch. Ce.

C. Neumann. Zum Andenken an Rudolf Friedrich Alfred Clebsch. Gött. Nachr. 1872. 550-559.

Die Arbeit giebt ein kurzes Lebensbild von Clebsch.

Rudolf Friedrich Alfred Clebsch ist geb. zu Königsberg i. Pr. am 19ten Januar 1833. Nachdem er mit 17 Jahren das Abiturientenexamen am Altstädtischen Gymnasium seiner Vaterstadt bestanden, studirte er dort unter Neumann, Richelot und Hesse Mathematik und Physik. Im Jahre 1854 absolvirte er das Doctor- und Staatsexamen und blieb dann einige Jahre als Lehrer in Berlin. 1858 kam er als Professor an das Polytechnicum zu Carlsruhe. Nach 5 Jahren ging er von dort nach Giessen, von wo er im Jahre 1868 nach Göttingen übersiedelte. Dort ereilte ihn der Tod am 7ten November 1872. Neben dem äusseren Lebensbilde giebt die Arbeit einen Ueberblick über die grosse wissenschaftliche Thätigkeit des Verstorbenen. Den Bericht darüber verschiebt Referent jedoch bis zum nächsten Bande, wo über die von Clebsch's Schülern entworfene ausführliche Darlegung seiner wissenschaftlichen Leistungen zu referiren sein wird. Für jetzt mag hier zum Zeichen, wie sehr er jeden Versuch zur Förderung der Mathematik zu unterstützen bemüht war, der Aufmunterung und Thätigkeit mit Dank gedacht werden, die er diesem Jahrbuch zu Theil werden liess. O.

E. Beltrami. Alfredo Clebsch. Battaglini G. X. 347-349.

Nachruf an Clebsch. O.

L. Cremona. Commemorazione di A. Clebsch. Rend. d. Ist. Lomb. (3) V. 1041-1042.

Nachruf des berühmten Gelehrten an Clebsch, in dem namentlich dem Schmerze über den für die Wissenschaft zu früh erfolgten Tod Ausdruck gegeben wird. Jg. (O.)

R. Börnstein. Alfred Clebsch. Nachruf. Altpr. Monatschr. IX. 653-656.

Ein kurzer warm geschriebener Nachruf. Am Anfange ein ganz knapp gehaltener Lebensabriss, der aber doch vielleicht manches in weitern Kreisen nicht Bekannte enthält. Ce.

A. Stiattesi. Intorno alla Vita ed ai lavori del P. Giovanni Antonelli delle Scuole Pie. Cenni. Boncompagni Bull. V. 253-276.

Eine eingehende Biographie und Würdigung der wissenschaftlichen Leistungen Antonelli's, zuletzt Directors der Sternwarte zu Florenz. Er war geboren zu Candeglia bei Pistoia am 10. Januar 1818. Seine Studien machte er im Collegio Calasazziano in Florenz. Schon 1843 wurde er Professor am Collegium zu Cortona, dann aber 1844 Gehilfe und Stellvertreter Inghirami's am Observatorium zu Florenz. Als Director dieses Institutes starb er den 14. Januar 1872 im 54ten Lebensjahre. Ce.

A. Stiattesi. Catalogo de' lavori del P. Giovanni Antonelli. Boncompagni Bull. V. 267-277.

Verzeichniss der Schriften, welche Antonelli hinterlassen; davon beziehen sich 31 auf mathematische Gegenstände, eingeschlossen eine Reihe von Commentaren zu Stellen aus Dante's göttlicher Comödie, 7 sind verschiedenen vorzugsweise theologischen Inhalts, 1 ist unedirt. Gesammtsumme 39. Ce.

B. Boncompagni. Intorno ad un opera dell' Abate Nicolò Luigi de La Caille intitolata „Leçons élémentaires de Mathématiques" ecc. Boncompagni Bull. V. 278-293.

Antonelli hatte von dem genannten Buche eine italienische Ausgabe veranstaltet. Das hat wahrscheinlich Fürst Boncompagni veranlasst, über dieses Werk des La Caille genaue bibliographische Notizen zu veröffentlichen. Er zählt auf 15 Ausgaben in französischer Sprache, 3 Ausgaben in lateinischer, 11 in italienischer, 1 Ausgabe in neugriechischer Sprache. Ce.

E. Lefébure de Fourcy. Notice nécrologique sur Lamé. Ann. d. Mines (7) I. 271-273.

J. Bertrand, Combes, V. Puiseux. Discours aux funérailles de M. Lamé. Ann. d. Mines (7) I. 274-282.

Gabriel Lamé, geboren zu Tours am 22. Juli 1795, trat 1814 in die École Polytechnique, ging 1821 in russische Dienste. 1831 nach Paris zurückgekehrt, erhielt er sehr bald die Stellung als Physiker an der École Polytechnique, die er bis 1844 bekleidete. Schon 1843 Mitglied der Akademie geworden, übernahm er 1851 Vorlesungen an der Faculté des Sciences zu Paris, und starb am 1. Mai 1870. Siehe auch F. d. M. II. p. 268. O.

F. v. Kobell. Nekrolog von F. M. Schwerd. Münch. Ber. 1872.

Heel. Dr. Friedrich Magnus Schwerd, ein Nekrolog. Pr. Speyer.

Die hier vorliegende Biographie Schwerd's geht genauer auf dessen wissenschaftliche Leistungen ein. Ueber seine äusseren Lebensumstände ist wenig zu berichten. Geboren 1792 in Rheinhessen, ward er, nachdem er bereits von 1814—1817 als Lehrer zu Speyer gewirkt hatte, in diesem Jahre zum Lycealprofessor in dieser Stadt ernannt, und bekleidete diese Stelle bis zu seinem Todestage, dem 22. April 1871.

Seine erste bedeutende wissenschaftliche Arbeit war die Gradmessung in der Pfalz, bei welcher er den Gedanken verfolgte, ob sich nicht bei entsprechend geschärfter Sorgfalt im Beobachten mit Zugrundelegung einer nur kurzen Basis ebenfalls genaue Resultate erzielen liessen. Höchst interessant sind die hier genauer beschriebenen Mittel, deren er sich zur Messung der Zwischenräume der an einander gelegten Maassstäbe bediente.

Das ganze Verfahren ist niedergelegt in seinem Erstlingswerke „Die kleine Speyerer Basis, 1820“. Bald darauf wurden die Mittel zum Bau einer Sternwarte bewilligt und ein 20zölliger Meridiankreis auf derselben aufgestellt. Die Ellipticität von dessen Axen gab Schwerd die Veranlassung zu der, wie es scheint, einzigen rein mathematischen Arbeit seines Lebens. Er verallgemeinerte nämlich ein Problem, welches bereits Bessel, durch die nämlichen Gründe angeregt, behandelt hatte, und untersuchte (Gymn. Progr. 1830) die von der Spitze eines beweglichen Winkels beschriebenen Curven, vorausgesetzt, dass dessen Schenkel stets einen Kegelschnitt berühren. Mit Hülfe jenes Instrumentes bearbeitete Schwerd einen bekannten Sternkatalog von 1751 Positionen, dessen Fundamentalsterne 12—20 mal beobachtet wurden. Auch an dem von der Berliner Akademie ausgehenden Unternehmen der Sternkarten betheiligte er sich lebhaft.

Im Jahre 1835 lieferte Schwerd jenes Werk, welches vor allen anderen seinen Namen berühmt machte: „Die Beugungserscheinungen aus den Fundamentalsätzen der Undulationstheorie analytisch entwickelt und in Bildern dargestellt.“ Vor allem muss man die Einfachheit bewundern, welche Schwerd in den Beobachtungsmodus dieser Phänomene brachte, ein innen mit Asphaltlack geschwärztes Uhrglas oder ein innen geschwärztes Rohr genügten als Beobachtungsmittel. Auch gewisse astronomische Thatsachen gewannen durch ihn zuerst ihre richtige Erklärung. Erwähnt hätte vielleicht noch werden können, dass auch die reine Mathematik manchen Vortheil aus diesem bahnbrechenden Werke zog, wie er denn in demselben die Summationen der Reihen

$$\left.\begin{matrix}\sin\\\cos\end{matrix}\right\}\alpha+\left.\begin{matrix}\sin\\\cos\end{matrix}\right\}(\alpha+\beta)+\cdots+\left.\begin{matrix}\sin\\\cos\end{matrix}\right\}(\alpha+(n-1)\beta)$$

lehrt.

Viele Jahre später begann Schwerd sich eifrig mit photometrischen Messungen am Himmel zu beschäftigen. Da wohl häufig von dem dazu gebrauchten Instrumente die Rede ist, eine Beschreibung desselben aber gleichwohl selten angetroffen wird, so möge dieselbe hier folgen. Zwei Fernröhre gehen aus dem

Innern eines Hohlwürfels so hervor, dass die Brennpunkte ihrer Objective durch eine Combination von Prismen neben einander fallen, während das Ocular gemeinschaftlich ist. Durch Verschiebung des Oculars wird es dann möglich sein, die in den beiden Brennpunkten erscheinenden Sterne zu gleich grossen Lichtscheibchen auszudehnen; durch Diaphragmen liess sich auch eine Gleichheit der Lichtstärke beider Scheibchen erzielen. Wurde beim Stern A die Blendung α, beim Stern B die Blendung β angewandt, so war

$$\alpha A = u\beta B.$$

$\frac{1}{u}$ ist das Verhältniss der Objectivöffnungen der beiden Fernröhre. Die Genauigkeit seines Instrumentes schätzte Schwerd selbst auf $\frac{1}{20}$ einer Sterngrösse.

Von grosser Bedeutung war auch Schwerd's pädagogische Thätigkeit; zur Einführung in das neue Decimalsystem verfasste er ein eigenes arithmetisches Lehrbuch. Gr.

J. C. Jamin. Discours aux funérailles de M. Duhamel. Darboux Bull. III. 314-317, Liouville J. (2) XVII. 324-327.

Rede Jamin's, gehalten im Namen der Pariser Akademie am Grabe Duhamel's. Sie giebt einen kurzgehaltenen Ueberblick über die hauptsächlichsten Arbeiten Duhamel's. Jean Marie Constant Duhamel ist geboren den 5. Februar 1797 zu St. Malo. Nach Absolvirung des Lyceums zu Rennes kam er auf die Polytechnische Schule, musste dieselbe aber 1816 verlassen und besuchte die École de droit zu Rennes. Auch dort wegen seiner politischen Anschauungen ausgeschlossen, ging er nach Paris, wo er sich durch Unterricht ernährte. Später (1840) wurde er Mitglied der Akademie und erhielt den Lehrstuhl der Analysis an der École Polytechnique, École Normale und an der Sorbonne. Im späteren Alter zog er sich von dieser Stellung zurück und starb nach einem glücklichen, sorgenfreien Alter am 1. Mai 1872. O.

M. Curtze. Notice sur la vie de Jean-August Grunert. Darboux Bull. III. 285-287.

Der Verfasser giebt einen kurzen Lebensabriss Grunert's und am Schluss eine Schilderung seiner Persönlichkeit. J. A. Grunert wurde am 7. Febr. 1797 zu Halle a. S. geboren, studirte zuerst daselbst Bauwissenschaften, dann in Göttingen Mathematik, wurde 1820 zu Halle promovirt, war darauf Lehrer der Mathematik und Physik am Gymnasium und an der Militairschule zu Torgau, seit 1828 Professor am Gymnasium zu Brandenburg a. H. und seit 1833 ord. Professor an der Universität zu Greifswald, wo er am 7. Juni 1872 starb. M.

Faye, V. Puiseux, Dubarée, G. Villarceau. Discours aux funérailles de M. Delaunay. Darboux Bull. III. 317-320, Liouville J. (2) XVII. 348-350, Inst. XL. 279-280, Ann. d. Mines (7) II. 193-205.

Die beiden ersten Reden gedenken nur der Verdienste, die sich der Verstorbene durch seine „Théorie de la Lune" um die Astronomie erworben hat, enthalten aber keine Mittheilungen über das Leben desselben. Auch in der dritten Rede von Dubarée finden sich nur solche Notizen, die sich auf Delaunay's Verhältniss zur École des Mines beziehen: Charles Eugène Delaunay ist geboren den 9. April 1816, war Professor der Mathematik an der École Polytechnique, dann Ingénieur des Mines. 1855 wurde er Mitglied der Akademie und bekleidete seit dem Jahre 1870 die Stelle des Directors der Pariser Sternwarte. Er fand seinen Tod am 4. August 1872 bei einer Wasserfahrt durch Umschlagen des Bootes. O.

L. F. Menabrea. Intorno ad uno scritto del Sig. Prof. Angelo Genocchi. Lettera a. D. B. Boncompagni. Boncompagni Bull. V. 301-305.

Richtet sich persönlich gegen eine Aeusserung in der auf S. 11 des III. Bandes dieses Jahrbuches erwähnten Arbeit Genocchi's über das Leben und die Werke Felice Chiò's in Betreff der Arbeiten dieses Letzteren über die Lagrange'sche Reihe, in welcher eine Anklage Menabrea's gefunden werden konnte. Ce.

A. GENOCCHI. Intorno ad una lettera del Sig. Conte L. F. Menabrea. Apunti. Boncompagni Bull. V. 535-542.

Wendet sich gegen den oben erwähnten Brief Menabrea's und zeigt an der Hand von Documenten, dass der Verfasser zu der incriminirten Aeusserung völlig berechtigt war. Ce.

H. SUTER. Geschichte der mathematischen Wissenschaften. I. Theil: Von den ältesten Zeiten bis Ende des XVI. Jahrhunderts. Zürich. Orell, Füssli et Comp.

H. HANKEL. Intorno al Volume intitolato „Geschichte der mathematischen Wissenschaften etc.“ Traduzione del Sig. Filippo Keller. Boncompagni Bull. V. 297-300.

Das Werk Suter's, ursprünglich als Doctordissertation geschrieben, hat sich als Ziel gesetzt, einen kurzen und klaren Ueberblick über die Geschichte der gesammten Mathematik zu geben. Bei einem Umfange von 200 Seiten ist natürlich von einer Quellenangabe abzusehen gewesen, was auch ohne Schaden geschehen kann, wenn von dem Verfasser alle guten Quellen zu Rathe gezogen sind. Dass dies nicht überall der Fall, hat zum Theil schon Hankel in seiner Recension nachgewiesen. So fehlt die Geschichte der Mathematik bei den Indern gänzlich, die Geschichte der Wissenschaft bei den Arabern ist nur nach Wallis und Montucla gegeben; alle neueren wichtigen Untersuchungen von Woepcke, Sédillot, Steinschneider etc. sind nicht berücksichtigt. Von den dadurch entstandenen Fehlern und Missverständnissen giebt Hankel vielfache Proben, die sich leicht vermehren liessen. Wenn Hankel ihm aber zum Fehler anrechnet, dass er den Erfinder der Quadratix, Hippias, mit dem Sophisten Hippias von Elis identificirt, was schon Brettschneider gethan hat, so dürfte er irren. Proklos Diadochos hat, wie man sich leicht überzeugt, die Gewohnheit, nur bei der ersten Aufführung eines Namens die nähere Bezeichnung hinzuzufügen, später aber dieselbe als selbstverständlich wegzulassen. In der Aufzählung der Mathematiker vor Euklides am Anfange seines Werkes findet sich nun aber auch erwähnt Ἱππίας ὁ Ἠλεῖος (Proclus ed. Friedlein

p. 65). Der später nur als Hippias Erwähnte kann also nur der Eleer sein. Es ist aber nicht blos in der Geschichte der griechischen und arabischen Mathematik, dass die schlechtesten Quellen benutzt sind, auch in der späteren Geschichte findet sich vieles fehlerhaft. So ist die Darstellung der Entdeckung der Auflösung der Gleichungen 3ten Grades durch Ferro, Cardan, Tartaglia gänzlich falsch, wie schon 1846 durch Gherardi gezeigt ist; so fehlt der Hauptrepräsentant der Mathematik des XIV. Jahrhunderts, Nicole Oresme, gänzlich; so sind die Angaben über Copernicus zum grössesten Theile irrig. Schon Alpetragius hat ähnliche Ideen, wie Copernicus ausgesprochen; Copernicus hat nicht blos in Krakau und Bologna, sondern höchst wahrscheinlich auch in Padua studirt; hat aber nur ein halbes bis dreiviertel Jahr, nicht Jahre lang, in Rom gelehrt. Schon vor seiner Reise nach Italien war er Kanonicus zu Frauenburg geworden, nicht erst 1506 nach seiner Rückkunft von Italien. Rhäticus lebte nicht in Nürnberg, sondern in Wittenberg. Als Hypothese giebt nicht Copernicus, sondern der anonyme Schreiber der Vorrede, Osiander, das System aus; das war ja gerade die Bedingung der Indexcongregation, dass alle Stellen, in denen Copernicus sein System nicht als Hypothese ausspricht, in diese Form umgeschrieben werden mussten.

Den Schlusssatz der Recension Hankels: „Wenn wir auch von all diesen einzelnen Ausstellungen absehen, so müssen wir dem vorliegenden Werke doch einen Fehler zum Vorwurf machen, der nicht leicht zu verbessern ist. In ihm fehlt nämlich gänzlich die Charakterisirung der verschiedenen Mathematiker, die ihrer Werke und ihrer Methoden. Wie weit der Verfasser von der Erkenntniss des speciellen Geistes der antiken Mathematik entfernt ist, kann man aus dem oben erwähnten Beispiel in Betreff des Archimedes ersehen."

„Die Geschichte der Mathematik darf nicht die Gelehrteu und ihre Werke einfach aufzählen, sie muss vielmehr die ganze Entwickelung der Ideen auseinandersetzen, welche in der Wissenschaft herrschten; nur so wird sie das allgemeine Interesse anregen und den Nutzen stiften, den Herr Suter sich von ihr verspricht", kann man nur einfach unterschreiben. Ein grosser Mangel nicht dieses Geschichtswerkes allein ist das Fehlen eines guten Index. Ce.

P. Riccardi. Biblioteca Matematica Italiana dalla origine della stampa ai primi anni del secolo XIX. Modena 1870—1872. Fasc. 1-4.

Eine vortrefflich gearbeitete mathematische Bibliographie der in Italien oder von Italienern erschienenen Werke, zugleich mit Nachweisung der Litteratur über jeden Autor, soweit eine solche existirt. Die bis jetzt erschienenen 4 Lieferungen reichen bis zum Schluss des ersten Bandes des ersten Theiles von A bis Kirchhoffer. Ce.

M. de Tilly. Rapport séculaire sur les travaux mathématiques de l'académie royale de Belgique (1772 bis 1872). Bruxelles. Hayez. [Extrait du livre commémoratif du centième anniversaire de l'académie].

Das vorliegende Werk, das eine beinahe vollständige Geschichte der Mathematik in Belgien seit 100 Jahren enthält, zerfällt in folgende Theile. I. Analysis. 1) Algebraische Analysis, 2) Reihen, 3) Integralrechnung, 4) Theorie der quadratischen Reste, 5) Wahrscheinlichkeitsrechnung. II. Geometrie: 1) Reine Geometrie, 2) Infinitesimal-Geometrie. III. Mechanik: 1) Rationelle Mechanik, 2) Angewandte Mechanik.

Es erscheint dem Referenten nicht überflüssig, darauf hinzuweisen, dass zu den von Herrn Tilly hier analysirten Arbeiten einige der wichtigsten Arbeiten von Chasles gehören, z. B. seine Geschichte der Geometrie, ausserdem verdienstvolle Untersuchungen von Daudelin, Quetelet, Brasseur, Schaar, Gilbert und Catalan. Mn. (Wn.)

S. Günther. Beiträge zur Erfindungsgeschichte der Kettenbrüche. Pr. Weissenburg. 1872.

Recension dazu von M. Cantor. Schlömilch Z. XVII. Litz. 102.

Die Abhandlung beschäftigt sich in eingehender Weise mit der Geschichte des ab- und aufsteigenden Kettenbruchs, und führt uns der Reihe nach die Verdienste des Leonardo Pisano, des P. A. Cataldi, Daniel Schwenter's, Lord Brouncker's und Huyghens um diese Grössenformen vor Augen. Vorzugsweise betont er die Verdienste D. Schwenter's um dieselben, aus dessen Deliciae mathematicae er im Anhange noch einige weitere Beiträge zur Geschichte der Mathematik beibringt, die den Werth jener Schrift für letztere noch klarer hervortreten lassen. Ce.

W. Karup. Theoretisches Handbuch der Lebensversicherung. Leipzig, 1871. Fritsch.

Dem historischen Theile des Werkes entnehmen wir folgende Angaben. Die erste Tafel über die Lebensdauer besitzen wir vom römischen Präfecten Ulpian. Angebahnt ward die Idee der Lebensversicherung im 14ten Jahrhundert durch die Reise- und Unfallversicherung der See-Assecuranzkammern und durch die im Mittelalter von Seiten der Gilden geleisteten gegenseitigen Unterstützungen bei Unglücksfällen. Sie entwickelten sich zu den Kranken- und Begräbnisskassen der Zünfte. Der italienische Arzt Lorenzo Tonti erfand die Tontinen und legte damit den Grund zur Rentenversicherung. Die französische Regierung versuchte vergeblich daraus eine Einnahmequelle zu machen. Fermat und Pascal schufen die Wahrscheinlichkeitsrechnung. Der holländische Staatsmann de Witt gründete auf deren Principien und auf gesammelte Geburts- und Todeslisten die Rentenversicherung, welche sofort von mehreren Staatsregierungen realisirt ward. Im 17ten Jahrhundert wird die Mortalitätsstatistik, die den Römern schon durch die fünfjährigen Steuerlisten des Servius Tullius bekannt war, später in Klöstern dauernd gepflegt ward, auf die Wahrscheinlichkeitslehre basirt. Aus der von da an beginnenden wissenschaftlichen Litteratur werden angeführt die Werke von Sir William Petty (politische Arithmetik 1662), John Graunt (Todtenlisten 1680), Caspar Neumann 1692, Halley (Mortalitätstabellen 1693). Die erste Lebensversicherungsanstalt, projectirt von Assheton, ward 1698 in London errichtet. Die Fortentwickelung des Instituts lässt sich nur durch Eingehen auf den Specialinhalt darstellen.

Siehe auch Abschn. IV. H.

F. Klein. M. Chasles, Rapport sur les progrès de la géométrie. Gött. Anz. 1-12.

Herr F. Klein berichtet über vorstehendes Werk, in welchem der Verfasser die gesammte Entwickelung der neueren Geometrie in Frankreich von ihrem Beginne zu Anfang dieses Jahrhunderts bis auf die neuesten Forschungen hin dargestellt hat. Im Anschluss an diesen Bericht kennzeichnet Herr Klein die Bedeutung, welche die Arbeiten deutscher Forscher für die Ausbildung und Vervollkommnung der neueren Methoden in der Geometrie gehabt haben. Schn.

F. Hoza. Beitrag zur Geschichte der Trochoiden. Casopis I. 54-60. Wn.

J. W. L. Glaisher. Remarks on the calculation of π. Messenger (2) II. 119-123.

Siehe Abschn. VIII. Cap. 3.

K. Hippauf. Lösung des Problems der Trisection mittelst der Conchoide auf circularer Basis. Hoffmann Z. III. 215-240. Leipzig, Teubner.

Von den Resultaten der Abhandlung ist höchstens die Construction des Conchoidencirkels in dieser Form neu, obwohl derselbe nur eine Modification des Nicomedischen Conchoidencirkels für die auf gerader Basis ist. Der Grundgedanke der Lösung des Verfassers findet sich im 8ten Lemma des Archimedes, seine Lösung selbst haben die Araber unter Berufung auf die Griechen vollständig gegeben, z. B. Thabit ben Korrah und Abul Rihan, gewöhnlich Albiruni genannt. Dieser Letzte fand auch den Zusammenhang seiner Lösung mit der des Nikomedes, die Herr Hippauf dem Jesuiten Clavius zuschreibt. In der Hippauf'schen Form gaben die Lösung die drei Brüder Muhammed, Ahmed und

Hasan ben Musa ben Shakir, wahrscheinlich nach diesen findet sie sich in der Ausgabe des Euklid von 1482 am Ende des vierten Buches. Die Kenntniss der Geschichte der Trisection scheint der Verfasser nur aus dem 5ten Bande des Klügel'schen Wörterbuches zu kennen, weshalb er dann aber die dort auch auseinandergesetzte Lösung durch die Conchoide auf circularer Basis, die dort nach Montucla schon der Platonischen Schule vindicirt wird, nicht ebenfalls anführt, ist eigenthümlich, da er doch die erste citirt hat, oder hat er etwa seine Methode dort nicht erkennen wollen? Auch Copernicus hat die Methode gekannt, wie in nächster Zeit nachgewiesen werden wird. Die Geschichte der Trisection bei den Arabern findet man in Woepcke's Uebersetzung des Omar Alkayami in Anhang D., wo auch auf die Trisection die Construction des Siebenecks gegründet ist.

Ce.

F. Zöllner. Zur Geschichte des Horizontalpendels.

Leipz. Ber. XXIV. 183-193.

Der Herr Verfasser hat die Priorität der Idee, welche einem Instrumente zu Grunde liegt, das er zuerst in seinem Vortrage: „Ueber eine neue Methode zur Messung anziehender und abstossender Kräfte“ (Leipz. Ber. 1869, S. 281) beschrieb und an einem Modelle erläuterte, das er später, auf Grund zahlreicher Versuche vervollkommnet, unter Beigabe einer Reihe von damit angestellten Versuchen, in der Abhandlung: „Ueber den Ursprung des Erdmagnetismus und die magnetischen Beziehungen der Weltkörper“ von Neuem erklärte (Leipz. Ber. 1871 p. 479), bereits im Jahr 1869 Herrn Perrot, (C. R. LIV. 728) eingeräumt. Durch Herrn Dr. Klein auf die, in Dingler's polytechnischem Journale (Jahrgang 1832 p. 81—92) erschienene Schrift: „Astronomische Pendelwage, nebst einer neuen Nivellirwage, erfunden und dargestellt von Lorenz Hengler, academischem Bürger an der Hochschule zu München“ aufmerksam gemacht, sieht er sich aber jetzt veranlasst, die ursprünglich Perrot zugedachte Priorität Herrn Hengler zu vindiciren, und dieses Hengler gebührende Recht durch Anführung der Cardinalpunkte seines Aufsatzes ausser allen Zweifel zu stellen. Gleichwohl aber müssen die Hengler'schen Beobachtungen, deren nähere Umstände und dabei angewandte Vorsichtsmaassregeln äusserst dürftig angegeben sind, mit grosser Behutsamkeit aufgenommen werden, wenn auch ihre Glaubwürdigkeit hier nicht in Zweifel gezogen wird. Ueber die Persönlichkeit des Erfinders liessen sich genauere Nachrichten nicht einziehen; nur soviel konnte ermittelt werden, dass zu München im Jahre 1830—31 ein Cand. phil. et theol. Lorenz Hengler aus Reichenhofen in Württemberg immatriculirt gewesen, jedoch weder früher noch später wieder zu finden sei.

Wtn.

C. Ohrtmann. Das Problem der Tautochronen. Pr. Berlin.

Der Verfasser bespricht zuerst die Erfordernisse einer Geschichte der Mathematik. Die Schwierigkeiten ihrer Erfüllung erklären den Mangel einer befriedigenden Leistung auf diesem Gebiete, und weisen uns darauf hin, durch historische Bearbeitung der Entwickelung einzelner Probleme die künftige umfassende Darstellung vorzubereiten. Hierzu soll die gegenwärtige Arbeit über die Tautochronen ein Anfang sein.

Nach einer kurzen Uebersicht über die Reihenfolge der Arbeiten und deren Erfolge schreitet der Verfasser zur sachlichen Darstellung. Diese zusammenfassend wiederzugeben ist nicht wohl möglich. Der Fortschritt besteht weniger im Vordringen zur allgemeinen Lösung einer bestimmten Frage, als grösstentheils in der Entwickelung einer immer grössern Vielseitigkeit der Fragen, zu denen die mannichfaltige Form der Kräfte und die Begrenzung der Bewegung Anlass bietet, und welche wohl kaum als erschöpft und abgeschlossen betrachtet werden dürfen. Huyghens bestimmte die tautochronische Curve für parallel constante Schwerkraft, Newton und Herrmann für Centralanziehung und für einen der Geschwindigkeit, Euler und Jean Bernoulli für einen dem Quadrat der Geschwindigkeit proportionalen Widerstand. Necker führte dazu die Reibung längs der Curve ein. Durch Fontaine und Lagrange ward das Problem verallgemeinert, einestheils beliebige Kräfte in Untersuchung gezogen, andererntheils die Schwingungszeit als beliebig gegebene Function des Bogens genommen. Die mannichfaltigen hieraus fliessenden Fragen sind von ihnen sowohl als von den folgenden Autoren unter verschiedenen Beschränkungen auf verschiedene Stadien der Lösung geführt worden. Es haben sich seit 100 Jahren 19 Autoren mit dem Problem beschäftigt, deren betreffende Werke und biographische Notizen am Schluss aufgeführt werden.

Es verdient bemerkt zu werden, dass erst kurz vorher eine Arbeit von Bösser (siehe Fortschr. d. Math. II. 26) erschienen war, welche sich als vorzüglicher Beitrag zu dem von Ohrtmann angeregten Unternehmen ganz in dessen Sinne betrachten lässt, obwohl sie nicht aus dem umfassenden Gedanken hervorgegangen ist. H.

J. H. v. Mädler. Geschichte der Himmelskunde von der ältesten bis auf die neueste Zeit. Braunschweig. Westermann.

Das Referat erfolgt im nächsten Bande der Fortschritte nach vollendetem Erscheinen des Werkes. O.

Capitel 2.

Philosophie.

J. M. C. Duhamel. Des méthodes dans les sciences de raisonnement. Vme Partie: Essai d'une application des méthodes à la science de l'homme moral. 8°. Paris. Gauthier-Villars.

Wir führen den vorliegenden Theil nur der Vollständigkeit halber als Ergänzung zu dem im 2ten Bande p. 270 erwähnten Referate an, das den 4ten Band des vorliegenden Werkes besprach. Wie aus dem Titel schon hervorgeht, bewegt sich der Inhalt dieses Theils nicht mehr auf mathematischem Gebiete.

O.

J. C. V. Hoffmann. Vom Allgemeinen zum Besondern oder vom Besondern zum Allgemeinen? Hoffmann Z. III. 366-367.

Der Verfasser will den Fortschritt vom Besondern zum Allgemeinen consequent zur Norm des mathematischen Unterrichts erheben. Uebersehen ist dabei wohl nur, dass das Besondere ohne die angrenzende Abweichung, der rechte Winkel ohne den nichtrechten, keine distincte Auffassung zulässt. Allerdings lässt sich eine propädeutische Methode nach solchem Princip denken; doch kann diese die mathematische nicht ersetzen. H.

R. Hoppe. Der exacte und einfache Begriff des Unendlichen nebst seiner Anwendung in der höhern und niedern Mathematik. Hoffmann Z. III. 11-18.

Unendlich klein „ist“ eine Variable, wenn sie beliebig klein „werden kann.“ Zu keinem Infinitesimalschluss ist das Verschwinden der unendlich kleinen Differenzen erforderlich, vielmehr erhält man das genaue Resultat nach dem leicht zu beweisenden Satze: „Zwei Constanten, die von einer Variabeln unendlich wenig differiren, sind einander gleich.“ Bei solcher Bestimmung ist der Begriff und die Schlussweise des Unendlichen für Anfänger der Mathematik fasslich, und lässt sich, ohne Abänderung bis in die höchsten Zweige fortgeführt, in einfachster Weise zur Begründung der Principien anwenden. Hiermit hofft der Verfasser die Jahrhunderte lang schwebende Frage über die Möglichkeit einer exacten Bestimmung des Unendlichen zum Abschluss gebracht zu haben. H.

A. Transon. De l'infini ou métaphysique et géométrie, à l'occasion d'une pseudo-géométrie. Evreux 1871. Hérissey.

Siehe Abschn. VIII. Cap. 1. — Vergl. F. d. M. III. p. 13.

J. C. Becker. Ueber die neuesten Untersuchungen in Betreff unserer Anschauungen vom Raume. Schlömilch Z. XVII. 314-332.

Der Aufsatz ist eine Kritik einer Reihe von Sätzen, die einestheils Rosanes in einem Vortrag zu Breslau, anderntheils Gauss, Riemann und Helmholtz in ihren Schriften aufgestellt hatten. Der Verfasser nimmt Kant in Schutz nicht nur gegen die Beschuldigungen des Erstern, sondern auch gegen die sich ergebenden Folgerungen der Letztern. Soviel nun auch die logische Verwerthung, welche diese Folgerungen bisher erfahren haben, an Klarheit vermissen lässt, so kann man doch in der gegenwärtigen Beurtheilung schwerlich einen Fortschritt finden, da der Verfasser erst den Grundgedanken, dann auch eine direct ausgesprochene Bestimmung ganz ignorirt und nicht zu verstehen scheint. Es handelte sich darum, dass das Denkvermögen in Bezug auf geometrische Objecte weiter reicht als die der Anschauung des wirklichen Raumes entsprechenden Begriffe. Becker sieht darin vielmehr eine Anzweiflung, dass der wirkliche Raum der betreffenden Beschränkung unterliege, vertheidigt die Anschauungsbegriffe gegen das erweiterte Denken und nennt letzteres ein Ankämpfen gegen den gesunden Menschenverstand. Während aber in diesem Punkte sein Urtheil sehr von der Gewohnheit beherrscht und beengt erscheint, beweist er andererseits eine grosse Fertigkeit, mit schwebenden Begriffen, deren Berechtigung er selbst nicht anerkennt, zu argumentiren, mit untadelhafter Consequenz und in einer leichtfasslichen Sprache eingehend auf die formellen Bestimmungen, aber ohne die eigentlich vorliegende Frage zu treffen. Letzterer würde er schwerlich von dem Kant'schen Standpunkt aus näher treten können, auf dem er die Anschauung als ein fertig Gegebenes, auf Erfahrung nicht Reducirbares betrachtet, womit er den Schlüssel zur Lösung sich selbst vorweg versperrt. H.

P. de Saint-Robert. Qu'est-ce que c'est que la force? Mondes (2) XXVIII. 253-258.

Der Verfasser bespricht zunächst die Art, wie man gewöhnlich die Grösse von Kräften zu messen pflegt. Das Wort „force" scheint ihm jedoch für den Begriff nicht angemessen, und er schlägt daher vor, analog der Unterscheidung in potentielle und actuelle Energie (welche Ausdrücke ihm ebenfalls schlecht gewählt scheinen), „puissance disponible“ und „puissance vive“ zu substituiren. Nachdem er den Unterschied derselben an Beispielen erläutert, kommt er auf die Ansichten von Descartes und Leibniz über das Maass der Bewegungsmenge zu sprechen. Er setzt sodann die Ungenauigkeit des mit Annahme dieser Maasse ausgesprochenen Satzes von der Erhaltung der Kraft auseinander, indem beide Forscher die Fälle, wo mechanische Arbeit in Wärme verwandelt wird, nicht berücksichtigen konnten, und bespricht das Princip von der Constanz der Kraft bei einem freien, von äussern Einwirkungen gänzlich unabhängigen System. Bei der weiteren Erörterung stellt er die Hypothese auf, dass es nur unzerstörbare Materie giebt und unzerstörbare Bewegung, die sich unter verschiedenen Formen, wie mechanische Arbeit, Wärme etc. darstellt. Er folgert daraus, dass es in der Natur überhaupt keine Kraft giebt und sagt: „la force est simplement l'effet d'une transmission de mouvement.“ Wodurch diese Transmission der Bewegung hervorgebracht wird, darüber verschweigt der Verfasser seine Ansicht. Er glaubt hierdurch die Physik von dem Begriff „Kraft“ befreit zu haben, dürfte aber die Beantwortung der im Titel aufgestellten Frage durch seine Betrachtung weder gefördert noch klarer gestellt haben. O.

H. Klein. Die Principien der Mechanik, historisch und kritisch dargestellt. Leipzig. Teubner.

Die vorliegende Schrift ebenso, wie die im nächsten Jahrgang zu besprechende von E. Dühring ist aus Veranlassung der von der Göttinger Philosophischen Facultät für die Beneke-Stiftung gestellten Preisaufgabe entstanden. Die Aufgabe verlangte eine historische und kritische Darstellung der Principien der Mechanik von Galilei's Zeiten an und überliess es dem Bearbeiter, den historischen und kritischen Theil entweder gesondert für sich, oder in einander verflochten zu bearbeiten. Der Verfasser vorliegender Schrift, der der zweite Preis zuertheilt worden ist, hat die erstere Behandlungsweise gewählt, indem er den historischen Theil völlig von dem kritischen getrennt hat.

In der Einleitung giebt der Verfasser zunächst ein, etwas skizzenhaftes, Bild von dem Standpunkt der Mathematik im siebzehnten Jahrhundert. Als Begründer der Algebra bezeichnet er Diophantus. Vieta war der erste, der für die Zahlen Buchstaben einführte und dadurch die Aufstellung allgemeiner Lehrsätze und Methoden ermöglichte. Erwähnt werden dann noch in Kürze die Fortschritte, die Neper, Gunther, Descartes, Pascal, Huyghens, Wallis und endlich Fermat zu verdanken sind. Nachdem dann der Verdienste der Griechen um die Geometrie gedacht, bespricht der Verfasser den durch Descartes geschaffenen Fortschritt, der uns in der analytischen Geometrie geworden ist. Roberval beschäftigte sich nun speciell mit dem Problem der Tangenten, und daran schliesst sich eine Besprechung des Umschwungs, der für die gesammte Mathematik durch die Infinitesimalrechnung herbeigeführt wurde. An die Würdigung der Verdienste Euler's durch Einführung des Begriffs der Function schliesst der Verfasser eine Darstellung des Standpunktes der Mechanik. Die Alten hatten zwar, wie aus Vitruv und den grossartigen architektonischen Werken hervorgeht, bereits eine grosse Anzahl sinn- und kunstreicher Instrumente, trotzdem aber befanden sie sich hier auf einem falschen Wege. Sie suchten die Erscheinungen auf dunkle und unbestimmte abstracte Begriffe zurückzuführen, auf deren Worterklärung die Sache dann meist ohne eigentliche Berücksichtigung der reellen Erscheinungen hinauslief. Hatten die Alten auch naturphilosophische Systeme, physikalische Theorien fehlen ihnen gänzlich. Eine Ausnahme hiervon macht vielleicht nur Archimedes, der eine Anzahl von Erscheinungen wirklich zu erklären versucht. Aber dies blieb ein vereinzelter Lichtpunkt. Aristoteles mit seiner Naturphilosophie erhielt sich durch das ganze Mittelalter hindurch als Autorität. Erst gegen Ende des sechszehnten Jahrhunderts fängt man an, diesen Weg zu verlassen. Es treten nun eine Anzahl von zunächst vereinzelten mechanischen Begriffen und Gesetzen auf, wie z. B. bei Benedetti der Begriff der beschleunigten Bewegung, bis zu Galilei, dem eigentlichen Begründer der Dynamik. Indem der Verfasser dann die Entwickelung im siebzehnten Jahrhundert bespricht, charakterisirt er den Standpunkt der Mechanik in folgenden Worten: „Mit dem siebzehnten Jahrhundert war die theoretische Mechanik so weit fortgeschritten, dass ihr noch vor Allem der mathematische Ausdruck fehlte. Es wurde nun Aufgabe der Mathematiker, die speciellen mechanischen Untersuchungen allgemeinen Gesetzen unterzuordnen, d. h. die allgemeinen mechanischen Principien aufzustellen.“ Der Verfasser macht dann auf die verschiedene Bedeutung aufmerksam, die man dem Wort: „Principien“ unterlegen könne. Einmal kann nach dem Verfasser Princip ein allgemeines mechanisches Gesetz bezeichnen, ferner können Principien eine allgemeine Betrachtung enthalten, welche zur Integration einer ganzen Gattung mechanischer Differentialgleichungen führt, endlich können sie auch allgemeine Erfahrungssätze aussprechen.

Der Verfasser wendet sich nun zu der historischen Entwickelung der allgemeinen Principien der Mechanik. Zunächst ist es das Princip der virtuellen Geschwindigkeiten. Nach Lagrange ist Guido Ubaldo del Monte der erste gewesen, der dieses Princip benutzt hat. Aber weder er noch Galilei haben die Tragweite und Wichtigkeit desselben erkannt. Johann Bernoulli war es, der dasselbe zunächst für das Gebiet der Statik fruchtbar machte. Nach ihm wurde dasselbe von Maupertuis und d'Alembert benutzt. Aber erst Lagrange hat es in völliger Allgemeinheit zur Grundlage der theoretischen Mechanik gemacht. Nachdem dann noch die Beweisversuche von Fourier und Lagrange und endlich die Ansichten von Jacobi und Carl Neumann besprochen sind, folgt das Princip der Erhaltung der lebendigen Kraft. Der Ausdruck „lebendige Kraft“ ist von Leibniz eingeführt worden. Das Maass der Kraft, das dadurch eingeführt wurde, gab zu einem Streite zwischen den Anhängern von Leibniz und Descartes Veranlassung, der erst durch d'Alembert erledigt wurde; seit dem hat sich dann die Unterscheidung zwischen Quantität der Bewegung und lebendiger Kraft herausgebildet. Zuerst ist dies Princip von Huyghens für einen speciellen Fall aufgestellt, und dann von Joh. Bernoulli als allgemeines Princip hingestellt worden. Das Princip der Erhaltung des Schwerpunktes ist in seiner ersten Aufstellung auf Huyghens zurückzuführen, die genaue Deduction ist aber Newton zu verdanken. Gleichzeitig von Euler, Daniel Bernoulli und d'Arcy wurde das Princip der Erhaltung der Flächen gefunden, wenn es auch bei ihnen unter verschiedenen Formen auftritt. Der erste Gedanke an das Princip der kleinsten Wirkung findet sich schon bei Hero. Maupertuis hat es dann gebraucht, um die Erscheinungen der Zurückwerfung und Brechung des Lichts zu erklären. Es ist indess nicht mit absoluter Gewissheit zu entscheiden, ob dasselbe nicht etwa schon von Leibniz aufgestellt ist. Lagrange gab demselben eine erweiterte Bedeutung, die nach Jacobi indess einer gewissen Beschränkung bedarf. Das d'Alembert'sche Princip ist in seiner ersten Aufstellung von Fontaine gegeben. Newton hatte dasselbe vorbereitet, und Joh. Bernoulli und Herrmann haben es bereits benutzt. Das Verdienst jedoch, dem Princip eine mathematische Form gegeben und es dadurch anwendbar gemacht zu haben, gebührt d'Alembert. Gauss hat das Princip des kleinsten Zwanges aufgestellt. Das Princip der Erhaltung der Kraft endlich ist zuerst von J. A. Mayer in Heilbronn ausgesprochen worden. Die allgemeinste Form desselben verdankt man Helmholtz, während Andeutungen des demselben zu Grunde liegenden philosophischen Gedankens sich bis zu Cicero herunter verfolgen lassen.

Nachdem der Verfasser so die historische Seite der Aufgabe besprochen, wendet er sich zu dem kritischen Theile seiner Arbeit. Zunächst stellt er die Gesichtspunkte auf, die ihn hier geleitet haben. Gemäss dem von der Facultät aufgestellten Programm ist das Ziel der Untersuchung: festzustellen, wie viel an jedem dieser mechanischen Principien nur ein selbstverständlicher logischer Grundsatz, wie viel die zum Gebrauche nothwendige mathematische Formulirung eines solchen Grundgesetzes, wie viel dagegen Ausdruck einer allgemein gültig gefundenen Erfahrungsthatsache, wie viel endlich nur eine durch den bisherigen Umfang der Erfahrungskenntniss wahrscheinlich gemachte Annahme ist. Der Verfasser stellt die einzelnen Fragen, die damit für jedes Princip gegeben, näher dar, namentlich in dem Zusammenhange, in dem dieselben untereinander zu fassen sind.

Die allgemeine Voraussetzung, die er seiner Forschung zu Grunde legt, ist nun die, dass in der Natur ausnahmslose Gesetzmässigkeit herrsche, d. h. also: er nimmt das Causalitätsprincip als nothwendige Voraussetzung an. Er setzt ferner Materie voraus, der Ausdehnung nach drei Richtungen und damit Theilbarkeit in ausgedehnte Massenpunkte zukommt, ferner Masse, die jeden qualitativen Unterschied aufhebt, und Undurchdringlichkeit. Diese Materie lässt er Ursachen unterworfen sein, d. h. er macht die Materie zur Trägerin von Kräften. Nachdem sodann das Causalitätsprincip einer näheren Erörterung unterzogen ist, wird die Natur der Ursachen, denen die Materie unterworfen ist, untersucht. Als Resultat dieser Untersuchung ergeben sich die beiden Sätze: „Alle Kräfte sind Bewegungskräfte" und „Die Bewegungsursachen liegen ausserhalb des Bewegten." Nachdem der Verfasser sodann das Gesetz der Trägheit als Grundgesetz aufgestellt und dabei der Arbeiten von Wundt und namentlich der Untersuchung von C. Neumann über die Bedeutung desselben (siehe Fortschr. d. M. II. p. 39) gedacht, stellt er als letzten Grundsatz, der jeder mechanischen Betrachtung zu Grunde zu legen ist, den Satz auf, dass „Wirkung und Gegenwirkung einander gleich sind", einen Satz, den auch Newton seiner Naturphilosophie zu Grunde gelegt hatte. Er wendet sich sodann zur kritischen Betrachtung der vorher historisch besprochenen Principien. Die Reihenfolge ist hier jedoch eine andere als dort, motivirt durch die sachliche Stellung, die sich durch die Untersuchung als Resultat für die einzelnen Principien ergeben hat. Zunächst wird das Princip von der Erhaltung der Kraft besprochen. Der Verfasser giebt diesem Princip die Stellung einer Grundhypothese, die ihrem Wesen nach schon in dem Satz: „Jede Wirkung ist ihrer Ursache äquivalent" enthalten ist. Sie ergiebt sich ihm als eine Folgerung, zu der man durch Schlüsse der Analogie wie von der Materie zur Kraft gelangt, die aber zugleich ihre Begründung in der für den Naturforscher nothwendigen Annahme einer qualitativ und quantitativ unveränderlichen Materie mit Kräften findet. Der Verfasser bespricht sodann die mathematische Formulirung des Satzes nebst der nothwendigen Beschränkung und wendet sich dann in längerer Auseinandersetzung zu der Stellung des Princips zur Erfahrung. Indem er hier die Worte von Helmholtz: „Die vollständige Bestätigung jenes Princips ist wohl als eine der Hauptaufgaben der nächsten Zukunft der Physik zu betrachten“ als Wegweiser bezeichnet, erläutert er zunächst kurz die Wahrscheinlichkeit desselben a priori, bespricht dann die hauptsächlichsten Phänomene der verschiedenen physikalischen Disciplinen der Reihe nach und untersucht, in wie fern sie für oder gegen die Richtigkeit des Princips sprechen. Er gelangt dabei zu dem Resultate, dass dasselbe zwar in der Erfahrung bereits vielfach bestätigt sei, dennoch aber nicht als Ausdruck einer allgemein gültigen Erfahrungsthatsache, sondern nur einer sehr wahrscheinlich allgemeinen betrachtet werden könne. Sodann geht er zur Betrachtung des Princips der virtuellen Geschwindigkeit und des d'Alembert'schen Princips über. Beide sind in ihrer Allgemeinheit rein logische Folgerungen aus der aufgestellten Grundhypothese, in ihrer mathematischen Form Lehrsätze, deren Richtigkeit auf mathematische Ausdrücke der Grundhypothese zurückgeführt werden kann. Beide können ihrerseits umgekehrt dazu dienen, den Satz von der Constanz der Kraft zu begründen. Beide aber können nur bei den sogenannten mechanischen Kräften als allgemein gültige Erfahrungsthatsachen betrachtet werden. Der Verfasser hat die beiden Principien unmittelbar der Besprechung der Grundhypothese folgen lassen, weil beide zusammen die Mittel an die Hand geben, die mechanischen Probleme in solche der Analysis zu verwandeln. Während das erste diese Rolle für die Probleme der Statik übernimmt, leistet das d'Alembert'sche dasselbe für die dynamischen. Sie bilden also gewissermaassen das Fundament der ganzen Mechanik. Die Form aber, in der sie diese Aufgabe erfüllen, nöthigt oft dazu, sich noch nach weiteren Principien umzusehen. Diese können dann Folgerungen enthalten, welche entweder eine ganze Gattung von Problemen enthalten, oder den Aufgaben eine für die analytische Behandlung schicklichere Form geben. Sie können entstehen durch neue Begriffe und aus der Erfahrung neu herbeigebrachte Eigenschaften der Materie, welche sogar zwingen könnten, obige Principien entweder noch nicht als die allgemeinsten anzuerkennen, oder auch dieselben ganz zu verwerfen. Es könnte aber auch ohne Vermehrung der Erfahrungskenntnisse ein Princip gefunden werden, welches, allgemeiner als die beiden, diese als Folgerungen enthält. Der Verfasser untersucht nun das Princip von der Erhaltung der lebendigen Kraft, indem er zunächst die logische Herleitung desselben aus der Grundhypothese nach Helmholtz giebt und dann die mathematische Bedeutung und Anwendbarkeit erörtert. Nachdem sodann die Erfahrungsgültigkeit desselbeu besprochen, wird die Stellung desselben zum Princip der virtuellen Geschwindigkeit erörtert, wobei der Verfasser auf eine gewisse Analogie in der Stellung dieser beiden Principien zu einander mit den Sätzen von den Winkelpaaren bei Parallellinien geführt wird, von denen sich jeder ohne Schwierigkeit erweisen lässt, sobald nur einer als richtig erkannt ist. Der Verfasser schliesst daraus, dass die Mathematik zwar bei der Entwickelung mechanischer Gesetze grosse Dienste leiste, dass ihr aber die eigentliche Entdeckung derselben nicht zu verdanken sei, denn „die Formel ist nichts als der mathematische Ausdruck eines bereits im Geiste klar erkannten Zusammenhanges der Erscheinungen, und deswegen ist das, was aus der Formel herausgerechnet wird, schon darin enthalten.“ Die durch die Mathematik erhaltenen Resultate können daher nur auf die Sicherheit Anspruch machen, die der ersten Gleichung zukommt. Das Princip der Erhaltung des Schwerpunktes, das der Verfasser dann bespricht, ist als rein mathematische Folgerung aus den bereits erörterten Principien zu betrachten. Der Verfasser unterzieht bei dieser Gelegenheit auch die Bezeichnung „Schwerpunkt“ einer Kritik und empfiehlt, statt desselben „Massenmittelpunkt“ oder mit Thomson „Trägheitsmittelpunkt“ zu substituiren. Das Princip der Erhaltung der Flächen tritt in verschiedenen Formen auf. Ist in demselben von Proportionalität der Flächen und Zeiten die Rede, so erscheint es als rein mathematische Folgerung, während es metaphysische Gültigkeit zu haben scheint, wenn man von Constanz der Momente der Quantitäten der Bewegung spricht. In letzterer Form lässt es sich aus dem Grundsatz der gleichen gegenseitigen Wirkung und aus dem Trägheitsprincip folgern. In Beziehung auf seine Stellung zur Erfahrung wird bemerkt, dass es durch Beobachtung noch keinen Widerspruch gefunden, und namentlich in der Bewegung der Himmelskörper seine Bestätigung finde. Das Princip der kleinsten Wirkung tritt in dem Gewande eines an und für sich klaren Grundsatzes auf. Schon Poisson und Lagrange indess haben auf die Unhaltbarkeit hingewiesen, was sofort klar wird, wenn man an das Maass für die Grösse denkt, die zu einem Minimum werden soll. Dasselbe ist nur als mathematische Folgerung zu betrachten. Auch das Princip des kleinsten Zwanges endlich ist einer doppelten Auffassung fähig, in der es einmal als logischer Grundsatz erscheint, während es andererseits auch als rein mathematische Folgerung betrachtet werden kann.

Damit ist die Reihe der mechanischen Principien beendigt und der Inhalt des gestellten Themas erschöpft. Zum Schluss giebt der Verfasser noch einige Andeutungen über die Anwendung dieser Principien auf chemische Processe und auf das organische Leben. O.

J. C. V. Hoffmann. Die Principien des 1ten Buches von Euklid's Elementen. Hoffmann Z. III. 114—143.

Der Aufsatz ist eine sehr eingehende logische Kritik der Erklärungen (*ὅροι*), Forderungssätze (*αἰτήματα*) und Grundsätze (*κοιναὶ ἔννοιαι*) Euklid's, in welcher namentlich die zu weit gehende Behauptung widerlegt werden soll, dass Euklid's Geometrie in jeder Beziehung ein unübertroffenes Meisterstück sei. Die Richtigkeit der Charakteristik kann man durchweg zugestehen; dennoch bleibt sie fern davon, das vorgesetzte Ziel zu erreichen, weil sie weder ein realisirtes Muster aufstellt, noch von ihrem Ideal irgend eine Rechenschaft giebt. Der Gegensatz gegen das Getadelte, z. B. die Starrheit, bleibt stets im Dunkeln. In einem Hauptfalle ist sogar die als selbstverständlich unausgesprochene erweislich eine widersprechende Forderung. Dass bei Grundbegriffen die Definition den Begriffsinhalt nicht positiv geben, sondern nur limitiren kann, und dass nicht die allgemeinsten

Begriffe es sind, welche dem gemeinen Denken entlehnt werden können, leuchtet wohl ein. Hätte der Verfasser hierauf Bedacht genommen, so hätte er Euklid's Zuwerkegehen aus Gesichtspunkten würdigen müssen, denen er durchweg fern bleibt.

H.

F. Reidt. Zur Methode des Unterrichts in der Algebra.
Hoffmann Z. III. 431-442.

Die erste Frage ist, wie ein Schüler den algebraischen Ansatz einer Aufgabe erlernen könne. Eine wesentliche Regel für den betreffenden Unterricht ist hier genannt: die Gleichungen ohne Unterschied zwischen Bekannt und Unbekannt erst als Relationen aufzustellen. Im übrigen empfiehlt der Verfasser Uebergang von der speciellen zur allgemeinen Aufgabe. Dass sich das Thema hätte weit erschöpfender behandeln lassen, gewahrt man leicht. Eine zweite Frage betrifft die Einführung der Determinantenrechnung in den Schulunterricht, welche an bairischen Gymnasien bereits stattgefunden hat, und hier befürwortet wird. Bearbeitungen für diesen Zweck giebt es, die jedoch nicht befriedigen. Der gewöhnliche Fehler ist, dass man um der elementaren Darstellung willen die Einfachheit der Schlüsse und die systematische Ordnung zerstört. H.

Zerlang. Ueber mathematische Beweisführung.
Hoffmann Z. III. 24-27.

Zweiter Abschnitt.

Algebra.

Capitel 1.

Gleichungen. (Allgemeine Theorie. Besondere algebraische und transcendente Gleichungen).

AD. DRONKE. Einleitung in die höhere Algebra. 2. Theil. Halle. Nebert.

Im Anschlusse an den ersten Theil (F. d. M. II. p. 18) wird die Lösung der Gleichungen niederer Grade, die Lehre von den Permutationen, der binomische und polynomische Satz und die Theorie der Kettenbrüche vorgetragen. Es folgt eine Behandlung der Functionen einer Veränderlichen und deren Ableitung, der Reihentheorie und der allgemeinen algebraischen Gleichungen.

No.

M. A. STERN. Ueber J. Todhunter's „elementary treatise on the theory of equations with a collection of examples.“ Gött. Anz. 1872. 719-720.

Anzeige und kurze Besprechung. No.

P. L. M. BOURDON. Éléments d'arithmétique. 35me édition. 8[0]. Paris. Gauthier-Villars.

P. L. M. BOURDON. Éléments d'algèbre avec notes de M. Prouhet. 14me édition. 8[0]. Paris. Gauthier-Villars.

J. Grolous. Études sur les équations. Inst. XL. 256.

Siehe Abschn. V. Cap. 2.

Maleyx. Séparation des racines des équations à une inconnue. Nouv. Ann. (2) XI. 404-418.

Die Wurzeln von $F(x) = 0$ liegen zwischen den Werthen, welche $\varphi(x) F(x) - f(x) F'(x) = 0$ und $f(x) = 0$ oder ∞ machen, wenn φ und f beliebige algebraische Functionen sind, aber f mit F keine Wurzel gemeinsam hat. No.

G. Frobenius. Ueber die algebraische Auflösbarkeit der Gleichungen, deren Coefficienten rationale Functionen einer Variabeln sind. Borchardt J. LXXIV. 254-273.

Die Resultate dieses Aufsatzes sind die bekannten Galois'schen. Die Methode beruht darin, die Veränderliche x, von der die Coefficienten der rationalen Function $f(y, x)$ abhängen, von einem Werthe a ausgehen und auf einem beliebigen, aber durch keinen kritischen Punkt gehenden Wege zum Anfangswerthe zurückkehren zu lassen. Dadurch wird eine vom Wege abhängige Vertauschung der Wurzeln $y_1, y_2, \cdots y_n$ von $f(y, a) = 0$ vorgenommen. Lässt man x alle möglichen Werthe durchlaufen, so erhält man das zu $f(y, a) = 0$ gehörige conjugirte System (die Gruppe von $f = 0$). Lässt man nur die Wege zu, bei denen bestimmte algebraische Functionen von x unverändert bleiben $z, z', \cdots$, so erhält man das conjugirte System unter Adjunction von $z, z', \cdots$ Mit Hülfe dieser geometrischen Veranschaulichung ergeben sich die Galois'schen Sätze in einfacher Weise. No.

W. Matzka. Horner's eigentliche Auflösungsweise algebraischer Ziffergleichungen. Prag. Abh. (6) V.

Die Horner'schen Methoden werden theils in wortgetreuen Uebersetzungen, theils in Auszügen vorgetragen, und die äusserst knapp gehaltenen Vorschriften derselben durch Zusätze und Beispiele erläutert. No.

A. TRANSON. Simples notes 1) sur la limite des racines, 2) sur un théorème de Cauchy, 3) sur une question de licence. Nouv. Ann. (2) XI. 254-261.

Die zweite Note beweist $\sqrt[n]{a_1 \cdot a_2 \cdots a_n} < \frac{\Sigma a_\lambda}{n}$; die dritte bringt eine Aufgabe über Rouletten. No.

F. REIDT. Ueber irreducible cubische Gleichungen. Schlömilch Z. XVII. 430-432.

Es sei $x^3 - px - q = 0$, und p und q seien positiv. Setzt man $w_1 = \sqrt{p}$, $w_n = \sqrt{p + \frac{q}{w_{n-1}}}$, so ist für wachsende n, $\lim (x - w_n) = 0$, und x liegt zwischen zwei auf einander folgenden w. No.

E. GERONO. De la réalité des racines de l'équation du troisième degré en s

$$\Delta = \begin{vmatrix} a-s & b'' & b' \\ b'' & a'-s & b \\ b' & b & a''-s \end{vmatrix},$$

où b, b', b'' représentent des quantités différentes de zéro. Nouv. Ann. (2) XI. 305-309.

No.

A. GULDBERG. Sur la résolution des équations du 2ième, 3ième, 4ième degré. Forh. af Christ. 1872. 144-169.

Tabellen zur numerischen Berechnung der Wurzeln von algebraischen Gleichungen 2ten, 3ten und 4ten Grades. L.

O. E. BJÖRLING. Summarisk framställning af methoderna för algebraisk lösning af den allmänna 4:de grads eqvationer. (1te Abth.) Westerås.

Erwähnt werden 1) die Methode von Ferrari, ihre Erweiterung von Simpson und Lagrange, sowie zwei Methoden von Grassmann (1869 siehe F. d. M. II. p. 49), und Jourdain (1859), die dem Verfasser mit der ersteren im Wesentlichen übereinzustimmen scheinen, 2) die Methode von Descartes, vervollständigt von Grunert (Grunert Arch. XXXIX.) nebst der dahin gehörenden von Ampère (Corresp. math. et phys. LX.); 3) die ältere Methode von Euler. Bg.

A. B. Kempe. On the solution of equations by mechanical means. Messenger (2) II. 51-52.

Es wird $a_0 + a_1 x + \cdots + a_n x^n = 0$ in die Form $c_0 + c_1 \cos\theta + \cdots + c_n \cos n\theta = 0$ gebracht. Diese letztere Form kann leicht durch ein Räderwerk graphisch dargestellt werden.

Glr. (O.)

A. Vecchio. Sulle equazioni trascendenti. Battaglini G. X. 171—172.

Der Verfasser untersucht die Gültigkeit der Gleichung

$$\operatorname{tg} x = \frac{ax}{x^2 + b},$$

welche eine Verallgemeinerung der in der Wärmetheorie auftretenden Gleichung

$$4x \cos x + (3x^2 - 4) \sin x = 0$$

ist. M.

G. F. W. Bähr. Sur les racines des équations

$$\int_0^\pi \cos(x \cos\omega)\, d\omega = 0, \quad \int_0^\pi \cos(x \cos\omega) \sin^2\omega\, d\omega = 0.$$

Arch. Néerl. VII. 351-358, Versl. en Mededeel. (2) 1872. 325-333.

Siehe Abschn. VI. Cap. 4.

J. J. Sylvester. Solution of question 3230. Educ. Tim. XVII. 19.

Gegeben

$$x(x+y)(x+z)(x+t) = i(x-y)(x-z)(x-t),$$
$$y(y+x)(y+z)(y+t) = j(y-x)(y-z)(y-t),$$
$$z(z+x)(z+y)(z+t) = k(z-x)(z-y)(z-t),$$
$$t(t+x)(t+y)(t+z) = l(t-x)(t-y)(t-z),$$

zeige, dass nur ein einziges System von Werthen $xyzt$ diesen Gleichungen genügt und finde die Lösung.

Man erhält:

$$x = (i+j+k+l)\frac{i^3}{(i-j)(i-k)(i-l)} \text{ u. s. w.}$$

und sieht leicht, dass

$$x+y+z+t = i+j+k+l.$$

Hi.

J. Wolstenholme. Solution of question 3528. Educ. Tim. XVII. 24-25.

Wenn $u = x_1(1-x_2) = x_2(1-x_3) = \cdots = x_n(1-x_{n+1}) = x_{n+1}(1-x_1)$, wo $x_1\, x_2 \cdots x_{n+1}$ alle verschieden sind, so wird u bestimmt durch die Gleichung:

$$\left\{1+(1-4u)^{\frac{1}{2}}\right\}^{n+1} = \left\{1-(1-4u)^{\frac{1}{2}}\right\}^{n+1},$$

nachdem der Factor $(1-4u)^{\frac{1}{2}}$ ausgeworfen ist. Hi.

Capitel 2.

Theorie der Formen.

A. Clebsch. Theorie der binären algebraischen Formen. Leipzig. Teubner. Recens. von Th. Kötteritzch, Schlömilch Litz. XVII. 110-112.

Mit der Herausgabe dieses Werkes verfolgte der Verfasser den Zweck, die Behandlungsweise der algebraischen Formen, wie sie sich für ihn durch seine eigenen Untersuchungen und die eng mit ihnen zusammenhängenden Arbeiten Gordan's allmählich herausgebildet hatte, dem allgemeinen mathematischen Publicum zugänglich zu machen. Gegenüber den auf denselben Gegenstand bezüglichen Darstellungen Anderer unterscheidet es sich wohl, abgesehen von dem eigentlich Neuen, das es zum ersten Male im Zusammenhange bringt, hauptsächlich durch den streng systematischen Gang der Entwickelung: gewisse allgemeine Probleme werden von Vorneherein als Endziel hingesetzt und die einzelnen Probleme nur in soweit behandelt, als sie die betreffenden allgemeinen Ueberlegungen zu erläutern im Stande sind. Eben hierdurch ist die Beschränkung auf binäre Formen herbeigeführt: bei mehr Veränderlichen lassen sich die betreffenden Probleme, die bei ihnen gleichwie im binären Gebiete auftreten, noch nicht mit der Vollständigkeit erledigen, als es zum Zwecke einer zusammenhängenden Darstellung wünschenswerth scheinen muss.

Die Definition, wie sie Clebsch im Eingange seines Werkes für die invarianten Bildungen (eigentliche Invarianten, Covarianten etc.) zu Grunde legt, ist die rein formale: Invarianten sind aus den Coefficienten gegebener Formen und beliebig vielen Reihen von Variabeln gebildete Ausdrücke, die sich bei einer linearen Substitution bis auf eine als Factor vortretende Potenz der Substitutionsdeterminante reproduciren. Daran anschliessend wird sofort eine Methode entwickelt, um Invarianten mit mehreren Reihen Veränderlicher aus solchen mit nur einer Reihe zusammenzusetzen, es wird insbesondere sofort die Cayley-Aronhold'sche symbolische Darstellung dieser Bildungen eingeführt, deren principielle und ausschliessliche Anwendung die Gestalt, in der die Invariantentheorie bei Clebsch auftritt, wenigstens äusserlich am meisten characterisirt.

Der Verfasser lässt weiterhin einen Abschnitt folgen über die Bedeutung der binären Formen in der projectivischen Geometrie, wobei denn vor Allem Veranlassung ist, die Beziehung darzulegen, die zwischen dem Verschwinden invarianter Bildungen binärer Formen und dem Doppelverhältniss der Relationen der Geometrie besteht. Ueberhaupt wird im ganzen Werke die Verwerthung der erhaltenen algebraischen Resultate, wo sich leichte Gelegenheit dazu bietet, hervorgehoben; dadurch erscheint sie nicht als Hauptzweck, sondern als beiläufige Anwendung.

Weiter werden zunächst solche invariante Bildungen erläutert, die wegen ihrer geometrischen Bedeutung besonders wichtig scheinen: die Resultanten und Discriminanten, sowie überhaupt die Formen zweiter, dritter und vierter Ordnung. Dabei wird insbesondere die Auflösung der Gleichungen 2ten, 3ten, 4ten Grades, wie sie sich unter Anlehnung an die Invariantentheorie ergiebt, in ausführlicher Weise entwickelt, wie denn diese ersten Abschnitte auch für denjenigen, der nicht beabsichtigt, tiefer in die eigentliche Theorie einzudringen, der sich vielmehr begnügen will, die Modificationen und Verbesserungen kennen zu lernen, welche sie den elementaren Theilen der Gleichungstheorie angedeihen lässt, des Beachtenswerthen die Fülle bietet.

Der sich nun anschliessende Abschnitt über simultane Formen giebt den Uebergang zu den allgemeinen Untersuchungen über die Endlichkeit der Formensysteme, wie sie den eigentlichen Schwerpunkt der ersten Hälfte des Werkes bilden. Dabei werden wieder eine Reihe einfacher Beispiele: Systeme von beliebig vielen quadratischen Formen, Systeme zweier cubischer Formen etc. entwickelt; auch findet ein interessantes Transformationsproblem vom neunten Grade seine Besprechung, das sich auf die Lösung von Gleichungen niederen Grades zurückführen lässt.

So ist dann allmählich so viel Einzelmaterial entwickelt, dass der Gordan'sche Fundamentalsatz der Theorie binärer Formen, demgemäss jede binäre Form (sowie jedes System binärer Formen) ein endliches Formensystem besitzt, Interesse und Verständniss finden kann. Ohne hier auf die Bedeutung dieses Theorems näher einzugehen (man vergl. das bez. Referat in diesen Fortschritten, I. p. 60), sei nur die Form des für dasselbe von Gordan erbrachten Beweises hervorgehoben. Der Satz geht nämlich nicht sowohl aus begrifflicher Auffassung dessen, was eine Invariante ist, a priori hervor, sondern er erwächst aus einer Methode, die gestattet, alle Invarianten gegebener Formen vermöge eines bestimmt fortschreitenden Processes (des Ueberschiebungs-Processes) wirklich zu bilden. Man hat sich dann nämlich durch richtiges Anordnen der so entstehenden unendlichen Reihe von Bildungen zu überzeugen, dass sich in der That von einer gewissen Stelle ab alle Formen aus bereits vorangegangenen als ganze Functionen zusammensetzen lassen. In diesen allgemeinen Gang, dessen Durchführung eine lange Reihe schwieriger combinatorischer Ueberlegungen erfordert, flicht Clebsch die Theorie der Formen fünften und sechsten Grades als Beispiele ein und stellt vollständige Systeme für dieselben auf, die nicht nur endlich, sondern überhaupt wohl unter den endlichen die kleinstmöglichen sind.

Die weiteren Abschnitte des Werkes sind den erstgenannten typischen Darstellungen binärer Formen gewidmet, wie sie zuerst von Hermite aufgestellt wurden, und deren Zweck es hauptsächlich ist, die unbegrenzte Reihe der zu gegebenen Formen gehörigen Bildungen durch rationale Functionen einer endlichen Anzahl derselben zu ersetzen. Insbesondere bespricht Clebsch die typischen Formen, die man den Grundformen selbst ertheilen kann, wenn man, falls sie existiren, zwei lineare Covarianten oder, in Ermangelung derselben, drei quadratische Covarianten statt der gewöhnlichen Coordinaten einführt. Ohne hier auf alle dabei berührten einzelnen Probleme einzugehen, was nicht wohl möglich scheint, sei hervorgehoben, dass Clebsch dort Gelegenheit nimmt, das Problem der Transformirbarkeit zweier Formen in einander, die Auflösung der Gleichungen vierten Grades unter Benutzung der typischen Form, verschiedene Aufgaben aus der Transformationstheorie der elliptischen Functionen etc. etc. zu besprechen und, soweit es die bis dahin entwickelten algebraischen Hülfsmittel gestatten, durchzuführen.

Die Vorrede zu diesem Werke hat Clebsch vom September 1871 datirt; sie wurde, soviel Referent bekannt, in Anlehnung an die vom Verfasser wiederholt gehaltenen Vorlesungen über Formentheorie wesentlich im Winter 1870/71 niedergeschrieben. Seitdem hat sich Clebsch wiederholt damit beschäftigt, in ähnlicher systematisch abgeschlossener Weise wie hier die binären Formen, auch höhere Probleme zu erledigen. Es sei mit Bezug darauf nur auf die beiden Referate über die Abhandlungen von Clebsch: Ueber eine Fundamentalaufgabe der Invariantentheorie (siehe das folgende Capitel) und: Ueber das Fünfseit und die Gleichungen fünften Grades (Clebsch Ann. III. p. 33 siehe Fortschr. d. M. III. p. 31) verwiesen. Auch sei der Selbstanzeige gedacht die Clebsch von seinem Buche in den Göttinger Anzeigen gegeber hat (1872, Februar), sowie erwähnt, dass in der neuerdings erschienenen Biographie desselben (Clebsch Ann. VII.) die Arbeiten über Invariantentheorie, wie sie hier in Betracht kamen, ausführlich besprochen sind. Kln.

L. KRONECKER. Zur algebraischen Theorie der quadratischen Formen. Berl. Monatsber. 1872. 490-504.

Behandlung des Problems: Eine positive quadratische Form von möglichst grosser Determinante zu bestimmen, die für vier gegebene Werthsysteme der drei Variabeln gewisse vorgeschriebene Werthe annimmt; Anwendungen auf das den grössten Raum einschliessende Tetraeder von gegebenen Seitenflächen, und auf das von einem bestimmten Mittelpunkt aus einem gegebenen Tetraeder umschriebene Ellipsoid von kleinstem Volumen. Die algebraische Frage wird dadurch erledigt, dass die Form in die Gestalt $v_1x_1^2+v_2x_2^2+v_3x_3^2-(v_1x_1+v_2x_2+v_3x_3)^2+w_1x_2x_3+w_2x_3x_1+w_3x_1x_2$ gebracht wird; hier lässt sich zeigen, dass die Determinante der Form sich mit Beibehaltung der v verkleinern lässt, so lange die Coefficienten w nicht sämmtlich gleich Null sind. No.

J. SIACCI. Intorno ad una trasformazione simultanea di due forme quadratiche ed alla conica rispetto a cui due coniche date sono polari reciproche. Atti di Torino VII. 758-771.

G. CANTOR. Algebraische Notiz. Clebsch Ann. V. 133-135.

Beweis des Satzes: „Wenn $w_1, w_2, \cdots w_n$ von einander verschiedene gegebene Grössen sind, so lassen sich in dem linearen Ausdrucke $x_1w_1+\cdots+x_nw_n$ die unbestimmten Grössen x als ganze Zahlen stets so annehmen, dass derselbe für alle $n!$ verschiedenen Permutationen der $w_1, \cdots w_n$ von einander verschiedene Werthe annimmt.“ No.

O... Soluzione d'un quistione (Siacci). Battaglini G. X. 307-312.

Sind U und V zwei quadratische Formen mit n Variabeln, und U', V' ihre Reciproken, d. i. solche quadratische Formen, deren Coefficienten die algebraischen Complemente der Elemente der Discriminanten A und B von U und V sind, so kann man durch dieselbe lineare Substitution U in AV', und V in BU' transformiren. Die Determinante C der Substitution ist symmetrisch und gleich der mittleren geometrischen Proportionale der Discriminanten A' und B' von U' und V'.

Betrachtet man nun C als Discriminante einer quadratischen Function W', so kann man durch dieselbe lineare Substitution die drei quadratischen Formen so transformiren, dass die neuen nur die Quadrate der Variabeln enthalten. Und sind G_r und H_r zwei entsprechende Coefficienten der U' und V', die so transformirt sind, so ist der entsprechende Coefficient von W' dieser: $\sqrt{G_r \cdot H_r}$. Für $n = 3$ ist W' ein Kegelschnitt, in Bezug auf welchen U' und V' reciproke Polaren sind. Diese Sätze werden vom Verfasser bewiesen. Mz.

LAGUERRE. Sur les covariants des formes binaires. Inst. LX. 77-78.

Siehe Abschn. IX. Cap. 2. B.

Capitel 3.

Elimination und Substitution, Determinanten, Invarianten, Covarianten, symmetrische Functionen.

A. BRILL. Ueber Elimination aus einem gewissen System von Gleichungen. Clebsch Ann. V. 378-396.

Hat man vier Gleichungen $m = 0$, $n = 0$, $p = 0$, $q = 0$, welche in den vier Unbekannten x_1, x_2, x_3, x_4 bezw. zu dem Grad m_1, m_2, m_3, m_4; n_1, n_2, etc. ansteigen, so ist der Grad der

Eliminationsgleichung, unter Voraussetzung allgemeiner Coefficienten in den Gleichungen, für jede der 4 Variabeln derselbe, und zwar gleich $\Sigma + m_1 n_2 p_3 q_4$, wo $\Sigma +$ eine Summe von 4! Gliedern bedeutet, welche aus der Determinante $\Sigma \pm$ dadurch hervorgeht, dass man allen Gliedern positives Vorzeichen giebt. Dieser Ausdruck lässt sich nach den aus 1, 2, 3 Reihen gebildeten (und dann nur von einer, zweien, dreien der Gleichungen abhängenden) Partialdeterminanten (in uneigentlichem Sinn) anordnen. Es bedeutet dann z. B. $\Sigma + m_i n_k$ den Grad in Bezug auf x_k (bezw. x_i) der durch Elimination von x_i $[x_k]$ aus den beiden ersten Gleichungen entstandenen Gleichung. Kennt man also die 6 den beiden ersten Gleichungen entsprechenden Gradzahlen $\Sigma + m_i n_k$, so kann man den Grad der Resultante bilden, ohne die $m_i \cdots q_i$ einzeln zu kennen.

Diese Bemerkung kann man mit Vortheil verwenden, wenn es sich um die Anzahl der gemeinsamen Lösungen zweier Gleichungssysteme handelt, deren jedes zweien Gleichungen äquivalent ist. Jedem der zwei Systeme entsprechen 6 Zahlen der obigen Art, aus denen sich die Zahl der Beiden genügenden Lösungen zusammensetzt. Es ist dies insbesondere für den Fall wichtig, dass die Systeme die Variabeln symmetrisch enthalten, wo denn je die 6 Zahlen unter einander gleich sind. Dieser Fall tritt z. B. ein, wenn es sich um die Bestimmung der Werthsysteme x_1, x_2, x_3, x_4 handelt, welche alle Determinanten des aus 4 Horizontal- und 7 Verticalreihen bestehenden rechteckigen Systems:

$$S = \| \varphi_i(x_k) \| \qquad i = 1, 2, \cdots 7; \quad k = 1, 2, \cdots 4;$$

(wo die φ ganze Functionen m^{ten} Grades je der eingeklammerten Variabeln sind) gleichzeitig zum Verschwinden bringen. — Geometrisch kann man diese Aufgabe so deuten: Man soll drei Punkte einer Geraden so bestimmen, dass alle einer 6-fach unendlichen Schaar von Curven m^{ter} Ordnung angehörigen Curven, welche durch dieselben gehen, sich noch in einem weiteren Punkte der Geraden schneiden.

Man führt ohne Mühe diese Aufgaben zurück auf die folgenden vier einfacheren:

1. Die Anzahl der Werthsysteme zu bestimmen, welche

irgend 4 viergliedrige Determinanten des Systems S zum Verschwinden bringen (wobei hier wie im Folgenden die Uebereinstimmung gewisser Reihen in den verschiedenen Determinanten nicht berücksichtigt wird). Indem man die Formel $\Sigma + m_1 n_2 p_3 q_4$ anwendet, erhält man (unter Ausschluss der Lösungen, in welchen 2 Variable gleiche Werthe haben): $24(m-3)^4$.

2) Die Anzahl der Werthsysteme zu bestimmen, welche irgend 2 viergliedrige Determinanten und die dreigliedrigen Determinanten eines aus irgend 3 Verticalreihen von S gebildeten Systems (welches 2 Gleichungen äquivalent ist) zum Verschwinden bringen. Man bildet die den Ausdrücken $\Sigma + m_i n_k$ und $\Sigma + p_i q_k$ entsprechenden Werthe und erhält: $12(m-2)(m-3)^3$.

3) Die Anzahl der Werthsysteme, welche eine viergliedrige Determinante und das aus 2 Verticalreihen gebildete System von zweigliedrigen Determinanten zum Verschwinden bringen, zu bestimmen. Man multiplicire die 4 Zahlen $\Sigma + m_1 n_2 p_3$ u. s. w. bezw. mit $q_1, \cdots q_4$ und erhält als Summe: $4(m-1)(m-2)(m-3)^2$.

4) Die Anzahl der Werthsysteme, welche alle Elemente einer Verticalreihe auf Null reduciren, ist: $m(m-1)(m-2)(m-3)$.

Dieses Beispiel lässt das Verfahren, welches der Verfasser zur Lösung der analogen Aufgaben für n Variable eingeschlagen hat, zur Genüge erkennen. Derselbe findet, dass für ein System S von $(k+i)$ Vertical- und k Horizontalreihen $(i<k<m)$ die Zahl der Werthsysteme, die alle k-gliedrigen Determinanten zum Verschwinden bringen, gleich $\binom{m-k+1}{i+1}$ ist ($k-i-1$ von den k Unbekannten als fest angenommen vorausgesetzt.). Bl.

H. Nägelsbach. Ueber die Resultante zweier ganzen Functionen. Schlömilch Z. XVII. 331-346.

Diese Functionen seien f und g, ihre Grade bez. der m^{te} und n^{te} und $m>n$. Nach dem Vorgange von Euler ersetzt man durch eine Function h vom n^{ten} Grade. Die Resultante von g und h, welche mit der von f und g identisch ist, erscheint in der Bézontschen Form als Determinante n^{ter} Ordnung. Die Identität der Resultante von f und g mit dieser Determinante, deren Ordnung gleich der kleineren der Gradzahlen, wird auch noch durch Umformung des Productes der Wurzeldifferenzen erwiesen. St.

C. JORDAN. Recherches sur les substitutions. Liouville J. (2) XVII. 351-368.

Das erste Theorem ist eine Verallgemeinerung des Satzes, dass jede Affect-Function eine cyklische Function sei; es zeigt nämlich, dass jede transitive Gruppe Substitutionen besitze, welche alle Elemente umstellen. Im zweiten und dritten Theoreme wird bewiesen, dass es im allgemeinen keine $(k+2)$-fach transitiven Gruppen vom Grade $m+k$ und der Ordnung $(m+k)(m+k-1)\cdots m(m-1)$ giebt, ausser, wenn $k=1$ und m eine Primzahlpotenz ist.

Im zweiten Theile der Arbeit wird eine Methode zur Construction von Gruppen einer Primzahlklasse q gegeben. Ist q nicht von der Form 2^n-1, so giebt es nur eine solche Gruppe, welche einfach transitiv ist; ist q von jener Form, so giebt es noch zwei andere Gruppen, von denen die eine doppelt, die andere dreifach transitiv ist. No.

C. JORDAN. Sur l'énumération des groupes primitifs pour les 17 premiers degrés. C. R. LXXV. 1754—1757.

Veranlassung zur Aufnahme der Untersuchungen (F. d. M. III. 46) war, dass sich in die frühere Arbeit Ungenauigkeiten eingeschlichen hatten. Alle primitiven Gruppen der 13 ersten Klassen und 17 ersten Grade gehören mit 7 Ausnahmen zu 6 Kategorien, welche Herr Jordan angiebt. No.

C. JORDAN. Note sur la théorie des substitutions. Battaglini G. X. 116.

Der von H. Janni (Battaglini J. IX. 280-340, siehe F. d. M. III. p. 47) veröffentlichte Anfang einer Theorie der Substitutionen ist eine fast vollständige Wiedergabe eines Capitels des Traité des Substitutions von Jordan (1869). Herr Jordan macht auf eine in dieser Reproduction stehen gebliebene Ungenauigkeit (No. 35 von Janni, 49 des Traité) aufmerksam. M.

G. Janni. Esposizione della teoria delle sostituzioni. Battaglini G. X. 198-206.

Uebersetzungen aus Dirichlet, Jordan, Serret mit Quellenangabe. No.

L. Sylow. Théorèmes sur les groupes de substitutions. Clebsch Ann. V. 584-594.

Bezeichnet n^α dic höchste Potenz der Primzahl n, welche die Ordnung von G theilt, so enthält diese Gruppe eine andere von der Ordnung n^α. Hieran schliessen sich ähnliche Theoreme über enthaltene Gruppen. Wenn die Ordnung einer algebraischen Gleichung $= n^\alpha n_1^{\alpha_1} n_2^{\alpha_2} \cdots$ ist, wobei $n, n_1, n_2, \cdots$ Primzahlen sind, und $n > n_1^{\alpha_1} n_2^{\alpha_2} \cdots$, $n_1 > n_2^{\alpha_2} \cdots$ ist, so ist die Gleichung durch Wurzeln lösbar. Es folgt eine Untersuchung der wichtigsten Eigenschaften transitiver Gruppen. No.

O. Hesse. I determinanti elementarmente. Traduzione di V. Valeriani. Battaglini G. X. 217-230.

Uebersetzung aus dem Deutschen, siehe F. d. M. III. p. 50. O.

J. Siacci. Teorema sui determinanti ed alcune sue applicazioni. Att. di Torino. VII. 772-783.

C. J. Monro. Baltzer on the number of termes in a determinant with a vanishing diagonal. Messenger (2) II. 38-39.

Verbesserung eines Irrthums in Baltzer's „Theorie und Anwendung der Determinanten"; 3. Ausg. p. 29 § 42, 1870 (siehe F. d. M. II. p. 80). Glr. (O.)

E. RITSERT. Die Herleitung der Determinante für den Inhalt des Dreiecks aus den drei Seiten. Schlömilch Z. XVII. 518-520.

Siehe Abschn. VIII. Cap. 3.

M. ALBEGGIANI. Sviluppo di un determinante ad elementi binomii. Battaglini G. X. 279-293.

Entwickelung der Determinante

$$| c_{r,s}\ a_{r,s} + d_{r,s}\ b_{r,s} | \qquad (r,s = 1,\ 2 \cdots n)$$

nach dem Satze von La-Place und Anwendung auf vier Aufgaben (a. a. O. p. 188). St.

J. J. WEYRAUCH. Zur Theorie der Determinanten. Borchardt J. LXXIV. 273-276.

Die Anzahl der Glieder einer Determinante n^{ter} Ordnung, in deren Hauptdiagonale alle Elemente $= 0$ sind, beträgt

$$n! \left\{ \frac{1}{2!} - \frac{1}{3!} + \cdots + \frac{(-1)^n}{n!} \right\}.$$

Diese Zahl ist bereits in Baltzer's Theorie der Determinanten p. 29 (siehe F. d. M. II. p. 80) angegeben; jedoch dürfte die Ableitung derselben kaum unanfechtbar sein. Daraus folgt mittelst eines bekannten Satzes (siehe a. a. O.) sofort die Anzahl derjenigen Glieder der allgemeinen Determinante n^{ter} Ordnung, die m bestimmte Elemente der Hauptdiagonale enthalten etc. St.

O. HESSE. Ein Cyclus von Determinanten-Gleichungen. (Eine analytische Erweiterung des Pascal'schen Theorems). Borchardt J. LXXV. 1—12.

Die Betrachtung eines vollständigen Pascal'schen Sechseckes führt bekanntlich auf eine Figur von 20 Punkten und 15 Geraden, deren Beziehung durch folgenden Satz ausgedrückt werden kann: „Wenn man dreien geraden Linien ϱ, welche von demselben Punkt ∂ ausgehen, drei Dreiecke einbeschreibt, so schneiden sich die correspondirenden Seiten von je zweien dieser Dreiecke in drei Punkten, welche in einer geraden Linie r liegen, und die drei den Dreieck-Paaren entsprechenden geraden Linien r schneiden sich wieder in einem Punkte ∂." Der analytische Beweis des Satzes fordert ein System von 20 Identitäten. Als einen speciellen Fall des vorstehenden Satzes lässt sich der folgende ansehen: „Wenn man in einem Pascal'schen (einfachen) Sechsecke die drei Diagonalen zieht, welche die gegenüberliegenden Ecken verbinden, so bilden die geraden Seiten des Sechseckes, die ungeraden Seiten und die drei Diagonalen drei Dreiecke, welche dreien von einem Punkte ausgehenden geraden Linien ϱ einbeschrieben sind. Die entsprechenden Seiten je zweier von diesen Dreiecken schneiden sich paarweise in einer geraden Linie r, und die drei geraden Linien r schneiden sich wieder in einem Punkte." (Entsprechend einander sind je zwei Gegenseiten des Sechseckes und die Diagonale, welche das 3te Paar von Ecken verbindet). Denkt man sich die Gleichung des Kegelschnittes in der Form $\varDelta \equiv u_0^0 u_1^1 - u_1^0 u_0^1 = 0$, wo die u homogene lineare Functionen der Punkt-Coordinaten bedeuten, und bezeichnet man für drei Eckpunkte $\alpha, \gamma, \varepsilon$ die Werthe der gleichen Quotienten $u_0^0 : u_0^1 = u_1^0 : u_1^1$ bez. mit $\alpha_0 : \alpha_1$ etc.; für die drei anderen β, δ, ζ die von $u_0^0 : u_1^0 = u_0^1 : u_1^1$ mit $\beta_0 : \beta_1$ etc., so ist offenbar

$$[\alpha\beta] \equiv \begin{vmatrix} u_0^0, & u_1^0, & \alpha_0 \\ u_0^1, & u_1^1, & \alpha_1 \\ \beta_0, & \beta_1, & 0 \end{vmatrix} = 0$$

die Gleichung der Geraden $\alpha\beta$. Diese Formel bildet den Ausgangspunkt für eine allgemeine Entwickelung, in welcher $\varDelta$ durch ein Schema $(n+1)$[ter] Ordnung ersetzt, und die Anzahl der Coefficienten $\alpha, \beta \cdots$ entsprechend erhöht ist. Man erhält 20 Identitäten, die für $n = 1$ den Beweis des zweiten Satzes enthalten. St.

F. J. Studnička. Ueber eine besondere Art von symmetralen Determinanten und deren Verwendung in der Theorie der Kettenbrüche. Prag. Ber. 1872, 74-78.

Ableitung der Euler'schen independenten Formeln für die Zähler und Nenner der Näherungsbrüche eines Kettenbruches, dessen Theil-Zähler sämmtlich $= + 1$, aus der bekannten Determinantenform derselben. St.

F. J. Studnička. Beitrag zur Theorie der Determinanten. Prag. Ber. 1872, 78-80.

Eine „bisher unbeachtete Eigenschaft der Determinanten", die aber schon in Baltzer's Theorie der Determinanten § 3, 10 zu derselben Deduction gebraucht ist, wie von Herrn Studnička.

St.

F. J. Studnička. Neuer Beweis des Theorems über das Verhältniss zwischen Determinanten und Subdeterminanten des ursprünglichen und adjungirten Systems. Casopis I. 6-10.

Bezeichnet A_{pq} die zu dem Elemente a_{pq} der Determinante

$$\Delta = \Sigma \pm a_{11}\, a_{22} \cdots a_{nn}$$

zugehörige Subdeterminante, so ist bekanntlich

$$\Delta^{n-k}(a_{11}\, a_{22} \cdots a_{k-1,\,k-1}) = (A_{kk} \cdots A_{nn}),$$

was in vorliegender Abhandlung auf inductivem Wege einfach nachgewiesen wird, um Anfängern den Beweis Borchardt's, den auch Baltzer in seiner Theorie der Determinanten reproducirt, entbehrlich zu machen. W.

J. Muir. Extension of a law of determinants. Messenger (2) II. 60-61.

Beweis dass, wenn m Elemente in einer Reihe einer Determinante der n^{ten} Ordnung einen gemeinschaftlichen Factor enthalten, welcher auch in den entsprechenden Elementen von $n-m$ anderen Reihen enthalten ist, dieser Factor auch Factor der Determinante selbst ist. Glr. (O.)

W. A. Whitworth. Extension of a law of determinants. Messenger (2) II. 80.

Verallgemeinerung des obigen Satzes von Herrn Muir.

Glr. (O.)

T. COTTERILL. On an algebraical form and the geometry of its dual connexion with a polygon plane or spherical. Proc. of L. M. S. IV. 139-143.

Die algebraische Form ist:

$$\frac{1}{(txy)}\left\{\frac{(tab)}{(axy)\,(bxy)}+\frac{(tbc)}{(bxy)\,(cxy)}+\cdots\right.$$
$$\left.+\frac{(tmn)}{(mxy)\,(nxy)}+\frac{(tna)}{(nxy)\,(axy)}\right\},$$

wo die Symbole die Determinanten

$$(tab)=\begin{vmatrix} t_1 & a_1 & b_1\\ t_2 & a_2 & b_2\\ t_3 & a_3 & b_3\end{vmatrix}\text{ etc.}$$

darstellen, und die Indices in allen Determinanten dieselben sind. Ein Fundamentalsatz sagt, dass dieser Ausdruck unabhängig von t ist, und folglich gleich den Werthen, die man erhält, wenn man darin für t irgend einen der Buchstaben a, b, c, etc. setzt; folglich speciell:

$$\frac{1}{(txy)}\left\{\frac{(tab)}{(axy)\,(bxy)}+\frac{(tbc)}{(bxy)\,(cxy)}+\frac{(tca)}{(cxy\,(axy)}\right\}$$
$$=\frac{(abc)}{(axy)\,bxy)\,(cxy)}.$$

Die vorliegende Arbeit enthält geometrische Anwendungen dieser Formel. Cly. (O.)

V. FIORE. Dimostrazione d'una trasformazione di determinanti. Battaglini G. X. 170.

Die betreffende Relation lautet:

$$\begin{vmatrix} a^n & a^{n-1}\ldots & a^{n-h+1} & a^{n-h-1}\ldots 1\\ b^n & b^{n-1}\ldots & b^{n-h+1} & b^{n-h-1}\ldots 1\\ \cdot & \cdot & \cdot & \cdot\\ l^n & l^{n-1}\ldots & l^{n-h+1} & l^{n-h-1}\ldots 1\end{vmatrix}=\begin{vmatrix} a^{n-1} & a^{n-2}\ldots & b & 1\\ b^{n-1} & b^{n-2}\ldots & a & 1\\ \cdot & \cdot & \cdot & \cdot\\ l^{n-1} & l^{n-2}\ldots & l & 1\end{vmatrix}\Sigma abc\cdots k,$$

wo die Summe $\Sigma abc\cdots k$ die Summe der Producte zu h Gliedern ist, die sich aus l Buchstaben bilden lassen. M.

G. BATTAGLINI. Sulle forme ternarie di grado qualunque. Battaglini G. X. 152—169. 193—205.

Im Anschlusse an eine früher (siehe F. d. M. III. p. 38) besprochene Darstellung der binären Formentheorie bringt der Verfasser in der vorliegenden Abhandlung allgemeine Auseinandersetzungen über ternäre Formen. Nach Einführung der allgemeinen Begriffe der cogredienten und contragredienten Variabeln etc. entwickelt er eine Reihe der im ternären Gebiete üblichen Formenbildungen sowie deren geometrische Interpretation im Sinne der projectivischen Geometrie der Ebene. Die Arbeit wird namentlich auch für denjenigen nützlich sein, dem die mannigfache Terminologie, welche sich in diesen Untersuchungen entwickelt hat, Schwierigkeit bereitet. Kln.

P. Gordan. Ueber Combinanten. Clebsch Ann. V. 95-123.

Unter einer Combinante versteht man eine solche invariante Bildung mehrerer Formen gleichen Grades, welche bis auf einen Factor ungeändert bleibt, wenn man die ursprünglichen Formen durch lineare Combinationen ersetzt. Gordan beweist nun, dass diese Combinanten unter den übrigen simultanen Invarianten, zu welchen die vorausgesetzten Formen Anlass geben, ein in sich geschlossenes System bilden. Man kann sie nämlich als Invarianten (unter diesem Ausdruck sollen hier Covarianten etc. immer mit begriffen sein) einer einzelnen unter ihnen darstellen, derjenigen Determinante nämlich, deren Elemente man erhält, wenn man die gegebenen Formen so oft mit verschiedenen Veränderlichen anschreibt, als ihre Anzahl angiebt. Diese fundamentale Combinante enthält also eine ganze Reihe von Variabeln. Aber bei binären Formen kann man derartige Bildungen immer durch ein simultanes Formensystem mit nur einer Art von Veränderlichen ersetzen. Ein solches System besitzt überdies, nach Gordan's fundamentalem Satze, immer ein endliches System von Invarianten. Die Combinanten binärer Formen setzen sich also, wie Gordan noch an einzelnen Beispielen erläutert, aus einer endlichen Zahl von Combinanten rational und ganz zusammen.

Zum Zwecke des Beweises des vorgetragenen Theorems reproducirt Gordan, worauf hier ausdrücklich noch hingewiesen sein mag, in durchsichtiger Form den Satz von Clebsch, der die

Grundlage für die Allgemeingültigkeit der symbolischen Methode in der Invariantentheorie liefert, dass nämlich jede Invariante eines Systems linearer Formen eine rationale ganze Function der aus den Coefficienten der Formen zu bildenden Determinanten sei. Kln.

P. GORDAN. Ueber die simultanen Invarianten binärer Formen. Clebsch Ann. V. 595-602.

Es handelt sich in diesem Aufsatze darum, den Satz, der in dem vorstehenden Referate bereits berührt wurde: dass das simultane System von Formen, die für sich ein endliches System besitzen, ein endliches sei, in neuer und sehr viel kürzerer Weise zu begründen, als das früher dem Verfasser gelungen war. Kln.

A. CAYLEY. On a theorem in covariants. Clebsch Ann. V. 625-630.

Auch diese Mittheilung von Cayley bezieht sich auf Gordan's Untersuchungen über Endlichkeit der Formensysteme, und knüpft insbesondere an die Darstellung an, welche Clebsch von denselben in seiner „Theorie der binären Formen“ (siehe p. 47) gegeben hat. Cayley giebt in der von ihm eingehaltenen Darstellungsweise den Beweis eines in der betreffenden Theorie nothwendigen Hülfssatzes, wobei er durch Einführung einer characteristischen Terminologie der Darstellung eine minder abstracte Form zu geben weiss. Kln.

A. CLEBSCH. Ueber eine Fundamentalaufgabe der Invariantentheorie. Gött. Abh. XVII., Clebsch Ann. V. 427-435.

In dieser grossen und von sehr allgemeinem Gesichtspunkte aus angelegten Abhandlung entwickelt Clebsch eine gewisse Umgrenzung des Problems der Invariantentheorie bei n Veränderlichen, welche resultirt, wenn man mit dem Verfasser alle solche Bildungen von der Betrachtung ausschliesst, die sich aus bereits betrachteten resp. aus deren Polaren rational und ganz zusammensetzen.

Bei binären Formen hat Gordan in Clebsch Ann., III. (siehe F. d. M. III. 59—60), sowie Clebsch in seiner „Theorie der binären Formen“ (siehe p. 47) bewiesen, dass es von diesem Gesichtspunkte aus genügt, Formen mit nur einer Reihe von Veränderlichen zu betrachten. In der vorliegenden Arbeit nimmt Clebsch die entsprechende Fragestellung für beliebig viele (n) Veränderliche in Angriff.

Er lehnt sich dabei an die Vorstellung einer ($n-1$)-fach ausgedehnten Mannichfaltigkeit an. Sowie man im Raum im Sinne der projectivischen Geometrie dreierlei Grundgebilde unterscheidet: Punkt, Gerade und Ebene, so bei ($n-1$) Dimensionen ($n-1$) lineare Stufen, die bez. durch $1, 2, \cdots (n-1)$ ihnen angehörige Punkte characterisirt und analytisch durch die Determinanten aus den Coordinaten dieser Punkte gegeben sind (vergl. Grassmann's Ausdehnungslehre von 1844). Aber neben diese Auffassung stellt sich, entsprechend dem Principe der Dualität, wie es aus der Geometrie bekannt ist, eine zweite, die von der Ebene, d. h. der durch eine lineare Gleichung zwischen Punktcoordinaten bestimmten Mannigfaltigkeit, als Element ausgehend dieselben Stufen in umgekehrter Reihenfolge ergiebt. Die Coordinaten, welche man entsprechend dieser Auffassung für die Zwischenstufen erhält, sind, wie bereits Grassmann (l. c.) und später Brill (Clebsch Ann. IV. siehe F. d. M. III. p. 314—319) zeigten, den ursprünglich für sie aufgestellten proportionirt.

Die allgemeinste Form nun, welche das Object der Invariantentheorie bilden kann, ist eine solche, die von jeder der in diesem Sinne zu unterscheidenden ($n-1$) Arten von Veränderlichen eine beliebige Anzahl von Reihen enthält. Clebsch entwickelt zur Darstellung solcher Formen zunächst eine besondere Art Symbolik, welche als speciellen Fall die symbolische Darstellung der Linien-Complexe einschliesst, die er bereits bei einer früheren Gelegenheit (Clebsch Ann. II. siehe F. d. M. II. p. 602) gegeben hatte. Es wird dabei eine eigenthümliche Umwandlung der gegebenen Form in eine sogenannte Normalform nothwendig, wobei die zwischen den Coordinaten der Zwischenstufen geltenden identischen Beziehungen zur Verwerthung kommen.

An diese symbolische Darstellung schliesst sich dann der Beweis, dass vermöge einfacher Zerlegung jede solche Form ersetzt werden kann durch ein „reducirtes System" von Formen besonderen Characters, nämlich solcher Formen, die von jeder Art der in Betracht kommenden Coordinaten höchstens eine Reihe enthalten. Die Formen dieses reducirten Systems sind Covarianten der gegebenen Grundform, die letztere umgekehrt eine simultane Bildung, abgeleitet aus den Formen des Systems; die Constantenzahl ist beiderseits dieselbe. Die Grundform und ihr reducirtes System können daher einander vertreten, und hierin liegt, dass es genügt, überhaupt nur reducirte Systeme, d. h. solche Formen zu betrachten, welche von den verschiedenen Coordinatenarten jedesmal nur eine Reihe enthalten. Zugleich aber ist auch die Forderung: alle Invarianten-Bildungen, die aus gegebenen Formen hervorgehen, anzugeben, in wesentlicher Weise umgrenzt; denn es genügt wiederum und aus demselben Grunde, einzig reducirte Bildungen in's Auge zu fassen.

Bei ternären Formen z. B. ist hierdurch die Beschränkung auf Invarianten, Covarianten, zugeordnete Formen und Zwischenformen, wie man sie auch sonst eingehalten hat, principiell begründet. Bei quaternären dagegen wird ein sehr viel grösserer Kreis von Bildungen zu betrachten sein, als seither geschah, wobei z. B. die Gleichungen der Linien-Complexe als eine Gruppe erscheinen.

Clebsch führt die Reduction der zu betrachtenden Formen insbesondere für 3 Variable noch weiter. Bereits Gordan hatte in einer oben besprochenen Arbeit über Combinanten (siehe p. 61) Zwischenformen betrachtet, die einer gewissen partiellen Differentialgleichung der zweiten Ordnung genügen. Bei ternären Formen darf man sich, wie Clebsch zeigt, eben auf derartige reducirte Bildungen beschränken, wobei deren Constanten, abgesehen von der in den Differentialgleichungen liegenden Beschränkung, unabhängig anzunehmen sind. Kln.

A. Clebsch. Ueber ein neues Gebilde der analytischen Geometrie der Ebene. Gött. Nachr. 1872. 429-449, Clebsch Ann. VI. 205-215.

Es bringt dieser Aufsatz eine erste Anwendung der in der vorgenannten Abhandlung entwickelten allgemeinen Principien auf ternäre Formen, und dem entsprechend auf ebene Geometrie, wobei es sich aber zunächst um Aufstellung von Gesichtspunkten und Stellung von Problemen, nicht um Durchführung bestimmter Aufgaben handelt. Bei ternären Formen ist es auf Grund der soeben besprochenen algebraischen Untersuchungen angezeigt, neben den Gleichungen, die eine Reihe von Punkt- oder von Linien-Coordinaten enthalten, auch Zwischenformen, d. h. Gleichungen, die Punkt- und Linien-Coordinaten enthalten, zu Grunde zu legen. Geometrisch bedeutet eine solche Zwischenform, gleich Null gesetzt, eine Verwandtschaft in der Ebene, die den Punkten der Ebene von geraden Linien umhüllte Curven, oder, was dasselbe ist, den Geraden der Ebene von Punkten beschriebene Curven zuordnet, und eben diese Verwandtschaften sind es, welche Clebsch nunmehr als neue Grundgebilde in die analytische Geometrie der Ebene unter dem Namen: „Connexe" einführt.

Die Richtung, in der ein Connex zu untersuchen ist, wird durch die gewöhnliche Behandlung der Curven oder Flächen vorgezeichnet. Man betrachtet die Gebilde, die zwei, drei, vier Connexen gemeinsam sind, man untersucht die singulären Elemente eines Connexes, für welche Formeln gelten, die den Plücker'schen Formeln für die Singularitäten ebener Curven entsprechen, etc. etc. Auf Connexe so gut wie auf die mehreren Connexen gemeinsamen Gebiete ist, wie überhaupt auf algebraische Mannichfaltigkeiten, der Begriff des Geschlechts anzuwenden, wobei man die eindeutigen Transformationen, welche dasselbe ungeändert lassen, auf das doppelt-ternäre System der Punkt- und Linien-Coordinaten ausdehnen darf etc.

Aber besonders wichtig scheint die Verbindung, in welche die Theorie der Connexe zur Theorie der Differentialgleichungen erster Ordnung bei zwei Veränderlichen tritt. Jeder Connex giebt zu einer solchen Anlass: ihre Integralcurven sind diejenigen, für welche Punkt und zugehörige Tangente dem Connexe angehören; umgekehrt entsteht jede solche Differentialgleichung, und noch auf unendlich viele Weisen, aus der Betrachtung der

Connexe. Es ist hierdurch das Mittel gewonnen, um diese Differentialgleichungen im Sinne der neueren algebraisch-geometrischen Auffassung zu behandeln; es ist aber namentlich auch eine fundamentale Eintheilung dieser Differentialgleichungen in Geschlechter gegeben. Das Geschlecht einer Differentialgleichung ist eine Zahl, die bei jeder eindeutigen (Berührungs-) Transformation derselben erhalten bleibt. Kln.

J. Rosanes. Ueber Functionen, welche ein den Functionaldeterminanten analoges Verhalten zeigen. Borchardt J. LXXV. 166-172.

Wenn man die Punkte einer ebenen Curve durch rationale Functionen zweier homogen vorkommenden Parameter dargestellt hat, so repräsentiren die Functionaldeterminanten dieser Functionen die Coordinaten der Tangente. Die Functionaldeterminanten der Functionaldeterminanten führen daher bis auf einen Factor zu den ursprünglichen Functionen zurück. Diesen Satz hat Clebsch in Borchardt J. LXIX (siehe F. d. M. I. p. 45) gegeben und algebraisch bewiesen. Rosanes dehnt ihn, geometrisch zu reden, auf Raumcurven aus, indem er, von der Darstellung einer solchen durch rationale Functionen zweier homogen vorkommenden Parameter ausgehend, die Schmiegungsebenen, und aus deren Darstellung wiederum die Punkte berechnet. Der vortretende Factor ist ein volles Quadrat und stellt, gleich Null gesetzt, diejenigen Punkte der Curve dar, deren Osculationsebenen stationär sind. Kln.

J. Rosanes. Ueber die Darstellung binärer Formen als Potenzsummen. Borchardt J. LXXV. 172-176.

Der Verfasser zeigt, dass man und wie man n gegebene binäre Formen n^{ten} Grades als lineare Combinationen der n^{ten} Potenzen n linearer Ausdrücke darstellen kann. Kln.

S. Gundelfinger. Intorno ad alcune formole della teoria delle curve di secondo e di terzo ordine. Brioschi Ann. (2) V. 223-236.

Es handelt sich darum, zerfallende ternäre Formen auf allgemeine und symmetrische Weise in ihre Factoren wirklich aufzulösen. Nach vorgängiger Betrachtung des Zerfallens eines Kegelschnittes behandelt der Verfasser insbesondere die in drei Gerade zerfallende Curve dritter Ordnung, sowie die Aufgabe, die drei Schnittpunkte einer Geraden mit einer Curve dritter Ordnung einzeln darzustellen. Kln.

P. Cassani. Intorno alle forme binarie. Battaglini G. X. 230-235.

Betrachtung binärer Formen, die von einem Parameter linear abhängen. Die Doppelelemente der betreffenden Involution sind durch die Functionaldeterminante zweier beliebiger unter den Formen repräsentirt. Kln.

A. Cayley. An identical equation connected with the theory of invariants. Quart. J. XII. 115-118.

Beweis der Gleichung

$$2P+Q-R=0,$$

wo

$$P=(bg-ch)(ch-af)(af-bg),\ Q=a^2g^2h^2+b^2h^2f^2+c^2f^2g^2+a^2b^2c^2,$$

$$R=a^2f^2(a^2+f^2)+b^2g^2(b^2+g^2)+c^2h^2(c^2+h^2),\ a=g-h,\ b=h-f,\ c=f-g.$$

Cly. (O.)

H. G. Zeuthen. Elementart Bevis for en Satning af den nyere Algebra. Zeuthen Tidsskr. (3) II. 33.

Elementarer Beweis des Clebsch'schen Satzes:

„Eine Covariante von Formen erster Ordnung lässt sich in Form einer ganzen Function zusammensetzen aus den gegebenen Formen, ihren Determinanten und den Determinanten der Variabeln" (cf. Borchardt J. LIX.) Hn. (Wn.)

H. Nägelsbach. Ueber eine Klasse symmetrischer Functionen. Pr. Zweibrücken.

Der Verfasser stellt sich die Aufgabe, die Betrachtung der Function

$$\frac{\begin{vmatrix} 1 & \alpha_1 \cdot\cdot & \alpha_1^{n-2} & \alpha_1^r \\ \cdot & \cdot\cdot\cdot & \cdot\cdot & \cdot \\ \cdot & \cdot\cdot\cdot & \cdot\cdot & \cdot \\ 1 & \alpha_n \cdot\cdot & \alpha_n^{n-2} & \alpha_n^r \end{vmatrix}}{\begin{vmatrix} 1 & \alpha_1 \cdot\cdot & \alpha_1^{n-2} & \alpha_n^{n-1} \\ \cdot & \cdot\cdot\cdot & \cdot\cdot & \cdot \\ \cdot & \cdot\cdot\cdot & \cdot\cdot & \cdot \\ 1 & \alpha_n \cdot\cdot & \alpha_n^{n-2} & \alpha_n^{n-1} \end{vmatrix}} = (\alpha_1 \cdots \alpha_n^r),$$

welche bisher nur für ein ganzes positives r untersucht worden ist, auch auf negative r auszudehnen; ferner soll dann auch die allgemeinere Determinante

$$\begin{vmatrix} \alpha_1^m & \alpha_1^p & \cdot\cdot\,\alpha_1^r \\ \cdot\cdot & \cdot\cdot & \cdot\cdot\cdot\cdot \\ \cdot\cdot & \cdot\cdot & \cdot\cdot\cdot\cdot \\ \alpha_n^m & \alpha_n^p & \cdot\cdot\,\alpha_n^r \end{vmatrix}$$

in Betracht gezogen werden. Die Abhandlung enthält eine grosse Anzahl grösstentheils neuer Sätze, unter welchen jedoch die Orientirung nicht ganz leicht ist. Ein genaues Eingehen auf diese Resultate wird hier nicht am Platze sein; es möge nur noch die Relation

$$\left(\cos\varphi + i\sin\varphi, \overset{r}{\cos\varphi} - i\sin\varphi\right) = \frac{\sin(r+1)\varphi}{\sin\varphi}$$

$$= \begin{vmatrix} -2\cos\varphi & 1 & 0 & \cdots & 0 \\ 0 & -2\cos\varphi & 1 & \cdots & 0 \\ 0 & 1 & -2\cos\varphi & \cdots & 0 \\ \cdot & \cdot & \cdot & \cdots & 0 \\ 0 & 0 & 0 & & 1-2\cos\varphi \end{vmatrix}$$

hervorgehoben werden, indem dieselbe eine brauchbare Anwendung auf die Lehre von den Kettenbrüchen gestattet.

Gr.

A. Cayley. On a theorem in elimination. Quart. J. XII. 5-6.

Beispiel zu einem Satze von Sylvester. Cly. (O.)

J. J. Walker. Solution of question 3462. Educ. Times XVI. 73.

1) Beweise der Identität:

$$\Sigma l (m-n)^2 \cdot \Sigma (2m+2n-l)(m-n)^2 - \Sigma mn (\Sigma (m+n)^2)^2 = q (m-n)^2 (n-l)^2 (l-m)^2,$$

wo l, m, n irgend welche Grössen sind.

2) Die Discriminante der linearen Form $(abcde \widehat{)(} xy)^4$, nämlich $\Delta = I^3 - 27 J^2$, lässt sich in die Form $\Delta = IK - 3J'^2$ bringen, wo $J' = 3J + cI$; beweise, dass dies gleichlautend ist mit obiger Identität, wenn $\alpha\beta\gamma\delta$ die Wurzeln der Form 4ter Ordnung und

$$\alpha\beta + \gamma\delta = l, \quad \alpha\gamma + \beta\delta = m, \quad \alpha\delta + \beta\gamma = n.$$

Hi.

S. Roberts. Solution of question 3730. Educ. Tim. XVII. 101.

Ist J eine Invariante von $(a_0, a_1, a_2 \cdots a_p \widehat{)(} x, y)^p$ vom Grade k in den Coefficienten, und schreibt man Δ für

$$n a_1 \frac{d}{da_0} + (n-1) a_2 \frac{d}{da_1} + \cdots + a_n \frac{d}{da_{n-1}},$$

so ist

$$\frac{\Delta^{k(n-p)}}{1 \cdot 2 \cdots k(n-p)} I = I', \qquad n > p,$$

wo I' eine Invariante von $(a_{n-p}, a_{n-p+1}, \cdots a_n \widehat{)(} xy)^p$ vom Grade k in den Coefficienten ist. Hi.

Weitere Aufgaben und Sätze über Determinanten sind von den Herren B. Williamson, R. Townsend, Laverty, J. J. Walker, und über Elimination von Herrn D. Booth, J. J. Walker, etc. in der Educ. Tim. XVI. XVII. behandelt.

Dritter Abschnitt.

Zahlentheorie.

Capitel 1.

Allgemeines.

N. TRUDI. Intorno alle equazioni binomie. Battaglini G. X. 241-278.

Anfangsgründe der Zahlentheorie; irreductible Factoren der binomischen Gleichungen; Potenz-Summen ihrer primitiven Wurzeln. No.

CH. HERMITE. Sur l'équation $x^3+y^3=z^3+u^3$. Nouv. Ann. (2) XI. 5-8.

Für die bereits von Euler und von Binet gegebene Auflösung dieser Gleichung theilt der Verfasser einen neuen, an geometrische Betrachtungen anknüpfenden Beweis mit. Fs.

J. GROLOUS. Études sur les nombres. Inst. XL. 253-254.

Siehe Abschn. V. Cap. 2.

J. W. L. GLAISHER. On the law of distribution of prime numbers. Rep. Brit. Ass. 1872.

Der Verfasser beweist den weiteren Umfang einer Formel für die Durchschnittanzahl der zwischen zwei Zahlen x' und x gelegenen Primzahlen, welche von Judge Hargreave im Phil. Mag. Juli 1849 gegeben ist. Csy. (M.)

MATTHEW COLLINS. On approximating to the square cube and other roots of a given number N. Rep. Brit. Ass. 1872.
Csy.

C. W. MERRIFIELD. On Hutton's rule for approximating to the roots of numbers. Educ. Times XVII. 53-54.

Die von dem Verfasser in Erinnerung gebrachte Regel Hutton's ist:

Wenn a ein Näherungswerth der n^{ten} Wurzel aus N ist, so ist

$$\frac{(n+1)N+(n-1)a^n}{(n-1)N+(n+1)a^n}\,a$$ ein genauerer Näherungswerth.

Hi.

M. C. MOREAU. Solution de la question 441. Nouv. Ann. (2) XI. 172.

Das Product mehrerer aufeinanderfolgender Zahlen kann keine vollkommene Potenz sein, wenn eine dieser Zahlen eine absolute Primzahl ist. Pr.

J. DE VIRIEU. Sclution de la question 139. Nouv. Ann. (2) XI. 129.

Aufstellung der Ziffern des Quotienten von rechts nach links, wenn man den Dividendus, den Divisor und den Rest kennt.
Pr.

M. MORET-BLANC. Solution de la question 953. Nouv. Ann. (2) XI. 173.

Aufstellung aller derjenigen ganzen Zahlen n und p $(n<p)$, für welche:

$$1)\ 1+2+3+\cdots n=(n+1)+(n+2)+\cdots p$$
$$2)\ 1+2+3+\cdots n=p^2.$$

ist. Pr.

PUJO. Théorème d'arithmétique. Mondes (2) XXVII. 653-654.

Beweis des Satzes: Jede ganze Zahl, die ein vollständiges Quadrat ist, hat eine ungrade Zahl von Theilern. O.

E. Catalan. Sur un théorème d'arithmétique. Att. d. Acc. P. d. Linc. XXV. 100.

Theil eines Briefes des Verfassers an den Fürsten Boncompagni, den dieser der Academie mitgetheilt hat. Er enthält folgenden Satz ohne Beweis: „Es sei N ein Vielfaches von 4 und n eine grade Zahl $< N$. Wenn man dann n in eine Summe von Potenzen von 2 zerlegt und $\lambda_n = \pm 1$ setzt, je nachdem die Zahl der Potenzen grade oder ungrade ist, wenn man endlich $N-n = 2^{\beta_n} \cdot i$ setzt, so ist:

$$\sum_{n=0}^{n=N-2} \lambda_n \cdot 2^{\beta_n} = \pm \frac{N}{2},$$

wo das $+$ Zeichen dem Fall entspricht, dass N die Summe einer ungraden Zahl von Potenzen von 2 ist." Dieser Satz wird auf $N = 12$ angewandt. Jg. (O.)

D. André. Théorème d'arithmétique. Nouv. Ann. (2) XI. 314-319.

Sind a und n zwei Zahlen, die grösser als 1 sind, so ist der Quotient

$$\frac{n(n+1)(n+2)\cdots(na-1)}{a^n}$$

eine gebrochene oder eine ganze Zahl, je nachdem a eine Primzahl ist oder nicht. Der Satz gilt auch für $n = 1$, ausser für den Werth $a = 4$. Fs.

V. J. Berton. Sur la détermination des limites entre lesquelles se trouve un nombre premier d'une forme donnée. Solution élémentaire dans un cas particulier. C. R. LXXIV. 1390-1393.

Sind $r_1 = 1, r_2, \cdots r_{2g} = 2p-1$ die zu $2p = a^\alpha b^\beta \cdots$ relativen Primzahlen $< 2p$, und ist $1 - \sum_2^{2g} \frac{1}{r_a} = 1 - s$ positiv, so liegen zwischen x und $\frac{2p(1+\varepsilon)}{(2p-1)(1-s)} x$ (wo ε ein Factor von $2p$ und x ist, der mit wachsendem x sich der Grenze 0 nähert) mindestens $2g$ Primzahlen, die sich auf die Formen $2py + r_1$, $2py + r_2, \cdots 2py + r_{2g}$ vertheilen. No.

v. WASSERSCHLEBEN. Zur Charakteristik der Zahl 60. Grunert Arch. LIV. 411-419.

Der Verfasser giebt ohne Beweis einige auf inductivem Wege gefundene Beziehungen der Zahl 60 zu den Zahlen, welche zu 60 relativ prim sind, insbesondere zu ihren Ziffern, wenn sie nach dem dekadischen Systeme geschrieben werden. Fs.

TH. SCHRÖDER. Ueber die Qualität der Decimalbrüche, welche echten gemeinen Brüchen gleich sind, und die Reste, welche man bei der Verwandlung der letzteren in erstere erhält. Pr. Ansbach.

Diese Schrift hat sich die verdienstliche Aufgabe gestellt, die Verhältnisse, welche sich bei der Ueberführung gemeiner Brüche in Decimalbrüche ergeben, eingehend zu untersuchen, indem eigenthümlicherweise auf diesem Gebiete, abgesehen von einigen kurzen Andeutungen von Spitzer, Nagel etc. bisjetzt noch wenig geschehen ist. Während die drei ersten Abschnitte sich mit den einfachsten Fällen beschäftigen und deshalb auch durchaus nur von elementaren Hülfsmitteln Gebrauch machen, bewegt sich der vierte Theil „Qualität der Decimalbrüche, welche echten gemeinen Brüchen gleich sind, deren Nenner ein Product aus Potenzen beliebiger Primzahlen ist“ auf rein zahlentheoretischem Gebiete. In folgenden fünf Sätzen, deren Beweise der streng-synthetischen Einkleidung gemäss hie und da etwas complicirt erscheinen, sind die hauptsächlichsten Resultate enthalten.

„Wenn die Periode des Bruches für $\frac{1}{p}$ $\left(\text{oder für } \frac{1}{p^x}\right)$ durch p nicht mehr theilbar ist, so ist die Periode des Bruches für $\frac{1}{p^\alpha}$ nicht weniger, als $\frac{p-1}{m} \cdot p^{\alpha-1}$ — (oder $\frac{p-1}{m}\, p^{\alpha-x}$-)ziffrig.“

„Ist für $\frac{a}{p^\alpha}$ die Periode des Bruches $2m \cdot p^{\alpha-1}$-ziffrig, so ergänzen sich die gleichvielten Ziffern der Hälften dieser Periode zur Zahl 9 und zwei Reste, welche bei der Ueberführung des Bruches $\frac{a}{p^\alpha}$ in einen Decimalbruch bleiben, und zwischen welchen

$(m \cdot p^{\alpha-1} - 1)$ Reste liegen, zum Nenner p^{α} und die Summe zweier Reste, zwischen welchen $[(2n+1)\,m - 1]$ Reste liegen, ist durch p theilbar.“ „Die Anzahl der Ziffern der Periode, welche man bei der Verwandlung eines Bruches mit zusammengesetztem Nenner $Z = a^{\alpha} \cdot b^{\beta} \cdot c^{\gamma} \cdots$ erhält, ist das kleinste gemeinschaftliche Vielfache zur Anzahl der Ziffern der Periode der Brüche für

$$\frac{m_1}{a^{\alpha}}, \quad \frac{m_2}{b^{\beta}}, \quad \frac{m_3}{c^{\gamma}} \cdots,$$

deren Nenner nur je einen Primfactor der zusammengesetzten Zahl enthalten, jedoch in derselben Potenz, in welcher der Primfactor in der zusammengesetzten Zahl auftritt.“

„Erhält man bei der Verwandlung eines gemeinen Bruches in einen Decimalbruch eine Periode, so ist stets die Summe aller Reste, welche man während der Ausrechnung einer vollständigen Periode erhält, ein Vielfaches des Nenners des gemeinen Bruches, ausgenommen, wenn dieser den Factor 3 enthält.“

„Wird die Summe von n Resten, welche sich bei der Verwandlung eines gemeinen Bruches in einen Decimalbruch ergeben, zum ersten Mal ein Vielfaches des Nenners des gemeinen Bruches, so ist der dem gemeinen Bruche gleiche Decimalbruch ein periodischer, dessen Wiederkehr aus n Ziffern besteht, ausgenommen, wenn der Nenner den Factor 3 enthält.“

Dieser so lange vernachlässigte Gegenstand ist gleichzeitig von zwei Seiten in Angriff genommen worden; zugleich mit diesem Programme erschien das der Studienanstalt zu Rinteln, welches die nämliche Materie behandelt und zu ganz analogen Resultaten gelangt. Gr.

MAY. Die Quadratreste und Nichtreste. 1. Theil.
Pr. Dillingen.

Nach einer kurzen Einleitung in die Zahlentheorie wird eine elementare Darstellung der im Titel genannten Theorie gegeben. Neues zu liefern liegt nicht im Plane der Schrift; jedoch ist es natürlich, dass bei jeder Bearbeitung eines derartigen Gegenstandes sich einzelne neue Bemerkungen machen lassen. So berichtigt der Verfasser (p. 33) einen Irrthum H. Scheffler's in dessen „Unbestimmter Analytik." Gr.

G. ZOLOTAREFF. Sur l'équation $Y^2 - (-1)^{\frac{p-1}{2}} pZ^2 = 4X$. Nouv. Ann. (2) XI. 539-550.

Ist $X = \frac{x^{p-1}}{x-1}$ und p Primzahl, so wird Z bis auf einen constanten Factor der Nenner des $\frac{p-1}{2}^{\text{ten}}$ Näherungswerthes in der Kettenbruchentwickelung von $\frac{S(x)}{X}$, wo $S = \sum_1^{p-1} \left(\frac{i}{p}\right) x^i$ bedeutet und Y bis auf dieselbe Constante der Rest der Division $(S \cdot \psi) : X$. Zwischen den Coefficienten von Z werden lineare Beziehungen abgeleitet, welche die unmittelbare Berechnung derselben gestatten. No.

G. ZOLOTAREFF. Nouvelle démonstration de la loi de réciprocité de Legendre. Nouv. Ann. (2) XI. 354-362.

Der Verfasser ertheilt einer Permutation den Charakter $+1$ oder -1, je nachdem sie aus der ursprünglichen Anordnung der Elemente durch eine grade oder ungrade Anzahl von Transpositionen erhalten wird. Sind dann p und q zwei ungrade Primzahlen, so betrachtet er die Reihe der Zahlen:

$$q,\ 2q,\ 3q, \cdots (p-1)q,\ \ p,\ p+q,\ p+2q, \cdots p+(p-1)q,$$
$$2p,\ 2p+q, \cdots (q-1)p,\ \ (q-1)p+q, \cdots (q-1)p+(p-1)q.$$

Die Reste dieser Zahlen mod. pq bilden eine gewisse Permutation der Zahlen $1, 2, 3, \cdots pq-1$. Für den Charakter dieser Permutation findet der Verfasser auf einem Wege $\left(\frac{q}{p}\right)$, auf einem andern $(-1)^{\frac{p-1}{2} \cdot \frac{q-1}{2}} \left(\frac{p}{q}\right)$, womit das Reciprocitätsgesetz bewiesen ist. Unter den Hülfssätzen, mittelst deren er jenen Charakter bestimmt, ist der interessanteste: „Ist p eine Primzahl, und k eine durch p nicht theilbare Zahl, so bilden die Reste der Zahlen $k, 2k, 3k, \cdots (p-1)k$ (mod. p) eine Permutation der Zahlen $1, 2, 3, \cdots p-1$, deren Charakter gleich $\left(\frac{k}{p}\right)$ ist."

Die Quelle seines Beweises verschweigt der Verfasser. Es ist aber leicht zu sehen, dass es das Resultat des Bestrebens ist, diejenigen Beweise des Reciprocitätsgesetzes, die auf der Anwendung zweiwerthiger Functionen der Einheitswurzeln beruhen, unabhängig von der Algebra auf rein zahlentheoretischem Wege zu führen. Fs.

VALLÈS. Nombres premiers. Inst. XL. 1957.

Jede Primzahl der Form $13n-1$, $13n-3$, $13n-4$ kann auf die Form a^2-13b^2 oder $13b^2-a^2$ gebracht werden. Ist sie zugleich von der Form $8m+1$ oder $8m+5$, so kann sie auch auf die Form a^2+13b^2 gebracht werden. No.

ZELLER. Beweis des Reciprocitätsgesetzes für die quadratischen Reste. Berl. Monatsber. 1872. 846-847.

Dem Gauss'schen Lemma gemäss ist zu zeigen, dass die Anzahl der absolut kleinsten negativen Reste in $q, 2q, \cdots \frac{1}{2}(p-1)q$, (mod. p) und in $p, 2p, \cdots \frac{1}{2}(q-1)$, (mod. q) zusammen nur ungrade ist, wenn p und q von der Form $4n+3$ sind. Ist $p<q$, so kommen sämmtliche unterhalb $\frac{p}{2}$ liegenden Zahlen als negative Reste in der einen oder der anderen Reihe vor. Die übrigen zwischen $\frac{p}{2}$ und $\frac{q}{2}$ liegenden negativen Reste werden dann leicht so gruppirt, dass das geforderte Resultat sich ergiebt.

No.

N. BOUGAJEFF. Résolution d'une question numérique. C. R. LXXIV. 449-450.

Nennt man die durch kein Quadrat theilbaren Zahlen primitive, bedeutet $H_1(n)$ die Anzahl der primitiven Zahlen, die nicht grösser sind als n, und ist $q(u)$ für die nicht primitiven Zahlen u gleich 0, für die primitiven aber gleich $+1$ oder -1, je nachdem sie aus einer graden oder ungraden Anzahl von Primfactoren zusammengesetzt sind, so ist

$$H_1(u) = \sum_{u=1}^{u=\varepsilon\sqrt{n}} q(u) + \sum_{u=1}^{u=\varepsilon\sqrt{\frac{n}{2}}} q(u) + \sum_{u=1}^{u=\varepsilon\sqrt{\frac{n}{3}}} q(u) + \cdots$$

und

$$H_1(n) + H_1\left(\frac{n}{2^2}\right) + H_1\left(\frac{n}{3^2}\right) + \cdots = n.$$

Aehnliche Formeln gelten für die secundären (durch keinen Cubus theilbaren) Zahlen u. s. w. Fs.

J. J. Sylvester. On the theorem that an arithmetical progression which contains more than one, contains an infinite number of prime numbers. Proc. of L. M. S. IV. 7-8, Messenger (2) I. 143-144.

Kurzer Bericht über die Methode, die Herr Sylvester in der Arbeit angewandt hat, über die er in der Sitzung der Lond. Math. Ges. am 14. December 1871 unter dem Titel „Transactions of Societies" berichtet hat. Glr. (O.)

W. Shanks. On periods in the reciprocals of primes. Messenger (2) II. 41-43.

Praktische Regeln, um die Stellenzahl der wiederkehrenden Perioden bei den reciproken Werthen von Primzahlen zu finden, nebst Beispielen. Glr. (O.)

G. Salmon. On periods in the reciprocals of primes. Messenger (2) II. 49-51. 80.

Bemerkungen zu der obigen Arbeit von Herrn Shanks. Glr. (O.)

J. J. Sylvester. On the partition of an even number into two primes. Proc. of L. M. S. IV. 4-6.

Bezieht sich auf einen von Euler ausgesprochenen, aber nicht bewiesenen Satz, dass jede grade Zahl zerlegt werden kann in eine Summe von zwei Primzahlen. Die Arbeit sucht einen Massstab für die wahrscheinliche (oder durschschnittliche)

Zahl der Wege, auf denen eine solche Zerlegung für eine gegebene grosse Zahl bewirkt werden kann: Wenn bewiesen werden kann, dass sie wahrscheinlich grösser ist, als die Quadratwurzel aus der Zahl, so folgt, dass die Wahrscheinlichkeit dieses Satzes, der im Allgemeinen über eine bezeichnete Grenze hinaus wahr ist, wenn er bis zu dieser Grenze bewiesen ist, dargestellt werden kann durch ein unendliches Product von Gliedern, welches sich beliebig der Einheit nähert, so hoch auch die Grenze genommen ist. Der Verfasser glaubt, dass er so gut wie zweifellos bewiesen, dass der Grad der Grösse des wahrscheinlichen Werthes der Zahl von Auflösungen der des Quadrates der Anzahl von Primzahlen kleiner als die gegebene Zahl ist, dividirt durch die Zahl selbst, oder was dasselbe ist, es ist ein endliches Verhältniss zu der Zahl dividirt durch das Quadrat des hyperbolischen Logarithmus. Cly. (O.)

P. Bachmann. Die Lehre von der Kreistheilung und ihre Beziehungen zur Zahlentheorie. Leipzig. Teubner.

Absicht des Buches ist, die wunderbaren Wechselbeziehungen zwischen Geometrie, Arithmetik und Algebra, welche gerade in der Theorie der Kreistheilung hervortreten, durch Sammlung und passende Verbindung der einschlägigen Abhandlungen und verstreuten Arbeiten allgemeiner bekannt zu machen. Von der geometrischen Fassung des Problems geht der Herr Verfasser zur algebraischen Aufstellung desselben über, und behandelt, durch die Form der Gleichung veranlasst, die Eigenschaften der Einheitswurzeln. Als Hülfsmittel für spätere Zwecke folgen: der Gauss'sche Satz über die Zerlegbarkeit ganzer ganzzahliger Functionen, sowie die Hauptsätze über Congruenzen. Für die Irreductibilität der Kreistheilungsgleichung werden Beweise von Kronecker, Eisenstein und Arndt gegeben. Nach diesen Vorbereitungen geht die Untersuchung auf die Gauss'sche Auflösungsmethode über und zeigt, nach einer Einschaltung, welche specielle Beispiele algebraisch und geometrisch behandelt, durch die Theorie der Lagrange'schen Resolvente für diesen besonderen Fall die algebraische Auflösbarkeit der Kreistheilungsgleichung. Diese

Untersuchungen werden später in der 15ten Vorlesung noch einmal aufgenommen und durch die Methode der Bildung der Periodengleichungen nach den Kummer'schen Formeln zur Multiplication der Perioden vervollständigt. Für die $\frac{p-1}{2}$-, $\frac{p-1}{3}$-, $\frac{p-1}{4}$-gliedrigen Perioden wird die Berechnung gemacht und entsprechend die Function $\frac{x^p-1}{x-1}$ behandelt. Zwischen diese beiden Theile sind die Anwendungen der Kreistheilungsformeln auf die quadratischen, cubischen und biquadratischen Reste und auf die Zerlegung der Zahlen in Quadrate eingeschaltet. Besonders eingehend und interessant sind die verschiedenen Beweise des quadratischen Reciprocitätsgesetzes in ihrem Zusammenhange behandelt.

Nur lose hängen mit dem bisher Angeführten die 4 letzten Vorlesungen zusammen. Sie behandeln die Kummer'sche Theorie der idealen Primfactoren und geben einige Anwendungen auf eine Hülfsfunction in der Kreistheilung und — etwas aphoristisch — auf die Theorie der quadratischen Formen. Eine recht vollständige Literatur-Angabe erhöht die Brauchbarkeit eines Werkes, welches auch schon deshalb schätzenswerth erscheint, weil es versucht, aus der überaus reichen Fülle der zu diesem Gebiete gehörigen Forschungen die wichtigsten auszuwählen und zu verbinden. Ob das Band — die Kreistheilung — freilich fest genug sei, ist eine andere Frage. No.

A. B. Evans and A. Martin. Solution of question 2990. Educ. Times XVI. 27-28

Finde drei Quadratzahlen in arithmetischer Progression, so dass die Quadratwurzel aus jeder um die Einheit vermehrt, wieder eine Quadratzahl ist.

Die Zahlen sind 24^2, 120^2, 168^2. Hi.

A. B. Evans, A. Martin and others. Solution of question 3222. Educ. Times XVI. 34-36.

Finde die kleinste ganze Zahl x, welche den Bedingungen

$$940751\,x^2+1=\square,\qquad 940751\,x^2+38=\square$$

genügt.

Die Zahl x enthält 55 Ziffern. Hi.

G. H. HOPKINS. Solution of question 3200. Educ. Times XVI. 46.

Die Gleichung

$$x^2=y^2+z^2$$

hat, für

$z=2a_1\,a_2\,a_3\cdots a_n$, wo $a_1, a_2, a_3, \cdots a_n$ Primzahlen sind, $\frac{1}{2}(3^n-1)$ ganzzahlige Lösungen in x und y. Hi.

S. BILLS, HART and others. Solution of question 3526. Educ. Times XVI. 95.

Zwei positive Cubikzahlen (ausser 8 und 27) zu finden, deren Summe $=35$.

Die Grundzahlen sind $\frac{59347}{18162}$ und $\frac{8693}{18162}$. Hi.

A. B. EVANS, SCOTT, S. BILLS. Solution of question 3549. Educ. Times XVI. 108-110.

Finde vier Quadratzahlen, so dass die Summe der Quadrate von irgend dreien wieder eine Quadratzahl ist. Von den gegebenen Lösungen ist die mit kleinsten Zahlen 60, 105, 168, 280. Hi.

Mehrere Aufgaben derselben Art sind behandelt von den Herren J. WOLSTENHOLME, W. H. LAVERTY, R. TUCKER, MILLER, M. COLLINS, SCOTT, GILL, A. MARTIN, A. B. EVANS, S. BILLS. Educ. Times XVI., XVII.

Capitel 2.

Theorie der Formen und Kettenbrüche.

C. JORDAN. Sur les formes réduites des congruences du 2ième degré. C. R. LXXIV. 1093-1095.

C. JORDAN. Sur la forme canonique des congruences du second degré et le nombre de leurs solutions. Liouville J. (2) XVII. 368.

Die Methode der Untersuchung von $\Phi = a_1 x_1^2 + \cdots + a_m x_m^2 + b_{12} x_1 x_2 + \cdots \equiv c \pmod{M}$ ist die, jene Congruenz zuerst in Bezug auf Primzahl-Potenzen als Moduln zu betrachten und sie dann auf einfachere Formen zurückzuführen. (Traité des Substitutions 197—200 u. 259—260). Ist der Primzahlmodul ungrade, so erhält man als canonische Form

$$\Phi = P^\alpha(\theta X_1^2 + X_2^2 + \cdots + X_p^2) + P^\beta(\theta' Y_1^2 + Y_2^2 + \cdots + Y_q^2) + \cdots \equiv c \pmod{P^\lambda},$$

wobei die Producte der Variablen verschwunden sind, und die θ entweder $= 1$ oder gleich einem beliebigen quadratischen Nichtreste von P sind. Für $P = 2$ liegen die Verhältnisse nicht so einfach. No.

A. KORKINE et G. ZOLOTAREFF. Sur les formes quadratiques positives quaternaires. Clebsch Ann. V. 581-583.

Man kann den Veränderlichen einer quadratischen positiven quaternären Form von der Determinante D ganzzahlige Werthe geben, derart, dass der Werth der Form die Grösse $\sqrt[4]{4D}$ nicht überschreitet; und es giebt Formen, deren Minima gleich $\sqrt[4]{4D}$ sind. No.

J. SIACCI. Nota intorno alle forme quadratiche. Atti d. R. Acc. Linc. XXV. 339-349.

F. J. Studnicka. Ueber Neben-Näherungsbrüche und deren Anwendung. Casopis I. 32-33. (Böhmisch.)

Nachdem die Grundeigenschaften dieser Brüche, oder wie sie hier genannt werden, der beigeordneten Näherungsbrüche, erklärt worden, zeigt man die Benutzung derselben bei der Auflösung von unbestimmten Gleichungen des ersten Grades.

W.

O. Schlömilch. Ueber die Kettenbruchentwickelungen für Quadratwurzeln. Schlömilch Z. XVII. 70-71.

Der Verfasser hatte in seiner algebraischen Analysis (4. Aufl. § 68) für die bekannte Kettenbruchentwickelung:

$$\sqrt{\tfrac{1}{4}\alpha^2-\beta} = \tfrac{1}{2}\alpha - \cfrac{\beta}{\alpha - \cfrac{\beta}{\alpha - \text{etc.}}}$$

die Bedingung $\alpha \geqq \beta + 1$ angegeben. Herr E. Weyr fand aber durch geometrische Untersuchungen, dass diese Bedingung zu eng sei, und dass nur $\alpha^2 \geqq 4\beta$ zu sein braucht (Prag. Ber. 1869, siehe F. d. M. II. p. 106). Hier giebt nun Herr Schlömilch einen rein analytischen Beweis für die letztere Bedingung.

M.

P. Bachmann. Zur Theorie von Jacobi's Kettenbruch-Algorithmen. Borchardt J. LXXV. 25-35.

Die Frage nach der Periodicität der durch den Algorithmus dargestellten dritten Wurzeln aus ganzen Zahlen wird auf die dreier Ausdrücke zurückgeführt, welche mit den Zählern und Nennern der Näherungswerthe in enger Beziehung stehen, und dadurch auf die Frage nach der Art der Annäherung selbst.

No.

P. Onofrio. Intorno ad una funzione che entra nella composizione delle ridotte delle frazioni continue e delle radici delle congruenze di 1º grado ad una incognita. Battaglini G. X. 37-47.

Uebersetzung von Dirichlet, Zahlentheorie § 23 u. 24 ohne Quellenangabe. § 6 der Arbeit ist keine Uebersetzung, aber überaus weitschweifig. No.

F. BAUER. Von einem Kettenbruche Euler's und einem Theorem von Wallis. Münch. Abh. XI. II.

Diese Abhandlung ist von hohem Interesse, indem hier die schon mehrfach angedeutete Darstellung der Näherungswerthe von Kettenbrüchen durch Determinanten zum ersten Male consequent und methodisch zur Lösung complicirterer Probleme angewandt wird. Nach einer kurzen historischen Einleitung giebt der Verfasser zunächst dem Kettenbruch

$$S = \frac{n}{\alpha_1} + \frac{n+\alpha_1}{\alpha_2} + \frac{n+\alpha_2}{\alpha_3} + \cdots$$

folgende Form

$$\frac{\begin{vmatrix} \alpha_2 & 1, & 0 & \cdots & 0 \\ -(n+\alpha_2), & \alpha_3, & 1 & \cdots & 0 \\ 0, & -(n+\alpha_3), & \alpha_4 & \cdots & 0 \\ \cdot & \cdot & \cdot & \cdots & \cdot \\ 0, & 0, & 0 & -(n+\alpha_{r-1}), & \alpha_r \end{vmatrix}}{\begin{vmatrix} \alpha_1 & 1, & 0 & \cdots & 0 \\ -(n+\alpha_1), & \alpha_2 & 1 & \cdots & 0 \\ 0, & -(n+\alpha_2), & \alpha_3 & \cdots & 0 \\ \cdot & \cdot & \cdot & \cdots & \cdot \\ 0, & 0 & \cdot & -(n+\alpha_{r-1}), & \alpha_r \end{vmatrix}} = \frac{P_r}{Q_r}$$

Durch eine Reihe von Determinanten-Transformationen erhält man das Resultat

$$\frac{n(P_r+Q_r)}{P_r+nQ_r} = \frac{n+\alpha_1}{\alpha_1} + \cdots + \frac{n+\alpha_{r-1}}{\alpha_{r-1}} + \frac{n+\alpha_r}{\alpha_{r+1}}.$$

Ist dann

$$S' = \frac{n+\alpha_1}{\alpha_1} + \frac{n+\alpha_2}{\alpha_2} + \cdots,$$

so folgt für $r = \infty$

$$S' = \frac{n(S+1)}{S+n}.$$

Diese Relation ward von Euler auf inductorischem Wege gewonnen.

Geht man alsdann von dem allgemeineren Kettenbruche

$$\frac{b_1 c_0}{a_1 + \frac{b_2 c_1}{a_2 + \cdots}}$$

aus und wendet ganz analog einige einfache Determinantensätze an, so gelangt man zu dem Resultate. Es ist

$$\left(\frac{d}{2} - b_1 + \frac{b_1^2}{d + b_1 - b_2 + \frac{b_2^2}{d + b_2 - b_3 + \cdots}}\right)$$

$$\cdot\left(\frac{d}{2} + b_1 + \frac{b_1^2}{d + b_2 - b_1 + \frac{b_2^2}{d + b_3 - b_2 + \cdots}}\right)$$

$$= \frac{d}{2} \cdot \frac{S + d - b_1}{S + d + b_1} \cdot \frac{d}{2} \cdot \frac{S + d + b_1}{S + d - b_1} = \frac{d^2}{4}.$$

Ist allgemein $b_r = 2r + 1$, d eine grade ganze Zahl, so erhält man mit höchst einfachen Mitteln jenes Wallis'sche Theorem

$$\left(\frac{d}{2} - 1 + \frac{1^2}{d - 2 + \frac{3^2}{d - 2 + \cdots}}\right) \cdot \left(\frac{d}{2} + 1 + \frac{1^2}{d + 2 + \frac{3^2}{d + 2 + \cdots}}\right)$$

$$= \left(\frac{d}{2}\right)^2,$$

welches jener Mathematiker bekanntlich nur auf sehr mühsame Art indirect beweisen konnte. Für d = 2 geht der erste Kettenbruch in den bekannten Brouncker'schen über:

$$1 + \frac{1}{2 + \frac{9}{2 + \frac{25}{2 + \cdots}}} = \frac{4}{\pi}.$$

Herr Bauer verallgemeinert das erlangte Resultat und stellt zum Schluss folgenden neuen Satz auf: Das Product der beiden Kettenbrüche

$$\frac{g + b + c}{2} + \frac{bc}{g + h + \frac{(b + h)(c + h)}{g + h + \cdots}}$$

und

$$\frac{g-(b+c)}{2}+\cfrac{bc}{g-h+\cfrac{(b+h)(c+h)}{g-h+\cdots}}$$

hat stets den Werth

$$\tfrac{1}{4}(g-b+c)(g+b-c).$$

Der Beweis dieses Lehrsatzes, sei es durch die Hülfsmittel der älteren Analysis, sei es mit Benutzung des Multiplicationssatzes der Determinanten, dürfte bedeutende Schwierigkeiten darbieten. Gr.

Vierter Abschnitt.

Wahrscheinlichkeitsrechnung und Combinationslehre.

C. Moreau. Sur les permutations circulaires distinctes. Nouv. Ann. (2) XI. 309-314.

Die Anzahl der circulären Permutationen, d. h. der nach Verwerfung der cyklischen Verschiebungen übrigbleibenden, von S Elementen ist im allgemeinen gleich der Anzahl aller Permutationen dividirt durch S. Eine Ausnahme tritt nur ein, wenn einzelne Permutationen in congruente Gruppen zerfallen, die bei cyklischer Verschiebung mehrmals zur Deckung gelangen; dies findet statt, wenn alle Anzahlen gleicher Elemente einen gemeinsamen Factor haben. Zur allgemeinen Lösung wendet der Verfasser die Coefficienten der Taylor'schen Reihenentwickelung einer Function mehrerer Variabeln an und gelangt zu folgendem Ausdruck:

$$P_s^c = \frac{1}{S} \Sigma \varphi(\delta) \frac{P_s^r}{\delta}.$$

Hier ist δ ein beliebiger Divisor des grössten gemeinsamen Factors d aller Anzahlen gleicher Elemente, der in Primfactoren zerlegt lautet:

$$\delta = p_1^{k_1} p_2^{k_2} \dots p_n^{k_n}.$$

Die Summe erstreckt sich über alle möglichen Werthe von δ.

Ferner ist

$$\varphi(\delta) = \delta\left(1-\frac{1}{p_1}\right)\left(1-\frac{1}{p_2}\right)\cdots\left(1-\frac{1}{p_n}\right)$$

und drückt aus, wie viele relative Primzahlen zu δ kleiner als δ es giebt. Endlich bezeichnet der Ausdruck

$$\frac{P_s^r}{\delta} = \frac{\left(\frac{S}{\delta}\right)!}{\left(\frac{A}{\delta}\right)!\left(\frac{B}{\delta}\right)!\cdots\left(\frac{L}{\delta}\right)!},$$

wo $A, B, \ldots L$ die Anzahlen gleicher Elemente bedeuten, die Anzahl der geradlinigen Permutationen von $\frac{S}{\delta}$ Elementen, und P_s^c die gesuchte Anzahl der circulären Permutationen aller Elemente. H.

C. Moreau. Solution de la question 444. Nouv. Ann. (2) XI. 131-132.

Wenn man aus jeder von n Urnen, deren jede die m ersten Zahlen enthält, eine Zahl zieht, so ist die Wahrscheinlichkeit, dass die Summe der gezogenen Zahlen 1) $= k$ wird:

$$p_k = \frac{1}{m^n}\left(C_{k-1}^{n-1} - C_n^1\, C_{k-1-m}^{n-1} + C_n^2\, C_{k-1-2m}^{n-1} - \cdots\right)$$

und dass sie 2) zwischen k und $k+l$ liegt,

$$p_{k,l} = \frac{1}{m^n}\left[\left(C_{k+l}^n - C_{k-1}^n\right) - C_n^1\left(C_{k+l-m}^n - C_{k-1-m}^n\right)\right.$$
$$\left. + C_n^2\left(C_{k+l-2m}^n - C_{k-1-2m}^n\right) - \cdots\right].$$

Pr.

J. Grolous. Études sur les nombres. Inst. XL. 253—254.

Siehe Abschn. V. Cap. 2.

M. Reiss. Évaluation du nombre de combinaisons desquelles les 28 dés d'un jeu du Domino sont susceptibles d'aprés la règle de ce jeu. Brioschi Ann. (2) V. 90-120.

Schluss der Arbeit, über welche Bd. III. p. 80 referirt worden ist.

P. VOLPICELLI. Soluzione completa e generale, mediante la geometria di situazione, del problema relativo alle corse del cavallo sopra qualunque scacchiere. Att. d. R. Acc. d. Linc. XXV. 87-160, 364-454.

Da die Arbeit noch nicht beendet ist, wird sie im nächsten Bande des Jahrbuchs zur Besprechung gelangen. Jg. (O.)

P. VOLPICELLI. Solution complète du problème relatif au cavalier des échecs. C. R. LXXIV. 1099-1102.

Der Verfasser zieht diejenigen Springercurse, bei welchen nur ein Theil des Schachbretts durchlaufen wird, als Lösungen des Problems für diesen Theil mit in Betracht und nennt sie partielle Curse. Die allgemeine Bedingung des Schlusses ist dann, dass jeder fernere Zug auf ein schon betretenes Feld zurückführen würde. Von der eigentlichen Frage jedoch, wann dieser Schluss eintritt, wie viel und welche Curse für das Ganze und für den Theil möglich sind, ist nicht die Rede. Es werden nur einige Folgerungen aus der Symmetrie gezogen, und die einzelnen Züge in Coordinaten tabellarisch dargestellt, ohne alle Rücksicht auf die Bedingung kein Feld zweimal zu besetzen. Verwiesen ist auf einen frühern Aufsatz C. R. XXXI. 314, wo der Verfasser die Basis des Problems entwickelt zu haben erklärt.

H.

TARRY. Solution du problème du cavalier au jeu d'échecs par Mr. Volpicelli. Mondes (2) XXVIII. 60-64.

Der Verfasser giebt zunächst einen kurzen Ueberblick über frühere Lösungen des Problems, die sich im „Dictionaire encyclopédique des amusements des sciences“ (Paris 1792) zusammengestellt finden. Er setzt speciell die Lösung von Moivre auseinander, bespricht sodann den Versuch einer allgemeinen Lösung von Van der Monde, und wendet sich zu einer Darstellung der Methode, die Volpicelli in einer Abhandlung (siehe C. R. XXXI. p. 314) und einer früheren aus dem Jahre 1852 (ebendaselbst) gegeben. Volpicelli bezeichnet die Felder des Schachbretts durch ihre Abscissen und Ordinaten. Es existiren dann 8 Paare von von je 2 Gleichungen, denen die Züge des Springers genügen müssen. Die Art und Weise der Lösung wird dann an dem Beispiel eines Schachbrettes mit 12 Feldern erläutert. O.

V. Bouniakowsky. Sur les combinaisons d'un genre particulier qui se rencontrent dans la question sur les livres défectueuses. Mém. de St. Pét. XX. 1871.

Der Verfasser beschäftigt sich mit folgender Frage: Wenn die Anzahl der unvollständigen Exemplare eines Buches und die Anzahl der in jedem Exemplar fehlenden Blätter bekannt ist, wie gross ist die Wahrscheinlichkeit, dass sich daraus eine bestimmte Anzahl vollständiger oder solcher Exemplare zusammensetzen lässt, in denen ein, zwei oder mehr Blätter fehlen.

Z. (O.)

J. Dienger. Ueber einen Satz der Wahrscheinlichkeitsrechnung und damit zusammenhängende bestimmte Integrale. Prag. Abh. (6) V.

Es wird die Aufgabe gelöst, die Wahrscheinlichkeit zu finden, dass die Summe einer Anzahl durch Versuche zu ermittelnder Grössen A zwischen gegebenen Grenzen liege, wenn dieselben einzeln zwischen gegebenen Grenzen liegen und ungleiche Wahrscheinlichkeit haben, die auch von Versuch zu Versuch variiren kann. Die Summe wird als Coefficient einer Reihenentwickelung dargestellt. Ist nämlich $F_r(n)$ die Wahrscheinlichkeit, dass A bei dem r^{ten} Versuche den Werth n habe, so drückt der Coefficient von $t^{m\omega}$ in dem Product

$$(\Sigma F_1(n)\, t^{n\omega})\; (\Sigma F_2(n)\, t^{n\omega}) \dots\; (\Sigma F_\mu(n)\, t^{n\omega}),$$

wo sich jede Summe Σ über die beim einzelnen Versuche möglichen Resultate erstreckt, die Wahrscheinlichkeit aus, dass die gefragte Summe $= m$ sei. Setzt man dann

$$t^\omega = e^{i\Theta},$$

multiplicirt mit $e^{mi\Theta}$ und integrirt zwischen $-\pi$ und π, so erhält man diesen Coefficienten. Nun hat man noch für m die zwischen den gegebenen Grenzen liegenden Zahlen zu setzen und zu summiren; die Summe ist die gesuchte Wahrscheinlichkeit.

Sind alle Werthe von A gleich wahrscheinlich und für alle Versuche gleich, so geht die gesuchte Grösse über in

$$P = \frac{2}{\pi}\int_0^\infty \cos(\mu h - c)\, x \left(\frac{\sin gx}{gx}\right)^\mu \frac{\sin \varepsilon x}{x} \partial x,$$

wo $c \pm \varepsilon$ die verlangten Grenzen der Summe, $h \pm g$ die bekannten Grenzen von t, μ die Anzahl der Versuche ist. Bei der Auswerthung des Integrals kann man c, ε, h, g als ganze Zahlen betrachten, da man in x den gemeinsamen Nenner aufnehmen kann. Auch ist $\sin \varepsilon x \cos(\mu h - c)\, x$ nur Summe zweier Werthe des ersten Factors, daher reducirt sich das zu Berechnende auf

$$\int_0^\infty \left(\frac{\sin gx}{gx}\right)^\mu \frac{\sin \varepsilon x}{x} \partial x,$$

und dieses lässt sich in einer endlichen Reihe darstellen. Hiervon werden besondere Fälle untersucht, und die Werthe einer Anzahl ähnlicher Integralausdrücke abgeleitet. Den gleichen Reihenausdruck gewinnt der Verfasser direct für die genannte Wahrscheinlichkeit auf anderm Wege. Er geht von folgender allgemeineren Betrachtung aus. Die Wahrscheinlichkeit jedes Werthes der positiven Variabeln $t_1, t_2, \ldots t_n$ sei gegeben; das Product der Wahrscheinlichkeiten ist dann die Wahrscheinlichkeit des gleichzeitigen Stattfindens aller n Werthe; dieses wird mit einer Function der Variabeln multiplicirt und dann summirt über alle Werthcombinationen, für welche $s = \Sigma t$ zwischen gegebenen Grenzen liegt. Die Differenzen der Werthe werden als unendlich klein betrachtet, so dass sich die Summe als ein n-faches Integral darstellt. Es handelt sich um Bestimmung von dessen Grenzen. Die Bedingung für s lässt sich einführen durch Substitution von $s - t_2 - \ldots t_n$ für t_1, derzufolge s mit seinen gegebenen Grenzen letzte Integrationsvariable wird. Nachdem successive die Grenzen der vorausgehenden Integrationen nach t_2, $t_3 \ldots$ festgestellt sind, werden verschiedene Specialisirungen eingeführt, bis die Aufgabe mit der durch den Ausdruck P identisch wird. Die Integration selbst hat keine Schwierigkeit, und das Resultat bekommt unmittelbar die Form obiger Reihe. Das gleiche Resultat wird dann auf einem dritten Wege gewonnen, und schliesslich eine leichte Folgerung gezogen. H.

W. A. Whitworth. Chance. Messenger (2) I. 163-166.

Eine Anzahl gewöhnlicher Wahrscheinlichkeitsfragen werden aufgestellt und in eleganter Weise gelöst. Das Princip ist: anstatt zu fragen: „Wie viel Mal wird das Unternehmen fehlschlagen, bis dass es einmal gelingt?" zu fragen: „Wie viel Versuche müssen gemacht werden, ehe das Unternehmen glückt?" Glr. (O.)

T. Hopkinson. On the calculation of empirical formulae. Messenger (2) II. 65-67.

Es wird eine Methode aufgestellt, um die Coefficienten in einer empirischen Formel aus einer Anzahl von Experimenten zu bestimmen, wenn die Genauigkeit der Beobachtung nicht zur Anwendung einer so mühsamen Methode räth, wie die der kleinsten Quadrate ist. Die Methode soll in den Fällen gebraucht werden, in denen es nicht gebräuchlich ist, ein graphisches Verfahren zu benutzen und die Curve zu zeichnen. Der von ihr in Anspruch genommene Vorzug ist, dass sie von persönlichen Gleichungen frei ist, nämlich unabhängig von der Laune des Benutzenden. Glr. (O.)

J. W. L. Glaisher. Remarks on certain portions of Laplace's proof of the method of least squares. Phil. Mag. 1872.

Ein grosser Theil des vierten Capitels von Laplace's „Théorie des probabilités" ist der Auffindung eines Gesetzes gewidmet für den mittleren Fehler bei einer grossen Zahl von Beobachtungen, deren Fehler alle einem und demselben Gesetze unterworfen sind. Eine grosse Vereinfachung dieses Theils der Laplace'schen Untersuchung wurde unter gleichzeitiger Verallgemeinerung von Leslie Ellis gegeben. Die vorliegende Arbeit leitet das gewöhnliche Resultat nach einer Methode her, welche der Untersuchung von Ellis ähnlich ist, aber die Rechnung eleganter und symmetrischer gestaltet. Csy. (M.)

J. W. L. Glaisher. Remarks on a theorem in Laplace's probabilities. Messenger (2) II. 62-64.

Der Satz steht im letzten Paragraphen des 3ten Capitels von Laplace's Théorie analytique des probabilités (Nat. éd. p. 299) und bezieht sich auf sogenannte „Durchschnittscurven“ (mean curves). Der Schluss beschäftigt sich mit einigen Fragen der Wahrscheinlichkeit, deren Lösung nicht leicht zu sein schien.

Glr. (O.)

J. W. L. Glaisher. On the law of facility of errors of observations and on the method of least squares. Monthl. Not. XXXII. 241-242, Mem. of R. Astr. Soc. XXXIX. II. 75-124.

Die Abhandlung beginnt mit der Besprechung einer Arbeit von Dr. Cleveland Abbe, publicirt in dem „American Journal of Science and Arts“ für den Juni 1871, die nachweisen will, dass Prof. Robert Adrain aus New-Brunswick die Methode der kleinsten Quadrate veröffentlicht hat, nachdem er sie selbst unabhängig von Andern entdeckt. Herr Glaisher unterzieht die Arbeit Dr. Adrain's einer gründlichen Prüfung und findet sie weit entfernt von Strenge, da das Raisonnement von zu leichter und wenig zwingender Natur ist, um zu dem Glauben zu führen, dass Herr Adrain, gleich Legendre, die Zweckmässigkeit, Gleichungen mit der Methode der kleinsten Quadrate zu behandeln, zuerst bemerkt und sich dann bemüht haben solle, diesen Weg mittelst der Theorie der Wahrscheinlichkeiten zu rechtfertigen.

Hauptzweck der Arbeit ist nun die Prüfung und Vergleichung der verschiedenen Darstellungen, die von dem Gesetz der Wahrscheinlichkeit gegeben sind. Nachdem der Verfasser den Weg gezeigt, auf dem Legendre die Methode ursprünglich dargestellt hat, werden die anderen speciell geprüft und in folgende Gruppen geordnet: 1) Gauss' ursprüngliche Untersuchung; im Anschluss daran Encke's, de Morgan's und Leslie Ellis' Bemerkungen über das Princip des arithmetischen Mittels; 2) Laplace's Methode; im Anschluss daran Poisson's und Ellis' Vereinfachungen und Jvory's kritische Untersuchungen; 3) Gauss' zweite Darstellung und deren Zusammenhang mit der von Laplace; 4) Sir John Herschel's Beweis mit Ellis' und Boole's Kritik; 5) Prof. Tait's und ähnliche Beweise (Quetelet's etc.); 6) Donkin's Beweis. Ausserdem sind von Jvory 4 Darstellungen der Methode gegeben, von denen hier nur eine specieller besprochen wird, da die andern bereits von Ellis discutirt worden sind. Auch Abhandlungen von Bessel und Crofton werden hinzugezogen. Das Princip der arithmetischen Mittel, das entweder als Axiom oder als Resultat eines Beweises betrachtet ist, glaubt der Verfasser als unhaltbar bewiesen. Laplace's Methode, in der Erweiterung von Ellis, wird mit einigen Veränderungen reproducirt. Poisson's allgemeiner Beweis (Connaissance des Temps 1827) wird bewiesen als entstehend aus einem vielfachen Integral, welches mit Hülfe des Princips von Lejeune-Dirichlet ausgewerthet wird. Der ungeschickte Uebergang von endlichen zu unendlich kleinen Fehlern ist so vermieden. Der exacte Sinn, in dem Laplace's System von Factoren die wahrscheinlichsten Werthe von zu bestimmenden Grössen giebt, wird speciell dargethan. Sodann wird auf den von Laplace angenommenen Fall eingegangen, wenn die Wahrscheinlichkeiten $\varphi_1(x)$, $\varphi_2(x)\cdots$ als bekannt vorausgesetzt werden und die wahrscheinlichsten Werthe der Unbekannten gefunden werden sollen, und auch auf den andern Fall, wo $\varphi_1(x)$, $\varphi_2(x)\cdots$ sowohl als auch die wahrscheinlichsten Werthe gefunden werden sollen. Im einen Falle, wo die Beobachtungen und die Gewichte derselben gegeben sind, findet man die Werthe, im andern, wo die Beobachtungen gegeben, die Gewichte und Werthe.

Die Methode der kleinsten Quadrate giebt in der That nur die erste Annäherung an die wahren Werthe, welche jedoch die Möglichkeit giebt, sowohl das Gewicht der Beobachtungen zu bestimmen, wie auch eine zweite Annäherung zu erhalten u. s. f. Ein Kriterium, wie das von Professor Pierre, es sei besser, eine Beobachtung ganz zu verwerfen, als ihr ein gleiches Gewicht mit der besten beizulegen, scheint im Princip unbegründet.

Die eigentliche Anwendung der Methode der kleinsten Quadrate giebt einer nicht normalen Beobachtung ein sehr kleines Gewicht. Laplace's erste Darstellung des Gegenstandes wird seiner zweiten und also auch Gauss' zweiter Darstellung vorgezogen. Die beiden Betrachtungen des Gegenstandes von Laplace (in der ersten Darstellung) und von Gauss führen zu einem Satz über vielfache Integrale, der bewiesen wird.

Als Endresultat der Discussion aller Darstellungen der Methode ergiebt sich, dass die einzig correcte und philosophische Anschauung vom Gegenstande die ist, welche einen Fehler als entstanden betrachtet durch ein Aggregat vieler kleinerer Fehler, die auf unabhängigen Quellen beruhen und willkürlichen Gesetzen der Wahrscheinlichkeit unterworfen sind. Daher hat man nach Laplace's Analyse (obwohl er selbst sie nicht so angewandt hat) allgemein das Gesetz $e^{-h^2x^2}$ für individuelle wirkliche Fehler. Aus diesem Gesetz folgt auf einmal die Methode der kleinsten Quadrate, so dass, wenn die Zahl der Beobachtungen gross ist, ein doppelter Grund für dieselbe spricht. Die Abhandlung schliesst mit Bemerkungen über die Folgen, die eintreten würden, wenn das Gesetz der Wahrscheinlichkeit $e^{-m\sqrt{x^2}}$ wäre, eine Form, welche nicht allein sehr natürlich zu sein scheint, sondern welche auch wirklich von Laplace in einer seiner Abhandlungen als wahr angenommen wurde. Glr. (O.)

L. Lorenz. Udjevning af Jagttagelses fyl. Zeuthen Tidsskr. (3) II. 1.

Der Verfasser sucht eine allgemeine Lösung des Problems der Ausgleichung der Beobachtungsfehler zu geben. Wenn man nicht weiss, welche Functionen der Elemente die beobachteten Grössen sind, und man über die Form dieser Functionen Voraussetzungen machen muss, so giebt der Verfasser einen Weg an, zu beurtheilen, welche von mehreren Hypothesen man als die bessere zu betrachten hat. Der Aufsatz hat zu einer Polemik zwischen dem Verfasser und Herrn Zachariae Veranlassung gegeben. (Cfr. dasselbe Journal p. 97, 125, 182.)

Hn. (Wn.)

J. E. Hilgard. On the verification of the probability function. Rep. Brit. Ass. 1872.

Csy.

Drobisch. Ueber Mittelgrössen und die Anwendbarkeit derselben auf die Berechnung des Steigens und Sinkens des Geldwerthes. Leipz. Ber. XXIV. 25-48.

H.

W. Karup. Theoretisches Handbuch der Lebensversicherung. Leipzig 1871. Fritsch.

Das Handbuch zeichnet sich durch Vielseitigkeit der Auffassung seiner Aufgabe, Sorgfältigkeit in deren Lösung, Klarheit und Leichtfasslichkeit der Darstellung bei logischer Bestimmtheit aus, so dass es die verschiedensten Anforderungen, sowohl die des Mathematikers, der in die Praxis, wie die des Praktikers, der in die Theorie eingeführt sein will, und die des Historikers und Statistikers zu befriedigen vermag. Nach einer einleitenden Darlegung des Zubehörs der sogenannten Versicherungswissenschaft bildet die Geschichte des Lebensversicherungswesens den ersten Theil des Werkes (siehe Abschn. I. Cap. 1. p. 27). Hierauf folgt der aus den zwei Abschnitten über die Construction der Mortalitätstafel und über Zinseszinsrechnung bestehende theoretische Theil. Der erstere schliesst die Wahrscheinlichkeitslehre innerhalb der Grenzen, wo sie von Anwendung ist, in sich. Bemerkenswerth ist, dass die Mortalitätstafel nach Berücksichtigung aller Sterblichkeitsdifferenzen und deren Ursachen, doch schliesslich als ein einziges gleichmässig auf alle Umstände anzuwendendes Resultat in die Praxis eingeführt wird. Der Verfasser erkennt nur einen Fortschritt in der Vermehrung und correcteren Verwerthung der empirischen Data an, und bezeichnet die von Deparcieux aufgestellte Tafel als die vorzüglichste und gegenwärtig angenommene. Sie giebt für jedes Altersjahr a aus einer in einem Jahre geborenen Gesellschaft die Anzahl der Gestorbenen τ_a und Ueberlebenden λ_a, dann die mittlere und wahrscheinliche Lebensdauer vom betreffenden Alter an, unter letzterer die Zeit verstanden, in welcher sich der Bestand auf die Hälfte reducirt, ferner die Sterbenswahrscheinlichkeit $\frac{\tau_a}{\lambda_a}$ und die Lebenswahrscheinlichkeit $\frac{\lambda_{a+1}}{\lambda_a}$, beides für das laufende Jahr an. Die Darlegung der Wahrscheinlichkeitstheorie übersteigt nicht die engsten Grenzen des Elementaren. Im dritten Abschnitt werden nach Erklärung der Zinseszinsrechnung die zahlreich combinirten Fälle der Lebensversicherung durchgegangen, wobei nur die unterscheidenden Angaben in Begriff, Modus und Anwendung zu machen waren, und schliesslich die nöthige Anleitung zur Berechnung der Einsätze (Prämien) gegeben. H.

W. J. C. Miller. Solution of question 1843. Educ. Times XVI. 50.

Drei Punkte werden beliebig innerhalb eines Kreises angenommen; finde die Wahrscheinlichkeit, dass der Kreis durch diese ganz innerhalb des gegebenen Kreises liege. Hi.

W. S. B. Woolhouse. Solution of question 3164. Educ. Times XVI. 50—53.

Unzählige Punkttriaden werden innerhalb eines Kreises beliebig angenommen, die jede durch die Formeln schwarz oder roth bezeichnet werden, je nach dem der Kreis durch die drei Punkte ganz innerhalb oder theilweise ausserhalb des gegebenen Kreises liegt. Zeige, dass die grösste Dichtigkeit der schwarzen, und die geringste der rothen Punkte in der Entfernung von zwei Drittel des Radius vom Mittelpunkt des gegebenen Kreises liegt.
Hi.

Elizabeth Blackwood. On experimental probability. Educ. Times XVI. 55-56.

G. S. Carr, H. Mc. Coll, S. Watson and others. Solution of question 3515. Educ. Times XVI. 93.

Wenn P und Q beliebige Punkte innerhalb eines Kreises sind, zeige dass die Wahrscheinlichkeit dafür, dass der Kreis mit Mittelpunkt P und Radius PQ ganz innerhalb des gegebenen Kreises liege, $\frac{1}{6}$ ist. Hi.

S. WATSON. Solution of question 2621. Educ. Times XVI. 25.

Wenn vier Punkte auf einer Kugelfläche beliebig angenommen werden, so ist die Wahrscheinlichkeit, dass alle auf einer Halbkugel liegen, $= \frac{7}{8}$. Hi.

HUGH MC. COLL. Probability Notation. Educ. Times XVI. 29-31.

Das Symbol $p(r)$ bezeichnet die Wahrscheinlichkeit des Eintretens eines Ereignisses, welches in einer Tabelle als r^{tes} gegeben ist, und $p(:r)$ die Wahrscheinlichkeit des Nichteintretens, so dass $p(r) + p(:r) = 1$.

Das Symbol $p(m_a \cdot n_{:c} : r_e)$ bezeichnet die Wahrscheinlichkeit des Eintretens vom m^{ten} und n^{ten} und des Nichteintretens vom r^{ten} Ereigniss. Die unteren Zahlen $a, :c, e$, welche nicht absolut nöthig sind, sollen ausdrücken, dass das Eintreten des m^{ten} und n^{ten} und das Nichteintreten des r^{ten} Ereignisses das Eintreten des a^{ten} und e^{ten} und das Nichteintreten des c^{ten} Ereignisses zur Folge hat. Der Ausdruck $a > b = c > d$ soll bedeuten, dass jede der beiden Bedingungen $a > b$, $c > d$ die andere einschliesst.

Dies wird angewandt zur Lösung der Aufgabe 3385: „In einem Rechtecke wird eine beliebige Gerade durch einen beliebigen Punkt gezogen; was ist die Wahrscheinlichkeit, dass diese Gerade zwei gegebene gegenüberliegende Seiten schneidet?“ und der Aufgabe 3440: „Eine Gerade wird beliebig über ein Fenster gezogen, welches 4 gleiche rechteckige Scheiben hat; was ist die Wahrscheinlichkeit, dass diese Gerade eine, zwei oder drei Scheiben trifft?“

(Andere Lösung der letzten Aufgabe von S. Watson auf p. 66.) Hi.

HUGH MC. COLL and G. S. CARR. Solution of question 3408 (by Elizabeth Blackwood.) Educ. Times XVI. 103.

Ein Punkt wird beliebig in einem Fenster angenommen, welches 9 gleiche quadratförmige Scheiben hat und durch diesen Punkt wird eine Gerade in beliebiger Richtung gezogen. Finde die Wahrscheinlichkeit, dass diese Gerade 1, 2, 3, 4 oder 5 Scheiben trifft. Hi.

A. Martin and St. Watson. Solution of question 3451. Educ. Times XVI. 64-65.

Die mittlere Fläche aller Kreise, die innerhalb eines gegebenen Dreiecks gezogen werden können, ist ein Zehntel der Fläche des eingeschriebenen Kreises. Hi.

H. Mc. Coll. Solution of question 3342. Educ. Times XVI. 68.

Ein Punkt ist beliebig im Innern eines Dreiecks genommen und Senkrechte von ihm auf die Seiten gezogen. Beweise, dass $3\,lg\,2 - 2$ die Wahrscheinlichkeit giebt dafür, dass die drei Senkrechten die Seiten eines spitzwinkligen Dreiecks sein können. Hi.

Weitere Aufgaben über geometrische Wahrscheinlichkeit sind von den Herren G. S. Carr, Mc. Coll, J. Hopkinson, St. Watson, Sylvester, Miller etc. in Educ. Times XVI. XVII. behandelt.

Fünfter Abschnitt.

Reihen.

Capitel 1.

Allgemeines.

Th. Wittstein. Anfangsgründe der Analysis. Hannover. Hahn.

Dieses Lehrbuch, welches die erste Abtheilung des 3ten Bandes der „Elementarmathematik" des Verfassers bildet, ist für die Schule berechnet und zeichnet sich ebenso sehr durch Strenge und Einfachheit der Entwickelungen, wie durch eine erschöpfende Behandlung gewisser Gebiete aus, welche in den bekannten Werken dieser Art nur dürftig bedacht zu werden pflegen. Es ist in 12 Abschnitte eingetheilt, und die Analysis wird darin in zwei Theile gesondert, nämlich in die Theorie der reellen Zahlen, welche im ersten Abschnitte, und die Theorie der complexen Zahlen, welche im 9ten Abschnitte begründet wird. Der Zinseszins- und Rentenrechnung sowie der Wahrscheinlichkeitsrechnung ist ein weit grösserer Raum als üblich gewidmet, was in Anbetracht ihrer Wichtigkeit für die Praxis als eine sehr dankenswerthe Zugabe zu begrüssen ist. Was die theoretische Ausführung im Einzelnen betrifft, so hat es der Verfasser verstanden, trotzdem, dass die Anwendung der Differentialrechnung, wie bei einer Schul-Analysis zu erwarten, ausgeschlossen blieb, in den Entwickelungen dem gegenwärtigen Standpunkt der Wissenschaft gerecht zu werden. So werden die Exponentialreihen und die logarithmischen Reihen im unmittelbaren Zusammenhang mit der Binomialreihe abgeleitet, und die trigonometrischen Functionen werden durch die Definition der complexen Zahlen auf naturgemässe Weise in die Analysis eingeführt. Bemerkenswerth ist ferner die ausführlichere Behandlung der Interpolation der Progressionen, sowie ein leicht fassliches lediglich auf der Betrachtung der Differenz-Reihen beruhendes Verfahren zur Auflösung der numerischen Gleichungen. Schliesslich sei noch auf einen in einer Elementar-Analysis gewiss nicht erwarteten höchst einfachen Beweis für den Satz, dass jede algebraische Gleichung eine Wurzel habe, hingewiesen, welchen der Verfasser zuerst in Grunert's Archiv XI. 1848 gegeben hat. Hr.

J. Thomae. Sur les limites de la convergence et de la divergence des séries infinies à termes positifs.
Brioschi Ann. (2) V. 121-129.

Der Verfasser beweist zunächst auf elementarem Wege den Dirichlet'schen Satz, dass

$$\lim_{\sigma=0} \sum_0^\infty {}_n \frac{a\sigma}{(an+b)^{1+\sigma}} = 1$$

ist, ausgehend von der offenbar convergenten Reihe:

$$\sum_0^\infty {}_n \frac{(-1)^n}{(an+b)^\sigma},$$

deren Grenzwerth für unendlich abnehmende positive σ beiläufig gleich $\frac{1}{2}$ gefunden wird. Aus der Convergenz der Reihe

$$\sum_1^\infty {}_n \frac{1}{n^{1+\sigma}}$$

für alle positiven σ schliesst man, dass eine unendliche Reihe

$$A_0 + A_1 + \cdots + A_n + \cdots$$

absolut convergent ist, wenn von einem gewissen Werthe $n = \nu$ an bis in's Unendliche für ein beliebig kleines positives σ $A_n n^{1+\sigma}$ unter einer bestimmten endlichen Grenze bleibt. Geschieht dies erst für $\sigma = 0$, so ist die Reihe, falls sie aus lauter positiven Gliedern besteht, divergent. Damit sind jedoch nach einer Bemerkung des Verfassers, die sich bereits in seinem Buche: Abriss einer Theorie der complexen Functionen p. 40 (II. Aufl. p. 9) ausgesprochen findet, die Grenzen für die Kleinheit von σ noch nicht genügend bezeichnet, da die Ordnungen des Verschwindens einer Function ein stetiges Grössengebiet bilden, für dessen Bestimmung die gemeinen reellen Zahlen nicht ausreichen ($\frac{1}{ln}$ verschwindet für $n = \infty$ in einer Ordnung, die kleiner als jede denkbare gewöhnliche Zahl ist, ohne Null zu sein). Indem nun der Verfasser noch Ordnungszahlen in Betracht zieht, die durch ein- und vielfache Logarithmen ausgedrückt werden, gelangt er zu folgendem allgemeinen Satze, der den obigen als besonderen Fall enthält: „Die unendliche Reihe

$$A_0 + A_1 \cdots + A_n + \cdots$$

ist absolut convergent, wenn es eine ganze positive Zahl m und eine noch so kleine positive Zahl σ giebt, für die

$$A_n \cdot n \cdot lg\, n\, lg^{(2)} n \cdots lg^{(m-1)} n \cdot [lg^{(m)} n]^{1+\sigma}$$

stets unter einer endlichen Grenze bleibt. Ist Letzteres jedoch nur der Fall, wenn $\sigma \leqq 0$ genommen wird, dann ist die Reihe, falls alle Glieder positiv sind, divergent.“ Hr.

J. Thomae. Bemerkung über Fourier'sche Reihen. Schlömilch Z. XVII. 78-82.

Nach derselben Methode, nach welcher Dirichlet (Liouville's J. (1) VII. 1862) den Abel'schen Satz bewiesen hat: „Die Reihe $\Sigma A_n r^n$ convergirt, wenn r gegen 1 convergirt, gegen dieselbe Grenze, wie die Reihe ΣA_n“ beweist der Verfasser folgende Erweiterung: „Ist $S(\varphi) = A_0 + A_1 + A_2 + \cdots$ eine trigonometrische Reihe, also

$$A_n = \alpha_n \cos n\varphi + \beta_n \sin n\varphi,$$

und ist diese Reihe im Allgemeinen gleichmässig convergent, so ist

$$S(r, \varphi) = A_0 + A_1 r + A_2 r^2 + \cdots + A_n r^n + \cdots$$

in dem Intervalle $\varphi = 0$ bis $\varphi = 2\pi$ und $r = 0$ bis $r = 1$ eine im Allgemeinen stetige Function von r und φ.“ M.

G. Cantor. Ueber die Ausdehnung eines Satzes aus der Theorie der trigonometrischen Reihen. Clebsch Ann. V. 123-133.

Der Satz betrifft die Eindeutigkeit der Darstellung einer Function durch eine trigonometrische Reihe; die Gültigkeit des Satzes war vom Verfasser (Borchardt J. LXXII. 139, siehe F. d. M. II. p. 218) selbst für den Fall bewiesen, dass für eine endliche Anzahl von Werthen des Arguments entweder auf die Convergenz oder die Uebereinstimmung der Reihensummen verzichtet wird. Die Ausdehnung besteht darin, dass für eine unendliche Anzahl von Werthen des Arguments in Intervalle $0-2\pi$ auf die Convergenz oder auf die Uebereinstimmuug der Reihensummen verzichtet wird, ohne dass die Gültigkeit des Satzes aufhört. Das Verständniss nicht allein des Beweises, sondern auch nur des Wortlautes des zu beweisenden Theorems setzt Erörterungen über den Begriff von Zahlen im weiteren Sinne voraus, welche sich in Kürze nicht wiedergeben lassen. Hr.

P. du Bois-Reymond. Ueber Auflösung von Gleichungen und Summation von Reihen durch bestimmte Integrale. Borchardt J. LXXIV. 281-294.

Der Verfasser leitet die Lagrange'sche Reihe, sowie die allgemeinen Formeln von Parceval, Jacobi, Cauchy für die Auflösung von Gleichungen und Summation von Reihen durch bestimmte Integrale aus dem Cauchy'schen Fundamentaltheorem

$$f(\zeta) = \frac{1}{2\pi i} \int \frac{f(z)\,dz}{z-\zeta}$$

ab. Insbesondere stellt er die Grenzen der Gültigkeit für die Lagrange'sche Reihe mit aller Strenge fest. Fs.

J. W. L. Glaisher. On semi-convergent series. Quart. J. XII. 52-59.

Wenn sich eine semi-convergente Reihe als Resultat einer wiederholten theilweisen Integration ergiebt, so kann bei ihrem Gebrauch keine Ungewissheit stattfinden, weil ein gegebener Ausdruck des Restes (in Form eines Integrals) da ist; und wie immer die Zahl der eingeschlossenen Glieder sein mag, das Resultat ist, wenn der Rest in Rechnung gezogen wird, arithmetisch richtig für alle Werthe der Variabeln. Das scheinbare Räthsel, dass die Glieder erst convergiren und dann divergiren, scheint eine einfache Folge des Umstandes zu sein, dass der Rest als Function von n (der Zahl der Glieder) betrachtet, einen Minimumwerth für einige Werthe von n hat, wie auch immer der Werth der Variabeln ist.

Nachdem der Verfasser diese Betrachtung vorausgeschickt hat, zeigt er, wie man die Bernoulli'schen Reihen in endlichen Differenzen, nämlich

$$\Sigma\varphi x = C + \int \varphi(x)\,dx - \tfrac{1}{2}\varphi(x) + \frac{B_1}{1.2}\varphi' x - \frac{B_2}{1.2.3.4}\varphi''' x \text{ etc.}$$

durch theilweise Integration erhalten kann, wobei sich dann ein Ausdruck für den Rest ergiebt. Sein Resultat ist:

$$\tfrac{1}{2}\varphi(c) + \varphi(c+1) + \cdots + \varphi(x-1) + \tfrac{1}{2}\varphi(x)$$
$$= \int_c^x \varphi(v)\,dv + \frac{B_1}{1.2}[\varphi'(x) - \varphi'(c)] \cdots$$
$$+ (-)^{n-1}\frac{B_n}{1\cdot 2\cdots 2n}[\varphi^{2n-1}(x) - \varphi^{2n-1}(c)]$$
$$+ (-)^{n-1} 2\int_c^x \left\{\frac{\sin 2\pi v}{(2\pi)^{2n+1}} + \frac{\sin 4\pi v}{(4\pi)^{2n+1}} \cdots\right\}\varphi^{2n+1}(v)\,dv.$$

Cly. (O.)

A. de Morgan. Note on: „A theorem relative to neutral series" in Vol. XI. part. II. Trans. of Cambridge XI. p. III. 447-460. 1871.

Eine Abhandlung über neutrale und divergente Reihen, die sich an eine frühere des Verfassers in denselben Transactions (siehe F. d. M. II. p. 127) anschliesst und erst nach des Verfassers Tode publicirt ist. Das Wort „terminus" wird als der Werth oder die Form definirt, der sich ein Ausdruck nähert, wenn sich x der Einheit durch Wachsen nähert. Wenn in einer Reihe eine unendliche Zahl von Gliedern fortwährend wächst, und dann eine Reihe convergirender Glieder folgt, so wird die Reihe als eine von unendlich verzögerter Convergenz (infinitely deferred convergence) bezeichnet, mag das letzte Glied der Divergenz auch unendlich gross sein oder nicht. Eine Reihe von verschwindender Divergenz (evanescent divergence) ist ein Ausdruck von der Form $0\cdot(a+b+c+\cdots)$, wo $a+b+c+\cdots$ divergent oder auch von unendlich verzögerter Convergenz ist. Mit solchen Reihen beschäftigt sich die Abhandlung. Der Verfasser untersucht auch, unter welchen Beschränkungen neutrale Reihen durch gewisse arithmetische Werthe, wie z. B. die von Leibniz $1-1+1-\cdots$ durch $\frac{1}{2}$, ersetzt werden können, und setzt den Zusammenhang mit dem Princip der verschwindenden Convergenz auseinander. Glr. (O.)

F. J. Studnička. Ueber Euler's Formel, nach welcher convergente Reihen in rascher convergirende umgewandelt werden. Casopis I. 33-34. (Böhmisch).

Hat man die Reihe

$$s = u_1 - u_2 + u_3 - \cdots,$$

wobei $u_1 > u_2 > u_3 \cdots$, zu transformiren, so bilde man zunächst

$$2s = u_1 + (u_1 - u_2) - (u_2 - u_3) + (u_3 - u_4) - \cdots$$

und führe die Bezeichnung

$$\Delta^{m+1} u_k = \Delta^m u_k - \Delta^m u_{k+1}$$

ein. Man erhält hierdurch

$$2s = u_1 + \Delta u_1 - \Delta u_2 + \cdots = u_1 + \Delta(u_1 - u_2 + u_3 - \cdots)$$

oder

$$2s = u_1 + \Delta s.$$

Unter entsprechender Benutzung des Operationssymbols Δ folgt dann hieraus

$$s = \frac{u_1}{2-\Delta},$$

und wenn die angezeigte Division ausgeführt und die Bedeutung des Symbols Δ restituirt wird, die bekannte Euler'sche Formel

$$s = \sum_{k=0}^{\infty} \frac{\Delta^k u_1}{2^{k+1}}.$$

W.

J. Grolous. Études sur les nombres, les séries et les équations. Inst. XL. 253-256.

Ist R_n die Wahrscheinlichkeit, dass eine Zahl durch eine der Primzahlen $P_1, P_2, \cdots P_n$ theilbar ist, so ist

$$R_n = \frac{1}{P_1} + \frac{1-R_1}{P_2} + \frac{1-R_2}{P_3} + \cdots \frac{1-R_{n-1}}{P_n}.$$

Der Verfasser lenkt hier die Aufmerksamkeit auf die Unabhängigkeit des Ausdrucks von der Reihenfolge der P und zieht daraus Consequenzen auf ähnliche recurrirende Ausdrücke, die ebenso unabhängig sind. Ferner folgt sehr leicht, dass, wenn P_n die n^{te} der Primzahlen $2, 3, 5, \cdots$ bezeichnet,

$$\frac{1}{P_1} + \sum_{n=2}^{n=\infty} \frac{1-R_{n-1}}{P_n} = 1$$

ist. Ebenso leicht findet man durch successive Addition:

$$q + \sum_{n=1}^{n=\infty} q(1-R_n) = 1,$$

wo q willkürlich, und R_n die Summe der vorhergehenden Terme ausdrückt; nur hört ausserhalb der Grenzen $q=0$ und $q=2$ die Convergenz auf, was der Verfasser unterlassen hat zu bemerken. Bei gleicher Bedeutung von R_n werden die Reihen untersucht, deren allgemeines Glied die Form $\varphi(R_n)$ hat, und folgende Sätze gefunden. R bezeichnet die Summe der unendlichen Reihe.

Für $\varphi(R_n) = \alpha + \beta R_n$ ist

$$R_n + \frac{\alpha}{\beta} = \left(R_1 + \frac{\alpha}{\beta}\right)(1+\beta)^{n-1}; \quad R = -\frac{\alpha}{\beta} \text{ für } 0 < -\beta < 2.$$

Ist die Reihe $\varphi(R_n)$ convergent, so ist R eine Wurzel der Gleichung $\varphi(R) = 0$.

Die Bedingung, unter der die Reihe $A\varphi(R_n)$ convergirt und ϱ zur Summe hat, ist

$$-2 < \lim A \frac{\varphi(R_n)}{R_n - \varrho} < 0 \text{ oder auch } -2 < \varphi'(\varrho) < 0.$$

Auf die gleichzeitige Bedeutung der Wurzel ϱ als Grenzwerth jenes recurrirenden Ausdrucks und als Wurzel der Gleichung $\varphi(\varrho) = 0$ wird nun ein Approximationsverfahren zur numerischen Auflösung beliebiger Gleichungen gegründet, welches sich jedoch nicht nach fester Formel vollziehen lässt, sondern wiederholte freie Wahl nach Abschätzung erfordert. H.

D. Bierens de Haan. Jets over quadratur by benadering. Versl. en Mededeel. (2) VI. 185-208.

Eliminirt man successive $f''(x)$, $f'''(x)$, $f^{(5)}(x)$, $f^{(7)}(x)$, $f^{(9)}(x)$ aus der Entwickelung von $f(x+h)-f(x) = \Delta f(x)$ nach dem Taylor'schen Satze, indem man $f'(x)$, $f''(x)$, $f^{(4)}(x)$ etc. entwickelt, so hat man:

$$\Delta\left[fx - \frac{h}{2}f'(x) + \frac{h^2}{1\cdot 2}f''(x) - \frac{h^4}{720}f^{(4)}(x) + \frac{h^6}{30240}f^{(6)}(x) - \frac{h^8}{1209600}f^{(8)}(x)\right] = hf'(x) + f^{(11)}(x) + \text{ etc.}$$

Wendet man dasselbe Verfahren auf diese Formeln an, wie auf die Taylor'sche Reihe, so findet man eine andere, die nur ungrade Potenzen von h enthält. Man findet so den Näherungswerth des Restes in jeder dieser Entwickelungen, wenn man von dem Werth des Restgliedes der Taylor'schen Reihe in Form eines bestimmten Integrals ausgeht. Bei dieser Rechnung ergeben sich verschiedene Reductionen, deren allgemeinen Grund aufzusuchen von Interesse wäre. Wendet man die beiden Hauptformeln successive auf die Werthe $x = a$, $a+h$, $a+2h \cdots a+(n-1)h = b-h$ an und addirt alle Resultate, so findet man den Werth des Integrals:

$$\int_a^b f'(x)\,dx = f(b) - f(a).$$

Mn. (Wn.)

M. Marie. Détermination du périmêtre de la région de convergence de la série de Taylor et des portions des différentes conjuguées comprises dans cette région, ou construction du tableau général des valeurs d'une fonction que peut fournir le développement de cette fonction suivant la série de Taylor. C. R. LXXV. 469—472.

Auszug aus einer Abhandlung, in welcher die Untersuchungen des Verfassers über algebraische Functionen im J. von Liouville 1856—61 fortgesetzt sind. St.

F. St. Marie. Détermination du point critique, où est limitée la région de convergence de la série de Taylor. C. R. LXXV. 1485-1486.

Es sei $f(xy) = 0$. Es handelt sich um die Entwickelung von y nach Potenzen von x in der Umgebung von $x_0 = \alpha_0 + \beta_0 i$ mit dem entsprechenden Werthe von y, $y_0 = \alpha_0' + \beta_0' i$. Man setze $x = \alpha + \beta_0 i$ und lasse α allein sich ändern, dann wird $y = \alpha' + \beta' i$ eine complexe Function von α allein, mit verschiedenen Zweigen, deren einer auch den Ausgangspunkt x enthält. Nach der schon erwähnten dem Verfasser eigenthümlichen Darstellung des Imaginären construirt er statt der complexen Function die reellen Curvenzweige, die man erhält, indem man $x = \alpha + \beta_0$, $y = \alpha' + \beta'$ setzt. Es sind nur diejenigen kritischen Punkte zu betrachten, welche bei der erwähnten Darstellung zwischen dem Zweige, der $x_0\, y_0$ enthält, und den beiden Nachbarzweigen sich befinden. Sei $x = a_n + b_n i$, $y = a_n' + b_n' i$ ein solcher kritischer Punkt, in welchem p Punkte zusammenfallen mögen, dann variire man b_n allein bis zu β_0 und construire nach der erwähnten Darstellung die p Curvenzweige, die vom kritischen Punkte ausgehen. Trifft keiner derselben denjenigen der vorhin construirten Curvenzweige, welcher $x_0\, y_0$ enthält, so bleibt dieser kritische Punkt ausser Betracht. Von den übrig bleibenden kritischen Punkten ist derjenige zu nehmen, dessen Differenz von $\alpha_0 + \beta_0 i$ den kleinsten Modul hat; und die Entwickelung von y nach Potenzen von $x - x_0$ ist so lange convergent, als der Modul von $x - x_0$ kleiner ist, als der gefundene Modul. Hr.

M. M. U. Wilkinson. Further note on Taylor's theorem. Messenger (2) I. 135-137.

Antwort auf Herrn Cayley's Notiz: „Further note on Lagrange's demonstration of Taylor's theorem; siehe Messenger (2) I. 105 bis 106, F. d. M. III. p. 106. Glr. (O.)

A. Cayley. Further note on Taylor's theorem. Messenger (2) I. 137.

Formen-Untersuchungen entwickelt hat, für die Theorie der Complexe zu verwerthen. Diese Symbolik ist mit derjenigen, welche Clebsch eingeführt hat (Clebsch Ann. II. F. d. M. II. p. 602), in dem Sinne verwandt, als sie eine Vorstufe derselben darstellt. Bei Clebsch erscheinen die in Battaglini's Darstellung vorkommenden Symbole selbst wieder aus anderen Symbolen als zweigliedrige Determinanten aufgebaut, wodurch eine sehr viel grössere Leichtigkeit in solchen Fällen erzielt wird, in denen es gilt, von Linien-Coordinaten zu Punkt- oder Ebenen-Coordinaten überzugehen.

Unter den von Battaglini abgeleiteten Bildungen sei insbesondere eine Fläche $2k^{ter}$ Ordnung hervorgehoben, die Ort solcher Punkte ist, dass Kegel, die drei gegebenen Complexen k^{ten} Grades angehören, nach Battaglini's Ausdrucksweise zu einander harmonisch sind. Setzt man $k = 2$ und lässt die drei Complexe zusammenfallen, so geht diese Fläche in die Singularitätenfläche des Complexes zweiten Grades über, die sonach in anderem Sinne als erstes Glied einer ganzen Flächenfamilie erscheint, als dies nach der von Pasch gegebenen für beliebige Complexe geltenden Erweiterung des Begriffs der Singularitätenfläche der Fall ist (siehe F. d. M. II. p. 604). Kln.

S. Lie. Ueber Complexe, insbesondere Linien- und Kugel-Complexe, mit Anwendung auf die Theorie partieller Differentialgleichungen. Clebsch Ann. V. 145-256.

Diese umfangreiche und ausserordentlich reichhaltige Abhandlung, die bestimmt scheint, der analytisch-geometrischen Speculation den Zugang zu neuen, wichtigen Gebieten zu eröffnen, kann gewissermaassen nur uneigentlich unter die liniengeometrischen Arbeiten aufgenommen werden. Denn so wesentlich sie auf liniengeometrischen Vorstellungen fusst und so wichtig ihre Resultate eben für Liniengeometrie sind, so hat sie doch darin wohl ihre eigentliche Bedeutung, dass sie es mit Erfolg unternimmt, diese neueren geometrischen Anschauungen für anderweitige Gebiete zu verwerthen.

F. Siacci. Intorno ad una serie ed ad una funzione dei coefficienti binomiali. Battaglini G. X. 349-360.

Gelegentlich der Entwicklung von $f\left(\frac{e^x-1}{x}\right)$ in eine nach Potenzen von x fortschreitende Reihe beweist der Verfasser durch Coefficientenvergleichung einige Eigenschaften der Bernoulli'schen Zahlen, der Binomialcoefficienten und anderer combinatorischer Ausdrücke. Fs.

J. W. L. Glaisher. On a deduction from von Staudt's property of Bernoulli's numbers. Proc. of L M. S. IV. 212 –214.

Der Verfasser hat bei Berechnung der Werthe der Euler'schen Constante bemerkt, dass in dem Decimalausdruck der ersten 29 Bernoulli'schen Zahlen die wiederkehrenden Perioden von B_n, $\frac{B_n}{2^{2n}}$ oder $2^{2n} B_n$ dieselben sind. Er hat also gefunden, dass der allgemeine Satz die unmittelbare Folge einer Eigenschaft der Bernoulli'schen Zahlen ist, die in Crelle's J. XXI. 372 (1840) gegeben worden ist. Cly. (O.)

J. W. L. Glaisher. On the constants which occur in certain summations by Bernoulli's series. Proc. of L. M. S. IV. 48-56.

In den Anwendungen der Reihen

$$\Sigma u_x = C + \int u_x dx - \tfrac{1}{2} u_x + \frac{B}{1\cdot 2}\frac{du_x}{d_x} - \frac{B_n}{1\cdot 2\cdot 3\cdot 4}\frac{d^3u_x}{du^3} + \cdots$$

muss die Constante C für alle verschiedenen Formen von u_x besonders bestimmt werden; speciell für $u_x = x^{-1}$ ist es Euler's Constante 0,577216 ... Indem der Verfasser allgemein $\Phi(m)$ für $u_x = x^{-m}$ (so dass $\Phi(-1)$ = Euler's Constante) schreibt, giebt er in seiner Tafel I. die Werthe von $\Phi\left(-\frac{1}{m}\right)$ und $\Phi\left(-1-\frac{1}{m}\right)$ für die ganzen Zahlen von $m = 1$ bis $m = 20$. Er bemerkt, dass in dieser Tafel $\Phi\left(-1-\frac{1}{m}\right) = m +$ einem Decimalbruch, und dass es dieser Bruchtheil ist, der mit m bis 0,577216 als Grenze wächst. Es folgen drei andere Tafeln für verwandte Functionen.

Cly. (O.)

E. DE HUNYADY. Solution de la question 979. Nouv. Ann. (2) XI. 39-44.

Bestimmung der Coefficienten $A_1, A_2, A_3 \cdots A_n$ in der Function: $y = A_1 \cos x + A_2 \cos 2x + A_3 \cos 3x + \cdots + A_n \cos nx$, so dass für $x = \frac{\pi}{n+1}$ $y = y_1$; für $x = \frac{2\pi}{n+1}$ $y = y_2 \cdots$ für $x = \frac{n\pi}{n+1}$ $y = y_n$ wird. ($y_1, y_2, y_3 \cdots y_n$ sind gegebene Grössen).

Pr.

W. WALTON. On the expression for cosinus of multiple angles in terms of powers of cosinus and conversely. Quart. J. XII. 168-171.

Cly.

W. WALTON. On the expansion of functions in trigonometrical series. Quart. J. XII. 146-148.

Die Arbeit enthält einen Beweis der Formel mit Hülfe der Relation

$$\frac{\sin x}{1} + \frac{\sin 2x}{2} + \frac{\sin 3x}{3} + \cdots \text{ in inf.} = \tfrac{1}{2}(\pi - x),$$

wo x einen Werth von 0 bis $\pi - 0$ hat, 0 aber eine positive unendlich kleine Grösse, nicht Null bezèichnet. Cly. (O.)

O. SCHLÖMILCH. Gelegentliche Bemerkung. Schlömilch Z. XVII. 520.

Bezeichnet Q das arithmetische, R das geometrische Mittel der Zahlen

$$a,\ a+b,\ a+2b, \ldots\ a+(n-1)b,$$

so ist

$$\lim_{n=\infty} \frac{Q}{R} = \tfrac{1}{2}\,e.$$

M.

J. W. L. Glaisher. On functions with recurring derivatives. Prof. of L. M. S. IV. 113-116.

Betrifft die Functionen

$$1+\frac{x^3}{1\cdot2\cdot3}+\frac{x^6}{1\cdot2\cdots6}+\cdots,$$

$$\frac{x}{1}+\frac{x^4}{1\cdot2\cdot3\cdot4}+\frac{x^7}{1\cdot2\cdots7}+\cdots,$$

$$\frac{x^2}{1\cdot2}+\frac{x^5}{1\cdot2\cdot3\cdot4\cdot5}+\frac{x^8}{1\cdot2\cdot3\cdot4\cdot5\cdot6\cdot7\cdot8}+\cdots,$$

für die Werthe $n=3$ und die ähnlichen Functionen für $n=$ irgend einer ganzen Zahl grösser als 3, welche den Functionen $\cos x$, $\sin x$ ($n=2$) entsprechen. Sie können nämlich ausgedrückt werden als lineare Functionen der Exponenten von x, wx, w^2x etc., wenn w die n^{te} Wurzel der Einheit ist. Diese Functionen wurden zuerst von Olivier (Crelle J. II. 1827) betrachtet. Cly. (O.)

A. Winckler. Ueber die Entwicklung und Summation einiger Reihen. Wien. Ber. LXIV., II. Abth. Dec. 1871.

Der erste Gegenstand vorliegender Arbeit betrifft die Entwickelung bestimmter Integrale in einer Form, welche in der Wahrscheinlichkeitsrechnung angewendet wird. Es wird nämlich mit Anwendung der Formel

$$\int f(x)\,dx=\int u\cdot dx=u\cdot\frac{u}{u'}-\int u\,d\frac{u}{u'}$$

und durch fortgesetzte theilweise Integration:

$$\int u\,dx=\frac{u^2}{u'}(1-z_1+z_2-\cdots+(-1)^{n-1}z_{n-1})+(-1)^n\int uz^n dx,$$

wo

$$z_1\,dx=d\frac{u}{u'},\cdots z_n\,dx=d\frac{u}{u'}\cdot z_{n-1}$$

ist. Daraus ergiebt sich eine Formel für das bestimmte Integral $\int_a^b f(x)\,dx$, welche sich, abgesehen vom Restgliede, schon bei Laplace (Théorie anal. des probabilités, I. 2. ch. 1) findet. Dadurch, dass man in den aufeinanderfolgenden theilweisen Integrationen verschiedene Anordnungen eintreten lässt, erhält man verschiedene andere Entwickelungen des gegebenen Integrals von wesentlich allgemeinerer Form.

Der zweite Gegenstand betrifft die Anwendung der Formel für den n^{ten} Differentialquotienten einer Function auf die Summation gewisser endlicher Reihen. Ist nämlich $y = f[\varphi(x)] = \psi(x)$, so lautet jene Formel:

$$\Sigma \left(\frac{\varphi' x}{1!}\right)^{i_1} \left(\frac{\varphi'' x}{2!}\right)^{i_2} \cdots \left(\frac{\varphi^{(n)} x}{n!}\right)^{i_n} \frac{f^{(i_1+i_2+\cdots+i_n)}(u)}{i_1!\, i_2! \cdots i_n!} = \frac{\psi^{(n)} x}{n!},$$

für alle positiven ganzen Zahlen $i_1, i_2 \cdots i_n$, die der Bedingung $\Sigma n i_n = n$ genügen. Setzt man $f(u) = e^u$, $u = -\log(1-x)$, so ergiebt sich die merkwürdige Summenformel, welche Jacobi in seinem Aufsatze: „Zur combinatorischen Analysis“ Crelle XX., betrachtet hat. Aehnliche bemerkenswerthe Formeln ergeben sich durch die Substitution

$$f(u) = \log(1+u) \text{ und } u = e^x - 1,$$

oder

$$f(u) = e^u$$

oder

$$= \log(u+\alpha) \text{ und } u = \sum_1^m \alpha_m x^m,$$

oder

$$f(u) = u^{\frac{b}{\alpha}} \text{ und } u = \frac{1}{(1-x)^\alpha},$$

oder

$$f(u) = \frac{u^2}{1-(1-c)u^2} \text{ und } u = \frac{x}{\sqrt{x^2-2ax+1}},$$

oder

$$f(u) = e^{bu} \text{ und } u = \frac{1}{\sqrt{x^2-2ax+1}}, \text{ etc. —}$$

Drittens leitet der Herr Verfasser durch zweifache Darstellung des Integrals

$$\int_{a_1}^{b_1} u_0\, dx_1 \int_{a_2}^{b_2} u_1\, dx_2 \cdots \int_{a_n}^{b_n} u_{x-1} \overset{(x)}{f}(u_x)\, dx_n, \quad u_n = x x_1\, x_2 \cdots x_n$$

die Formel her:

$$\sum_{\lambda=0\ldots\infty} (b_1^{\lambda+n} - a_1^{\lambda+n}) \ldots (b_n^{\lambda+1} - a_n^{\lambda+1}) \frac{x^{\lambda+n} f^{(\lambda+n)}(0)}{(\lambda+n)!} = \Sigma \varepsilon \frac{f(c_1 c_2 \ldots c_n x)}{c_1^0 c_2^1 c_3^2 \ldots c_n^{n-1}},$$

worin $c_1 c_2 \ldots c_n$ irgend ein Glied der Entwickelung des Productes

$(b_1 - a_1)(b_2 - a_2)\ldots(b_n - a_n)$ bedeutet und $\varepsilon = \pm 1$, je nachdem jenes Glied positiv oder negativ ist. Durch m-malige Differentiation ergiebt sich aus der obigen Formel eine zweite:

$$\sum_{\lambda=0\ldots\infty} (b_1^{\lambda+n} - a_1^{\lambda+n})\ldots(b_n^{\lambda+1} - a_n^{\lambda+1}) \frac{x^{\lambda-m+n}}{(\lambda-m+n)!} f^{(\lambda-m+n)}(0)$$
$$= \Sigma\, \varepsilon\, c_1^m c_2^{m-1} \ldots c_n^{m-n+1} f(c_1 c_2 \ldots c_n x).$$

Beide Formeln geben also die Summen der beiden unendlichen Reihen links in endlicher Form; und zwar lässt sich die Summe dieser Reihen auch dann noch durch eine lineare Zusammensetzung von Werthen der Function $f(x)$ mit verschiedenen Werthen des Argumentes x ausdrücken, wenn Gruppen von Zwischengliedern in einer bestimmten Anzahl und Ordnung weggelassen werden. M.

J. W. L. Glaisher. Solution of question 3722. Educ. Times XVII. 101.

Beweise, dass

$$\Sigma\Sigma \frac{1}{(x+i)(x+j)} = -\pi^2,$$

wenn i und j alle ganzen Werthe von $-\infty$ bis $+\infty$ (einschliesslich Null) durchlaufen, aber so, dass i und j nie denselben Werth gleichzeitig annehmen. x darf keine ganze Zahl sein. Hi.

P. du Bois-Reymond. Summation der Reihe mit dem Gliede $\frac{p \sin pu}{h^2+p^2}$. Clebsch Ann. V. 399-400.

Setzt man

$$\frac{\pi}{2} f(u) = \Sigma \frac{p \sin pu}{h^2+p^2} = \Sigma \sin pu \int e^{-h\varrho} \sin p\varrho\, d\varrho,$$

so ergiebt sich durch Zerlegung des bestimmten Integrals

$$f(u) = \frac{e^{h\pi} e^{-hu} - e^{-h\pi} e^{hu}}{e^{h\pi} - e^{-h\pi}}.$$

Dieses Beispiel zeigt, wie man die Fourier'sche Reihe benutzen kann, um aus den gegebenen Coefficienten die Function herzustellen. M.

Sechster Abschnitt.

Differential- und Integralrechnung.

Capitel 1.

Allgemeines. (Lehrbücher etc.)

H. CALDERWOOD. Philosophy of the infinite. 3d. ed. London. Macmillan. 8°.

RICARD. Études sur le calcul différentiel. Paris. Gauthier-Villars. 8°.

B. WILLIAMSON. Differential calculus with numerous examples. London. Longmans. 8°.

Hi.

J. HOÜEL. Cours de calcul infinitésimal, professé à la Faculté des Sciences de Bordeaux. Seconde Partie, suivie d'un Appendice sur la Théorie des quantités complexes. Paris. Gauthier-Villars. Bordeaux. Vve Chaumas.

Dem ersten Theil dieses Werkes, über den wir im vorigen Bande p. 113 sq. berichtet haben (siehe auch p. XXXIV.), hat der Herr Verfasser noch zwei Paragraphen hinzugefügt: 1) über die näherungsweise Berechnung der bestimmten Integrale, und 2) über die Entwickelung impliciter Functionen mit Hülfe der Lagrange'schen Reihe. — Der vorliegende zweite Theil der Infinitesimalrechnung enthält in 30 Vorlesungen hauptsächlich die Theorie der Differentialgleichungen, und in einem Anhang 12 Vorlesungen über die Elemente der Theorie der complexen Grössen. Der Herr Verfasser beginnt mit den Bedingungen der Integrabilität der Differentiale erster Ordnung mit mehreren unabhängigen Veränderlichen, und ihrer Integration; giebt dann die Bildung einer Differentialgleichung erster Ordnung durch Elimination eines willkürlichen Parameters, die Definition des allgemeinen Integrals, der singulären und der fremden Lösung, und die Deutung dieser Differentialgleichungen und ihrer Lösungen an zahlreichen geometrischen Beispielen; zeigt ebenso die Bildung der Differentialgleichungen höherer Ordnung durch Elimination mehrerer willkürlichen Constanten; und beweist das allgemeine Theorem, dass jede Differentialgleichung n^{ter} Ordnung zwischen zwei Variabeln ein allgemeines Integral hat, d. h. dass man mit Hülfe dieser Gleichung ein Polygon construiren kann, dessen Grenze eine Curve ist, welche n willkürlich gewählten Bedingungen genügt. Dies ist der Inhalt der Vorlesungen 1 bis 4, welche gleichsam die Einleitung in die Theorie der Differentialgleichungen bilden. Nun folgen die hauptsächlichsten Methoden für die Integration der Differentialgleichungen erster Ordnung, in denen eine Trennung der beiden Variabeln möglich ist, und die Integration der linearen Differentialgleichungen erster Ordnung. Es wird das Additionstheorem mehrerer transcendenter Functionen, u. a. von cosam x, hergeleitet als Anwendung der Integration der Differentialgleichungen. Die Theorie des Multiplicators der Differentialgleichungen erster Ordnung wird an zahlreichen Beispielen erläutert. Hierauf werden die Differentialgleichungen erster Ordnung und höheren Grades in $\frac{dy}{dx}$ gebildet, und ihre Integration durch Auflösung nach $\frac{dy}{dx}$, oder durch Differentiation oder durch besondere Transformation an mehreren Beispielen gezeigt. Die singulären Lösungen der Differentialgleichungen erster Ordnung, als Enveloppen der durch das allgemeine Integral dargestellten Curvenschaar, werden durch Construction der Fläche gewonnen, deren Niveaulinien die eingehüllten zu Projectionen haben, und es werden die unterscheidenden Criterien für die singulären Lösungen und die particulären Integrale gegeben. Nach der Entwickelung einiger Fälle, in denen sich die Integration der Differentialgleichungen höherer Ordnung vollständig durch Quadraturen bewirken lässt, giebt der Herr Verfasser die Fälle, wo man die Ordnung der Differentialgleichung erniedrigen kann. (Vorles. 5—10.). Hierauf folgt das Studium der allgemeinen Eigenschaften der linearen Differentialgleichungen beliebiger Ordnung, in denen das zweite Glied fehlt; die Integration der linearen Differentialgleichungen ohne zweites Glied mit constanten Coefficienten, und solcher, welche sich auf diese zurückführen lassen; und die Auseinandersetzung der Methoden d'Alembert's, Lagrange's und Cauchy's für die Herleitung des particulären Integrals der Gleichung mit zweitem Glied aus dem allgemeinen Integral der entsprechenden Gleichung ohne zweites Glied mit denselben Coefficienten, und für die Erniedrigung der Ordnung der ersteren Gleichung (Vorles. 11—13). Dem analog wird die Theorie der simultanen Differentialgleichungen entwickelt (Vorl. 14—16), und mit der Behandlung des Falles, wo in der zur Bestimmung von z gegebenen Relation $dz = pdx + qdy$, die Functionen p und q explicite die Variable z selbst enthalten, und seiner Folgen, schliesst die Theorie der totalen Differentialgleichungen (Vorl. 17). Die Theorie der partiellen Differentialgleichungen beginnt mit der Bildung solcher durch Elimination der willkürlichen Functionen; es werden die Differentialgleichungen der Haupt-Flächengattungen entwickelt, es wird die Anwendung auf die Theorie der einhüllenden Flächen gemacht, und die Bildung der nicht linearen partiellen Gleichungen erster Ordnung gezeigt (Vorl. 18—20). Nach der allgemeinen Discussion der partiellen Differentialgleichungen mit zwei unabhängigen Variabeln wird gezeigt, wie das Problem der Integration der linearen partiellen Gleichungen zurückzuführen ist auf die Integration eines Systems simultaner Gleichungen erster Ordnung mit gewöhnlichen Differentialen. Dann folgt die Integration der nicht linearen partiellen Gleichungen erster Ordnung für zwei unabhängige

Variable, und schliesslich die Betrachtung der Eigenschaften der linearen partiellen Differentialgleichungen beliebiger Ordnung (Vorles. 21—24). Die folgenden 3 Vorlesungen enthalten die Theorie der Variationsrechnung; und zwar die Variation eines bestimmten Integrals, die Bildung der Differentialgleichungen zur Bestimmung der unbekannten Functionen und Anwendungen auf kürzeste Linien und isoperimetrische Probleme (Vorl. 25—27). Im Folgenden entwickelt der Verfasser den Ausdruck des Krümmungsmaasses einer Fläche durch die in dem Bogenelement $ds = \sqrt{(E du^2 + 2F du dv + G dv^2)}$ enthaltenen Functionen E, F, G und deren Ableitungen nach u, v und zeigt die Unveränderlichkeit dieses Krümmungsmaasses bei der Deformation der Fläche; zeigt die Eigenschaften der durch geodätische Linien gebildeten Figuren, und wendet die entwickelten Methoden auf das Studium der Flächen zweiter Ordnung an (Vorl. 28—30). Hiermit schliesst die Infinitesimalrechnung. — Der Anhang enthält die Elemente der Theorie der complexen Grössen. Auf einige Vorbemerkungen über arithmetische und algebraische Operationen überhaupt folgt die analytische Darstellung im Raume einer und im Raume zweier Dimensionen, die Definition der sechs Grundoperationen mit complexen Grössen, und das Fundamentaltheorem aus der Theorie der Gleichungen (Vorl. 1—4). Vorl. 5 behandelt die Exponentialfunctionen, die Kreisfunctionen, die Logarithmen und die cyclometrischen Functionen, und Vorl. 6 die allgemeinen Eigenschaften der Functionen einer complexen Variabeln. Hierauf werden die Integrale längs geschlossener Linien behandelt, die Integrale um einen Punkt und die Darstellung einer synectischen Function als ein solches Integral, sowie die Reihenentwickelung nach Cauchy und Laurent (Vorl. 7 u. 8). Demnächst folgt das Studium einer eindeutigen Function in der Umgebung eines Null- oder Unendlichkeitspunktes (Vorl. 9). Die letzten drei Vorlesungen (10—12) enthalten die Reihen von Bürmann und Lagrange, die Berechnung der bestimmten Integrale und Anwendungen der Theorie der complexen Grössen auf die analytische Geometrie.

M.

ABEL SOUCHON. Éléments de calcul différentiel et de calcul intégral. 2 vol. Paris, Arthur Bertrand.

Der erste Band, die Differentialrechnung, zerfällt in 3 Bücher: 1) Principes généraux du Calcul différentiel, 2) Applications analytiques, 3) Applications géométriques. Der zweite Band, die Integralrechnung, enthält 5 Bücher: 1) Principes généraux du Calcul intégral, 2) Applications géométriques du Calcul intégral, 3) Intégration des équations différentielles, 4) Calcul des variations, 5) Calcul des différences finies. Eine ausführliche Critik findet sich in Darboux Bull. III. 33—35. M.

P. GILBERT. Cours d'analyse infinitésimale. Partie élémentaire. Louvain, Reters. Paris, Gauthier-Villars.

Die Principien der Infinitesimalrechnung und die gewöhnlichen Anwendungen auf Analysis und Geometrie sind in diesem Handbuch mit grosser Strenge entwickelt. Jedem Capitel ist eine grosse Zahl gut gewählter Beispiele beigefügt. Als besonders bemerkenswerth ist zu bezeichnen der Beweis der Gleichungen

$$\lim \frac{\Delta^n y}{\Delta x^n} = \frac{d^n y}{dx^n}, \quad \frac{d^2 u}{dx\, dy} = \frac{d^2 u}{dy\, dx},$$

und verschiedene andere Anwendungen des Theorems: $\frac{\Delta y}{\Delta x} =$ dem mittleren Werthe von $\frac{dy}{dx}$, z. B. auf die Untersuchung der wahren Werthe unbestimmter Ausdrücke. Endlich sei erwähnt der Beweis der Existenz des Integrals von Differentialgleichungen erster Ordnung, Der ganze Theil, der die Anwendung der Differentialrechnung auf Geometrie enthält, scheint dem Berichterstatter besser und vollständiger als in andern Handbüchern von gleichem Umfange. Mn. (Wn.)

F. JOACHIMSTHAL. Anwendung der Differential- und Integralrechnung auf die allgemeine Theorie der Flächen und der Linien doppelter Krümmung. Leipzig. Teubner.

Siehe Abschn. IX. Cap. 3. A.

Th. Kötteritzsch. Recension über K. Spitz's ersten Cursus der Differential- und Integralrechnung. Schlömilch Z. XVII. 36-38.

Siehe F. d. M. III. p. 114.

G. Boole. Calculus of finite differences 2e ed. by J. F. Moulton. London. Macmillan. 8°.

Hi.

Debacq. Deux classes de nombres. Mondes (2) XXIX. 308-310.

Debacq. Les infiniment petits de Leibniz sont susceptibles d'une définition précise. Premiers principes du calcul infinitésimal. Mondes (2) XXIX. 486-488.

In einer der früher besprochenen Arbeiten (siehe F. d. M. I. p. 24. II. p. 298) hatte der Verfasser zwei Classen von Zahlen aufgestellt, nämlich commensurable und incommensurable. In der ersten Note bespricht er Einwürfe dagegen, die er zum Theil für berechtigt anerkennt, und die ihn dazu führen, diese Classen lieber zu bezeichnen als Zahlen „exprimable par un monôme arithmétique" und „non exprimable par un monôme arithmétique." In der zweiten Note giebt er zunächst den am Schluss der ersten versprochenen Beweis des Satzes, dass die Reihe der Zahlen mit einer incommensurabeln Grösse beginne, dass es also incommensurable Grössen gebe, kleiner als jede beliebige commensurable. Sodann geht er zu dem Begriff des unendlich Kleinen von verschiedener Ordnung über, verweist jedoch in Betreff der Begründung seiner Ansichten auf seine im ersten Bande angeführte Brochüre.

O.

Capitel 2.

Differentialrechnung. (Differentiale, Functionen von Differentialen, Maxima und Minima).

E. COMBESCURE. Sur quelques points du calcul inverse des différences. C. R. LXXIV. 454-458.

Versteht man unter der partiellen Differenz $\Delta_i f = f_i$ das Increment der Function $f(x_1, x_2, \dots x_n)$ entsprechend dem constanten Increment Δx_i, so ist die Bedingung, unter der für gegebene $f_1, f_2, \dots f_n$ ein Integral f existirt, dass für jede Combination (i, j)

$$\Delta_i f_j = \Delta_j f_i$$

sei, und das vollständige Integral lautet:

$$f = \Sigma_1 f_1 + \Sigma_2 f_2^{(0)} + \Sigma_3 f_3^{(00)} + \dots \Sigma_n f_n^{(00\dots)} + \varphi,$$

wo der obere Index 0, 00, 000,... bezeichnet, dass das erste, die beiden ersten, die 3 ersten, etc. Argumente der Function ihre Anfangswerthe haben, wo ferner die Summation Σ_i stattfindet von $x_i^{(00)}$ an durch alle Vielfachen des Increments Δx_i bis x_j, und wo φ eine willkürliche, $n$fach periodische Function von n Variabeln ausdrückt für die Periodenlängen $\Delta x_1, \Delta x_2, \dots \Delta x_n$.

Eine zweite Bemerkung betrifft die von Laplace (Théorie analytique des probabilités p. 80) integrirte Gleichung

$$(y_{x+1,x'} - 2y_{x,x'} + y_{x-1,x'}) - (y_{x,x'+1} - 2y_{x,x'} + y_{x,x'-1}) = 0.$$

Durch die Substitution

$$\frac{x+x'}{2} = \xi, \quad \frac{x-x'}{2} = \eta$$

geht sie über in

$$\Delta_\xi \Delta_\eta y = 0,$$

woraus sich das allgemeinste Integral ergiebt:

$$y = \varphi(\xi, \eta) + \psi(\xi, \eta),$$

wo φ periodisch in Bezug auf ξ, ψ auf η ist. Laplace findet nach seiner Methode das speciellere Integral

$$y = \varphi(x+x') + \psi(x-x').$$

Die Gleichung von Poisson (J. de l'éc. pol. cah. 1)

$$\frac{\partial y_1}{\partial x} + p\frac{\partial y}{\partial x} + qy_1 + my = n,$$

wo p, q, m, n Functionen von x, und $y_1 = y_{x+1}$, $y = y_x$, reducirt sich durch die Substitution

$$y = ze^{-\int q dx}$$

auf die Form

$$\frac{\partial y_1}{\partial x} + p\frac{\partial y}{\partial x} + my = n,$$

doch schreibt der Verfasser dieser Vereinfachung, welche durch die ganze Rechnung hindurch Anwendung hat, nur in einzelnen Fällen Erfolg für die Lösung zu. H.

F. J. STUDNIČKA. Beiträge zum Operationscalcul. Prag. Ber. 1871. 2. Abth. 39-43.

Ist Δ^m wie üblich das Zeichen für die Differenzen m^{ter} Ordnung, a_k das k^{te} Glied einer Zahlenreihe $a_0 a_1 \ldots$, so werden mit Hülfe der symbolischen Gleichungen:

$$\Delta^m a_{k+1} = \Delta^m a_k(1+\Delta);\quad \Delta^{m+1} a_k = \Delta^m a_k(a-1)$$

folgende Formeln abgeleitet:

$$1.\quad \Delta^m a_{k+n} = \Delta^m a_k(1+\Delta)^n = \sum_{i=0}^{i=n}\binom{n}{i}\Delta^{m+i}a_k,$$

$$2.\quad \Delta^{m+n} a_k = \Delta^m a_k(a-1)^n = \sum_{i=0}^{i=n}(-1)^i\binom{n}{i}\Delta^m a_{k+n-i},$$

$$3.\quad \sum_{i=0}^{i=n-1}\Delta^m a_{k+i} = \Delta^m a_k\frac{(1+\Delta)^n-1}{\Delta} = \sum_{i=0}^{i=n-1}\Delta^{m+i},$$

$$4.\quad \sum_{i=0}^{i=n-1}\Delta^{m+i} a_k = \Delta^m a_k\frac{(a-1)^n-1}{a-x} = \sum_{i=1}^{i=n}A_{n-i}\Delta^m a_{k+n-i},$$

wo

$$A_{n-i} = (-1)^{i-1}\left\{\binom{n}{i-1} - 2\binom{n}{i-2} + 2^2\binom{n}{i-3} - \cdots + (-1)^{i-1}2^{i-1}\right\},$$

$$5.\quad \sum_{i=0}^{i=n}\Delta^{m+i}a_{k+i} = \sum_{i=0}^{i=n}\Delta^{m+i}a_{k+i+1} - \sum_{i=0}^{i=n}\Delta^{m-i+1}a_{k+i}.$$

Hr.

F. J. STUDNIČKA. Intorno al calcolo delle operazione. Battaglini G. X. 76-79.

Einige Formeln aus der Differenzenrechnung.

Fs.

P. Gillert. Sur l'emploi des imaginaires dans la recherche des différentielles d'ordre quelconque.

Bull. de Belg. XXXIII. 108-113.

Der Verfasser giebt folgende zwei Beispiele:

1) Wenn

$z = x + yi,\ x = r\cos u,\ y = r\sin u,\ dx = \varrho\cos\varphi,\ dy = \varrho\sin\varphi,$

so ist

$$d^n lz = (-1)^{n-1}\frac{1\cdot 2\cdot 3\cdots(n-1)}{z^n}dz^n$$

$$= \left(\frac{\varrho}{r}\right)^n.\ [\cos n(\varphi - u) + i\sin n(\varphi - u)]$$

$$= d^n l\sqrt{x^2+y^2} + \sqrt{-1}\, d^n \operatorname{arc\,tg}\frac{y}{x}.$$

Hieraus ergeben sich unmittelbar die Ausdrücke für

$$d^n l\sqrt{x^2+y^2} \text{ und } d^n \operatorname{arc\,tg}\frac{y}{x}.$$

Man gelangt zu einer Entwickelung dieser Differential-Ausdrücke in Form eines Polynoms, das nach Potenzen von dx und dy geordnet ist, wenn man ausgeht von

$$d^n lz = (-1)^{n-1}\frac{1\cdot 2\cdot 3\cdots(n-1)}{r^n}e^{-nui}\left(dx + dy\, e^{\frac{\pi i}{2}}\right)^n.$$

2) Man setze

$a = \alpha + i\beta,\ z = x + iy,\ \alpha + x = r\cos u,\ \beta + y = r\sin u$

in der Formel

$$\frac{d^n(a+z)^m}{dz^n} = m(m-1)\cdots(m-n+1)\ (a+z)^{m-n},$$

setze dann die reellen und imaginären Theile für sich gleich, so gelangt man zu bemerkenswerthen Formeln, namentlich für folgende Fälle:

1) $\alpha = \beta = 0,\ x = 1,$

2) $\alpha = \beta = 1,\ y = -x,\ m = n.$

3) $m = 2n,\ \alpha = \beta = 1,\ y = -x.$

Man kann das zweite Glied der allgemeinen Formel ebenfalls nach Potenzen von dx und dy ordnen.

Mn. (Wn.)

E. Hess. Zur Theorie der Vertauschung der unabhängigen Variabeln. Schlömilch Z. XVII. 1-12.

Zur Lösung des Problems, aus gegebenen Functionen

$$y = \varphi(x) \text{ und } F(y) = F(\varphi x) = f(x)$$

die n^{te} Ableitung $F^n(x)$ durch die Derivirten von $f(x)$ und $\varphi(x)$ auszudrücken, benutzt man bekanntlich das System linearer Gleichungen

$$1) \begin{cases} f_1 = X_{1,1} F_1, \quad f_2 = X_{2,1} F_1 + X_{2,2} F_2, \cdots \\ f_n = X_{n,1} F_1 + X_{n,2} F_2 + X_{n,3} F_3 + \cdots + X_{n,n-1} F_{n-1} + X_{n,n} F_n, \end{cases}$$

wo

$$f_i = \frac{\partial^i f(x)}{\partial x^i}, \quad F_k = \frac{\partial^k F(y)}{\partial y^k},$$

und wenn die Derivirten von $\varphi(x)$ analog mit φ_r bezeichnet werden,

$$X_{s,t} = \frac{1}{1\cdot 2\cdot 3\cdot t} \sum_{i=1}^{s=t+1} \binom{s}{i_1}\binom{s-i_1}{i_2}\cdots\binom{s-i_1-i_2-\cdots-i_{t-2}}{i_{t-1}} \varphi_{i_1}\varphi_{i_2}\cdots\varphi_{i_t}.$$

Man vergleiche die Arbeiten von Koppe, U. Meyer und Schlömilch (Vorlesungen über einzelne Theile der höheren Analysis). Herr Hess stellt nun aus dem System 1) F_n in Form einer Determinante dar und verwandelt, mit Hülfe einer für die $X_{s,t}$ gewonnenen Recursionsformel, die Elemente dieser Determinante so, dass in jeder Colonne aufeinanderfolgend nur die in bestimmte Zahlencoefficienten multiplicirten Derivirten $\varphi_1, \varphi_2, \cdots$ übrig bleiben, und so schliesslich eine äusserst einfach aus den Elementen φ_n und f_n gebildete Determinante resultirt. Zum Schlusse wird diese Lösung angewendet auf die Darstellung der Facultätencoefficienten positiver Exponenten durch Determinanten, und auf die Darstellung der Coefficienten der Bürmannn'schen und Lagrange'schen Reihe. M.

R. Lipschitz. Entwickelung eines Zusammenhanges zwischen den quadratischen Formen von n Differentialen und den Abel'schen Transcendenten. Borchardt J. LXXIV. 160-171.

Siehe Abschn. VII. Cap. 2.

W. Denzler. Ueber die Zerlegung echt gebrochener Functionen in Partialbrüche. Wolf Z. VII. 282-293.

O.

B. Williamson. Conditions for a maximum or a minimum in a function of any number of variables. Quart. J. XII. 48-51.

Cly.

C. J. M. Wehlén. Om functioners af en obervende variabel maxima och minima. Stockholm.

Elementare Untersuchung. Bg.

A. Rutgers. Dissertatie over differentialen van gebroken orde en haar gebruik by de afleiding van bepaalde integralen.

A. Rutgers. Sur les différentielles à indices quelconques. Arch. Neerl. VII. 27-37.

Von diesen beiden Arbeiten war nur die zweite, die ein Auszug der ersten ist, dem Referenten zugänglich. Der Verfasser giebt darin verschiedene Anwendungen der folgenden von Liouville aufgestellten Formeln:

$$\int_0^\infty f(x+y)\, y^{p-1}\, dy = (-1)^p\, \Gamma(p)\, D_x{}^{-p} f(x)\, dx^{-p},$$

$$D_x{}^p \int_0^\infty e^{-xy}\, dy = \int_0^\infty D_x{}^p e^{-xy} dy;\quad D^p(x^{-m}) = (-1)^p \frac{\Gamma(m+p)}{\Gamma(m)} x^{-(m+p)}.$$

Darin ist p eine beliebige positive Zahl. Hieraus findet der Verfasser verschiedene bemerkenswerthe bestimmte Integrale, indem er

$$y = x\, \frac{t^r - z^r}{z^r - s^r}$$

setzt, und successive als Grenzen nimmt

$$0 \text{ und } s,\ 0 \text{ und } 1,\ -1 \text{ und } +1.$$

Sodann wird die Formel bewiesen

$$D^{-s} y\, dx^{-s} = D^{-(s+a)}\, D^a y\, ds^{-(s+a)},$$

und auch von dieser werden Anwendungen auf bestimmte Integrale gemacht. Mn. (Wn.)

J. W. L. GLAISHER. Solution of question 3520. Educ. Times XVI. 93.

Beweis, dass

$$\left(\frac{d}{dq}\right)^{2i} \cdot e^{\frac{q^2}{p^2}} = p\left(-\frac{2d}{pdp}\right)^i \frac{e^{\frac{q^2}{p^2}}}{p}.$$

Hi.

J. J. WALKER. Solution of question 3542 (by A. Hanlon). Educ. Times XVII. 29-30.

Die Normale zu finden, welche den kleinsten Bogen von einem Kegelschnitt abschneidet. Hi.

J. J. WALKER, A. G. CARR and LAVERTY. Solution of question 3564 (by Cayley). Educ. Times XVII. 72-73.

Den kleinsten Kreis zu bestimmen, der drei gegebene Punkte einschliesst. Hi.

Capitel 3.

Integralrechnung.

CH. HERMITE. Sur l'intégration des fonctions rationnelles. Nouv. Ann. (2) XI. 145-149.

CH. HERMITE. Sur l'intégration des fractions rationnelles. Ann. de l'Éc. Norm. (2) I. 215-218.

Von dem Integrale einer rationalen gebrochenen Function $\frac{F_1(x)}{F(x)}$ kann man den algebraischen Theil erhalten, ohne die Gleichung $F(x) = 0$ in ihre Wurzeln aufzulösen.

Man bringe $F(x)$ auf die Form:

$$F(x) = A^{\alpha+1} \cdot B^{\beta+1} \dots L^{\lambda+1},$$

so dass die Gleichung $A \cdot B \dots L = 0$ nur einfache Wurzeln hat, so wird

$$\frac{F_1(x)}{F(x)} = \frac{P}{A^{\alpha+1}} + \frac{Q}{B^{\beta+1}} + \cdots + \frac{S}{L^{\lambda+1}},$$

wo $P, Q, \cdots S$ ganze Functionen sind. Genügen nun die Polynome G und H der Gleichung

$$AG - A'H = s \left(A' = \frac{\partial A}{\partial x}\right),$$

so werden zwei Reihen von Polynomen:

$$\nu_0\ \nu_1 \ldots \nu_{\alpha-1},\ P_1\ P_2 \ldots P_\alpha$$

durch die recurrenten Gleichungen

$$\begin{aligned}(\alpha - i)\,\nu_i &= HP_i - AQ_i \\ P_{i+1} &= GP_i - A'Q_i - \nu'_i\end{aligned} \qquad i = 0,\ 1,\ 2 \ldots \alpha - 1$$

bestimmt, worin die Polynome $Q_0, Q_1, Q_2 \cdots$ ganz willkürlich sind.

Damit folgt durch Elimination von G und H

$$P_i - AP_{i+1} = A\nu_i' - (\alpha - i)A'\nu_i = A^{\alpha-i+1}\left(\frac{\nu_i}{A^{\alpha-i}}\right)',$$

$$\frac{P_i}{A^{\alpha-i+1}} = \frac{P_{i+1}}{A^{\alpha-i}} + \left(\frac{\nu_i}{A^{\alpha-i}}\right)'$$

und durch Summirung von $i = 0$ bis $i = \alpha - 1$:

$$\frac{P}{A^{\alpha+1}} = \frac{P_\alpha}{A} + \left(\frac{\nu}{A^\alpha}\right),$$

wo

$$\nu = \nu_0 + A\nu_1 + A^2\nu_2 + \cdots + A^{\alpha-1}\nu_{\alpha-1}$$

ist, so dass $\frac{\nu}{A^\alpha}$ der algebraische Theil des Integrals

$$\int \frac{P}{A^{\alpha-1}}\, dx$$

ist.

Bei der Berechnung des Integrals

$$\int \frac{dx}{(x^2+1)^{\alpha+1}}$$

nach der beschriebenen Methode werden die willkürlichen Q sämmtlich gleich Null gesetzt. Hr.

G. Zolotareff. Sur la méthode d'intégration de M. Tchébychef. Clebsch Ann. V. 560-581.

Tchébychef hat im Bull. de l'Académie de St. Pétersbourg

III. 1860 (siehe auch Liouville J. 1864 p. 225) eine Integrationsmethode für das Differential

$$\frac{(x+A)\,dx)}{\sqrt{x^4+\alpha x^3+\beta x^2+\gamma x+\delta}}$$

ohne Beweis veröffentlicht, nach der man für den Fall, dass das Integral sich für einen gewissen Werth von A in endlicher Form darstellen lässt, den geschlossenen Ausdruck des Integrals finden, im andern Falle die Unmöglichkeit eines solchen Ausdruckes für jeden Werth von A erkennen kann. $\alpha\beta\gamma\delta$ bedeuten rationale Zahlen. Das vorgeschriebene Verfahren bestand in Folgendem:

1) Reduction des Differentials auf die Form

$$\frac{(z+B)\,dz}{\sqrt{z^4+lz^3+mz^2+nz}}.$$

2) Prüfung, ob der Radikand zerlegbar ist in (z^2+pz) (z^2+rz+s), so dass $s(p^2-pr+s)$ gleich einer Quadratzahl ist, und wenigstens eine der Ungleichheiten stattfindet:

$$pr-2s>0,\ 4s-r^2>0.$$

3) Wenn dies der Fall und p nicht $=r$, dann weitere Reduction des Differentials durch die Substitution

$$\frac{(p-r^2)(z^2+pz)}{(r-p)z+s}=z,$$

und Wiederholung dieses Verfahrens, falls die Bedingungen in 2) erfüllt bleiben, bis $p_i=r_i$. In diesem Falle gelangt man unmittelbar für einen gewissen Werth von A zum gesuchten endlichen Ausdruck in logarithmischer Form.

4) Im entgegengesetzten Falle gelangt man zu einem Differentialausdruck, in welchem die Bedingungen 2) nicht mehr sämmtlich erfüllt sind; man geht alsdann von dem Differential

$$\frac{(z+B)\,dz}{\sqrt{z^4+lz^3+mz^2+nz}}$$

zu

$$\frac{(z_1+B')\,dz}{\sqrt{z_1^4+l_1z_1^3+m_1z_1^2+n_1z_1}}$$

über, wo $l_1\ m_1\ n_1$ aus $l\ m\ n$ nach bestimmten Formeln berechnet werden, und durch successive Anwendung derselben Formeln zu einem Differential derselben Form mit den Zahlen $l_\mu\ m_\mu\ n_\mu$, bis man entweder für diese Zahlen zu Brüchen gelangt oder bis zum Eintritt der Gleichheiten $l_{\mu+\nu} = l_\mu$, $m_{\mu+\nu} = m_\mu$, $n_{\mu+\nu} = n_\mu$. Der erste Fall bietet das Criterium für die Unmöglichkeit eines endlichen Ausdruckes für irgend einen Werth von A, im 2ten Falle wird der gesuchte Ausdruck angegeben. Die Anzahl der aufeinander folgenden Systeme $l\ m\ n$ überschreitet nicht die Anzahl der ganzen Lösungen gewisser Gleichungen, von der Herr Tchébychef beweist, dass sie begrenzt ist. Herr Zolotareff liefert nun für die Methode des Herrn Tchébychef einen ausführlichen Beweis, dessen Hauptmomente hier nur angedeutet werden können. Zunächst wird die Jacobi'sche Gleichung (Werke Bd. III.)

$$0 = (ax^2 + 2bx + c)\,z^2 + 2\,(a'x^2 + 2b'x + c')\,z + (a''x^2 + 2b''x + c'')$$

dazu benutzt, um durch passende Bestimmung der Coefficienten sowohl die vorgeschriebene Reduction in 1) als die in 4) auszuführen, und somit zu den von Herrn Tchébychef angegebenen Recursionsformeln für die Systeme $l\ m\ n$ zu gelangen. Alsdann wird nachgewiesen, dass das Stattfinden der Bedingungen in 2) mit dem Grade λ der Function P in der Gleichung

$$\int \frac{(z+A)\,dz}{\sqrt{R(z)}} = \log\,[P + Q\,\sqrt{R(z)}] + \text{const.}$$

zusammenhängt, wo P und Q der Gleichung $P^2 - Q^2 R(z) = a$ genügen, und P so gewählt ist, dass es den kleinst möglichen Grad hat. λ ist nur dann grade, wenn die Bedingungen in 2) erfüllt sind, und die in 3) vorgeschriebenen Substitutionen bewirken, wofern nicht im Verlauf $p_i = r_i$ wird, dass das Integral auf ein anderes reducirt wird, welches sich durch $\log\,[P' + Q'\sqrt{(Rz)}]$ ausdrückt, wo der Grad von P' ungrade ist. Endlich wird der Beweis für die Periodicität der Systeme $l_\mu\ m_\mu\ n_\mu$, sowie dafür, dass $l_\mu m_\mu n_\mu$ ganz sind, wenn $l_0\ m_0\ n_0$ ganz sind, im Falle, dass der endliche Ausdruck für das Integral existirt, mit Hülfe der Relationen geführt, welche zwischen den Grössen $\partial_{\mu+1}\ \partial'_{\mu+1}\ \partial''_{\mu+1}$ und $\partial_\mu\,\partial'_\mu\,\partial''_\mu$ bestehen, wo $\partial_\mu\ \partial'_\mu\ \partial''_\mu$ die Wurzeln der Gleichung: $z_\mu^3 + l_\mu z_\mu^2 + m_\mu z_\mu + n_\mu = 0$ bedeuten, indem die Verhältnisse derselben in elliptischen Functionen ausgedrückt werden, deren Modul von μ unabhängig, und deren Argument $2^\mu a$ ist. Hr.

Ch. Hermite. Sur l'intégration des fonctions circulaires. Proc. of L. M. S. IV, 164-175.

Bezieht sich auf die Form

$$\int f(\cos x, \sin x)\, dx,$$

wo f eine rationale Function bezeichnet.

Cly. (O.)

G. Minchin. Elementary demonstration of a fundamental theorem. Quart. J. XII. 172-175.

Der Satz betrifft die Transformation eines Products von Differentialen $dx_1\, dx_2 \dots dx_n$ in einem vielfachen Integral.

Cly. (O.)

M. Solin. Ueber graphische Integration. Prag. Abh. (6) V.

Es ist eine Curve gegeben, deren auf ein rechtwinkliges Coordinatensystem bezogene Gleichung $y' = f'(x)$ sei. Es soll die Curve gezeichnet werden, der die Integralgleichung $y = f(x)$ entspricht. Man theile die Curve in eine Anzahl so kleiner Bogen, dass man dieselben mit genügender Annäherung als Gerade betrachten kann. Die Abscissen der Endpunkte dieser Bogen seien om, $om_1 \dots$, die der zugehörigen Ordinaten on', $on'_1 \dots$ Ist ferner o' ein Punkt auf der xAxe mit der Abscisse -1, dann bestimmen die Strahlen $o'n'$, $o'n'_1 \dots$ die Tangentenrichtungen in denjenigen Punkten der Integralcurve, deren Abscissen bezüglich om, $om_1 \dots$ sind. Da nun die innerhalb je zweier aufeinanderfolgender Ordinaten enthaltenen Bogen der Integralcurve in Folge obiger Voraussetzung als Parabelstücke betrachtet werden können, deren Axe die Richtung der Ordinaten hat, so wird die Projection des Durchschnittspunkts zweier aufeinanderfolgender Tangenten auf der xAxe in der Mitte zwischen den Projectionen der Berührungspunkte liegen. Auf diesem Wege erhält man, nachdem noch der Wahl der Constante entsprechend zur Abscisse om die zugehörige Ordinate on angenommen ist, als approximative Darstellung der Integralcurve ein derselben umschriebenes Polygon, auf dessen Seiten die Berührungspunkte verzeichnet sind. Die Punkte der Curve, für welche $f'(x)$ unendlich wird, lassen sich hierbei nicht erreichen. Der Verfasser giebt hiernach die graphische Darstellung von $\int \frac{\cos x}{x} dx$. Ist $y' = \varphi(x,y)$ gegeben, so wird eine Reihe benachbarter Werthe $y' = h$, $y' = h_1 \cdots$ angenommen, wodurch die Curvenschaar $\varphi(x,y) = h$, $\varphi(x,y) = h_1 \cdots$ erhalten wird, in deren Schnittpunkten mit der Integralcurve die Tangenten der letzteren mit den Strahlen $o'n'$, $o'n'_1 \cdots$ gleiche Richtung haben, wenn $n', n'_1 \cdots$ die Endpunkte der auf der Ordinatenaxe vom Anfangspunkte abgetragenen Strecken $h, h_1 \cdots$ bedeuten, und o' der oben bezeichnete Punkt ist. Betreffs der Lage des Durchschnittspunktes der aufeinanderfolgenden Tangenten wird, mehr nach Analogie mit dem vorhergehenden Fall als auf Grund analytischer Betrachtungen, angenommen, dass er in der Mitte der Strecke sich befinde, welche auf der einen Tangente von zwei benachbarten Curven φ abgeschnitten wird. Ist ein Punkt der Integralcurve gegeben, so hat man durch ihn eine Curve φ zu ziehen und von ihm als Berührungspunkt ausgehend, die Lage der einen Tangente zu verzeichnen, wodurch dann die der übrigen mit bestimmt ist, und man erhält so ein Polygon als approximative Darstellung eines particulären Integrals. Die Gesammtheit der Polygone, die man erhält, wenn man von allen Punkten einer Curve φ ausgeht, stellt approximativ das allgemeine Integral dar.

Es folgt dann die graphische Integration von

$$dz = M dx + N dy$$

für den Fall der Integrabilität; sie wird unmittelbar auf die vorhergehende Lösung zurückgeführt. Hr.

Dupréz. L'intégrateur. Mondes (2) XXVII. 10-12.

Siehe F. d. M. III. 123. O.

J. W. L. Glaisher and J. J. Walker. Solution of question 3600 (by W. Roberts). Educ. Times XVII. 42.

Wenn

$$u = \int_0^1 \frac{e^{ax^2} dx}{1+x^2},$$

so ist

$$4a\left(\frac{du}{da} + u\right)^2 = 4e^a u - \pi.$$

Hi.

Capitel 4.

Bestimmte Integrale.

• O. Schlömilch. Ueber einige Integrationen längs geschlossener Wege. Schlömilch Z. XVII. 347-350.

Das Integral $\int \frac{F(z)\cdot dz}{e^z - e^{-z}}$ wird längs des Umfanges eines der beiden Rechtecke mit den Eckpunkten o, a, $a \pm bi$, $\pm bi$, genommen, der Punkt o jedoch durch einen um ihn mit dem Radius r beschriebenen Quadranten ausgeschlossen. Unter der Voraussetzung, dass $F(z)$ innerhalb und auf dem Umfang beider durch die positive x-Axe getrennten Rechtecke synektisch bleibt, und $b^2 < \pi^2$ ist, wird der Werth obigen Integrals gleich Null. Die Ausführung der Integration ergiebt für ein verschwindendes r eine von r unabhängige Gleichung, welche dahin specialisirt wird, dass

$$b = \frac{\pi}{2}, \quad a = \infty$$

gesetzt, und F der Bedingung unterworfen wird, dass

$$\lim \{e^{-(a+iy)} F(a+iy)\} = 0, \text{ für } a = \infty.$$

Die Substitutionen $F(z) = e^{-hz}$ und $F(z) = e^{-kz^2}$ führen zu folgenden Formeln:

$$\frac{\pi}{2} - \int_0^{\frac{1}{2}\pi} \frac{\sin ky}{\sin y} dy = 2\cos\frac{k\pi}{2} \int_0^\infty \frac{e^{-kx}\cdot dx}{e^x + e^{-x}}$$

$$= 2\cos\frac{k\pi}{2} \int_0^1 \frac{t^k}{1+t^2}\cdot dt, \; k > -1,$$

und

$$\int_0^\infty \frac{e^{-kx^2}\cos \pi kx}{e^x+e^{-x}}\,dx = \frac{\pi}{4}e^{-\frac{1}{4}\pi^2 k},\ k>0.$$

Aus der ersten wird noch unmittelbar die Formel

$$\int_0^1 \frac{t^\lambda+t^{-\lambda}}{1+t^2}\cdot dt = \frac{\pi}{2\cos\frac{1}{2}\lambda\pi},\ -1<\lambda<1$$

abgeleitet und daran ein neuer Beweis für die Formel

$$\int_0^\infty \frac{x^{\mu-1}\,dx}{1+x} = \frac{\pi}{\sin\mu\pi}.$$

geknüpft. Hr.

D. Bierens de Haan. Over eenige nieuwe herleidingsformulen bij de theorie van bepaalde integralen. Verh. v. Amst. 1871. 4-64.

Die Arbeit enthält zahlreiche Resultate hinsichtlich der Theorie der bestimmten Integrale. Dieselben werden abgeleitet durch die Reihenentwickelung eines unter dem Integrationszeichen stehenden Factors. Es sei

$$f_1(x) = \sum_1^a A_n \sin nsx,\ f_2(x) = B_0 + \sum_1^a B_n \cos nsx,$$

$$f_3(x) = \sum_1^c C_m \sin mtx,\ f_4(x) = D_0 + \sum_1^c D_m \cos mtx,$$

so kann man

$$\int_p^q \varphi(x) f_1(x) f_3(x)\,dx,\ \int_p^q \varphi(x) f_1(x) f_4(x)\,dx,$$

$$\int_p^q \varphi(x) f_2(x) f_3(x)\,dx,\ \int_p^q \varphi(x) f_2(x) f_4(x)\,dx$$

durch ziemlich einfache Integrale ausdrücken, die unter dem Integrationszeichen nur $\varphi(x)\,dx$ multiplicirt mit einem Sinus oder Cosinus enthalten. Die Formeln enthalten nur einfache Reihen, wenn

$$f_3(x) = \sin(ux),\ f_4(x) = \cos(ux)$$

ist. Der zweite Paragraph enthält zunächst die speciellen Formeln, die man erhält für

$$p=0,\ q=\infty,\ \varphi(x) = \frac{q}{q^2-x^2} \text{ oder } \frac{x}{q^2-x^2}.$$

Die „Nouvelles Tables d'Intégrales définies" des Verfassers geben in diesem Falle die Hülfsformeln über bestimmte Integrale, die man anzuwenden hat, und man gelangt so zu einer grossen Zahl sehr allgemeiner Resultate, wenn man nur vorsichtig verfährt, und gewisse Ausdrücke, die unbestimmt werden, vermeidet. Es wird speciell gesetzt

$$f_1(x) = \frac{r \sin sx}{1-2r\cos sx + r^2}, \quad f_2(x) = \frac{1-r^2}{1-2r\cos sx + r^2}$$

$$f_2(x) = \frac{(1-r^2)\, r \cos 3x}{1-2r\cos sx + r^2}.$$

In diesem Falle sind die Reihen unendlich. Die so gefundenen Integrale können dann noch viel allgemeinere ergeben, wenn man einen sinus eines Vielfachen von x durch $f_3(x)$, einen cosinus durch $f_4(x)$ ersetzt, was auf eine Summation der Terme hinausläuft, die in endlicher oder unendlicher Zahl vorhanden sind. Der dritte Paragraph enthält Anwendungen auf folgende Fälle:

$$f_3(x) = \left(2\cos\frac{tx}{2}\right)^a \sin\frac{atx}{2}, \quad f_4(x) = \left(2\cos\frac{tx}{2}\right)^a \cos\frac{atx}{2},$$

$$f_3(x) = \frac{u \sin tx - u^{c+1}\sin(c+1)tx + u^{c+2}\sin ctx}{1-2u\cos tx + u^2},$$

$$f_4(x) = \frac{1 - u\cos tx - u^{c+1}\cos(c+1)tx + u^{c+2}\cos ctx}{1-2u\cos tx + u^2}.$$

Um hier nur eine Idee von den Resultaten des Verfassers zu geben, erwähnen wir folgende Formel:

$$\int_0^\infty \cos^a x \frac{\sin ax \sin sx}{1-2r\cos sx + r^2} \frac{q\,dx}{q^2 - x^2}$$

$$= \frac{\pi}{2} \frac{r - \cos qs}{1-2r\cos qs + r^2} \cos^a q \sin aq;$$

hier darf man $2a$ höchstens gleich s nehmen. Mn. (Wn.)

J. W. L. Glaisher. On the reduction of functional transcendents. Messenger (2) I. 153-163.

Fortsetzung von des Verfassers Arbeit: „On a theorem in definite integration (Quart. J. X. 347 356., F. d. M. II. 151).

Sie bezieht sich hauptsächlich auf Boole's Satz in den „Phil. Trans." für 1857. Der Zweck der Arbeit wird am Besten aus einigen speciellen Resultaten ersehen. Bezeichnet man mit f ein allgemeines Functionssymbol und mit coth die hyperbolische Cotangente, so ist:

$$\int_{-\infty}^{\infty} \frac{f(\cot x)}{a^2+x^2}\,dx = \frac{1}{a}\coth a \int_{-\infty}^{\infty} \frac{f(u)\,du}{u^{2t}\coth^2 u}.$$

Giebt man dem f specielle Formen, so hat man

$$\int_0^{\infty} \frac{\cos(c\cot x)}{a^2+x^2}\,dx = \frac{\pi}{2a} e^{-c\coth a},$$

$$\int_0^{\infty} \frac{e^{-c^2\cot^2 x}}{a^2+x^2}\,dx = \frac{\sqrt{\pi}}{a} e^{c^2\coth^2 a}\, Erf(\coth a),$$

wo

$$Erf a = \int_a^{\infty} e^{-x^2}\,dx, \text{ etc.}$$

Eine Eigenthümlichkeit einiger der erhaltenen Integrale ist es, dass die Function unter dem Functionszeichen ihre Form mit den Grenzen verändert, über die sich die Integration erstreckt: daher ist das Resultat

$$\int_{-\infty}^{\infty} f\left(x-\frac{1}{\sqrt{x}}\cot\sqrt{x}\right)dx = \int_{-\infty}^{\infty} f(v)\,dv$$

ein Satz für die Vergleichung der Transcendenten:

$$\int_0^{\infty} f\left(x-\frac{1}{\sqrt{x}}\cot\sqrt{x}\right)dx + \int_0^{\infty} f\left(-x+\frac{1}{\sqrt{x}}\coth\sqrt{x}\right)dx$$

$$= \int_0^{\infty} f(v)\,dv + \int_0^{\infty} f(-v)\,dv.$$

Glr. (O.)

R. Pendlebury. On the squares of transcendents.
Messenger (2) I. 131-135.

Das Product zweier bestimmter Integrale wird in einzelnen Fällen als ein einfaches bestimmtes Integral in folgender Weise ausgedrückt. Das Product der Integrale wird als Doppelintegral ausgedrückt und dann dies Doppelintegral transformirt, indem man $x = r\cos\theta$, $y = r\sin\theta$ setzt und eine der Integrationen ausführt, womit es dann also auf ein einfaches Integral reducirt ist: z. B.

$$(Erfa)^2 = e^{-a^2} \int_1^\infty \frac{e^{-a^2x^2}}{1+x^2}\, dx,$$

wo

$$Erfa = \int_0^\infty e^{-x^2}\, dx.$$

Glr. (O.)

J. W. L. Glaisher. On Fourier's (double integral) theorem. Messenger (2) II. 20-25.

Fourier's Satz, dass

$$\varphi(x) = \frac{1}{\pi} \int_{-\infty}^\infty \int_0^\infty da\, du \cos u(a - x)\, v\varphi(a),$$

wird in einer Art bewiesen, analog derjenigen, die Boole im 21. Bande der „Irish Transactions" benutzt hat. Nur geht der Verfasser von der discontinuirlichen Function

$$\int_0^\infty \frac{\sin a\varphi}{v}\, dv$$

aus, statt von

$$\operatorname{tg}^{-1} \frac{a-x}{k}.$$

Dies vereinfacht die Ableitung. Der Verfasser schliesst mit Bemerkungen über andere Beweise desselben Satzes.

Glr. (O.)

H. Frombeck. Ueber Fourier'sche Integrale und Analogien derselben. Wien. Ber. LXV. 133-189.

Der Verfasser beschäftigt sich lediglich mit bestimmten Integralen, welche wegen Discontinuität des Differentialfactors sinnlos werden, deren Werth demungeachtet nach einem angeblichen Princip der „Aequivalenz des Unendlichkleinen" (sowie des Unendlichgrossen) ermittelt wird, wobei denn die antiquirte Definition des Hauptwerthes eines discontinuirlichen Integrals

„die einzig annehmbare und richtige Definition des letzteren selbst“ sein soll. Also

$$\int_{-b}^{+b} \frac{dx}{x} = 0,$$

und zwar so bewiesen:

$$\int_{-b}^{b} \frac{dx}{x} = \int_{0}^{b} \frac{dx}{x} - \int_{0}^{b} \frac{dx}{x},$$

aber

$$\infty - \infty = 0,$$

diese Aequivalenz ein „nothwendiges Princip der Integralrechnung.“ Indem wir auf ein weiteres Eingehen verzichten, bemerken wir noch, dass die meisten Formeln der sehr formelreichen Abhandlung aus der offenbar falschen Gleichung:

$$\lim \int_{\alpha}^{\beta} \frac{\cos \mu\vartheta}{\vartheta} F(\vartheta)\, d\vartheta = 0, \; \mu = \infty$$

abgeleitet werden, welche für alle reellen α und β sowohl, wie für irgend welche beliebige Functionen $F(\vartheta)$ gelten soll.

Hr.

W. Walton. On the evaluation of the definite integral $\int_0^\infty \frac{x^{a-1}dx}{1+x}$, where a < 1. Quart J. XII. 39-40.

Die Untersuchung geschieht unabhängig von anderen Resultaten über bestimmte Integrale und enthält sich des Gebrauchs imaginärer Grössen.

Cly. (O.)

J. W. L. Glaisher. Note on certain definite integrals. Quart J. XII. 165-167.

Bezieht sich auf das Integral

$$\int_0^\infty \frac{x^{a-1}\, dx}{1+x}$$

und andere Formeln in der obigen Arbeit von Walton. (Quart. J. XII. 39.)

Cly. (O.)

W. Walton. On the evaluation of a pair of definite integrals. Quart. J. XII. 181-184.

Diese sind

$$\int_0^\infty e^{-\left(x^2+\frac{c^2}{x^2}\right)} \frac{\cos}{\sin} \left\{\left(x^2+\frac{c^2}{x^2}\right)\sin\alpha\right\} dx.$$

Cly. (O.)

W. Walton. On the evaluation of the integral $\int_0^1 \frac{x^{m-1}-x^{-m}}{(1+x)\log x}dx$, where m is >0 and <1.

Quart. J. XII. 184-185.

Cly.

J. W. L. Glaisher. Notes on definite integrals. Messenger (2) II. 71-79.

Die Noten beziehen sich hauptsächlich auf die drei Integrale:

$$\text{(I.)} \quad \int_0^\infty \frac{\cos bx}{a^2+x^2}dx = \frac{\pi}{2\sqrt{a}} e^{-\sqrt{(a^2b^2)}}$$

$$\text{(II.)} \quad \int_0^\infty e^{-a^2x^2}\cos bx\,dx = \frac{\sqrt{\pi}}{2\sqrt{a^2}} e^{-\frac{b^2}{4a^2}}$$

$$\text{(III.)} \quad \int_0^\infty e^{-a^2x^2-\frac{b^2}{x^2}}dx = \frac{\sqrt{\pi}}{2\sqrt{a^2}} e^{-2\sqrt{a^2b^2}},$$

auf die Art ihrer Auswerthung und ihre Discontinuitäten. Das Integral II. wird aus I. durch Differentiation nach a^2 abgeleitet, indem

$$(a^2+x^2)^{-n} = e^{-\frac{nx^2}{a^2}} a^{-2n},$$

wenn n unendlich ist. Zum Schluss wird ein elementarer Beweis des Boole-Cauchy'schen Satzes gegeben, dass nämlich

$$\int_0^\infty x^{2i}\varphi\left(x-\frac{a}{x}\right)dx$$

$$= \sum_{m=0}^{m=i} a^{i-m} \frac{(2m+1)(2m+2)\cdots(i+m)}{1\cdot2\cdot3\cdots\quad(i-m)} \int_0^\infty \varphi(v)\,dv.$$

Glr. (O.)

E. Catalan. Note sur une formule de Mr. Botesu de Jassy (Roumanie). Bull. de Belg. XXXIV. 424-428.

1. Die kleine Arbeit enthält verschiedene bemerkenswerthe Resultate über bestimmte Integrale. Man erhält dieselben, indem man von folgender Formel des Herrn Botesu ausgeht:

$$\Sigma \frac{1}{n+k} = l2 - \sum_0^\infty \frac{1\cdot 2\cdot 3\cdots p}{2^{p+1}(2n+1)\cdots(2n+p-1)}.$$

Benutzt werden ferner folgende bekannte Formeln, worin C die Euler'sche Constante bezeichnet und $\varphi(\infty) = 0$ ist.

$$1 + \tfrac{1}{2} + \cdots + \frac{1}{n} = ln + \varphi(n) + C.$$

$$(1.)\qquad \varphi(n) = -\int_0^1 \left(\frac{x}{1-x} + \frac{1}{lx}\right) x^{n-1}\, dx.$$

2. Man findet leicht, wenn $F(q) = q + q^2 + q^4 + q^8 + \cdots$

$$\varphi(n) - \varphi(2n) = \int_0^1 \frac{x^{2n}\, dx}{1+x},\quad \varphi_n = \int_0^1 \frac{dq}{1+q}[F(q^n) - q^n]$$

$$(2.)\qquad E_1\varphi_1 + E_5\varphi_5 + E_9\varphi_9 + \cdots = \int_0^1 \frac{dq}{1+q}[f(q) - \psi(q)],$$

wo

$$f(q) = E_1 F(q) + E_5 F(q^5) + E_9 F(q^9) + \cdots$$
$$\psi(q) = E_1 q + E_5 q^5 + E_9 q^9 + \cdots$$

Hier ist E_n der Ueberschuss der Zahl der Theiler von n von der Form $4m+1$ über die Zahl der Theiler von der Form $4m-1$. In der Theorie der elliptischen Functionen wird bewiesen, dass

$$\psi(q) = f(q) - f(q^2) = \frac{(1-k')K}{4\pi},\quad f(q) = \frac{K}{2\pi} - \tfrac{1}{2}.$$

Die Formel (1) giebt eine andere Formel für $E_1\varphi_1 + E_5\varphi_5 + \cdots$, die, mit der vorhergehenden combinirt, auf die merkwürdige Relation führt:

$$\int_0^1 \left[2\frac{1-qk'}{1-q^2} + \frac{1-k'}{qlq}\right] K dq = \pi l2.$$

3. Aus der Relation (1) und der bekannten Entwickelung von $\alpha^{-1} - (e^\alpha - 1)^{-1}$ leitet man, wenn man $x = e^{-\alpha}$ setzt, ab:

$$\varphi_n = \frac{1}{2n} - 2\int_0^\infty \frac{tdt}{1+t^2}\frac{1}{e^{2n\pi t}-1} = \int_0^1 \frac{dq}{1+q}(q^{2n} + q^{4n} + q^{8n} + \cdots).$$

Der erste dieser Werthe, dem ursprünglichen Ausdruck für $\varphi(n)$ gleichgesetzt, führt auf folgendes bestimmte Integral:

$$\int_0^\infty \frac{t\,dt}{1+t^2}\left[\frac{1}{e^{2\pi nt}-e^{-2\pi nt}}-\frac{1}{e^{2\pi(n+1)t}-e^{-2\pi(n+1)t}}\right]$$
$$=\frac{1}{8n(n+1)(2n+1)}.$$

Diese Note von Catalan bezieht sich auf seine Untersuchungen über θ-Functionen: „Recherches sur quelques produits indéfinis" in den Memoiren der Brüsseler Academie. Mn. (Wn.)

G. F. W. Baehr. Sur les racines des équations
$$\int_0^\pi \cos(x\cos\omega)\,d\omega = 0,\quad \int_0^\pi \cos(x\cos\omega)\sin^2\omega\,d\omega = 0.$$

Arch. Néerl. VII. 351-358, Versl. en Mededeel. (2) 1872. 325-333.

Setzt man $x\cos\omega = z$ und zerlegt das Integral in mehrere andere, bei denen das Intervall der Grenzen $\frac{\pi}{2}$ ist, so findet man, dass die Wurzeln der ersten Gleichung die Form haben $n\pi+\theta\cdot\frac{\pi}{2}$, die der zweiten die Form $n\pi+(1+\theta)\frac{\pi}{2}$. Darin bezeichnet n eine ganze Zahl, θ eine Zahl zwischen 0 und 1. Das erste Glied y der ersten Gleichung genügt der Differentialgleichung $y''+y'\cdot x^{-1}+y=0$. Für $x=\infty$ ist $y=\cos\infty$. Daraus folgt, dass θ mit $\frac{1}{n}$ unbegrenzt abnimmt. Mn. (Wn.)

A. Cayley. Note on the integrals
$$\int_0^\infty \cos x^2\,dx \text{ and } \int_0^\infty \sin x^2\,dx.$$

Quart J. XII. 118-126.

Walton hat diese Integrale nach einer Methode untersucht, die der von Laplace für das Integral
$$\int_0^\infty e^{-x^2}\,dx$$
(abhängig von der Gleichheit
$$\iint e^{-x^2-y^2}\,dx\,dy = \iint re^{-r^2}\,dr\,d\theta)$$

analog ist, und ist dabei zu dem Schluss gekommen, dass die Integrale entweder ihre berechneten Werthe $\left(\text{jedes}\ \frac{\sqrt{\pi}}{2\sqrt{2}}\right)$ haben, woraus dann $\sin\infty = 0$, $\cos\infty \doteq 0$ folgt, oder statt dessen unbestimmt sind.

Der Verfasser beweist, dass hier in der Untersuchung ein Fehler vorliegt. In dem Analogon zu der Gleichheit von Laplace, nämlich

$$\iint \frac{\cos}{\sin}(x^2+y^2)\,dx\,dy = \iint r\,\frac{\cos}{\sin}\,r^2 dr\,dt,$$

wo auf der linken Seite $-\infty$, $+\infty$ die Grenzen für die Variabeln sind, ist es auf der rechten Seite nicht zulässig, die Grenzen $\theta = 0$, $\theta = 2\pi$ und $r = 0$, $r = \infty$ zu nehmen. Die rechte Seite ist allerdings ein Integral, über die Fläche einer geschlossenen Curve ausgedehnt, welche zuletzt unendlich wird, aber der Werth des Integrals hängt von der Form dieser Fläche ab, so dass, wenn man z. B. zuerst ein Quadrat, dann einen Kreis voraussetzt, und die Seite des Quadrates wie den Radius des Kreises unendlich werden lässt, sich der Werth in beiden Fällen bestimmten Grenzen nähert, die jedoch untereinander verschieden sind. Cly. (O.)

D. Besso. Sopra alcuni integrali doppy. Battaglini G. X 79-93.

Die Arbeit enthält einige Transformationen doppelter Integrale in einfache, welche zur Ermittelung mehrerer bestimmter Integrale benutzt werden. Fs.

D. Besso. Sopra alcuni integrali definiti. Battaglini G. X. 119-128.

Der Integrallogarithmus, der Integralsinus und der Integralcosinus werden benutzt, um einige bestimmte Integrale in endlicher Form zu erhalten. Fs.

G. Torelli. Sopra alcuni serie. Battaglini G. X. 129-132.

Für das bestimmte Integral

$$\int_0^{\frac{\pi}{2}} \frac{\omega\, d\omega}{\sin\omega} = \int_0^1 dk \int_0^{\frac{\pi}{2}} \frac{d\omega}{\sqrt{1-k^2\sin^2\omega}}$$

entwickelt der Verfasser mehrere Zahlenausdrücke in Form unendlicher Reihen. Fs.

D. Besso. Sulla serie

$$\Sigma_n{}_0^\infty \frac{(-1)^n}{(2n+1)^\mu}.$$

Battaglini G. X. 160-165.

Der Verfasser summirt die Reihen

$$\Sigma_n{}_0^\infty \frac{(-1)^n}{(2n+1)^\mu}, \quad \Sigma_n{}_0^\infty \frac{(-1)^{n-1}\sin(nx)}{n^\mu}, \quad \Sigma_n{}_0^\infty \frac{(-)^{n-1}\cos(nx)}{n^\mu}$$

und entwickelt einige Beziehungen zwischen Reihen von einer dieser Formen, die sich nur durch verschiedene Werthe der Zahl μ unterscheiden. Fs.

L. Gegenbauer. Auswerthung bestimmter Integrale. Wien. Ber. LXIII. II. Abth. Nov. 1871.

Unter der Voraussetzung, dass die Reihen

$$\varphi(\varrho) = a_0 + a_1\varrho + a_2\varrho^2 + a_3\varrho^3 + \cdots$$
$$\psi(\varrho) = b_0 + b_1\varrho + b_2\varrho^2 + b_3\varrho^3 + \cdots$$

noch gültig sind für $\varrho = e^{\alpha xi}$ und $e^{-\alpha xi}$, bildet der Verfasser die nach cos und sin der Vielfachen, von αx fortschreitenden Reihen $\varphi(e^{\alpha xi})$ und $\varphi(e^{\alpha xi})\cdot\psi(e^{-\alpha xi})$. Diese beiden Gleichungen werden nun nach einander mit den Ausdrücken

$$e^{-q^2x^2}dx,\quad \frac{\sin rx}{q^2+x^2}\,dx,\quad \frac{\cos rx}{q^2+x^2}\,dx,\quad \sin rx\frac{x\,dx}{q^2+x^2},\quad \cos rx\frac{x\,dx}{q^2+x^2},$$

$$e^{-\frac{x}{\omega}}x^{p-1}dx \text{ (für } \lim\omega = \infty\text{), und } e^{pxi}dx$$

multiplicirt, und in den 5 ersten Fällen von $x = -\infty$ bis $x = +\infty$, im sechsten von $x = 0$ bis $x = \infty$, und im letzten Falle von $x = 0$ bis $x = 2\pi$ integrirt. Dadurch ergeben sich mehrere Formeln, die zur Auswerthung bestimmter Integrale dienen; ihre Verwendbarkeit wird an einigen Beispielen gezeigt. M.

J. W. L. Glaisher. On the evaluation in series of certain definite integrals. Rep. Brit. Ass. 1872.

Setzt man

$$U = 1 - \frac{2\alpha^2}{n-2} + \frac{(2\alpha^2)^2}{(n-2)\,(n-4)|\underline{2}} - \cdots$$

$$V = 1 + \frac{2\alpha^2}{n+2} + \frac{(2\alpha^2)^2}{(n+2)\,(n+4)|\underline{2}} + \cdots,$$

so ist das bestimmte Integral

$$\int_0^\infty v^{u-1} \cdot e^{-v^2 - \frac{\alpha^2}{v^2}} \cdot dv = \tfrac{1}{2}\left\{ \Gamma\left(\frac{n}{2}\right) \cdot U + \alpha^n \Gamma\left(-\frac{n}{2}\right) \cdot V \right\},$$

wenn $n = 2i+1$.

Mit Hülfe der Formel

$$\Gamma(m) \cdot \Gamma(1-m) = \frac{\pi}{\sin m\pi}$$

lassen sich daraus andere interessante Formeln herleiten.

Csy. (M.)

J. W. L. Glaisher. On the function that stands in the same relation to Bernouilli's numbers that the Gamma-function does to fractionals. Rep. Brit. Ass. 1872.

Bezeichnet B_n die n^{te} Bernouillische Zahl, so hat man

$$B_n = \frac{2\,(1 \cdot 2 \cdot 3 \cdots 2n)}{(2\pi)^{2n}} \cdot \left\{ 1 + \frac{1}{2^{2n}} + \frac{1}{3^{2n}} + \cdots \right\},$$

und als Ausdruck für B_n, je nachdem n ganz oder gebrochen,

$$B_n = \frac{2\Gamma(2n+1)}{(2\pi)^{2n}} \left(1 + \frac{1}{2^{2n}} + \frac{1}{3^{2n}} + \cdots \right),$$

oder

$$B_n = \frac{2\Gamma\,(2n+1)}{(2\pi)^n} \cdot \frac{(2^2-1)^n\ (3^2-1)^n\ (5^2-1)^n \cdots}{(2^{2n}-1)\ (3^{2n}-1)\ (5^{2n}-1)\cdots},$$

wo 2, 3, 5... die Reihe der Primzahlen ist. Csy. (M.)

W. Walton. Note on one of Euler's integrals. Quart. J. XII. 192.

Das Integral ist

$$\int_0^{\frac{1}{2}\pi} \log(\sin x)\, dx = \tfrac{1}{2}\pi \log(\tfrac{1}{2}).$$

Cly. (O.)

A. Panek. Ueber einige bestimmte Integrale. Casopis I. 197-202.

Der Verfasser stellt für einige theilweise bekannte unendliche trigonometrische Reihen bestimmte Integrale her, und berechnet auf Grund der erhaltenen Formeln einige Functionen der Zahl π. W.

W. Walton. On the connexion between certain theorems in definite integrals. Quart J. XII. 126-129.

Bezieht sich auf Integrale von der Form

$$\int_0^\pi \frac{\cos \lambda x\, dx}{(1-2a\cos x + a)^n}.$$

Cly. (O.)

F. Chio. Théorème relatif à la différentiation d'une intégrale définie par rapport à une variable comprise dans la fonction sous le signe $\int$ et dans les limites de l'intégrale, étendu au calcul aux différences et suivi de quelques applications. Turin, Imprimerie Royale, 1871.

Ein Referat über diese Arbeit giebt Herr Darboux im Bull. III. 68—69. M.

A. Rutgers. Dissertatie over differentialen van gebroken ordre en haar gebruik by de afleiding van bepaalde integrales.

A. Rutgers. Sur les différentielles à indices quelconques. Arch. Néerl. VII. 27-37.

Siehe Abschn. VI. Cap. 2. p. 124.

J. W. L. Glaisher. Solution of question 3429. Educ. Times XVI. 23.

Zu beweisen, dass

$$\int_{-\infty}^{+\infty} e^{-\left(x^4+\frac{a^4}{x^4}\right)+4(3a)^{\frac{1}{2}}\left(x^3-\frac{a^3}{x^3}\right)-14a\left(x^2+\frac{a^2}{x^2}\right)}\,dx = \tfrac{1}{2}\,\Gamma(\tfrac{1}{4})\,e^{21a^2}.$$

Das Resultat folgt aus

$$\int_{-\infty}^{+\infty} e^{-\left(x-\frac{a}{x}-\sqrt{3a}\right)^4} dx = \Gamma(\tfrac{1}{4}).$$

Hi.

J. W. L. Glaisher. Solution of question 3539. Educ. Times XVII. 20.

Zeige, dass

$$\int_0^\infty \frac{dx}{e^{ue^x}+e^{-ue^x}} = -Ei(-u)+Ei(-3u)-Ei(-5u)+\cdots,$$

$$\int_0^\infty \frac{dx}{e^{ue^x}-e^{-ue^x}} = -Ei(-u)-Ei(-3u)-Ei(-5u)-\cdots,$$

wo Ei das Exponentialintegral

$$Ei(-u) = \int_\infty^u \frac{e^{-x}}{x}\,dx$$

bedeutet. Hi.

J. W. L. Glaisher. Solution of question 3643. Educ. Times XVII. 45-47.

Beweise, dass

$$\int_0^\infty e^{\frac{\cos ax-b}{1-2b\cos ax+b^2}} \sin\left\{\frac{\sin ax}{1-2b\cos ax+b^2}\right\}\cdot\frac{dx}{x} = \frac{\pi}{2}\left(e^{\frac{1}{1-b}}-1\right)$$

$$\int_0^\infty e^{\frac{\cos ax-b}{1-2b\cos ax+b^2}} \cos\left\{\frac{\sin ax}{1-2b\cos ax+b^2}\right\}\frac{dx}{c^2+x^2} = \frac{\pi}{2c}\cdot e^{\frac{1}{e^{ac}-b}}$$

wenn a und c positiv, und b numerisch <1. Hi.

J. W. L. Glaisher. Solution of question 3599. Educ. Times XVII. 55-56.

Beweise, dass

$$\left(\gamma\int_{p^2}^\infty pdp\right)^{2i} e^{-2pq}\cos 2pq = q\left(-\frac{d}{qdq}\right)^{2i}\frac{e^{-2pq}\cos 2pq}{q}$$

$$\left(\gamma\int_{p^2}^\infty pdp\right)^{2i} e^{-2pq}\sin 2pq = q\left(-\frac{d}{qdq}\right)^{2i}\frac{e^{-2pq}\sin 2pq}{q}.$$

Hi.

Capitel 5.

Gewöhnliche Differentialgleichungen.

G. Boole. Differential equations. 3rd. ed. London. Macmillan. 8°.

Hi.

Bouquet. Sur l'intégration d'un système d'équations différentielles totales simultanées du premier ordre. Darboux Bull. III. 265-274.

Es wird gezeigt, dass die Methode von Briot und Bouquet für den Beweis der Existenz von synektischen Integralen eines Systems von simultanen gewöhnlichen Differentialgleichungen erster Ordnung auch für den Fall eines Systems von totalen Differentialgleichungen anwendbar ist. Vom Verfasser wird, nachdem in den ersten beiden Abschnitten der Fall einer einzigen Gleichung erst mit zweien, dann mit beliebig vielen unabhängigen Variablen behandelt ist, der Fall des Systems:

$$(1.)\qquad \begin{aligned} du_1 &= P_1\,dz_1 + P_2\,dz_2 + \cdots + P_n\,dz_n \\ du_2 &= Q_1\,dz_1 + Q_2\,dz_2 + \cdots + Q_n\,dz_n \\ &\cdots\cdots\cdots\cdots\cdots \\ du_m &= S_1\,dz_1 + S_2\,dz_2 + \cdots + S_n\,dz_n \end{aligned}$$

betrachtet, unter der Voraussetzung, dass die Functionen P, $Q, \cdots S$ für die Werthe von $z_1 \cdots z_n$, $u_1 \cdots u_m$ innerhalb der bezüglichen Bereiche $r_1 \cdots r_n$, $\varrho_1 \cdots \varrho_m$ synektisch und die Bedingungen der Integrabilität erfüllt sind. Es seien $A_1 \cdots A_n$ die Maximalwerthe der Moduln von $P_1 \cdots P_n$, $B_1 \cdots B_n$ die von $Q_1 \cdots Q_n$ u. s. f. innerhalb der bezeichneten Bereiche, und $\frac{\mu_1}{r_1} > A_1 \cdots \frac{\mu_1}{r_n} > A_n$, $\frac{\mu_2}{r_1} > B_1 \cdots \frac{\mu_2}{r_n} > B_n$ u. s. f. Bildet man dann dem Gleichungssystem (1) gemäss für $u_1 \cdots u_m$ Reihen, welche nach ganzen Potenzen von $z_1 \cdots z_n$ fortschreiten und mit den letzteren Variablen gleichzeitig verschwinden, so erkennt man leicht, dass die Coefficienten der Glieder in den einzelnen Reihen kleinere Moduln haben, als die positiven Coefficienten der entsprechenden

Glieder der Entwickelungen der Functionen $v_1 \cdots v_n$, welche folgendem System von totalen Differentialgleichungen genügen:

$$dv_1 = \mu_1 \frac{\frac{dz_1}{r_1} + \frac{dz_2}{r_2} + \cdots + \frac{dz_n}{r_n}}{\left(1 - \frac{v_1}{\varrho_1}\right)^m \left(1 - \frac{z_1}{r_1} - \frac{z_2}{r_2} - \cdots - \frac{z_n}{r_n}\right)},$$

$$dv_m = \mu_m \frac{\frac{dz_1}{r_1} + \frac{dz_2}{r_2} + \cdots + \frac{dz_n}{r_n}}{\left(1 - \frac{v_m}{\varrho_m}\right)^m \left(1 - \frac{z_1}{r_1} - \frac{z_2}{r_2} - \cdots - \frac{z_n}{r_n}\right)}.$$

Die Gleichungen lassen sich einzeln integriren, und zwar haben die Integrale, welche mit z verschwinden, die Form:

$$\frac{\varrho}{m+1}\left\{1 - \left(1 - \frac{v}{\varrho}\right)^{m+1}\right\} = -\mu \log\left(1 - \frac{z_1}{r_1} - \cdots - \frac{z_n}{r_n}\right).$$

v bleibt offenbar synektisch, so lange $z_1 \cdots z_n$ innerhalb der Kreise mit den Radien $s_1 \cdots s_n$ bleiben, die der Bedingung genügen:

$$\frac{s_1}{r_1} + \frac{s_2}{r_2} + \cdots + \frac{s_n}{r_n} < 1 - e^{-\frac{\varrho}{(m+1)\mu}}$$

$$(\text{für } v = v_1, v_2 \cdots v_m, \mu = \mu_1, \mu_2 \cdots \mu_n).$$

Die Reihen für die Functionen u bleiben daher innerhalb derselben Grenzen convergent. Es sei noch erwähnt, dass im ersten Abschnitt p. 266 sich die Bemerkung findet, die Lösungen einer totalen Differentialgleichung mit den zwei unabhängigen Variabeln z_1, z_2 und der abhängigen u, falls die Bedingungsgleichung der Integrabilität nicht identisch erfüllt wird, seien unter den Functionen u zu suchen, welche durch die Auflösung dieser Gleichung nach u gegeben sind, während bekanntlich in diesem Falle gar keine Lösungen u als Functionen der Independenten z_1, z_2 existiren. Eine ähnliche irrthümliche Bemerkung findet sich p. 272 betreffs einer totalen Differentialgleichung mit mehr als 2 Independenten. Hr.

P. Mansion. Note sur les solutions singulières des équations différentielles du premier ordre. Bull. de Belg XXXIV. 149-169.

P. Gilbert. Rapport sur ce mémoire. Bull. de Belg. XXXIV. 142-145.

Das allgemeine Integral

$$y = F(x, c)$$

der Differentialgleichung

$$y = f(x, y')$$

kann geschrieben werden:

$$y = f[x, F'(x, c)],$$

und jede Relation $y = \varphi(x)$ kann, wenn $\chi(x)$ passend bestimmt ist, die Form annehmen:

$$y = f[x, F'(x, \chi(x))].$$

Daraus folgt:

$$\varphi'(x) - F'(x, c) = \frac{\delta f}{\delta F'} \cdot \frac{\delta F'}{\delta \chi} \cdot \frac{\delta \chi}{\delta x}.$$

Damit $y = \varphi(x)$ die singuläre Lösung der linearen Differentialgleichung wird, ist somit im Allgemeinen erforderlich, dass

$$\text{(a)} \qquad \frac{\delta f}{\delta F'} = 0 \text{ oder } \frac{\delta y}{\delta y'} = 0$$

sei, wenigstens falls die singuläre Lösung nicht von der Form $x =$ const. ist. Eine Ausnahme findet nur statt, wenn $F''(x,c)$ unendlich ist. Die Einwände von Darboux (C. R. LXXI. 267, siehe F. d. M. II. p. 558) gegen die Regel, die zur Aufsuchung der singulären Lösungen gewöhnlich in den Lehrbüchern gegeben wird, treffen nicht diese Auseinandersetzung, die im Wesentlichen identisch ist mit der von Houtain (Des solutions singulières, Bruxelles, Lesigne 1854). Dagegen sind die Bemerkungen von Darboux (C. R. LXX. 1328 und LXXI. 267, siehe F. d. M. II. p. 558) zutreffend bei Differentialgleichungen von der Form

$$\text{(1)} \qquad [y' - \varphi(x, y)]^2 = \chi(x, y).$$

Im Allgemeinen führt die oben aufgestellte Regel hier auf $\chi(x, y) = 0$, was keine singuläre Lösung ist; sondern diese Gleichung stellt den Ort der Punkte dar, wo $y'' = 0$ ist, wie man sieht, wenn man den Werth von y' bildet. Indessen geben Gleichungen von der Form:

$$[\pi(x, y) - c]^2 = \psi(x, y)$$

häufig eine Differentialgleichung von der Form (1), deren singuläre Lösung durch die allgemeine Regel gegeben wird. (Catalan C. R. LXXI. p. 50, siehe F. d. M. II. p. 558.)

Der Verfasser erkennt, dass die Bedingung $\frac{\delta y}{\delta y'} = 0$ nicht bloss nothwendig, sondern auch hinreichend ist für die singulären Lösungen. Mn. (Wn.)

A. Cayley. On the theory of the singular solutions of differential equations of the first order. Messenger (2) II. 6-12

Der Verfasser untersucht, was für andere Oerter in den singulären Lösungen einer Differentialgleichung $\varphi(x, y, p) = 0$ (die als einwerthig angenommen wird für (x, y), nicht nur einen (x, y) Factor hat und unzerlegbar in Bezug auf p ist) erscheinen können, als die man durch die gewöhnlichen Methoden erhalten hat. Die Enveloppe wird als die einzig wahre singuläre Lösung betrachtet, aber daneben kann ein Ort von Knoten erscheinen, ein Ort von Spitzen oder ein „tac-locus", d. h. ein Ort von solchen Punkten, auf deren einem zwei der Curven, durch den Punkt, einander berühren. Glr. (O.)

J. de Jong. De integreerende factor en de integreerende vergelyking. Leiden. 1871. Academ. Preisschrift.

J. de Jong. De l'équation intégrante. Arch. Néerl. VII. 140-145.

In der zweiten Arbeit, die dem Referenten allein zugänglich war, ist der Hauptinhalt der ersten analysirt. Die Betrachtung der integrirenden Gleichung ist nur für lineare Gleichungen von Nutzen. Ist eine lineare Differentialgleichung die integrirende Gleichung zu einer zweiten, so ist die zweite die integrirende Gleichung der ersten. Der Verfasser leitet verschiedene bekannte Resultate ab, die sich auf einfache lineare Gleichungen beziehen, z. B. auf solche mit constanten Coefficienten.

Mn. (Wn.)

Thomé. Zur Theorie der linearen Differentialgleichungen. Borchardt J. LXXIV. 193-218.

Herr Fuchs hatte (Borchardt J. LXVI. 139 und LXVIII. p. 359) die Form der linearen Differentialgleichung festgestellt, welche nothwendig und hinreichend ist, damit ihre sämmtlichen Integrale in der Umgebung eines singulären Punktes $x = a$ mit einer Potenz von $(x-a)$ multiplicirt nicht mehr unendlich werden. Der Verfasser giebt zunächst für die Nothwendigkeit der erwähnten Form einen neuen Beweis, welcher unter Zuhülfenahme eines ebenfalls von Herrn Fuchs (Borchardt J. LXVIII. § 3 V.) gegebenen Satzes und einiger daraus abgeleiteten Resultate mittelst des Schlusses von n auf $n+1$ geführt wird, da nämlich für die Differentialgleichung erster Ordnung die betreffende Form sich unmittelbar ergiebt (§§ 1—4). Der Verfasser sucht darauf das Resultat dahin zu verallgemeinern, dass er die Form bestimmt, welche die Differentialgleichungen haben müssen, wenn weniger als n (die Ordnungszahl der Differentialgleichung) und zwar wenigstens $n-h$ linear-unabhängige Integrale obige Beschaffenheit haben sollen. Die Bedingungen jedoch, welche der Verfasser hierfür auf dem vorher eingeschlagenen Wege findet (§ 5), sind, wie der Verfasser selbst nachweist, keineswegs hinreichend. Es lässt sich nun behaupten, dass falls die Coefficienten der Differentialgleichung in der Umgebung von $x = a$ die daselbst angegebenen Bedingungen erfüllen, die etwa vorhandenen Integrale von der verlangten Beschaffenheit die Form $(x-a)^r\varphi$ annehmen, wo r eine Wurzel einer Gleichung $n-h^{\text{ten}}$ Grades ist. Falls nicht unter den Wurzeln r gleiche oder bloss um ganze Zahlen von einander verschiedene vorkommen, so erhält man für die φ $n-h$ vollständig bestimmte, nach ganzen positiven Potenzen von $x-a$ fortschreitende Reihenentwickelungen, welche formell der Differentialgleichung genügen, die aber im Allgemeinen ebensowohl convergent als divergent sein können. Die convergenten unter ihnen liefern die gesuchten Integrale. Die Modificationen, welche in dem Falle gleicher oder bloss um ganze Zahlen verschiedener Wurzeln eintreten, werden noch zum Schluss erörtert. Hr.

A. Mayer. Ueber unbeschränkt integrable Systeme von linearen totalen Differentialgleichungen und die simultane Integration linearer partieller Differentialgleichungen. Clebsch Ann. V. 448-470.

Siehe Abschn. VI. Cap. 6.

W. H. L. Russell. On linear differential equations. Parts. VI. and VII. Proc. of London XX. 14-21.

Fortsetzung der früheren Untersuchungen (siehe Fortschr. d. M. III. 146). Cly. (M.)

D. Bierens de Haan. La méthode d'Euler pour l'intégration de quelques équations différentielles linéaires démontrée à l'aide de l'équation intégrante. Arch. Néerl. VII., Versl. en Mededeel. (2) VI. 122-139.

Die lineare Gleichung mit constanten Coefficienten

$$Ay+B\frac{dy}{dx}+C\frac{d^2y}{dx^2}+D\frac{d^3y}{dx^3}+E\frac{d^4y}{dx^4}+\cdots=0$$

wird unmittelbar integrabel, wenn man sie mit einem Factor φ multiplicirt, so dass

$$A\varphi-B\frac{d\varphi}{dx}+C\frac{d^2\varphi}{dx^2}+\cdots=0$$

ist. Aus beiden Gleichungen folgt:

$$0=B\frac{d\varphi y}{dx}+C\cdot\frac{d}{dx}\left(\varphi\frac{dy}{dx}-y\frac{d\varphi}{dx}\right)+D\left(\varphi\frac{d^3y}{dx^3}+y\frac{d^3\varphi}{dx^3}\right)$$
$$+E\left(\varphi\frac{d^4y}{dx^4}-y\frac{d^4\varphi}{dx^4}\right)+\cdots$$

Setzt man die Coefficienten von $B, C, D, E\cdots=0$, so folgen, wie der Verfasser zeigt, die so erhaltenen Gleichungen aus der ersten und dritten Gleichung, und diese geben den Werth von φ.

Die Note enthält ferner eine ähnliche Discussion in Bezug auf die lineare Gleichung von der Form:

$$Ay+Bx\frac{dy}{dx}+Cx^2\frac{d^2y}{dx^2}+\cdots,$$

worin A, B, C Constanten sind. Hinsichtlich einer allgemeinen

Discussion der Euler'schen Methode in ihrer Anwendung auf lineare Gleichungen verweist der Verfasser auf die oben erwähnte Arbeit von Jong (siehe p. 148).

Mn. (Wn.)

P. Mansion. Note sur la première méthode de Brisson pour l'intégration des équations linéaires aux différences finies ou infiniment petites. Mém. cour. de Belg. XXII. 1-32.

Brisson und später Boole haben lineare Differentialgleichungen unter folgender Form geschrieben:

$$(D-a_1)\ (D-a_2)\ldots(D-a_n)\ y = F(x),$$

wo D die Ableitung nach x bedeutet, a_1, $a_2\ldots$ Constante. Diese Zerlegung des ersten Gliedes der Gleichung in symbolische Factoren ist erlaubt, weil in dem Falle, um den es sich hier handelt, D sich gerade so verhält wie ein Factor. Der Verfasser entwickelt die elementarsten Anwendungen dieser Bezeichnungsart auf die Integration linearer partieller oder gewöhnlicher Differentialgleichungen mit constanten Coefficienten und der entsprechenden Differenzengleichungen. Ausserdem zeigt er, dass das erste Glied linearer Differential- oder Differenzengleichungen auch als Product symbolischer Factoren von der Form $D-a$ geschrieben werden kann, wenn die Coefficienten variabel sind. a ist in diesem Falle eine Function von x, die man erst bestimmen kann, wenn man das allgemeine Integral der Gleichung kennt.

Mn. (Wn.)

P. Mansion. Sur la méthode de Brisson pour intégrer les équations différentielles à coefficients constants. Nouv. Ann. (2) XI. 118-122.

Die hier auseinandergesetzte Methode Brisson's ist von Cauchy in den Exercices Mathém. I. II. p. 175 veröffentlicht, und von Boole (A treatise on différential equations 2e edition p. 391 1865) zum zweiten Male gefunden worden. Wir können uns statt der Wiedergabe auf die in dieser Zeitschrift besprochene Arbeit des Herrn Grelle beziehen (Schlömilch Z. XV., F. d. M.

II. p. 160), in welcher im Wesentlichen die in Rede stehende Methode entwickelt ist. Hr.

A. Seydler. Bemerkung zur Integration einiger linearen Differentialgleichungen. Casopis I. 195-196. (Böhmisch.)

Der Verfasser behandelt zwei lineare Differentialgleichungen n^{ter} Ordnung

$$\sum_{k=n}^{k=0} a_k y^{(k)} = 0, \quad \sum_{k=n}^{k=0} b_k y^{(k)} = 0,$$

welche ein gemeinschaftliches particuläres Integral y_1 besitzen, das dann selbstverständlich ein solches für die Gleichung

$$\sum_n^0 (a_k X + b_k Y) y^{(k)} = 0$$

ist, wo X, Y, Functionen von $x, y, y', y'' \cdots$ sind. Wenn sie nur x enthalten, d. h. wenn die letzte Gleichung auch linear ist, kann man mittelst der Variation der Constanten eine neue lineare Differentialgleichung $(n-1)^{\text{ter}}$ Ordnung herstellen. Die Bedingung, dass die ersten zwei Gleichungen ein gemeinschaftliches Integral besitzen, wird eine die Constanten a_k, b_k enthaltende Gleichung sein, welche man aus den beiden ersten Gleichungen durch Elimination von y, y', $y'' \cdots$ erhält. Wenn a_k, b_k constant sind, ist das Integral von der Form $e^{\alpha x}$, wobei α den Gleichungen n^{ten} Grades

$$\sum_n^0 a_k \alpha^k = 0, \quad \sum_n^0 b_k \alpha^k = 0$$

genügen muss. Aus diesen beiden Gleichungen kann man sich die Gleichung für a_k, b_k und den Werth für α bestimmen. Für $n = 2$ kann man die (für diesen Fall einfache) Bedingungsgleichung vortheilhaft verwenden. Es wird also

$$Y_1 = e^{\alpha x}$$

ein particuläres Integral von

$$(a_2 X + b_2 Y) y'' + (a_1 X + b_1 Y) y' + (a_0 X + b_0 Y) y = 0$$

sein, wenn α den Gleichungen genügt:

$$a_2 \alpha^2 + a_1 \alpha + a_0 = 0$$
$$b_2 \alpha^2 + b_1 \alpha + b_0 = 0,$$

woraus folgt

$$\alpha = \frac{(a_0\, b_1)}{(a_2\, b_0)} = \frac{(a_2\, b_0)}{(a_1\, b_2)}.$$

Von den sechs Grössen a, b sind also fünf willkürlich, während man für die sechste aus der letzten für alle quadratischen Gleichung zwei Werthe erhält. Wenn wir nun in unserer Differentialgleichung $y = ue^{\alpha x}$ setzen, ergiebt sich:

$$(a_2\, X + b_2\, Y)\, u'' + [(a_1 + a_2\, \alpha)\, X + (b_1 + 2b_2\, \alpha)\, Y]\, u' = 0,$$

welche Gleichung unmittelbar integrirt werden kann. Der letzten Bedingungsgleichung kann auch dadurch Genüge geleistet werden, dass

$$\frac{b_0}{a_0} = \frac{b_1}{a_1} = \frac{b_2}{a_2} = m;$$

unsere Differentialgleichung hat dann den Factor $(X + m\, Y)$, nach dessen Absonderung man eine lineare Differentialgleichung mit constanten Coefficienten erhält.

Eine sehr elegante Form gewinnt die Bedingungsgleichung

$$\frac{(a_0\, b_1)}{(a_2\, b_0)} = \frac{(a_2\, b_0)}{(a_1\, b_2)}$$

für den Fall, dass X und Y trigonometrische Functionen sind, z. B.

$$X = \cos x, \quad Y = \sin x.$$

Setzen wir ferner

$$a_k = m_k \cos v_k, \; b_k = m_k \sin v_k,$$

so geht die Differentialgleichung über in:

$$m_2 \cos(v_2 + x)\, y'' + m_1 \cos(v_1 + x)\, y' + m_0 \cos(v_0 + x)\, y = 0,$$

welche das particuläre Integral $y = e^{\alpha x}$ haben wird, wenn

$$\frac{\sin^2(v_0 - v_2)}{m_1^2} = \frac{\sin(v_1 - v_0)}{m_2} \cdot \frac{\sin(v_2 - v_1)}{m_1}$$

ist. Zugleich hat man

$$\alpha = \frac{m_1 \sin(v_1 - v_0)}{m_2 \sin(v_0 - v_2)} = \frac{m_0 \sin(v_0 - v_2)}{m_1 \sin(v_2 - v_1)}.$$

Als Beispiel möge die Gleichung dienen:

$$(3 - x)\, y'' - (9 - 4x)\, y' + (6 - 3x)\, y = 1,$$

in welcher $X = 1$, $Y = x$ wirklich den geforderten Bedingungen genügen; ferner ist $\alpha = 1$, somit $y = ue^x$, woraus folgt:

$$(3-x)\quad u''-(3-2x)\,u'=0,$$

$$u'=C'e^{2x}\,(3-x)^3,\quad u=C+C'\int e^{2x}\,(3-x)^3\,dx,$$

und schliesslich

$$y=Ce^{x}+C'\,e^{3x}(18.3-150x+4.2x^2-4x^3).$$

W.

ORLOFF. Sur les équations différentielles réciproques. Bull. de Belg. (2) XXXIII. 113-122.

P. GILBERT. Rapport sur ce mémoire. Bull. de Belg. (2) XXXIV. 105-106.

Der Verfasser lenkt von Neuem die Aufmerksamkeit auf eine Transformation, die schon von Monge, Morgan, Chasles (vergl. rapport sur les progrès de la géométrie p. 91) und Legendre (siehe Lacroix, Calc. intégr. II. 558. No. 744) benutzt ist. Sie besteht in Folgendem. Hat man die Gleichungen

$$f\left(x,y,\frac{dy}{dx}\right)=0 \text{ oder } f\left(x,y,z,\frac{dz}{dx},\frac{dz}{dy}\right)=0,$$

und setzt

$$\frac{dy}{dx}=p,\ \omega=y-px \text{ oder } \frac{dz}{dx}=p,\ \frac{dz}{dy}=q,\ \omega=z-px-qy,$$

so wird man auf die neuen Gleichungen geführt:

$$f\left(\frac{d\omega}{dp},\ p\frac{d\omega}{dp}-\omega,\ p\right)=0,$$

$$f\left(\frac{d\omega}{dp},\ \frac{d\omega}{dq},\ p\frac{d\omega}{dp}+q\frac{d\omega}{dq}-\omega,\ p,\ q\right)=0.$$

Der Verfasser behandelt nach dieser Methode, die, wie man sieht, auf der Theorie der Enveloppen beruht, die homogene Gleichung erster Ordnung, die verallgemeinerte Clairaut'sche Gleichung

$$z=apq,\ z=px+qy+f(p,q),$$

und endlich

$$z=x\varphi(p,q)+y\psi(p,q)+f(p,q),$$

deren Transformirte linear ist. Die Methode lässt sich auf Gleichungen höherer Ordnung ausdehnen, wie schon Boole [Treatise on differential equations II. p. 376] bemerkt hat.

Mn. (Wn.)

A. GENOCCHI. Intorno ai casi d'integrazione sotta forma finita. Atti di Torino VII. 682-685.

In einer früheren Abhandlung hat der Verfasser einige Differentialgleichungen erster und zweiter Ordnung betrachtet und auf sie die Methoden von Liouville angewandt, um zu erkennen, ob sie unter endlicher Form integrabel sind. In der vorliegenden Abhandlung benutzt er ebenfalls Methoden von Liouville. Die Gleichungen, für welche er die Integrabilitäts-Bedingungen aufgestellt hat, sind:

$$x^2\frac{d^2y}{dx^2}+x(a+bx^\mu)\frac{dy}{dx}+(c+gx^\mu)\,y=0,$$

$$\frac{d^2y}{dx^2}=\left(A+\frac{B}{x}+\frac{C}{x^2}\right)y,$$

$$\frac{d^2y}{dx^2}+\frac{y}{x}\frac{dy}{dx}=\left(ax^{2\mu}+bx^{\mu-1}+\frac{c}{x^2}\right)y,$$

$$\frac{dy}{dx}+y^2+\frac{g}{x}\,y=ax^{2\mu}+bx^{\mu-1}+\frac{c}{x^2},$$

$$x^3\frac{dy}{dx}+x^2(ay^2+by+c)+x(a'y+b')+c'=0.$$

Jg. (O.)

J. W. L. GLAISHER. On a differential equation allied to Riccati's. Quart J. XII. 129-137.

Die Gleichung

$$\frac{d^2u}{dx^2}\pm a^2u-i\,\frac{(i+1)}{x^2}\,u=0,$$

welche in der Physik, speciell bei der Bestimmung der Gestalt der Erde vorkommt, wird durch bestimmte Integrale gelöst.

Cly. (O.)

J. W. L. GLAISHER. On the relations between the particular integrals in Cayley's solution of Riccati's equation. Phil. Mag. 1872. Csy.

A. CLEBSCH. Ueber ein neues Grundgebilde der analytischen Geometrie der Ebene Gött. Nachr. 1872. 429-449, Clebsch Ann. VI. 200-215.

Siehe Abschn. II. Cap. 3. p. 64.

ELLEN RHODES. Solution of question 3475. (By J. F. Moulton.) Educ. Times XVI. 102.

Finde die Differential- und die Functionalgleichung der Flächen, welche die Familie von Flächen $z+a = xy$ überall rechtwinklig schneidet. Hi.

Capitel 6.

Partielle Differentialgleichungen.

V. G. IMSCHENETSKY. Étude sur les méthodes d'intégration des équations aux dérivées partielles du second ordre d'une fonction de deux variables indépendantes. (Traduit du russe par J. Hoüel.) Grunert Arch. LIV. 209-360.

Der Hauptgegenstand dieser Abhandlung ist derselbe, den Ampère im 17. u. 18. Hefte des J. de l'Èc. Pol. behandelt hat. Der Verfasser hat nicht nur die schwierige Aufgabe, von diesen berühmten Untersuchungen Ampère's eine klare und übersichtliche Darstellung zu geben, mit vielem Geschick gelöst, sondern dieselben auch durch Anwendung neuerer Methoden vervollständigt und namentlich die Theorie der Ampère'schen Gleichung

$$(1.)\quad H\frac{\partial^2 z}{\partial x^2}+2K\frac{\partial^2 z}{\partial x\partial y}+L\frac{\partial^2 z}{\partial y^2}+M +N\left[\frac{\partial^2 z}{\partial x^2}\frac{\partial^2 z}{\partial y^2}-\left(\frac{\partial^2 z}{\partial x\partial y}\right)^2\right]=0$$

durch eigene Forschung wesentlich gefördert.

Bei der Ausdehnung des Aufsatzes und der Wichtigkeit, die derselbe für jeden besitzt, der sich über die Integrationsmethoden der partiellen Differentialgleichungen 2ter Ordnung unterrichten will — mit Ausschluss der Integration durch Reihen und durch bestimmte Integrale bringt der Aufsatz eigentlich Alles, was auf diesem Gebiete bisher*) geleistet worden ist — dürfte eine Wiedergabe des Inhaltes in kurzen Worten weder ein einfaches und leichtes, noch auch gerade ein sehr zweckmässiges Unternehmen sein. Statt eines Ueberblickes möge daher hier ein Inhaltsverzeichniss folgen. Der Versuch, in dieser Form eine Uebersicht über die behandelten Gegenstände zu geben, wird um so mehr gerechtfertigt erscheinen, als der Abhandlung selbst kein Inhaltsverzeichniss beigegeben ist, und auch die einzelnen Paragraphen keine Ueberschriften tragen. Die eingeklammerten Stellen sprechen persönliche Meinungen des Referenten aus.

Inhalt.

Vorwort. Kurze Angabe des allgemeinen Inhaltes.

Cap. I. Ueber die Integralgleichungen der partiellen Differentialgleichungen.

§ 1. Die verschiedenen Arten von Integralgleichungen.

§ 2. Beispiel. Die Art, in der Lagrange die allgemeine Lösung durch die Methode der Variation der Constanten aus der vollständigen Lösung abzuleiten suchte. Anwendung derselben Methode auf die Zwischenintegrale. Hindernisse, die sich der Ableitung von vollständigen Zwischenintegralen aus der vollständigen Lösung entgegenstellen. Es existiren überhaupt nicht immer Zwischenintegrale.

§ 3. Die willkürlichen Grössen, die in der allgemeinen Integralgleichung auftreten, müssen die Eigenschaft besitzen, dass ihre Anzahl wächst bei wiederholter Differentiation der Gleichung. Die beiden Ausdrucksweisen willkürlicher Grössen, welche dieser Bedingung genügen: Willkürliche Functionen und partielle Quadraturen.

§ 4. Ueber die Art, in welcher aus einer allgemeinen Integralgleichung ohne partielle Quadraturen durch fortgesetzte

*) Das Original erschien 1868 in den Mém. de Kasan.

Differentiation neue willkürliche Grössen entstehen. **Homogene** und heterogene Differentialquotienten der allgemeinen Lösung.

§ 5. Bei einer partiellen Differentialgleichung m^{ter} Ordnung muss die allgemeine Integralgleichung ohne partielle Quadraturen m willkürliche Functionen enthalten.

§ 6. Wie man, unter Voraussetzung der Existenz einer allgemeinen Integralgleichung ohne partielle Quadraturen, aus der Form der gegebenen partiellen Differentialgleichung 2ter Ordnung Schlüsse ziehen kann auf die Natur der Argumente der beiden willkürlichen Functionen, die in der allgemeinen Integralgleichung vorkommen müssen. Die quadratische Gleichung, von der diese Argumente abhängen. Ausdehnung auf partielle Differentialgleichungen 3ter Ordnung.

Cap. II. Integration der einfachsten Formen von partiellen Differentialgleichungen 2ter Ordnung.

§ 7. Die Bedingungen, unter welchen eine Gleichung von der Form:

$$R\frac{\partial^2 z}{\partial x^2}+2S\frac{\partial^2 z}{\partial x\partial y}+T\frac{\partial^2 z}{\partial y^2}+\varphi\left(x,\, y,\, z,\, \frac{\partial z}{\partial x},\, \frac{\partial z}{\partial y}\right)=0,$$

wo R, S, T nur von x und y abhängen, eine allgemeine Integralgleichung mit zwei willkürlichen Functionen desselben Argumentes besitzt. Zurückführung dieser Classe von Gleichungen auf gewöhnliche Differentialgleichungen 2ter Ordnung.

§ 8. Wichtigkeit der Gleichungen von der Form

$$F\left(x,\, y,\, z,\, \frac{\partial z}{\partial x},\, \frac{\partial z}{\partial y},\, \frac{\partial^2 z}{\partial x\partial y}\right)=0.$$

Dieselben besitzen ein allgemeines Zwischenintegral mit einer willkürlichen Function von y, wenn sie linear sind in Bezug auf

$$\frac{\partial^2 z}{\partial x\partial y} \text{ und } \frac{\partial z}{\partial x},$$

und wenn überdies die Coefficienten der Gleichung der Euler-schen Integrabilitätsbedingung genügen. Die Ermittelung der allgemeinen Integralgleichung hängt dann nur noch ab von der successiven Integration einer totalen Differentialgleichung zwischen 3 Variabeln und einer gewöhnlichen Differentialgleichung 1ter Ordnung.

§ 9. Eine recurrirende Methode Imschenetsky's, die unter Umständen auch dann zur allgemeinen Integration der Gleichungen:

$$G\frac{\partial^2 z}{\partial x \partial y} + H\frac{\partial z}{\partial x} + K = 0$$

führen kann, wenn die Integrabilitätsbedingung nicht erfüllt ist.

§ 10. Die Laplace'sche Methode zur Integration der Gleichungen:

$$\frac{\partial^2 z}{\partial x \partial y} + P\frac{\partial z}{\partial x} + Q\frac{\partial z}{\partial y} + Nz = M$$

wird als specieller Fall aus der vorhergehenden abgeleitet.

§ 11. Ableitung eines von Legendre (Acad. des sciences 1787) ohne Beweis angegebenen Verfahrens, welches auch die allgemeine lineare Gleichung 2ter Ordnung der Laplace'schen Methode zugänglich macht.

Cap. III. Integration der Ampère'schen Gleichung (1).

§ 12. Ableitung der charakteristischen linearen Systeme durch die Methoden von Ampère, Monge und Boole (von denen die letzte jedoch kaum wiederzuerkennen ist). Bedingungen, unter denen sich die Ampère'sche Methode überhaupt auf solche partielle Differentialgleichungen 2ter Ordnung ausdehnen lässt, die ganz und rational sind in Bezug auf die zweiten Differentialquotienten.

§ 13. Integration der Gleichung (1) in dem Falle, wo die beiden charakteristischen partiellen Differentialgleichungen ein Jacobi'sches System bilden.

§ 14. Simultane Integration dieser beiden Charakteristiken, wenn sie kein Jacobi'sches System bilden.

(Die Untersuchungen der §§ 13 u. 14 lassen sich sehr vereinfachen, wenn man an Stelle der Boole'schen Methode, die der Verfasser anwendet und die unnöthige Integrationen erfordert, zur simultanen Integration der beiden Charakteristiken die neueren Integrationsmethoden der partiellen Differentialgleichungen 1ter Ordnung benutzt).

§ 15. Die Transformationen von Legendre und von Ampère.

§ 16. Die Monge'sche Methode zur Integration der Gleichung (1), wenn jedes der beiden charakteristischen Systeme von totalen Differentialgleichungen weniger als 3 Integrale besitzt. Merkwürdige Eigenschaft dieser Systeme. (Warum sich dieser Ampère'sche Satz hier mitten zwischen Exposition und Anwendung der Monge'schen Methode eingefügt findet, ist uns nicht ganz verständlich, da derselbe, wenn er überhaupt benutzt wird, jedenfalls erst im folgenden Paragraphen in Betracht kommen kann.)

§ 17. Ampère's Methode zur Integration der Gleichung (1), falls dieselbe ein allgemeines Zwischenintegral besitzt.

Cap. IV. Imschenetsky's Anwendung der Variation der Constanten zur Transformation und Integration der Gleichung (1). Uebergang von einer partikulären Lösung mit 3 willkürlichen Constanten zur allgemeinen Lösung.

§ 18. Mit Hülfe einer partikulären Lösung, die 3 willkürliche Constanten enthält, kann man die Gleichung (1) zurückführen auf eine partielle Differentialgleichung 2ter Ordnung, die linear ist in Bezug auf die zweiten partiellen Differentialquotienten der neuen unbekannten Function. Stellt man dieselbe Transformation mit einer willkürlich gewählten Function z von x, y und 3 willkürlichen Constanten an, so erhält stets die transformirte Gleichung dieselbe Form, wie die ursprüngliche.

§ 19. Erläuterung der Methode an einem Beispiel.

§ 20. Wenn man solche partikuläre Lösungen der Gleichung (1) zu Grunde legt, die aus Integralen der charakteristischen Systeme abgeleitet worden sind, so erhält stets die transformirte Gleichung eine noch beträchtlich einfachere Form.

§ 21. Beispiele. Am zweiten werden die Vorzüge der Imschenetsky'schen Methode vor der von Ampère erläutert.

§. 22. An einem Beispiele wird gezeigt, wie man mitunter auch eine partikuläre Lösung mit nur 2 willkürlichen Constanten zur Ableitung der allgemeinen Lösung verwenden kann.

§ 23. Recapitulation der gewonnenen Resultate. Bemerkungen über die beste Art, die Methode anzuwenden, wenn die charakteristischen totalen Systeme mehr als ein Integral besitzen.

Mr.

S. Lie. Neue Integrations-Methode partieller Gleichungen erster Ordnung zwischen n Variabeln. Forh. af Christ. 1872. 28-34.

Durch Betrachtungen über n-fach ausgedehnte Mannigfaltigkeiten wird eine neue Integrations-Methode begründet. Nach derselben verlangt die Integration einer Gleichung

$$F(zx_1 \cdots x_{n-1} p_1 \cdots p_{n-1}) = 0$$

nur die Bestimmung eines Integrals von je einem Systeme von $2n-3$, $2n-5$, $\cdots$ 5, 3, 1 gewöhnlichen Differential-Gleichungen.

L.

S. Lie. Zur Theorie der Differential-Probleme. Forh. af Christ. 1872. 132-133.

Kurze Andeutungen hinsichtlich mehrerer neuer Theorien. Zugleich wird die Aufmerksamkeit darauf gerichtet, dass diejenigen Integrations-Theorien, welche Herr Mayer und der Verfasser gleichzeitig im Frühlinge 1872 gaben, das Problem der 3 Körper darauf zurückführen, ein Integral von je einem Systeme von 6, 4, 2 gewöhnlichen Differential-Gleichungen zu finden.

L.

S. Lie. Kurzes Résumé mehrerer neuer Theorien. Forh. af Christ. 1872. 24-27.

Sollen die Gleichungen

$$z' = F_0(zx_1 \cdots x_n p_1 \cdots p_n); \quad x'_i = F_i(zx_1 \cdots p_n) \,|\, i = 1 \cdots n$$

eine Berührungs-Transformation definiren, so ist es nothwendig und hinreichend, dass

$$[F_i F_k] = 0; \quad i = 0, 1, \cdots n; \quad k = 0, 1 \cdots n.$$

Es ist naturgemäss, den Monge'schen Begriff: Charakteristik einer partiellen Differential-Gleichung, zu erweitern. Kennt man eine Lösung mit drei Parametern der Monge-Ampère'schen Gleichung

$$rt - s^2 + Ar + Bs + Ct + D = 0,$$

so kann man eine Berührungs-Transformation angeben, welche die Gleichung auf die lineare Form

$$ar + bs + ct + d = 0$$

bringt. Diese Bemerkung macht die Ampère'sche Theorie dieser Gleichungen sehr einfach u. s. w. L.

S. LIE. Zur Invarianten-Theorie der Berührungs-Transformationen. Forh. af Christ. 1872. 133-135.

Sind $f_1 \cdots f_r$ gegebene Functionen von $x_1 \cdots x_n$, $p_1 \cdots p_n$, und ist es immer möglich $(f_i - f_k)$ als Function von den f auszudrücken, so bilden die linearen Gleichungen

$$(f_1\,\varphi) = 0 \cdots (f_r\,\varphi) = 0$$

ein vollständiges System. Sind $\varphi_1 \cdots \varphi_{2n-r}$ die betreffenden gemeinsamen Lösungen, so kann bekanntlich $(\varphi_i\,\varphi_k)$ immer als Function von den φ ausgedrückt werden. Die beiden Functionen-Gruppen f und φ stehen in einem vollständigen Reciprocitäts-Verhältnisse. Es giebt eine Zahl, etwa m, Functionen F von $f_1 \cdots f_r$, welche

$$(f_1\,F) = 0, \cdots (f_r\,F) = 0$$

genügen. Die beiden Zahlen r und m sind die einzigen Eigenschaften der Gruppe f, die bei beliebigen Berührungs-Transformationen invariant bleiben. Hierauf gründen sich wichtige Integrations-Theorien. L.

A. MAYER. Zur simultanen Integration linearer partieller Differentialgleichungen. Gött. Nachr. 1872. 315-320.

A. MAYER. Ueber unbeschränkt integrable Systeme von linearen totalen Differentialgleichungen und die simultane Integration linearer partieller Differentialgleichungen. Clebsch Ann. V. 448-470.

S. LIE. Ueber eine neue Integrations-Methode partieller Differentialgleichungen erster Ordnung. Gött. Nachr. 1872. 321-326.

A. MAYER. Die Lie'sche Integrations-Methode der partiellen Differentialgleichungen erster Ordnung. Gött. Nachr. 1872. 467-472.

A. Mayer. Zur Theorie der vollständigen Lösungen und der Transformation der partiellen Differentialgleichungen erster Ordnung. Gött. Nachr. 1872. 405-420.

S. Lie. Zur Theorie partieller Differentialgleichungen erster Ordnung, insbesondere über eine Classification derselben. Gött. Nachr. 1872. 473-489.

1) Die erste der citirten Arbeiten macht nur Mittheilung von dem Hauptresultat der folgenden Abhandlung.

2) Der zweite Aufsatz giebt eine neue Integrations-Methode für diejenigen Systeme linearer partieller Differentialgleichungen, auf welche Jacobi die partiellen Differentialgleichungen 1ter Ordnung überhaupt, und Clebsch das Pfaff'sche Problem zurückgeführt hat. Diese sogenannten Jacobi'schen Systeme lassen sich auf die Form bringen:

$$(\alpha) \qquad A_1(f) = 0, \; A_2(f) = 0, \cdots A_{m-1}(f) = 0,$$

wo allgemein:

$$A_i(f) = \frac{\partial f}{\partial x_i} + a^i_m \frac{\partial f}{\partial x_m} + a^i_{m+1} \frac{\partial f}{\partial x_{m+1}} + \cdots a^i_n \frac{\partial f}{\partial x_n},$$

und die Coefficienten a^i_k solche Functionen von $x_1\, x_2 \cdots x_n$ sind, dass für jedes f identisch ist:

$$(\beta) \qquad A_h[A_i(f)] = A_i[A_h(f)].$$

Der Verfasser zeigt, dass die Auffindung aller gemeinsamen Lösungen der Gleichungen (α) von der vollständigen Integration eines einzigen Systems von $n-m+1$ gewöhnlichen Differentialgleichungen abhängt, und dass zur Ermittelung einer gemeinsamen Lösung schon die Kenntniss irgend eines Integrales dieses Systems hinreicht. Aus der Verbindung des letzteren Satzes mit der Jacobi'schen Methode folgt dann, dass die vollständige Lösung einer gegebenen partiellen Differentialgleichung 1ter Ordnung mit n unabhängigen Variabeln, in der die unbekannte Function selbst nicht vorkommt, nur die Entdeckung eines Integrales von je einem System von

$$2n-2, \; 2n-4, \cdots 4, \; 2$$

gewöhnlichen Differentialgleichungen erfordert. Dessgleichen ergiebt sich, wenn man den Satz anwendet auf diejenigen linearen

ren Systeme, auf welche durch Clebsch die Integration der totalen Differentialgleichung

$$X_1\, dx_1 + X_2\, dx_2 + \cdots + X_{2n}\, dx_{2n} = 0$$

zurückgeführt worden ist, dass es zur vollständigen Lösung des Pfaff'schen Problems genügt, ein Integral von je einem System von

$$2n-1,\ 2n-3, \cdots 3,\ 1$$

gewöhnlichen Differentialgleichungen zu finden.

Den Ausgangspunkt der Arbeit bildet die allgemeine Bemerkung, dass aus jeder gemeinsamen Lösung der $m-1$ partiellen Differentialgleichungen (α), wenn man dieselbe einer willkürlichen Constanten gleichsetzt, ein Integral des Systems von $n-m+1$ totalen Differentialgleichungen hervorgeht:

$$(\gamma) \qquad dx_k = a_k^1\, dx_1 + a_k^2\, dx_2 + \cdots a_k^{m-1}\, dx_{m-1},\ k = m,\ m+1, \cdots n,$$

und umgekehrt, wobei es noch ganz dahingestellt bleibt, ob die Identitäten (β) bestehen, oder nicht. Es werden daher zunächst an Stelle der partiellen Differentialgleichungen (α) die totalen (γ) betrachtet, jedoch nur unter Voraussetzung der Identitäten (β). Die Untersuchung ergiebt (§§ 2 u. 7), dass alsdann das System (γ) ein unbeschränkt integrables ist, d. h. (§ 1) ebensoviel unabhängige Integrale als Gleichungen besitzt. Zur Auffindung dieser Integrale erscheint zuerst die vollständige Integration von $m-1$ Systemen von je $n-m+1$ gewöhnlichen Differentialgleichungen nöthig (§ 2). Durch Anwendung eines Transformationsprincipes, das in seiner einfachsten Form zuerst von Hr. P. du Bois-Reymond (Borchardt J. LXX. siehe F. d. M. II. p. 162) zur Integration der durch eine Gleichung integrirbaren totalen Differentialgleichungen benutzt worden ist, gelingt es aber (§§ 3 u. 7), die Integration der Gleichungen (γ) und damit zugleich auch (§ 4) die Auffindung aller gemeinsamen Lösungen des Jacobi'schen Systems (α) zurückzuführen auf die vollständige Integration eines einzigen Systems von $n-m+1$ gewöhnlichen Differentialgleichungen und hieraus endlich wird (§ 5) der Satz gefolgert, dass man aus einem beliebigen Integrale dieser gewöhnlichen Differentialgleichungen immer auch eine gemeinsame Lösung der Gleichungen (α) ableiten kann. Die Anwendungen desselben auf die Integration der partiellen Differentialgleichungen 1ter Ordnung und auf das Pfaff'sche Problem sind in § 6 enthalten.

3) Durch geometrische Betrachtungen, angestellt an Räumen mit n Dimensionen, ist Hr. Lie auf eine neue Integrationsmethode der partiellen Differentialgleichungen 1ter Ordnung geführt worden, die, ungleich einfacher und übersichtlicher als alle anderen, in Bezug auf die Anzahl von Integrationen, die sie fordert, genau dasselbe leistet, wie die unter 2) besprochene Methode. Diese Lie'sche Methode, deren Grundzüge bereits am 10. Mai 1872 der Academie zu Christiania (siehe das Referat p. 161) vorgelegt wurden, besteht in der fortgesetzten Wiederholung eines und desselben fundamentalen Satzes, eines Theorems, das sich, wenn wir uns, zu leichterer Vergleichung beider Methoden, hier auf solche partielle Gleichungen beschränken, in denen die unbekannte Function selbst nicht vorkommt, so aussprechen lässt:

Die Integration einer partiellen Differentialgleichung 1ter Ordnung mit n unabhängigen Variabeln kann mit Hülfe eines beliebigen Integrales von einem System von $2n-2$ gewöhnlichen Differentialgleichungen zurückgeführt werden auf die Integration einer ebensolchen Gleichung mit nur $n-1$ unabhängigen Variabeln.

Man braucht nur diesen Satz immer von Neuem anzuwenden, um sofort zu übersehen, dass nach demselben zur vollständigen Lösung einer Gleichung mit n unabhängigen Variabeln in der That nur erforderlich ist, die Kenntniss eines Integrales von je einem System von

$$2n-2,\ 2n-4, \ldots 4, 2$$

gewöhnlichen Differentialgleichungen.

Der Satz selbst ist nur ein specieller Fall des folgenden allgemeineren Theoremes von Lie:

Besitzen q partielle Differentialgleichungen 1ter Ordnung zwischen n Variabeln eine gemeinsame vollständige Lösung mit $n-q$ willkürlichen Constanten, so lässt sich die simultane Integration dieser Gleichungen zurückführen auf die vollständige Lösung einer einzigen partiellen Differentialgleichung 1ter Ordnung zwischen $n-q+1$ Variabeln.

Ueber das Raisonnement, durch welches der Verfasser zu

diesen wichtigen Sätzen gelangt, enthält die vorliegende Note nur sehr spärliche Andeutungen. Eine ausführliche Skizzirung desselben findet man in der oben erwähnten Mittheilung an die Academie zu Christiania.

4) In der eben besprochenen Note hat Hr. Lie noch nicht die algebraischen Formeln für sein Fundamentaltheorem gegeben. Die vorliegende Mittheilung füllt diese Lücke aus und deutet zugleich an, wie man mit Hülfe zweier Sätze aus der Note 5) ganz ohne geometrische Betrachtungen zum Beweis des Theorems gelangen kann, womit also ein rein analytischer Weg zur Ableitung der Lie'schen Methode selbst vorgezeichnet ist.

5) In der hinterlassenen Abhandlung „Ueber die vollständigen Lösungen einer partiellen Differentialgleichung 1ter Ordnung", welche den „Vorlesungen über Dynamik" beigefügt ist, behandelt Jacobi unter anderen die Aufgabe, aus einer gegebenen vollständigen Lösung beliebige andere vollständige Lösungen abzuleiten, wenn die partielle Differentialgleichung die gesuchte Function selbst nicht enthält. Der Regel, die dort p. 492 gegeben wird, entspricht in gewissem Sinne das Theorema VIII der Jacobischen Nova methodus (Borchardt J. LX) über die Transformation solcher partieller Differentialgleichungen. Bei genauerem Anblick dieser beiden Sätze erkennt man aber sehr bald, dass der eine wie der andere vielfachen, und was das Misslichste ist, nicht im Voraus angebbaren Ausnahmen unterworfen ist. Die vorliegende Note ersetzt daher diese Jacobi'schen Regeln durch andere von ganz allgemeiner Gültigkeit. Sie dehnt dieselben überdies aus auf partielle Differentialgleichungen, in denen die unbekannte Function selbst vorkommt, und enthält namentlich die allgemeine Lösung der Aufgabe, aus irgend einer vollständigen Lösung jede andere vollständige Lösung der partiellen Differentialgleichung abzuleiten. Dagegen ist es dem Verfasser nicht gelungen, auch für die allgemeineren Transformationen, welche Jacobi in §61 der Nova methodus betrachtet, die fundamentale Aufgabe allgemein zu lösen, wie aus der vollständigen Lösung der transformirten Gleichung eine vollständige Lösung der ursprünglichen erhalten werden könne. Ausführliche Beweise sind der Mittheilung nicht beigegeben.

6) Dieser Aufsatz zerfällt in drei von einander ganz unabhängige Theile.

Im ersten, welcher das Verhältniss der Lie'schen Methode zu der in 2) auseinandergesetzten bespricht, deutet der Verfasser an, in wie weit beide Methoden denselben Weg gehen und wo sie sich von einander abzweigen.

Der zweite Abschnitt giebt in gedrängter Kürze einen Ueberblick über eine Reihe von neuen allgemeinen Betrachtungen, die, ausgehend von einer Untersuchung der partiellen Differentialgleichungen hinsichtlich derjenigen Eigenschaften, die durch Berührungstransformationen nicht geändert werden, zu einer Ausdehnung der Begriffe: partielle Differentialgleichung 1ter Ordnung, vollständige Lösung etc. und hierdurch schliesslich zu dem Satze führen, dass es unter den partiellen Differentialgleichungen mit $n+1$ Variabeln ausser der Classe der linearen noch $n-1$ andere Classen giebt, deren Lösung durch die vollständige Integration eines Systems von nur n gewöhnlichen Differentialgleichungen erhalten werden kann. Auch hier hat die Betrachtungsweise einen vorwiegend geometrischen Character. Nach jenen Begriffserweiterungen lässt sich auch eine Gleichung zwischen den Variabeln allein, ohne partielle Differentialquotienten, als eine partielle Differentialgleichung auffassen und die vollständige Lösung einer partiellen Differentialgleichung zwischen $n+1$ Variabeln braucht nicht nothwendig aus einer einzigen Gleichung zwischen diesen Variabeln und n willkürlichen Constanten zu bestehen, sondern kann auch, je nachdem, durch $1, 2, \ldots n$ Gleichungen definirt sein, in denen aber immer n willkürliche Constanten vorkommen müssen. An einem Beispiel wird gezeigt, wie man jedes solche System von Gleichungen als vollständige Lösung einer partiellen Differentialgleichung ansehen, und wie man von dieser Lösung zu beliebigen anderen Lösungen übergehen kann. Der Verfasser hebt noch hervor, dass sich diese erweiterte Auffassung bei dem allgemeinen Problem der Transformation der partiellen Differentialgleichungen, von dem die Note 5) nur specielle Fälle vollständig absolvirt, mit innerer Nothwendigkeit von selbst aufdränge.

Der dritte Theil endlich bringt Bemerkungen über den sogenannten ungünstigsten Fall. Diese Bemerkungen sind als ein erstes Anzeichen der wichtigen Erscheinung zu betrachten, dass man nicht einer einzigen Methode das ausschliessliche Privilegium zur Integration der partiellen Differentialgleichungen zuerkennen kann, sondern erst von der Combination der verschiedenen Integrationsmethoden die grössten Erfolge zu erwarten haben wird. Wir wollen versuchen, sie hier etwas näher auseinanderzusetzen.

Im Folgenden bezeichnet (F, Φ) zunächst den Ausdruck:

$$(F, \Phi) = \sum_{h=1}^{h=n} \left(\frac{\partial F}{\partial q_h} \frac{\partial \Phi}{\partial p_h} - \frac{\partial F}{\partial p_h} \frac{\partial \Phi}{\partial q_h} \right),$$

hat man aber an Stelle einer der Variabeln q und des entsprechenden p zwei neue Variable x und y eingeführt, so soll dann dies Zeichen so verstanden werden, dass in der Definition desselben diese q und p durch x und y zu ersetzen sind.

Dies vorausgeschickt, sei

$$(A) \qquad p_1 = H_1 (q_1 \dots q_n \, p_1 \dots p_n),$$

wo allgemein

$$p_h = \frac{\partial V}{\partial q_h},$$

die zu integrirende partielle Differentialgleichung.

Hat man eine Lösung f der linearen Gleichung

$$(H_1 - p_1, f) = 0$$

gefunden, und ergeben die beiden Gleichungen $p_1 = H_1$ und $f =$ const. durch Auflösung nach p_1 und p_2:

$$(B) \qquad p_1 = F_1, \; p_2 = F_2,$$

so ist hiermit die gegebene Gleichung zurückgeführt auf die beiden Gleichungen (B). Indem man an Stelle von q_2 eine neue Variable x_2 durch die Substitution:

$$q_2 = a_2 + (q_1 - a_1)\, x_2$$

einführt, verwandelt man diese Gleichungen in die folgenden

$$(C) \qquad p_1 = f_1, \; y_2 = f_2,$$

wo

$$y_2 = \frac{\partial V}{\partial x_2}, \; f_1 = F_1 + x_2 F_2, \; f_2 = (q_1 - a_1) F_2$$

ist. Nach der Lie'schen Methode kann man nun eine gemeinsame vollständige Lösung der beiden Gleichungen (C) durch blosse algebraische Operationen ableiten, sobald man die eine partielle Differentialgleichung mit nur noch $n-1$ unabhängigen Variabeln

$$(D) \qquad p_1 = f_1$$

vollständig integrirt hat, sodass die Integration der gegebenen Gleichung (A) jetzt nur noch abhängt von der vollständigen Integration der Gleichung (D).

Diese letztere wird in derselben Weise mit Hülfe einer Lösung der Gleichung

$$(E) \qquad (f_1 - p_1, \varphi) = 0$$

zurückgeführt auf eine partielle Differentialgleichung mit nur noch $n-2$ Variabeln u. s. f.

Kennt man aber zufällig nicht bloss eine, sondern alle Lösungen der Gleichung (E), so ist es ganz überflüssig, die Reduction noch weiter zu treiben. Denn mit der Auffindung aller Lösungen von (E) ist nach der Cauchy'schen Methode die Gleichung (D) und nach dem Obigen also auch die gegebene (A) vollständig integrirt.

Will man dagegen zur simultanen Integration der beiden Gleichungen (C) die Jacobi'sche Methode anwenden, so muss man zunächst eine gemeinsame Lösung φ des Jacobi'schen Systems suchen:

$$(f_1 - p_1, \varphi) = 0, \quad (f_2 - y_2, \varphi) = 0.$$

Dies geschieht in der Weise, dass man mit einer beliebigen Lösung der Gleichung (E) successive die Ausdrücke bildet:

$$\varphi' = (f_2 - y_2, \varphi), \quad \varphi'' = (f_2 - y_2, \varphi'), \cdots$$

Jeder derselben ist selbst wieder eine Lösung von (E), und es ist in der Jacobi'schen Methode der ungünstigste Fall, d. h. derjenige, welcher die höchsten Integrationen erfordert, wenn man hierdurch nach und nach alle Lösungen der Gleichung (E) erhält. Damit ist aber nach dem Vorhergehenden die vollständige Lösung der Gleichung (D) gewonnen und das ganze Problem gelöst.

Man sieht also, dass dieser ungünstigste Fall bei der angegebenen Combination der Integrationsmethoden von Lie, Jacobi und Cauchy grade umgekehrt in den allergünstigsten verwandelt wird, und es ist klar, dass dies Verfahren auch dann Vortheil gewähren kann, wenn man durch die Jacobi'sche Methode zwar nicht alle, aber doch eine hinlänglich grosse Anzahl von Lösungen der Gleichung (E) erhält.

Bei der Integrationsmethode, welche in 2) auseinandergesetzt wird, zeigt sich die Gunst oder Ungunst der Fälle nicht in der geringeren oder grösseren Anzahl von erforderlichen Integrationen, sondern nur darin, dass bald kürzere, bald längere algebraische Operationen auszuführen sind. Lie weist aber nach, dass auch hier das ganze Integrationsgeschäft beendet ist, sobald irgendwo der scheinbar ungünstigste Fall eintritt, dass man, statt einer einzigen, alle gemeinsamen Lösungen der in Betracht kommenden linearen Gleichungen erhält. Dies lässt sich nicht mehr unmittelbar der Cauchy'schen Methode entnehmen: es wird aber sofort klar gemacht durch die Entdeckung, dass diese letztere Methode zur Integration einer partiellen Differentialgleichung eine directe Ausdehnung gestattet auf die simultane Integration mehrerer partieller Differentialgleichungen. Wenn nämlich $F_1 \cdots F_{m-1}$ solche gegebene Functionen von $q_1 \cdots q_n$, $p_m \cdots p_n$ sind, zwischen denen die Identitäten

$$(F_i - p_i,\ F_k - p_k) = 0$$

bestehen, so lässt sich die simultane Integration der $m-1$ partiellen Differentialgleichungen

$$p_1 = F_1,\ \ldots\ p_{m-1} = F_{m-1}$$

zurückführen auf die Auffindung aller gemeinsamen Lösungen des Jacobi'schen Systems von $m-1$ Gleichungen:

$$(F_i - p_i, f) = 0,$$

in welchem f unabhängig von $p_1 \ldots p_{m-1}$ angenommen wird.

Da dieses Jacobi'sche System nach dem in 2) mitgetheilten Verfahren zurückgeführt werden kann auf ein System von $2(n-m+1)$ gewöhnlichen Differentialgleichungen, und diese die kanonische Form besitzen, also ihrerseits wieder äquivalent sind einer partiellen Differentialgleichung mit $n-m+2$ unabhängigen Variabeln, so erkennt man, dass die angegebene Erweiterung der Cauchy'schen Methode gewissermaassen die Brücken bildet, von der Methode des Aufsatzes 2) zu der von Lie. Mr.

S. Lie. Ueber Complexe, insbesondere Linien- und Kugel-Complexe, mit Anwendung auf die Theorie partieller Differentialgleichungen. Clebsch Ann. V. 145-256.

Siehe Abschn. IX. Cap. 4.

H. Laurent. Sur le théorème de Poisson. Liouville J. (2) XVII. 422-426.

Siehe Abschn. X. Cap. 4. A.

E. Combescure. Sur un système particulier d'équations aux différences partielles. C. R. LXXIV. 977-980.

Es ist jener alte, wohlbekannte Satz Jacobi's, durch den man erfährt, welches System partieller Differentialgleichungen durch m Gleichungen zwischen den Lösungen der Charakteristik

$$X\frac{\partial f}{\partial x}+X_1\frac{\partial f}{\partial x_1}+\dots X_n\frac{\partial f}{\partial x_n}=0$$

integrirt wird (Vgl. Crelle J. II. 321, XXIII. 80, XXIX. 247), der hier der Pariser Academie als eine ganz neue Entdeckung vorgeführt wird. Wie der Satz selbst, so ist auch die Ableitung nicht neu, vielmehr nur eine andere und nicht gerade einfachere Form des Beweises, den Jacobi in Crelle J. II. giebt.

Mr.

E. Combescure. Sur un procédé d'intégration, par approximations successives, d'une certaine équation de la plasticodynamique. C. R. LXXIV. 1041-1044.

Siehe Abschn. X. Cap. 4. A.

E. Combescure. Remarques sur un mémoire de Legendre. C. R. LXXIV. 798-802.

Beschäftigt sich hauptsächlich mit der Begründung einiger allgemeiner Angaben Legendre's (l'Académ. des sciences 1787, vergl. auch Imschenetsky, Grunert Arch. LIV p. 269, siehe das Referat p. 156) über lineare partielle Differentialgleichungen höherer Ordnung.

Mr.

J. Boussinesq. Sur un changement de variables qui rend intégrable certaines équations aux dérivées partielles du second ordre. C. R. LXXIV. 730-733.

J. A. Serret. Observations relatives à une note de M. Boussinesq. C. R. LXXIV. 769-770.

Die Note von Boussinesq giebt ein Verfahren an, um die lineare partielle Differentialgleichung zweiter Ordnung

$$R\frac{\partial^2 z}{\partial x^2}+2S\frac{\partial^2 z}{\partial x\partial y}+T\frac{\partial^2 z}{\partial y^2}+P\frac{\partial z}{\partial x}+Q\frac{\partial z}{\partial y}+Lz=0$$

durch Einführung neuer unabhängiger Variabeln auf die Form zu bringen:

$$2W\frac{\partial^2 z}{\partial u\partial v}+U\frac{\partial z}{\partial u}+V\frac{\partial z}{\partial v}+Lz=0.$$

Wie Serret bemerkt, ist jedoch diese Methode nicht neu, vielmehr, und zwar allgemein für die linearen Gleichungen zweiter Ordnung, schon in dem grossen Lehrbuche von Lacroix auseinandergesetzt.

Imschenetsky giebt in Grunert Arch. LIV. 268. diese allgemeine Reduction. Mr.

M. Lévy. Mémoire sur la théorie des équations aux différences partielles du second ordre à deux variables indépendantes. C. R. LXXV. 1094-1098.

Der Verfasser hat die Aufgabe gelöst, alle Integrale einer partiellen Differentialgleichung 2ter Ordnung mit 2 unabhängigen Variablen zu finden, welche vermittelst Integrationen von gewöhnlichen Differentialgleichungen erhalten werden können. Die Resultate der Untersuchung werden ohne Beweis mitgetheilt. Das wichtigste Theorem lautet:

Die allgemeinen Integrale, die auf gedachtem Wege erhalten werden können, sind diejenigen, in welchen die willkürlichen Functionen in Bezug auf die eine der Charakteristiken der partiellen Differentialgleichung (nach Ampère's Bezeichnung) unter keinem Integrationszeichen auftreten, während die willkürlichen

Functionen in Bezug auf die andere Charakteristik in beliebiger Form auftreten können, und umgekehrt, wenn eine partielle Differentialgleichung ein Integral von einer solchen Form zulässt, dann lässt sich ihre Integration auf die von k Systemen gewöhnlicher Differentialgleichungen zurückführen, und zwar ist stets $k = 3$.

Es folgen hierauf noch Theoreme über die Gestalt, in welcher die allgemeinen Integrale der erwähnten Beschaffenheit, sowie die allgemeinen Integrale erster Klasse (nach Ampère's Bezeichnung) unter gewissen Bedingungen sich darstellen lassen.

Hr.

J. GRAINDORGE. Mémoire sur l'intégration des équations de la mécanique. Bruxelles, Hayez. 1871.

Die Arbeit enthält ein kurzes und im Allgemeinen sehr klares Résumé der Untersuchungen über den oben genannten Gegenstand. Die einzelnen Capitel sind: I. Die Fundamentalgleichungen der Dynamik in der Form von Lagrange. Reduction auf die Hamilton'sche Form, wenn die Verbindungen die Zeit nicht enthalten. II. Analoge Reduction für den Fall, dass die Verbindungen auch die Zeit enthalten. III. Fundamentale Eigenschaften der Hauptfunction und der charakteristischen Function von Hamilton. IV. Relationen zwischen den Derivirten der Variabeln nach den Constanten und den Derivirten der Constanten nach den Variabeln. V. Theorem von Lagrange und Poisson. VI. Anwendungen: 1) Bewegung eines materiellen Punktes, der von einem festen Centrum nach dem Newton'schen Gesetze angezogen wird. 2) Rotation eines festen Körpers um einen festen Punkt. 3) Bewegung eines Punktes, der von zwei festen Centren nach dem Newton'schen Gesetz angezogen wird, falls der Punkt stets in einer durch die beiden Centren gelegten Ebene bleibt. 4) Berechnung der Bahnelemente eines Planeten, wenn derselbe allein von der Sonne angezogen wird. VII—VIII. Methode von Bertrand und Bour zur Integration der Gleichungen der Dynamik.

Mn. (Wn.)

J. Graindorge. Mémoire sur l'intégration des équations aux dérivées partielles des deux premiers ordres. Mém. d. l. S. R. de Liège. (2) V.

Der erste Theil enthält die Theorie der Gleichungen erster Ordnung. I. Verschiedene Arten von Integralen. II. Lineare Gleichungen. III-IV. Darstellung der nova methodus von Jacobi. VIII. Ausdehnung von Bour auf simultane Gleichungen. Der Verfasser lässt sowohl die vor-Jacobi'schen Arbeiten unberücksichtigt, als auch die Erweiterungen, die nach Bour in den Arbeiten von Boole, Weiler, Clebsch, Mayer etc. enthalten sind.

Der zweite Theil enthält die Theorie der Gleichungen zweiter Ordnung. I-III. Definitionen und Untersuchungen von Monge, Euler, Laplace, Imschenetzky und Legendre in Bezug auf lineare Gleichungen. Der Verfasser behandelt sehr elegant einige besondere Fälle, die in den allgemeinen Methoden von Monge nicht enthalten sind. IV-VIII. Untersuchung der Gleichungen von der Form:

$$Hr+2Ks+Lt+M+N(rt-s^2)=0$$

und der Gleichungen, die sich nach den Methoden von Ampère, Imschenetzky, Boole und Morgan darauf reduciren. IX. Transformation von Legendre und Methode von Ampère für Gleichungen zweiter Ordnung von anderer Form. Der Verfasser hätte die Entwickelung des grössten Theiles der Untersuchungen über Gleichungen zweiter Ordnung vereinfachen können, wenn er die Arbeiten von Darboux berücksichtigt, und wenn er dieselben geometrisch interpretirt hätte, wie P. du Bois-Reymond in seinen Beiträgen. Mn. (Wn.)

J. Graindorge. Note sur l'intégration d'une certaine classe d'équations aux dérivées partielles du second ordre. Liouville J. (2) XVII. 426-432.

Bei der Monge'schen Methode für die Integration der partiellen Differentialgleichung zweiter Ordnung

$$Rr+Ss+Tt=U,$$

wird in den Fällen

$$1)\ R=0,\qquad 2)\ T=0,\qquad 3)\ R=0,\quad T=0,$$

die zweite der Gleichungen

$$dy-mdx=0,\qquad Rmdp+Tdq-Umdx=0,$$

wo m Wurzel der Gleichung

$$Rm^2-Sm+T=0$$

ist, für die Wurzel $m=0$ und $m=\infty$ illusorisch.

Diese Schwierigkeit wird in folgender Weise vermieden:

$$1)\ R=0,\ \text{dann}\ m_1=\frac{T}{S},\ m_2=\infty,\ \lim m_2 R=S,$$

das m_2 entsprechende Gleichungssystem wird also

$$dx=0,\quad Sdp+Tdq-Udy=0;$$

$$2)\ T=0,\ \text{dann}\ m_1=\frac{S}{R},\ m_2=0,\ \lim\frac{T}{m_2}=S,$$

und das m_2 entsprechende System wird

$$dy=0,\quad Rdp+Sdq-Udx=0;$$

$$3)\ R=0,\ T=0,\ \text{dann}\ m_1=0, m_2=\infty,$$

und die beiden Systeme werden:

$$dx=0,\ Sdp-Udy=0;\quad dy=0,\ Sdq-Udx=0.$$

Es folgt eine Anwendung auf die Gleichung

$$pqr-(1+p^2)s=0,$$

wobei jedoch nur von der Integration des einen der Gleichungssysteme Gebrauch gemacht wird, was bekanntlich in allen Fällen ausreicht. Hr.

Orloff. Sur les équations différentielles réciproques. Bull. de Belg. XXXIII. 113-122.

P. Gilbert. Rapport sur ce mémoire. Bull. de Belg. (2) XXXIV. 105-106.

Siehe Abschn. VI. Cap. 5. p. 154.

E. Matthieu. Mémoire sur l'intégration des équations aux différences partielles de la physique mathématique. Liouville J. (2) XVII. 249-323.

Der Verfasser hat in einer früheren Arbeit (cfr. F. d. M. II.

p. 750) die Methoden der Potentialtheorie ausgedehnt auf die Gleichung $\triangle(\triangle u) = 0$, unter $\triangle u$ den Ausdruck

$$\frac{\partial^2 u}{\partial x^2} + \frac{\partial^2 u}{\partial y^2} + \frac{\partial^2 u}{\partial z^2}$$

verstanden, und für die Lösungen dieser Gleichung analoge Sätze aufgestellt, wie für das Potential. Die gegenwärtige Arbeit, von der einige Resultate bereits in einem vorläufigen Bericht im vorigen Jahrgang p. 172 besprochen sind, dehnt jene Methoden und Sätze auf einige andere in der mathematischen Physik vorkommende Differentialgleichungen aus, nämlich auf die Gleichungen

$$\triangle u = -a^2 u, \quad \frac{\partial u}{\partial t} = a^2 \triangle u, \quad \frac{\partial^2 u}{\partial t^2} = a^2 \triangle u.$$

Aus der Potentialtheorie ist bekannt, dass man stets die Oberfläche eines Körpers so mit Masse belegen kann, dass das Potential dieser Masse im Innern der Gleichung $\triangle u = 0$ und den Stetigkeitsbedingungen genügt, und an der Oberfläche einen gegebenen Werth annimmt. Daraus schliesst man dann, dass das allgemeinste Integral, welches der Gleichung $\triangle u = 0$ innerhalb des von der Fläche σ begrenzten Raumes genügt, ist:

$$1) \qquad u = \int \frac{\varrho}{r}\, d\sigma.$$

Hier, wie im Folgenden, ist r der Abstand eines Punktes $x\,y\,z$ im Innern von σ von einem Punkte x_1, y_1, z_1, der auf dem Element $d\sigma$ liegt, ϱ eine willkürliche Function von x_1, y_1, z_1. Die Integration ist über die ganze Fläche σ auszudehnen.

Die Gleichung $\triangle u = -a^2 u$ lässt sich nun in ganz derselben Weise behandeln; ihr allgemeines Integral ist:

$$2) \qquad u = \int \frac{\cos(ar)}{r}\, \varrho\, d\sigma.$$

Betrachtet man nämlich das dreifache Integral

$$V = \int \frac{\cos(ar)}{r}\, D d\Pi,$$

wo $d\Pi$ ein Raumelement ist, dessen Masse $D d\Pi$, so genügt V für Punkte ausserhalb der Masse der Gleichung

$$\triangle V + a^2 V = 0,$$

während für Punkte der Masse

$$\Delta V + a^2 V = -4\pi D$$

ist. Ausserdem ist V und seine ersten Differentialquotienten sowohl innerhalb, als ausserhalb der Masse stetig. Das Integral V lässt sich nun in ganz derselben Weise behandeln, wie das Potential. Es gilt, wie beim Potential, der Satz, dass man jede Vertheilung der Massen durch eine Oberflächenbelegung ersetzen kann, und daraus folgt die obige Behauptung. Bemerkt mag werden, dass das Integral

$$V_1 = \int \frac{\sin(ar)}{r} D d\Pi$$

sowohl für Punkte innerhalb, als ausserhalb der Masse der Gleichung

$$\Delta V_1 + a^2 V_1 = 0$$

genügt.

Wie für den Raum durch ein Flächenintegral, so lässt sich für die Ebene die allgemeine Lösung der Gleichung $\Delta u = -a^2 u$ durch ein Randintegral darstellen. Dies Randintegral ist, wenn ds ein Element des Randes, ϱ eine willkürliche Function, r die Entfernung eines Randpunktes von einem Punkte im Innern bezeichnet:

$$2^a) \qquad u = \int N \cdot \varrho \cdot ds, \; N = \int_0^\pi \cos(ar\cos\omega) \log(r\sin^2\omega)\, d\omega.$$

In einigen Fällen, wo s eine einfache geschlossene Linie bildet, kann man statt des Ausdrucks 2^a) den einfacheren nehmen:

$$2^b) \qquad u = \int M \cdot \varrho \cdot ds, \; M = \int_0^\pi \cos(ar\cos\omega)\, d\omega.$$

Aus den Ausdrücken 2^a) und 2^b) leitet nun der Verfasser für einige Specialfälle Reihenentwickelungen der bestimmten Integrale M und N, sowie der Lösungen u selbst ab. Diese Fälle sind die, wo die Fläche ein Kreis, eine Ellipse, ein von zwei concentrischen Kreisen oder von zwei confocalen Ellipsen begrenzter Ring ist. Bei der Kreisbegrenzung wird die Distanz r durch Polarcoordinaten ausgedrückt und M, N, u in Reihen entwickelt, die nach Sinus und Cosinus der Vielfachen des Winkels fortschreiten, und deren Coefficienten Potenzreihen des Radius vector sind. Bei elliptischer Begrenzung wird r durch elliptische Coordinaten ausgedrückt mittelst der bekannten Substitution

$$x = c\frac{e^\beta + e^{-\beta}}{2}\cos\alpha,\quad y = c\frac{e^\beta - e^{-\beta}}{2}\sin\alpha.$$

Die Reihe für u schreitet fort nach Functionen von α, welche der gewöhnlichen Differentialgleichung

$$\frac{d^2P}{d\alpha^2} + (R - 2h^2\cos 2\alpha)P = 0$$

genügen, wo R und h Constante sind. Aehnliche Entwickelungen hat der Verfasser bereits in einer früheren Arbeit über die Schwingungen einer elliptischen Membrane gegeben (cf. F. d. M. I. p. 354). Für die einfache Kreis- und Ellipsenfläche giebt der Ausdruck 2^b) schon die allgemeine Lösung, während man für eine ringförmige Fläche den Ausdruck 2^a) nehmen muss.

In derselben Weise wird dann der Ausdruck 2) für u für den Fall einer Kugel nach Kugelfunctionen entwickelt.

Weiter behandelt der Verfasser die Gleichung

$$\frac{\partial^2 u}{\partial t^2} = a^2\Delta u.$$

Ihre allgemeine Lösung für einen von der Fläche σ begrenzten Raum ist:

$$3)\qquad u = \int \frac{f(r + at, \theta, \psi) + F(r - at, \theta, \psi)}{r}\,d\sigma,$$

worin f und F willkürliche Functionen sind, θ und ψ die Coordinaten eines Punktes der Oberfläche; r und σ haben dieselbe Bedeutung wie in 1). Für den Fall der Ebene, wo Δ nur zweigliedrig, ist die allgemeine Lösung für das Innere einer Curve s:

$$3^a)\qquad u = \int \psi(r, t, v)\,ds,$$

$$\psi(r, t, v) = \int_0^\pi F(r\cos\omega + at, v)\log(r\sin^2\omega)\,d\omega.$$

Hier ist $F(r, v)$ eine willkürliche Function von r und v, v eine Coordinate, die einen Punkt des Randes bestimmt. Der Beweis, dass die angeführten Lösungen, die man leicht verificiren kann, auch die allgemeinsten sind, wird hier so geführt, dass aus den Ausdrücken 3) und 3^a) Reihenentwickelungen für Specialfälle abgeleitet werden, aus 3) für Kugel und Kugelschale, aus 3^a) für Kreis und Ellipse, und von diesen Reihenentwickelungen wird gezeigt, dass sie die nöthige Allgemeinheit haben. Der Beweis, dass 3) und 3^a) für alle Fälle die allgemeinsten Lösungen sind, ist somit nicht streng geführt.

Auf dieselbe Weise, wie bei 3) wird das allgemeine Integral der Gleichung

$$\frac{\partial u}{\partial t} = a^2 \Delta u$$

abgeleitet. Es ist für den Raum:

$$4) \qquad u = \int \varphi(r, t, \theta, \psi)\, d\sigma,$$

$$\varphi(r, t, \theta, \psi) = \frac{1}{r}\int_{-\infty}^{+\infty} e^{-s^2} f(r + 2as\sqrt{t}, \theta, \psi)\, ds.$$

Für den Fall zweier Dimensionen ist hier:

$$4^a) \qquad u = \int \psi(r, t, v)\, ds,$$

$$\psi(r, t, v) = \int_{-\infty}^{+\infty}\int_0^{\pi} F(r\cos\omega + 2a\alpha\sqrt{t}, v) \log(r\sin^2\omega)\, d\omega e^{-\alpha^2}\, d\alpha$$

Die Buchstaben haben dieselbe Bedeutung, wie oben.

Zum Schluss wird bemerkt, dass die Resultate der Arbeit sich sofort auf den Fall ausdehnen lassen, dass man statt des Ausdrucks Δu den allgemeineren

$$\alpha^2 \frac{\partial^2 u}{\partial x^2} + \beta^2 \frac{\partial^2 u}{\partial y^2} + \gamma^2 \frac{\partial^2 u}{\partial z^2}$$

hat. Man hat dann nur statt

$$r = \sqrt{(x - x_1)^2 + (y - y_1)^2 + (z - z_1)^2}$$

zu setzen

$$r_1 = \sqrt{\left(\frac{x - x_1}{\alpha}\right)^2 + \left(\frac{y - y_1}{\beta}\right)^2 + \left(\frac{z - z_1}{\gamma}\right)^2}$$

(cfr. F. d. M. II. p. 749, 752). Wn.

Capitel 7.

Variationsrechnung.

R. Lipschitz. Untersuchung eines Problems der Variationsrechnung. Borchardt J. LXXIV. 116-150.

Es wird dem Hamilton'schen Variationsproblem ein allgemeineres substituirt, in welchem, unter Abstraction von den thatsächlichen Bedingungen des reellen Raumes, das Element einer Linie gleich der p^{ten} Wurzel aus einer beliebigen wesentlich positiven Form des p^{ten} Grades von den Differentialen der Coordinaten des betreffenden Punktes gesetzt, und dieser Hypothese gemäss die lebendige Kraft eines materiellen Punktes durch das Product der Masse mit der p^{ten} Potenz des Linearelements dividirt, durch die p^{te} Potenz des Zeitelements dargestellt wird. Für den Fall, dass Bedingungsgleichungen gegeben sind, die nicht von der Zeit abhängen, werden hier ebenfalls independente Variable eingeführt. Seien dieselben $x_1, x_2 \dots x_n$ und $f(dx)$ eine homogene Function p^{ten} Grades von $dx_1 \dots dx_n$, deren Coefficienten von den x beliebig abhängen, und es stelle $f\frac{(dx)}{dt^p} = f(x')$ den p^{ten} Theil der Summe der lebendigen Kräfte, U die Kraftfunction vor, dann wird das zu variirende Integral:

$$\theta = \int_{t_0}^{t} (f(x') + U)\, dt,$$

das entsprechende (isoperimetrische) System von n Differentialgleichungen:

$$(1) \qquad \frac{d\,\frac{\partial f(x')}{\partial x'_\alpha}}{dt} - \frac{\partial f(x')}{\partial x_\alpha} - \frac{\partial U}{\partial x_\alpha} = 0$$

und ein Integral derselben

$$(p-1)\, f(x') - U = H = \text{const.},$$

welches für $p = 2$ in das Integral der lebendigen Kraft übergeht. Endlich ergiebt sich:

$$\delta Q = -H\delta t + \sum_\alpha \frac{\partial f(x')}{\partial x'_\alpha}\,\delta x_\alpha - \sum_\alpha \frac{\partial f_0\,[x'(0)]}{\partial x'_\alpha(0)}\,\delta x_\alpha(0).$$

Diesem Variationsproblem ordnet der Verfasser die Variation des Integrals

$$R = \int_{t_0}^{t} [F(x')]^{\frac{1}{p}} dt$$

zu, worin

$$F(x') = \left(\frac{p\,(U+H)}{p-1}\right)^{\frac{p-1}{p}} pf(x')$$

gesetzt ist mit der Bestimmung, dass, falls U constant ist,

$$\frac{p\,(U+H)}{p-1} = \frac{p\,(U_0+H)}{p-1} = 1$$

sein soll. Für $p = 2$ geht R in die Form über, welche Jacobi dem Integral der kleinsten Wirkung (p. 43 der Vorlesungen über Dynamik) gegeben hat. Da $F(x')^{\frac{1}{p}}$ vom ersten Grade in Beziehung auf die x'_α ist, so ist R nicht von t abhängig und in dem System der n Differentialgleichungen, welche das Variationsproblem von R ergiebt, und deren Reduction auf das System (1) entwickelt wird, ist eine die Folge der $n-1$ übrigen. Als reine Function der x_α und $x_\alpha(0)$ aufgefasst, stellt R für $p = 2$ die „characteristische Function" Hamilton's dar, und man hat:

$$\delta R = \sum_\alpha \frac{\partial\,[F(x')]^{\frac{1}{p}}}{\partial x'_\alpha}\,\delta x_\alpha - \sum_\alpha \frac{\partial\,(F_0[x'(0)])^{\frac{1}{p}}}{\partial x'_\alpha(0)}\,\delta x_\alpha(0).$$

Aus den n Gleichungen

$$\frac{\partial R}{\partial x_\alpha} = \frac{\partial\,[F(x')]^{\frac{1}{p}}}{\partial x'_\alpha},$$

in welchen, da der Ausdruck auf der rechten Seite von der Ordnung Null ist, nur die $n-1$ Verhältnisse der x' auftreten, ergiebt sich durch Elimination derselben eine partielle Differentialgleichung für R (für $p = 2$ die bekannte Hamilton'sche), von welcher der Verfasser zeigt, dass sie als eine Transformationsrelation der Form $F(dx)$ aufgefasst werden kann, analog einer Relation, welche Gauss in Art. 22 der disquisitiones generales circa superficies curvas bei dem Problem der kürzesten Linie auf einer Oberfläche gegeben hat. Der betreffende Satz lautet: Wenn die Form $F(dx)$ durch ein System von neuen Variablen $y_1, y_2 \dots y_n$ in eine Form $G(dy)$ übergeht, worin der Coefficient von dy_1^p gleich 1 und die von $dy_1^{p-1}\cdot dy_2$, $dy_1^{p-1}\,dy_3, \cdots dy_1^{p-1}\,dy_n$ gleich Null sind, so genügt y_1 der partiellen Differentialgleichung für R und vice versa; ferner wird das System der Differentialgleichungen des Variationsproblems von R durch das Constantsetzen der $n-1$ Functionen $y_2, y_3, \cdots y_n$ integrirt. Vermittelst dieses Satzes wird alsdann dargethan, dass das Jacobi'sche Verfahren, wonach man aus einer vollständigen Lösung der partiellen Differentialgleichung durch Ableitung nach den Constanten die vollständige Integration des zugeordneten Systems von Differentialgleichungen erhält, auch für das allgemeinere Variationsproblem gültig bleibt.

Schliesslich wird ein Resultat abgeleitet, das sich auf die Contouren der Endpunkte aller Bahnen bezieht, welche von sämmtlichen Punkten einer willkürlich gegebenen Anfangscontour zu dieser normal (in Beziehung auf die Form $pf(dx)$ den Differentialgleichungen der Bewegung gemäss) beschrieben werden. Werden die Bahnen so weit fortgeführt, dass das Integral R in allen einen gleichen Werth hat, dann wird auch die Endcontour von den Bahnen rechtwinklig geschnitten. Dieser, eine Erweiterung des Gauss'schen Theorems über die kürzesten Linien enthaltende, Satz findet sich übrigens, soweit er das Gebiet der reellen Mechanik betrifft, im Wesentlichen bereits in der „theoretischen Physik“ von Thomson und Tait Bd. I. §§ 323 u. 324, wo die mechanische Bedeutung der allgemeinen Lösung der Hamilton'schen partiellen Differentialgleichung erörtert wird.

Wir erwähnen noch mit dem Verfasser, dass Herr Beltrami für die Geometrie ähnliche Resultate gefunden hat, welche in einer 1869 in den Mem. di Bologna erschienenen Abhandlung veröffentlicht sind. (Siehe F. d. M. I. 196).

Hr.

C. W. Borchardt. Ueber das Ellipsoid von kleinstem Volumen bei gegebenem Flächeninhalt einer Anzahl von Centralschnitten. Berl. Monatsber. 1872. 505-515.

Siehe Abschn. IX. Cap. 3. C.

M. U. Wilkinson. Two problems in the calculus of variations. Messenger (2) I. 175-177.

Es werden in dieser Arbeit zwei Sätze discutirt, deren erster veranschaulicht, wie für die Probleme der Variationsrechnung sehr selten eine einfache continuirliche Lösung existirt. Der zweite giebt eine Methode, um die grössten Maxima und die kleinsten Minima einer grossen Klasse von Integralen zu finden.

Glr. (O.)

S. Challis. On the solution of three problems in the calculus of variation in reply to Mr. Todhunter. Phil. Mag. 1872.

Es handelt sich hier um folgende Probleme. Man soll zwischen zwei durch gegebene Punkte der Abscissenaxe gehende Ordinaten eine Curve so zeichnen, dass die durch die Abscissenaxe, die beiden Ordinaten und die Curve begrenzte Figur einen gegebenen Umfang und den grössten Inhalt hat, wenn 1) beide Ordinaten, 2) nur eine derselben und 3) keine von beiden von gegebener Länge sind.

Csy. (M.)

Siebenter Abschnitt.

Functionentheorie.

Capitel 1.

Allgemeines.

O. Hesse. Die vier Species. Leipzig. Teubner.

Es tritt in neuerer Zeit in vielen Lehrbüchern der elementaren Arithmetik das Bestreben hervor, die Definitionen der Grundoperationen so allgemein zu fassen, dass sie alle möglichen Fälle und Erweiterungen mit in sich begreifen. Abgesehen davon, dass so die Definitionen für Schüler unverständlich werden, wird dadurch der Uebelstand hervorgerufen, dass man Manches zu beweisen sucht, was seiner Natur nach nicht beweisbar ist. Gegen dieses Bestreben richtet sich das vorliegende Heft, indem es auf den naturgemässen Gang der historischen Entwickelung zurückgreift. Es möge hier an dem Beispiel der Multiplication negativer Zahlen die Idee des Verfassers erläutert werden. Das Product zweier ganzer positiver Zahlen wird definirt als Summe, und daraus wird der Satz von Vertauschung der Factoren abgeleitet. Nach der Definition hat auch ein Product, dessen Multiplicandus eine negative ganze Zahl ist, einen unzweifelhaften Sinn. Ein Product jedoch, dessen Multiplicator oder dessen beide Factoren negative ganze Zahlen sind, hat keinen Sinn. Man hat nun die Wahl, entweder ein solches Product ganz zu verwerfen oder ihm einen ganz bestimmten Sinn unterzulegen; und im letzteren Falle kann man etwas ganz Beliebiges unter jenem Producte verstehen. Es wird sich aber empfehlen, dem Producte eine solche Bedeutung zu geben, dass der Satz der Vertauschung der Factoren bestehen bleibt.

Das Product zweier Zahlen ist daher so zu definiren: Es ist das Product ihrer Zahlenwerthe. Dieses Product hat das positive Zeichen, wenn die Factoren gleiche Vorzeichen haben; es hat das negative Vorzeichen, wenn die Factoren entgegengesetzte Zeichen haben.

In ähnlicher Weise sind die Grundoperationen an positiven und negativen, ganzen und gebrochenen Zahlen durchgeführt. Zum Schluss sind auch die Operationen an irrationalen und complexen Zahlen etwas kurz behandelt. Dem Referenten erscheint der Hinweis darauf, was in der ursprünglichen Definition liegt, wie viel Neues und Willkürliches bei jeder Erweiterung hinzukommt, für den Unterricht in der Arithmetik sehr beherzigenswerth. Wn.

W. Spottiswoode. Remarks on some recent generalisations of algebra. Proc. of L. M. S. IV. 147-164.

Die Grössen, die in dieser verallgemeinerten Algebra auftreten, werden „höhere complexe Zahlen“ genannt und können definirt werden als lineare Functionen von Einheiten der Form $\alpha + i_1\ \beta + i_2\ \gamma + \cdots$, wo $\alpha, \beta, \gamma \cdots$ entweder reelle Zahlen oder gewöhnliche complexe Zahlen von der Form $a + ib$ und $i_1, i_2, \cdots$ die neuen Einheiten sind. In allen hier besprochenen Systemen wird angenommen, dass für die Addition die commutativen und associativen Principien gelten, mit andern Worten, dass die Addition und Subtraction der Einheiten und ihrer Combinationen, wie in der gewöhnlichen Arithmetik oder Algebra vor sich geht. In dem Process der Multiplication, d. h. in den Gesetzen, denen die Multiplication von Einheiten folgt, liegt also die Verschiedenheit der Systeme complexer Zahlen.

In der Mehrzahl der Systeme (ausgenommen die in H. Scheffler's „Situationscalcul“ 1851 und in Kirkman's und

Cayley's „Pluquaternions", Phil. Mag. Dec. 48 und March. 45) werden die distributiven und associativen Principien adoptirt. Auf dieser Grundlage kann nun eine Verschiedenheit der Multiplicationsgesetze aufgestellt werden. Die folgenden umfassen die, welche jetzt hauptsächlich in Gebrauch sind:

1) Die commutativen Principien können adoptirt werden, so dass $i_1 i_2 = i_2 i_1$, und der wirkliche Werth eines solchen Productes kann dann der Gegenstand irgend einer andern willkürlichen Voraussetzung sein. Solch eine Algebra kann commutativ genannt werden.

2) Wenn das commutative Princip aufgehoben wird, kann die folgende Relation adoptirt werden: $i_1 i_2 = -i_2 i_1$, was als „alternatives Princip" bezeichnet werden kann. Grössen, die aus solchen Einheiten bestehen, werden von Grassmann und Hankel bezeichnet als „alternative Zahlen."

3) In Verbindung mit 1) und 2) oder unabhängig von einem von diesen kann vorausgesetzt werden, dass das Product von irgend zwei Einheiten ausgedrückt werden kann als lineare Function einiger oder aller, also:

$$i_1 i_2 = \alpha + i_1 \beta + i_2 \gamma + \cdots$$

Ein specieller Fall davon ist der, welcher in den Quaternionen eintritt, d. h. $jk = i$, $ki = j$, $ij = k$: diese Algebra kann „lineare Algebra" genannt werden. Die von Peirce aufgestellten Systeme gehören zu dieser Art, und sind desshalb, da sie alle das associative Princip enthalten, von ihm als „lineare associative Algebra" bezeichnet worden.

4) Endlich kann angenommen werden, dass ein Product mit jedem seiner Factoren verschwinden oder nicht verschwinden soll. Einige der aus diesen Annahmen folgenden Consequenzen werden in der Arbeit discutirt, und namentlich Grassmann's und Hankel's alternative Zahlen betrachtet. Cly. (O.)

E. Kossak. Die Elemente der Arithmetik. Pr Berlin.

Diese Abhandlung zerfällt in zwei Abschnitte. Der erste enthält eine historische Uebersicht der Entwickelung der allgemeinen Arithmetik, der zweite eine kurze Darstellung der

Elemente derselben, welcher die Behandlung desselben Gegenstandes zum Grunde liegt, die Hr. Weierstrass als Einleitung seiner Vorlesungen über die Theorie der analytischen Functionen zu geben pflegt. Hieraus sind besonders folgende zwei Punkte hervorzuheben.

1) Die Existenz der irrationalen Zahlen erscheint nicht als rein formale Forderung, sondern ist gegründet auf die Definition derselben als Zusammensetzungen aus unendlich vielen Elementen d. i. Einheiten und genauen Theilen der Einheit. Dabei kommt es nur darauf an, die Endlichkeit eines solchen Aggregates festzustellen. Dann folgt unmittelbar, was unter zwei gleichen Zahlen aus einem Grundelemente, was unter der grösseren von zwei solchen Zahlen zu verstehen sei. Hierdurch ist eine völlig sichere Grundlage gewonnen zur Aufstellung der Fundamentaloperationen für beliebige Zahlen aus einer Einheit.

2) Complexe Zahlen sind aus mehreren linear-unabhängigen Einheiten gebildet. Es wird gezeigt, wie die Multiplication von solchen Zahlen zu definiren sei, damit alle formalen Gesetze, die bei der Multiplication von ganzen Zahlen auftreten, erfüllt seien. Dazu kommt aber noch die Forderung, dass auch die Division stets möglich sei, den einzigen Fall ausgenommen, dass der Divisor Null sei — oder mit anderen Worten: dass ein Product nur mit jedem seiner Factoren verschwinden könne. Die vorliegende Abhandlung bringt nun den Nachweis, dass dieser Forderung durch Zahlensysteme aus zwei Einheiten Genüge geleistet werden könne, während dieselbe in jedem Zahlensysteme aus drei Einheiten unerfüllbar bleibt. St.

E. Heine. Die Elemente der Functionenlehre. Borchardt J. LXXIV. 172-188.

Der Herr Verfasser beabsichtigt, gewisse elementare Sätze, auf denen Herr Weierstrass in seinen Vorlesungen die Functionentheorie aufbaut, die aber bisher von diesem selbst noch nicht veröffentlicht worden sind, hier im Zusammenhange zu entwickeln. Diese wichtigen Fundamentalsätze gelten für die von Hrn. Heine im ersten Abschnitt zu Grunde gelegte Definition der irrationalen

Zahlen. In diesem Abschnitte geht der Herr Verfasser aus von dem Begriff der Zahlenreihe: „Zahlenreihe heisst eine Reihe von Zahlen $a_1, a_2, \ldots a_n, \cdots$, wenn für jede noch so klein gegebene von Null verschiedene Zahl η ein Werth n existirt, der bewirkt, dass $a_n - a_{n+\nu}$ für alle ganzen positiven ν unter η liegt.“ Die Zahl wird nicht begrifflich definirt, die irrationalen Zahlen werden nicht etwa als Grenzen eingeführt (deren Existenz eine Voraussetzung wäre), sondern die Definition der Zahl ist eine rein formale, indem „gewisse greifbare Zeichen“ Zahlen genannt werden. Diese Zahlzeichen müssen so gewählt werden, dass die Definition der Rechnungsoperationen — auf welche es hier hauptsächlich ankommt — ermöglicht wird. Da z. B. die Zahlen 0, 1, 2, 3 ... in vielen Fällen die Subtraction unmöglich machen, so müssen neue Zeichen oder Zahlen eingeführt werden, und es muss die Definition der Operationen so erweitert werden, dass das Resultat dasselbe bleibt, wie bei der früheren Rechnungsoperation. Ferner veranlasst die Unmöglichkeit der Division zweier Zahlen in dem Falle, wo der Quotient nicht eine ganze Zahl ist, wiederum neue Zeichen, u. s. f. Den irrationalen Zahlen kommt bei dieser Definition eine wirkliche Existenz zu. Zwei Zahlen werden gleich genannt, wenn sie sich um keine noch so kleine angebbare Zahl unterscheiden. Mit dieser auf rein formalem Standpunkt gewonnenen Definition hat Herr Heine schon seit Jahren seine Vorlesungen über algebraische Analysis eingeleitet. Wie dagegen Hr. Weierstrass, der die allgemeine Theorie der complexen Zahlen zum Abschluss geführt hat, die Rechnungsoperationen für die im engeren Sinne complexen Zahlen streng begründet, hat inzwischen Herr Kossak ausführlich und im engen Anschluss an die Vorlesungen des Herrn Weierstrass über analytische Functionen gezeigt (Elemente der Arithmetik, siehe das vorige Referat).

Im zweiten Abschnitt der vorliegenden Arbeit: „Ueber Functionen“ definirt Herr Heine zunächst die einwerthige Function und beweist die beiden Sätze: „Jede ganze Potenz von x ist eine einwerthige Function“, und „Es sind $\sin x$ und $\cos x$ Functionen von x“ (§ 1). Der § 2 handelt von den Bedingungen der

Continuität einer Function $f(x)$ bei einem bestimmten einzelnen Werthe $x = X$, und der § 3 von den Eigenschaften continuirlicher Functionen. Hier werden nach den Principien des Herrn Weierstrass folgende 6 Lehrsätze bewiesen: 1) Jede ganze Potenz von x ist zwischen irgend welchen gegebenen Grenzen gleichmässig continuirlich, d. h. für jede noch so kleine gegebene Grösse ε existirt eine solche positive Grösse η_0, dass für alle positiven η, die kleiner als η_0 sind, $f(x \pm \eta) - f(x)$ unter ε bleibt; 2) Besitzt eine (für jedes einzelne x) von a bis b continuirliche Function $f(x)$ für zwei zwischen a und b liegende Zahlen $x = x_1$ und $x = x_2$ entgegengesetzte Vorzeichen, so verschwindet sie für einen dazwischen liegenden Werth von x; 3) Eine Function $f(x)$, die von $x = a$ bis $x = b$ so beschaffen ist, dass zwischen je zwei Zahlen x_1 und x_2, wie nahe sie auch gewählt werden, noch andere liegen, für welche $f(x)$ verschiedene Zeichen besitzt, ist discontinuirlich; 4) Wenn die (für jedes einzelne x) von $x = a$ bis $x = b$ continuirliche Function $f(x)$ von $x = a$ bis $x = b$ nie negativ, aber zwischen diesen Grenzen kleiner wird als jede angebbare Grösse, so erreicht sie auch den Werth Null; 5) Wenn die von $x = a$ bis $x = b$ (für alle einzelnen Werthe) continuirliche Function $f(x)$ für jeden einzelnen Werth, der zwischen a und einer rationalen oder irrationalen Zahl X liegt, wo $a < X < b$, wie nahe man auch X kommt, nicht positiv, über X hinaus aber positiv wird, so ist $f(x) = 0$; 6) Eine von $x = a$ bis $x = b$ (für alle einzelnen Werthe) continuirliche Function $f(x)$ ist auch gleichmässig continuirlich. M.

J. König. Ueber die Darstellung von Functionen durch unendliche Reihen. Clebsch Ann. V. 310-340.

Für die Entwickelung gegebener analytischer Functionen in Reihen hat man bisher verschiedene specielle Methoden benutzt, je nachdem diese Entwickelungsreihen nach Potenzen, oder nach Kugelfunctionen, oder nach Bessel'schen Functionen oder noch anderen fortschreiten sollten (vergl. die betreffenden Arbeiten von Fourier, Laplace, Cauchy, Puiseux, C. Neumann, Lommel, Schlömilch, Thomé, Frobenius, Mehler u. a.). Herr König hat sich nun die Aufgabe gestellt, für alle diese Entwickelungen eine gemeinsame Behandlungsweise ausfindig zu machen, und er zeigt in seiner Arbeit, dass es eine allgemeine nach zwei Arten von Entwickelungsfunctionen fortschreitende Darstellung giebt, in welcher alle jene Entwickelungen als specielle Fälle enthalten sind. Der bis jetzt veröffentlichte erste Abschnitt seiner Arbeit behandelt zunächst die Darstellung analytischer Functionen einer Variabeln in endlichen Bereichen. Die allgemeine Methode ist folgende. Setzt man für zwei Reihen von Functionen

$$G_0(z),\ G_1(z),\ G_2(z),\ldots \quad \text{und} \quad F_0(z_0),\ F_1(z_0),\ F_2(z_0),\ldots$$

voraus, dass sich die G und F in der Umgebung eines Punktes c nach aufsteigenden Potenzen von $z-c$ resp. z_0-c entwickeln lassen, so ist die Function

$$(1) \quad \varphi(z+z_0) = F_0(z_0)\cdot G_0(z) + F_1(z_0)\cdot G_1(z) + F_2(z_0)\cdot G_2(z) + \cdots$$

entwickelbar in eine Reihe, die nach den Functionen $G_0(z), G_1(z), \cdots$ fortschreitet, wenn sie endlich, stetig und eindeutig ist in der Nähe des Punktes $z+z_0$. Als Beispiel dient die Taylor'sche Reihe, deren Entwickelung und Convergenzbedingung man erhält, wenn man die Glieder der Exponentialreihe einzeln mit Functionen von z_0 multiplicirt und die Bedingungen dafür aufstellt, dass diese Reihe eine Function von $z+z_0$ ist (§ 1). Die Grundlage für die weitere Untersuchung der allgemeinen Reihen (1) bildet der specielle Fall

$$G_n(z) = [\psi(z)]^n,$$

wo $\psi(z)$ in der Umgebung von $z-c$ in eine nach Potenzen von $z-c$ fortschreitende Reihe ohne constantes Glied entwickelt werden kann. Reihen von dieser Form hat bereits Bürmann aufgestellt, und während Puiseux (Liouville J. XV. Art. 18) den Fall genauer untersucht hat, dass die zu Grunde gelegte Function rational sei, wird hier die Convergenzbedingung der Reihe $F_0 + F_1\,\psi(z) + F_2\,\psi(z)^2 + \cdots$ für beliebige ψ gegeben (§ 2). Hierauf kehrt der Verfasser zur Untersuchung der Convergenz der allgemeinen Reihen $F_0\,G_0(z) + F_1\,G_1(z) + F_2\,G_2(z) + \cdots$ zurück. Das Problem, die endlichen Flächenbereiche zu bestimmen, in denen diese nach G-Functionen fortschreitende Reihe convergirt, wird durch die Betrachtung der Function

$$\operatorname{Lim} \frac{G_{n+1}(z)}{G_n(z)} = k(z)$$

auf das des vorigen Paragraphen zurückgeführt. Ein Beispiel solcher Reihen sind die nach Bessel'schen Functionen fortschreitenden (§ 3). Um die Convergenzbereiche genauer zu umgrenzen, betrachtet der Verfasser die Entwickelung einer Function

$$\varphi(\zeta, z) = R_0(z)\, G_0(\zeta) + R_1(z)\, G_1(\zeta) + R_2(z)\, G_2(\zeta) + \cdots,$$

welche also ausser von der Variabeln ζ noch von einem Parameter z abhängt, als nach den $R_0, R_1, R_2, \cdots$ fortschreitend, und nennt diese Functionen „die auf $\varphi(\zeta, z)$ bezogenen reciproken Functionen der G.“ Diese reciproken Entwickelungsfunctionen werden für den Fall

$$\varphi(\zeta, z) = \frac{1}{\zeta - z}$$

untersucht. Für dieses System reciproker Entwickelungsfunctionen werden die Bedingungen der Entwickelbarkeit einer Function nach G-Functionen, nach R-Functionen und nach G- und R-Functionen festgestellt. Aus ihm lässt sich eine unendliche Anzahl neuer Systeme herleiten (§ 4). Der Verfasser wendet sich nun zur Lösung der Frage: Giebt es Bereiche der Ebene, in welchen verschiedene Entwickelungen einer Function nach denselben Entwickelungsfunctionen gleichzeitig gelten können? und basirt auf der Bestimmung der verschiedenen Arten der Entwickelung einer Function eine Eintheilung aller Entwickelungen in Classen und Genera. Alle Entwickelungen nämlich, die in demselben Bereiche convergiren, bilden ein Genus; und die Eintheilung dieses Genus in Classen wird durch die gleiche Ordnung der Nullwerthe bedingt (§ 5). Zum Schlusse giebt der Verfasser folgende Anwendungen: 1) Die Entwickelung von

$$-\frac{z' - c}{(\zeta - c)(z' - c) - 1}$$

in Bezug auf z' nach G-Functionen. Hierher gehören die Entwickelungen nach Kugelfunctionen; 2) als Entwickelungsfunctionen dienen die Summen der n ersten Glieder der Potenzreihe

$$a_0 + a_1(\zeta - c) + a_2(\zeta - c)^2 + \cdots;$$

3) die Facultätenreihen; 4) die Bessel'schen Functionen; 5) die

Entwickelung endlich vieldeutiger Functionen um ihren Verzweigungspunkt a durch die Substitution

$$z - c = (x - a)^{\frac{1}{n}}$$

(§ 6). In dem folgenden Abschnitt wird H. König Functionen mehrerer Variabeln betrachten und auf den vielfachen Zusammenhang eingehen, der zwischen den Entwickelungsfunctionen beider Arten besteht, sowie Entwickelungen untersuchen, die eine auf einer Linie beliebig gegebene Function darstellen. M.

G. Darboux. Sur un théorème relatif à la continuité des fonctions. Darboux Bull. III. 307-313.

Der Cauchy'sche Beweis des Satzes, dass jede algebraische Gleichung $f(z) = 0$ eine reelle oder imaginäre Wurzel hat, beruht auf dem Nachweis, dass der Modul R der Function $f(z)$ kein anderes Minimum als O haben kann (S. Cauchy, Cours d'Analyse de l'Éc. Pol. I[e] Partie, 1821, und Serret: Cours d'Algèbre supérieure, 1866). Dieser und alle daraus hergeleiteten Beweise, die auf der Theorie der geschlossenen Bereiche basiren, haben den Fehler, dass, wenn eine continuirliche Function zwischen zwei festen Grenzen bleibt, also nicht unter eine gewisse Grösse sinkt, sie nothwendig den Werth erreicht, welcher die untere Grenze aller ihrer möglichen Werthe angiebt. Um diesem Uebelstande abzuhelfen, beweist der Herr Verfasser folgenden Satz: „Nimmt eine continuirliche Function zweier Variabeln für alle Punkte innerhalb eines geschlossenen Bereiches Werthe an, die zwischen zwei Zahlen H und K liegen, so erreicht sie nothwendig, wenigstens für ein System der beiden unabhängigen Variabeln den Werth, der die untere oder obere Grenze aller ihrer möglichen Werthe bezeichnet" — Dieser Satz ist bereits früher von Herrn Weierstrass für Functionen einer Variabeln veröffentlicht und in seinen Vorlesungen auch auf Functionen beliebig vieler Variabeln ausgedehnt worden. Auch hat ihn Herr O. Bonnet in seinen Vorlesungen mitgetheilt.

M.

G. Ascoli. Dimostrazione di un teorema di Cauchy. Brioschi Ann. (2) V. 14-16.

Beweis des Satzes, dass die Differentialgleichung

$$\frac{du}{dz} = f(u,z),$$

wo f in der Umgebung von $z = 0$, $u = 0$ synektisch ist, ein und nur ein synektisches Integral u zulässt, das für $z = 0$ verschwindet (vgl. Briot u. Bouquet Doppelt-per. Funct. p. 54 ff.).

Siehe F. d. M. III. 197. St.

H. A. Schwarz. Zur Integration der partiellen Differential-Gleichung $\frac{\partial^2 u}{\partial x^2} + \frac{\partial^2 u}{\partial y^2} = 0$. Borchardt J. LXXIV. 218-253.

Veranlasst durch die Arbeit des Herrn Prym in Borchardt's J. LXXIII. 340 (siehe F. d. M. III. 182) über die Existenz einer der Differential-Gleichung $\Delta u = 0$ genügenden Function, deren Werthe innerhalb einer einfachen Kreisfläche S, den Rand einbegriffen, endlich und stetig, längs des Randes aber gegeben sind, lässt Herr Schwarz zunächst seine denselben Gegenstand behandelnde Arbeit aus Wolf's J. XV. 113 (siehe F. d. M. II. 214) hier noch einmal abdrucken. Die dieser Arbeit hinzugefügten Anmerkungen beziehen sich zum Theil auf die verwandten Arbeiten von C. Neumann (Clebsch Ann. III. 325 und Leipz. Ber. 1870, 264; siehe F. d. M. III. 491) und betreffen die von Letzterem für die Function verlangte „gleichmässige" Stetigkeit und die Existenz der Ableitung $\frac{\partial^2 u}{\partial x \partial y}$ für das Innere des betrachteten Gebietes; zum Theil enthalten sie historische Notizen über andere verwandte Arbeiten von Green, Betti, Dini, Poisson, C. Neumann, Schläfli, Heine und Prym.

Es folgt eine „Fortsetzung und Erweiterung der in den vorhergehenden Paragraphen enthaltenen Betrachtungen". Nach einer Bemerkung über die Veränderung der angegebenen Formeln für den Fall eines Kreises mit dem Radius R wird die vorhergehende Untersuchung dahin erweitert, dass die Function $f(\varphi)$

nicht mehr für alle reellen Werthe von φ endlich, stetig, eindeutig und mit der Periode 2π periodisch ist, sondern dass diejenigen Werthe von φ, welche einem der Werthe $\varphi_1, \varphi_2, \cdots \varphi_m$ (die sämmtlich verschieden und $< 2\pi$) congruent mod. 2π sind, ausgenommen werden, so dass sich $f(\varphi)$ einer bestimmten endlichen Grenze nähert, wenn φ sich einem der ausgeschlossenen Werthe nähert; und die Function u^* stimmt am Rande mit Ausnahme einer endlichen Anzahl von Punkten mit $f(\varphi)$ überein. Der Beweis der Gleichung

$$u^*(r,\varphi) = \frac{1}{2\pi}\int_{-\pi}^{+\pi} u^*(1,\psi)\,\frac{1-r^2}{1-2r\cos(\psi-\varphi)+r^2}\,d\psi$$

wird hier durchgeführt, ohne dass (wie bei Prym und C. Neumann) über die Art der Unstetigkeit der Function, beziehungsweise über deren Vieldeutigkeit bei der Annäherung an einen singulären Punkt eine specielle Annahme gemacht wird. Analog dem Früheren wird nun der Existenzbeweis geführt, und das die Function darstellende Integral in der Nähe der singulären Punkte untersucht, wo eine Stetigkeitsunterbrechung am Rande eintritt, und wo die Stetigkeit der Function u^* ungewiss ist (§ 8). Eine derartige Verallgemeinerung erlauben auch die folgenden Sätze: „Eine für alle Punkte im Innern und auf der Begrenzung eines einfachen endlichen Bereiches T endliche, stetige und eindeutige Function u, deren partielle Ableitungen

$$\frac{\partial u}{\partial x}, \quad \frac{\partial u}{\partial y}, \quad \frac{\partial^2 u}{\partial x^2}, \quad \frac{\partial^2 u}{\partial y^2}$$

nur für alle inneren Punkte des Gebietes T endliche, stetige und eindeutige Functionen von x und y sind, und der Gleichung $\Delta u = 0$ genügen, muss für alle inneren Punkte von T null sein, wenn sie für alle Punkte der Begrenzung den Werth Null hat“, und „Wenn 2 für dasselbe Gebiet T diesen Bedingungen genügende Functionen u und u_1 für alle Punkte der Begrenzung des Gebietes übereinstimmen, so stimmen sie in ihren Werthen ganz überein.“ Diese hier entwickelten Sätze sind einer Abhandlung über die Integration der partiellen Differentialgleichung $\Delta u = 0$ entnommen, die Herr Schwarz im November 1869 den

Herren Kronecker und Weierstrass mitgetheilt hat (§ 9 und § 10).

Im folgenden Paragraphen führt der Verfasser die Integration der partiellen Differentialgleichung analog dem Vorigen für den Fall eines von 2 concentrischen Kreisen begrenzten Ringgebietes durch (§ 11). Zum Schluss folgen Betrachtungen über die Entwickelbarkeit einer Function in Potenzreihen, welche den für Functionen complexen Argumentes aus dem Cauchy'schen und Laurent'schen Satze entspringenden analog sind (§ 12).

M.

G. Mittag-Leffler. Om skiljandet af rötterna till en synektisk funktion af en variabel. Stockholm.

Darstellung von Cauchy's Theorem über die Anzahl der Wurzeln einer synektischen Function innerhalb beliebiger Grenzen. Anwendungen auf die Functionen

$$x + ae^x + b,\quad x + ae^{x^2} + b,\quad x - a\sin x - T, \text{ etc.}$$

Als Probe möge folgendes Beispiel dienen: Die Function $x + ae^x + b$, wo a und b reelle Constanten, hat unendlich viele complexe Wurzeln, alle einfach, je zwei conjugirt.

Für I. $a > 0$ ist eine einzige Wurzel zwischen jedem Paare von zwei mit der Grundrichtung parallelen Geraden

$$y = \pm k\pi,\ y = \pm (k+1)\pi \quad -k \text{ ungrade} -$$

gelegen. Eine ist reell.

Für II., wenn $a < 0$ und

$$1)\quad b > l(-a) + 1,$$

so liegt eine einzige Wurzel zwischen jedem Paare von zwei mit der Grundrichtung parallelen Geraden

$$y = \pm k\pi,\ y = \pm (k+1)\pi \quad -k \text{ grade.} -$$

Keine ist reell. Wenn

$$2)\quad b = l(-a) + 1,$$

so vereinigen sich zwei der obengenannten Wurzeln zu einer doppelten reellen. Wenn

$$3)\quad b < l(-a) + 1,$$

so löst sich diese letztere in zwei einfache reelle Wurzeln auf, die eine grösser, die andere kleiner als $-l(-a)$. Die übrigen liegen zwischen den oben genannten Grenzen. Bg.

P. du Bois-Reymond. Théorème général concernant la grandeur relative des infinis des fonctions et de leurs dérivées. Borchardt J. LXXIV. 294-304.

Der Kürze wegen seien die Bezeichnungen

$$f(x) > \varphi(x),\quad f(x) \sim \varphi(x),\quad f(x) < \varphi(x)$$

gebraucht, je nachdem für $x = \infty$ der Werth des Bruches $f:\varphi$ unendlich, endlich oder Null sei. In einer früheren Abhandlung (vgl. F. d. M. III. p. 197) zeigt Herr du Bois den Satz: „Werden die Functionen $f(x)$ und v mit x unendlich, und ist

$$v^M > f(x) > v^m,$$

so ist

$$1:\frac{d\cdot lv}{dx} \sim f(x):f'(x).\text{“}$$

Der Ausdruck $1:\frac{d\cdot lv}{dx}$ heisst „Unendlichkeits-Typus“ von $f(x)$. Nun lautet der hier bewiesene Satz folgendermassen: „Es sei t der Typus von $f(x)$. Dann hat man

1) für $t < x$

$$(1)\qquad f(x) \sim tf'(x) \sim t^2 f''(x) \sim \cdots \text{ in inf.};$$

2) für $t > x$

$$f(x) \sim \frac{f'(x)}{t^{-1}} \sim \frac{f''(x)}{\frac{dt^{-1}}{dx}} \sim \cdots \text{ in inf.}$$

3) Für $t \sim x$ kann man $f(x)$ auf die Form bringen $x^\mu f_1(x)$, wo entweder f_1 oder auch $\frac{1}{f_1} <$ als jede noch so niedrige Potenz von x. Ist dann μ keine ganze Zahl, so bleibt der Satz (1) gültig. Ist aber μ ganze Zahl, so hat man

$$f(x) \sim tf'(x) \sim \cdots$$

$$\sim t^\mu f^{(\mu)}(x) \sim \frac{t^\mu f^{(\mu+1)}(x)}{t_1^{-1}} \sim \frac{t^\mu f^{(\mu+2)}(x)}{\frac{dt_1^{-1}}{dx}} \sim \cdots \text{ in inf.“}$$

Dabei muss fx, sowie alle seine Ableitungen, der Bedingung genügen, nicht unendlich viele Maxima und Minima zu besitzen.

St.

M. Marie. Extrait d'une lettre adressée à M. Liouville.
Liouville J. (2) XVII. 337-347.

Mit Bezugnahme auf verschiedene Abhandlungen des Verfassers über die Theorie der Functionen mit complexen Variablen, welche im Liouville'schen Journal in den Jahrgängen 1858—1862 erschienen sind, entwickelt die vorliegende Arbeit mehrere Eigenschaften eines Systems zweier Punktreihen, welche dadurch charakterisirt sind, dass in ihnen $\frac{dy}{dx}$ reell ist, falls y mit x durch eine Gleichung mit complexen Coefficienten verknüpft ist, wobei zu bemerken ist, dass der Verfasser die Lösungen $x = \alpha + \beta i$, $y = \alpha' + \beta' i$ in reeller Weise durch $x = \alpha + \beta$, $y = \alpha' + \beta'$ darstellt. Zur Erklärung dieser eigenthümlichen Interpretation, die ohne die früheren Abhandlungen des Verfassers nicht verständlich ist, diene Folgendes: Sei die Gleichung

$$(1) \qquad f(x,y) = f(\alpha + \beta i,\ \alpha' + \beta' i) = 0.$$

Die Vorschrift, dass $\frac{dy}{dx}$ reell sei, giebt die Relation

$$\frac{d\alpha'}{d\alpha} = \frac{d\beta'}{d\beta};$$

setzt man nun noch $\xi = \alpha + \beta$, $\eta = \alpha' + \beta'$, so hat man zwischen den 4 Grössen $\alpha, \beta, \alpha', \beta'$, 5 Gleichungen, aus denen diese Grössen zu eliminiren sind, und man erhält eine Gleichung mit reellen Coefficienten zwischen ξ und η. Die durch die letztere Gleichung dargestellte Curve nennt der Verfasser „enveloppe imaginaire", und die Curve, die man nach demselben Verfahren erhält, wenn für die Coefficienten der ursprünglichen Gleichung ihre conjugirten Werthe genommen werden, heisst „enveloppe conjuguée". Das System beider Curven wird „enveloppe imaginaire des conjuguées" genannt. Sind die Coefficienten der Gleichung (1) reell, dann fallen beide Curven in eine zusammen, und es wird nun gezeigt, wie diese Curve in vielen Beziehungen die reelle Curve, die durch die Gleichung (1) gegeben ist, ergänzt, und wie im Falle, dass die Coefficienten imaginär werden, das System beider Curven die reelle Curve ersetzt. Unter Anderem wird die Periode des Integrals $\int y dx$ mit Hülfe des genannten Systems bestimmt. (Vergl. das folgende Referat.) Hr.

M. Marie. Théorie élémentaire des intégrales simples et de leurs périodes. C. R. LXXV. 524-527.

M. Marie. Théorie élémentaire des intégrales doubles et de leurs périodes. C. R. LXXV. 576-579, 614-616, 660-663.

M. Marie. Théorie élémentaire des intégrales d'ordre quelconque et de leurs périodes. C. R. LXXV. 1078-1081, 1247-1280.

Der Verfasser hat seine Theorie der doppelten und mehrfachen Integrale bereits in den Jahren 1853 und 1858 der Akademie der Wissenschaften eingereicht und im Liouville'schen Journal veröffentlicht. Dass sie bisher wenig Eingang gefunden, erklärt der Verfasser daraus, dass sie auf Betrachtungen der höheren Geometrie (eigenthümliche Interpretation des Imaginären) basirt war, womit die Analysten sich nicht befreunden mochten. Er stellt sie nun nach einer Methode dar, welche von diesen Vorstellungen abstrahirt, demungeachtet aber an Klarheit noch viel zu wünschen lässt. Sie besteht darin, den Werth eines Integrals zwischen imaginären Grenzen durch die Quadratur gewisser Curven auszudrücken, die mit der gegebenen Curve

$$(1) \qquad F(xy) = 0$$

zusammenhängen.

Seien

$$x = \alpha + \beta i, \quad y = \alpha' + \beta' i$$

entsprechende Werthe, und

$$J = \int y dx$$

nach einer Curve genommen, die durch die Gleichung

$$\varphi(\alpha, \beta) = 0$$

und die Grenzen α_0 und α_1 definirt ist, so erhält man

$$J = 2s_1 - \frac{s+s'}{2} + \frac{s-s'}{2}\cdot i,$$

wo

$$s = \Sigma(\alpha'+\beta')(d\alpha+d\beta);\quad s' = \Sigma(\alpha'-\beta')(d\alpha-d\beta),\quad s_1 = \Sigma\alpha'\alpha.$$

Denkt man sich also 3 Curven, deren Coordinaten sind:

$$\alpha+\beta \text{ und } \alpha'+\beta',\quad \alpha-\beta \text{ und } \alpha'-\beta',\quad \alpha \text{ und } \alpha',$$

so stellen s, s' und s_1 die Flächen dar, die zwischen diesen Curven, der x-Axe und den den Werthen α_0 und α_1 entsprechenden Ordinaten enthalten sind. Ist die Gleichung zwischen x und y in den Coefficienten reell, so entsprechen die Lösungen $\alpha-\beta i$, $\alpha'-\beta' i$ den Lösungen $\alpha+\beta i$, $\alpha'+\beta' i$, und das Integral

$$J = \int(\alpha'-\beta' i)\,(d\alpha - i d\beta)$$

stellt sich durch die nämlichen Flächen in der Form dar:

$$J' = 2s_1 - \frac{s+s'}{2} - \frac{s-s'}{2}\cdot i.$$

Ist der Integrationsweg geschlossen, so wird das Integral gleich Null, wofern nicht den Punkten im Innern der Integrationscurve unendliche oder vielfache Wurzeln y entsprechen. Im letzteren Falle stellt das geschlossene Integral eine Periode des unbestimmten Integrals dar. Sind die Coefficienten der Gleichung (1) reell, so sind die Perioden paarweise conjugirt, oder was dasselbe ist, die einen sind reell, die anderen rein imaginär. Alle reellen Perioden werden erhalten, wenn man die Flächen, welche von den reellen geschlossenen Contouren, so viele ihrer in der durch die Gleichung (1) definirten Curve existiren, begrenzt werden, quadrirt. (So ist von $\int y dx$, wo y durch die Gleichung

$$\frac{x^2}{a^2} + \frac{y^2}{b^2} = 1$$

bestimmt ist, die allein vorhandene reelle Periode πab). Der letztere Satz wird aus den obigen Formeln nicht abgeleitet, er unterliegt jedoch zum mindesten einer Schwierigkeit, die der Verfasser nicht berührt. Der Fall nämlich, wo die Gleichung (1) keine geschlossenen Contouren darstellt, schliesst keineswegs die Existenz von reellen Perioden aus, wie dies aus dem einfachen

Beispiele $\int \frac{dx}{\sqrt{1-x^2}}$ erhellt, wo das Integral die reelle Periode 2π hat, und die Curve der Gleichung $y^2(1-x^2) = 1$ aus 2 getrennten in's Unendliche gehenden Curvenzweigen besteht. Die Zurückführung auf eine Quadratur liesse sich hier noch festhalten, wenn man $y = \frac{1}{z}$ setzt, und es scheint die Angabe des Verfassers noch der Ergänzung bedürftig, dass ausser den obigen Contouren noch die etwaigen geschlossenen Contouren in Betracht zu ziehen sind, die durch die Substitution $y = \frac{1}{z}$ erhalten werden.

Der Ausdruck für die rein imaginären Perioden ist

$$J - J' = (s - s')i,$$

wobei solche Umläufe zu wählen sind, dass die Curven s und s' sich vereinigen. Die Quadratur der umschlossenen Flächen giebt ihren Werth abgesehen vom Factor i. (So ist beim Integral $\int \frac{dx}{x}$ die zu quadrirende Fläche ein Kreis um den Anfangspunkt, welcher die Hyperbel $xy = 1$ in den Scheitelpunkten berührt, und dessen Inhalt 2π ist.)

Bei dem doppelten Integral

$$J = \int z\, dx\, dy,$$

wo z definirt ist durch die Gleichung

$$(2) \qquad F(xyz) = 0,$$

sei

$$x = \alpha + \beta i,\ y = \alpha' + \beta' i,\ z = \alpha'' + \beta'' i,$$

die Reihenfolge der Elemente $z\,dx\,dy$, sei ferner bestimmt durch die Gleichungen

$$(3) \qquad \varphi(\alpha, \beta, \alpha', \beta') = 0. \qquad \varphi_1(\alpha, \beta, \alpha', \beta'_1) = 0,$$

so erhält man:

$$J = 2V_1 - \frac{V + V'}{2} + \left(\frac{V - V'}{2} - 2V_1'\right)i,$$

wo

$$V = \Sigma(\alpha'' + \beta'')\,(d\alpha + d\beta)\,(d\alpha' + d\beta'),$$
$$V' = \Sigma(\alpha'' - \beta'')\,(d\alpha - d\beta)\,(d\alpha' - d\beta'),$$
$$V_1 = \Sigma\alpha''\,d\alpha\,d\alpha', \quad V'_1 = \Sigma\beta''\,d\beta\,d\beta'.$$

Aus den 2 Relationen, die in der Gleichung (2) enthalten sind, aus (3) und den Gleichungen

$$\alpha \pm \beta = \xi, \quad \alpha' \pm \beta' = \eta, \quad \alpha'' \pm \beta'' = \zeta$$

lassen sich $\alpha, \beta, \alpha', \beta', \alpha'' \beta''$ eliminiren und V resp. V' stellen die Volumina dar, welche zwischen den Oberflächen mit den Coordinaten $\xi\eta\zeta$ und der xy-Ebene enthalten sind, nachdem noch eine Grenzbedingung $\lambda(\alpha\beta) = 0$ festgesetzt ist. Ist das durch die Gleichungen (3) bestimmte Werthgebiet geschlossen, so verschwindet das Integral, ausser wenn im Innern $z = \infty$ oder $\frac{\partial F}{\partial z} = 0$ wird, in welchem Falle dasselbe eine Periode des unbestimmten Doppelintegrals darstellt.

Sind die Coefficienten der Gleichung (2) reell, so erhält man die reellen Perioden durch Cubatur der geschlossenen Räume, so viele ihrer in der Fläche (2) existiren. So ist $\frac{4}{3}\pi abc$ die reelle Periode von

$$c\int dx\,dy \sqrt{\left(1 - \frac{x^2}{a^2} - \frac{y^2}{b^2}\right)}.$$

Es bestehen hier übrigens unseres Erachtens dieselben Schwierigkeiten, die wir oben berührt haben. Der Ausdruck für die rein imaginären Perioden ist $(V - V')i$.

Man kann nun leicht übersehen, wie dieselbe Methode auf die Integrale beliebiger Ordnung ausgedehnt wird.

Der Verfasser bemerkt noch, dass, falls die Coefficienten der betrachteten Gleichung complexe Werthe haben, Perioden, die den reellen analog sind, dadurch erhalten werden, dass man das Integral längs einer geschlossenen Folge von Lösungen der gegebenen Gleichung nimmt, für welche beim einfachen Integral $\frac{dy}{dx}$, beim doppelten Integral $\frac{\partial z}{\partial x}$ und $\frac{\partial z}{\partial y}$, u. s. f. reell sind.

Hr.

M. Marie. Théorie des résidus des intégrales doubles. C. R. LXXV. 695-698, 751-755.

M. Marie. Théorie des résidus des intégrales d'ordre quelconque. C. R. LXXV. 1475-1479.

Ist

$$F(xyz) = 0$$

die Gleichung, wodurch z als Function von x und y gegeben ist, so kann z entweder für einen isolirten Punkt $x_0 y_0$ unendlich werden oder für ein System von Werthen, welche der Gleichung

$$f(xy) = 0$$

genügen. Hiernach werden unterschieden Residuen in Beziehung auf einzelne Punkte und Residuen in Beziehung auf Linien. Für den ersten Fall ist die allgemeinste Gleichung, welche betrachtet wird,

$$z = \frac{a^2}{2} \frac{\varphi(xy)}{\sqrt{(x-x_0)^2+(y-y_0)^2}},$$

wo $\varphi(xy)$ für $x = x_0$, $y = y_0$ einen bestimmten Werth φ_0 annimmt, und das Residuum in Bezug auf den Punkt $x_0 y_0$ $\frac{4}{3}\pi a^3 \varphi_0 \cdot i$ sein soll, was schwerlich richtig ist, da das Residuum doch eine Function von $a^2 \varphi_0$ sein muss.

Im zweiten Fall sei $x_1 y_1$ eine Lösung der Gleichung $f(xy) = 0$, und z habe für Werthe in der Umgebung dieses Werthepaars die Form:

$$z = \frac{M}{a(x-x_1)+b(y-y_1)},$$

wo

$$a = \left(\frac{\partial f}{\partial x}\right)_1, \quad b = \left(\frac{\partial f}{\partial y}\right)_1,$$

dann lautet das Residuum in Beziehung auf die Curve $f(xy) = 0$:

$$2\pi i \int \frac{M ds}{b}$$

(das Integral längs des Umfanges der Curve genommen)

$$= 2\pi i \int \frac{M dx}{\sqrt{a^2+b^2}}.$$

Die Ausdehnung auf Functionen von 3 Veränderlichen, auf welche übrigens der Verfasser sich beschränkt, lautet so:

Es sei D (Dichtigkeit) $= \frac{\varphi(xyz)}{F(xyz)}$, so dass D für alle Punkte der Oberfläche $F(xyz) = 0$ unendlich wird, und x_1, y_1, z_1 eine Lösung von $F = 0$, dann wird das Residuum in Bezug auf die Fläche dargestellt durch

$$2\pi i \iint \frac{\varphi(x_1 y_1 z_1)\, ds}{\sqrt{\left(\frac{\partial F}{\partial x_1}\right)^2 + \left(\frac{\partial F}{\partial y_1}\right)^2 + \left(\frac{\partial F}{\partial z_1}\right)^2}}$$

(längs der ganzen Ausdehnung der Oberfläche $F = 0$ genommen)

$$= 2\pi i \iint \frac{\varphi(x_1\, y_1\, z_1)\, dx_1\, dy_1}{\frac{\partial F}{\partial z_1}}.$$

Hr.

M. Marie. Extension de la méthode de Cauchy à l'étude des intégrales doubles ou théorie des contours élémentaires dans l'espace. C. R. LXXV. 865-868, 937-940.

Zur Bestimmung der verschiedenen Perioden des Doppelintegrals $\iint z\, dx\, dy$, wo z durch die Gleichung $f(xyz) = 0$ bestimmt ist, wird die Gleichung des sogenannten scheinbaren Umrisses, $F(xy) = 0$, betrachtet, welche aus der Elimination von z zwischen $f(xyz) = 0$ und $\frac{\partial f}{\partial z} = 0$ hervorgeht. Der geschlossene Integrationsweg wird, wie oben, durch die Bedingungen

$$\varphi(\alpha\beta\alpha'\beta') = 0, \quad \varphi_1(\alpha\beta\alpha'\beta') = 0, \quad (x = \alpha + \beta i,\ y = \alpha' + \beta' i)$$

festgesetzt und mit (φ, φ_1) bezeichnet und angenommen, dass er durch keine der Lösungen von $F(xy) = 0$ hindurchgeht. Schliesst er auch keine ein, so ist der Werth des Doppelintegrals Null. Schliesst er dagegen ein geschlossenes System von Lösungen der Gleichung $F(xy) = 0$ ein, so erhält man im Allgemeinen constante Werthe, welche die Perioden des Integrals sind. Es werden noch die Bedingungen angegeben, unter welchen die Constanten von Null verschieden sind. Hr.

L. Pochhammer. Ueber die Entwickelung von Functionen nach den Integralen einer Klasse von linearen Differentialgleichungen zweiter Ordnung. Borchardt J. LXXIV. 315-362.

Ist $\varphi(x)$ eine beliebige in der Umgebung von $x = 0$ eindeutige und stetige Function, so genügen die Integrale $P_m(x)$, nach denen die Entwickelung von $\varphi(x)$ fortschreitet, zunächst folgender Differentialgleichung:

$$(1) \qquad x^2 \frac{d^2P_m}{dx^2} + g(x)\frac{dP_m}{dx} + h(x)P_m = m(m+b-1)P_m,$$

worin m der Reihe nach gleich $0, 1, 2\cdots$ gesetzt wird, $g(x)$ und $h(x)$ zwei convergente Reihen von der Form

$$g(x) = bx + b_1x^2 + b_2x^3 + \cdots$$
$$h(x) = c_1x + c_2x^2 + c_3x^3 + \cdots$$

bedeuten. Die Constanten $b, b_1, \cdots, c_1\ c_2, \cdots$ sind von m unabhängig, übrigens beliebig vorausgesetzt, nur ist b der Beschränkung unterworfen, nicht einer negativen ganzen Zahl oder Null gleich zu sein. Die Form der Gleichung (1) unter der erwähnten Beschränkung ist die nothwendige und hinreichende Bedingung dafür, dass von den beiden Integralen des zu $x = 0$ gehörigen Fundamentalsystems eines und nur eines zum Exponenten m gehört und ausschliesslich nach ganzen positiven Potenzen von x fortschreitet. Es wird nun $P_m(x)$ als dasjenige partikuläre Integral der Gleichung (1) definirt, welches durch die Reihe

$$P_m(x) = x^m(1 + k_1x + k_2x^2\cdots)$$

darstellbar ist. Es wird alsdann im ersten Abschnitt der Nachweis geführt, dass $\frac{P_m(x)}{x^m}$ für $m = \infty$ einen von Null und Unendlich verschiedenen Werth erhält, woraus folgt, dass wenn eine Entwickelung

$$\varphi(x) = \sum_{\nu=0}^{\nu=\infty} \beta_\nu P_\nu(x)$$

überhaupt möglich ist, die Begrenzung des Convergenzgebietes ein Kreis um $x = 0$ ist. Die Coefficienten β werden im zweiten Abschnitt (§§ 6—12) mit Hülfe einer Ergänzungsfunction $Q_n(x)$ bestimmt, welche der Differentialgleichung

$$(2) \qquad \frac{d^2(x^2Q_n)}{dx^2} + \frac{d(g(x)Q_n)}{dx} + h(x)Q_n - n(n+b-1)Q_n = \begin{cases} Ax^\gamma \\ 0 \end{cases}$$

genügt, je nachdem b eine positive ganze Zahl ist oder nicht. A und γ werden für den ersten Fall so bestimmt, dass die logarithmischen Glieder in den Integralen verschwinden. Im zweiten Falle stellt (2) die Gleichung des integrirenden Factors von (1) vor. In beiden Fällen wird Q_n näher als dasjenige partikuläre Integral von (2) definirt, welches durch die Reihe

$$x^{-n-1}\{1+K_1x+K_2x^2+\cdots\}$$

dargestellt werden kann. Durch diese Reihe ist zwar für den Fall, dass b eine positive ganze Zahl ist, Q_n nicht vollständig, sondern nur in denjenigen Gliedern eindeutig bestimmt, welche mit negativen Potenzen von x behaftet sind, diese aber kommen allein in der fraglichen Entwickelung zur Anwendung. Es wird darauf folgender Satz bewiesen: „Bezeichnet $[F(x)]_{-1}$ den Coefficienten von x^{-1} in der Entwickelung nach Potenzen von x, dann ist

$$[P_m(x)\,Q_n(x)]_{-1}=0, m \gtrless n, \quad [P_m(x)Q_m(x)]_{-1}=1.\text{“}$$

Hieraus folgt dann unmittelbar die gesuchte Entwickelung in der Form:

$$(3) \qquad \varphi(x)=\sum_{\nu=0}^{\nu=\infty}[\varphi(u)\,Q_\nu(u)]_{-1}P_\nu(x).$$

Nachdem noch für mod. $[\varphi(u)Q_1(u)]_{-1}$ für $\nu=\infty$ eine Grenzbestimmung geliefert ist, wird im dritten Abschnitt §§ 12—14 der Beweis für die Convergenz der Entwickelung gegeben.

Ist ϱ der Abstand des Punktes $x=0$ vom nächstgelegenen singulären Punkt der Differentialgleichung (1), und wird $\varphi(x)$ innerhalb des Kreises mit dem Radius ϱ unstetig, so fällt das Convergenzgebiet der Reihe (3) mit dem der Potenzreihe von $\varphi(x)$ zusammen. Bleibt aber $\varphi(x)$ in dem gedachten Intervall stetig, so gilt die Entwickelung für die ganze Kreisfläche mit Ausschluss der Peripherie. Die erhaltenen Resultate werden darauf verallgemeinert, indem die Functionen $P_m(x)$ und $Q_n(x)$ durch die Differentialgleichungen

$$f(x)\frac{\partial^2 P_m}{\partial x^2}+g(x)\frac{dP_m}{dx}+h(x)\cdot P_m=m(m+b-1)P_m,$$

$$\frac{d^2(f(x)Q_n)}{dx^2}-\frac{d}{dx}(g(x)Q_n)+(h(x)-n(n+b-1))Q_n=\begin{cases}Ax^\gamma\\0\end{cases}$$

definirt werden, worin $f(x)$ die convergente Reihe

$$f(x)=x^2(1+a_1x+a_2x^2+\cdots),$$

$g(n)$ und $h(n)$ dieselben Reihen wie oben bedeuten. Das Convergenzgebiet der Entwickelungsreihe ist hier nicht kreisförmig begrenzt. Die Begrenzungscurve ist durch die Gleichung

$$\frac{d\xi}{\xi} = \frac{dx}{\sqrt{f(x)}}$$

dahin bestimmt, dass sie die Curve in der x-Ebene ist, die einem Kreise in der ξ-Ebene entspricht. Durch die bezeichnete Substitution werden nämlich die neuen Functionen P auf die früheren zurückgeführt. Es wird noch bemerkt, dass, damit die Differentialgleichung für $Q_m(x)$ mit der von $P_m(x)$ identisch werde, es nothwendig und hinreichend sei, dass $g(x) = \frac{df(x)}{dx}$ und $f(x)$ und $h(x)$ grade Functionen von der Form:

$$f(x) = x^2(1 + a_2x^2 + \cdots)$$
$$h(x) = c_2x^2 + c_4x^4 + \cdots$$

seien. Alsdann ist das zweite partikuläre Integral für die Ergänzungsfunction Q_m zu nehmen. Die Differentialgleichung für die Kugelfunctionen erster und zweiter Art, die in der nämlichen Beziehung zu einander stehen, lässt sich durch eine einfache Substitution in die erwähnte Form überführen.

Im letzten Abschnitt §§ 15—17 werden als Beispiel zwei specielle Differentialgleichungen behandelt, in denen die Coefficienten Binome sind, und bei denen die Q_n als ganze rationale Functionen von $\frac{1}{x}$ erhalten werden. Für diese besteht die Gleichung

$$\sum_{\mu=0}^{\mu=\infty} P_\mu(x)\cdot Q_\mu(t) = \frac{1}{t-x}.$$

Hr.

Ch. Hermite. On the elimination of arbitrary functions.

Messenger (2) II. 69-70.

Auszug aus der Arbeit: „Sur l'élimination des fonctions arbitraires", die der Verfasser in der Versammlung „for the advancement", 1872 gehalten hat. Glr. (O.)

J. W. L. Glaisher. On the expression for $\varphi(x+yi)+\varphi(x-yi)$.

Messenger (2) II. 12-16.

Der Verfasser bemerkt, dass Abel's Resultat (Oeuvres II. 222.)

$$\varphi(x+yi)+\varphi(x-yi) = \frac{2y}{\pi}\int_{-\infty}^{\infty} v dv\, e^{-v^2\theta^2}\int_{-}^{\infty}\varphi(x+t)\, e^{-v^2t^2} dt$$

auf unrichtige Schlüsse gegründet ist, da nicht zu beweisen ist, dass man

$$\int_{-\infty}^{\infty} e^{-v^2y^2}\, v^{-2n}\, dv = \frac{\Gamma(-n+\frac{1}{2})}{y-2n+1},$$

welches in Wirklichkeit unendlich ist, herleiten kann aus

$$\int_{-\infty}^{\infty} e^{-v^2y^2}\, v^{2n}\, dv = \frac{\Gamma(n+\frac{1}{2})}{y+2n+1},$$

und da ferner eine Discontinuität von Abel nicht berücksichtigt wurde. Die Arbeit enthält auch Bemerkungen über die Darstellung von $\varphi(x+yi)+\varphi(x-yi)$ als bestimmtes Integral.

Glr. (O.)

R. Pendlebury. Powers of negative quantities.
Messenger (2) II. 60.

Bezieht sich auf die Discontinuität von a^x, wenn a negativ ist.

Glr. (O.)

W. K. Clifford. Remarks on the theory of the exponential function derived from the equation $\frac{du}{dt} = pu$.
Proc. of L. M. S. IV. 11I.

Cly.

J. W. L. Glaisher. Suggested notation for printing complicated exponents. Messenger (2) II. 107-111.

Es wird das Bedürfniss nach einer erkennbaren „gedruckten" Bezeichnung für Buchstaben ausgedrückt, die in Potenzen erhoben sind, welche complicirte Exponenten enthalten, und welche jetzt oft undeutlich werden. Wenn solche Ausdrücke, wie $Z^{\frac{ax+bx}{cx+dx}}$ oft in einer Arbeit vorkommen, verbrauchen sie viel Raum und vertheuern den Druck. Es wird daher vorgeschlagen, wenn u eine

complicirte Grösse ist, a^u zu drucken (nicht zu schreiben) wie $a\wedge u\wedge$ oder $a \uparrow u \uparrow$ oder in einer andern Weise, die nicht viel Raum braucht. Es folgen einige Bemerkungen über die verschiedenen Bezeichnungen für $1\cdot 2\cdot 3 \cdots n$, nämlich $\underline{|x}$, $[x]$, $\Gamma(x+1)$, $\Pi(x)$ und $x!$ Der Verfasser giebt den beiden letzteren den Vorzug.
Glr. (O.)

C. Formenti. Sulla funzioni ad un solo valore. Pavia.
Jg.

M. Nöther. Zur Theorie der algebraischen Functionen. 3te Note. Gött. Nachr. 1872. 490-498.

Dass eine Curve $f(z,s) = 0$ durch den vollständigen Schnitt zweier gegebenen Curven m- und n^{ter} Ordnung $\varphi = 0$, $\psi = 0$ hindurchgehe, kann analytisch u. A. so definirt werden: Bezeichnet $z = a$, $s = b$ irgend einen dieser Schnittpunkte, welchen sämmtlich endliche Werthe von z,s entsprechen sollen, so muss f nach Potenzen von $z-a$, $s-b$ entwickelt, identisch sein mit $A'\varphi + B'\psi$, unter A' B' ganze Functionen von $z-a$, $s-b$ verstanden. Dieses vorausgesetzt zeigt Herr Nöther auf sehr elegante Weise und in völliger Strenge, dass $f \equiv A\varphi + B\psi$ sein müsse, wo A, B ganze Functionen von z,s bezeichnen. Es folgt dieses unmittelbar aus folgendem Satze. Bekanntlich hat man für die Resultante $\Phi(z)$ nach s der Function $\varphi,|$ den Ausdruck $\lambda\varphi + \mu\psi$ (λ,μ ganze Function von z,s). Wird nun $f\lambda = \nu\psi + X$ gesetzt, so ist der Rest X, in y vom Grade $n-1$, durch $\Phi(z)$ theilbar.
St.

T. Babczynski. Ueber die Multiplication der symmetrischen algebraischen ganzen rationalen Functionen. Schlömilch Z. XVII. 147-158.

Nach einigen allgemeinen Bemerkungen über die Theorie der Permutationen etc. wird ein Verfahren angegeben, wie ein Product von zwei (oder mehreren) elementaren symmetrischen Functionen von n Grössen, d. i. von Ausdrücken $\Sigma x_1^{a_1} x_2^{a_2} \cdots x_n^{a_n}$ in eben solche Functionen zerlegt werden könne. Die u. A. erwähnte Bildung der $n!$ Permutationen durch cyklische Vertauschungen von n, $n-1, \cdots$ Elementen findet sich auch bei Meier Hirsch (Aufgaben z. d. algebr. Gleichungen 1809 I. p. 326). St.

O. SCHLÖMILCH. Ueber eine besondere Gattung algebraischer Functionen. Leipz. Ber. XXIV. 26-36, Schlömilch Z. XVII. 248-251.

Es handelt sich um die Eigenschaften der ganzen rationalen Functionen $\varphi_m(x,y)$ und $\psi_m(x,y)$, welche durch die Gleichung

$$(x+iy)(x+iy+1)(x+iy+2)\cdots(x+iy+m-1)$$
$$= \varphi_m(x,y)+i\psi_m(x,y)$$

bestimmt werden. Für alle reellen x und y gelten die beiden Gleichungen:

$$(1) \qquad e^{xw}\cos yw = 1+\frac{\varphi_1(x,y)}{1}(1-e^{-w}) + \frac{\varphi_2(x,y)}{1\cdot 2}(1-e^{-w})^2+\cdots,$$

$$(2) \qquad e^{xw}\sin yw = \frac{\psi_1(x,y)}{1}(1-e^{-w}) + \frac{\psi_2(x,y)}{1\cdot 2}(1-e^{-w})^2+\cdots,$$

wenn der reelle Theil von w positiv und der imaginäre Theil von w zwischen $-\frac{\pi}{3}$ und $+\frac{\pi}{3}$ enthalten ist. Diese Gleichungen benutzt der Herr Verfasser zur Entwickelung einer Function $f(y)$, die innerhalb des reellen Intervalls $y=a$ bis $y=b$ endlich, stetig und eindeutig bleibt, mithin unter der Form

$$f(y) = \frac{2}{\pi}\int_0^\infty \cos yw\, dw \int_a^b f(\vartheta)\cos w\vartheta\, d\vartheta$$

oder

$$f(y) = \frac{2}{\pi}\int_0^\infty \sin yw\, dw \int_a^b f(\vartheta)\sin w\vartheta\, d\vartheta$$

dargestellt werden kann. Der Vorzug dieser Entwickelungen liegt in der willkürlichen Grösse x, welche neben dem Argumente y darin vorkommt. M.

A. Cayley. Theorems in relation to certain sign-symbols. Messenger (2) II. 17-20.

Linien von n Zeichen $\pm$, in irgend einer Weise geordnet, werden durch die lateinischen Lettern $a, b, c \cdots$ bezeichnet; um zwei solche Symbole (nämlich Linien von $\pm$ Zeichen) zu multipliciren, werden die entsprechenden Zeichen multiplicirt. Dann ist das Quadrat eines lateinischen Buchstabens eine Linie von $n + $'s, und jeder lateinische Buchstabe ist eine Wurzel einer Linie von $n + $'s. Zwei Wurzeln werden unabhängig von einander genannt, wenn keine von ihnen gleich dem Product aller oder einiger von ihnen ist. Nimmt man also z. B. $n = 5$, so sind, wenn a, b, c, d, e unabhängige Wurzeln von $+++++$ sind, die 32 Wurzeln die Glieder von $(1+a)$ $(1+b)$ $(1+c)$ $(1+d)$ $(1+e)$. Aehnliche Bestimmungen werden in Beziehung auf die Colonnen von Zeichen gemacht, welche mit griechischen Buchstaben $\alpha, \beta, \gamma \cdots$ bezeichnet werden, und alsdann Sätze bewiesen, über die Unabhängigkeit der Wurzeln von Linien und Colonnen von Zeichen, die in Quadraten geordnet sind.

Glr. (O.)

J. Cockle. On hyperdistributives. Phil. Mag. 1872.

Das hier behandelte Problem kann folgendermaassen ausgesprochen werden. In der Form

$$\theta(u) + \theta(a) = \theta(u+a)$$

mögen u und a nicht bestimmte unabhängige Variable, sondern nur Repräsentanten von Indices sein, so dass $\theta(u)$ nicht eine Function von u, sondern von unabhängigen Symbolen $u_0, u_1, u_2 \cdots$ ist, und

$$\theta(u) = \theta(u_0, u_1, u_2, \cdots);$$

man setze

$$\theta(u+a) = \theta(A_0, A_1, A_2, \cdots),$$

wo $A_r = (u+a)_r$; können wir nun A_r so interpretiren, dass übereinstimmende Resultate sich ergeben, so soll die Function θ eine „Hyperdistributive" heissen. Der Verfasser stellt sich die Aufgabe, die allgemeinste Form dieser Function θ zu finden.

Csy. (M.)

F. J. Studnička. Beitrag zur Zerlegung echt gebrochener Functionen in Partialbrüche. (Böhmisch.) Ber. d. Böhm. V. III. 3-5.

Hat man die echt gebrochene Function

$$u = \frac{f(x)}{F(x)},$$

wobei $F(x) = (x-a)^{\alpha}(x-b)^{\beta}\cdots(x-l)^{\lambda}$ und $\alpha+\beta+\cdots+\lambda = n$ ist, in Partialbrüche zu zerlegen, so lassen sich die Zähler derselben independent auf folgende Weise einfach darstellen:

Führt man allgemein die Bezeichnung ein:

$$\frac{F(x)}{(x-m)^{\mu}} = \Phi_m(x), \quad \frac{f(x)}{\Phi_m(x)} = \Psi_m(x),$$

so erhält man, für m der Reihe nach $a, b, \cdots, l$ setzend,

$$U = \sum_{k=1}^{\alpha} \frac{\psi_a^{\alpha-k}(a)}{(\alpha-k)!\,(x-a)^k} + \sum_{k=1}^{\beta} \frac{\psi_b^{\beta-k}(b)}{(\beta-k)!\,(x-b)^k} + \cdots$$
$$+ \sum_{k=1}^{\lambda} \frac{\psi_l^{\lambda-k}(l)}{(\lambda-k)!\,(x-l)^k}.$$

Diese Formel, die z. B. in Serret's Algebra, Bd. I. pag. 389, wie auch anderwärts unter Zuhülfenahme des Taylor'schen Satzes entwickelt ist, wird in dieser Abhandlung direct begründet.

W.

F. Chiò. Troisième mémoire sur la série de Lagrange. Atti di Torino VII. 647-661.

Der Verfasser untersucht in dieser posthumen Abhandlung, die der Société Phil. schon als Nachtrag zu den in den Jahren 1844 u. 1847 der Academie zu Paris vorgelegten Arbeiten vorgelegt war, einige Sätze über die Convergenz der Reihe von Lagrange, die von Cauchy aufgestellt und von Andern reproducirt sind, und über die Merkmale, welche die von dieser Reihe gelieferten Wurzeln unterscheiden.

Jg. (O.)

Capitel 2.

Besondere Functionen.

J. W. L. Glaisher. On certain theorems in logarithmic transcendents. Messenger (2) I. 138-143.

Definirt man $L_{2n}(1+x)$ durch

$$x - \frac{x^2}{2^{2n}} + \frac{x^3}{3^{2n}} - \cdots,$$

so ist

$$L_{2n}(1+x) + L_{2n}\left(1+\frac{1}{x}\right) = 2L_{2n}^{(2)} + 2L_{2n-2}^{(2)} \frac{L_1^2(x)}{1\cdot 2}$$
$$+ 2L_{2n-4}^{(2)} \frac{L_1^4(x)}{1\cdot 2\cdot 3\cdot 4} + \cdots + \frac{L_1^{2n}(x)}{1\cdot 2\cdot 3 \cdots 2n}.$$

Dieser und andere analoge Sätze sind von Spense in seinen „Mathematical essays" 1819 bewiesen, die anderen von de Morgan in seinem „Differential and Integral Calculus." Sie sind hier in conciserer und allgemeinerer Art bewiesen, und einige andere Resultate hinzugefügt. Glr. (O.)

O. Schlömilch. Ueber die Werthe von Arc sin $(x+iy)$ und Arc cos $(x+iy)$. Schlömilch Z. XVII. 245-248.

Da die bekannten Cauchy'schen Formeln für arc sin $(x+iy)$ und arc cos $(x+iy)$ (siehe Schlömilch, Compendium d. höh. Anal. 1861, I. 263) an dem Uebelstande leiden, dass sie für gewisse specielle Fälle die Form $\frac{0}{0}$ annehmen, und hierfür einer besonderen Umformung bedürfen, so hat der Herr Verfasser im Vorliegenden folgende neue Formeln dafür gegeben. Sämmtliche Werthe von Arc sin $(x+iy)$ bestimmen sich durch die beiden Formeln:

$$\begin{cases} \text{arc sin}\,(x+iy) = 2n\pi + \text{arc sin}\, T + i\cdot l(S+\sqrt{S^2-1}), \\ \text{arc sin}\,(x+iy) = (2n+1)\pi - \text{arc sin}\, T - i\cdot l\,(S+\sqrt{S^2-1}), \end{cases}$$

wo

$$2S = \sqrt{(1+x)^2+y^2} + \sqrt{(1-x)^2+y^2}$$

und

$$2T = \sqrt{(1+x)^2+y^2} - \sqrt{(1-x)^2+y^2}.$$

Die entsprechenden Formeln für arc cos $(x+iy)$ lauten:

$$\begin{cases}\arccos(x+iy) = 2n\pi + \arccos T - i\cdot l\,(S+\sqrt{S^2-1}),\\ \arccos(x+iy) = 2n\pi - \arccos T + i\cdot l\,(S+\sqrt{S^2-1}).\end{cases}$$

Eine sehr elegante Gestalt nehmen diese Formeln durch Einführung des hyperbolischen Cosinus an. M.

W. H. L. Russell. On recent progress in elliptic and hyperelliptic functions. Rep. Brit. Ass. 1872.

Die Arbeit hat den Zweck, die englischen Leser mit den Untersuchungen bekannt zu machen, welche Herr Weierstrass im XLVII. Bande von Crelle veröffentlicht hat. Csy. (M.)

H. Schröter. Bemerkung zu dem Sturm'schen Beweise des Additionstheorems für die elliptischen Integrale erster Gattung. Schlömilch Z. XVII. 508-515.

Der einfache und elegante Beweis von Sturm für das Additionstheorem der elliptischen Integrale erster Gattung, den Liouville C. R. 1856 No. 21 mitgetheilt hat (siehe Schlömilch, Compendium d. höh. Anal. II. 327), leidet an dem Uebelstand, dass er nicht ersehen lässt, woher der pure eingeführte integrirende Factor kommt. Herr Schröter giebt im Vorliegenden eine Beweismethode des Additionstheorems, bei der sich der integrirende Factor von selbst in drei verschiedenen Formen darbietet, welche bei gehöriger Bestimmung der willkürlichen Constanten dem Theorem die verschiedenen bekannten Gestalten geben. Nachdem er nämlich erstens die zu integrirende Differentialgleichung

$$(1)\qquad \frac{d\varphi}{\Delta(\varphi)} + \frac{d\psi}{\Delta(\psi)} = 0$$

auf die Form

$$\sin 2\psi\,\frac{\partial\Delta(\varphi)}{\partial\varphi}\,d\varphi + \sin 2\varphi\,\frac{\partial\Delta(\psi)}{\partial\psi}\,d\psi = 0$$

gebracht und mit einem Multiplicator M versehen hat, sucht er dieses M so zu bestimmen, dass nach Umformung durch theilweise Integration der Theil ausser dem vollständigen Differential

$$d\cdot M\,[\sin 2\psi\cdot\Delta(\varphi) + \sin 2\varphi\cdot\Delta(\psi)],$$

welcher die Form

$$A\frac{d\varphi}{\Delta(\varphi)}+B\frac{d\psi}{\Delta(\psi)}$$

hat, verschwindet, d. h. dass $A=B$ wird. Zweitens wird die obige Differentialgleichung 1) mit $\sin\varphi\cdot\sin\psi$ multiplicirt und auf die Form

$$\sin\psi\cdot\Delta(\psi)\frac{\partial\cos\varphi}{\partial\varphi}d\varphi+\sin\varphi\cdot\Delta(\varphi)\frac{\partial\cos\psi}{\partial\psi}d\psi=0$$

gebracht, und es wird der nach der theilweisen Integration ausser dem vollständigen Differential

$$d\cdot M\,[\sin\psi\cdot\Delta(\psi)\cdot\cos\varphi+\sin\varphi\cdot\Delta(\varphi)\cdot\cos\psi]$$

auftretende Theil wie oben zum Verschwinden gebracht. Ebenso wird drittens mit der Form der Differentialgleichung

$$\Delta(\psi)\cdot\cos\psi\cdot\frac{\partial\sin\varphi}{\partial\varphi}d\varphi+\Delta(\varphi)\cos\varphi\cdot\frac{\partial\sin\psi}{\partial\psi}d\psi=0$$

verfahren, welche durch Multiplication mit $\cos\varphi\cdot\cos\psi$ aus der ursprünglichen (1) entsteht. Die gefundenen Integralgleichungen ergeben leicht bei gehöriger Constantenbestimmung für jede der drei Functionen $\sin\sigma$, $\cos\sigma$, $\Delta(\sigma)$ vier verschiedene Gestalten des Additionstheorems. M.

F. Unferdinger. Beitrag zur Theorie der elliptischen Integrale. Grunert Arch. LIV. 459-470.

Bei der Legendre'schen Zurückführung des elliptischen Integrals

$$\int\frac{F(x)\,dx}{\sqrt{Rx}}$$

auf die drei Normalformen kann man neben dem Integral der dritten Gattung

$$\int\frac{dz}{(1+\lambda z^2)^n\sqrt{(1-z^2)(1-k^2z^2)}}$$

auch noch auf Integrale von der Form

$$\int\frac{dz}{z^{2n}\sqrt{(1-z^2)(1-k^2z^2)}}=\int\frac{d\varphi}{\sin^{2n}\varphi\sqrt{1-k^2\sin^2\varphi}}$$

gelangen. Da dieses Integral und seine Reduction auf die drei Gattungen in den Lehrbüchern entweder gar nicht oder ohne

Berücksichtigung des Falles der Unstetigkeit discutirt zu werden pflegt, so giebt der Herr Verfasser im Vorliegenden die vollständige Zurückführung desselben. Als Beispiel dient das Integral

$$\int_0^x \frac{dx}{\sqrt[3]{1+x^2}} = \tfrac{3}{2}\int_1^z \frac{z\,dz}{\sqrt{z^3-1}}.$$

M.

O. Schlömilch. Ueber die stereometrischen Analoga zum Fagnano'schen Satze. Leipz. Ber. XXIII. 13, Schlömilch Z. XVII. 66-69.

Der Fagnano'sche Satz lehrt bekanntlich, zu jedem Ellipsenbogen einen zweiten finden, so dass die Differenz beider ein algebraischer Ausdruck ist. Benutzt man das Additionstheorem für die elliptischen Integrale 2ter Gattung bei der Berechnung des Doppelintegrals

$$\iint \sqrt{\frac{1-\frac{\alpha^2 x^2}{a^2}-\frac{\beta^2 y^2}{b^2}}{\sqrt{1-\frac{x^2}{a^2}-\frac{y^2}{b^2}}}}\,dx\,dy, \quad \left(\alpha^2 = 1-\frac{c^2}{a^2},\ \beta^2 = 1-\frac{c^2}{b^2}\right),$$

welches die Bestimmung eines Theils der Fläche des dreiaxigen Ellipsoids darstellt, so ergeben sich unendlich viele, dem Fagnano'schen Satze analoge Theoreme für das Ellipsoid. Aehnliche stereometrische Analoga zum Fagnano'schen Satze gelten auch für die beiden dreiaxigen Hyperboloide. M.

E. Kossak. Zur Theorie der elliptischen Transcendenten. Berlin.

Der Verfasser stellt sich die Aufgabe, aus den beiden Gleichungen

$$\int_0^{x_1} \frac{(\alpha+\beta x)\,dx}{\sqrt{x(1-x)(1-k^2x)}} + \int^{x_2} \frac{(\alpha+\beta x)\,dx}{\sqrt{x(1-x)(1-k^2x)}} = t,$$

$$\int_0^{x_1} \frac{(\alpha'+\beta' x)\,dx}{\sqrt{x(1-x)(1-k^2x)}} + \int_0^{x_2} \frac{(\alpha'+\beta' x)\,dx}{\sqrt{x(1-x)(1-k^2x)}} = c,$$

die oberen Grenzen x_1 und x_2 der darin enthaltenen elliptischen Integrale der zweiten Gattung zu bestimmen, — eine Aufgabe, die Rosenhain für die elliptischen Integrale der dritten Gattung gelöst hat (Mémoire sur les fonctions de deux variables et à quatre périodes, Mém. prés. de Paris XI.) Durch die Substitution

$$\sqrt{x_1} = \sin am(u_1, k), \quad \sqrt{x_2} = \sin am(u_2, k)$$

werden obige Gleichungen auf zwei andere von der Form

$$u_1 + u_2 = u, \quad Z(u_1) + Z(u_2) = w$$

zurückgeführt, woraus u_1 und u_2 mit Hülfe des Additionstheorems der elliptischen Integrale der zweiten Gattung gefunden werden. Dieses liefert nämlich die Ausdrücke von

$$\sqrt{x_1 x_2}, \quad \sqrt{(1-x_1)(1-x_2)} \quad \text{und} \quad \sqrt{(1-k^2 x_1)(1-k^2 x_2)}$$

durch w und Thetafunctionen von u; aus diesen Ausdrücken lassen sich aber x_1 und x_2 selbst finden mit Hülfe einer von Rosenhain (l. c. Ch. I. 6) angegebenen Identität. Schliesslich untersucht der Verfasser, wie sich die Lösungen des obigen Systems aus denen des Rosenhain'schen Systems herleiten lassen, worin elliptische Integrale dritter Gattung auftreten. In unserem Falle sind die die Grössen

$$k\sqrt{x_1 x_2}, \quad \frac{k}{k'}\sqrt{(1-x_1)(1-x_2)}, \quad \frac{1}{k'}\sqrt{(1-k^2 x_1)(1-k^2 x_2)}$$

liefernden θ-Quotienten

$$\frac{\theta_1(u_1)\,\theta_1(u_2)}{\theta(u_1)\,\theta(u_2)}, \text{ etc.}$$

Wurzeln einer Gleichung dritten Grades. M.

B. Hasselberg. Utueckling af $\sin am\, x$ *i* serie fortlöpande efter stigande digniteter af variabeln. Stockholm.

Bezeichnen K und K_1 die Perioden, so ist, wie bekannt, $\sin am\, x$ unendlich für $x = 2mK + i(2n+1)K_1$. Diese Function kann folglich nicht in eine nach den Potenzen von x fortschreitende Reihe entwickelt werden, wenn mod. $x > K_1$. Der Verfasser scheint aber doch wirklich zu glauben, dass er das Unmögliche bewerkstelligt habe, während er in der That nur die Differenz

$$\sin am\, x - \frac{1}{k}\cdot\frac{2x}{x^2 + K_1^2}$$

entwickelt. Uebrigens wird keine allgemeine Formel für die

Reihen-Coefficienten (die durch Differentiation von sin am x und nachherige Substitution von $x = 0$ berechnet sind) gegeben, sondern nur numerische Werthe der 5 ersten. Bg.

J. König. Zur Theorie der Modulargleichungen der elliptischen Functionen. Heidelberg 1871.

An die Sätze, welche Herr Königsberger in seinem Buche: „Die Transformation etc.“ (siehe F. d. M. I. 134) über die Modulargleichungen bewiesen hat, knüpft die vorliegende Arbeit unmittelbar an. Diese Gleichungen $\theta_n(u, v) = 0$ enthalten bekanntlich als Lösungen die vierten Wurzeln der zu den sämmtlichen Repräsentanten der nicht äquivalenten Klassen gehörigen Integralmoduln, und ihre Coefficienten sind ganze rationale Functionen der vierten Wurzeln aus dem ursprünglichen Integralmodul. Durch Untersuchung der Werthe, welche v für unendlich kleine u annimmt, ergiebt sich die Reihenentwickelung der Wurzeln der Modulargleichungen (vgl. Matthieu, Journal de l'Éc. pol. Cah. 42), und aus dieser die Irreductibilität derselben (siehe Königsberger, l. c. p. 187). Herr König zeigt nun, dass die grösste Dimension der Glieder der Modulargleichung $= 2\varphi(n)$, die niedrigste $= 2\psi(n)$ ist, wo $\varphi(n)$ und $\psi(n)$ die von Herrn Kronecker eingeführte Bedeutung haben. Darauf geht er zur Betrachtung der Discriminante der Modulargleichungen über, deren Verschwinden bekanntlich die gleichen Wurzeln liefert, also (wenn n keinen quadratischen Factor enthält) die Moduln der complexen Multiplication. Die Discriminante hat die Form

$$u^{f(n)}(1-u^8)^{f_1(n)}\, g(u).$$

Der Verfasser bestimmt die numerischen Exponenten $f(n)$ und $f_1(n)$ und daraus den Grad von $g(u)$. Schliesslich wird gezeigt, dass wenn die Modulargleichung überhaupt gleiche Wurzeln zulässt, ihre Zahl nur eine Potenz von 2 sein kann. M.

Felix Müller. Ueber die Transformation vierten Grades der elliptischen Functionen. Jubiläumsschrift. Berlin.

Herr Weierstrass bringt in seinen Vorlesungen über elliptische Functionen die Differentialgleichung

$$\left(\frac{dx}{du}\right)^2 = Ax^4 + 4Bx^3 + 6Cx^2 + 4B'x + A'$$

auf die Form

$$\left(\frac{dp(u)}{du}\right)^2 = 4\,p^3(u) - g_2 \cdot p(u) - g_3 \left|\begin{matrix} u = 0 \\ p(u) = \infty \end{matrix}\right|,$$

worin statt der Coefficienten A, B, C, B', A', die beiden Invarianten g_2, g_3 der biquadratischen Form auftreten, und reducirt das allgemeine Transformationsproblem der elliptischen Functionen auf das speciellere: alle Functionen $p(u|\,G_2, G_3)$ zu finden, welche sich rational durch $p(u|\,g_2, g_3)$ ausdrücken lassen. Die allgemeine Form dieser transformirten Functionen ist

$$\bar{p}(u) = p(u) + \sum_{\substack{\lambda = 0,1 \ldots n_1 - 1 \\ \mu = 0,1 \ldots n_2 - 1}}' \{p(u - w_{\lambda,\mu}) - p(w_{\lambda,\mu})\},$$

wo

$$w_{\lambda,\mu} = 2\,\frac{\lambda n_2 - \mu n_3}{n_1\, n_2}\,\omega + 2\,\frac{\mu\omega'}{n_2},\ 2\omega \text{ und } 2\omega'$$

die Perioden der ursprünglichen Function $p(u|\,g_2, g_3)$, $n = n_1 n_2$ der Grad der Transformation ist und n_3 alle Zahlenwerthe $0, 1 \cdots n_2 - 1$ annehmen kann. Die Invarianten G_2 und G_3 der transformirten Function sind algebraische Functionen der Invarianten g_2, g_3, und hat sich der Verfasser der vorliegenden Arbeit bereits früher das Problem gestellt, diese zwischen den gegebenen und den neuen Invarianten bestehenden algebraischen Relationen herzuleiten, Relationen, welche den Modulargleichungen Jacobi's zwischen k und λ entsprechen. In seiner Dissertation: De transformatione functionum ellipticarum, Berlin, 1867, sind die betreffenden Gleichungen für $n = 2, 3, 5$ und 7 hergestellt, und ist eine Methode angegeben, dieselben für jeden beliebigen Grad der Transformation zu finden. Die obige Summe

$$\Sigma' p(w_{\lambda,\mu}) = G_1$$

genügt, wenn n eine Primzahl ist, einer algebraischen Gleichung $(n+1)^{\text{ten}}$ Grades, deren Coefficienten rationale Functionen von g_2, g_3 sind, und G_2 und G_3 lassen sich linear durch dieses G_1 ausdrücken. Bei der Transformation 4ten Grades, welche der Gegenstand der vorliegenden Arbeit ist, wird der Grad der algebraischen

Gleichungen höher. Für $n = 4$ giebt es nämlich 6 Transformationen und eine Multiplication. Die verschiedenen G_1 der 6 transformirten Functionen genügen der Gleichung:

$$G_1^6 - 30 g_2 G_1^4 - 540 g_3 G_1^3 - 135 g_2^2 G_1^2 - 324 g_2 g_3 G_1 + 4 g_2^3 - 108 g_3^2 = 0,$$

und die zugehörigen G_2 und G_3 werden einfache gebrochene Functionen, deren Nenner vom 2ten und deren Zähler vom 4ten, resp. 5ten Grade in G_1 sind. M.

L. Sylow. Sur le groupe de l'équation pour la division des périodes des fonctions elliptiques. Forh. af Christ. 1871.

Es wird bewiesen, dass die Gruppe der Gleichung, welche die Grössen $\sin am \frac{4pK + 4qK'i}{2n+1}$ bestimmt, alle linearen Substitutionen enthält. Vgl. das Referat darüber in Darboux Bull. III, 199-200. M.

Laguerre. Sur les propriétés des sections coniques qui se rattachent à l'intégration de l'équation d'Euler. Nouv. Ann. (2) XI. 156-162, Inst. XL. 3.

Poncelet und Jacobi haben die Beziehungen der zweien Kegelschnitten resp. ein- und umgeschriebenen Polygone zu den elliptischen Functionen entdeckt. Herr Laguerre hat eine andre Eigenschaft zweier sich schneidenden Kegelschnitte gefunden, welche mit dem Euler'schen Theorem in Zusammenhang steht. Heissen z. B. die 4 Durchschnittspunkte eines Kreises mit einer Ellipse a, b, c, d, und schneidet eine an der Ellipse entlang gleitende Tangente den Kreis in den Punkten M und M', so ist

$$\frac{d\varphi}{\sqrt{Ma.Mb.Mc.Md}} = \frac{d\varphi'}{\sqrt{M'a.M'b.M'c.M'd}},$$

wo φ und φ' die Winkel sind, welche die Verbindungslinie der Punkte M und M' mit einem festen Punkte O auf dem Kreise und eine in O gezogene Kreistangente einschliessen.

M.

L. Kiepert. Ueber eine geometrische Anwendung der complexen Multiplication der elliptischen Functionen.
Borchardt J. LXXIV. 305-314.

Vermöge des Additions- und Multiplicationstheorems der elliptischen Functionen wird die Theilung derjenigen Curven, deren Coordinaten sich als elliptische Functionen des Bogens ausdrücken lassen, ebenso wie die des Kreises durch Auflösung algebraischer Gleichungen bewerkstelligt. Als Beispiel für derartige Curven hatte Herr Kiepert bereits in seiner Dissertation (s. F. d. M. II. 239) die Curve $r^3 = \cos 3\varphi$ angeführt. Hier behandelt der Verfasser nach einer Methode, welche Herr Weierstrass (in seinen Vorlesungen über Anwendungen der elliptischen Functionen) für die Fünf-Theilung des Lemniskatenbogens gegeben hat, die Theilung dieser Curve in $6q+1$ gleiche Theile. Ebenso wie bei der Theilung der Lemniskate wird hier der Grad der aufzulösenden algebraischen Gleichung dadurch wesentlich erniedrigt, das sich die complexe Multiplication der elliptischen Functionen anwenden lässt. Der Curvenbogen u ist nämlich von der Form

$$u = -\int_\infty \frac{d\varrho}{4\varrho^3-4}, \quad \text{wo } r^3 = \frac{1}{\varrho},$$

also ist die elliptische Function ϱ genau eine solche p-Function, wie sie Herr Weierstrass in seinen Vorlesungen eingeführt hat, (siehe F. d. M. II. 240). Nachdem Herr Kiepert die Fundamentaleigenschaften dieser Function $p(u)$ und der mit ihr durch die Gleichung

$$\frac{d^2 \log \sigma u}{du^2} = -p(u)$$

verbundenen Function σu noch einmal recapitulirt hat, bestimmt er die Perioden für die vorliegende specielle Function, worin $g_2 = 0$, $g_3 = 4$ ist. Darauf wird das vollständige System derjenigen Werthe aufgestellt, für welche die Function

$$\varphi(u) = \frac{\sigma(mu)}{\sigma^n u}$$

unendlich, und für welche sie null wird. Mit Hülfe des von Herrn Weierstrass in seinen Vorlesungen gegebenen Satzes: „Ist

$\varphi(u)$ eine grade Function, die nur für $n=0$ unendlich gross wird und zwar unendlich gross von der $(n-1)^{\text{ten}}$ Ordnung, so lässt sich $\varphi(u)$ als ganze rationale Function von $p(u)$ darstellen, deren Grad $\frac{n-1}{2}$ ist," wird die Anzahl der Wurzeln der aufzulösenden Gleichung auf $\frac{n-1}{2}$ reducirt. Durch den Umstand ferner, dass $\varphi(\varepsilon u) = \varphi(u)$ ist, wo ε eine dritte Einheitswurzel, wird $\varphi(u)$ für $n = 6q+1$ eine ganze rationale Function q^{ten} Grades von $p^3(u)$, die leicht aufzufinden ist. Mit Hülfe der Entwickelungen von $p(u)$ und $\sigma(u)$ werden die Coefficienten der Gleichung q^{ten} Grades für $n = 7$, 13, 19 und 31 berechnet.

M.

J. W. L. Glaisher. Tables of elliptic functions.

Messenger (2) II. 111-112.

Bericht über die Tafeln der elliptischen Functionen, welche von der Commission der „British Association" für mathematische Tafeln unter Leitung der Herren J. Glaisher und J. W. L. Glaisher berechnet sind. Die Formeln sind:

$$\Theta\,\frac{2Kx}{\pi} = 1 - 2q\cos 2x + 2q^4\cos 4x - 2q^9\cos 6x + \cdots,$$

$$\Theta_1\,\frac{2Kx}{\pi} = \frac{1}{K^{\frac{1}{2}}}\,H\,\frac{2Kx}{\pi}$$

$$= \frac{1}{K^{\frac{1}{2}}}\left(2q^{\frac{1}{4}}\sin x - 2q^{\frac{9}{4}}\sin 3x + 2q^{\frac{25}{4}}\sin 5x \ldots\right),$$

$$\Theta_2\,\frac{2Kx}{\pi} = \left(\frac{K^1}{K}\right)^{\frac{1}{2}} H\,\frac{2K}{\pi}\left(x + \frac{\pi}{2}\right);$$

$$\Theta_3\,\frac{2Kx}{\pi} = K^{1\frac{1}{2}}\,\Theta\,\frac{2K}{\pi}\left(x + \frac{\pi}{2}\right),$$

wo q, wie gewöhnlich $e^{-\frac{K'}{K}}$ ist. Die Tafeln werden Θ, Θ_1, Θ_2, Θ_3 und ihre Logarithmen auf acht Decimalstellen geben für $x = 1^0, 2^0, \ldots 90^0$, $k = \sin 1^0, \sin 2^0, \ldots \sin 90^0$. Die Tafeln sind nach zwiefacher Richtung eingerichtet und werden für jedes der 8100 Argumente acht tabellenförmige Resultate, im Ganzen also

64800 Resultate enthalten. Die Θ sind folglich die Zähler und Nenner der elliptischen Functionen, zwischen denen die Relationen bestehen:

$$\sin am \frac{2Kx}{\pi} = \Theta_1 \frac{2Kx}{\pi} \div \Theta \frac{2Kx}{\pi},$$

$$\cos am = \Theta_2 \div \Theta_3, \quad \Delta am = \Theta_3 \div \Theta.$$

Glr. (O).

M. Roberts. Sur la rectification des lignes de courbure d'un ellipsoïde. Brioschi Ann. (2) V. 17-20.

Siehe Abschn. IX. Cap. 3. C.

C. Jordan. Sur les oscillations infiniment petites des systèmes matériels. C. R. LXXIV. 1395-1399.

Siehe Abschn. X. Cap. 4. A.

E. Catalan. Note sur une formule de M. Botesu de Jassy. Bull. de Belg. XXXIV. 424-428.

Siehe Abschn. VI. Cap. 4. p. 137.

J. W. Strutt. Notes on Bessel's functions. Phil. Mag. 1872.

Die Bedeutung dieser Functionen ist allgemein anerkannt. Mit ihrer Hülfe können wichtige Probleme der mathematischen Physik gelöst werden, die sich auf Wärme- oder Electricitäts-Leitung beziehen, oder auf den Verlauf einer incompressiblen reibungslosen Flüssigkeit, welche vorher in Ruhe gewesen ist, oder auf die Vibrationen eines elastischen Mediums, wenn die Natur des Problems Bedingungen erfordert, die auf sphärischen oder cylindrischen Oberflächen zu erfüllen sind. Vorliegende Arbeit enthält mannigfache Resultate, über welche eine Uebersicht zu geben hier zu weit führen würde. Einige Resultate sind neu, sowie einige Beweise bekannter Theoreme, und es sind viele Beispiele als Anwendung auf physikalische Probleme gegeben. Csy. (M.)

L. GEGENBAUER. Zur Theorie der Functionen X_n^m.
Wien. Ber. LXVI. 55-62.

Durch Differentiation der Gleichung

$$X_n^m = \frac{m(m+2)\dots(m+2n-2)}{\Pi(m+2n-1)}\left[(x^2-1)^{n+\frac{m-1}{2}}\right]^{(n+m-1)}$$

nach x erhält man die Reihe:

$$[X_n^m]' = (m+2n-2)X_{n-1}^m + (m+2n-6)X_{n-3}^m + (m+2n-10)X_{n-5}^m + \cdots.$$

Durch wiederholte Differentiation dieser Formel nach x ergiebt sich schliesslich:

$$X_{n-r}^{m+2r} = \sum_{\mu=1\dots g} \frac{\mu(\mu+1)\dots(\mu+r-2)}{(r-1)!m(m+2)\dots(m+2r-2)}\cdot (m+2n-2\mu)(m+2n-2\mu-2)\dots(m+2n-2\mu-2r+4)\cdot (m+2n-4\mu-2r+4)X_{n-r-2\mu+2}^m.$$

Diese Formel wird nun zur Auswerthung der Integrale

$$\int_{-1}^{+1}(1-x^2)^{\frac{m-1}{2}}.X_{n-r}^{m+2r}.X_{n_1-s}^{m+2s}dx$$

und

$$\int_{-1}^{+1}(1-x^2)^{\frac{m-1}{2}}X_n^m X_{n_1-s}^{m+2s}dx$$

benutzt. Da

$$[P^{(\lambda)}]^{(\vartheta)} = \frac{\Pi(2\vartheta)}{2^\vartheta\Pi(\vartheta)}\cdot X_{\lambda-\vartheta}^{1+2\vartheta}$$

ist, so ergeben sich die hier gewonnenen Formeln als Verallgemeinerungen von Sätzen über Kugelfunctionen erster Art, die schon A. Winckler 1860 aufgestellt hat. M.

L. GEGENBAUER. Integralausdrücke für die Function Y_n^m.
Wien. Ber. LXVI. 374-379.

Durch die Substitution $2x = \xi + \xi^{-1}$ gewinnt der Verfasser aus der Differentialgleichung

$$(1-x^2)y'' - (m+1)xy' + n(n+m)y = 0$$

zwei particuläre Integrale, welche bis auf constante Factoren mit den Functionen X_n^m und Y_n^m übereinstimmen. Durch Bestimmung dieser Constanten ergiebt sich

$$X_n^m = \frac{m(m+2)\ldots(m+2n-2)}{2^n \Pi(n)} \xi^n . F\left(\frac{m}{2}, -n, -\frac{2n+m-2}{2}, \xi^{-2}\right),$$

$$Y_n^m = \frac{2^{m+n}\Pi(m+n-1)}{m(m+2)\ldots(m+2n)} \xi^{-(n+m)} . F\left(\frac{m}{2}, n+m, \frac{2n+m+2}{2}, \xi^{-2}\right),$$

wo F die hypergeometrische Reihe bezeichnet. Aus der letzteren Gleichung wird für Y_n^m der Integralausdruck

$$Y_n^m = \frac{2^{m-1}\Pi(m+n-1)}{\Pi(n)} \int_0^1 z^{\frac{m}{2}-1} (1-z)^n \left(\xi - \frac{z}{\xi}\right)^{-(n+m)} dz$$

abgeleitet, aus dem sich wiederum mehrere andere durch die Substitution $z = \frac{u-1}{u+1}$, $u = \cos it$, $\cos iv = \frac{x \cos it + \sqrt{x^2-1}}{x + \cos it \sqrt{x^2-1}}$ ergeben. M.

L. Gegenbauer. Note über die Functionen X_n^m und Y_n^m. Wien. Ber. LXV. 373-377.

Die Functionen

$$X_n^m = \frac{m(m+2)\cdots(m+2n-2)}{\Pi(n+2m-1)} \left[(x^2-1)^{\frac{2n+m-1}{2}}\right]^{(n+m-1)},$$

$$Y_n^m = \frac{(-1)^{n+1}\Pi(m+2n-1)}{m(m+2)\cdots(m+2n-2)} \left[(x^2-1)^{-\frac{2n-m+1}{2}}\right]^{(-n-1)}$$

sind, wie H. Allé gezeigt, particuläre Integrale der Differentialgleichung

$$(1-x^2)y'' - (m+1)xy' + n(n+m)y = 0,$$

welche für $m = 1$ die bekannte Differentialgleichung der Kugelfunctionen wird. Herr Gegenbauer findet mit Hülfe der Substitution

$$y = X_n^m \int \varphi(x)\, dx$$

ein drittes particuläres Integral jener linearen Differentialgleichung zweiter Ordnung, und stellt die lineare Relation auf, welche zwischen den drei particulären Integralen bestehen muss. Diese Gleichung drückt, in anderer Form geschrieben, zugleich eine bemerkenswerthe Relation zwischen den Differentialquotienten der Kugelfunctionen erster und zweiter Art aus. M.

L. GEGENBAUER. Note über die Bessel'schen Functionen zweiter Art. Wien. Ber. LXV. 333-334.

L. GEGENBAUER. Zur Theorie der Bessel'schen Functionen zweiter Art. Wien. Ber. LXVI. 220.

L. GEGENBAUER. Entwickelung nach den Functionen X_n^{2r+1}. Wien. Ber. LXVI. 415-421.

L. SCHLAEFLI. Sopra un teorema di Jacobi recato a forma più generale ed applicato alla funzione cilindrica. Brioschi Ann. (2) V. 199-205.

Der Verfasser bringt zunächst das Integral

$$S=\int_1^x (t^2-1)^{a-\frac{1}{2}}\frac{dt}{(x-t)^a},$$

wo der reelle Theil von a zwischen $-\frac{1}{2}$ und 1 liegt und x reell und >1 ist, durch die Substitutionen $t=x-(x-1)u$, $\frac{x-1}{x+1}=y^2$, $x=\cos h.\vartheta$ auf die Form

$$(1)\qquad S=2^a\frac{\Gamma(a+\frac{1}{2})\,\Gamma(1-a)}{a\,\Gamma(\frac{1}{2})}\sin h\cdot a\vartheta,$$

und wendet diese Formel zum Beweise der Gleichung

$$\left(\frac{x}{2}\right)^a\int_0^\infty e^{-x\cos h.\vartheta}\sin^{2a}h\cdot\vartheta\, d\vartheta$$
$$=\frac{\Gamma(a+\frac{1}{2})}{\Gamma(\frac{1}{2})}\int_0^\infty e^{-x\cos h.\vartheta}\cos h\cdot a\vartheta\cdot d\vartheta,$$

welche er in einer früheren Arbeit (Brioschi Ann. (2) I. 241 siehe F. d. M. I. p. 112) nicht direct beweisen konnte, an. Die obige Formel steht im Zusammenhange mit einem Theorem von Jacobi (Formola transformationis integralium definitorum, Crelle J. XV.), das verallgemeinert die Form hat:

$$(2)\qquad \frac{1}{2i\pi}\int\frac{(t^2-1)^{a-\frac{1}{2}}}{(t-\cos h\cdot\vartheta)^a}\,dt=2^a\frac{\Gamma(a+\frac{1}{2})}{\Gamma(\frac{1}{2})\,\Gamma(1+a)}\sin h\cdot a\vartheta,$$

wo der Weg von t eine von 1 ausgehende Schlinge um $\cos h\cdot\vartheta$ ist, die den Punkt -1 ausschliesst. Hiervon wird nun Anwendung gemacht auf die Entwickelung der Cylinder-Functionen oder der Bessel'schen Functionen. Vergl. die frühere Arbeit des Verfassers: Sulle relazione tra diversi integrali definiti che giovano ad esprimere la soluzione generale della equazione di Riccati, Brioschi Ann. (2) I. 232—242, F. d. M. I. 112. M.

F. G. MEHLER. Ueber die Darstellung einer willkürlichen Function zweier Variabeln durch Cylinderfunctionen. Clebsch Ann. V. 135-140.

Es handelt sich um den Beweis des Neumann'schen Satzes:

$$f(r_1,\varphi_1) = \frac{1}{2\pi}\int\int\int f(r,\varphi)J(n\sqrt{r^2+r_1^2-2rr_1\cos(\varphi-\varphi_1)})d\varphi.rdr.ndn,$$

zwischen den Grenzen $\varphi = 0\cdots 2\pi$, $r = 0\cdots\infty$, $n = 0\cdots\infty$, wo $J(x)$ die Fourier-Bessel'sche oder Cylinderfunction erster Art ist (vergl. C. Neumann, Allg. Lösung des Problems über den station. Temperaturzustand e. hom. Körpers etc., Halle 1862). Der Verfasser bemerkt zunächst, dass jenes dreifache Integral mit der nach Kugelfunctionen fortschreitenden Entwickelung:

$$F(\vartheta_1,\varphi_1) = \sum_{s=0}^{s=\infty}\frac{2s+1}{4\pi}\int_0^\pi d\vartheta.\sin\vartheta\int_0^{2\pi}F(\vartheta,\varphi)P^s(\cos\vartheta\cos\vartheta_1 + \sin\vartheta\sin\vartheta_1\cos\overline{\varphi-\varphi_1})d\varphi$$

in einem ebenso directen Zusammenhang steht wie die Fourier'schen Doppelintegrale zu den Fourier'schen Reihen. Zum Beweise der Neumann'schen Formel benutzt Herr Mehler ein Theorem des Herrn P. du Bois-Reymond (Borchardt J. LXIX. 78 und Clebsch Ann. IV. 365 siehe F. d. M. I. p. 101, III. p. 138) zunächst zur Erledigung eines speciellen Falles, und schliesst auf die Allgemeingültigkeit desselben mit Hülfe der von Dirichtet in dem analogen Falle der Kugelfunctionen angewandten geometrischen Betrachtungsweise. M.

W. ERMAKOFF. Ueber die Cylinderfunctionen. Clebsch Ann. V. 639-640.

Der Verfasser macht die Bemerkung, dass das oben genannte dreifache Integral durch eine einfache Transformation des Fourier'schen Integrals

$$F(x_1, y_1) = \frac{1}{4\pi^2}\int\!\!\int\!\!\int\!\!\int_{+\infty}^{-\infty} F(x,y)\cos\{\alpha(x-x_1)+\beta(y-y_1)\}\partial x\partial y\partial\alpha\partial\beta$$

erhalten werden kann. M.

F. G. MEHLER. Notiz über die Dirichlet'schen Integralausdrücke für die Kugelfunction $P^n(\cos\vartheta)$ und über eine analoge Integralform für die Cylinderfunction $J(x)$. Clebsch Ann. V. 141-144.

Aus den beiden von Dirichlet (Crelle J. XVII. 41) für $P^n(\cos\vartheta)$ gegebenen Integralformen leitet der Verfasser zwei einfachere her, deren eine für sich allein schon bei der Untersuchung der nach Kugelfunctionen fortschreitenden Reihe die Stelle der beiden von Dirichlet angewandten Ausdrücke vertreten kann. Aus ihnen ergiebt sich die Gleichung

$$\frac{2}{\pi}\int_0^x \frac{\cos\alpha\, d\alpha}{\sqrt{x^2-\alpha^2}} = \frac{2}{\pi}\int_x^\infty \frac{\sin\alpha\, d\alpha}{\sqrt{\alpha^2-x^2}},$$

deren linke Seite durch die Substitution $\alpha = x\cos\lambda$ die Integralform für $J(x)$ liefert. Da die Begründung des Grenzüberganges beim zweiten Integrale sehr umständlich ist, so weist der Verfasser noch auf andere Art die für $J(x)$ gewonnene Integralform nach. M.

R. LIPSCHITZ. Entwickelung eines Zusammenhanges zwischen den quadratischen Formen von n Differentialen und den Abel'schen Transcendenten. Borchardt J. LXXIV. 150-171.

Jacobi hat in einer Note: „Von der geodätischen Linie auf einem Ellipsoid und den verschiedenen Anwendungen einer merkwürdigen analytischen Substitution", Berl. Monatsber. 1839 und Crelle J. XIX. 309, sowie ausführlicher in den Vorlesungen über Dynamik (Vorl. 26 und 30), das Wesen der Transformation durch die Substitution der verallgemeinerten elliptischen Coordinaten auseinandergesetzt. Diese Transformation eröffnet einen Zusammenhang zwischen den Formen, welche ein Aggregat der Quadrate von *n* Differentialen sind, und den Abel'schen Transcendenten. Die vorliegende Arbeit, in der dieser Zusammenhang dargelegt wird, schliesst sich unmittelbar an des Verfassers: „Untersuchung eines Problems der Variationsrechnung", Borchardt J. LXXIV. 116—149 (siehe p. 180); und giebt eine Anwendung der Methoden, welche der Verfasser in dem Aufsatze: „Entwickelung einiger Eigenschaften der quadratischen Formen von *n* Differentialen", Borchardt J. LXXI. 274 und 288, dargelegt hat (vergl. F. d. M. II. 130). M.

Achter Abschnitt.

Reine, elementare und synthetische Geometrie.

Capitel 1.

Principien der Geometrie.

F. Klein. Vergleichende Betrachtungen über neuere geometrische Forschungen. Programm zum Eintritt in die philosophische Facultät und den Senat der Universität zu Erlangen. Erlangen. A. Deichert.

In dieser Schrift wird eine einheitliche Auffassung der neueren geometrischen Methoden auseinandergesetzt, zu der die Arbeiten des Herrn Verfassers und des Herrn Lie geführt haben. Die Geometrie ist ein besonderer Fall des allgemeinen Problemes: „Es ist eine Mannigfaltigkeit und in derselben eine Transformations-Gruppe gegeben; man soll die der Mannigfaltigkeit angehörigen Gebilde hinsichtlich solcher Eigenschaften untersuchen, die durch die Transformationen der Gruppe nicht geändert werden.“ Besteht diese Gruppe aus allen linearen Transformationen, so fällt die Aufgabe zusammen mit der Entwickelung der auf die Mannigfaltigkeit bezüglichen Invariantentheorie in dem besonderen Sinne des Wortes. Dieser specielle Fall erläutert zugleich den Begriff der Gruppe von Transformationen: dieselben müssen die Eigenschaft haben, dass jede Aenderung, die aus den ihr angehörigen durch Zusammensetzung hervorgeht, ihr selbst wieder angehört. Betrachtet man nun in der gegebenen Mannigfaltigkeit ein Gebilde als fest, so kann die allgemeine Aufgabe in zweifacher Weise aufgefasst werden: Man kann entweder der Mannigfaltigkeit dieses Gebilde adjungiren und auf das so erweiterte System die Transformations-Gruppe anwenden; oder man lasse das System unerweitert, beschränke aber die Transformationen auf jene in der Gruppe enthaltenen, welche das gegebene Gebilde ungeändert lassen. Daraus folgt unmittelbar der Satz: „Ersetzt man die Gruppe durch eine umfassendere, so erscheinen die früheren unveränderlichen Eigenschaften der Mannigfaltigkeit als eben solche des Systemes, welches aus dem ursprünglichen hervorgeht durch Adjunction eines ausgezeichneten Gebildes, das dadurch definirt ist, dass es, als fest gedacht, der Mannigfaltigkeit unter der Gesammtheit der Transformationen nur noch die der ursprünglichen Gruppe gestattet.“

Auf diesem Satze beruht das Wesen der neueren Methoden und ihr Verhältniss zur elementaren. Sie sind eben dadurch charakterisirt, dass sie an Stelle der Haupt-Gruppe d. i. der Gesammtheit derjenigen Transformationen, welche im gewöhnlichen Sinne die gegebene Mannigfaltigkeit als geometrisches Gebilde unverändert lassen, eine erweiterte Gruppe von räumlichen Umformungen in Betracht ziehen. So ist in der projectivischen Geometrie die Gruppe aller projectivischen und reciproken Umformungen zu Grunde gelegt; Fundamental-Gebilde ist der unendlich ferne Kugelkreis. Unter demselben Gesichtspunkte gegenüber der elementaren Geometrie erscheint die Geometrie der reciproken Radien, in der als Fundamental-Gebilde das Unendlichferne zu betrachten ist, aufgefasst als einzelner Punkt. Ein weiteres Beispiel bietet Lie's Kugelgeometrie dar. Ferner gehören hierher die Geometrie der rationalen Umformungen in Ebene und Raum; die Analysis situs, in der die Umformungen aus unendlich kleinen Verzerrungen bestehen; endlich die allgemeinen Punkttransformationen, angewandt auf die homogenen Differential-Ausdrücke und die partiellen Differentialgleichungen. Bei Discussion der letzteren tritt ausserdem die noch umfassendere Gruppe der Berührungstransformationen auf.

Im Vorstehenden ist versucht, im grossen Ganzen den Gang der an allgemeinen Gedanken und umfassenden Gesichtspunkten reichen Schrift anzugeben. Von diesen möge hier nur der Satz erwähnt sein: „Die Theorie der binären Formen complexer Veränderlichen findet ihre Darstellung in der projectivischen Geometrie der reellen Kugelfläche.“ St.

J. C. Becker. Ueber die neuesten Untersuchungen in Betreff unserer Anschauungen vom Raume. Schlömilch Z. XVII. 314-332.

Siehe Abschn. I. Cap. 2. p. 32.

Victor Schlegel. System der Raumlehre nach den Principien von Grassmann's Ausdehnungslehre. Leipzig. Teubner. 8.

Wenn Grassmann's fundamentale Arbeiten bis auf die neueste Zeit ziemlich unbeachtet waren und man jetzt erst eigentlich beginnt, auf dieselben aufmerksam zu werden und die mannigfachen tiefen Gedanken zu erfassen, die er in denselben niederlegte, so ist das zum Theil in der ausserordentlich abstracten, allgemeinen und eigenartigen Form begründet, welche Grassmann für seine Darstellung gewählt hat, und die das Verständniss derselben für Jeden, der nicht von Vornherein mit der Absicht des Autors bekannt ist, ausserordentlich erschwert. Um so nützlicher scheint ein Versuch, wie ihn das vorliegende Werk bringt, dem Publikum die Grundvorstellungen Grassmann's in leichterer Form zugänglich zu machen. Der Verfasser sucht dies zu erreichen, indem er, den abstracten Standpunkt Grassmann's verlassend, von den einfachsten Fällen ausgeht und geradezu nur Mannigfaltigkeiten von einer und von zwei Dimensionen betrachtet, die ihr Gegenbild in der Geometrie der Geraden (resp. des Punktes) und der Ebene finden. Er entwickelt also im Wesentlichen und zwar der Reihe nach für Grössen erster, zweiter, dritter Stufe

d. h. Punkt resp. Strecke (die den unendlich fernen Punkt vertritt), Linien- und Ebenen-Theil die Gesetze der algebraischen Verknüpfung im Grassmann'schen Sinne, die Addition, die äussere und innere Multiplication. Die Darstellung lehnt sich im Ganzen an die von Grassmann in der zweiten Auflage seiner Ausdehnungslehre befolgte an; jedoch wird durch die strenge Sonderung der verschiedenen Gebiete die Einführung in die symbolische Bezeichnungsweise und die Verknüpfung der geometrischen Vorstellung mit ihr erleichtert. Andererseits sind dadurch freilich manche Wiederholungen bedingt, indem für jedes Gebiet die den früheren analogen Betrachtungen mit derselben Ausführlichkeit durchgeführt werden. Es hängt das wohl mit der Absicht des Verfassers zusammen, sich mit seinem Buche auch an das pädagogische Publikum wenden zu wollen. Mag man über die Zweckmässigkeit einer Einführung grade der Grassmann'schen Ideen in den Unterricht denken, wie man will, das Buch ist durch den doppelten Zweck weniger übersichtlich geworden, als es sonst hätte der Fall sein können. Der Verfasser unternimmt es nämlich, die meisten Lehrsätze der elementaren Planimetrie, wie sie gewöhnlich vorgetragen werden, mit Hülfe der Grassmann'schen Methoden zu entwickeln. So interessant es ist, diese bekannten Beziehungen aus allgemeineren Gesetzen entstehen zu sehen, wie z. B. den Pythagoreischen Lehrsatz aus Betrachtungen über die Differenz zweier Linientheile, so wird dabei doch häufig ein Formelrechnen nöthig, das dem in der Vorrede bezeichneten Zwecke der Ausdehnungslehre, ein Zusammengehen der räumlichen Anschauung und der Rechnung zu vermitteln, kaum entsprechen dürfte. Es tritt dies besonders ein, wo Winkelgrössen in's Spiel kommen; schon die Art, wie dieselben definirt werden, nämlich als Product einer Geraden in eine Potenz der imaginären Einheit, zeigt, dass diese Entwickelungen das Gebiet der linealen Ausdehnungslehre verlassen, wie sie denn auch in Grassmann's eigenem Werke nicht ausgeführt sind. An diese Einführung der Winkel sind dann die Sätze über die Winkel im Dreiecke, über Centriwinkel und Peripheriewinkel geknüpft. Während hierbei die Drehung der Geraden um einen ihrer Punkte benutzt wird, entstehen die Sätze über Flächeninhalt durch beliebige Bewegung einer auf einer Geraden gelegenen Strecke. Indem der Verfasser sodann von festen in der Ebene gegebenen Strecken ausgeht, also insbesondere von den drei Verbindungsgeraden dreier fester Punkte, kommt er zu den Grassmann'schen Coordinaten, welche den homogenen Dreiecks-Coordinaten der neueren Geometrie genau entsprechen. An sie schliesst sich die eingehende Betrachtung der Dreiecke naturgemäss an, wobei denn alle jene bekannten Sätze über Transversalen, harmonische Punkte, Aehnlichkeit u. s. w. mit grosser Ausführlichkeit gegeben werden. Den Schwerpunkt dieser ganzen Darstellung bildet stets die Verknüpfung mit der formalen Algebra; die Erzeugung der algebraischen Curven findet (wie übrigens in Grassmann's Ausdehnungslehre selbst, nicht in dessen sonstigen Publicationen) nur eine untergeordnete Stelle, was wohl durch den elementaren Charakter des ganzen Buches begründet ist. Wirklich aufgestellt wird nur die Gleichung des Kegelschnittes (der auf p. 108 angeführte Satz über den einen Kegelschnitt rechtwinklig schneidenden Kreis enthält wohl einen Irrthum), während die Ueberführung Grassmann'scher planimetrischer Producte in Gleichungen mit gewöhnlichen Coordinaten ausführlich durchgeführt wird. Andererseits wird die Bildung regressiver Producte benutzt, um den Inhalt der sogenannten rechnenden Geometrie und der Trigonometrie abzuleiten. Hier nun, wie in dem schon erwähnten Abschnitte über Winkelrelationen entwickelt der Verfasser einen Formalismus, der wesentlich mit demjenigen stimmt, der aus der Interpretation von $x + iy$ in der Ebene hervorgeht (Equipollenzen-Calcul). So fruchtbar diese Methode ist, so wenig scheint sie in diejenigen Gesichtspunkte, welche Grassmann wenigstens in seiner linealen Ausdehnungslehre verfolgt, zu passen. Freilich lässt sich mit ihr die Lehre von den metrischen Eigenschaften auch nicht unmittelbar verbinden. Denn hierzu bedarf sie einer Ergänzung, der Einführung imaginärer Elemente, und diese wird weder von Schlegel noch eigentlich von Grassmann berührt. Ueberhaupt werden die eigentlichen Grundgedanken der projectivischen Anschauung nur wenig entwickelt; erst im Schlusse wird der Lehre von den Doppelverhältnissen etc. und deren Polartheorie gedacht, während z. B. das Princip der Dualität nirgends deutlich hervortritt.

Vielleicht wäre es wichtiger gewesen, statt Grassmann's Ideengang eben als solchen, nur in elementarer Form, darzustellen, ihn im Zusammenhange und Vergleiche mit dem, was die Wissenschaft unabhängig von Grassmann in ähnlicher Richtung späterhin geleistet hat, aufzufassen. Soweit sie in dem vorliegenden Buche in Betracht kommen, sind der Hauptverdienste von Grassmann wohl wesentlich drei. Ihm verdankt einmal die formale Algebra eine ungeahnte Vertiefung, indem er das Wesen der Additions- und Multiplications-Operationen in sehr viel allgemeinerer Weise erfassen lehrte, als das vor ihm geschehen war, und in dieser Beziehung stellt sich Grassmann neben die englischen Forscher, wie etwa Hamilton. Bei ihm ist ferner die Lehre von den mehrfach ausgedehnten Mannigfaltigkeiten, als deren specieller Fall die Raumlehre erscheint, insbesondere die Lehre von den linealen (projectivischen) Mannigfaltigkeiten wohl zum ersten Male entwickelt. Er hat endlich durch seine Erzeugungsweise aller algebraischen Gebilde vermöge linealer Mechanismen ein neues weit aussehendes Feld der Untersuchung geöffnet.

Aber für zufällige (obgleich an sich sehr interessante) Form müssen wir es halten, wenn Grassmann die (linealen) Verknüpfungsweisen der Elemente einer Mannigfaltigkeit mit den formal-algebraischen Ueberlegungen in Beziehung setzt. Er behandelt auf diese Weise, allerdings in sehr geschickter Art, Probleme, welche die neuere Algebra ihrerseits durch Determinanten- und Polaren-Bildung beherrscht. Dabei mag gern hervorgehoben werden, dass das sog. gemischte Product Grassmann's, das in seinem Satze von der Erzeugung algebraischer Gebilde eine fundamentale Rolle spielt, von der neueren Algebra seither noch nicht in allgemeinem Sinne untersucht wurde. Die beiden Darstellungsweisen sind im Grunde kaum verschieden und die Formeln, in denen beide ihren Ausdruck finden, häufig geradezu auch dem Aeusseren nach identisch. Wir möchten ferner Grassmann's Lehre von den mehrfach ausgedehnten Mannigfaltigkeiten auf dem heutigen Standpunkte nur als einen Anfang bezeichnen. Denn Grassmann's Mannigfaltigkeit ist nur die durch Vermehrung der Dimensionen erzielte directe Verallgemeinerung des gewöhnlichen Raumes mit seinen Eigenschaften der Lage und des Maasses, während z. B. Riemann's Untersuchungen eine viel allgemeinere Richtung einschlagen und neuere Arbeiten auch diese wieder nach verschiedenen Seiten hin wesentlich erweitert haben.

Wenn man, wie der Verfasser, Grassmann's Ideen abgelöst von solchen Vergleichungen vorträgt, so wird, nach Meinung des Referenten, der Leser eher abgestossen als angezogen; ihm wird zugemuthet, Grassmann's Methoden als die absolut vortrefflichen zu betrachten, und eine solche Zumuthung fordert immer etwas Unwahrscheinliches. Kln.

R. Grassmann. Die Formenlehre oder Mathematik. Stettin. Grassmann.

Der Verfasser dieses Werkes, Bruder des Begründers der Ausdehnungslehre, geht von der Meinung aus, dass alle bisherigen Darstellungen der Mathematik, welche die Logik voraussetzen, ohne sie abzuleiten, die Schwierigkeiten des ersten Anfangs durch Redensarten und mit Hilfe von Trugschlüssen zu überwinden suchen, und erst weiterhin in einen streng wissenschaftlichen Weg einmünden. Das vorliegende Werk unternimmt es nun, die fünf Anfangszweige der Mathematik im weitesten Sinne des Wortes streng wissenschaftlich abzuleiten. Versteht man mit dem Verfasser unter „Knüpfung" zweier Grössen jede dem Geiste des Menschen mögliche Zusammenstellung dieser Grössen, wenn sie nur einen, und nicht mehrere Werthe hat, unter „Stifte" (Elemente) die Grössen, welche verknüpft werden sollen, ohne selbst durch Knüpfung von Grössen entstanden zu sein, und ist $\bigcirc$ das Zeichen der Knüpfung, e das Zeichen eines Elementes, so ergeben sich durch die Gegensätze der Knüpfung im „Fügen" (Addiren) und der Knüpfung im „Weben" (Multipliciren), der innern Knüpfung, wo $e \bigcirc e = e$ und der äussern Knüpfung, wo $e \bigcirc e \gtreqless e$, die vier besonderen Zweige der Formenlehre, als deren Stamm die Grössenlehre anzusehen ist. Diese vier Zweige sind: 1) die „Begriffslehre“ oder Logik, wo $e + e = e$ und $e \times e = e$ gelten (Begriffe, Urtheile, Schlüsse), 2) die „Bindelehre“ oder Combinationslehre, wo $e + e = e$ und $e \cdot e \gtrless e$ gelten (Combinationen im weitesten Sinne, binomischer Lehrsatz), 3) die „Zahlenlehre“ oder Arithmetik, wo $e + e \gtrless e$ und $e \cdot e = e$ gelten (die 7 Grundoperationen, Reihen, Gleichungen ersten Grades), 4) die „Aussenlehre“ oder Ausdehnungslehre, wo $e + e \gtrless e$ und $e \cdot e \gtrless e$ gelten (die Grundzüge der von Hermann Grassmann 1844 begründeten Lehre, „die Ausdehnungslehre“ von H. Grassmann 1862).

Jedem der fünf Theile des Werkes sind historische Einleitungen vorangeschickt. Fremdwörter sind aus der Darstellung ganz verbannt. Daher sind nicht bloss neue termini für die neu eingeführten Begriffe geschaffen, sondern auch für die meisten der Begriffe, welche mit längst bekannten zusammenfallen. Die Wahl jedes terminus soll durch eine Anmerkung, welche die Angabe der Stammwörter enthält, gerechtfertigt erscheinen. Das Werk macht keinen Anspruch darauf, der Wissenschaft neue Resultate hinzuzufügen, wohl aber, das Fundament derselben zu befestigen. Scht.

F. Müller. Offener Brief an den Herausgeber.
Hoffmann Z. III. 370-375.

Derselbe enthält eine nach Ansicht des Verfassers vollständige Aufstellung der für die Geometrie nothwendigen Postulate und Axiome. Der ersteren sind 6, der letzteren 24. H.

J. Kober, J. C. V. Hoffmann, F. Reidt, J. C. Beckrr. Ueber „Eintheilungen“ in der Geometrie, ein Principienstreit. Hoffmann Z. III. 347-365.

Kober stellt den Satz auf: Negative Merkmale (Negirungen der Specialität) können an sich keinen logischen Eintheilungsgrund abgeben. Wir können danach benennen, aber nicht coordiniren. Den schlagendsten Beweis, über den er noch viel zu eilig hinweg geht, führt er wenigstens an: diejenigen Lehrbücher, welche Quadrat und Rechteck coordinirt aufstellen, ignoriren in den Sätzen und Beweisen ihre eignen Bestimmungen, denn sie betrachten für's Quadrat als gültig, was für's Rechteck bewiesen ist.

Hoffmann's Entgegnung geht einestheils an der Sache vorbei; er vertheidigt das Recht der Benennung, das Kober gar nicht angefochten hat, und führt doch stets das Recht der Eintheilung dafür ein, für welches er wegen der bequemen Anwendung zu mnemotechnischem Zweck besonders eingenommen ist; anderntheils sieht er, mit Verkennung der logischen Forderung, den Usus als unabänderlich an und schreibt der Autorität Vorrecht zu, obwohl die angeführte — nach Baltzer ist das Quadrat ein rechtwinkliger Rhombus — grade für Kober spricht.

Reidt missversteht den Ausdruck „negative Merkmale", der allerdings doppelsinnig ist, aber nicht, wie er meint, bei variirender Anwendung in sein Gegentheil übergeht. Die krumme Linie, die divergenten Linien, haben je ein Kennzeichen (Parameter) von „mathematisch" positivem Werth, der bei der Geraden, den Parallelen null, nicht negativ wird. Letztere haben eine „logisch" positive Bestimmung, die bei der Abweichung negirt wird. Die Behauptung Kober's richtig verstanden, d. h. im letzteren, gewöhnlichen Sinne, wird durch den Einwand nicht geschwächt.

Wesentlich gefördert wird der Streit durch Becker's Aufstellung: Die Eintheilung hat erst Bedeutung, wenn sie durch die Succession der Sätze gefordert wird, und muss sich nach der Deductionsmethode richten. Es hätte wohl nur einer vollständigen Durchführung dieses Gesichtspunkts bedurft, um die angeregten Fragen zur unbestrittenen Erledigung zu bringen.

H.

J. C. V. Hoffmann. Studien über geometrische Grundbegriffe. Hoffmann Z. III. 443-452, 523-534.

J. Kober. Ueber den Begriff der Richtung. Hoffmann Z. III. 535-537.

Der zur Zeit erschienene Theil des ersteren Aufsatzes handelt vom Begriff der Richtung. Hoffmann zeigt zuerst, wie sich die Autoren einer Reihe aufgeführter Lehrbücher und philosophisch methodischer Schriften dazu verhalten. Der Begriff bleibt in den Lehrbüchern so gut wie unerklärt, wird aber meistens zur Definition der Geraden und Krummen angewandt. Fresenius (die psychologischen Grundlagen der Raumwissenschaft F. d. M. I. p. 17) findet den Ursprung in der Vorstellung des Ziels, gelangt jedoch zu keiner wirklichen Begriffsbestimmung. Mauritius (Programm siehe F. d. M. II. p. 30) spricht der einzelnen Geraden das Merkmal der Richtung ab; erst der zweiten Geraden könne es relativ zukommen. (Hiernach würde aber auch der Punkt keine Lage im Raum haben. Die Relativität hebt die Gültigkeit des Begriffs nicht auf). Hoffmann vertheidigt die mathematisch exacte Gültigkeit des Richtungsbegriffs, geht ausführlich auf seine Elemente ein und zeigt, was dabei in's Spiel kommt. Da er jedoch überall die sich gegenseitig bedingenden Begriffe als fertige voraussetzt, so bleibt seine Discussion bei Eintheilung und Benennung stehen, ohne eine bündige Bestimmung zu erreichen. Er, wie alle jene Autoren, bei denen wiederholt die Aeusserung auftritt, Richtung und Gerade liessen sich nur eins durch's andere bestimmen, lassen ausser Acht, dass die Gerade ohne Hülfe des Richtungsbegriffs als Rotationsaxe erklärt werden kann.

Kober spricht nur vom Wortgebrauch, rügt den Missbrauch „gleiche Richtung“ statt „Richtung auf gleiches Ziel“, und dass man diesem zu Liebe Stellung statt Richtung sage. Letzteres ist nicht zutreffend; das Wort „Stellung“ soll vielmehr fähig sein, für solche Objecte zu passen, wo Richtung nicht verständlich sein würde. H.

V. Schlegel. Zum Streit über die unendlich entfernten Gebilde. Hoffmann Z. III. 155-158.

J. C. Becker. Noch einige Bemerkungen über die unendlich fernen Gebilde. Hoffmann Z. III. 158-159.

J. C. V. Hoffmann. Der unendlich ferne Punkt in Steiner's systematischer Entwickelung der Abhängigkeit geometrischer Gestalten. (Berlin 1832. I. Theil.) Hoffmann Z. III. 160-162.

J. Kober. Ueber das Unendliche und die neuere Geometrie. Hoffmann Z. III. 249-264.

Zerlang. Einige Bemerkungen über die Begriffe eben, gerade, parallel als Grenzbegriffe. Hoffmann Z. III. 265-267.

Schlegel zeigt, dass für Grassmann's Ausdehnungslehre der unendlich entfernte Punkt kein Bedürfniss sei. Dasselbe gelte auch von der synthetischen Geometrie, wo er nur zur Bequemlichkeit des Ausdrucks ohne sachliche Wirkung aufgenommen sei. In der Analysis will er das Zeichen ∞ nur als Ausdruck der Unmöglichkeit der Lösung gelten lassen, eine Bemerkung, die wohl überall eher zutrifft als in der Analysis.

Becker nennt das Bedürfniss des unendlich fernen Punkts unbestreitbar, was er Sturm einräumt, womit er jedoch zugleich ohne Nachweis die Ausführungen Schlegel's umwirft. Nur müsse derselbe als Function aufgestellt werden, was Sturm indirect zugestanden habe.

Nach den eigenen Worten Steiner's, welche Hoffmann citirt, ist der unendlich ferne Punkt ein Name, berechtigt insofern zu keinen aus dem Punktbegriff hervorgehenden Schlüssen. Sie zeigen positiv und so deutlich, als man es nur wünschen kann, dass Steiner an den Aufstellungen, welche Sturm als nothwendig für die synthetische Geometrie aufgestellt hatte (vergl. F. d. M. III. 226), keinen Theil hat.

Der erste und zweite Abschnitt der Schrift von Kober, über Hoppe's Aufsatz III. p. 11 und über Sturm's Aufsatz II. p. 391, bieten keinen Anlass zur Besprechung: der Verfasser hält dem letzteren nur oft gesagte Wahrheiten vor. Im dritten Abschnitt „das Unendliche und die neuere Geometrie in der Schule" betont er, dass vor der Anwendung des Unendlichen im Sinne der neueren Geometrie der Begriff des Unendlichen erst in allen Fällen seines Vorkommens, die er einzeln durchgeht, reichlich erläutert werden müsse. Der Hauptpunkt bleibt leider unberührt, dass der Schüler auch den exacten Schluss aus der unendlich kleinen Differenz lerne, da er ohnedies entweder keinen oder falschen Gebrauch vom Begriffe machen wird. Das von Kober

Empfohlene ist z. B. im Lehrbuch von A. F. G. Th. Gauss, freilich noch zu sparsam, in Ausführung gebracht; dennoch fällt dasselbe beim Beweisen in den alten Fehler zurück: es zeigt überflüssigerweise das Enthaltensein zwischen 2 Grenzen, und lässt den zur Evidenz nothwendigen Schluss weg. Wir haben daher allen Grund, auf diesen Punkt Gewicht zu legen.

Zerlang sagt: Treffen im Unendlichen ist nichts weiter, als nicht treffen im Endlichen. Die neue Bestimmung ist so wenig positiv als die alte. Er empfiehlt die Abweichung vom Gesetz stets als den positiven Begriff aufzufassen, da dessen Merkmale stets in die Augen fallen; das Gesetz ergiebt sich dann als Grenzfall, parallel zwischen convergent und divergent, gerade und eben zwischen concav und convex u. s. w. H.

J. Frischauf. Absolute Geometrie nach Johann Bolyai. Leipzig. Teubner.

Eine Bearbeitung der Grundzüge der Bolyai'schen Geometrie nach dem Appendix des Johann Bolyai zu dem Werke von Wolfgang Bolyai: „Tentamen juventutem studiosam in elementa matheseos purae, elementaris ac sublimioris, methodo intuitivo evidentique huic proprio, introducenti.“ Angefügt ist ein Anhang über die Voraussetzungen der Geometrie nach Wolfgang Bolyai.

O.

A. Transon. De l'infini ou métaphysique et géometrie, à l'occasion d'une pseudo-géométrie. Évreux 1871. Hérissey.

Siehe F. d. M. III. p. 13.

Definirt man den Winkel als Theil der unbegrenzten Ebene zwischen seinen Schenkeln, so bilden die Summe zweier Dreieckswinkel mit dem Scheitelwinkel des dritten zusammen einen gestreckten Winkel plus dem Dreieck, welches gegen die unendliche Grösse verschwindet. Dies ist der citirte Arnauld'sche Beweis für den Parallellensatz, dessen Bündigkeit Transon vertheidigt. Er verschweigt nicht den Einwand, dass der Winkel durch jene Bestimmung nicht als Grösse definirt sei, deshalb nicht Object der Gleichsetzung sein könne, führt sogar selbst einige Widersprüche auf, welche sich aus einer solchen Unterstellung ergeben, meint aber, diese Widersprüche rührten nur von der Verwechselung des absoluten und variabeln Unendlich her. Auf letzteres sei man gekommen unter dem Vorurtheil, dass Vorstellbarkeit zur Bündigkeit nothwendig sei. Die Mathematik verlange aber nur Denkbarkeit. Von hier an lässt uns der Verfasser im Stich; denn die Denkbarkeit zeigt er gar nicht, sondern lässt statt der Begründung ein Plaidoyer folgen, nur gestützt auf beispielsweise vorgeführte Schwächen der Gegner. H.

E. Beltrami. Teorema di geometria pseudosferica. Battaglini G. X. 53.

Zieht man von den Punkten der Abscissen-Axe in einer Euclidischen Ebene Gerade, welche mit dieser Axe einen Winkel einschliessen, der gleich ist dem Winkel der Parallelen zur Ordinaten-Axe des rechtwinkligen Coordinatensystems, wenn die Ebene nicht-euclidisch wäre, so ergiebt sich als Einhüllende der Geraden die Huyghen'sche Tractorie, welche bekanntlich auch Meridian-Curve der pseudosphärischen Rotationsflächen ist.

St.

A. Cayley. On the non-euclidian geometry. Clebsch Ann. V. 630-634.

Ableitung der von Lobatschefsky zuerst gegebenen Grundformel der hyperbolischen Trigonometrie aus den allgemeinen projectivischen Ausdrücken für die Entfernung zweier Punkte und den Winkel zweier Geraden. St.

L. Schläfli. Nota alla memoria del sig. Beltrami, Sugli spazie della curvatura costante. Brioschi Ann. (2) V. 178-193.

E. Beltrami. Osservazione sulla precedente Memoria del sig. prof. Schläfli. Brioschi Ann. (2) V. 194-198.

Die Umkehrung eines bekannten Satzes von Herrn Beltrami

(F. d. M. I. p. 208) führt zur Aufgabe: Alle Räume von n Dimensionen zu bestimmen, in welchen jede geodätische Linie durch ein System von $n-1$ linearen Gleichungen dargestellt wird. Herr Schläfli zeigt, dass dieser Bedingung nur Räume von constanter Krümmung Genüge leisten. Die Grenze eines solchen Raumes ist ein Raum zweiter Ordnung von $n-1$ Dimensionen, der, wie Herr Beltrami bemerkt, in der Metrik jenes Raumes die Rolle der Cayley'schen absoluten Grenzfläche zweiter Ordnung übernimmt. St.

F. August. Untersuchungrn über das Imaginäre in der Geometrie. Pr. Berlin.

Im ersten Abschnitte dieser Abhandlung werden die complexen Elemente der Ebene und des Raumes übereinstimmend mit v. Staudt definirt und zwar in der Art, dass dieselben zurückgeführt werden auf den complexen Punkt einer reellen Geraden, dessen Bedeutung analytisch abgeleitet wird. Ferner sind die linearen Constructionen allgemein durchgeführt.

Der zweite Abschnitt enthält zwei Beispiele zur Uebertragung geometrischer Betrachtungen auf das imaginäre Gebiet. 1) In zwei in derselben reellen Ebene befindlichen gleichartigen Gebilden, welche durch Zuordnung von drei Paaren von Elementen projectivisch aufeinander bezogen sind, beliebig viele zugeordnete Paare zu construiren". Dabei werden eine Reihe von Focaleigenschaften der Kegelschnitte gewonnen. 2) „Den geometrischen Ort aller Geraden zu bestimmen, welche drei gegebene windschiefe Gerade schneiden". Es wird gezeigt, dass auf diese Weise alle reellen Flächen zweiter Ordnung erhalten werden.

St.

F. Klein. Zur Interpretation der complexen Elemente in der Geometrie. Gött. Nachr. 1872. 374-379.

Der Verfasser macht darauf aufmerksam, dass man die Staudt'sche Repräsentation der complexen Elemente in der Geometrie in gemeinem Sinne vereinfachen kann, indem man den imaginären Punkt einer Geraden nicht durch vier harmonisch gelegene reelle Punkte derselben, sondern durch drei beliebige reelle Punkte der Geraden bestimmt, zu denen der imaginäre Punkt äquianharmonisch ist. Kln.

A. Cayley. On the superlines of a quadric surface in five dimensional space. Quart J. XII. 176-180.

In einem Raume von fünf Dimensionen hat eine Oberfläche zweiten Grades zwei dreifach unendliche Systeme von Superlinien (superlines), so dass jede Superlinie jedes Systems jede Superlinie desselben Systems schneidet. Eine Superlinie des einen Systems schneidet im Allgemeinen keine Superlinie des anderen Systems; aber es kann vorkommen, und dann schneidet sie nicht in einem blossen Punkt, sondern in einer Linie.

(Zur Erläuterung der Nomenclatur diene, dass wir in der Geometrie mit fünf Dimensionen haben: „Raum (space), Oberfläche (surface) supersurface, supercurve, Curve (curve) Punktsystem (pointsystem), je nachdem zwischen den Coordinaten 0, 1, 2, 3, 4 oder fünf Gleichungen bestehen; wenn die Gleichungen linear sind, hat man „space, plane, subplane, superline, line, point).

Der obige Satz für die Superlinien einer Oberfläche zweiten Grades wird durch eine unabhängige Analysis aufgestellt, aber er ist in Wirklichkeit eine Folge der Correspondenz, welche zwischen den Linien des gewöhnlichen Raumes und den Punkten einer Oberfläche zweiten Grades im Raume mit fünf Dimensionen existirt. Cly. (O.)

H. G. Zeuthen. Om Dualitetsprincipet. Zeuthen Tidsskr. (3) II. 161.

Bemerkungen zur Geschichte der modernen Geometrie. Siehe F. d. M. III. p. 234. Hn. (Wn.)

C. Jordan. Essai sur la géométrie à *n* dimensions. C. R. LXXV. 1614-1617.

Herr Jordan giebt den Inhalt einer Abhandlung an, in welcher er die Geometrie des Raumes von n Dimensionen im Zusammenhange behandelt hat. Sie enthält Untersuchungen über Parallelismus und Perpendicularität der durch lineare Gleichungen definirten Mannigfaltigkeiten, über die Simultan-Invarianten derselben, über orthogonale Substitution nebst einer Reihe phoronomischer Anwendungen. St.

C. Flye Ste. Marie. Études analytiques sur la théorie des parallèles. Paris. Gauthier-Villars. 1871. Recension von J. Frischauf, Schlömilch Litz. XVII. 33-34.

Da dem Referenten das Buch selbst nicht zugänglich war, so folgt hier eine kurze Inhaltsangabe nach der Recension des Herrn Frischauf. Das Buch behandelt das 11te Euklidische Axiom. Während nun Lobatschefsky und Bolyai nach Aufstellung der Grundzüge der nicht euklidischen Geometrie schliesslich zu dem Satze kamen, dass die Formeln derselben für unendlich kleine Gebilde in die der gewöhnlichen Geometrie übergehen, nimmt das vorliegende Buch diesen Satz zum Ausgangspunkt. Das erste Capitel behandelt die Eigenschaften der unendlich kleinen Gebilde, namentlich den Beweis dafür, dass der Grenzwerth der Winkelsumme eines unendlich kleinen Dreiecks 2 Rechte betrage. Das zweite Capitel beschäftigt sich mit den Eigenschaften eines Kreises mit unendlich grossem Radius. Aus diesen wird dann eine analytische Geometrie der Ebene entwickelt für ein Coordinatensystem, dessen X-Axe ein solcher Kreis ist, während die Ordinaten nach der Richtung des unendlich entfernten Mittelpunktes gezogen werden. Das dritte Capitel handelt in ganz analoger Weise von der Kugel mit unendlich grossem Radius. Das vierte Capitel beschäftigt sich mit der nicht-euklidischen Geometrie, der Kreislehre, der ebenen und sphärischen Trigonometrie und mit Anwendung der Infinitesimalrechnung auf Geometrie. In einem Ergänzungscapitel endlich finden sich die Axiome der Geometrie, die Begriffe von Tangenten, Länge der Linien etc. besprochen. O.

M. de Tilly, Flye Sainte-Marie. Études analytiques sur la théorie des parallèles. Darboux Bull. III. 131-138.

Der Verfasser giebt zuerst eine Analyse des Inhalts des bei Gauthier-Villars, Paris 1871, erschienenen Buchs von Flye Sainte Marie (siehe F. d. M. III. p. 236), welcher auf verschiedenem Wege zu gleichen Resultaten wie Lobatschefsky und Bolyai gelangt ist, erkennt dessen mathematischen Theil als richtig und verdienstlich an, erklärt dagegen die philosophischen Schlussfolgerungen für nicht überzeugend und schlägt eine Abänderung vor, mit der Aufforderung auch gegen seine Darlegung etwaige Ausstellungen zu erheben. Die Angaben sind jedoch nicht zureichend, um daraus ein Urtheil über das Verhältniss der beiderseitigen Ansichten zu gewinnen. H.

Capitel 2.

Continuitätsbetrachtungen (analysis situs).

F. Klein. Ueber einen Satz aus der Analysis situs. Gött. Nachr. 1872. 290-297.

Dieser vorläufigen Mittheilung ist inzwischen eine ausführliche gefolgt. Siehe Clebsch Ann. VI. p. 132. (Das Referat erfolgt im nächsten Bande). St.

A. Cayley. On Listing's theorem. Messenger (2) II. 81-89.

Bericht mit Beispielen über Listing's Satz, der sich in der Arbeit: „Der Census räumlicher Gestalten". Gött. Abh. X. 1862, findet; derselbe ist eine Verallgemeinerung von Euler's Satz $S+F=E+2$, welcher die Zahl von Seiten, Kanten und Ecken in einem Polyeder in Verbindung setzt. Glr. (O.)

E. Hess. Ueber die möglichen Arten und Varietäten einiger archimedeischer Körper. Marb. Ber. 1872.

Dem Verfasser haben hauptsächlich Herr Hessel durch seine „Uebersicht der gleicheckigen Polyeder u. s. w.“ (siehe F. d. M. III. p. 248) und Herr Wiener durch seine Abhandlung: „Ueber Vielecke und Vielflache“ vorgearbeitet. Herr Hessel hat zuerst darauf aufmerksam gemacht, dass die Begrenzungsflächen der gleicheckigen Körper nicht nothwendig reguläre, sondern nur gleicheckige Polygone zu sein brauchen, die also bei grader Seitenanzahl auch abwechselnd gleiche Seiten haben können. Herr Hess stellt sich nun die Aufgabe, die möglichen Arten und Varietäten aller gleicheckigen und gleichflächigen Körper zu entwickeln, und behandelt in der vorliegenden Mittheilung vorläufig zwei gleicheckige Körper, nämlich erstens das $(6+8+12)$-flächige (2×24)-Eck und das $(12+20+30)$-flächige (2×60)-Eck. Vermöge des Dualitätsprincips ergiebt sich natürlich eine doppelte Reihe von Resultaten. Da die Grenzflächen der gleicheckigen Körper nicht bloss reguläre Polygone von ungrader Seitenzahl, sondern auch die bisher wenig berücksichtigten $(n+n)$-seitigen $2n$-Ecke sein können, so schickt Herr Hess eine kurze Entwickelung der gleicheckigen Polygone voran. Versteht man unter a die Zahl, welche angiebt, wie oft beim Beschreiben des gleicheckigen Polygons die Peripherie des umbeschriebenen Kreises durchlaufen wird, so hat ein gleicheckiges n-Eck so viel Arten, als diese Zahl a Werthe annehmen kann. Demgemäss hat ein gleichseitiges gleichekiges n-Eck so viel Arten, als es relative Primzahlen zu n von 1 bis $\frac{n-1}{2}$ giebt, und ein gleicheckiges $2n$-Eck mit abwechselnd gleichen Seiten so viel Arten, als es relative Primzahlen zu n von 1 bis $n-1$ giebt. Wenn dann α den polaren Sinn für die Ecken hat, und A bei einem gleicheckigen Körper angiebt, wievielmal beim Beschreiben der Grenzflächen durch die Bewegung eines Punktes die umbeschriebene Kugelfläche durchwandert wird, so gilt die schon von Herrn Wiener zur Bestimmung der Arten der Poinsot'schen Körper benutzte erweiterte Euler'sche Formel:

$$\Sigma(\alpha E)+\Sigma(aF)=\Sigma(K)+2A.$$

Durch Anwendung dieser Formel erhält der Herr Verfasser die

Art-Zahlen der beiden von ihm betrachteten Körper. Der erste dieser Körper, ein (2×24)-Eck, den man sich als Oktaeder vorstellen mag, dessen Ecken durch die Flächen eines Würfels, und dessen Kanten durch die Flächen eines Rhombendodecaeders gerade und gleichmässig abgestumpft sind, hat 4 Arten, weil A, wie der Verfasser nach obiger Formel berechnet, die 4 Werthe 1, 5, 7, 11 annehmen kann. Der zweite Körper, ein (2×60)-Eck mit $(12+6)$ Flächen hat 8 Arten, indem sich für A die 8 Werthe 1, 7, 11, 13, 17, 19, 23, 29 ergeben. Da bei jedem der beiden Körper A die Werthe der relativen Primzahlen von 1 bis $\frac{E}{4}$ haben kann, so vermuthet Herr Hess ein sehr einfaches Gesetz für die Arten der Körper, welches dem für die Arten der Polygone analog ist.

Der hier gestattete Raum erlaubt es nicht, auf den Begriff und die Entwickelung der Varietäten der Arten einzugehen. Der Verfasser verspricht, die Anwendung seiner Betrachtungen auf sämmtliche gleicheckige und gleichflächige Körper in einiger Zeit nachfolgen zu lassen. Scht.

W. K. Clifford. On a theorem relating to polyhedra analogous to Mr. Cotterill's theorem on plane polygones. Proc. of L. M. S. IV. 178-185.

(Siehe Cotterill's Arbeit p. 139.)

Die Sätze sind folgende: Für jedes Polyeder von n Ecken, das nur dreieckige Seiten hat ($\triangle$ — *faced*, n — *acron*, Cayley) giebt es eine Oberfläche von der Classe $n-4$, die alle Diagonalseiten berührt. Diese Oberfläche enthält alle Diagonallinien. Die Diagonal-Ebenen und Linien sind so gelegen, dass die Bedingungen für die Berührung von Ebenen und das Enthalten von Linien hinreichend sind, um eine Oberfläche von der Classe $n-4$ zu bestimmen. Wenn die Oberfläche die Ebene im Unendlichen berührt, ist der Inhalt des Körpers 0. Zur Erläuterung mag bemerkt werden, dass eine Ebene, die drei Ecken enthält, ohne Seite zu sein, Diagonalebene ist, und eine Linie, die zwei Ecken enthält, ohne Kante zu sein, Diagonallinie ist. Cly. (O.)

Capitel 3.

Elementare Geometrie (Planimetrie. Trigonometrie. Stereometrie).

F. G. Mehler. Hauptsätze der Elementar-Mathematik zum Gebrauch an Gymnasien und Realschulen. 6te Aufl. Berlin. G. Reimer.

Das Lehrbuch enthält in gedrängter Kürze die Hauptsätze der Planimetrie, der Algebra, der Trigonometrie und der Stereometrie, sowie die wichtigsten Reihen und den binomischen Satz. Die 6te Auflage hat ausser einigen Zusätzen zur Planimetrie keine erheblichen Aenderungen der 5ten Auflage erhalten. Pr.

Th. Spieker. Lehrbuch der ebenen Geometrie für höhere Lehranstalten. 6te Auflage. Potsdam.

Der Verfasser hat die ebene Geometrie auf 4 Curse vertheilt, von denen der erste Cursus die Elemente bis zu den Parallelogrammen enthält, der zweite mit einer trefflichen Anleitung zur Lösung geometrischer Aufgaben beginnt und die Euklidische Planimetrie mit der Kreisrechnung beendet. Der 3te Cursus behandelt Sätze aus der neueren Geometrie über Transversalen, harmonische Theilung, Aehnlichkeitspunkte, Chordalen, das Tactionsproblem und die Kreispolaren, während der 4te Cursus die Anwendung der Algebra auf geometrische Probleme und die metrischen Relationen am Dreiecke und am Kreise zeigt. Zwischen jedem Abschnitt sind eine Reihe von Uebungsaufgaben aufgestellt. — Der 6ten Auflage ist neben einigen Verbesserungen und Zusätzen ein Anhang vermischter Aufgaben aus allen Theilen der ebenen Geometrie hinzugefügt. Pr.

H. Schröder. Lehrbuch der Planimetrie. Halle, Schrödel und Simon.

Ein neues Lehrbuch für Schulen. Im Wesentlichen unterscheidet es sich nicht von anderen derartigen Büchern. Nur ist die Definition des Unendlich-Grossen und des Unendlich-Kleinen bereits in den Anfang aufgenommen. Auch der Symmetrie ist nach dem Vorgang Heilermann's grössere Bedeutung beigelegt worden. O.

S. F. Lacroix. Éléments de géométrie, suivis de notions sur les courbes usuelles. 18me édition, revue et corrigée par M. Prouhet. 8. Paris. Gauthier-Villars.

Sannia e d'Ovidio. Elementi di geometria. 2a edizione riveduta e corretta. Napoli. Trani 1871.

G. Emsmann. Mathematische Excursionen. Halle a. S.

Der Verfasser giebt in 14 Abschnitten eine grosse Anzahl von interessanten neueren Sätzen und Aufgaben aus verschiedenen Gebieten der Elementarmathematik zum Gebrauche in den oberen Klassen höherer Lehranstalten. Die Inhalts-Uebersicht ist: 1) Der Kreis der 9 Punkte. 2) Construction der linearen Wurzeln einer quadratischen Gleichung. 3) Die Entfernungsörter des Dreiecks. 4) Der Quotient zweier Dreiecksseiten. 5) Benutzung der quadratischen Gleichung zur Bestimmung von Maximal- und Minimalwerthen. 6) Die Differenz der Höhensegmente einer Dreiecksseite. 7) Discussion der Gleichung zweiten Grades für zwei Parallelcoordinaten. 8) Einiges über Kettenbrüche. 9) Summation einiger Reihen. 10) Einige Sätze über Ecktransversalen. 11) Einige Berührungsaufgaben. 12) Einige geometrische Oerter. 13) 2 Parabelaufgaben und 14) drei Lehrsätze und 2 Aufgaben aus der Stereometrie. — Als Anhang fügt der Verfasser eine reichhaltige Sammlung von Aufgaben ohne Lösung aus allen Theilen der Elementar-Mathematik bei.

Pr.

Compagnon. Note sur les éléments de la géométrie. Nouv. Ann. (2) XI. 127-128.

Diese Note behandelt die Halbirungslinie eines Winkels und die Halbirungslinien der Dreieckswinkel. T.

E. Hain. Verschiedene Sätze und Aufgaben, welche zugleich als Schulaufgaben benutzt werden können. Grunert Arch. LIV. 493-494.

Das Viereck, welches die Winkelhalbirenden eines beliebigen Vierecks bilden, ist ein Kreisviereck. Zeichnet man einen Kreis, welcher die Seiten eines gleichseitigen Dreiecks schneidet, so sind die Summen je dreier getrennter äusseren Abschnitte einander gleich. Zieht man von einem Punkte innerhalb eines gleichseitigen Dreiecks, Quadrats oder Rhombus nach den Seiten derselben unter gleichen Winkeln an den Schnittpunkten Gerade, so ist die Summe derselben constant. T.

H. Perigal. On geometric dissections and transformations. Messenger (2) II. 103-106.

Eleganter Beweis von Euclid. I. 47 durch ein symmetrisches Zerschneiden und Verlegung der zusammensetzenden Theile. Das kleinste Quadrat bleibt unberührt und das andere Quadrat auf einer Seite wird in vier symmetrische Theile getheilt, welche mit dem kleinen Quadrat das Quadrat über der Hypotenuse ausmachen. Glr. (O.)

M. Pagni. Considérations sur les polygones. Mondes (2) XXIX. 259-260.

Brief eines Herrn Caselli in Florenz über eine Arbeit von Herrn Pagni: Ueber Polygone und Polyeder höherer Art. In diesem Brief wird über den Theil der Arbeit berichtet, der folgende Frage behandelt: „En déterminant l'aire d'un polygone étoilé, faut-il avoir égard à tout son périmètre ou seulement à son périmètre extérieur?“ O.

S. Pellucchi. Poligonometria analytica. Genova, tip. del R. Istituto. Sordo-Muti, 1871.

Der vollständige Titel lautet: „Poligonometria analytica, nuovo ramo di geometria elementare e di applicazione dell' algebra; fondamento della trigonometria, onde le equazioni raggio-numeriche complete di diverso grado per ciascun poligono regolare iscritto, ordinato in un solo teorema di geometria e ne' cinque primi poligoni, e sua relazione col circolo derivato e colla trisizione dell' angolo.“ M.

J. Kober. Der umschriebene oder umgeschriebene Kreis. Hoffmann Z. III. 369-370.

Nach Analogie von „umgeben, umzäunen“ ist der Kreis mit einem Tangentenpolygon umschrieben, dagegen einem Sehnenpolygon umgeschrieben. Der Verfasser hat nur nicht berücksichtigt, dass man nicht sagt „einen Kreis schreiben“, sondern „beschreiben“. H.

R. W. Genese. Note on a former paper. Messenger (2) I. 181.

Bezieht sich auf die Dreitheilung des Winkels. Glr. (O.)

C. Taylor. Proof of Euclid II. 8. Messenger (2) I. 181.

Symmetrischer Beweis des Satzes. Glr. (O).

T. S. Aldis. On proportion in geometry. Educ. Times XVI. 89. Hi.

R. W. Genese, St. Watson, W. S. B. Woolhouse. Solution of question 3511. Educ. Times XVII. 21-22.

Verbindet man die Scheitel eines Dreiecks mit den Scheiteln der gleichseitigen Dreiecke, welche auf den gegenüberliegenden Seiten errichtet sind, so schneiden sich diese Geraden zu dreien in zwei Punkten. Verbindet man ferner diese beiden Punkte mit dem Mittelpunkt des umschriebenen Kreises, so erhält man ein zweites Dreieck, dessen Schwerpunkt von dem Schwerpunkt des gegebenen Dreiecks eine Entfernung hat gleich dem dritten Theile des Radius des umschriebenen Kreises. Hi.

R. Townsend. Solution of question 3591. Educ. Times XVII. 35.

Sind A, B, C, D feste Punkte und ist P ein beweglicher Punkt in einer Ebene, finde die Relation

$$\alpha \cdot PAB + \beta \cdot PBC + \gamma \cdot PCD + \delta \cdot PDA = 0,$$

welche die Flächen der Dreiecke *PAB* etc. verbindet.

Wenn *O* der Schnittpunkt der Diagonalen *AC, BD* ist, so gilt:

$$\frac{APB}{AOB} - \frac{BPC}{AOC} + \frac{CPD}{COD} - \frac{DPA}{DOA} = 0.$$

Hi.

J. Walmsley. Proof of a fundamental property of parallel straight lines. Educ. Times XVII. 103.

Hi.

R. W. Genese. Solution of question 3674. Educ. Times XVII. 84-85.

Werden die von gegebenen Punkten einer Ebene auf eine feste Gerade gezogenen Senkrechten durch $a, b, c \cdots l, n, p$ bezeichnet, und bedeutet (abc) die Fläche des von den entsprechenden Punkten gebildeten Dreiecks, so ist der Werth des Ausdrucks

$$\frac{1}{p}\left\{\frac{(pab)}{a \cdot b} + \frac{(pbc)}{b \cdot c} + \cdots + \frac{(pln)}{l \cdot n} + \frac{(pna)}{n \cdot a}\right\}$$

von der Lage des Punktes p unabhängig. Hi.

E. Hain. Bemerkungen über einige Punkte der äusseren Berührungskreise eines Dreiecks. Grunert Arch. LIV. 382-384.

O_a, O_b und O_c seien die Mittelpunkte der drei äusseren Berührungskreise, welche in den Verlängerungen der Seiten liegen, so ist:

1) $AB_a = AC_a = BC_b = BA_b = CA_c = CB_c = s$

$$= \frac{a+b+c}{2}.$$

2) $BO_a^2 + CO_b^2 + AO_c^2 = CO_a^2 + AO_b^2 + BO_c^2;$

3) $\Delta\, O_a O_b O_c = \frac{1}{2} \cdot \frac{abc}{(s-a)(s-b)(s-c)}.$

4) Der Radius des um das $\Delta\, O_a O_b O_c$ geschriebenen Kreises ist doppelt so gross, wie der Radius des um *ABC* geschriebenen Kreises. Pr.

JAMET. Démonstration d'un théorème de géométrie. Nouv. Ann. (2) XI. 35-36

Beweis des bekannten Satzes: „Die Summe der Perpendikel von dem Centrum des einem Dreieck eingeschriebenen Kreises auf die drei Seiten ist gleich der Summe der Radien des eingeschriebenen und umschriebenen Dreiecks.“ M.

GARDON. Démonstration d'un théorème de Newton. Nouv. Ann. (2) XI. 38-39.

Beweis des Satzes: „Die Mitten der Diagonalen eines Tangentenvierecks und der Mittelpunkt des Kreises liegen in einer Geraden.“ M.

L. CROCCHI. Osservazioni e questione. Battaglini G. X. 304-307.

Bemerkungen über die Fläche eines Aussensectors (d. i. des zwischen zwei Tangenten eines Kreises und dem Bogen liegenden Stückes), über die Abhängigkeit dieser Fläche vom Bogen bei constantem Radius, und vom Radius bei constantem Centriwinkel. Am Ende ist die Aufgabe gegeben: Den Punkt zu bestimmen, von dem aus die Tangentenpaare an 2 gegebene Kreise gleiche Aussensectoren hervorbringen. Mz.

O. CALLANDREAU. Solution de la question 976. Nouv. Ann. (2) XI. 181-183.

Gegeben in einer Ebene zwei Kreise und ein Punkt. Man soll durch denselben eine Secante so ziehen, dass die innerhalb der Kreise liegenden Theile derselben in einem gegebenen Verhältniss stehen. O.

A. L. LINTZ. Notiz über Verbindungscurven im Allgemeinen und über eine neue geometrische Construction der Korblinie aus drei Mittelpunkten. Z. dtsch. Ing. XVI. 191-193.

Im Januarheft 1872 des „Bulletin mensuel de l'association amicale des anciens élèves de l'école centrale à Paris“ hat Herr

Revellat eine Construction der Korblinie mitgetheilt. Dieselbe wird hier reproducirt. Sie ist ein besonderer Fall folgender allgemeinerer Aufgabe: „Zwei beliebige gerade Linien durch einen oder mehrere Kreisbögen zu verbinden.“ Hier wird die Lösung dieser Aufgabe mitgetheilt für den Fall, dass die Berührungspunkte vorgeschrieben sind, in welchem Fall die Construction der beiden sich ergebenden Kreisbögen ohne Schwierigkeit sich ergiebt.

O.

Wlach. Erfindung der Quadratur des Kreises. Prag. C. H. Hunger.

Unwissenschaftlich und falsch. Der Verfasser findet

$$\pi = 3,\overline{1604938271}\cdots \text{ oder } \pi = 3,1605.$$

Pr.

F. J. Studnička. Zur Quadratur des Kreises. (Böhmisch.) Casopis I. 35-38.

Der Artikel hat den Zweck, allen jenen als Antwort zu dienen, die da „mit Gottes Hilfe“ die Quadratur des Cirkels gefunden haben wollen. Er enthält kurz die Gründe der Unmöglichkeit der gesuchten Lösung, dann die Zusammenstellung der Ergebnisse, die von Archimedes (250 v. Chr.) an bis Richter (1855) in Betreff der Auswerthuug des π gefunden worden, und schliesst mit Shanks Angabe der 530 Decimalstellen für diese Constante.

W.

Didion. Expression du rapport de la circonférence au diamètre et nouvelle fonction. C. R. LXXIV. 36-39.

Der Verfasser entwickelt auf elementarem Wege zwei Formeln für π:

1) als untere Grenze

$$\pi = 2^n K \sqrt{2 - [\{\cdots[(\sqrt{4 - C^2} + 2)^{\frac{1}{2}} + 2]^{\frac{1}{2}} \cdots + 2\}^{\frac{1}{2}} + 2]^{\frac{1}{2}}}$$

2) als obere Grenze

$$\pi = \frac{2^n K \cdot \sqrt{2 - [\{\cdots[(\sqrt{4 - C^2} + 2)^{\frac{1}{2}} + 2]^{\frac{1}{2}} \cdots + 2\}^{\frac{1}{2}} + 2]^{\frac{1}{2}}}}{\frac{1}{2}\sqrt{2 + [\{\cdots[(\sqrt{4 - C^2} + 2)^{\frac{1}{2}} + 2]^{\frac{1}{2}} \cdots + 2\}^{\frac{1}{2}} + 2]^{\frac{1}{2}}}},$$

worin C die Seite eines in den Kreis (Radius = 1) geschriebenen regulären K-ecks und n die Anzahl der Potenzirungen bedeutet, welche unterhalb des Wurzelzeichens ausgeführt werden sollen. Pr.

E. Catalan. Sur la notice de Mr. Didion. C. R. LXXIV. 177.

Der Verfasser zeigt, dass die gefundenen Formeln von Didion nicht neu sind, sondern bereits in der Euler'schen Formel

$$\frac{\pi}{2} = \sec\frac{\pi}{4}\sec\frac{\pi}{8}\sec\frac{\pi}{16}\cdots$$

enthalten sind. Dasselbe wird von Herrn E. de Beaumont bestätigt. Pr.

E. Frisby. On the calculation of π. Messenger (2) II. 114.

Der Verfasser hat π auf 30 Stellen mittelst der folgenden, von ihm abgeleiteten Reihe berechnet:

$$\pi = \frac{24}{10}\left\{1+\frac{2}{3}\left(\frac{1}{10}\right)+\frac{2\cdot 4}{3\cdot 5}\left(\frac{1}{10}\right)^2+\frac{2\cdot 4\cdot 6}{3\cdot 5\cdot 7}\left(\frac{1}{10}\right)^3+\cdots\right\}$$
$$+\frac{56}{100}\left\{1+\frac{2}{3}\left(\frac{2}{100}\right)+\frac{2\cdot 4}{3\cdot 5}\left(\frac{2}{100}\right)^2+\frac{2\cdot 4\cdot 6}{3\cdot 5\cdot 7}\left(\frac{2}{100}\right)^3+\cdots\right\}.$$

Glr. (O.)

A. Hall. On an experimental determination of π. Messenger (2) II. 113-114.

Im fünften Capitel der „Théorie analytique des probabilités“ beweist Laplace, dass, wenn eine Nadel von der Länge l auf eine Ebene geworfen wird, die mit parallelen geraden Linien in der Entfernung a von einander liniirt ist, die Wahrscheinlichkeit, eine Linie zu schneiden gleich $\frac{2l}{a\pi}$ ist. Auf Hall's Veranlassung hat Herr Fox Versuche mit Nadeln von verschiedener Länge gemacht und eine gute Annäherung an π erhalten. Die Arbeit enthält die speciellen Angaben dazu. Glr. (O.)

J. W. L. Glaisher. Remarks on the calculation of π. Messenger (2) II. 119-128.

Die Bemerkungen am Anfange der Arbeit beziehen sich auf die beiden obigen Arbeiten. Herr Glaisher berichtet über Versuche, ähnlich denen des Herrn Fox, die 1855 auf Veranlassung de Morgan's von Herrn Ambroise Smith gemacht worden sind. Er bemerkt, dass die von Herrn Frisby benutzten Reihen unabhängig von einander gegeben worden sind von Hutton, Euler, H. James Thomson, Blissard und de Morgan, und discutirt einige ähnliche Reihen von Euler und Hutton. Dann folgt eine Liste der Berechner von π und der von ihnen erreichten Stellenzahl, von Archimedes bis zur Jetztzeit. Diese Liste beruht auf einer ähnlichen, die Herr Bierens de Haan in den „Verhandlingen" von Amsterdam, Bd. IV. p. 22 1858 gegeben hat. Dieselbe zeigt das allmälige Wachsen der mathematischen Hülfsmittel im Verlaufe von 2000 Jahren. Der übrige Theil der Arbeit ist hauptsächlich den Werken und Rechnungen von Ludolf van Ceulen und Snell gewidmet. Der Verfasser bringt Gründe für die Vermuthung vor, dass van Ceulen's Werth mit 35 Stellen zuerst durch die Worte auf seinem Grabe bekannt wurden. (Zusätze und Verbesserungen zu der Arbeit und zu der Liste finden sich in des Verfassers Arbeit: „On the quadrature of the circle, A. D. 1580—1630." Messenger (2) III., siehe den folgenden Band dieses Jahrbuches.) Glr. (O.)

W. Hayden. Approximate geometrical solutions of the problems of the duplication of the cube, and of the quadrature of the circle. Proc. of London XX. 525-526.

Zwei einfache geometrische Constructionen geben für $\sqrt[3]{2}$ und π folgende angenäherte Werthe:

$$\sqrt[3]{2} = \tfrac{1}{3}\sqrt{9+(1+\tfrac{3}{4}\sqrt{3})^2} = 1{,}2598754, \text{ statt } 1{,}2599210;$$

und aus

$$r = \frac{3}{20}(\sqrt{10}-\sqrt{5}), \quad m = \frac{2+r\sqrt{17-4r^2}}{8-2r^2}:$$

$$\pi = \frac{\sqrt{3+4m}+2m^2-m}{1+m^2} = 3{,}141592713, \text{ statt } 3{,}141592653.$$

Csy. (M.)

Compagnon. Démonstration du théorème fondamental relatif au pôle et à la polaire dans le cercle.
Nouv. Ann. (2) XI. 167-169.

Ist eine Gerade AB in den Punkten C und D harmonisch getheilt und bezeichnet E den Halbirungspunkt von AB, so ist bekanntlich: $AE^2 = BE^2 = EC \cdot ED$. Daraus ergiebt sich die Folgerung, dass $DA \cdot DB = DE \cdot DC$ oder auch: $CA \cdot CB = CE \cdot CD$ ist. Mit Hülfe dieser Folgerung wird dann der Fundamentalsatz von Pol und Polare in Beziehung auf einen Kreis bewiesen.

T.

A. Favaro. Prime operazioni del calcolo grafico.
Att. d. Ist. Ven. (4) I. 1391-1463.

Enthält die ersten Definitionen und Sätze über die Operationen des graphischen Rechnens. Jg. (O).

T. J. Hall. Elements of plane and spherical trigonometry. 12mo. W. H. Allen.

Hi.

J. F. Heather. Practical plane geometry. 12mo. Lockwood.

Hi.

A. Ziegler. Fundamente der Stereometrie in neuer und verbesserter Durchführung zum heuristischen Unterrichte. München.

Der Verfasser giebt in 10 Abschnitten die Fundamente der Stereometrie nach heuristischer Methode. Der erste Abschnitt handelt vom Parallelismus der Geraden und Ebenen und enthält einen kurzen Anhang über Stereoscopie; der zweite behandelt die Normalprojection und einen Anhang über Axonometrie, der dritte den Keil und einen Anhang über Planspiegel. Der vierte Abschnitt enthält eine interessante Bearbeitung der Sphärik, deren Sätze analog den Sätzen der Planimetrie geordnet sind, der fünfte enthält die Messung der Rotationsflächen nebst einem Anhang über Hohlspiegel, der sechste die Kegelschnitte und einen Anhang über stereographische Projection, der siebente Abschnitt handelt von den Prismen und Cylindern, der achte von den Pyramiden, Kegeln und Kugeln, der neunte von den Schichten und Rotationsschichten und der zehnte von den Polyedern, wobei neben den regulären Körpern auch halbregelmässige Körper, die wichtigsten Krystallformen u. s. w. betrachtet werden. Zu den einzelnen Abschnitten sind Uebungsaufgaben ohne Lösungen gegeben.

Pr.

J. J. Hemming. Die dreiseitige körperliche Ecke. Schlömilch Z. XVII. 159-164.

Einfache Ableitung der Grundformeln der sphärischen Trigonometrie auf Grund einer constructiven Behandlung des Dreikants; (siehe Schlömilch Z. VIII. 428). Pr.

A. Pánek. Ueber goniometrische Grundformeln. Casopis I. 202-203. (Böhmisch).

Wenn die aus der Ecke C auf die Gegenseite AB im $\triangle ABC$ gefällte Senkrechte die Gegenseite in die Abschnitte $AE = m$, $EB = n$ theilt, so ist nach dem Sinus-Satze:

$$b:(m+n) = \sin B : \sin C$$

oder da

$$C = 180-(A+B),\; b\sin(A+B) = (m+n)\sin B$$
$$= (a\cos B + b\cos A)\sin B$$

oder

$$(\text{da } a\sin B = b\sin A),\; \sin(A+B) = \sin A\cos B + \cos A\sin B.$$

Auf Grund der Gleichungen

$$\cos^2(A+B) = 1-\sin^2(A+B),\; 1 = \sin^2 A + \cos^2 A$$

ergiebt sich nach einfacher Addition, wenn wir hierauf die Quadratwurzel bestimmmen, die zweite Grundformel:

$$\cos(A+B) = \cos A\cos B - \sin A\sin B$$

W.

J. Hoüel. Die sogenannte „separirte Tangentenformel" und die Hülfswinkel. Hoffmann Z. III. 377-378.

Aus zwei Dreiecksseiten b, c und dem Winkel A kann man direct $\operatorname{tg}\frac{B+C}{2}$ oder auch $\operatorname{tg}B$, $\operatorname{tg}C$ berechnen ohne durchgehenden Unterschied der Rechnungslänge; die Formel mit dem sogenannten Hülfswinkel hingegen ist unnütz. H.

G. U. Holm. Deduction af eqvationen, som framställer sambandet mellan kordan för en cirkelboge och kordan för en nite part af bögen. Stockholm.

Bekannte Anwendung des Moivre'schen Theorems. Bg.

J. J. Walker. Solution of question 3339. Educ. Times XVI. 29.

Wenn l, m, n die Bögen bezeichnen, die von den Scheiteln A, B, C eines sphärischen Dreiecks nach den Mittelpunkten der gegenüberliegenden Seiten gezogen sind, und λ, μ, γ diejenigen Abschnitte auf diesen Bögen, welche den Scheiteln zunächst liegen, so ist

$$\frac{\operatorname{tg} l}{\operatorname{tg}\lambda} = \frac{1+\cos b+\cos c}{\cos b+\cos c}; \quad \text{etc.}$$

$$\operatorname{tg}^2 l = \frac{\sin^2 b+\sin^2 c+2\sin b\sin c\cos A}{(\cos b+\cos c)^2}$$

Hi.

J. J. Walker. Solution of question 3173. Educ. Times XVI. 49.

In einem sphärischen Dreiecke ABC sei D der Mittelpunkt der Seite BC, E ein anderer Punkt in Bc, so dass

$$\angle BAE = \angle DAC,$$

ferner sei AF der Bogen durch A rechtwinklig zu BC, dann ist

$$\frac{\cos AEB}{\cos ADB} = -\cos(B+C); \quad \operatorname{tg}\tfrac{1}{2} DAE = \frac{\operatorname{tg}\frac{1}{2}(b-c)}{\operatorname{tg}\frac{1}{2}(b+c)}\operatorname{tg}\tfrac{1}{2}A.$$

$$\operatorname{tg} EAF = \frac{\sin^2\frac{1}{2}c-\sin^2\frac{1}{2}b}{\sin^2\frac{1}{2}b\cos^2\frac{1}{2}c+\sin^2\frac{1}{2}c\cos^2\frac{1}{2}b}\cot(B+C)$$

$$\cot ADB = \frac{\cot C-\cot B}{2\cos\frac{1}{2}a}; \quad \frac{\operatorname{tg} AE}{\operatorname{tg} DE} = \frac{\sin b\sin c}{1-\cos b\cos c}.$$

Hi.

R. W. Genese, R. Tucker. Solution of question 3576.
Educ. Times XVI. 107.

Sind D, E, F die Mittelpunkte der Seiten BC, CA, AB eines sphärischen Dreiecks und O der Schnittpunkt der Bögen AD, BE, CF, so ist

$$\frac{\sin AD}{\sin OD}=\frac{\sin BE}{\sin OE}=\frac{\sin CF}{\sin OF}=\{2(\cos a+\cos b+\cos c)+3\}^{\frac{1}{2}}.$$

Hi.

A. Cayley. On an identity in spherical trigonometry.
Messenger (2) I. 145.

Die in Rede stehende Identität ist

$$(1-\alpha\beta\gamma)(1-\alpha^2-\beta^2-\gamma^2+2\alpha\beta\gamma)$$
$$=(1-\alpha^2)(1-\beta^2)(1-\gamma^2)+(\alpha-\beta\gamma)(\beta-\gamma\alpha)(\gamma-\alpha\beta),$$

wo α, β, γ die cosinus der Seiten sind. Mit Hülfe davon erhält man bequeme Ausdrücke für

$$1+\cos(A+B+C) \text{ etc.}$$

Glr. (O).

L. Lalanne. Note sur quelques relations entre les quantités angulaires des polyèdres convexes.
C. R. LXXIV. 602-604.

Die hier mitgetheilten Sätze sind bereits bekannt. Vergl. Baltzer, Elemente d. Math. II. p. 223. St.

J. M. Wilson. Solid geometry and conic sections.
London. Macmillan. 12mo.

Hi.

Compagnon. Note sur les éléments de géométrie.
Nouv. Ann. (2) XI. 268-273.

Die Formeln für den Inhalt einer Pyramide und einer abgestumpften Pyramide werden mit Hülfe des Satzes abgeleitet, dass eine Pyramide, welche zur Basis ein Parallelogramm hat, von einer durch zwei gegenüberliegende Kanten gelegten Ebene halbirt wird. Scht.

Biehringer. Ueber die Kugelzone. Schlömilch Z. XVII. 255-256.

Die Note behandelt einen neuen Satz von dem Flächeninhalt der krummen Oberfläche der Kugelzone, welcher aussagt, dass derselbe gleich dem Flächeninhalte einer Ellipse ist, deren Halbaxen gleich den Sehnen sind, die man in einem Axenschnitt der Kugelzone von den Endpunkten des Durchmessers eines Grundkreises nach dem einen Endpunkte des Durchmessers des andern Grundkreises ziehen kann. Anwendungen auf die Kugelkalotte und auf die ganze Kugel schliessen sich daran. T.

A. Ziegler. Einfache Theorie der stereographischen Projection. Hoffmann Z. III. 151-154.

Der Verfasser zeigt die Verwendung des Gegenstandes für den Gymnasialunterricht. H.

G. Junghann. Krystallometrische Formeln. Schlömilch Z. XVII. 445-464.

Der Verfasser zeigt, dass die Behandlung der krystallometrischen Aufgaben sich vereinfacht, wenn man darauf statt der analytischen Geometrie oder der sphärischen Trigonometrie das Princip der Tetraedrometrie anwendet. Pr.

J. Krejči. Anfänge der mathematischen Krystallographie. Casopis I. 60-71. (Böhmisch.)

W.

Capitel 4.

Darstellende Geometrie.

Tarnier. Éléments de géométrie pratique. 8vo avec un atlas in folio. Paris. Gauthier-Villars.

DE LA GOURNERIE. Traité de géométrie descriptive. Paris. Gauthier-Villars.

LEROY. Traité de géométrie descriptive. 9e édition revue et annotée par M. Martelet. 4o. avec atlas. Paris. Gauthier-Villars.

O.

W. H. COLLINS. Perspective, or the art of drawing what one sees. 8vo. London. Longmans.

Hi.

W. CHITTY. Linear perspective, in theory and practice, 4to. (Man. Heywood). London. Simpkin.

Hi.

PERCIVAL FROST. Elementary treatise on curve-tracing. 8vo. London. Macmillan.

Hi.

G. DELABAR. Anleitung zum Linearzeichnen. Heft 10. Freiburg i. B. Herdlein.

Das vorliegende Heft (s. F. d. M. III p. 254) enthält Anleitungen zum Construiren und Zeichnen der wichtigsten Maschinentheile.

O.

A. BRUDE. Das Zeichnen der Stereometrie. Stuttgart. J. Maier.

Eine Reihe elementarer Constructionsaufgaben der Stereometrie sind in einem gegebenen Würfel, von welchem ein perspectivisches Bild auf der Zeichenebene entworfen ist, und bezogen auf denselben, ausgeführt. Ausser den ersten Vorbereitungen sind einige Krystallformen, welche aus dem Würfel hervorgehen, die Schnittlinien verschiedener einfacher Körper, die Kegelschnitte und einige decorative Zeichnungen dargestellt. Für einen Theil der Constructionen sind stereoskopische Abbildungen beigegeben.

Schz.

C. PELZ. Ueber die Bestimmung der Axen von Centralprojectionen des Kreises. Prag. Ber. 1871. 2. Abth. 32-36.

C. Pelz. Ueber die Axenbestimmung von Centralprojectionen der Flächen zweiten Grades. Wien. Ber. LXVI. 481-490.

Die sämmtlichen von jedem Punkt einer Geraden P auf seine Polare bezüglich eines gegebenen Kegelschnittes Σ gefällten Senkrechten umhüllen bekanntlich eine Parabel, welche vollständig bestimmt ist durch die Brennpunkte ff' von Σ und den Pol p der Geraden P, da sie die Axen von Σ und die den Winkel fpf' halbirenden Linien zu Tangenten hat; auch die Normalen in den Schnittpunkten von P und Σ sind Tangenten dieser Parabel. Diese Parabel ist daher dieselbe für alle Kegelschnitte der mit Σ confocalen Schaar und für alle diejenigen Kegelschnitte, welche irgend einen dieser Schaar derart doppelt berühren, dass die Berührungssehne die Polare von p ist. Die Axen aller dieser Kegelschnitte sind Tangenten an diese Parabel, ihre Mittelpunkte liegen also auf der durch p und den Mittelpunkt o von Σ bestimmten Geraden po, welche die Directrix der Parabel ist. Diese Parabel wird nun für die vorstehenden Constructionen benutzt; es wird ausführlich die Construction des Brennpunktes derselben und unter Anwendung bekannter Sätze die Construction des Mittelpunktes, der Axen und Brennpunkte des verlangten Kegelschnittes angegeben und ausgeführt und als besonderer Vorzug dieser Methode hervorgehoben, dass sie die Anwendung irgend eines Theiles der Distanz gestattet.

Ist nämlich in der ersten Aufgabe ff' der in der Bildebene liegende Durchmesser des gegebenen Kreises K, dessen Ebene zur Tafel senkrecht angenommen wird, und C der Hauptpunkt, so ist die Centralprojection von K ein Kegelschnitt, welcher das Punktepaar ff', welches als einer der Kegelschnitte der confocalen Schaar mit den Brennpunkten ff' angesehen werden kann, doppelt so berührt, dass Cf und Cf' die gemeinsamen Tangenten sind.

In der zweiten Abhandlung werden die Constructionen ausgeführt, zunächst für das Rotations-Ellipsoid, das ein- und zweischalige Rotations-Hyperboloid, deren Rotationsaxe jedesmal in der Bildebene liegend angenommen wird und von welchen als gegeben vorausgesetzt wird der Schnitt Σ mit der Bildebene;

unter diesen Annahmen ist also der gesuchte Kegelschnitt ebenfalls einer derjenigen, welcher Σ doppelt berührt, so dass die Berührungssehne die Polare des Hauptpunktes C ist. Am Schluss folgt noch eine Hinweisung auf die allgemeinen Flächen zweiten Grades bei beliebiger Lage der Axen. Schz.

D. Tessari. Sopra i principii della projezione assonometrica. Ann. d. R. M. Ind. di Torino II. 419, 556-566.

Nach einem kurzen Rückblick auf die Entstehung der Theorie der axonometrischen Projection, die Farisch, Möllinger, Weissbach, Sella und Anderen zu verdanken ist, will der Verfasser die bisher gewonnenen Resultate ordnen, um diesem Zweige der descriptiven Geometrie den Charakter einer strengen und geordneten Wissenschaft zu geben, die zu weiteren Entwickelungen und Untersuchungen über die unendlichen geometrischen Formen des Raumes dienen kann. Er erreicht diesen Zweck dadurch, dass er die axonometrischen Operationen ganz unabhängig von irgend welcher Rechnung macht, indem er sie auf einfache Operationen der descriptiven Geometrie zurückführt.

Nach Vorausschickung der Definition und der schon bekannten Haupteigenschaft der axonometrischen Projection geht der Verfasser zur Lösung von Problemen über, welche sich auf die Darstellung von Punkten, Geraden, Ebenen und Flächen beziehen. Von den Flächen betrachtet er die Rotationsflächen, die einhüllenden, die abwickelbaren und die windschiefen Flächen. Aus diesen Beispielen folgert der Verfasser, — worin das Wesentliche in der Methode der axonometrischen Projection liegt —, dass die axonometrische Projection einer objectivischen Figur zusammen mit ihren orthogonalen Projectionen auf die 3 Coordinaten-Ebenen, auf welche das System bezogen ist, auf zwei verschiedene Weisen aufgefasst werden kann. Erstens nämlich kann sie betrachtet werden als eine wirklich orthogonale Projection der Figur, ausgeführt auf eine gegen die 3 Coordinaten-Ebenen geneigte Wand als erste Ebene der Projection. Von dieser Figur kann man dann immer eine zweite Projection auf irgend eine andere Ebene als zweite Projectionsebene bestimmen.

Bei dieser Auffassung sind alle Operationen der axonometrischen Projectionen auf solche der reinen descriptiven Geometrie zurückgeführt. Zweitens kann sie als eine genaue perspectivische Darstellung der Figur betrachtet werden, in der der Augenpunkt eine unendliche Entfernung hat. Hierbei sind die Operationen der Axonometrie identisch mit denen, die an derselben Figur im Relief ausgeführt werden können. Sobald es sich nun darum handelt, metrische Relationen zu bestimmen, muss die axonometrische Projection nach der ersten Weise aufgefasst werden; handelt es sich jedoch um descriptive Eigenschaften, so ist die zweite Auffassung zu adoptiren. Jg. (O.)

L. Cremona. Le figure reciproche nella statica grafica. Milano. 1872.

Der Verfasser erhält als orthographische Projection zweier reciproker Polyeder die reciproken Diagramme, die in der graphischen Statik auf directem Wege dargestellt werden. Wie er erinnert, hat Professor Maxwell zuerst diese Herleitung gemacht. Aber die von demselben betrachteten Polyeder sind, im Sinne der Theorie der polaren reciproken Figuren von Poncelet, reciprok in Bezug auf ein gewisses Rotationsparaboloid, so dass in den Projectionen (orthogonal und parallel zu den Axen) die correspondirenden Seiten nicht parallel sondern unter einander senkrecht sind; und eines der Diagramme muss um 90° in seiner eigenen Ebene gedreht werden, damit es die Lage annimmt, welche von dem statischen Problem gefordert wird. Mit der vom Verfasser vorgelegten Methode geben die orthogonalen Projectionen zweier reciproker Polyeder ohne Weiteres die Diagramme, welche in der graphischen Statik erhalten werden. Neben der Entwickelung dieser Methode giebt der Verfasser Anwendungen der reciproken Diagramme zur Bestimmung der Spannung und des Druckes in Gitterwerken (travature reticolari) und betrachtet zum Schluss einige lehrreiche Beispiele. Jg. (O.)

F. Henri. Description d'un ellipsomètre. Ann. d. P. et Ch. (5) III. 459-460.

O.

A. Cayley. On a bicyclic chuck. Phil. Mag. 1872.

Die Beschreibung eines Zeichenapparates. Derselbe rotirt horizontal auf einer Platte (indem er nicht an der Innenseite der Axe der Drehscheibe, sondern an der Aussenseite durch ein Gestell mit Handgriff gedreht wird), und trägt ein Zeichenbrett, das sich unter einem festen von einem Steg getragenen Griffel bewegt. Zwei Punkte des Zeichenbretts beschreiben Kreise; und der Griffel zeichnet folglich eine Curve, die ein fester Punkt einer Ebene beschreibt, die sich so bewegt, dass zwei ihrer Punkte Kreise beschreiben; oder, was dasselbe ist, den geometrischen Ort der beweglichen Ecke eines Dreiecks, dessen Seiten gegeben sind und dessen beide anderen Ecken sich auf festen Kreisen bewegen. Cly. (M.).

Capitel 5.

Neuere synthetische Geometrie.

A. Ebene Gebilde.

Stoll. Anfangsgründe der neueren Geometrie. Bensheim. Ehrhard u. Comp.

Es sind die ersten Elemente der neueren Geometrie mit Ausschluss der Kegelschnitte und unter Anwendung allgemeiner Sätze auf den Kreis zusammengestellt mit der Bestimmung, Schüler der oberen Klassen für das Studium der neueren Geometrie vorzubereiten. Es soll hier jedoch nicht verschwiegen werden, dass die Verlagshandlung, die Lehrmittelanstalt J. Ehrhard u. Comp. in Bensheim an der Bergstrasse, reklamenhafte, gedruckte Recensionsschemata für dieses Buch versendet; es ist nothwendig, dass ein derartiges Gebahren zu allgemeiner Kenntniss gelangt, damit anderweitige Recensionen über Bücher dieses Verlages mit Vorsicht aufgenommen werden und derartige beleidigende Zusendungen künftig unterbleiben. Schz.

Em. Weyr. Bestimmung der Anzahl involutorischer Elementenpaare einförmiger mehrdeutiger Gebilde. Borchardt J. LXXIV. 189-193.

Beweis des Satzes: „Befinden sich zwei gleichartige einförmige und m- n-deutige Elementargebilde auf demselben Träger, so besitzen sie $\frac{1}{2}[m(m-1)+n(n-1)]$ involutorische Elementenpaare“. Schn.

Em. Weyr. Ueber die Grundaufgabe der Involutionen dritten Grades. Prag. Ber. 1872. 28-30.

Die bekannte Eigenschaft eines Kegelschnittbüschels, in einen Kegelschnitt, der durch einen Scheitel des Büschels geht, eine Involution 3ten Grades einzuschneiden, führt, wenn man aus dem Büschel die drei Geradenpaare herausgreift, zu folgendem Satz: „Die Seiten eines beliebigen Dreiecks schneiden einen beliebigen Kegelschnitt in drei Punktepaaren, welche mit den drei Punkten, in denen sich die Ecken des Dreiecks aus einem beliebigen Punkt des Kegelschnitts auf diesen projiciren, drei Punktetripel einer cubischen Involution bilden“, und damit zur Lösung der Aufgabe, eine durch zwei Punktetripel gegebene cubische Involution zu vervollständigen. Sm.

Em. Weyr. Ueber die Singularitäten der zweiten Ordnung bei rationalen ebenen Curven. Prag. Ber. 1872. 59-65.

Für aufeinander bezogene Punktreihen, die auf einer rationalen Curve liegen, gilt das (einfache) Correspondenz-Prinzip; dies setzt den Verfasser in Stand die Zahl der Kegelschnitte zu ermitteln, welche durch 4, 3, 2, 1, keinen gegebenen Punkt gehen und die Curve bz. 2-, 3-, 4-, 5-, 6-punktig berühren; der allgemeine Satz heisst: durch β beliebige und γ auf der Curve gelegene Punkte gehen $k(2n+\beta+\gamma-5)$ Kegelschnitte, welche mit der Curve $k=6-\beta-\gamma$ unendlich nahe Punkte gemein haben; als besonders interessanter Specialfall wird der erwähnt, wo zwei der gegebenen Punkte die unendlich fernen Kreispunkte sind.

Sm.

Em. Weyr. Nota intorno alle involuzioni di grado qualunque. Battaglini G. X. 165-169.

Der Herr Verfasser beweist algebraisch einen Satz für ein allgemeines n, den er früher schon für $n=3$ bewiesen und angewandt hat. Dieser Satz sagt aus, dass die Gruppen einer Involution n^{ter} Ordnung, welche zwei n-fache reelle oder imaginäre Elemente enthält, $\frac{n(n-1)}{1.2}$ Paare von projektivischen Reihen bilden, für welche die beiden n-fachen Elemente Doppelelemente sind. Wenn eine solche Involution von den Strahlen eines Strahlbüschels gebildet wird, dessen n-fache Elemente die nach den unendlich fernen imaginären Kreispunkten hingehenden Strahlen sind, so theilen die einer Gruppe angehörigen nStrahlen den vollen Winkel 2π in $2n$ gleiche Theile; oder die Scheitel der einem Kreise einbeschriebenen regulären n-Ecke bilden auf der Peripherie eine Involution n^{ter} Ordnung mit zwei n-fachen Punkten, welche in die unendlich fernen Kreispunkte fallen.

Von den weiteren Anwendungen des oben ausgesprochenen Satzes möge hier noch der folgende allgemeinere hervorgehoben werden. Ist C_n eine ebene rationale Curve vom Geschlechte null und der Ordnung n, $[C_p]$ ein Büschel von Curven von der Ordnung p, von dessen Basispunkten q auf C_n liegen, so dass jede Curve des Büschels C_n in $(np-q)$ veränderlichen Punkten begegnet, also auf C_n eine Involution $(np-q)^{\text{ter}}$ Ordnung bestimmt wird, und haben ausserdem zwei der Curven des Büschels mit C_n eine Berührung von der Ordnung $np-q-1$, so hat die Involution die besondere Eigenschaft, dass ihre Gruppen projektivische Reihen bilden, und dass die Doppelpunkte irgend welcher zwei dieser Punktreihen die Berührungspunkte von C_n mit den beiden ausgezeichneten Curven des Büschels sind. Analoges gilt auch, wenn C_n eine Raumcurve, und (C_p) ein Flächenbüschel p^{ter} Ordnung ist, dessen Basiscurve C_n in q Punkten begegnet.

Scht.

R. W. Genese. The converse of Pascal's theorem. Messenger (2) I. 146.

Ed. Weyr. Évaluation du rapport anharmonique de quatre droites passant par un point et touchant deux coniques. Borchardt J. LXXV. 67-75.

$S=0$ und $S'=0$ seien die in homogenen Coordinaten dargestellten Kegelschnitte. Das anharmonische Verhältniss der vier Geraden, welche durch einen Punkt (x',y',z') gehen und jene zwei Kegelschnitte berühren, ist eine Function der variabeln (x',y',z') und der in S und S' auftretenden Constanten. Sie zu bestimmen, ist das Ziel der vorliegenden Arbeit.

Hat das anharmonische Verhältniss den Werth -1, bilden also jene vier Geraden vier harmonische Strahlen, so ist der Ort der Punkte $(x'y'z')$ ein Kegelschnitt, der durch $F=0$ dargestellt sei. Diese Function F ist eine Covariante der Formen S und S'. Bezeichnen $\varDelta$ und $\varDelta'$ die Discriminanten von S und S', so wird, wenn x jenes gesuchte anharmonische Verhältniss bezeichnet, x bestimmt durch die Gleichung

$$x^2-2\,\frac{F^2+4\varDelta\varDelta' SS'}{F^2-4\varDelta\varDelta' SS'}\,x+1=0.$$

Es mag bemerkt werden, dass, wenn die eine Wurzel dieser Gleichung das anharmonische Verhältniss angiebt, die andere Wurzel der reciproke Werth dieses Verhältnisses ist. Schn.

Em. Weyr. Ueber Kreisdreiecke. Casopis I. 24-29. (Böhmisch.)

Der Verfasser, von der stereographischen Projectionsmethode ausgehend, behandelt von drei Kreisbögen gebildete geschlossene ebene Figuren, welche er Kreisdreiecke nennt. Zunächst beweist er, dass man drei beliebige Kreise der Ebene als stereographische Projectionen dreier grössten Kugelkreise betrachten kann, d. h. also, dass man jedes Kreisdreieck als Projection eines sphärischen Dreiecks ansehen kann. Wenn $A_1\,A_2\,A_3$ die drei Scheitel eines Kreisdreiecks sind, so schneiden sich je zwei durch einen solchen Scheitel gehende Kreisbögen bei gehöriger Verlängerung in einem weiteren Punkte, wodurch drei neue Punkte $A'_1\,A'_2\,A'_3$ entstehen, welche als den ersteren $A_1\,A_2\,A_3$ conjugirt bezeichnet werden. Die durch zwei conjugirte Punkte gehenden Kreise werden Transversalkreise genannt. Solcher giebt es also im Kreisdreiecke drei Systeme. Zu jedem Kreisdreieck gehört ein sogenannter Hauptkreis, dessen Mittelpunkt O das Radicalcentrum der drei das Kreisdreieck bildenden Kreise ist und dessen Durchmesser der Länge der kleinsten durch O' gehenden Sehnen der drei Kreise gleich ist.

Jedem Satze aus der Geometrie des sphärischen Dreiecks entspricht ein Satz über Kreisdreiecke und umgekehrt, z. B.:

„Die grössten, die inneren Winkel eines sphärischen Dreieckes halbirenden Kreise haben einen gemeinschaftlichen Durchmesser,“

„Die, die inneren Winkel eines Kreisdreieckes halbirenden Transversalkreise sind Chordalkreise; d. h. haben zwei gemeinsame Schnittpunkte.“

In ähnlicher Weise folgen noch nachstehende Sätze über Kreisdreiecke. „Die sechs Transversalkreise im Kreisdreieck, welche die äusseren und inneren Winkel halbiren, schneiden sich viermal zu dreien in je zwei Punkten. So ergeben sich vier Punktepaare QQ' und es ist für jedes derselben O ein Punkt der Verbindungslinie $\overline{QQ'}$ und $\overline{OQ}\cdot\overline{OQ'} = P^2$, wenn P den Radius des Hauptkreises bedeutet“.

„Die Transversalkreise, welche die Gegenseiten rechtwinklig durchschneiden, sind Chordalkreise“.

„Die Transversalkreise, welche die Aussenwinkel des Kreisdreiecks halbiren, schneiden die Gegenseiten in Punkten eines Kreises, welcher den Hauptkreis in diametralen Punkten schneidet.“ Dasselbe gilt von zwei inneren und dem dritten äusseren winkelhalbirenden Transversalkreise.“

„Wenn man die Pole der Seiten des Kreisdreiecks (als Pol wird der Schnittpunkt der Tangenten in den Endpunkten der Dreiecksseite betrachtet) aus dem Punkte O auf die betreffenden Seiten projicirt und durch die Projectionen und die Gegenecken Transversalkreise legt, so gehen diese durch denselben Punkt.“

W.

H. Schröter. Zur v. Staudt'schen Construction des regulären Siebenzehnecks. Borchardt J. LXXV. 13-24.

Es ist bekannt, dass durch Gauss (in den disquisitiones arithmeticae) seit Euclid auf dem Gebiet der Kreistheilung zum ersten Male ein Fortschritt gemacht wurde, indem er den Satz bewies, dass, wenn die Theilungszahl n eine Primzahl und

$$n-1=2^{\alpha}\cdot 3^{\beta}\cdot 5^{\gamma}\cdots$$

ist, die Theilung sich auf die Auflösung von α quadratischen, β cubischen, γ Gleichungen 5ten Grades reducirt; ist $n-1=2^{\alpha}$, so hat man es also blos mit quadratischen Gleichungen, folglich mit Zirkel und Lineal zu thun. Es sind denn auch seit jener Erfindung mehrfache geometrische Constructionen für die einfacheren Fälle gegeben, so bald nach der Erfindung für das reguläre 17-eck von Paucker, Rothe, Erchinger, später von Grunert (Math. Wörterbuch Bd. 5 S. 811) und v. Staudt (Crelle J. XXIV. S. 251), von letzterem ohne Beweis. Herr Schröter hat die Construction Staudt's etwas practischer umgeformt und bewiesen. Um nichts vorauszusetzen, schickt er die trigonometrische Entwickelung, die zu den quadratischen Gleichungen führt, voraus; sie hat im grossen Ganzen einen ähnlichen Verlauf, wie die von Legendre (Elem. der Trigonom. 110) und von Grunert gegebenen; ist

$$\cos h\cdot\frac{2\pi}{17}=C_h,$$

so sind Unbekannte der quadratischen Gleichungen nach und nach Summen von vier, von zwei oder einer der 8 Grössen $C_1,\cdots,C_8$. Die geometrische Construction, durch welche die Wurzeln der Gleichungen und schliesslich die Projectionen der Theilpunkte auf einen Durchmesser erhalten werden, empfiehlt sich dadurch, dass der zu theilende Kreis der einzige gebrauchte Kreis ist; Halbirungen, wie sie bei Grunert wiederholt nöthig sind, vermieden werden, besonders aber noch dadurch, dass sie der Verallgemeinerung fähig ist, wie dies neuerdings Herr Affolter gezeigt hat; die Operation geschieht auf zwei parallelen Tangenten des Kreises und erinnert an Riemann's Transformation durch reciproke Radien. Zum Schlusse giebt Herr Schröter die natürlich einfachere analoge Construction des regulären Fünfecks. Sm.

J. S. Jackson. Geometrical conic sections: Elementary treatise. 8vo. Macmillan. Hi.

H. J. STEPHEN SMITH. On the circular transformation of Möbius. Rep. Brit. Ass. 1872.

Csy.

D. LAMPLUGH. Proof that the middle points of the diagonals of a complete quadrilateral are collinear. Messenger (2) II. 61-62.

Der Beweis wird mit Hülfe einer Determinante geführt.

Glr. (O.)

C. TAYLOR. Note on Newton's theorem. Educ. Times XVI. 24.

Wenn ein Vierseit einem Kreise umschrieben ist, so giebt es einen Durchmesser des Kreises, welcher die drei Diagonalen des Vierseits halbirt. Mit den Endpunkten der einen Diagonale als Brennpunkten lassen sich eine Ellipse und eine Hyperbel beschreiben, welche je durch die Endpunkte einer der anderen Diagonalen geht, mit deren Hülfe der Beweis sehr einfach wird.

Hi.

R. TUCKER and others. Solution of question 3445. Educ. Times XVI. 56.

Zwei Sehnen eines Kreises, gezogen durch einen festen Punkt im Umfange schliessen einen gegebenen Winkel ein; beweise, dass die Kreise, welche auf diesen Sehnen als Durchmesser gezogen sind, sich auf einer Limaçon schneiden. Hi.

G. S. CARR and MILLER. Solution of question 3488. Educ. Times XVI. 99.

Mit parallelen Sehnen einer Parabel als Durchmessern werden Kreise gezogen. Durch den Mittelpunkt eines solchen Kreises und den Scheitel der Parabel wird eine Gerade gelegt und die Schnittpunkte derselben mit dem Kreise werden mit den Endpunkten des obigen Durchmessers verbunden. Finde den Ort der Fusspunkte der Senkrechten vom Scheitel der Parabel auf diese 4 Verbindungsgeraden. Hi.

T. Cotterill. Solution of question 3574. Educ. Times XVII. 37.

Zeige, dass der Abschnitt einer Tangente zwischen den Asymptoten eines Kreises vom Radius k constant und $= 2K\sqrt{-1}$ ist.

Hi.

T. Cotterill. Solution of question 3717. Educ. Times. XVII. 100.

Wenn die Seiten eines Pentagons *adbec* eine Parabel berühren, so verschwindet die Fläche des Pentagons *abcde*.

Hi.

C. Taylor. A system of geometrical conics. Messenger. (2) II. 97-99.

Die Arbeit giebt einen Bericht über Walker's „Generating Circle". Dieser „generating circle" (hier wird er Hülfskreis „auxiliary circle" genannt) an einen Punkt in der Ebene eines Kegelschnittes ist der Kreis, der seinen Mittelpunkt auf dem Punkte hat und zum Radius e-mal die Entfernung des Punktes von der Directrix. Glr. (O.)

C. Taylor. Point reciprocation. Messenger. (2) I. 152.

Der Satz, dass ein Kegelschnitt reciprok in Beziehung auf einen Focus innerhalb eines Kreises sei, und zwei andere Sätze werden in einfacher Weise bewiesen. Glr. (O).

G. Foscolo. Sui semidiametri condotti dei vertici e dei punti di contatto di una linea poligonale inscritta o circoscritta ad una conica. Atti di Torino. VII. 338-361.

Der Verfasser beweist auf geometrischem Wege (d. h. vermittelst der Projection eines Kreises auf eine Ebene, die durch einen seiner Durchmesser geht) einige Sätze, die ein vollständiges System von zusammengehörigen (allegati) Radiusvectoren einer Ellipse, d. h. von solchen, welche die Ellipse in n äquivalente Sectoren auflösen. Dieser Begriff zusammengehöriger Radiusvectoren kann mit passenden Modificationen auf Hyperbel und Parabel ausgedehnt werden. Jg. (O.)

G. Bruno. Alcune proposizioni sulle coniche. Atti di Torino VII. 783-798.

Elementarer Beweis einiger elementarer Eigenschaften der Kegelschnitte. Jg. (O.).

F. Rosanes. Ueber die conjugirten Punktenpaare in Bezug auf einen Kegelschnitt. Schlömilch Z. XVII. 174-176.

Der Verfasser theilt eine Modification des zweiten Hesse'schen Beweises für dessen Satz mit, dass zwei Punktepaare ein drittes Paar, nämlich dasjenige bestimmen, welches mit den beiden gegebenen die 3 Paare gegenüberliegender Ecken eines vollständigen Vierseits bilden. H.

R. Gent. Ueber den Zusammenhang der Systeme derjenigen Punkte, in welchen Kegelschnitte eine allgemeine Curve dritter Ordnung osculiren. Schlömilch Z. XVII. 476-498.

Herr Durège bespricht im 12ten Abschnitte seines Werkes „Ueber die ebenen Curven dritter Ordnung" (Teubner, 1871, siehe F. d. M. III, p. 271) die Eigenschaften der Kegelschnitte, welche eine ebene Curve zweimal dreipunktig berühren, und die Beziehungen der Lage zwischen den dadurch auf der Curve bestimmten Punktepaaren. Diese Eigenschaften und Beziehungen noch einmal von einem andern Gesichtspunkte aus abzuleiten, und einige neue Resultate hinzuzufügen, stellt der Herr Verfasser als den Zweck seiner Abhandlung hin. Zu bemerken ist, dass Herr Durège über diesen Gegenstand auch eine besondere Arbeit in den Prag. Ber. 1871, 47—63 veröffentlicht hat, über welche Herr August im III. Bande d. F. d. M. p. 272 referirt hat. Die Darstellung des Herrn Gent ist rein geometrisch und sehr ausführlich. Die wichtigsten Resultate sind etwa die folgenden.

Osculirt ein Kegelschnitt eine allgemeine cubische Curve an

zwei Stellen, so geht die Verbindungsgerade durch einen der 9 Wendepunkte, und umgekehrt. Liegen nun 6 Punkte P_1, P_2, P_3; P'_1, P'_2, P'_3, zu den 3 reellen Wendepunkten W_1, W_2, W_3 so, dass $P_1 P'_1 W_1$, $P_1 P'_2 W_3$, $P_1 P'_3 W_2$; $P_2 P'_2 W_2$, $P_2 P'_1 W_3$, $P_2 P'_3 W_1$; $P_3 P'_3 W_3$, $P_3 P'_1 W_2$, $P_3 P'_2 W_1$ gerade Linien sind, so ist das Tripel der Punkte P dem Tripel der Punkte P' in gewisser Weise zugeordnet (die connexen Inflexionstripel des Herrn Durège). Jedes so mit den drei reellen Wendepunkten in Beziehung gesetzte System zugeordneter Osculationspunkte liegt immer auf einem Kegelschnitt, und jeder Punkt des einen Tripels bildet mit jedem Punkte des andern Tripels ein Paar von Punkten, in denen ein und derselbe Kegelschnitt je dreipunktig osculirt. Zieht man ferner in den 6 Punkten eines Systems einander zugeordneter Osculationspunkte die Tangenten, so schneiden diese die Curve in 6 neuen Punkten, welche wieder ein solches System bilden. Die unendlich vielen Kegelschnitte, auf denen diese unendlich vielen Systeme liegen, bilden eine vollständige Schaar mit doppelt imaginärer Berührung, für welche die Gerade der drei Wendepunkte und der Schnittpunkt ihrer harmonischen Polaren gemeinschaftliche Seite und Gegenecke unendlich vieler Tripeldreiecke conjugirter Punkte sind. Die Betrachtung der drei speziellen Systeme einander zugeordneter Osculationspunkte, welche von den Berührungspunkten der dreimal drei Tangenten aus den drei Wendepunkten gebildet werden, führt zu 9 Punkten, in welchen die beiden Osculationspunkte eines Kegelschnitts zusammenfallen, also sechspunktige Berührung mit einem Kegelschnitt möglich ist. Bekanntlich giebt es aber 27 solcher Punkte. Die übrigen 18 werden, wie Herr Gent zeigt, durch die 6 imaginären Wendepunkte geliefert. Die Berücksichtigung der letzteren führt am Schlusse der Abhandlung zu dem Resultate, das einem System einander zugeordneter Osculationspunkte ausser den 6 reellen noch 12 imaginäre Punkte angehören, und dass diese 18 Punkte auf 4 reellen und 8 imaginären Kegelschnitten vertheilt liegen, so dass jedesmal 6 einen und denselben Kegelschnitt bilden. Die Vertheilung der dadurch erzeugten Kegelschnittschaaren wird angegeben. Fällt einer der 18 Punkte eines Systems in einen

Wendepunkt, so fallen alle 18 Punkte mit den 9 Wendepunkten so zusammen, dass jeder Wendepunkt sowohl einen Punkt P wie einen Punkt P' vorstellt. Die 12 Kegelschnitte in denen diese 18 Punkte zu je 6en liegen müssen, sind dann natürlich die 12 Geraden, auf denen die 9 Wendepunkte zu je 3en liegen.

Scht.

K. Küpper. Ueber Curven dritter Ordnung als Einhüllende von Kegelschnitten. Prag. Ber. 1871. 2. Abth. 63-68.

K. Küpper. Beiträge zur Theorie der Curven dritter und vierter Ordnung. Prag. Abh. (6) V. 1871.

Die Untersuchung bezieht sich auf Kegelschnitte, welche durch zwei Doppelpunkte a und b einer Curve vierter Ordnung gehen und dieselbe ausserdem in zwei Punkten berühren; sie umschliesst somit im Besonderen Relationen zwischen denjenigen Kegelschnitten, welche eine Curve C^3 in zwei festen Punkten schneiden und dieselbe in zwei weiteren Punkten tangiren. Die Kegelschnitte, welche jenen Bedingungen entsprechen, ordnen sich in vier Systeme, jedes derselben besteht aus den conischen Polaren der Punkte eines bestimmten Kegelschnitts in Bezug auf eine Curve dritter Ordnung mit den beiden Doppelpunkten a und b. Näher auf die Beziehungen zwischen den in der Untersuchung auftretenden Gebilden einzugehen, würde an dieser Stelle zu weit führen; nur eine Construction der Curven vierter Ordnung mit zwei Doppelpunkten möge noch hervorgehoben werden. Zu derselben werden benutzt zwei Kegelschnitte H und Q in beliebiger Lage. Eine variabele Tangente des Q möge den Kegelschnitt H in α und β schneiden; projicirt man alsdann α und β aus zwei festen Punkten a und b des Kegelschnitts H, so schneiden sich die Projectionsstrahlen in zwei Punkten r und s einer Curve C^4, welche in a und b Doppelpunkte hat. Ist die Gerade ab Tangente an Q, so zerfällt C^4 in die Gerade ab und in eine allgemeine Curve C^3, welche durch a und b hindurchgeht.

Schn.

KÖHLER. Mémoire sur la théorie géométrique des courbes du troisième ordre. Nouv. Ann. (2) XI. 21-34, 66-78, 122-127.

Ausgehend von der Erzeugung der Curven dritter Ordnung durch ein Kegelschnittbüschel und ein mit ihm projectivisches Geradenbüschel giebt der Verfasser eine synthetische Entwickelung meist bekannter auf jene Curvengattung bezüglicher Relationen.

Schn.

H. DURÈGE. Ueber die Formen der Curven dritter Ordnung. Borchardt J. LXXV. 153-165.

Die Grundlage für die Classification der allgemeinen Curven dritter Ordnung, welche der Verfasser giebt, bilden folgende Sätze: „Wenn bei einer Curve dritter Ordnung aus einem Curvenpunkte zwei reelle und zwei imaginäre Tangenten an die Curve gelegt werden können, so hat jeder Curvenpunkt diese Eigenschaft“ und „Wenn von einem Curvenpunkt vier reelle Tangenten ausgehen, so besitzt die Curve allemal auch solche Punkte, bei denen die vier von ihnen ausgehenden Tangenten alle imaginär sind, und umgekehrt“. Demgemäss zerfallen alle Curven dritter Ordnung ohne Doppelpunkte in zwei Gattungen. Zur „ersten“ gehören diejenigen Curven, aus deren Punkten theils vier reelle, theils vier imaginäre, niemals aber zwei reelle und zwei imaginäre Tangenten an die Curve gelegt werden können, zur „zweiten“ diejenigen, bei denen aus jedem Punkte zwei reelle und zwei imaginäre Tangenten an die Curve gehen. Beide Gattungen zeigen eine wesentliche Formverschiedenheit. Indem man zwei in's Unendliche sich erstreckende Curvenäste, welche der nämlichen (geradlinigen oder parabolischen) Asymptote sich anschliessen, als im Unendlichen zusammenhängend betrachtet, hat man bei der Curve erster Ordnung zwei getrennte Theile zu unterscheiden, der Art, dass der eine lauter Punkte enthält, von denen vier reelle, der andere lauter solche, von denen vier imaginäre Tangenten ausgehen, während die Curven zweiter Gattung aus einem einzigen vollständig zusammenhängenden Theile bestehen. Diese Formunterschiede hat Möbius bereits als die wesentlichen erkannt.

Je nachdem nunmehr die unendlich ferne Gerade ausser dem einen reellen Punkt, den sie stets mit der Curve gemein hat, diese noch in zwei imaginären, oder zwei reellen oder zwei zusammenfallenden Punkten trifft, in welchen drei Fällen die Curve entweder eine oder drei geradlinige Asymptoten, oder endlich eine geradlinige und eine parabolische Asymptote hat, lassen sich noch für jede Gattung drei Unterabtheilungen unterscheiden. Das Eintheilungsschema, zu dem der Verfasser gelangt, ist mithin folgendes:

Erste Gattung. Die Curve besteht aus zwei getrennten Theilen U und S; aus jedem Punkte von U gehen vier reelle, aus jedem Punkte von S vier imaginäre Tangenten an die Curve. U erstreckt sich in's Unendliche und schliesst sich mit seinen beiden Aesten derselben Asymptote an.

a) Eine gerade Asymptote. S bildet ein Oval.

b) Drei gerade Asymptoten. S besteht aus zwei im Unendlichen zusammenhängenden Stücken, deren Aeste sich paarweise den beiden anderen Asymptoten nach Art einer Hyperbel anschliessen.

c) Eine gerade und eine parabolische Asymptote. S besteht aus einem in's Unendliche gehenden Stücke, dessen Aeste sich einer Parabel anschliessen.

Zweite Gattung. Die Curve besteht aus einem einzigen im Unendlichen zusammenhängenden Theile. Aus jedem Curvenpunkte gehen zwei reelle und zwei imaginäre Tangenten an die Curve.

a) Eine gerade Asymptote. Die Curve besteht aus einem Stücke, dessen unendliche Aeste sich der Asymptote anschliessen.

b) Drei gerade Asymptoten. Die Curve besteht aus drei in's Unendliche gehenden Stücken; je zwei nicht demselben Stücke angehörende Aeste schliessen sich derselben Asymptote an.

c) Eine gerade und eine parabolische Asymptote. Die Curve besteht aus zwei in's Unendliche gehenden Stücken. Der eine Ast jedes Stückes schliesst sich der geraden, der andere der parabolischen Asymptote an.

Im zweiten Theile der Arbeit wendet sich der Verfasser zu

einer Reihe bemerkenswerther Eigenschaften, welche sowohl dem Theil U der Curven erster Gattung, welcher gesondert betrachtet wird, als auch den Curven zweiter Gattung zukommen.

Da von dem Theile S der Curve erster Gattung keine reellen Tangenten ausgehen, so enthält U sämmtliche reelle Tangentialpunkte, S dagegen keine. Auf U liegen daher auch die reellen Wendepunkte w, w', w''. Ferner zeigt sich, dass von den vier von einem auf U liegenden Punkte ausgehenden reellen Tangenten immer zwei den Theil U und zwei den Theil S berühren. In dieser Beziehung verhält sich also der Theil U ganz wie eine Curve zweiter Gattung; es gehen nämlich von jedem Punkte dieser Curven, welche unter dem Namen U-Curven zusammengefasst werden, zwei reelle Tangenten an dieselben. Wählt man statt eines beliebigen Punktes auf einer U-Curve einen reellen Wendepunkt, so ist die eine dieser reellen Tangenten die Wendetangente, während die andere die U-Curve in einem Punkte d berühren mag. Diese Punkte d, d', d'', welche den drei reellen Wendepunkten w, w', w'' entsprechen, liegen in folgender Reihenfolge: $d\,w'\,d''\,w\,d'\,w''.d$, so dass also jeder Wendepunkt zwischen denjenigen beiden Punkten d gelegen ist, welche den anderen beiden Wendepunkten entsprechen. Die Punkte d theilen die Curve U in drei Theile, in deren jedem ein reeller Wendepunkt enthalten ist. Zieht man nunmehr von einem beliebigen Punkte t die beiden reellen Tangenten an die U-Curve, so liegt ein Berührungspunkt stets in demselben Abschnitt, wie der Tangentialpunkt. Legt man von diesem wiederum die beiden reellen Tangenten und zeichnet den Berührungspunkt aus, welcher in demselben Abschnitt gelegen ist, und setzt dies Verfahren ohne Ende fort, so nähert sich der Berührungspunkt unaufhörlich dem in dem Abschnitte gelegenen Wendepunkte, indem er abwechselnd von der einen Seite des letzteren auf die andere hinübergeht.

Aus der Uebereinstimmung, welche die betrachteten Curven in ihren Eigenschaften zeigen, lässt sich ersehen, auf welche Weise eine Curve der ersten Gattung in eine der zweiten übergeht. Indem nämlich bei einer Curve der ersten Gattung der Theil S in einen Punkt zusammenschrumpft, entsteht eine Curve mit einem isolirten Doppelpunkt, und diese geht in eine Curve zweiter Gattung über, dadurch dass S in allen seinen Theilen imaginär wird. Bei diesen Uebergängen behält der Theil U die Eigenschaften, die ihm, wenn er für sich allein betrachtet wird, in seinen reellen Punkten zukommen. Die Curven mit einem Doppelpunkt entstehen dadurch, dass der Theil S mit dem Theile U sich verbindet und zur Schleife wird. Diese Curven gehören weder zur ersten, noch zur zweiten Gattung, oder wenn man will, gleichzeitig zu beiden, indem sie mit jener das gemein haben, dass von ihren Punkten theils nur reelle, theils nur imaginäre Tangenten auslaufen, mit dieser dagegen das, dass sie nur aus einem zusammenhängenden Theile bestehen. Schn.

H. Grassmann. Zur Theorie der Curven dritter Ordnung. Gött. Nachr. 1872. 505-509.

Bei einer Curve dritter Ordnung lassen sich zwei Züge unterscheiden, von denen der eine durch jede Gerade in einer ungraden, der andere, der auch imaginär werden kann, in einer graden Anzahl von Punkten geschnitten wird. Den einen nennt der Verfasser den Hauptzug, den anderen den Nebenzug. Ist der Nebenzug reell, so liegt nach der Classification der Curven dritter Ordnung, welche Herr Durège gegeben hat, (Borchardt J. LXXV. 153 s. p. 277) eine Curve erster Gattung vor, und zwar ist der Nebenzug derjenige Theil, von dessen Punkten keine der möglichen vier Tangenten reell ist, der Hauptzug aber derjenige, von dessen Punkten aus vier reelle Tangenten an die Curve gehen. Ist der Nebenzug imaginär, so gehört die Curve der zweiten Gattung an, von jedem Punkte des Hauptzuges gehen alsdann nur zwei reelle Tangenten an die Curve.

Man denke nunmehr auf einer Curve dritter Ordnung eine ungrade Anzahl n von einfachen festen Punkten $a_1, a_2, \cdots a_n$ und ziehe von a_1 durch einen beliebigen Punkt x_1 eine Gerade, welche die Curve zum drittenmale in x_2 schneidet, ziehe von x_2 durch a_2 eine Gerade, welche die Curve zum drittenmale in x_3 schneidet u. s. f. zuletzt von x_n durch a_n eine Gerade, welche die Curve zum drittenmal in x_{n+1} schneidet. Die Frage: Unter welchen Bedingungen und wie oft wird x_{n+1} mit x_1 zusammenfallen, wird also ein geschlossenes Polygon entstehen? ist der Gegenstand vorliegender Arbeit Es wird darüber Auskunft durch folgenden Satz gegeben: „Wenn auf einer Curve dritter Ordnung eine ungrade Anzahl n von Punkten gegeben ist, von denen eine grade Anzahl auf dem Nebenzuge, die übrigen auf dem Hauptzuge liegen, so giebt es vier n-Ecke, deren Ecken auf der Curve liegen und deren Seiten einzeln durch die n gegebenen Punkte gehen. Von diesen vier n-Ecken werden nur dann zwei imaginär, wenn der Nebenzug imaginär wird. Wenn aber eine ungrade Anzahl der n Punkte auf dem Nebenzuge liegt, so ist kein Vieleck der genannten Art möglich". Für $n = 1$ gehen für Haupt- und Nebenzug der Curven dritter Ordnung diejenigen Eigenschaften hervor, welche oben für die Tangenten, die von einem Punkt der Curve auslaufen, bemerkt sind. Schn.

H. Schröter. Ueber eine besondere Curve dritter Ordnung und eine einfache Erzeugungsart der allgemeinen Curven dritter Ordnung. Clebsch Ann. V. 50-83.

Die besondere Curve dritter Ordnung, mit der sich der Verfasser im ersten Theil der Abhandlung beschäftigt, ist die Brennpunktscurve einer Kegelschnittschaar, welche durch vier Tangenten bestimmt ist. Diese lässt sich auffassen als der geometrische Ort des Punktes, für welchen das aus den Tangentenpaaren an die Kegelschnittschaar gebildete Strahlsystem ein hyperbolisch gleichseitiges wird. Indem der Verfasser nunmehr diesen Ort in interessanter Weise synthetisch discutirt, gelangt er zu dem Ergebniss, dass die Brennpunktscurve das Erzeugniss zweier projectivischer, hyperbolisch-gleichseitiger Strahlsysteme ist, welche so liegen, dass in die Verbindungslinie ihrer Mittelpunkte Theile entsprechender Strahlenpaare hineinfallen. Als Scheitel dieser Strahlsysteme ist ein Brennpunktenpaar eines Kegelschnitts zu wählen, welcher der Schaar angehört. Das Erzeugniss ist eine Curve dritter Ordnung, auf welcher jedes Brennpunktenpaar eines Kegelschnitts als ein Paar conjugirter Punkte aufzufassen ist; eine charakteristische Eigenschaft derselben ist die, dass die in diesen Punkten gezogenen Tangenten denselben Tangentialpunkt haben. Die Curve selbst hat den partikulären Charakter, dass die imaginären Kreispunkte im Unendlichen gleichfalls als conjugirte Punkte der Curve auftreten, so dass ihr eine ähnliche Stellung zu der allgemeinen Curve dritter Ordnung zukommt, wie dem Kreise zum allgemeinen Kegelschnitt. Dieser besondere Charakter ermöglicht eine höchst einfache Construction, die Herr Küpper zuerst angegeben hat. Indem man nämlich in einer Kreisschaar die Durchmesser zieht, welche sich in einem Punkte der Ebene schneiden, beschreiben die Schnittpunkte derselben mit dem Kreise jene Curve, von der der Verfasser handelt.

Im zweiten Theile wird die allgemeine Curve dritter Ordnung als Erzeugniss zweier projectivischer Strahlsysteme dargestellt, welche so zu einander liegen, dass der Verbindungsstrahl ihrer Mittelpunkte ein Theil entsprechender Strahlenpaare ist. Jedem Strahlenpaar $(x\,\xi)$ des einen Strahlsystems entspricht ein Strahlenpaar $(y\,\eta)$ des anderen Strahlsystems; diese geben Veranlassung zu zwei Paaren von Schnittpunkten

$$(x,y) \text{ und } (\xi,\eta), \quad (x,\eta) \text{ und } (\xi,y).$$

Jedes dieser Paare ist als ein Paar conjugirter Punkte der erzeugten Curve aufzufassen. Die Mittelpunkte der Strahlsysteme treten gleichfalls als ein derartiges Punktenpaar auf. Eine charakteristische Eigenschaft solcher Punktenpaare ist die, dass die beiden Punkte eines Paars stets denselben Tangentialpunkt haben. Irgend zwei conjugirte Punkte können wieder als Mittelpunkte zweier anderer erzeugender Strahlsysteme aufgefasst werden, deren entsprechende Strahlenpaare nach zwei conjugirten Punkten der Curve gehen, und welche so liegen, dass in die Verbindungslinie ihrer Mittelpunkte Theile entsprechender Strahlenpaare hineinfallen. Daraus erhellt, dass die gegebene Erzeugung der Curve dritter Ordnung eine gewisse Analogie bietet zu der Erzeugung des Kegelschnitts durch zwei projectivische Strahlbüschel, doch mit dem Unterschiede, dass die Mittelpunkte der erzeugenden Strahlsysteme nicht ganz willkürlich auf der Curve angenommen werden dürfen, sondern eben in conjugirten Punkten der Curve. Von diesen Gesichtspunkten ausgehend entwickelt der Verfasser die wichtigsten Eigenschaften der Curve dritter Ordnung und giebt zahlreiche Sätze über den Zusammenhang von Kegelschnittsgebilden mit jener Curve. Was letztere anbetrifft, so muss auf die Arbeit selbst verwiesen werden.

Schn.

H. Durège. Ueber die Curve dritter Ordnung, welche den geometrischen Ort der Brennpunkte einer Kegelschnittschaar bildet. Clebsch Ann. V. 83-95.

Die allgemeine Curve dritter Ordnung wird durch zwei projectivische Strahleninvolutionen erzeugt, welche so zu einander liegen, dass in die Verbindungslinie ihrer Scheitel Theile entsprechender Strahlenpaare hineinfallen. Von derselben Erzeugung ist Herr Schröter bei der Behandlung der Curve dritter Ordnung ausgegangen in einer Arbeit, welche gleichzeitig mit der vorliegenden in den Annalen erschienen ist (s. p. 281). Während in dieser der Ort der Brennpunkte einer Kegelschnittschaar, welche durch vier Tangenten bestimmt ist, den Ausgangspunkt der Untersuchung bildet, und die Erzeugung dieses Ortes die Gedanken auf die Erzeugung der allgemeinen Curven dritter Ordnung hinüberleitet, gelangt Herr Durège von der allgemeinen Curve zu der speciellen, indem er die Scheitel der Strahleninvolutionen in den imaginären Kreispunkten annimmt. In der That erhält man projectivische Involutionen von obigem Character, wenn man aus zwei beliebigen Punkten o und o' Tangentenpaare an die Kegelschnitte einer Schaar legt, welche vier feste Gerade berühren. Die Durchschnitte entsprechender Tangentenpaare erzeugen eine Curve dritter Ordnung, auf welcher sowohl je zwei Durchschnittspunkte, die nicht auf derselben Tangente liegen, als auch o und o' conjugirte Pole desselben Systems sind. Treten an die Stelle von o und o' die imaginären Kreispunkte ω und ω', so schneiden sich je zwei von ω und ω' an denselben Kegelschnitt gelegte Tangenten in den Brennpunkten dieses Kegelschnitts; es ist deshalb der Ort der Brennpunkte diejenige Curve dritter Ordnung, welche durch die imaginären Kreispunkte hindurchgeht und sie zu conjugirten Polen hat. Die Tangenten in diesen Punkten schneiden sich auf der Curve selbst; ihr reeller Durchschnittspunkt ist der Brennpunkt der in der Schaar auftretenden Parabel. Die bezeichneten Singularitäten der Curve lassen eine einfache Construction derselben zu, welche Herr Küpper zuerst angegeben hat, und die nunmehr entwickelt wird. (Vergl. den Bericht über die Abh. von H. Schröter, Clebsch Ann. V. 50—83 s. p. 281.) Zum Schluss wird der besondere Fall erörtert, dass die projectivische Zuordnung der Strahlenpaare in den involutorischen Strahlsystemen, welche die Curve dritter Ordnung erzeugen, der Art ist, dass die Doppelstrahlen einander entsprechen. Es zerfällt in diesem Fall die erzeugte Curve in eine Gerade und einen Kegelschnitt. Schn.

A. V. Bäcklund. Om några egenskaper has den plana kurvan af 3die ordningen. Öfv. af Forh. Stockh. 1872.

Diese Note verfolgt zuerst eine schon früher in derselben Zeitschrift eingeschlagene Behandlung eines Entsprechens zwischen den Punkten einer Curve 3ter Ordnung und den Kegelschnitten eines Büschels, vermöge dessen diejenigen Chorden in der Curve 3ter Ordnung, die an einen und denselben Punkt der Curve gezogen sind, sich als diejenigen Chorden in einem (beliebig genommenen) Kegelschnitte abbilden, die einen und denselben Kegelschnitt berühren. Dann stellt sie ein Entsprechen dar zwischen Punkten einer Curve 3ter Ordnung einerseits und einer gewissen Reihe von Curven 4ter Ordnung mit drei Spitzen anderseits. Eigenschaften, die sich auf einen gebrochenen Linienzug beziehen, welcher einem Kegelschnitte eines Büschels eingeschrieben ist, und mittelst seiner verschiedenen Seiten verschiedene Kegelschnitte des nämlichen Büschels berührt, übertragen sich gewissermaassen auf Linienzüge, die einem Kegelschnitte eingeschrieben sind und verschiedene Curven 4ter Ordnung der obengenannten Reihe berühren. Bg.

A. Milinowski. Die Polaren der ebenen Curven dritter Ordnung mit Doppelpunkten. Pr. Tilsit.

Es werden mit den Mitteln der Geometrie der Lage die polaren Eigenschaften der ebenen Curven dritter Ordnung mit Doppelpunkten entwickelt, und zwar zunächst derer mit drei Doppelpunkten, die also in drei Gerade zerfallen, dann derer mit zwei Doppelpunkten, welche aus einer Geraden und einem Kegelschnitte bestehn, endlich derer mit einem Doppelpunkte. Wesentlich Neues enthält die Arbeit nicht. A.

T. A. Hirst, S. Watson, J. J. Walker. Solution of questions 3567 and 3509. Educ. Times XVI. 98-99.

1) Gegeben drei feste Gerade *l, m, n* und drei collineare feste Punkte *L, M, N*. Von einem veränderlichen Punkte in *l* werden Gerade durch *M* und *N* gezogen, bis sie *m* und *n* schneiden, und durch diese 4 Schnittpunkte und *L* wird ein Kegelschnitt gelegt. Dann ist die Einhüllende dieses Kegelschnittes ein anderer Kegelschnitt, welcher *m* und *n* in den Punkten berührt, wo diese Geraden von *l* geschnitten werden.

2) Gegeben drei Gerade *l, m, n* durch einen Punkt und ein fester Punkt *L*. Die Einhüllende des Kegelschnittes, welcher *l* berührt und ein Paar Brennpunkte auf *m* und *n* in beiden Geraden durch *L* hat, ist ein Kreis mit *L* als Mittelpunkt.

Die letzte Aufgabe ist ein specieller Fall von der reciproken der ersten. Hi.

Em. Weyr. Ueber die involutorischen Winkelrelationen der Cardioide. Prag. Ber. 1871. 69-70.

Die Cardioide wird aufgefasst als die Fusspunktencurve eines Kreises mit dem Mittelpunkte *o*, wobei der Pol *p* auf der Kreisperipherie liegend angenommen wird. Ist *m* der Mittelpunkt des Radius *op*, so gilt folgender Satz von der Cardioide: „Verbindet man die Schnittpunkte der reellen Doppeltangente und dreier unter einander paralleler Tangenten mit dem Punkte *m*, so erhält man drei Strahlen, welche mit einander Winkel von 60 Grad bilden.“ Schn.

R. Townsend and J. J. Walker. Solution of question 3595. Educ. Times XVII. 55-56.

Ist A der erste Punkt einer Cycloide, P irgend eine Lage des beschreibenden Punktes, T der unterste Punkt des rollenden Kreises; dann geht die Senkrechte von T auf die Gerade AP durch den Schwerpunkt des Bogens PT. Hi.

K. Hippauf. Lösung des Problems der Trisection mittelst der Conchoide auf circularer Basis. Hoffmann Z. III. 215-240.

Siehe Abschn. I. Cap. 1. p. 28.

C. Pelz. Ueber das Problem der Glanzpunkte. Wien. Ber. LXIV. Abth. II.

Die geometrische Lösung des Problemes der Glanzpunkte, d. i. die Bestimmung derjenigen Punkte einer Curve, in welchen ein von einem gegebenen Punkte A kommender Lichtstrahl nach einem zweiten ebenfalls gegebenen Punkte A' reflectirt wird, besteht bekanntlich in der Construction derjenigen Punkte der Curve, in welchen sie von einem Kegelschnitt aus der durch A und A' als Brennpunkte bestimmten Schaar zugeordnet ist (vergl. das Referat zu den Aufsätzen des Hrn. Verfassers über die Axenbestimmung von Centralprojectionen p. 262). Für einen Kegelschnitt im Allgemeinen mit den Brennpunkten FF', werden diese Berührungspunkte erhalten als die Schnittpunkte mit einer Curve dritten Grades, welche auf dreierlei Weise erhalten werden kann:

1) als Ort der Schnittpunkte der von A und A' an Kegelschnitte, welche F, F' zu Brennpunkten haben, gelegten Tangentenpaare;

2) als Ort der Schnittpunkte der von F und F' an Kegelschnitte, welche A, A' zu Brennpunkten haben, gelegten Tangentenpaare;

3) als Ort der Schnittpunkte gemeinschaftlicher Tangenten dieser beiden Schaaren confocaler Kegelschnitte.

Die Tangentenpaare im ersten Falle sind die Strahlenpaare

zweier projectivischer Involutionen, welche den Strahl AA' als entsprechenden gemeinsam haben und daher die sogenannte halbperspectivische Lage haben. Dieselbe projectivische Beziehung kann bekanntlich mittelst eines festen Kreises und zweier perspectivischer Strahlbüschel hergestellt werden, woraus sich eine leichte lineare Construction der entsprechenden Strahlen- resp. Tangentenpaare und ihrer Schnittpunkte, also der Curve C_3 ergiebt. Diese Construction wird vollständig ausgeführt, und ausserdem die hieraus hervorgehende Construction der von einem Curvenpunkt ausgehenden Curventangenten angegeben.

Es sei schliesslich noch gestattet, an dieser Stelle auf die fast gleichzeitig veröffentlichten, wie es scheint, jedoch wenige Wochen früher abgeschlossenen Aufsätze der Herren Schroeter und Durège im V. Bande der Mathematischen Annalen (siehe p. 282) zu verweisen, welche dieselbe Entstehung der allgemeinen Curve dritten Grades aus einer beliebigen Kegelschnittschaar resp. als Erzeugniss zweier halbperspectivischer Strahlen-Involutionen und daraus fliessende Eigenschaften und Constructionen zum Gegenstand haben. Schz.

B. Räumliche Gebilde.

A. Mannheim. Mémoire sur les pinceaux de droites et les normalies, contenant une nouvelle exposition de la théorie de la courbure des surfaces. Liouville J. (2) XVII. 109-167.

Die Theorie der Strahlenbündel, welche der Verfasser in vorliegender Arbeit entwickelt, und die sich daran schliessende Theorie der Krümmung der Flächen ist wesentlich aus den Theoremen über die Verrückung starrer Systeme erwachsen, welche der Verfasser in dem Mémoire: „Étude sur le déplacement d'une figure de forme invariable“ (Journal de l'École Polytechnique, Cah. 43. 57—122, siehe F. d. M, II. 654) veröffentlicht hat. Es gelingt ihm mit den einfachsten Mitteln auf rein geometrischem

Wege sowohl alle die wichtigen Lehrsätze herzuleiten, welche Kummer durch analytische Behandlung dieser Gebilde (Borchardt J. LVII.) gewonnen hat, als auch eine Reihe neuer Eigenschaften aufzudecken. Bevor ich daran gehe, den Gedankengang, welchen der Verfasser nimmt, zu skizziren, ist es nothwendig, mit einigen Vorbegriffen vertraut zu machen, welche Herr Mannheim mit besonderem Erfolge bei der Entwickelung der Theorie verwendet.

G sei eine Generatrix einer windschiefen Fläche. Zwischen den Punkten der Generatrix und den Tangentialebenen in diesen Punkten besteht eine eindeutige Wechselbeziehung. Denkt man in einem beliebigen Punkte o der Generatrix die Tangentialebene, so lassen sich alle Punkte durch ihre Abstände y von o und alle Tangentialebenen, welche den einzelnen Punkten entsprechen, durch ihre Neigungen Y gegen jene Tangentialebene in o bestimmen, und die eindeutige Wechselbeziehung zwischen Tangentialpunkt und Tangentialebene lässt sich durch eine in Bezug auf y und tg Y lineare Relation darstellen, welche, da y und tg Y gleichzeitig verschwinden, in der Form

$$y \operatorname{tg} Y + \lambda y + \mu \operatorname{tg} Y = o,$$

worin λ und μ Constanten bezeichnen, zum Ausdruck gelangt. Indem man $\frac{y}{\operatorname{tg} Y} = x$ setzt, erhält die Relation die Form

$$y + \lambda x + \mu = o;$$

diese Gleichung lässt sich auffassen als die Gleichung einer Geraden A, bezogen auf G als Axe der y und auf ein Perpendikel in o als Axe der x. Ist a' ein Punkt auf A, dem als y-Coordinate oa und als x-Coordinate aa' zukommt, so ist $y = x \operatorname{tg} a a' o$, und da andererseits $y = x \operatorname{tg} Y$ ist, so ist Y durch den Winkel $aa'o$ dargestellt oder auch durch den Winkel, welchen der Radiusvector oa' mit der x-Axe bildet. Mit Hülfe der Geraden A ist es demnach leicht möglich zu jedem y den Winkel Y zu finden; sie veranschaulicht daher das Gesetz der Veränderung der Y, wenn y alle Werthe durchläuft. Zu jedem Punkt o der Generatrix gehört eine besondere Gerade A, sie wird „Hülfsgerade“ (droite auxiliaire) in Bezug auf o genannt und mit besonderem Erfolg den folgenden Betrachtungen zu Grunde gelegt.

Wenn a auf der Generatrix sich in das Unendliche entfernt, so wird der correspondirende Radius vector oa' parallel mit A; andererseits gehört zu dem Radius vector oc', welcher senkrecht gegen A gerichtet ist, ein Punkt c auf der Generatrix, das ist der Projectionspunkt des Punktes c' auf dieselbe. Daraus folgt, dass die Ebene, welche die windschiefe Fläche im unendlich entfernten Punkt der Generatrix berührt, senkrecht steht auf der Tangentialebene im Punkte c, oder mit anderen Worten, dass die Tangentialebene im unendlich fernen Punkt der Generatrix, normal im Punkte c der windschiefen Fläche ist. Dieser Punkt c ist gleichfalls ein für die fernere Betrachtung ausgezeichneter Punkt; er wird „Centralpunkt" (point central) genannt, und die Tangentialebene in ihm „Centralebene" (plan central).

Für den Centralpunkt c der Generatrix stellt sich die Hülfsgerade A als eine Linie dar, welche mit der Generatrix parallel läuft; ihre Gleichung erscheint deshalb unter der Form $x = k$. Die Relation zwischen y und Y ist daher $y = k \operatorname{tg} Y$. Die Constante k heisst „Vertheilungsparameter der Tangentialebenen" (paramètre de distribution des plans tangents).

Errichtet man in c ein Perpendikel zu G und schneidet auf demselben $cc' = k$ ab, so ist c' ein durch den Charakter der windschiefen Fläche bestimmter Punkt; durch ihn gehen hindurch alle Hülfsgeraden, welche den verschiedenen Punkten der Generatrix entsprechen. Ist der Punkt c' also bekannt, so wird zu einem Punkt o' die Hülfsgeråde A' dadurch gefunden, dass man auf $o'c'$ in c' eine Senkrechte A' errichtet.

Hiermit sind im Wesentlichen die Elemente dargelegt, auf welche der Verfasser sich bei Betrachtung der windschiefen Flächen stützt; die Probleme, welche sich bieten, finden mit ihrer Hülfe ohne Schwierigkeiten ihre Lösung.

Im § II wendet sich der Verfasser nunmehr zur Entwickelung der Theorie der Strahlenbündel.

Die Geraden, welche der Betrachtung zu Grunde liegen, sind durch einen ihrer Punkte bestimmt, dieselben sind also zwei Bedingungen unterworfen. Eine Gerade G mit den ihr unendlich nahen Geraden bildet das Strahlenbündel (pinceau de droites).

Dieses schneide man durch eine Fläche S, welche von G in a getroffen wird, und trage von a aus zwei beliebige Strecken ab und ac auf G und dieselben Strecken auf den benachbarten Strahlen von den Punkten aus ab, in denen S geschnitten wird. Die Punkte b gehören alsdann einer Fläche S_I, die Punkte c einer Fläche S_{II} an. Die Nachbarstrahlen von G können nun aufgefasst werden als verschiedene Lagen der Geraden G, wenn man diese so verschiebt, dass drei ihrer Punkte a, b, c, auf drei gegebenen Flächen S, S_I, S_{II} gleiten. Jeder andere Punkt von G beschreibt bei dieser Verschiebung eine Flächentrajectorie, und die Normalen aller Flächentrajectorien, welche von den einzelnen Punkten der beweglichen Geraden beschrieben werden, gehören einem Hyperboloid an. Dieses Hyperboloid hat zwei reelle oder imaginäre Erzeugende, welche senkrecht zu G gerichtet sind; diese mögen G in f_1 und f_2 schneiden, denen wieder als Flächentrajectorien F_1 und F_2 entsprechen. Diese beiden Flächen berühren die Gerade G, also auch die Strahlen des Bündels. Somit ist der Satz von Malus gewonnen: „Die Strahlen eines Bündels sind Tangenten an zwei reellen oder imaginären Flächen“. Diese Flächen heissen „Brennpunktenflächen“ (surfaces focales) und die Punkte, in denen sie einen Strahl des Bündels berühren, sind die „Brennpunkte“ dieses Strahls, die Ebenen aber, welche in diesen Punkten die Brennpunktenflächen berühren, die „Focalebenen“.

Die Gerade G bestimmt mit jeder Nachbargeraden ein Element einer windschiefen Fläche, „Elementarfläche des Bündels“ (surface élémentaire du pinceau) genannt. Alle diese Elementarflächen berühren die Brennpunktenflächen in den Brennpunkten f_1 und f_2 von G. Nimmt man f_2 zum Anfangspunkt, und die Senkrechte in f_2 zur Axe der x, so gehört in Bezug auf ihn zu jeder Elementarfläche eine Hülfsgerade. Alle diese Hülfsgeraden gehen durch einen Punkt f, welcher auf dem Lothe, das in f_1 errichtet ist, liegt, und dessen Radiusvector $f_2 f$ mit der x-Axe den Winkel ψ bildet, welchen die beiden Focalebenen mit einander einschliessen. Ein Kreis durch f, f_1, f_2 hat $f_2 f$ zum Durchmesser. Irgend eine Gerade durch f schneide den Kreis in c', dessen senkrechte

Projection auf G der Punkt c sei. Die gezogene Gerade ist eine Hülfsgerade einer Elementarfläche, für welche, da $f_2 c'$ senkrecht zu dieser Geraden steht, der Punkt c der Centralpunkt ist. Die Centralpunkte aller Elementarflächen sind also die senkrechten Projectionen der Punkte des Kreises $(f f_1 f_2)$. Sie bedecken ein gewisses Stück $c_1 c_2$ der Geraden G, welches gleich dem Durchmesser des Kreises ist; daher ist $f_1 f_2 = c_1 c_2 \sin \psi$. Die Punkte c_1 und c_2 sind von Kummer „Grenzpunkte" genannt, und somit ist der Satz gewonnen: „Die Focaldistanz ist gleich dem Abstand der Grenzpunkte, multiplicirt mit dem Sinus des Winkels, welchen die Focalebenen bilden". Die Centralebenen in den Grenzpunkten sind die Kummer'schen Hauptebenen; dass diese senkrecht auf einander stehen, liest man unmittelbar aus der ebenen Figur ab, welche die wichtigsten Elemente des Strahlenbündels und ihren gegenseitigen Zusammenhang versinnlicht. Somit wäre in den Hauptzügen die Methode gekennzeichnet, welche der Verfasser bei der Untersuchung der Strahlenbündel anwendet; in Betreff der Entwickelung der zahlreichen Eigenschaften derselben muss auf das Mémoire selbst verwiesen werden.

Der § III beschäftigt sich mit den besonderen Strahlenbündeln, welche aus Normalen einer Fläche gebildet sind. Die Elementarflächen eines solchen Bündels sind die Elemente von windschiefen Flächen, welche Herr Mannheim mit dem Namen „normalies" bezeichnet, worunter er den Ort der Normalen einer Fläche versteht, welche durch irgend eine auf die Fläche verzeichnete Curve bestimmt sind. Um die Realität der Brennpunkte eines solchen Normalenbündels zu beweisen, geht der Verfasser abermals von einem Theorem über die Verrückung eines starren Systems aus. Dasselbe lautet: „Wenn ein starres System sich so verschiebt, dass vier seiner Punkte auf vier festen Flächen gleiten, so gehen in jedem Moment die Normalen der Flächentrajectorien aller Punkte des Systems durch zwei bestimmte Gerade". Gleiten die drei Punkte a, b, c eines starren Systems auf einer Fläche S, während ein vierter Punkt e auf einer Fläche E sich bewegt, so sind die beiden im Theorem gekennzeichneten Geraden D und Δ diejenigen, welche die vier Normalen schneiden, die in a, b, c, e an den bezüglichen Flächen, auf denen die Punkte gleiten, gezogen sind. Denkt man *b* und *c* unendlich nahe an *a*, so ist die Bewegung des Systems der Bedingung unterworfen, dass eine seiner Ebenen in einem Punkte *a* die Fläche *S* berührt, während ein anderer Punkt *e* sich auf einer Fläche *E* bewegt. Die beiden Geraden *D* und *Δ* schneiden nunmehr drei Nachbarnormalen von *S* und die Normale der Flächentrajectorie von *e*. Da aber die Verschiebung des Systems dieselbe bleibt, welche von den Nachbarpunkten von *a* man auch auszeichnen möge, so müssen die beiden Geraden *D* und *Δ* alle Normalen schneiden, welche der Normale *A* in *a* benachbart sind. Die beiden Ebenen (*A*, *D*) und (*A*, *Δ*) berühren demnach alle Normalflächen (normalies), deren Directricen Curven sind, die auf der Fläche *S* von *a* auslaufen, oder in anderer Form ausgedrückt, die Normale *A* beschreibt bei allen möglichen Bewegungen des Systems Flächen, welche dieselben zwei Tangentialebenen (*A*, *D*) und (*A*, *Δ*) haben. Die beiden Geraden *D* und *Δ* sind nichts anderes als die augenblicklichen Drehaxen (axes simultanés de rotation), vermittelst welcher man alle möglichen Verschiebungen von *A* erhalten kann.

Dass die Normalflächen für den Punkt *a* sich in denselben zwei Punkten f_1 und f_2 der Normale *A* berühren, ist eine Eigenschaft, welche unabhängig ist von *E*. Wenn *E* sich ändert, werden sich allerdings die Geraden *D* und *Δ* in der Lage ändern; indessen die Punkte f_1 und f_2, in denen sie die Gerade *A* treffen, werden dieselben bleiben. Es genügt also, um die Realität der Brennpunkte f_1 und f_2 zu zeigen, nachzuweisen, dass ein Paar reeller Geraden *D* und *Δ* existirt. Diese Geraden sind aber Erzeugende des Hyperboloids, welches durch *A* und zwei Nachbarnormalen bestimmt ist, und zwar sind es diejenigen, welche durch die Punkte hindurch gehen, in denen das Hyperboloid von der Normale in *e* getroffen wird. Da man nunmehr über diese Normale so disponiren darf, dass sie das Hyperboloid in reellen Punkten schneidet, so gelangt man zu zwei reellen Geraden *D* und *Δ*, welchen wieder reelle Punkte f_1 und f_2 entsprechen.

Unter den möglichen Verschiebungen von *A* giebt es zwei, welche durch einfache Rotation um jede der Geraden *D* und *Δ* hervorgebracht werden. Bei einer einfachen Drehung um D muss Δ ein Flächenelement beschreiben, für welches die Ebene (A, Δ) Tangentialebene ist; daher stehen die Ebenen (A, D) und (A, Δ) senkrecht auf einander. Da die Focalebenen (A, D) und (A, Δ) aber senkrecht auf einander stehen, so muss, weil $f_1 f_2 = c_1 c_2 \sin\psi$, beim Normalenbündel $f_1 f_2 = c_1 c_2$ sein, also jener Kreis, welcher bei der Theorie der Strahlenbündel auftrat, muss sein Centrum auf A haben. Aus dieser besonderen Lage des Kreises, gewissermaassen der Characteristik des Normalenbündels, gegen die Gerade A wird nunmehr die ganze Theorie der Krümmung der Flächen entwickelt. Schn.

A. MANNHEIM. Exposition sommaire d'une théorie géométrique de la courbure des surfaces. C. R. LXXIV. 598-602.

Die Grundgedanken der Krümmungstheorie sind angedeutet in dem Referat: „A. Mannheim, Mémoire sur les pinceaux de droites et les normalies, contenant une nouvelle exposition de la théorie de la courbure des surfaces. Liouville J.(2) XVII. 109—167". Siehe das obige Referat. Schn.

A. MANNHEIM. Détermination de la liaison géométrique qui existe entre les éléments de la courbure des deux nappes de la surface des centres de courbure principaux d'une surface donnée. C. R. LXXIV. 458-461.

Es sei A eine Normale zur Fläche (S) und b und c seien die Hauptkrümmungscentra auf derselben. Durch den Punkt b ziehe man eine Normale B zu der Schaale (B), dem Ort der Hauptkrümmungscentra b, und durch den Punkt c eine Normale C zu der Schaale (C), dem Ort der Hauptkrümmungscentra c. Die Hauptkrümmungscentra auf B für die Schaale (B) seien d und e, und diejenigen auf C für die Schaale (C) seien g und h. Gegenstand der Betrachtung bildet nunmehr der Zusammenhang zwischen den Hauptschnitten von (B) und (C) und der Lage der Hauptkrümmungscentra d, e, g, h. Schn.

A. Mannheim. Recherches géométriques sur le contact du 3e ordre de deux surfaces. C. R. LXXIV. 856-860, 928-932.

Der Weg, welchen Herr Mannheim eingeschlagen hat, um die Theorie der Strahlenbündel und die Krümmungstheorie der Flächen zu entwickeln, hat ihn zu einer Methode geführt, die besonders geeignet erscheint, zwischen Flächen die Berührungen höherer Ordnung zu studiren. Auf jeder Normale A einer Fläche S liegen zwei Hauptkrümmungscentra, der Ort derselben ist eine zweischalige Fläche, jede Schale wird von der Normale A berührt in einem Hauptkrümmungscentrum und die Tangentialebenen in jenen Punkten sind die Hauptschnitte der Fläche S für die Normale A. Die Berührung zweier Flächen S und S' in einem Punkte a wird charakterisirt durch eine einfachere Beziehung der beiden Flächen, welche als Ort der Hauptkrümmungscentra den Flächen S und S' entsprechen, und aus dem gegenseitigen Verhalten dieser beiden Flächen wird auf die Natur der Berührung von S und S' in a geschlossen. Es mag genügen einige der wichtigsten Resultate der Betrachtung anzuführen. Herr Dupin hatte bewiesen: „Wenn zwei Flächen in einem Punkt längs dreier willkürlicher Schnitte sich osculiren, so osculiren sie sich in jedem Schnitte, welchen eine durch den Berührungspunkt gehende willkürliche Fläche erzeugt". Herr Mannheim verallgemeinert das Theorem dahin: „Wenn zwei Flächen in einem Punkte längs vier verschiedener Schnitte eine Berührung dritter Ordnung haben, so haben sie in jedem Schnitte, den eine willkürliche durch den Berührungspunkt gehende Fläche erzeugt, eine Berührung derselben Ordnung". Wenn zwei Flächen S und S' sich in einem Punkte a so berühren, dass ihre Hauptkrümmungscentra für a übereinstimmen und sich in ihnen die den Flächen S und S' entsprechenden Flächen der Hauptkrümmungscentra osculiren, so bilden S und S' in a eine Berührung dritter Ordnung". Endlich mag noch das Theorem bemerkt werden: „Wenn zwei Flächen S und S' sich in einem Punkte a so berühren, dass ihre Krümmungslinien eine Berührung dritter Ordnung bilden, so bilden die Flächen S und S' in a eine Berührung derselben Ordnung.

Schn.

A. Mannheim. Sur la surface gauche, lieu des normales principales de deux courbes. Liouville J. (2) XVII. 406-418.

Herr de Saint-Venant hatte die Frage aufgeworfen (Mémoire sur les lignes courbes non planes, J. de l'Èc. Pol., 30e cah.): „Giebt es auf der windschiefen Fläche, welche durch die Hauptnormalen einer Curve gebildet wird, eine zweite Curve, deren Hauptnormalen gleichfalls die Erzeugenden dieser Fläche sind?" und Herr Bertrand hatte die Frage beantwortet (Liouville J. (1) XV, p. 332) indem er die Relation angab, welche zwischen dem Radius der ersten und dem der zweiten Krümmung einer Curve existiren muss, damit jene Forderung erfüllt werde. In der vorliegenden Arbeit entwickelt der Verfasser durch elegante Schlussweisen die von Bertrand aufgestellte Relation, und indem er in geistvoller Weise auf die windschiefe Fläche, welche den Ort der Hauptnormalen zweier Curven bildet, die Theorie der Strahlenbündel und der Normalenflächen (normalies) anwendet, gewinnt er zugleich eine Reihe neuer Eigenschaften dieser Fläche.

Nachdem er den Satz bewiesen: „Wenn zwei Curven dieselben Hauptnormalen haben, so schliessen die Osculationsebenen dieser Curven in den Punkten, in denen sie von ein und derselben Normale getroffen werden, denselben Winkel ein, welches auch die Normale sein mag", wird die Theorie der Strahlenbündel mit jener windschiefen Fläche, dem Ort der Hauptnormalen zweier Curven, durch folgende Betrachtung in Beziehung gesetzt. Es seien (o) und (a) die beiden Curven, welche dieselben Hauptnormalen haben und (G) die durch diese Normalen gebildete Fläche; G sei eine Generatrix dieser Fläche, welche jene beiden Curven bezüglich in o und a trifft. Irgend eine zweite Generatrix G' schneide diese beiden Curven in i und j. Denkt man nunmehr G' mit G zur Coincidenz gebracht so, dass i mit o und die Tangentialebene in i an (G) mit der Tangentialebene in o zusammenfällt, so geht j in a über und die Tangentialebene in j fällt zu Folge obigen Theorems mit der Tangentialebene in a zusammen. Indem man alle Erzeugenden von (G) in dieser Weise mit G zur Coincidenz bringt, und gleichzeitig mit jeder

Erzeugenden ein unendlich kleines Flächenelement der Fläche (G) mitgeführt denkt, so bilden diese unendlich kleinen Flächenelemente, die in der angegebenen Art bei der Generatrix G vereinigt sind, die Elementarflächen (surfaces élémentaires) eines Strahlenbündels, in welchem o und a die Brennpunkte des Strahles G und die Tangentialebenen in o und a die Focalebenen des Bündels sind. Dieses Strahlenbündel wird durch die Hülfsgeraden der Elementarflächen (Vergl. des Verf. Mémoire sur les pinceaux de droites, Liouville J. (2) XVII 109—167 p. 287) untersucht und durch einfache geometrische Betrachtung jene Bertand'sche Relation gewonnen. Bezeichnet man mit a den Focalabstand, mit α den Winkel der Focalebenen und bedeutet ϱ den Radius der ersten, r den Radius der zweiten Krümmung für irgend einen Punkt der Curve (o), so erscheint jene Relation in der Form

$$\varrho = a + \frac{a}{\operatorname{tg}\alpha}\frac{\varrho}{r}.$$

Zugleich gewinnt der Verfasser zwei andere höchst einfache Relationen zwischen den Krümmungsradien entsprechender Punkte der Curven (o) und (a). Sind r und r_1 die Radien zweiter und ϱ und ϱ_1 die Radien erster Krümmung in zwei Punkten der Curven, denen dieselbe Hauptnormale zukommt, so ist

$$(1) \qquad r \cdot r_1 = \frac{a^2}{\sin^2\alpha}$$

$$(2) \qquad \cos^2\alpha = \left(1 - \frac{a}{\varrho}\right)\left(1 + \frac{a}{\varrho_1}\right).$$

Auf die anderen Theoreme, die durch unmittelbare Anwendung der Sätze aus der Theorie der Strahlenbündel gewonnen werden, kann hier nicht näher eingegangen werdeu. Schn.

A. Mannheim. Théorème sur les courbes et les rayons de courbure. Inst. XL. 173.

Siehe das Referat über die obige Arbeit.

A. Mannheim. Généralisation du théorème de Meusnier. C. R. LXXIV. 372-375.

„Krümmungsaxe einer Curve“ nennt Herr Mannheim die Durchschnittsgerade zweier in zwei benachbarten Punkten der Curve errichteten Normalebenen, und „die Krümmungsaxe einer abwickelbaren Fläche“ die Schnittgerade zweier Normalebenen, welche durch zwei benachbarte Erzeugende der Fläche gelegt sind. Mit Einführung dieser Begriffe giebt er den Satz: „Wenn die Curven, welche auf einer Fläche gezogen sind, in einem Punkte a eine Berührung erster Ordnung haben, so gehen die Krümmungsaxen der Curven in Bezug auf diesen Punkt durch ein und denselben Punkt α“.

Die Enveloppe der Normalebenen aller Punkte einer Curve bezeichnet Monge mit dem Namen Polarfläche (surface polaire). Die zweite Polarfläche der Curve nennt Herr Mannheim die Enveloppe der Ebenen, welche normal gegen die erste Polarfläche durch die Erzeugenden dieser Fläche gelegt sind, die dritte Polarfläche ist das aus der zweiten analog abgeleitete Gebilde u. s. w. Das Theorem, mit welchem die Bemerkungen Mannheim's schliessen, lautet nunmehr: „Wenn Curven, welche auf einer Fläche gezogen sind, eine n-fache Berührung haben, so haben ihre $(n-1)^{\text{ten}}$ Polarflächen zu Krümmungsaxen Gerade, welche durch ein und denselben Punkt gehen“. Schn.

A. Mannheim. Démonstration géométrique d'une proposition due à M. Bertrand. Liouville J. (2) XVII. 403-406.

Mit Hülfe der Darstellung der „normalies“ durch Hülfsgeraden, einer Betrachtungsweise, welche in dem Bericht über des Verfassers Mémoire sur les pinceaux de droites... näher auseinandergesetzt ist, wird der Beweis folgender von Bertrand aufgestellter Relation gegeben: „Wenn von dem Punkte o einer Fläche zwei geodätische Linien ausgehen, welche den Winkel O bilden, und ψ und ψ' den bezüglichen Contingenzwinkel der Curven im Punkte o bedeuten und φ und φ' die Winkel, welche zwei in o benachbarte Osculationsebenen jener Curve mit einander einschliessen, so ist

$$\operatorname{tg} O = \frac{\psi - \psi'}{\varphi + \varphi'}.\text{“}$$

Schn.

Em. Weyr. Erzeugnisse mehrdeutiger Elementargebilde im Raume. Prag. Abh. (6) V.

Im ersten kürzeren Theile wird das Erzeugniss mehrdeutiger Elementargebilde im räumlichen Bündel; im zweiten, dem Haupttheile, werden die beiden wichtigeren Fälle der mehrdeutigen Beziehung im Raume untersucht, wo beide Elementargebilde Punktreihen oder Ebenenbüschel sind. Der Hauptsatz ist: Wenn zwei Punktreihen $m-n$deutig auf einander bezogen sind, so sind die Büschel, welche deren Träger zu Axen haben, $n-m$deutig auf einander bezogen; das Erzeugniss ist eine Linienfläche vom $(m+n)^{\text{ten}}$ Grade „Indiee , wie Herr Weyr sagt). Die Leitlinien und $mn+m+n$ Erzeugende bestimmen die Fläche, wobei natürlich festzusetzen ist, von welcher Reihe (welchem Büschel) jede der Leitlinien Träger (Axe) ist. Es werden ferner die ebenen Schnittcurven und die umschriebenen Kegel betrachtet. Die Verzweigungselemente der erzeugenden Gebilde führen zu den Cuspidalpunkten und Cuspidalebenen und den singulären Erzeugenden: Auf dem Träger der m-deutigen Punktreihe (der Axe des n-deutigen Büschels) liegen $2m(n-1)$ Cuspidalpunkte, und durch ihn gehen $2n(m-1)$ Cuspidalebenen; die Cuspidalebenen der einen Geraden gehen durch die Cuspidalpunkte der andern, jede Curve der Fläche berührt die Cuspidalebenen, jede umschriebene Developpable geht durch die Cuspidalpunkte. Bei der Betrachtung der Schnittcurve der erzeugten Fläche mit einer beliebigen andern Fläche macht der Verfasser das Versehen, dass er die Ordnung des der letzteren umschriebenen Kegels (ihren „Rang“) mit der Klasse verwechselt.

Die Ordnung der Berührungscurve des der Linienfläche umschriebenen Kegels ist $2mn$, die den Punkten einer Geraden als Polen zugehörigen Berührungscurven bilden ein Büschel und erzeugen auf den Generatricen projectivische Punktreihen. Durch eine eigenthümliche Beziehung, „windschiefe Projection“ genannt, wird endlich jeder Curve der Fläche ein System rational auf sie bezogener anderer Curven der Fläche zugeordnet.

Sm.

Em. Weyr. Intorno all' involuzione cubica nella quale hanno luogo proprietà anarmoniche. Rend. d. Ist. Lomb. 1871.

Der Verfasser geht von dem anderwärts von ihm bewiesenen Satze aus, dass in einer cubischen Involution, welche zwei dreifache Elemente besitzt, die entsprechenden (einer Gruppe angehörigen) Elemente projectivischen Gebilden angehören, welche in den dreifachen Elementen der Involution ihre Doppelelemente besitzen. Zunächst wird das Auftreten solcher Involutionen an Kegelschnitten besprochen und hierauf das allgemeine Theorem von der in solchen Involutionen auftretenden Projectivität auf einzelne besondere Fälle angewendet. Unter Anderem werden folgende Lehrsätze bewiesen: „Die Scheitel der einem festen Kreise eingeschriebenen regulären Dreiecke bilden eine cubische Involution mit zwei dreifachen in den imaginären Kreispunkten gelegenen Elementen". „Die Strahlentripel, welche den vollen Winkel in sechs gleiche Theile theilen, bilden eine cubische Strahleninvolution mit zwei dreifachen durch die imaginären Kreispunkte gehenden Strahlen".

Die durch den Schnittpunkt zweier Inflexionstangenten einer mit einem Doppelpunkt versehenen Curve dritter Ordnung hindurch gehenden Strahlen schneiden dieselbe in Punkttripeln, welche mit dem Doppelpunkte verbunden zu den projectivischen Büscheln Veranlassung geben. Die gemeinsamen Doppelstrahlen der Büschel sind die Tangenten der Curve im Doppelpunkte".

„Die durch eine Axe einer Raumcurve dritter Ordnung hindurchgehenden Ebenen bestimmen auf derselben Punkttripel, welche drei projectivischen Systemen angehören. Die Doppelpunkte dieser Systeme sind Berührungspunkte der beiden durch die Axe gehenden Schmiegungsebenen".

„Die Tripel der Berührungspunkte der Schmiegungsebenen einer mit einem Doppelpunkte versehenen Raumcurve vierter Ordnung, welche durch die einzelnen Punkte dieser Curve hindurchgehen, gehören drei projectivischen Systemen an, welche ihre Doppelpunkte in den beiden Nachbarpunkten des Doppelpunktes der Curve besitzen". W.

Em. Weyr. Intorno alle cubiche gobbe. Rend. d. Ist. Lomb. 1871.

Die Abhandlung besteht aus zwei Abtheilungen; die erste: „Sopra una certa corrispondenza stabilita mediante una cubica gobba ed una conica", beschäftigt sich mit der quadratischen Strahlenverwandtschaft, welche in der Ebene eines Kegelschnittes C_2 mittelst einer Curve C_3 in folgender Weise hergestellt wird: Durch irgend eine Gerade R der Ebene P des Kegelschnittes C_2 lege man eine beliebige Ebene π, welche C_3 in $p_1 p_2 p_3$ schneiden möge; hierauf lege man durch diese Punkte $p_1 p_2 p_3$ und durch C_2 eine beliebige Fläche zweiten Grades, welche C_3 in drei weiteren Punkten $q_1 q_2 q_3$ schneiden wird; die Ebene $(q_1 q_2 q_3)$ schneidet nun P in der Geraden R', welche der Geraden R verwandschaftlich entspricht. Das Hauptdreiseit dieser Verwandschaft in der Ebene P hat die Schnittpunkte $a_1 a_2 a_3$ von C_3 mit P zu Scheiteln. Die vier Doppelgeraden $D_1 D_2 D_3 D_4$ dieses in P auftretenden involutorischen Systemes (RR') sind die Berührungssehnen des Kegelschnittes C_2 mit den vier Kegelschnitten, welche dem $\triangle a_1 a_2 a_3$ umgeschrieben sind und mit C_2 einen doppelten Contact haben.

Auf Grund dieser Ergebnisse werden verschiedene Theoreme bewiesen, so z. B.:

„Durch C_2 gehen 16 Flächen zweiter Ordnung, welche mit C_3 einen Contact zweiter und einen erster Ordnung besitzen".

Durch drei feste Punkte von C_3 und durch C_2 gehen vier Flächen zweiten Grades, welche C_3 berühren". Durch C_2 gehen neun Flächen zweiten Grades, welche mit C_3 zwei Berührungen zweiter Ordnung eingehen". „Durch einen Kegelschnitt gehen zehn Flächen zweiter Ordnung, welche mit einer Raumcurve dritter Ordnung eine Berührung vierter Ordnung eingehen" u. s. w.

Die zweite Abtheilung: „Sulle sfere osculatrici e la loro costruzione" handelt von den Krümmungs-Kugeln der Raumcurven dritter Ordnung und deren Construction. Es wird nämlich für eine beliebige Raumcurve dritter Ordnung C_3 die Ebene P in's Unendliche versetzt und der imaginäre Kugelkreis als der Kegelschnitt C_2 verwendet. Dann sind $a_1 a_2 a_3$ die unendlich weiten

Punkte von C_3, welche mit irgend einem beliebig angenommenen Punkte o ein räumliches Dreikant $o(a_1 a_2 a_3)$ bestimmen, welchem man vier Rotationskegel umschreiben kann. Die sechs Winkelhalbirenden der drei Winkel $a_1 o a_2$, $a_2 o a_3$, $a_3 o a_1$ liegen viermal zu dreien in vier (durch o gehenden) Ebenen $d_1 d_2 d_3 d_4$, deren unendlich weite Gerade die Linien $D_1 D_2 D_3 D_4$ sind. „Soll nun zu irgend einem Punkte a der Raumcurve C_3 die Krümmungskugel gefunden werden, so lege man durch o zur Schmiegungsebene α von a eine parallele Ebene α', bestimme die Ebene α'', welche der Ort aller zu α' conjugirten Geraden in Bezug auf die dem Vierflach $d_1 d_2 d_3 d_4$ eingeschriebenen Kegel zweiten Grades ist, und lege zu dieser Ebene α'' durch a eine parallele Ebene α_1, welche die Raumcurve in zwei weiteren Punkten b, c, schneiden möge. Dann ist die durch b und c gehende, die Raumcurve in a berührende Kugel zugleich die Krümmungskugel in letzterem Punkte".

Ausserdem werden einige Sätze nachgewiesen, z. B.:

„Durch drei Punkte einer Raumcurve dritter Ordnung gehen vier sie berührende Kugeln".

„Es giebt neun Kugeln, welche mit einer Raumcurve dritter Ordnung einen Doppelkontact zweiten Grades besitzen".

„Es giebt zehn stationäre Krümmungskugeln einer Raumcurve dritter Ordnung, d. h. zehn Kugeln, welche mit der Curve je fünf unendlich nahe Punkte gemeinschaftlich haben".

W.

T. Fuortes. Le sezioni piane nel toro. Battaglini G. X. 97.

Der Verfasser betrachtet den Torus, d. i. die Fläche, welche durch Rotation der Punkte eines Kreises um eine in der Kreisebene liegende feste Axe entsteht, und zeigt dass diese Fläche vom vierten Grade ist, und zwei imaginäre parallele Doppelgerade im Unendlichen hat. Jeder ebene Schnitt des Torus ist eine Curve 4ter Ordnung, die zwei imaginäre Doppelpunkte im Unendlichen hat. Eine Tangentenebene schneidet den Torus in einer Curve vierter Ordnung mit 3 Doppelpunkten (indem zu den beiden vorgenannten der Berührungspunkt hinzukommt). Eine Doppeltangentenebene schneidet den Torus in 2 Kreisen.

Mz.

T. Fuortes. Sulle curve e sulle superficie di 2° ordine, che dividono dati segmenti armonicamente. Battaglini G. X. 93-102.

Nach einigen recht fasslich dargestellten Vorbemerkungen über Kegelschnittsbüschel und Kegelschnittsnetze geht der Verfasser zur Lösung der Aufgabe, einen Kegelschnitt zu construiren, der fünf gegebene Strecken harmonisch theilt. Eine Fortsetzung ist in Aussicht gestellt.

Mz.

P. H. Schoute. Homographie en haare toepassing op de theorie des oppervlakker van den tweeden graad. Academisch Proefschrift. Leiden 1870.

P. H. Schoute. Homographie et son application à la théorie des surfaces du second ordre. Arch. Néerl. VI. 348-353.

Der Verfasser nennt zwei Punktsysteme im Raum homographisch, wenn die Punkte des einen denen des andern derart entsprechen, dass Punkten in einer Ebene im andern Systeme auch Punkte einer Ebene entsprechen. Er zeigt dann, dass die anharmonischen Verhältnisse x und y zweier entsprechender Systeme von je vier Punkten, durch die Relation verbunden sind

$$axy+bx+cy+d=0.$$

Im ersten Capitel werden dann Folgerungen aus diesem Fundamentalsatz abgeleitet. Das zweite Capitel ist den homologen Figuren gewidmet. Das dritte Capitel enthält eine geometrische Theorie der Oberflächen zweiter Ordnung, welche durch die Eigenschaften definirt werden, dass sie von einer Geraden nur in zwei Punkten geschnitten werden. Capitel IV. enthält den Beweis der Existenz des zweien dieser Oberflächen gemeinsamen Polartetraeders und die Bestimmung der Oberfläche durch neun

Punkte oder neun Ebenen. Ferner werden darin die verschiedenen Arten auseinandergesetzt, zwei Oberflächen zweiter Ordnung einander homographisch entsprechen zu lassen, sowie die Classification der Oberflächen zweiter Ordnung in ellipsoidische und hyperbolische Flächen. Der Behandlung der einzelnen Flächen sind Capitel V und VI gewidmet. — Man sieht aus dieser Inhaltsübersicht, dass der Verfasser für Raumfiguren auf rein geometrischem Wege die Theorie der Homographie abgeleitet hat, die Chasles in mehr analytischer Weise in seiner Géométrie supérieure und in der dem Aperçu historique beigefügten Abhandlung gegeben hat.

(Vorstehendes Referat ist, da die oben zuerst angeführte Hauptabhandlung nicht zugänglich war, nach der zweiten der obigen Arbeiten, einer Analyse der ersten gemacht.) Mn. (Wn.)

J. Mister. Sur l'hyperboloide de révolution. Nouv. Ann. (2) XI. 353.

Wird eine von zwei nicht in derselben Ebene befindlichen Geraden um die andere als Axe herumgedreht, so beschreibt sie bekanntlich ein Rotationshyperboloid. Es wird in einfacher Weise ausgeführt, dass die Schnittpunkte der bewegten Geraden mit einer beliebigen Meridianebene eine Hyperbel bilden, da die Differenz ihrer Entfernungen von zwei festen Punkten constant ist.

Schz.

Laguerre. Sur la surface de Steiner. Inst. XL. 116.

Der Verfasser giebt über die Steiner'sche (oder römische) Fläche folgende Mittheilungen: Aus den asymptotischen Linien der Steiner'schen Fläche, die Clebsch angegeben hat, findet man leicht die asymptotischen Linien derjenigen Fläche dritten Grades, die der Steiner'schen reciprok ist. M sei ein Punkt dieser Fläche dritten Grades; der Berührungskegel an diese Fläche, dessen Spitze M ist, zerfällt in 2 Kegel zweiten Grades, von denen jeder die Fläche längs einer Raumcurve dritter Ordnung berührt. Diejenigen beiden abwickelbaren Flächen, deren Wendungscurven diese Raumcurven sind, schneiden die Fläche in den asymptotischen Linien, die durch *M* gehen. Es sei nun irgend eine asymptotische Linie *Z* auf der Fläche (dritten Grades) gezogen. Von jedem Punkt dieser Curve kann man an die Fläche zwei Berührungskegel zweiten Grades legen. Die Raumcurve dritter Ordnung, welche die Berührungscurve eines dieser Kegel ist, ist die Wendungscurve einer abwickelbaren Fläche, die durch *Z* geht. Alle diese Raumcurven dritter Ordnung gehen durch die 4 Knotenpunkte der Fläche dritten Grades, die Berührungskegel der Fläche längs diesen Curven haben ihre Scheitel auf *Z*; die abwickelbaren Flächen, deren Wendungscurven sie sind, enthalten *Z*. Zwei unter ihnen schneiden sich ausser in den 4 Knotenpunkten in einem fünften Punkt, der Spitze eines Kegels zweiten Grades ist, welcher diese beiden Raumcurven dritter Ordnung enthält.

Mz.

E. Catalan. Théorème de géométrie. Bull. de Belg. (2) XXXIII. 107.

Der Bericht über den Satz von Catalan wird später erfolgen, wenn der Verfasser die zahlreichen Folgerungen, die sich aus demselben ergeben, veröffentlicht haben wird. Mn. (Wn.)

Liguine. Un théorème de M. Chasles relatif aux axes conjugués étendu au cas des déplacements finis. Mém. d. l. S. Phil. de Moscou 1872.

Z.

G. Bruno. Generalizzazione e corollari di un noto teorema di geometria. Atti di Torino VII. 235-249.

Der Satz No. 992 von de la Gournerie (Traité de la géométrie descriptive) wird, wie folgt, erweitert: „Wenn auf einer krummen Oberfläche eine Generatrix gegeben ist, deren Centralebene vertical ist, so gehören die Geraden, welche die Oberfläche in der Generatrix berühren und mit dem Horizont einen Maximumwinkel bilden, zu einem Hyperboloid, dessen horizontale Schnitte Kreise sind, welches aber kein Rotationshyperboloid ist.

Jg. (O.)

C. Geometrie der Anzahl.

H. G. Zeuthen. Déterminations des caractéristiques des systèmes élémentaires de cubiques. C. R. LXXIV. 521-524. 604-607, 726-730.

Maillard. Recherche des caractéristiques des systèmes élémentaires de courbes planes du troisième ordre. Thèse pour le doctorat, soumise à la Faculté des sciences de Paris en juillet 1870, publiée en décembre 1871.

Die genannten Abhandlungen und einige spätere des Herrn Zeuthen enthalten einen wichtigen Fortschritt in dem Ausbau desjenigen Theiles der modernen Geometrie, der hier den Namen Geometrie der Anzahl trägt. Nachdem nämlich in den grundlegenden Arbeiten der Herren Chasles, Jonquières, Zeuthen und einiger anderer Mathematiker die Methode der Charakteristiken in die Geometrie eingeführt war, und die Berechnung der Elementarcharakteristiken von Kegelschnitten und Flächen zweiter Ordnung es gestattete, die Anzahlen der allen möglichen hinreichend vielen Bedingungen unterworfenen Gebilde zweiter Ordnung zu bestimmen, handelte es sich darum, die entwickelten Methoden durch die Bestimmung der Elementarcharacteristiken von Gebilden höherer Ordnung, auch für diese fruchtbar zu machen.

Dies ist in den beiden vorliegenden Arbeiten geschehen, welche unabhängig von einander entstanden sind, und zu denselben Zahlen für die Elementarcharacteristiken der ebenen Curven dritter Ordnung gelangen. Zugleich ist damit der Weg gezeigt, in welcher Weise man vorzugehen habe, um zur Lösung der entsprechenden Probleme für Curven noch höherer Ordnung zu kommen. In der That hat Herr Zeuthen in einer späteren Abhandlung in den C. R. (siehe diesen Bd. d. F. d. M. pag. 309) die Elementarcharacteristiken der ebenen Curven vierter Ordnung berechnet und in einer grösseren Abhandlung (Almindelige Egenskaber ved Systemer af plane Curver, Vidensk. Selsk. Skr. 5 Raecke, naturvidenskabelig og mathematisk Afd. 10. B. IV., dazu gehörig ein Résumé in französischer Sprache) über welche im nächsten Bande d. F. d. M. referirt werden soll, auch die hierher gehörigen Eigenschaften der Systeme von ebenen Curven n^{ter} Ordnung aufgedeckt.

Die Methode des Herrn Zeuthen besteht in der durch das Princip der Correspondenz ermöglichten Aufstellung von Gleichungen zwischen den Characteristiken μ und μ' eines Systems von Curven, der Ordnung oder Klasse des Ortes der singulären Punkte oder Geraden, mit denen sämmtliche Curven des Systems behaftet sein sollen, und den entweder bekannten oder durch specielle Untersuchung zu bestimmenden Anzahlen der die gemeinsamen Bedingungen des Systems befriedigenden singulären Curven, d. h. derjenigen Curven des Systems, welche andere singuläre Punkte oder Tangenten haben, als eine beliebige Curve des Systems. In der Bestimmung dieser singulären Curven, namentlich aber in der Bestimmung der Zahl, wie vielfach eine solche Curve in jedem Falle zu zählen ist, bestehen die Hauptschwierigkeiten der Methode.

Die Arbeit des Herrn Zeuthen zerfällt naturgemäss in drei Capitel. Das erste behandelt die sich selbst reciproken Curven dritter Ordnung und dritter Klasse mit einer Spitze und einer Wendetangente, das zweite die Curven dritter Ordnung und vierter Klasse mit einem Doppelpunkt und drei Wendetangenten, und das dritte die Curven dritter Ordnung und sechster Klasse mit neun Wendetangenten. Vorausgesetzt wird bei den aufgestellten Gleichungen, dass die behandelten Curvensysteme keinen andern als Berührungsbedingungen unterliegen. Dann enthält ein System von Curven der ersten Art nur solche singuläre Curven, deren sämmtliche Punkte die eines Kegelschnitts und einer Tangente desselben sind, und deren sämmtliche Tangenten die Tangenten dieses Kegelschnitts und die durch den Berührungspunkt jener Tangenten gehenden Strahlen sind. Versteht man unter Klassenpunkt (sommet) einen Punkt der singulären Curve von der Beschaffenheit, dass jede durch ihn gehende Curve in ihm auch die Curve berührt, und reciprok unter Ordnungsgerade eine Tangente der Curve von der Beschaffenheit, dass jede sie berührende Curve in ihr auch die Curve berührt, so haben die erwähnten singulären Curven eine einfache Ordnungsgerade und einen einfachen Klassenpunkt. Ist σ die in einem Systeme (μ, μ') vorhandene Anzahl solcher singulärer Curven, so ergiebt sich $2\sigma = \mu + \mu'$. Diese Gleichung verbunden mit der Berechnung der σ aller Elementarsysteme und der Gleichung $\mu = \mu'$ in dem Systeme, für welches drei Punkte und drei Tangenten gegeben sind, ermöglicht die Bestimmung aller Elementarcharacteristiken. Daran schliesst sich, behufs späterer Anwendung, die Berechnung der Zahlen für die Fälle, wo die Doppelbedingung eine Gerade in einem Punkt zu berühren, vorkommt, und für die Fälle, wo die Doppelbedingung die Spitze in einem gegebenen Punkt zu haben, vorkommt. Endlich ergiebt der Satz des Herrn Chasles, dass $n'\mu + n\mu'$ Curven eines Systems (μ, μ') eine Curve von der Ordnung n und der Klasse n' berühren, die Zahl der Curven dritter Ordnung und dritter Klasse, welche 7 gegebene Curven von bekannten Ordnungen und Klassen berühren.

Die Systeme der im zweiten Abschnitte behandelten Curven dritter Ordnung mit einem Doppelpunkt, enthalten als singuläre Curven erstens ω solche, welche aus einem Kegelschnitt und einer Ordnungsgeraden bestehen, von dessen beiden Schnittpunkten mit dem Kegelschnitt der eine der Doppelpunkt, der andere ein doppelter Klassenpunkt ist, zweitens γ solche bei denen der Doppelpunkt eine Spitze, und damit auch ein Klassenpunkt geworden ist. Dann gelten die Gleichungen

$$\gamma = 2\mu, \quad 2\omega = 3\mu' - 2\mu,$$

welche nach vorangegangener Bestimmung aller Zahlen γ und ω, die Berechnung der Elementarcharacteristiken mit Bestätigungen gestatten. Darauf folgt die Behandlung der Fälle, welche die Bedingungen, eine Gerade in einem Punkt zu berühren, den Doppelpunkt auf einer gegebenen Geraden zu haben, und einen gegebenen Punkt zum Doppelpunkt zu haben, mit berücksichtigen. Endlich ergiebt sich nun, wie vorher, sehr leicht die Zahl der Curven dritter Ordnung und vierter Klasse, welche 8 gegebene Curven berühren.

In den Systemen der im dritten Abschnitte behandelten

Curven dritter Ordnung und sechster Klasse treten als singuläre Curven eines Systems auf erstens ω mit einem Doppelpunkt behaftete, der dadurch ein doppelter Klassenpunkt wird, zweitens ν Curven, welche aus einer einfachen und einer doppelten Ordnungsgeraden bestehen mit einem doppelten Klassenpunkt im Schnitt beider, und vier einfachen Klassenpunkten auf der doppelten Ordnungsgeraden, und drittens λ Curven, welche aus einer dreifachen Ordnungsgeraden mit 6 auf ihr gelegenen Klassenpunkten bestehen. Dann gelten die Gleichungen

$$4\mu = \mu' + 2\nu + 240\lambda \quad \text{uud} \quad 12\mu = \omega + 12\nu + 960\lambda,$$

woraus sich nach der Berechnung der Zahlen ω, ν, λ die Elementar-Charakteristiken mit vielen Bestätigungen ergeben.

Der Weg des Herrn Maillard ist etwas verschieden von dem des Herrn Zeuthen. Derselbe betrachtet nämlich gleichzeitig die drei Arten von Curven dritter Ordnung, um eine Reihe von Formeln aufzustellen, welche er durch das Princip der Correspondenz beweist. In der Berechnung der Elementar-Charakteristiken unterwirft er die sonst elementaren Bedingungen genügenden Curven nach einander den Bedingungen, 1) ihre Spitze in einem gegebenen Punkte, 2) ihre Spitze in einer gegebenen Geraden, 3) überhaupt eine Spitze, 4) ihren Doppelpunkt in einem gegebenen Punkte, 5) ihren Doppelpunkt auf einer gegebenen Geraden, 6) überhaupt einen Doppelpunkt, 7) keinen Doppelpunkt zu haben, also allgemein von der sechsten Klasse zu sein. Den Schluss der Arbeit bilden Betrachtungen über einen in der Theorie der Charakteristiken äusserst wichtigen und interessanten Gegenstand, nämlich über den Grad der Vielfachheit der singulären Curven in den verschiedenen Systemen, welcher sich aus der Vergleichung der wirklichen Zahl der singulären Curven in einem System mit der in die Formel eintretenden Zahl ergeben.

Es erscheint vielleicht nicht überflüssig, von den von den Herren Maillard und Zeuthen berechneten Zahlen an dieser Stelle wenigstens diejenigen Zahlen (a, b) anzuführen, welche angeben, wieviel Curven dritter Ordnung durch a Punkte gehen, und b Gerade berühren. In der ersten der folgenden drei Verticalreihen stehen die Zahlen für die Curven dritter Klasse, in der zweiten die für die Curven vierter Klasse, in der dritten die für die Curven sechster Klasse.

(7,0) = 24	(8,0) = 12	(9,0) = 1
(6,1) = 60	(7,1) = 36	(8,1) = 4
(5,2) = 114	(6,2) = 100	(7,2) = 16
(4,3) = 168	(5,3) = 240	(6,3) = 64
(3,4) = 168	(4,4) = 480	(5,4) = 256
(2,5) = 114	(3,5) = 712	(4,5) = 976
(1,6) = 60	(2,6) = 756	(3,6) = 3424
(0,7) = 24	(1,7) = 600	(2,7) = 9766
	(0,8) = 400	(1,8) = 21004
		(0,9) = 33616.

Scht.

H. G. Zeuthen. Résultats d'une recherche des caractéristiques des systèmes élémentaires de quartiques. C. R. LXXV. 703-707.

Nachdem Herr Zeuthen durch seine Bestimmung der Elementarcharakteristiken der Curven dritter Ordnung die Wege gezeigt hatte um zu den entsprechenden Problemen für Curven höherer Ordnung überzugehen, zugleich aber auch die Schwierigkeiten hatte erkennen lassen, welche die in die Formeln eintretenden Zahlen für die singulären Curven eines Curvensystems den Lösungen dieser Probleme entgegenstellen, beschäftigte er sich zum Zweck dieser Lösungen mit den allgemeinen Eigenschaften der Systeme ebener Curven n^{ter} Ordnung. Das Resultat dieser Studien ist die im Jahre 1873 erschienene, und darum im nächsten Bande der F. d. M. zu besprechende grössere Abhandlung „Almindelige Egenskaber ved Systemer af plane Curver, med Anvendelse til Bestemmelse af Karacteristikerne i de elementaere Systemer af fjerde Orden“ (Vidensk. Selsk. Skr. 5 Raecke, naturvidensk. og mathem. Afd. 10 B. IV), begleitet von einem französischen Résumé.

Die vorliegende Abhandlung, der Vorläufer der eben erwähnten, enthält nur die wichtigsten Resultate von des Verfassers

Untersuchungen über die Elementarcharacteristiken der Curven vierter Ordnung. Bei den Elementarsystemen der allgemeinen Curven vierter Ordnung und zwölfter Klasse sind folgende Arten von singulären Curven zu berücksichtigen: 1) ν Curven, welche aus einem Kegelschnitt und einer doppelten Ordnungsgeraden bestehen mit zwei doppelten Klassenpunkten in den beiden Schnittpunkten des Kegelschnitts und der Geraden, und 6 einfachen Klassenpunkten auf der Doppelgeraden, 2) λ Curven, welche aus einem Kegelschnitt und einer ihn berührenden doppelten Ordnungsgeraden bestehen mit einem dreifachen Klassenpunkt im Berührungspunkt und 7 einfachen Klassenpunkten auf der Doppelgeraden, 3) ξ Curven, welche aus zwei einfachen Ordnungs-Geraden und einer durch ihren Schnittpunkt gehenden doppelten Ordnungsgeraden bestehen mit einem vierfachen Klassenpunkt in dem Schnittpunkt und 8 einfachen Klassenpunkten auf der Doppelgeraden, 4) η Curven, welche aus einem doppelten Kegelschnitt bestehen mit 8 einfachen Klassenpunkten auf diesem und dem Kegelschnitt als doppelten Klassenkegelschnitt, 5) ζ Curven, welche aus zwei doppelten Ordnungsgeraden bestehen mit einem dreifachen Klassenpunkt im Schnitt beider und 6 einfachen Klassenpunkten auf einer derselben und 3 auf der andern, 6) ϱ Curven, welche aus einer einfachen und einer dreifachen Ordnungsgeraden bestehen mit einem doppelten Klassenpunkt im Schnitt und 10 einfachen Klassenpunkten auf der dreifachen Geraden, 7) θ Curven, welche aus einer vierfachen Ordnungsgeraden bestehen mit 12 einfachen Klassenpunkten auf ihr, 8) π Curven, welche, nicht zerfallen, einen Doppelpunkt besitzen. Dann bestehen die beiden Gleichungen:

$$\mu' = 6\mu - 4\nu - 3\lambda - 4\xi - 2\eta - 3\zeta - 6\varrho - 12\theta,$$
$$27\mu = \pi + 40\nu + 32\lambda + 46\xi + 14\eta + 24\zeta + 45\varrho + 72\theta,$$

woraus sich die Elementarcharacteristiken mit vielen Bestätigungen ergeben. Doch war es zur Berechnung der Zahlen π nothwendig, vorher die Elementarsysteme aller Curven vierter Ordnung mit singulären Punkten zu behandeln. Bei einigen der oben erwähnten singulären Curven ist ein Klassenpunkt durch die übrigen bestimmt, was damit zusammenhängt, dass eine Relation zwischen den 12 von einem Punkte aus an eine Curve vierter Ordnung gezogenen Tangenten besteht. Am Schluss der Note werden die Formen der Gleichungen einiger der oben aufgezählten Grenzcurven angegeben. Die übrigen sind erst in einer folgenden Note (siehe F. d. M. unten) entwickelt. Scht.

H. G. Zeuthen. Équations de quartiques dont une partie se réduit à une droite double. C. R. LXXV. 950-954.

Der Verfasser hatte am Schlusse seiner Note über die Elementarsysteme der Curven vierter Ordnung (siehe das obige Referat) die Gleichungen der in diesen enthaltenen Grenzcurven bis auf zwei aufgestellt. In dieser Note werden alle Curven vierter Ordnung, von denen der eine Theil eine Doppelgerade ist, behandelt, und damit ist die angedeutete Lücke ausgefüllt. Weiteres über diese Gleichungen werden wir im nächsten Bande der F. d. M. zu sagen Gelegenheit haben. Scht.

G. Halphén. Sur les droites qui satisfont à des conditions données. C. R. LXXIV. 41-44.

Der schon früher vom Herrn Verfasser in C. R. LXVIII. 141—149, 1869 (F. d. M. II. p. 446) aufgestellte und dort noch nicht allgemein bewiesene Satz, dass „die Zahl der Geraden, welche zwei Doppelbedingungen (μ, ν) und (μ_1, ν_1) genügen, gleich $\mu \cdot \mu_1 + \nu \cdot \nu_1$ ist, wenn μ resp. μ_1 die Zahlen der der ersten resp. zweiten Bedingung genügenden und durch einen Punkt gehenden Geraden, ν resp. ν_1 die Zahlen der der ersten resp. zweiten Bedingung genügenden und in einer Ebene liegenden Geraden bedeuten“ wird hier allgemein und rein geometrisch bewiesen. Scht.

M. Chasles. Détermination immédiate, par le principe de correspondance, du nombre de points d'intersection de deux courbes d'ordre quelconque, qui se trouvent à distance finie. C. R. LXXV. 736.

Der Verfasser beweist mit Hülfe des Correspondenzprincips den Fundamentalsatz der analytischen Geometrie: „dass zwei Curven von der Ordnung p und p' sich in $p \cdot p'$ (reellen oder imaginären) Punkten schneiden"; sodann das (in unvollständiger Form schon von Bézout ausgesprochene) Theorem, dass „wenn 2 Curven von der Ordnung p und p' durch ihre Gleichungen dargestellt sind:

$$(x^m, y^n)^p = o; \quad (x^{m'}, y^{n'})^{p'} = o,$$

welche bezw. von dem Grad p und p', in Bezug auf die Variabeln x und y einzeln nur bis zum Grad m, n und m', n' ansteigen, die Zahl der im Endlichen gelegenen Schnittpunkte derselben gleich:

$$pp' - (p-m)(p'-m') - (p-n)(p'-n') - \omega$$

ist, wo ω die Zahl der im Unendlichen gelegenen Schnittpunkte darstellt, welche die Curven ausser den

$$(p-m)(p'-m') + (p-n)(p'-n')$$

auf den Coordinatenaxen gelegenen besitzen".

Die Zahl ω, auf deren Bestimmung es hauptsächlich ankommt, erhält man durch Untersuchung der jeweilig vorliegenden Curvengleichung in Bezug auf die im Unendlichen gelegenen Punkte und deren Tangenten. Wie hierbei zu verfahren ist, wird an Beispielen gezeigt.

Der Weg, welchen der Verfasser zur Lösung des genannten Problems einschlägt (die Untersuchung der unendlich entfernten Schnittpunkte lässt sich, nach Einführung homogener Coordinaten, vielleicht einfacher mit Hülfe der Puiseux'schen Betrachtungen über algebraische Functionen führen), ist übrigens schon vor ihm von Baltzer (in einer wenig verbreiteten Abhandlung über Auflösung eines Systems von Gleichungen, Programm des Gymnas. zum heil. Kreuz, Dresden 1868, siehe F. d. M. I, p. 26) betreten worden. Bl.

O. Tognoli. Corrispondenza. Battaglini G. X. 117-119.

Entsprechen den Flächen eines Flächenbüschels φ von der Ordnung r im Raume Σ die Ebenen eines Ebenenbüschels im Raume Σ', und entspricht dann einer Curve C, von der Ordnung

m und vom Geschlecht p mit β Spitzen, in Σ, eine Curve C' in Σ', so ergiebt sich die Klasse V der von C' oder die Zahl der Flächen φ, welche mit C eine zweipunktige Berührung haben, durch die Formel

$$V = 2(mr - k + p - 1) - \beta,$$

wo k angiebt, wie oft C durch Basispunkte des Flächenbüschels φ geht. Weiterhin wird die analoge Formel für ein Flächennetz resp. dreipunktige Berührung entwickelt. Scht.

M. Chasles. Théorèmes relatifs aux obliques menées par les points d'une courbe sous des angles de même grandeur. C. R. LXXIV. 1146-1154, 1277-1280.

Réaumur untersuchte zuerst (Mémoires de l'Académie des sciences, 1709, p. 149—162 et 185—192) die Geraden, welche die Tangenten einer Curve in ihren Berührungspunkten unter einem gegebenen constanten Winkel in constantem Drehungssinne schneiden. Diese naheliegende Verallgemeinerung sowohl der Tangenten wie der Normalen wurde von Lancret (Mémoire sur les développoïdes des courbes planes, des courbes à double courbure, et des surfaces développables, lu à l'Institut 1806) weiter studirt. Derselbe nannte die einhüllende Curve der so den Punkten einer Curve zugeordneten Geraden, développoïde, und dehnte den Begriff derselben auf Raumcurven aus. Dann hat Dewulf (Mémoire sur les polaires inclinées in den Nouv. Ann., tome XVIII. 1859, p. 322—333 und tome XIX. 1860, p. 175—180) bei Gelegenheit des Beweises einiger Sätze Steiner's über die Normalen unter anderm auch bewiesen, dass sich von einem Punkte m^2 Gerade ziehen lassen, die eine Curve m^{ter} Ordnung unter einem bestimmten Winkel in einem gegebenen Drehungssinne schneiden. Herr Chasles hatte schon in einigen früheren Aufsätzen dieser Verallgemeinerung der Normalen gedacht, z. B. bei dem Beweise des Satzes, dass von einem Punkte aus $m+n$ Normalen an eine Curve m^{ter} Ordnung n^{ter} Klasse gehen (C. R. LXXII. p. 397, Nouv. Ann. (2) X. p. 97, siehe F. d. M. III. p. 290), und in der Abhandlung „Théorèmes relatifs aux axes harmoniques des courbes géométriques" (C. R. LXXIII. p. 23, F. d. M. III. p. 275). Jetzt leitet Herr Chasles in den beiden vorliegenden Abhandlungen vermittelst des Princips der Correspondenz 30 Sätze ab, welche mit diesen „Schiefe" genannten Geraden in Zusammenhang stehende Anzahlsbestimmungen enthalten, und nur dadurch allgemeiner sind, als die entsprechenden Sätze über Normalen, dass für den speciellen Werth -1 des Doppelverhältnisses, welches Tangente und zugehörige Normale mit den beiden imaginären Kreispunkten auf der unendlich fernen Geraden bestimmen, ein allgemeiner Werth eintritt. Wie immer bei der Anwendung des Princips der Correspondenz, so bestehen auch hier die Schwierigkeiten nur in der richtigen Ausscheidung der besonderen Lösungen. Die Curven werden als mit den Plücker'schen Singularitäten behaftet, vorausgesetzt. Nebenbei sei bemerkt, dass es statt der auf p. 1152 oben angegebenen Formel heissen muss:

„Die gesuchte Curve ist von der Klasse

$$\frac{2m(n-1)-m-t'}{2}=\frac{n(2m-3)-d'}{2},$$

da $3m+t'=3n+d'$ ist". Scht.

L. Marcks. Bestimmung der Ordnung der Krümmungsmittelpunktsfläche einer Fläche n^{ter} Ordnung.

Clebsch Ann. V. 27-30.

Die vorliegende Mittheilung ist ein Auszug aus den hinterlassenen Manuscripten des im Kriege gefallenen Verfassers, welcher das in der Ueberschrift benannte Problem in der ersten Hälfte des Jahres 1870 gelöst hat. Indess war schon Herr Darboux in den C. R. LXX. p. 1329—1333 (F. d. M. II. p. 558) auf anderem Wege zu demselben Resultate gekommen. Beide setzen eine sogenannte allgemeine Fläche ohne singuläre Elemente voraus. Dann ist die Ordnung der Krümmungsmittelpunktsfläche $2n(n-1)(2n-1)$, die Klasse $2n(n^2-n-1)$. Ist die Fläche allgemeiner von der Ordnung n, der Klasse n', die Zahl ihrer in einer Ebene liegenden Wendetangenten k', die Zahl ihrer von einem Punkt ausgehenden Wendetangenten k, so ergiebt sich, wie zuerst Herr Sturm vor Kurzem fand, $3n+k'+3n'+k$ als Zahl für die Ordnung, $n+k'+n'+k$ als Zahl für die Klasse der Krümmungsmittelpunktsfläche, wenn die ursprüngliche Fläche keine besonderen Beziehungen der Lage zur unendlich fernen Ebene und zum Kugelkreis auf dieser hat.

Die zum Referat vorliegende Abhandlung von Marcks findet die Ordnung der Krümmungsmittelpunktsfläche durch Addition der Ordnungen der drei Curven, welche diese Fläche mit der unendlich fernen Ebene gemein hat (analog Steiner die Ordnung der Evolute, Crelle Bd. 49). Die Punkte zweier dieser Curven sind als die den unendlich fernen Punkten der ursprünglichen Fläche angehörigen Krümmungsmittelpunkte, und die Punkte der dritten Curve als die den parabolischen Punkten angehörigen Krümmungsmittelpunkte zu betrachten. Dabei ist jedoch das Versehen gemacht, dass die eine der beiden ersten Curven, welche eine polare Beziehung zum Kugelkreise hat, wie die Evolute einer in einer endlichen Ebene gelegenen Curve angesehen, also statt auf einen Kegelschnitt auf zwei ausgezeichnete Punkte polar bezogen ist. Scht.

M. Chasles. Théorèmes relatifs aux axes harmoniques des courbes géométriques. C. R. LXXIV. 21-23.

Die vorliegende Abhandlung bildet die Fortsetzung einiger anderer, welche in den C. R. LXXIII. 1242—1247, 1289—1296 und 1405—1413 (siehe F. d. M. III. p. 275) enthalten sind, und denselben Titel führen. Vermittelst der harmonischen Axen, worunter der Herr Verfasser die letzten oder geraden Polaren versteht, werden die Punkte mehrerer Curven zu einander in Beziehung gesetzt. Dadurch werden Oerter von Punkten resp. Geraden definirt, deren Ordnungen resp. Klassen in 172 Theoremen angegeben werden.

Die hinzugefügte Bemerkung bezieht sich auf die gestellte Bedingung, dass zwei Gerade durch zwei entsprechende Punkte einer Curve vom Geschlechte Null gehen sollen. Ist nämlich diese Curve die unendlich ferne Gerade, und fallen die Doppelpunkte der Involution mit den beiden imaginären Kreispunkten zusammen, so specialisirt sich diese Bedingung dahin, dass die beiden Geraden einen Winkel von constanter Grösse bei constantem Drehungssinne bilden sollen. Diese Bemerkung des Herrn Chasles wird fruchtbar in seiner späteren Abhandlung „Théorèmes relatifs aux obliques menées par les points d'une courbe sous des angles de même grandeur" (C. R. LXXIV, p. 1146 u. f., F. d. M. p. 313). Scht.

A. Cayley. On the surfaces each the locus of the vertex of a cone which passes through m given points and touches $6-m$ given lines. Proc. of L. M. S. IV, 11-47.

Nennt man die gegebenen Punkte a, b, c etc. und die gegebenen Linien α, β, γ etc., so sind die betrachteten Oberflächen

$abcdef$ 4ter, $abcde\alpha$ 8ter,
$abcd\alpha\beta$ 16ter, $abc\alpha\beta\gamma$ 24ter,
$ab\alpha\beta\gamma\delta$ 24ter, $a\alpha\beta\gamma\delta\varepsilon$ 14ter,
$\alpha\beta\gamma\delta\varepsilon\zeta$ 8ter Ordnung.

Die Ordnung ist schon bekannt durch die Untersuchungen von Chasles, der auch die Fläche a, b, c, d, e, f discutirte und in Beziehung zu der Fläche $\alpha, \beta, \gamma, \delta, \varepsilon, \zeta$ setzte. Diese beiden und auch die Flächen $a, b, c, d, e\alpha$ und $a, \alpha, \beta, \gamma, \delta, \varepsilon$ sind discutirt in Hierholzer's Abhandlung „Ueber Kegelschnitte im Raume" (Clebsch Ann. II. 563—586 siehe F. d. M. II. p. 570). Die gegenwärtige Arbeit ist eine Fortsetzung und Weiterentwickelung der Arbeit von Hierholzer. Die Resultate sind in einer Tabelle der Singularitäten p. 12 enthalten. Cly. (O.)

Em. Weyr. Ueber die Anzahl der Doppelnormalen einer rationalen Raumcurve. Borchardt J. LXXIV. 279-281.

Doppelnormale einer Raumcurve ist eine Gerade, welche für zwei Punkte der Raumcurve Normale ist. Für eine rationale Raumcurve n^{ter} Ordnung beträgt ihre Anzahl $(n-1)(5n-7)$; davon sind im Endlichen gelegen $\frac{(n-1)(9n-14)}{2}$. Schn.

EM. WEYR. Ueber Normalen rationaler Raumcurven.
Borchardt J. LXXIV. 277-279.

Es wird bewiesen, dass durch einen beliebigen Punkt des Raumes $3n-2$ Normale einer rationalen Raumcurve n^{ter} Ordnung hindurchgehen. Schn.

L. PAINVIN. Sur la théorie des caractéristiques.
Darboux Bull. III. 155-160.

Der Begriff der Charakteristiken bei Curven und Flächen wird definirt. Darauf folgt ein Litteraturverzeichniss aller Arbeiten, welche die Theorie der Charakteristiken ausgebildet und gefördert haben, bis zu den ersten Monaten des Jahres 1872. Der grösste Theil dieser Arbeiten ist in den C. R. von 1864 an enthalten. Scht.

Neunter Abschnitt.

Analytische Geometrie.

Capitel 1.

Coordinaten.

R. Heger. Elemente der analytischen Geometrie mit homogenen Coordinaten. Braunschweig. Vieweg.

Siehe F. d. M. II. p. 448, III. p. 307.

F. Lucas. Nouvelle méthode d'analyse fondée sur l'emploi des coordonnées imaginaires. C. R. LXXV. 1250 – 1253.

Principiell Neues enthält die Methode nicht. Wird der Punkt M durch $\mu = x + iy$ dargestellt, so heisst

$$\frac{(\mu-\mu')\,(\nu-\nu')}{(\mu-\nu')\,(\nu-\mu')}$$

das anharmonische Verhältniss der Punkte M, M', N, N'. Sind zwei Paare von festen Punkten $M_1, \cdots M_p$; $N_1, \cdots N_p$ gegeben, und ein beweglicher V, so bestimmen die Lagen, für welche $\frac{\Pi VM_\lambda}{\Pi VN_\lambda}$ zum Maximum oder Minimum wird, die Kreispunkte des Systems.

No.

Mac Berlin. Om komplexa koordinater inom plana Geometrin. Lunds Univ. Årsk. 1872.

Wenn x und y die reellen rechtwinkligen Coordinaten eines Punktes in der Ebene sind, so kann man bekanntlich diesen Punkt als den geometrischen Repräsentanten der Grösse $x+yi$ betrachten. Wenn aber ξ und η complex sind, so kann man ja doch die Grösse $\xi+\eta i$ auf die Form $x+yi$ bringen, und folglich dieselbe in der Ebene construiren. Dieses ist der der Abhandlung zu Grunde liegende Gedanke, den der Verfasser besonders zur Construction „der complexen Durchschnittspunkte zweier Curven“ (Gerade und Kreis, zwei Kreise, zwei Kegelschnitte etc.) in Anwendung bringt. Leider kommt man dabei auf Widersprüche. Es lässt sich ebensowohl beweisen, dass die gefundenen Punkte Durchschnitte der Curven sind, als das Gegentheil. Eine Gleichung mit zwei Veränderlichen repräsentirt für den Verfasser „die ganze Ebene“; man kann aber ebensowohl beweisen, dass es keinen einzigen Punkt in der Ebene giebt, der derselben angehört. Bg.

L. Painvin. Courbure d'une courbe donnée par son équation tangentielle. Darboux Bull. III. 174-190.

Coordinaten einer Geraden werden die Coordinaten des Fusspunkts des vom Anfangspunkt auf sie gefällten Lothes dividirt durch dessen Quadrat genannt. Der Verfasser entwickelt nun Formeln, welche die Bestimmungsstücke einer beliebigen ebenen Curve durch die Coordinaten ihrer Tangente ausdrücken, und wendet sie auf eine Reihe specieller Curven an. Resultate, die nicht mit aller Bequemlichkeit auch ohne diese neuen Formeln sich ergeben, kommen indess nicht vor. H.

Aoust. Théorie des coordonnées curvilignes quelconques. Brioschi Ann. (2) V. 261.

Das Referat folgt im nächsten Bande nach Vollendung der Arbeit. K.

G. Darboux. Sur un nouveau système de coordonnées et sur les polygones circonscrits aux coniques. Inst. XL. 180-182.

Die bekannten Sätze über Polygone, die Kegelschnitten ein- und umgeschrieben sind, sowie manche neue ergeben sich mit Leichtigkeit bei Zugrundelegung folgenden Coordinatensystems:

Variirt m in der Gleichung:

$$(1) \qquad \alpha m^2 + \beta m + \gamma = 0,$$

wo α, β, γ lineare Functionen von x und y sind, so drückt sie bekanntlich nach und nach alle Tangenten des Kegelschnitts:

$$\beta^2 - 4\alpha\gamma = 0$$

aus. Damit die Gerade (1) durch einen bestimmten Punkt $(\alpha', \beta', \gamma')$ gehe, muss m der Gleichung genügen:

$$\alpha' m^2 + \beta' m + \gamma' = 0.$$

Sind die Wurzeln dieser Gleichung ϱ und ϱ_1, so hat man:

$$\alpha' = \frac{-\beta'}{\varrho + \varrho_1} = \frac{\gamma'}{\varrho\varrho_1}.$$

Da man nun α', β', γ' als durch ϱ und ϱ_1 bestimmt ansehen kann, so sind ϱ und ϱ_1 als Coordinaten des Punktes $(\alpha' \beta' \gamma')$ aufzufassen. In diesem System ist z. B. die Gleichung des Kegelschnitts:

$$(\varrho - \varrho_1)^2 = 0.$$

Hat man eine algebraische Gleichung: $f(\varrho, \varrho_1) = 0$, die nicht symmetrisch für ϱ und ϱ_1 ist, und ist sie für ϱ vom Grade m, für ϱ_1 vom Grade m_1, so stellt sie eine Curve vom Grade $m + m_1$ dar. Ist aber die Gleichung symmetrisch und vom Grade m, so drückt sie eine Curve vom Grade m aus. Der Fall, dass $f(\varrho, \varrho_1)$ zerlegbar ist, wird nicht behandelt, weil er im Folgenden keine Anwendung findet. Umgekehrt wird jede Curve m^{ten} Grades durch die allgemeinste in ϱ und ϱ_1 symmetrische Gleichung vom Grade m ausgedrückt. Um eine Vorstellung von der Anwendbarkeit dieser Coordinaten zu geben, sei noch Folgendes angeführt:

Geht eine Curve n^{ten} Grades durch den Durchschnitt zweier Systeme von n Geraden $A_1, A_2, \cdots A_n$ und $B_1, B_2, \cdots B_n$, so hat sie die Gleichung:

$$A_1 \cdot A_2 \cdots A_n = k . B_1 \cdot B_2 \cdots B_n.$$

Sind nun A_i, B_i Tangenten des Kegelschnitts:

$$\beta^2 - 4\alpha\gamma = 0,$$

so ist:

$$A_i = \alpha a_i^2 + \beta a_i + \gamma = \alpha (a_i - \varrho)(a_i - \varrho_1),$$
$$B_i = \alpha b_i^2 + \beta b_i + \gamma = \alpha (b_i - \varrho)(b_i - \varrho_1).$$

Setzt man:

$$\varphi(\varrho) = (\varrho - a_1)(\varrho - a_2)\cdots(\varrho - a_n),$$
$$\psi(\varrho) = \sqrt{k}\cdot(\varrho - b_1)(\varrho - b_2)\cdots(\varrho - b_n),$$

so wird die Gleichung jener Curve n^{ten} Grades:

$$(2) \qquad \frac{\varphi(\varrho)}{\psi(\varrho)} = \frac{\psi(\varrho_1)}{\varphi(\varrho_1)},$$

oder auch:

$$\frac{m\varphi(\varrho) + n\psi(\varrho)}{m'\varphi(\varrho) + n'\psi(\varrho)} = \frac{m\psi(\varrho_1) + n\varphi(\varrho_1)}{m'\psi(\varrho_1) + n'\varphi(\varrho_1)},$$

und wenn:

$$\Phi(\varrho) = m\varphi(\varrho) + n\psi(\varrho),$$
$$\Psi(\varrho) = n\varphi(\varrho) + m\psi(\varrho),$$
$$m = n'; \quad n = m',$$

so bringt man (2) auf die Form:

$$\frac{\Phi(\varrho)}{\Psi(\varrho)} = \frac{\Psi(\varrho_1)}{\Phi(\varrho_1)},$$

welche Gleichung derjenigen (2) ganz ähnlich ist, aber eine Constante enthält, der man alle möglichen Werthe geben kann. Also: „Geht eine Curve n^{ten} Grades durch die n^2 Durchschnittspunkte zweier Systeme von n Tangenten eines Kegelschnitts, so enthält sie unendlich viel andere Systeme von n^2 Punkten, die die Durchschnitte zweier Systeme von n Tangenten des Kegelschnitts sind.“

In dieser Weise folgen dann noch ähnliche Sätze.

Mz.

G. Darboux. Polygones inscrits et circonscrits aux coniques, nouveau système de coordonnées, propriétés des courbes de quatrième ordre. Inst. XL. 259-263.

Fortsetzung der vorigen Betrachtungen mit Benutzung eines Satzes über ultra-elliptische Functionen.

Mz.

E. Hutt. Eine neue Form der elliptischen Kugelcoordinaten. Pr. Berlin.

Diese neuen Coordinaten entstehen folgendermaassen: In der XZ-Ebene eines geradlinig-rechtwinkligen Coordinatensystems seien zwei durch den Anfangspunkt O gehende, symmetrisch zur Z-Axe liegende feste gerade Linien S und S_1. Jede von diesen bilde mit der Z-Axe den Winkel s; S liege zwischen der positiven z und der positiven x-Richtung; S_1 zwischen der positiven z und der negativen x-Richtung. Jede durch O gehende Gerade L kann dann ihrer Richtung nach durch diejenigen beiden Winkel u und v bestimmt werden, die sie mit S, resp. S_1 bildet. Es sollen u und v diejenigen Winkel sein, welche ganz auf der einen oder ganz auf der andern Seite der XY-Ebene liegen. Setzt man nun

$$\frac{v+u}{2}=\sigma,\quad \frac{v-u}{2}=\delta,$$

und ist r die Entfernung eines Punktes (xyz) der Richtung L vom Anfangspunkte O, so hat man die Gleichungen

$$x=\frac{r\sin\sigma\sin\delta}{\sin s},$$

$$y=\frac{r\sqrt{(\sin^2\sigma-\sin^2 s)(\sin^2 s-\sin^2\delta)}}{\sin s\cos s},$$

$$z=\frac{r\cos\sigma\cos\delta}{\cos s},$$

wodurch ein Coordinatensystem r, σ, δ im Raume, und ein solches σ, δ auf der Kugel um O, deren Radius r, definirt wird. Mit Zugrundelegung dieses Coordinatensystems wird nun die Rectification und Quadratur sphaerischer Kegelschnitte, ferner die Herleitung geometrischer Eigenschaften der Wellenoberfläche, sowie deren Cubatur durchgeführt. Mz.

G. Frattini. Sulle coordinate curvilinee. Battaglini G. X. 235. Siehe Abschn. IX. Cap. 5.

J. Versluys. Démonstration nouvelle de la propriété associative de la multiplication des quaternions. Arch. Néerl. VII. 177-182.

Der Verfasser sucht für das associative Princip der Quaternionen einen einfacheren Beweis zu geben, als Hamilton und Möbius. Dieser Beweis ist ähnlich dem für das distributive Princip und beruht auf demselben. Das distributive Princip wird zunächst für zwei collineare Quaternionen und zwei Vectoren bewiesen, zuerst für den Multiplicator, dann für den Multiplicandus, dann für scalare Quaternionen, endlich für beliebige Quaternionen. Das associative Princip, das für die Tensoren evident ist, wird für Versoren bewiesen, indem dieselben durch grösste Kugelkreise dargestellt werden, und zwar zunächst für den Fall, dass der dritte durch den Dividendus des Products der beiden andern geht, sodann wenn der zweite Faktor ein Scalar ist, endlich für den allgemeinen Fall. Zu erwähnen ist noch, dass der Verfasser diesen Beweis auf die Relation basirt, welche zwischen Multiplication und Division der Quaternionen existirt, aber nicht auf die Eigenschaften der Symbole i, j, k. Mn. (Wn.)

Capitel 2.

Analytische Geometrie der Ebene.

A. Allgemeine Theorie der ebenen Curven.

K. Hattendorff. Einleitung in die analytische Geometrie. Hannover.

Das Buch soll als Leitfaden bei den vom Verfasser an der polytechnischen Schule gehaltenen Vorträgen dienen und einen Theil des Heftschreibens entbehrlich machen. Desshalb ist für die Darstellung eine möglichst knappe Form gewählt, und die Ausarbeitung nicht überflüssig gemacht, sondern nur durch die leichte Uebersichtlichkeit der Gliederung erleichtert. M.

Carnoy. Cours de géométrie analytique. Géométrie plane. Louvain.

Dies Werk ist in demselben Sinne verfasst, wie die Kegelschnitte von Salmon, von denen es in Bezug auf die Curven zweiter Ordnung einen Auszug giebt. Es enthält ferner eine Einleitung in die Theorie der Determinanten, einige Sätze über Curven dritter und n^{ter}Ordnung, endlich die Fundamentalsätze der Geometrie der Richtung von P. Serret. An einigen Stellen hat Referent gefunden, dass die Beweise nicht genügend streng sind, aber im Ganzen ist das Werk eine gute Einleitung zu weitergehender Behandlung der angeführten Abschnitte.

Mn. (Wn.)

Bourdon. Application de l'algèbre à la géométrie, comprenant la géométrie analytique à deux et à trois dimensions. 7me édition revue et annotée par G. Darboux. 8. Paris. Gauthier-Villars.

J. Petersen. Bidrag til Enveloppe-theorien. Zeuthen Tidsskr. (3) II. 81.

Neue Begründung der Theorie der Enveloppen.

Hn. (Wn.)

Max Marie. Sur quelques propriétés de l'enveloppe imaginaire de conjuguées d'un lieu plan. C. R. LXXV. 7-10.

Unter einer conjugirten Tangente einer ebenen Curve versteht der Verfasser nach Poncelet's Vorgange eine Tangente mit imaginärem Berührungspunkte, aber reeller Richtung, deren unendlich entfernter Punkt also reell ist, wie solche im Allgemeinen vorhanden sind, wenn von den einer beliebigen reellen Richtung parallelen Tangenten einige imaginär werden. Ist

$$y = mx + p + qi$$

die Gleichung einer solchen Tangente, in welcher m, p, q reel sind, und $i = \sqrt{-1}$, so stellt der Verfasser dieselbe durch eine reelle Gerade dar, die durch einfache Fortlassung des Factors aus der obigen Gleichung entsteht. Lässt man nun den Richtungscoefficienten m sich ändern, so ändert sich auch die eben besprochene Gerade, und ihre Enveloppe ist eine Curve, welcher der Verfasser den in der Ueberschrift angeführten Namen giebt. Unter den Eigenschaften derselben sind folgende zu nennen: Wenn eine Curve eine Enveloppe der conjugirten Tangenten hat, so findet zwischen beiden Curven in dieser Beziehung Reciprocität statt; beide Curven berühren sich in ihren Wendepunkten. Wenn der Krümmungsradius in einem Berührungspunkte einer der vorhergenannten imaginären Tangenten $r+ir'$ ist, so hat die Enveloppe der Conjugirten im entsprechenden Punkte den Krümmungsradius $r+r'$; der Krümmungsradius in dem dem conjugirten Punkte entsprechenden ist $r-r'$, so dass aus den Krümmungsradien in diesen beiden Punkten der reelle und der imaginäre Bestandtheil jenes Krümmungsradius sich ergiebt.

Die zu einer Hyperbel $\frac{x^2}{a^2}-\frac{y^2}{b^2}=1$ gehörige Enveloppe der conjugirten Tangenten ist

$$\frac{x^2}{a^2}-\frac{y^2}{b^2}=-1.$$

In Bezug auf dieselben ergiebt sich der Satz: Die imaginäre Periode des Bogenintegrals einer Hyperbel ist bis auf den imaginären Einheits-Factor i gleich der Differenz der Längen der Asymptoten und der conjugirten Hyperbel. Die reelle Periode ist gleich der Differenz der Gesammtlängen der Asymptoten und der Hyperbel selbst. Beide Aussprüche haben allerdings nur Sinn, wenn angegeben ist, wie das Differential der Differenz beider Längen aufgefasst werden soll; also etwa, wenn man beide auf dx als unabhängiges Differential bezieht, was der Verfasser indess zu erwähnen nicht für nöthig hält.

Ebenso lässt sich der allgemeine Satz aussprechen, dass die reellen Perioden der Bogen-Integrale einer Curve absolut gleich den imaginären Perioden der Bogenintegrale der conjugirten Curve sind.

Endlich lässt sich das Integral $\int y\,dx$, zwischen zwei imaginären Punkten $x_0\,y_0$, $x_1\,y_1$ einer reellen Curve, in denen die Tangenten reelle Richtungen haben, reell folgendermaassen darstellen:

Seien A und B die reellen Darstellungen der bezeichneten Punkte, Aa, Bb ihre Ordinaten, S gleich dem Segment $AabB$, S' gleich dem Segment für die Darstellung der conjugirten Punkte $A'a'b'B'$; CA der Ort der Mitten der Sehnen $AA', \cdots BB'$ und S_1 das ihnen entsprechende Segment ($CcdD$). Dann ist in den bezeichneten Grenzen

$$\int y\,dx = 2S_1 - \tfrac{1}{2}(S+S') + \tfrac{1}{2}(S-S')i.$$

Obschon die Resultate somit, namentlich diejenigen, welche die Perioden betreffen, nicht ohne Interesse sind, so vermisst man doch eine Beziehung derselben zu irgend einer fundamentalen Behandlungsweise des Imaginären in der Geometrie. Einer solchen scheint der Verfasser überhaupt fern gestanden zu haben. Uebrigens sei bemerkt, dass die von ihm betrachteten Tangenten solche sind, die nach der v. Staudt'schen Auffassung dargestellt werden müssten durch einen elliptisch involutorischen Parallelstrahlbüschel, und dass wenn man dieselbe von der unendlich entfernten Geraden ausgehend harmonisch darstellt, man als das eine Strahlenpaar der Involution die beiden Geraden erhält, durch welche der Verfasser jene zwei conjugirten Tangenten darstellt. Hierdurch ist der Zusammenhang der Betrachtungen des Verfassers mit v. Staudt's Theorie des Imaginären ersichtlich.

A.

E. Pellet. Note sur les podaires obliques. Darboux Bull. III. 278-281.

Schiefe Fusspunktcurve nennt der Verfasser den Ort des Durchschnitts eines auf die Tangente einer Curve unter constantem Winkel auffallenden Strahles mit der Tangente. Ihre Gleichung stellt er erst mit Hülfe der normalen Fusspunktcurve relativ zu ihr, und dann die 2 Gleichungen auf, aus denen durch Elimination des Einfallswinkels α die Relation der Polarcoordinaten hervorgeht. Bei Variation von x erzeugt das Curvenelement ein Viereck

$$\partial\sigma = \frac{ct\,\partial\vartheta\,\partial\alpha}{\sin\alpha},$$

wo c den Strahl, t die vom Einfallspunkt begrenzte Tangente der Urcurve, ϑ den Richtungswinkel der Tangente bezeichnet.

Ist die Urcurve geschlossen und convex, das Strahlencentrum im Innern, so gehen durch jeden Punkt der Ebene 2 Fusspunktcurven, und man hat:

$$\int \frac{\partial \sigma}{c}\left(\frac{\sin\alpha}{t}+\frac{\sin\alpha_1}{t_1}\right)=2\pi^2,$$

$$\int \partial\sigma\left(\frac{\sin^2\alpha}{t}+\frac{\sin^2\alpha_1}{t_1}\right)=\pi L,$$

wo die Integrale sich über den äusseren Flächenraum erstrecken. Für das letztere braucht das Centrum nicht im Innern zu liegen.

H.

L. Kiepert. Ueber rechtwinklige Trajektorien.

Schlömilch Z. XVII. 420-424.

Das Problem, die rechtwinkligen Trajektorien für das Curvensystem $\mu = f(x,y)$ zu finden, wo μ ein alle Werthe von $-\infty$ bis $+\infty$ durchlaufender Parameter ist, führt bekanntlich auf die Integration der Differentialgleichung $\frac{\partial f}{\partial y} - \frac{\partial f}{\partial x}\frac{dy}{dx} = 0$. Diese Integration ist, wie Euler angegeben, leicht ausführbar, wenn $f(x,y)$ eine Summe oder ein Produkt einer rationalen Function von x und einer eben solchen von y ist. Dem analog entwickelt Herr Kiepert die Differentialgleichung der rechtwinkligen Trajectorien, wenn das Curvensystem in Polarcoordinaten $\mu = f(r,t)$ gegeben ist, und zeigt, dass diese namentlich integrirbar ist, wenn $f(r,t)$ eine Summe oder ein Product einer rationalen Function von r und einer rationalen Function von t oder $\sin t$ und $\cos t$ ist. Endlich wird für den Fall, dass ein Curvensystem die speciellere Gleichung $\mu = r^n . T$ hat, wo T eine rationale Function von t oder $\sin t$ und $\cos t$ ist, ein besonderer, durch ein Beispiel erläuterter Satz abgeleitet.

Scht.

H. Picquet. Étude géométrique des systèmes ponctuels et tangentiels de sections coniques. Paris, Gauthier-Villars.

Wir geben die Ueberschriften der einzelnen Kapitel nach einem ausführlicheren Referat, welches sich in Darboux Bull. III. 65–68 findet. Chap. Ier: Théorie de l'involution plane; Chap. II:

Des systêmes ponctuels (Schaar der resp. 2, 3, 4, 5 Curven C, C', C'', C''', C^{IV}: $\lambda C + \mu C' + \nu C'' + \varrho C''' + \sigma C^{IV} = o$); Chap. III: Des systèmes tangentiels (entsprechend dem vorigen); Chap. IV: Propriétés générales des coniques en involution. — Cas particuliers: und Chap. V: Examen des cinq cas dans lesquels deux systêmes peuvent être contravariants. M.

B. Theorie der algebraischen Curven.

Em. Weyr. Bestimmung unendlich weiter Elemente der geometrischen Gebilde. Casopis I. 161-186. (Böhmisch.)

Von den Hesse'schen homogenen Coordinaten ausgehend, entwickelt der Verfasser die Gleichung der unendlich fernen Geraden, parallelen Geraden, bestimmt die unendlich weiten Punkte und Asymptoten der algebraischen ebenen Curven, besonders für die Kegelschnitte im Besonderen und Allgemeinen, die Gleichung der imaginären Kreispunkte ($x^2 + y^2 = o$). Hierauf wird auf ähnliche und ähnlich liegende Kegelschnitte eingegangen. Wenn man die Gleichung einer algebraischen ebenen Curve n^{ten} Grades in der Form schreibt $u_n + u_{n-1} + u_{n-2} + \cdots u_1 + u_0 = o$, wobei allgemein u_k das Glied k^{ten} Grades bezeichnet, so erhält man die unendlich weiten Punkte (resp. die Werthe des Verhältnisses $\frac{y}{x}$ für diese Punkte) aus der Gleichung $u_n = o$, welche für das Verhältniss $\frac{y}{x}$ n Werthe $\alpha_1 \alpha_2 \cdots \alpha_n$ liefert. Unter Benutzung der bekannten Eigenschaften homogener Funktionen zeigt nun der Verfasser, dass die Gleichung der Asymptoten lautet:

$$\frac{\xi \frac{\partial u_n}{\partial x} + \eta \frac{\partial u_n}{\partial y} + u_{n-1}}{x^{n-1}} = o,$$

wobei nach durchgeführter Division mit x^{n-1} statt $\frac{y}{x}$ der Reihe nach $\alpha_1 \alpha_2 \cdots \alpha_n$ zu setzen ist. Nachdem einige allgemeine Bemerkungen über das Fehlen von Gliedern (u) in der Curvengleichung vorausgeschickt worden, wird auf Grund der entwickelten Theorie die Cissoïde, Cardioïde und Conchoïde besonders behandelt, resp. die Gleichungen der Asymptoten dieser Curven bestimmt. W.

Laguerre. Mémoire de géométrie analytique. Liouville J. (2) XVII. 1-55. Sur les covariants doubles des formes binaires. Inst. XL. 77-78.

Ist $\lambda(Y-y)=\mu(X-x)$ die Gleichung der Tangenten einer algebraischen Curve im Punkte x, y; so kann die Grösse $\frac{\lambda y-\mu x}{\lambda}$ als algebraische Funktion von $\frac{\mu}{\lambda}$ betrachtet werden. Man erhält dafür eine in den drei Grössen $\lambda, \mu, \lambda y-\mu x$ homogene Gleichung, welche nach Potenzen von λ, μ geordnet vom Verfasser „gemischte Gleichung der Curve“ genannt wird. Sie definirt die Curve vollständig, da sie nichts anderes ist als die Gleichung derselben in Linien-Coordinaten. Insbesondere ist ihr Grad in λ, μ die Classe der Curve. Die Coefficienten der gemischten Gleichung $f(\lambda, \mu)=0$ sind ganze Funktionen von x, y, welche aber nicht völlig willkürlich gedacht werden dürfen. Aber auch abgesehen von den Beschränkungen der Coefficienten erweist sich die geometrische Interpretation der Theorie der binären Formen, angewendet auf die Funktionen $f(\lambda, \mu)$, als fruchtbare Quelle von Sätzen über die Curven 3ter und 4ter Classe, die theilweise auch verallgemeinert werden können. St.

E. Folie. Fondements d'une géométrie supérieure cartésienne. Mém. de Belg. XXXIX. I-II., 1-142.

I. Ebene Geometrie. A. Gewöhnliche rechtwinklige Coordinaten. 1) Herr Folie giebt folgende Definitionen. Zwei Systeme von n Geraden von der Beschaffenheit, dass jede alle Geraden des andern Systems auf einer Curve n^{ter} Ordnung schneidet, bilden „zwei conjugirte Polygone von n Seiten“, die jener Curve einbeschrieben sind. Z. B. ein einem Kegelschnitt einbeschriebenes Vierseit ist ein System von zwei dem Kegelschnitt einbeschriebenen Zweiecken. Zwei Systeme von $m+1$ Geraden von der Beschaffenheit, dass jede alle Geraden des andern Systems mit Ausnahme einer derselben auf einer Curve n^{ter} Ordnung schneidet, bilden zwei conjugirte Polygone von $n+1$ Seiten, die der Curve einbeschrieben sind; z. B. ein einem Kegelschnitt einbeschriebenes Rechteck ist gleich zwei conjugirten Dreiecken. [Herr Clebsch übersetzt in einem Briefe an den Referenten die genannten Figuren mit „Gitter", und nennt die beiden Arten resp. „vollständige" und „unvollständige Gitter".]

2) Fundamentalsatz. Sind δ_1, δ_2 zwei Secanten einer Curve n^{ter} Ordnung, so kann die Gleichung derselben $C_n = 0$ auf $1\cdot 2\cdot 3 \cdots (n-1)$ verschiedene Arten in folgende Form gebracht werden $\delta_1 \cdot \delta_2 \cdot C_{n-2} - K\delta'_1 \delta_2' \cdots \delta_n' = 0$. Für Curven dritter, vierter und fünfter Ordnung kann man, wie der Verfasser zeigt, C_{n-2} auf ein System von Geraden reduciren und daher auf diese Curven die Sätze von Pappus, Desargues und Pascal ausdehnen. Der erste fällt mit dem Fundamentalsatze zusammen, der zweite folgt daraus auf sehr einfache Weise, während man zum Beweise des dritten noch folgenden Satz gebraucht: „Haben zwei Systeme von je zwei Polygonen von n Seiten, die einer Curve n^{ter} Ordnung einbeschrieben sind, zwei Gerade des einen und $n-3$ Gerade des andern Systems gemeinsam, so bilden die übrigbleibenden Geraden, $2(n+1)$ an Zahl, ein System von einbeschriebenen Polygonen von $(n+1)$ Seiten". Die Beweise jener Sätze für Curven dritter Ordnung werden auf folgende Weise geführt.

3) Satz von Desargues. Es sei $\delta_1 \delta_2 \delta_3 - K\delta_1'\delta_2'\delta_3' = o$ die Gleichung einer Curve dritter Ordnung, wobei δ die Form hat $y - ax - b$. Durch einen Punkt M_1 der Curve ziehe man zu den sechs Geraden δ die Parallelen $f_1, f_2, f_3, f_1', f_2', f_3'$, welche die Form $y - ax - \gamma$ haben. Dann kann man die Gleichung der Curve auf die Form bringen

$$\frac{(\gamma_1 - b_1)(\gamma_2 - b_2)(\gamma_3 - b_3)}{(\gamma_1' - b_1')(\gamma_2' - b_2')(\gamma_3' - b_3')} = K.$$

Es seien nun $O_1, O_2, O_3, O_1', O_2', O_3'$ die Schnittpunkte der Geraden

δ mit einer durch M_1 zur y-Axe gezogenen Parallelen, so nimmt die letzte Gleichung die Form an:

$$\frac{O_1M_1 \cdot O_2M_1 \cdot O_3M_1}{O_1'M_1 \cdot O_2'M_1 \cdot O_3'M_1} = K.$$

Dieselbe Gleichung besteht noch für die Punkte M_2, M_3, in denen jene Parallele zur y-Axe die Curve ausser in M_1 schneidet. Demnach lautet der verallgemeinerte Satz von Desargues:

$$\frac{O_1M_1 \cdot O_2M_1 \cdot O_3M_1}{O_1'M_1 \cdot O_2'M_1 \cdot O_3'M_1} = \frac{O_1M_2 \cdot O_2M_2 \cdot O_3M_2}{O_1'M_2 \cdot O_2'M_2 \cdot O_3'M_2}$$
$$= \frac{O_1M_3 \cdot O_2M_3 \cdot O_3M_3}{O_1'M_3 \cdot O_2'M_3 \cdot O_3'M_3}.$$

Hülfssatz. Ein andres System von 2 conjugirten Dreiecken giebt eine ähnliche Gleichung, in der nur die 6 Punkte O durch 6 andere Punkte $P_1, P_2, P_3, P_1', P_2', P_3'$ ersetzt sind. Fallen nun O_1, O_2, O_3, O_1', mit P_1, P_2, P_3, P_1' zusammen, so ergiebt die Combination der beiden Gleichungen

$$\frac{O_2'M_1 \cdot O_3'M_1}{P_2'M_1 \cdot P_3'M_1} = \frac{O_2'M_2 \cdot O_3'M_2}{P_2'M_2 \cdot P_3'M_2} = \frac{O_2'M_3 \cdot O_3'M_3}{P_2'M_3 \cdot P_3'M_3}.$$

Setzt man nun $M_2M_1 = a, M_3M_1 = b, O_2'M_1 = x_1, O_3'M_1 = x_2$, $P_2'M_1 = y_1, P_3'M_1 = y_2$, so nehmen die vorhergehenden Gleichungen eine Form an, welche zeigt, dass die Gleichung zweiten Grades für z

$$\frac{(x_1+z)(x_2+z)}{x_1x_2} = \frac{(y_1+z)(y_2+z)}{y_1y_2}$$

drei Wurzeln hat, O, a, b und daher eine identische Gleichung ist. Daraus folgt dann, dass P_2', P_3' mit O_2', O_3' zusammenfallen. Sind demnach zwei Systeme von je zwei conjugirten Dreiecken, die einer Curve dritter Ordnung einbeschrieben sind, so beschaffen. dass vier Gerade des einen Systems vier Gerade des andern auf einer geraden Linie schneiden, so schneiden die beiden fehlenden des ersten Systems die beiden fehlenden des zweiten Systems auf derselben Geraden. Daraus folgt leicht der Pascal'sche Satz. Der Verfasser beweist dann weiter den Satz noch einfacher durch die Bemerkung, dass der Satz mit dem Fundamentaltheorem für eine Curve vierter Ordnung zusammenfällt, die aus einer Curve dritter Ordnung und einer unbestimmten Geraden besteht. Durch Verallgemeinerung dieses Gedankens hat Herr Folie den Satz von Desargues auf conjugirte einbeschriebene Polygone ausgedehnt, die zum Theil von Curven gebildet werden.

B. Tangential-Coordinaten. Das Princip der Dualität liefert analoge Sätze für Curven von der Klasse *n*.

C. Polarcoordinaten. Herr Folie verallgemeinert auf elementare Weise den Newton'schen Satz über den Schnitt zweier Winkel, die sich um feste Punkte drehen.

II. Geometrie des Raumes. Die vorhergehende Theorie lässt sich auf Oberflächen zweiten und dritten Grades (oder Classe) ausdehnen, weil diese Oberflächen Gerade enthalten. Der Verfasser will später seine Methode auf Raumcurven anwenden.

Mn. (Wn.)

L. Crocchi. Teorema di geometria. Battaglini G. X. 302-304.

Beweis des Satzes: „Zwei geschlossene Curven, von denen die eine innerhalb der andern liegt, gehören derselben Familie an, wenn die Fläche des zwischen ihnen liegenden Stückes gleich derjenigen einer anderen geschlossenen Curve ist, die mit einer von den beiden ersten Curven von derselben Familie ist.

Mz.

S. Gundelfinger. Intorno ad alcune formole della teoria delle curve di secondo e di terzo ordine. Brioschi Ann. (2) V. 223-236.

Siehe Abschnitt II. Cap. 3. p. 66

H. Grassmann. Ueber zusammengehörige Pole. Gött. Nachr. 1872. 567-577.

Die Theorie conjugirter Pole bei Curven dritter Ordnung wird in einer Form behandelt, die es ermöglicht zusammengehörige Pole auch bei Curven höherer Grade aufzufassen und in ihren Beziehungen zur Curve zu behandeln.

Schn.

E. Dewulf. Des intersections des faisceaux de courbes et des faisceaux de leur polaires inclinées. Nouv. Ann. (2) XI. 297-305.

Der Aufsatz beginnt mit folgender dem Referenten unverständlichen Erklärung: Erste schiefe Polare eines Punkts P in Bezug auf eine Curve C^n haben wir (Nouv. Ann. (1) XVIII. 232) den Ort der Punkte genannt, wo alle von P ausgehenden Geraden die Curve unter constantem Winkel treffen. H.

A. Cayley. Sur les courbes aplaties. C. R. LXXIV. 708-712, 1393-1395

Der Verfasser betrachtet eine ebene Curve, die durch eine Gleichung n^{ten} Grades gegeben ist: $f(x,y,k) = 0$, und welche für $k = 0$ sich auf die Form $P^\alpha . Q^\beta \dots = 0$ reducirt. Für $k =$ unendlich klein, bezeichnet durch $k = 0^1$, wird die Curve die Penultima (pénultième) von $P^\alpha . Q^\beta \dots = 0$. Nach einigen Vorbemerkungen betrachtet der Verfasser dann einen Kegelschnitt, der die Penultima von $x^2 = 0$, und hierauf eine Curve 4ten Grades, die die Penultima von $x^2 y^2 = 0$ ist. Mz.

C. Gerade Linie und Kegelschnitte.

E. Ritsert. Die Herleitung der Determinante für den Inhalt des Dreiecks aus den drei Seiten. Schlömilch Z. XVII. 518-520.

Sind die Ecken des Dreiecks bestimmt durch die rechtwinkligen Coordinaten $x_1 y_1, x_2 y_2, x_3 y_3$, so gilt für den Inhalt J zunächst die Gleichung:

$$2J = \begin{vmatrix} 1 & 0 & 0 \\ 0 & x_2 - x_1 & y_2 - y_1 \\ 0 & x_3 - x_1 & y_3 - y_1 \end{vmatrix};$$

quadrirt man beide Seiten und multiplicirt darauf mit 4, so wird:

$$16J^2 = \begin{vmatrix} 1 & 0 & 0 \\ 0 & 2a^2 & a^2+b^2-c^2 \\ 0 & a^2+b^2-c^2, & 2b^2 \end{vmatrix} = \begin{vmatrix} 0 & 1 & 1 & 1 \\ 1 & a^2 & 0 & c^2 \\ 1 & b^2 & c^2 & 0 \\ 1 & 0 & a^2 & b^2 \end{vmatrix} \text{u.s.w.}$$

K.

J. Muir. Homologous triangles. Messenger. (2) II. 55-59, 99-102.

In einem dreistrahligen Büschel werden zwei oder mehr Dreiecke, von denen jedes einen Scheitel in jedem der Strahlen hat, homolog in Beziehung auf den Strahlenkegel genannt. Zwei Dreiecke sind doppelt homolog, wenn sie homolog sind in Beziehung auf zwei verschiedene Büschel, so dass, (wie leicht bewiesen werden kann) wenn zwei Dreiecke doppelt homolog sind, sie auch dreifach homolog sein werden. Die Arbeit enthält neue Sätze über homologe Dreiecke, welche man nicht in kurzen Worten aussprechen kann. Sie werden mittels Dreilinien-Coordinaten bewiesen. Glr. (O.)

J. Muir. An equation in the geometry of straight lines. Messenger (2) I. 150-151.

Die Gleichung zweier geraden Linien, die die Schnittpunkte von zwei Paaren von geraden Linien verbinden, in Dreilinien-Coordinaten. Glr. (O)

O. Hesse. Ein Cyclus von Determinanten-Gleichungen. (Eine analytische Erweiterung des Pascal'schen Theorems.) Borchardt J. LXXV. 1-12.

Siehe Abschnitt II. Cap. 3. p. 57.

J. Siacci. Intorno ad una trasformazione simultanea di due forme quadratiche ed alla conica rispetto a cui due coniche date sono polari reciproche. Atti di Torino VII. 758-771.

H. Faure. Théorie des indices par rapport à une courbe et une surface du second ordre. Nouv. Ann. (2) XI. 261-268, 385-404.

Der Index eines Punktes in Bezug auf einen Kegelschnitt ist die Zahl $\frac{ma \cdot mb}{d^2}$, wenn a und b die Schnittpunkte des Kegelschnitts mit einer durch m gehenden Transversalen, und d die Länge des dieser Transversalen parallelen Halbmessers ist. Für den Index einer Geraden in Bezug auf einen Kegelschnitt, eines Punktes, einer Geraden, und einer Ebene in Bezug auf eine Fläche zweiter Ordnung werden ähnliche metrische Definitionen aufgestellt, welche es dem Verfasser ermöglichen, eine grosse Anzahl metrischer Relationen aufzustellen. Scht.

Em. Weyr. Ueber rationale Curven. Prag. Ber. 1872. 1-37.

Die Scheitelgleichung eines Kegelschnitts ist $y^2 = 2px + qx^2$. Ist u die Tangente des Winkels, welchen ein Radius Vector nach einem Punkte des Kegelschnitts mit der x-Axe bildet, so lässt sich u als eindeutiger Parameter der Punkte des Kegelschnitts auffassen. Sind u_1 und u_2 die Parameter für zwei Punkte des Kegelschnitts, so ist die durch sie bestimmte Gerade durch

$$y(u_1 + u_2) - x(u_1 u_2 + q) = 2p$$

ausgedrückt, und andererseits bestimmen alle Geraden durch einen festen Punkt (xy) eine Involution auf dem Kegelschnitt, deren Punktenpaare $(u_1 u_2)$ durch jene Gleichung verknüpft sind. Die Parameter $u_1 u_2$ werden als Liniencoordinaten der Geraden $\overline{u_1 u_2}$ aufgefasst; sind diese durch obige Gleichung verknüpft, so stellt jene Gleichung alle Linien durch den Punkt (xy) dar, sie ist also die Gleichung des Punktes (xy). Mit Hülfe dieser symmetrischen Liniencoordinaten wird eine Reihe elementarer Aufgaben behandelt.

Jedem Parameter entspricht ein Punkt des Kegelschnitts und diesem die Tangente, welche in ihm den Kegelschnitt berührt, so dass durch jeden Parameterwerth eine Tangente eindeutig bestimmt ist. Die zwei Parametern $u_1 u_2$ entsprechenden zwei Tangenten bestimmen einen Punkt (xy); als Coordinaten dieses Punktes lassen sich die Parameter $u_1 u_2$ ansehen. Diese Betrachtungsweise findet wieder auf eine Reihe Kegelschnittsaufgaben Anwendung. Schn.

Em. Weyr. Zwei Sätze über Kegelschnittlinien. Časopis I. 101-104. (Böhmisch.)

Auf Grund der Rationalität der Kegelschnitte werden mittelst Einführung eines rationalen Parameters die beiden bekannten Sätze abgeleitet; 1) die Hypotenuse eines eingeschriebenen um den Scheitel des rechten Winkels sich drehenden Dreiecks geht durch einen festen Punkt der Normale des Scheitels hindurch. 2) Die Verbindungslinie der zwei Schnittpunkte des Kegelschnitts mit zwei durch einen seiner Punkte gehenden zur Normale dieses Punktes gleichgeneigten Geraden geht durch einen festen Punkt der Tangente jenes Punktes. W.

v. Drach. Ueber das vollständige Fünfeck und gewisse durch dasselbe bestimmte Kegelschnitte. Clebsch Ann. V. 404-418.

Sind 1 2 3 4 5 6 die Ecken eines Pascal'schen Sechsecks und durchläuft eine derselben z. B. 6 den durch die übrigen bestimmten Kegelschnitt c, so drehen sich die 60 Pascal'schen Linien um 15 feste Punkte, nämlich um die Schnittpunkte der Geraden, welche durch die als fest angenommenen Punkte 1 2 3 4 5 bestimmt sind. Die Schnittpunkte der Pascal'schen Linien beschreiben daher Kegelschnitte. Jeder der Kegelschnitte, welche den 20 Steiner'schen Punkten entsprechen, geht ausser durch die 3 Drehpunkte der in ihm sich schneidenden Pascal'schen Linien noch durch je zwei der Ecken 1 2 3 4 5, was zu einer zweckmässigen symbolischen Bezeichnung der Pascal'schen Linien und der zugehörigen Sechsecke benutzt wird. Die zu je zwei Steiner'schen Gegenpunkten gehörigen Kegelschnitte S und S_1 gehen durch dieselben beiden Eckpunkte des gegebenen Fünfecks und bilden mit dem Kegelschnitt C ein geschlossenes cyklisches System, derart, dass für jeden der drei Kegelschnitte CSS_1 als Fundamentalkegelschnitt mit den auf ihm enthaltenen festen Punkten als Fünfeck die beiden anderen die Orte für ein Paar Steiner'scher Gegenpunkte sind.

Ein solches System von Kegelschnitten enthält ausser den

beiden gemeinsamen Punkten, beispielsweise 2 und 4, noch je drei feste Punkte, welche drei Dreiecke bilden, die auf zweierlei Art perspectivisch liegen, nämlich mit den Punkten 2 und 4 als Projectionscentren. Je zwei derselben liegen daher noch auf eine dritte Art perspectivisch; die neuen Projectionscentren $P_1\,P_2\,P_3$ liegen auf einer Geraden p, und die auf diese Art einander entsprechenden Seiten der drei Dreiecke schneiden sich in denselben drei Punkten einer Geraden g. Die weitere Untersuchung deschäftigt sich nun mit dem Nachweise, dass wenn die Kegelschnitte $C\,S\,S_1$ durch die gemäss dieser Perspectivität einander entsprechenden Ecken der drei Dreiecke collinear auf einander bezogen werden, die Verbindungslinien entsprechender Punkte, wie bekannt, durch die Punkte $P_1\,P_2\,P_3$ gehen, und dass die beiden Punkte, in welchen die von jedem Punkt λ eines der drei Kegelschnitte ausgehenden beiden Projectionsstrahlen die beiden andern Kegelschnitte zum zweiten Male treffen, ein Paar Steiner'scher Gegenpunkte für das durch λ und die festen Punkte des ersten Kegelschnittes bestimmte Sechseck sind. Die Verbindungslinien dieser Gegenpunkte gehen nun ebenfalls durch drei feste Punkte $\pi_1\,\pi_2\,\pi_3$, welche mit den Punkten P auf derselben Geraden p liegen und mit ihnen eine Involution bilden. Sie sind zugleich die Pole der drei Dreiecke in Bezug auf die Gerade g und die Pole der Geraden g in Bezug auf die Kegelschnitte, während die Punkte P die Pole der Geraden (24) in Bezug auf die Kegelschnitte sind.

Schz.

H. Faure. Théorèmes de géométrie. Nouv. Ann. (2) XI. 444-450.

Es werden ohne Beweis drei Sätze angegeben, die metrische Beziehungen enthalten zwischen den Axen eines Kegelschnittes und dem Orthogonalkreis dreier Kreise, welche durch eine vorher angegebene längere Construction mit zwei in Bezug auf den Kegelschnitt reciprok polaren Dreiecken und einem vierten Punkt mit seiner Polare in Verbindung stehen. Dadurch dass dieser vierte Punkt mit dem Mittelpunkt des Kegelschnittes und die beiden Dreiecke mit einander zusammenfallen, so dass ein dem Kegelschnitt conjugirtes Dreieck entsteht, werden speciellere Formen dieser Sätze erhalten, von denen es genügen muss einen anzuführen: Die Summe der Quadrate der Halbaxen eines Kegelschnittes ist gleich der Potenz seines Centrums für den einem conjugirten Dreieck umschriebenen Kreis. Desgleichen werden die entsprechenden Sätze für eine Fläche zweiter Ordnung und die in ähnlicher Weise mit zwei reciprok polaren Tetraedern und einem fünften Punkt und Polarebene in Verbindung stehenden Kugeln und ihrer Orthogonalkugel angegeben. Schz.

E. d'Ovidio. Sulle linee e superficie di 2° ordine.
Battaglini G. X. 313-320.

Behandlung der Aufgabe, denjenigen Kegelschnitt (diejenige Fläche zweiten Grades) zu finden, in Bezug auf welchen (welche) zwei gegebene Kegelschnitte (Flächen zweiten Grades) reciproke Polaren sind. Mz.

A. G. J. Eurenius. Behandling af några partier i läran om treliniet koordinater. Upsala.

Die Abschnittte sind: 1) Berechnung von Durchmessern und Axen in Kegelschnitten; 2) Coordinaten-Transformation; Uebergang von einem Fundamentaldreieck zu einem anderen; 3) Brennpunkte und Direktricen der Kegelschnitte. Bg.

J. A. Grunert. Neue vollständige Lösung der Aufgabe: Mit einem gegebenen Brennpunkte einen durch drei gegebene Punkte gehenden Kegelschnitt zu beschreiben.
Grunert Arch. LIV. 99-163.

Der Verfasser gelangt nach interessanten Untersuchungen zu folgendem Resultat:

Im Allgemeinen lassen sich mit einem gegebenen Brennpunkte durch drei gegebene Punkte immer vier Kegelschnitte beschreiben, von denen jederzeit wenigstens drei Hyperbeln sind, die aber auch alle vier Hyperbeln sein können. Die Hyperbeln lassen sich nämlich jederzeit so beschreiben, dass in deren einem Zweige einer der drei gegebenen Punkte liegt, in dem anderen Zweige die beiden andern gegebenen Punkte liegen; ausserdem lässt sich immer noch ein vierter Kegelschnitt durch die drei gegebenen Punkte beschreiben, welcher eine Parabel, eine Ellipse oder eine Hyperbel sein kann, so dass in dem letzten Falle alle drei gegebenen Punkte in einem und demselben Zweige dieser Hyperbel liegen.

Sodann stellt der Verfasser die Bedingungen auf, welchen vier Punkte genügen müssen, wenn dieselben in einem aus einem gegebenen Brennpunkt beschriebenen Kegelschnitt liegen sollen.

Pr.

G. Battaglini. Nota intorno alla conica rispetto alla quale due coniche date sono polari reciproche fra di loro. Atti d. R. Acc. d. Linc. XXV.

G. Battaglini. Nota intorno alla quadrica rispetto alla quale due quadriche date sono polari reciproche fra di loro. Att. d. R. Acc. d. Linc. XXV.

Der Titel dieser beiden Noten erklärt zur Genüge den Inhalt. Die Lösung des Problems wird vom Verfasser auf analytischem Wege erhalten. In der ersten Note findet sich eine Anwendung der Theorie der Invarianten. Jg. (O.)

J. A. Grunert. Ueber einige merkwürdige Sätze von den Kegelschnitten. Grunert Arch. LIV. 183-205, 361-374, 374-381.

1. Ausführliche Behandlung des in der „Theoria motuum Planetarum et Cometarum. Auct. Leonh. Eulero, pag. 150“ aufgestellten Satzes: Si a tribus quibuscunque sectionis conicae punctis F, G, H ad ejus alterum focum S ducantur rectae FS, GS et HS, atque duo eorum G et H cum tertio F jungantur rectis GF et HF, ac denique ex G ducatur recta GJK parallela ipsi FS secans rectas HF, HS si opus est productas in J et K; erit GJ ad $SK+KG-SG$ uti SF ad semissem lateris recti.

2. Wenn um eine Ellipse oder eine Hyperbel ein Viereck beschrieben ist, so geht die durch die Mittelpunkte der beiden Diagonalen dieses Vierecks gehende Gerade jederzeit durch den Mittelpunkt der Ellipse oder der Hyperbel.

3. Wenn durch die beiden Endpunkte A_0 und A_1 eines Durchmessers einer Ellipse oder Hyperbel zwei einander parallele Berührende der Curve gezogen sind, und durch zwei andere beliebige Punkte A_2 und A_3 derselben gleichfalls zwei Berührende gezogen sind, und die Durchschnittspunkte der durch A_2 an die Curve gelegten Berührenden mit den durch A_0 und A_1 gezogenen einander parallelen Berührenden beziehungsweise durch A_{02} und A_{12}, die Durchschnittspunkte der durch A_3 an die Curve gelegten Berührenden mit der durch A_0 und A_1 gezogenen einander parallelen Berührenden beziehungsweise durch A_{03} und A_{13} bezeichnet werden, so schneiden die beiden Geraden $A_{02}\,A_{13}$ und $A_{03}\,A_{12}$ jederzeit den Durchmesser $A_0\,A_1$ in einem und demselben Punkte. Pr.

F. D. Thomson. Solution of question 3252. Educ. Times XVI. 45.

Die Sehne eines Kegelschnittes erscheint von einem festen Punkte aus unter rechtem Winkel. Beweise: die Einhüllende derselben ist ein Kegelschnitt, welcher den festen Punkt als Brennpunkt hat, der Pol der Sehne beschreibt einen dritten Kegelschnitt; der gegebene Punkt hat dieselben Polaren in Bezug auf alle drei Kegelschnitte. Falls der erste Kegelschnitt ein Kreis ist, so ist der dritte es ebenfalls. Hi.

J. J. Walker. Solution of question 3384. Educ. Times XVI. 47.

Zeige, dass das Product der drei Normalen, welche man von einem Punkte auf einen Kegelschnitt ziehen kann, dem Product $2PG \cdot PM \cdot PM^1$ gleicht, wo PM, PM^1 die Abstände von den Directricen und PG die Länge der Normale vom Punkte P bis an die grosse Axe bedeuten. Hi.

St. Watson. Solution of question 3548. Educ. Times XVII. 32.

Werden die Coordinaten eines Punktes (nicht auf einer Curve) in den Ausdruck substituirt, welcher gleich Null gesetzt die Cartesische Gleichung eines Kegelschnitts mit Mittelpunkt giebt, so ist das Resultat proportional der Fläche des Vierecks, welches durch die Tangenten von dem Punkte und die Halbmesser nach den Berührungspunkten gebildet wird. Hi.

Mit Aufgaben über Kegelschnitte haben sich ausserdem beschäftigt die Herren: Booth, J. J. Walker, R. Tucker, S. Watson, R. Genese, H. Laverty, C. Taylor, J. J. Wolstenholme, u. a. m. Educ. Times XVI., XVII.

Hi.

E. de Hunyady. Remarque sur un théorème de M. A. Pellissier. Nouv. Ann. (2) XI. 216-217.

Folgerungen des Satzes: „Zieht man durch den Brennpunkt eines Kegelschnitts Gerade, welche mit den Tangenten einen constanten Winkel bilden, so ist der geometrische Ort der Geraden und der Tangenten ein Kreis.“ M.

A. Steen. Om Betingelsen for at tre Cirkler eller fire Kugler gaa gjennem samme Punkt. Zeuthen Tidsskr. (3) II. 56.

Angeregt durch einen Aufsatz von Enneper [Schlömilch Z. XVI. 257; siehe F. d. M. III. p. 327] giebt der Verfasser eine sehr einfache Ableitung der Bedingung dafür, dass drei Kreise oder vier Kugeln durch denselben Punkt gehen.

Hn. (Wn.)

A. Hilaire. Note sur le lieu du point de contact de deux cercles mobiles qui doivent être tangents chacun à deux cercles fixes. Nouv. Ann. (2) XI. 37-38.

Lösung der Aufgabe einen Kreis zu construiren, der drei gegebene Kreise berührt, mit Hülfe der Methode, die Salmon in den „Kegelschnitten" No. 119 gegeben hat. O.

R. Tucker. Solution of question 3393. Educ. Times XVI. 48.

Seien K, K' zwei Punkte auf einer Ellipse, die Tangenten in diesen Punkten schneiden sich in P, und die Normalen schneiden die grossen Axen in N, N': beweise 1) dass $\angle KPN = \angle K'PN'$, und 2) wenn O, O' die Mittelpunkte, ϱ, ϱ' die Radien der Krümmung in denselben Punkten bedeuten, dass

$$\mathrm{tg}^3 KPO : \mathrm{tg}^3 K'PO' = \varrho^2 : \varrho'^2.$$

Hi.

R. Tucker. Solution of question 3214. Educ. Times XVI. 37.

Durch die Brennpunkte einer Ellipse sind zwei parallele Sehnen gezogen und auf der einen ist ein Punkt so gewählt, dass die durch den Brennpunkt auf der andern bestimmten Abschnitte unter gleichen Winkeln erscheinen. Beweise, dass dieser Punkt auf einer Curve dritter Ordnung liegt, welche durch die Brennpunkte und den Fuss der entfernteren Directrix geht, und dass das Rechteck der Vectoren von dem einen Brennpunkt an die Curve constant ist. Hi.

J. J. A. Mathieu. Note sur l'ellipse. Nouv. Ann. (2) XI. 428-432. Pr.

R. de Paullis. Soluzione di una quistione. Battaglini G. X. 320.

Alle einer Ellipse $\frac{x^2}{a^2} + \frac{y^2}{b^2} - 1 = 0$ und ihrem Osculationskreise in jedem Punkte gemeinsamen Sehnen umhüllen die Curve:

$$\left(\frac{y^2}{b^2} - \frac{x^2}{a^2}\right)^2 = \left(\frac{4}{3} - \frac{x^2}{3a^2} - \frac{y^2}{3b^2}\right)^3.$$

Mz.

C. Taylor. The hyperbola referred to its asymptotes. Messenger (2) II. 30-31.

Geometrischer Beweis gewisser Eigenschaften der Hyperbel, hergeleitet aus der Eigenschaft, die enthalten ist in der Gleichung $xy = a^2$. Glr. (O.)

R. Townsend. Solution of question 3410. Educ. Times XVI. 34.

Ist ein Parallelogramm einer gleichseitigen Hyperbel eingeschrieben und erscheint eine Sehne von den Endpunkten einer Seite unter gleichen Winkeln, so erscheint sie auch von den Endpunkten der anderen Seite unter gleichen Winkeln. Hi.

D. Andere specielle Curven.

S. Gundelfinger. Intorno ad alcune formole della teoria delle curve di secondo e di terzo ordine. Brioschi Ann. (2) V. 223-236.

Siehe Abschnitt II Cap. 3 p. 66.

S. Gundelfinger. Ueber die Wendepunktsdreiseite einer Curve dritter Ordnung. Clebsch Ann. V. 442-448.

Eine algebraische Methode zur Bestimmung der Wendepunktsdreiseite einer Curve dritter Ordnung. Sie gestattet es, rein analytisch die Anzahl der reellen und imaginären Wendepunktsdreiseite abzuleiten. Schn.

E. d'Ovidio. Sulle curve del terz' ordine circoscritte ad un quadrilatero completo. Battaglini G. X. 16-32.

Die Gleichung einer Curve 3ten Grades, die durch die 6 Schnittpunkte der 4 Geraden $X_0 = 0$, $X_1 = 0$, $X_2 = 0$, $X_3 = 0$ geht, stellt sich in der Form dar

$$\lambda_0 X_1 X_2 X_3 + \lambda_1 X_2 X_3 X_0 + \lambda_2 X_3 X_0 X_1 + \lambda_3 X_0 X_1 X_2 = 0.$$

Durch verschiedene Zusammenfassung der Elemente dieser Gleichung stellt der Verfasser eine Reihe von Beobachtungen an in

Betreff der Beziehungen zwischen Punkten, Geraden und Kegelschnitten, lässt dann die Curve durch einen 7ten Punkt gehen, nimmt ferner diesen Punkt zum Pol einer Geraden in Bezug auf das Dreieck der 3 übrigen, macht die Bedingung

$$\lambda_0 + \lambda_1 + \lambda_2 + \lambda_3 = 0,$$

und leitet schliesslich die gleichen Resultate auf rein geometrischem Wege her. H.

A. Clebsch. Ueber zwei Erzeugungsarten der ebenen Curven dritter Ordnung. Clebsch Ann. V. 422-427.

Die Punkte einer Curve dritter Ordnung können, wie Hesse gezeigt hat, auf drei verschiedene Arten in Punktenpaare (Polenpaare) so geordnet werden, dass zwei Punktenpaare desselben Systems Ecken eines vollständigen Vierseits sind, dessen drittes Eckenpaar auf der Curve liegt und abermals ein Paar desselben Systems ist. Auf diese Eigenschaft der Curven dritter Ordnung hat Herr Schröter eine höchst einfache Construction derselben gegründet. Sind 1, 2, 3 die drei gegebenen Paare, so erhält man aus 1, 2 nach dem Satz von Hesse ein neues Paar 4, aus 1, 3 ein neues Paar 5, dann aus 4, 3 ein Paar 6, aus 5, 2 ein neues Paar 7 u. s. w., so dass jeder neue Punkt durch das Ziehen von zwei Linien ohne weitere Hülfslinien entsteht. Clebsch zeigt nunmehr, wie man auf Hesse's Ausgangspunkt gestützt durch die einfachsten analytischen Betrachtungen aus drei beliebig gegebenen Punktenpaaren, welche Polenpaare werden sollen, auf die Curve dritter Ordnung in bestimmter und eindeutiger Weise geführt wird.

Im zweiten Theile der Arbeit beschäftigt sich der Verfasser mit der Grassmann'schen Erzeugungsart (Crelle J. XXXVI): Ein Punkt x bewegt sich so, dass seine Verbindungslinien mit festen Punkten a, b, c einzeln drei feste Gerade α, β, γ in drei Punkten schneiden, welche in einer Geraden liegen. Er discutirt die Frage, wie man auf einer gegebenen Curve dritter Ordnung diejenigen Elemente finden kann, aus welchen sie vermöge der Grassmann'schen Construction entsteht, und zeigt damit, dass jede Curve dritter Ordnung in der angegebenen Weise erzeugt werden kann. Schn.

K. Hippauf. Lösung des Problems der Trisection mittelst der Conchoide auf circularer Basis. Hoffmann Z. III. 215-240.

C. Albrich. Bemerkung über Hippauf's Aufsatz. Hoffmann Z. III. 537-539.

Die Conchoide auf demjenigen Kreise als Basis, von welchem ein Bogen in gleiche Theile getheilt werden soll, theilt die Sehne eines halb so grossen Kreises vom gemeinschaftlichen Peripheriewinkel nach dem Verhältniss der äussern und des Mittelstücks, in welche die Sehne des gegebenen Bogens durch die trisectirenden Radien getheilt wird. Ihrer Anwendung zur Trisection der Kreisbogen kommt demnach der Vorzug einer grossen Einfachheit zu. Unrichtig ist aber die in der Einleitung enthaltene Aussage, dass bei Anwendung der Hyperbel oder Parabel die Construction der Curve für jeden Winkel eine neue sein müsste. Gleichviel ob Chasles, wie hier citirt, solche Lösungen in Betracht gezogen hat, es liegt auf der Hand, dass jede feste Parabel l oder sonstige Linie 2ten Grades) zur Construction der Wurzeln aller Gleichungen 3ten und 4ten Grades genügt. Das Motiv zur Wahl einer Curve 3ten Grades, als ob der 2te nicht hinreichte, beruht also auf einem Irrthum. Die Behandlungsweise ist eine für Schüler instructive, ansprechende und leicht verständliche; in der Auffassung des Problems ist jedoch die Klarheit der Fragestellung sehr zu vermissen, sofern die praktische Aufgabe mit der ideell geometrischen, welche erst zu definiren gewesen wäre, beständig in einander fliesst. Auf die geometrische Darlegung folgt die darauf gegründete Beschreibung eines Instruments zur Dreitheilung der Winkel.

Albrich erinnert, dass er die Lösung im Programm des Gymnasiums zu Hermannstadt 1863/4 bekannt gemacht hat. Siehe auch p. 28. H.

A. Cayley. On the mechanical description of a cubic curve. Proc. of L. M. S. IV. 175-178.

Schreibt man

$$a\sin\theta = u\sin\varphi \text{ und } x = \alpha\sin\varphi,\ y = \frac{c - h\cos(\theta+\varphi)}{\sin\varphi},$$

so ist der Ort eine Curve vierten Grades mit zwei Wendepunkten; in dem speciellen Fall $h = c$, fällt der Factor $x \sin \varphi$ fort und die Curve wird vom dritten Grade. Cly. (O.)

A. Cayley. Note on the Cartesian. Quart. J. XII. 16-19.

Cly.

A. Caylfy. On the mechanical description of certain quartic curves. By means of a modified oval chuck. Pr. of L. M. S. IV. 186-190.

Cly.

A. Cayley. On a penultimate quartic curve. Messenger. (2) I. 178-180.

Der Verfasser betrachtet im Detail die Form einer Curve vierten Grades mit drei Knoten bei der Degeneration in die Form $x^2y^2 = 0$ d. h. eine Penultimate von $x^2y^2 = 0$.

Glr. (O.)

Em. Weyr. Sopra una proprieta metrica della cardioïde. Rend. d. Ist. Lomb. (2) V. 204-206.

Der Verfasser betrachtet die Cardioide — eine Curve 4ter Ordnung und 3ter Classe mit 3 Rückkehrpunkten, von denen 2 Kreispunkte im Unendlichen sind — als die Fusspunktcurve des Kreises, die man dadurch erhält, dass man die Lothe auf die Tangenten des Kreises von einem Punkte F der Peripherie fällt. Der Punkt F ist der dritte Rückkehrpunkt der Cardioide. „Trifft nun die Tangente an die Cardioide in F die Curve noch einmal im Punkte A, ist B so auf derselben gewählt, dass $BF = \frac{1}{4}AF$, bezeichnet man endlich mit $\varDelta$ die reelle Doppeltangente der Cardioide, so schneiden, wie der Verfasser beweist, je 3 parallele Tangenten der Cardioide die Doppeltangente $\varDelta$ in Gruppen von 3

Punkten, die vom Punkte *B* aus unter Winkeln von 60° gesehen werden". Jg. (O.)

S. H. Aronhold. Sur les vingt-huit tangentes doubles d'une courbe du quatrième degré. Nouv. Ann. (2) XI. 438-443.

Der Verfasser geht von 7 beliebigen Geraden aus, durch deren Berührung ein Netz von Curven 3ter Classe definirt ist, und nennt den Theil des Netzes, welcher eine achte Gerade berührt, ein Bündel. Alle dazu gehörigen Curven haben eine gemeinsame neunte Tangente; daher haben je 2 Curven des Netzes ausser den 7 Urtangenten 2 gemeinsame Tangenten, die immer ein bestimmtes Bündel berühren. Diese heissen dessen Paar, ihr Durchschnittspunkt dessen Scheitel. Es wird zuerst bewiesen, dass die Scheitel aller Bündel, zu denen eine bestimmte Curve des Netzes gehört, auf einer bestimmten Tangente, der Haupttangente dieser Curve, liegen. Um diese zu construiren, braucht man nur vom Scheitel eines einer andern Curve zugehörigen Bündels die dritte Tangente zu ziehen; denn die Haupttangenten aller Curven eines Bündels gehen durch dessen Scheitel. Umgekehrt ist auch eine beliebige Gerade Haupttangente einer einzigen Curve des Netzes. Die nächste Aufgabe ist, die allgemeinste Curve 4ten Grades zu construiren, welche die 7 Geraden doppelt berührt. Man theile das Netz der Curven 3ter Classe so in Bündel, dass das Tangentenpaar eines jeden aus 2 zusammenfallenden Geraden besteht; dann ist die gesuchte Curve der Ort des Scheitels eines solchen Bündels, in welchem sich alle Curven des letztern berühren. Die 28 Doppeltangenten der Curve 4ten Grades sind Haupttangenten eben so vieler besonderen Curven des Netzes: 7 solche Curven sind diejenigen, welche je eine der 7 Geraden zur Doppeltangente haben; die übrigen 21 bestehen jede aus dem Schnittpunkt zweier der 7 Geraden und dem Kegelschnitt, welcher die 5 übrigen Geraden berührt. (Die Arbeit ist eine Uebersetzung aus den Berliner Monatsberichten 1864.) H.

J. Teichert. Ueber einige algebraische Curven vierten Grades. Pr. Freienwalde a. O.

In der Definition der zu untersuchenden Curve ist manche Unbestimmtheit. Schiefer Abstand eines Punkts von einem Kreise wird genannt der auf der Verbindungslinie des Punkts mit einem festen Punkte der Peripherie gemessene Abstand; es wird aber gemeint der Abstand desselben vom zweiten Durchschnitt mit dem Kreise. Die Aufgabe wird gestellt, den Ort der Punkte zu bestimmen, deren schiefer Abstand von einem festen Kreise mit ihrem Abstand von einer festen Geraden in constantem Verhältniss steht; in der Lösung wird jedoch stillschweigend vorausgesetzt, dass der zur Messung des schiefen Abstands gesetzte Peripherie-Punkt F mit dem Mittelpunkt auf einer Normale der Geraden liegt. In rechtwinkligen Coordinaten hat der Ort eine Gleichung 4ten Grades, welche nach Einführung der Polarcoordinaten r, φ übergeht in

$$r+\gamma = \frac{\alpha\beta+\gamma}{1-\beta\cos\varphi},$$

wo γ der Radius, β der Verhältnissexponent, α der Normalabstand des Punkts F von der Geraden ist. Hiernach zerlegt sich der Radiusvector in den eines Kegelschnitts und in eine Constante γ, durch deren einfache Abtragung sich die gesuchte Curve aus ersterm leicht construiren lässt. Es wird dann die Form der Curve discutirt, die Tangente, Normale und der Krümmungsradius berechnet und construirt. H.

F. W. Newman. On quartan curves with three or four diameters. Rep. of Brit. Ass. 1872.

Lösung des Problems, in welchen Fällen Curven vierten Grades 3 oder 4 Durchmesser haben. Cly. (M.)

F. W. Newman. On monodiametral curves. Rep. of Brit. Ass. 1872.

Fortsetzung der vor der Britischen Gesellschaft im Jahre 1871 gelesenen Arbeit (s. F. d. M. III, 339). Alle Curven vierten Grades mit Einem Durchmesser werden in 5 Gruppen mit 21 Klassen eingetheilt. Cly. (M.)

F. W. NEWMAN. On tridiametral quartan curves. Rep. of Brit. Ass. 1872.

Lösung des Problems, die allgemeine Form der Gleichung einer Curve vierten Grades mit drei Durchmessern zu finden. Ihre Polargleichung hat die Form

$$ar^4 + cr^2 = \tfrac{1}{2} br^3 \cos 3\vartheta + p,$$

und wird für $a = 1$ in rechtwinkligen Coordinaten:

$$y^2 + x^2 + b'x + c' = \sqrt{\tfrac{8}{3} b' x^3 + (b'x + c')^2 + e}.$$

Cly. (M.)

R. TUCKER. Solution of question 2830. Educ. Times XVI. 38-39.

Die Scheitel eines Dreiecks werden durch Gerade mit einem Punkt O, und die Schnittpunkte derselben mit den gegenüberliegenden Seiten unter einander verbunden. Die hierdurch von dem gegebenen Dreiecke abgeschnittenen Dreiecke werden durch α, β, γ bezeichnet. Finde den Ort von O, wenn eine der folgenden Bedingungen erfüllt ist.

$l\alpha + m\beta + n\gamma = \text{const.}$.	(Curve	dritter Ordnung)
$\alpha j = k\beta^2$	„	vierter „
$\frac{l}{\alpha} + \frac{m}{\beta} + \frac{n}{\gamma} = \text{const}$.	„	dritter „
$l\frac{\alpha}{\beta} + m\frac{\beta}{\gamma} + n\frac{\gamma}{\alpha} = \text{const.}$	„	sechster „
$l\alpha\beta + m\beta\gamma + n\gamma\alpha = \text{const.}$	„	„ „

Hi.

R. TOWNSEND. Solution of question 3542. Educ. Times XVI. 106

Die erste positive Fusspunktcurve (Bernoulli's Lemniscate) und die erste negative Fusspunktcurve einer gleichseitigen Hyperbel sind reciproke Polaren in Bezug auf die Hyperbel.

Hi.

W. J. C. MILLER and ST. WATSON. Solution of question 3383. Educ. Times XVII. 17-22.

Der Scheitel eines rechten Winkels bewegt sich auf einer Ellipse, während der eine Schenkel immer durch einen Brennpunkt geht; finde den Ort, den der Mittelpunkt der Strecke beschreibt, welche die Ellipse auf dem zweiten Schenkel abschneidet; zeichne die Curve und zeige, dass ihre Fläche sich zur Fläche der Ellipse verhält wie

$$a^6 - a^4 b^2 + 15 a^2 b^4 + b^6 : 2(a^2 + b^2)^3,$$

wo a und b die Halbaxen der Ellipse bezeichnen.

Die Gleichung der Curve, auf die Hauptaxen der Ellipse bezogen, ist

$$\frac{a^2 b^2 c^2 y^2 (a^2 y^2 + b^2 x^2)}{a^2 b^2 - (a^2 y^2 + b^2 x^2)} = \left(\frac{a^4 y^2 + b^4 x^2}{a^2 + cx}\right)^2, \text{ wo } c = \sqrt{a^2 - b^2}.$$

Oder

$$\frac{x}{a^2 \cos\varphi} = \frac{y}{b^2 \sin\varphi} = \frac{\lambda}{\varrho^2},$$

wenn λ die Länge der Senkrechten vom Mittelpunkt der Ellipse auf den zweiten Schenkel des rechten Winkels und φ den Winkel zwischen dieser Senkrechten und der Axe der x bezeichnet, während ϱ die Länge der Halbaxe ist, deren excentrischer Winkel $= \varphi$. Hi.

W. J. C. Miller and Booth. Solution of question 3430. Educ. Times XVI. 77-83.

Finde die Gleichung, Form, Länge und Fläche der ersten negativen Fusspunktcurven der Ellipse und Parabel, in Bezug auf den Brennpunkt, d. h. die Einhüllende der Senkrechten, welche durch die Endpunkte der von einem Brennpunkt ausgehenden Vectoren gezogen sind. Hi.

St. Watson and Booth. Solution of question 3431. Educ. Times XVI. 83-85.

Dieselbe Aufgabe in Bezug auf den Mittelpunkt der Ellipse. Hi.

S. Roberts. Solution of question 3360. Educ. Times XVI. 39.

Auf der Scheibe eines Schiffscompasses sei eine beliebige Curve gezeichnet, finde die Einhüllende dieser Curve, wenn der Mittelpunkt der Scheibe sich auf einem Kreise bewegt?

Die Einhüllende ist eine Parallele der gegebenen Curve.

Hi.

T. Cotterill. Solution of question 3434. Educ. Times XVI. 95.

Zeige, dass

$$ax^3(y^2-z^2)+by^3(z^2-x^2)+cz^3(x^2-y^2)=0$$

ein System von Curven 5ter Ordnung repräsentirt (a, b, c als veränderliche Parameter), die 22 Punkte gemeinschaftlich haben, während irgend zwei Curven sich in drei anderen Punkten schneiden, die auf einem Kegelschnitt liegen, welcher dem Coordinatendreieck umschrieben ist. Wenn eine der Curven gegeben ist, so gehen alle entsprechenden Kegelschnitte durch einen festen Punkt auf der gegebenen Curve. Hi.

M. Willière. Solution de la question 959. Nouv. Ann. (2) XI. 132-139.

Eine Ellipse von constanter Grösse verändert ihre Lage so, dass sie immer eine feste Gerade in einem bestimmten Punkte berührt. In jeder Lage beschreibt man um dieselbe ein Rechteck, dessen Basis auf der Geraden liegt. Man soll finden den geometrischen Ort 1) der Brennpunkte, 2) des Mittelpunktes, 3) der nicht auf der Geraden liegenden Ecken des Rechtecks, 4) der Berührungspunkte der Seiten mit der Ellipse, 5) die Enveloppe der grossen Axe. O.

S. Roberts. Note on the parallel curves of conics. Quart. J. XII. 59-65.

Der Verfasser betrachtet die Parallelen zu einem centralen Kegelschnitte und zu einer Parabel. Am Schluss der Arbeit verknüpft er seine Resultate mit einigen Sätzen der körperlichen Geometrie. Er bemerkt nämlich, dass (r ist die normale Entfernung der parallelen Curven) wenn man $-z^2$ für r^2 in der

Gleichung der Parallelen eines centralen Kegelschnittes schreibt, man die Gleichung einer Developpabeln erhält, die einem System von confocalen Flächen zweiten Grades umschrieben ist.

Cly. (O.)

A. Cayley. On the mechanical description of certain sextic curves. Pr. of L. M. S. IV. 105-111.

Man kann die Curven beschrieben denken durch einen Punkt C, der fest verbunden ist mit zwei Punkten A und B, deren jeder einen Kreis beschreibt. Die Construction wird hier unter einem etwas allgemeineren Gesichtspunkte betrachtet. Man stelle sich ein Viereck vor mit den Seiten $abcd$, deren Neigungen gegen eine feste Linie $\alpha\beta\gamma\delta$ sein mögen. Dann ist

$$a\cos\alpha + b\cos\beta + c\cos\gamma + d\cos\delta = o,$$
$$a\sin\alpha + b\sin\beta + c\cos\gamma + d\cos\delta = o.$$

Diese Gleichungen geben, wenn einer der Winkel, etwa α constant ist, Anlass zu einer Relation zwischen irgend zwei der variabeln Winkel; die betrachtete Curve ist nun der Art, dass die Coordinaten xy irgend eines Punktes darauf als lineare Functionen der sinus und cosinus der drei variabeln Winkel gegeben werden, oder was dasselbe ist, der sinus oder cosinus irgend zweier von ihnen. Dies führt zu einem Ausdruck der Coordinaten proportional zu den rationalen, ganzen quadriquadratischen Functionen $(u,1)^2(v,1)^2$ von zwei Parametern u,v, welche unter einander durch eine Gleichung von derselben Form

$$(u,1)^2(v,1)^2 = 0$$

verbunden sind. Die Curve wird also eine des achten Grades vom Flächengeschlecht 1 sein. Es giebt aber eine Reduction $= 2$, die von den Kreispunkten im Unendlichen herkommt: die Curve wird dann also eine des sechsten Grades vom Flächengeschlecht 1, das ist mit neun Wendepunkten. In speciellen Fällen, wenn ein neuer Doppelpunkt hinzukommt, wird sie unicursal, und ferner kann ein Kegelschnitt vorkommen, der eine unicursale Curve vierten Grades (mit drei Knoten) wird.

Cly. (O.)

ED. WEYR. Ueber die Einhüllende aller Kegelschnittsehnen von constanter Länge. Schlömilch Z. XVII. 164-167.

Unabhängig von ähnlichen Untersuchungen im 47. Bande v. Grunert's Archiv und im 14. Jahrgang S. 158 in Schlömilch's Z. entwickelt der Verfasser die Gleichung:

$$(u^2+v^2)(a^2u^2+b^2v^2-1) = c(a^2u^2+b^2v^2)^2$$

als Gleichung der Einhüllenden aller Ellipsensehnen von constanter Länge und giebt sodann einige Eigenschaften dieser Curve an. Pr.

E. LECLERT. On certain theorems respecting the geometry of ships. Messenger (2) I. 167-175.

Die Arbeit ist aus dem 11ten Bande der Transactions of the Institute of Naval Architects abgedruckt und enthält eine kurze Einleitung von Herrn C. W. Merrifield. Herrn Leclert's Satz macht es in der That möglich, die wesentlichen Elemente der Curve zu erhalten, die umhüllt wird von einer Sehne, welche ein Segment von constantem Flächeninhalt von einer gegebenen Curve abschneidet. Dies ergiebt einen Ausdruck für den Krümmungsradius, der für eine gegebene Richtung der Normale zu der Sehne mit Hülfe von Quadraturen berechnet werden kann. Glr. (O.)

ALLÉGRET. Remarques sur une famille de courbes planes. Nouv. Ann. (2) XI. 162-167.

Der Krümmungskreis für einen jeden Punkt der Curve $r^m = a^m \cos m\vartheta$ schneidet auf dem nach dem Berührungspunkte gezogenen Leitstrahl ein Stück ab, welches sich zu dem Leitstrahl ie 2 zu $1+m$ verhält (cf. F. d. M. II. 517). Die vorliegenden Bemerkungen beschäftigen sich nun damit, nachzuweisen, dass auch die logarithmische Spirale zu diesen Curven gehöre, dass daher auch auf diese Curve der genannte Satz Anwendung findet. Daran schliessen sich dann historische Notizen, die Aufstellung des obigen Satzes betreffend. Endlich wird der Zusammenhang der Curve, für welche $m = \frac{2}{3}$ ist, mit der Elasticitätscurve ermittelt. T.

L. Kiepert. Ueber Epicycloiden, Hypocycloiden und daraus abgeleitete Curven. Schlömilch Z. XVII. 129-147.

Die Steiner'sche Curve vierter Ordnung und dritter Klasse mit drei Spitzen, welche Steiner (Borchardt J. LIII, p. 23) als die Enveloppe der Geraden definirt, von denen jede die drei Fusspunkte der drei Lothe verbindet, die von jedem Punkte eines Kreises auf die Seiten eines einbeschriebenen Dreiecks gefällt sind, war ausser von Steiner selbst namentlich von Herrn Schröter (Ueber die Erzeugnisse krummer projectivischer Gebilde, Borchardt J. LIV. p. 31) und Herrn Eckhardt (Schlömilch Z. XV p. 129, siehe F. d. M. II. p. 520) studirt worden. Die vorliegende Arbeit, welche unabhängig von der letztgenannten entstanden ist, geht von einer andern, auch von Herrn Eckhardt benutzten Erzeugungsweise der Steiner'schen Curve aus, welche, durch eine naheliegende Verallgemeinerung, sich sogleich auf alle gemeinen Epicycloiden und Hypocycloiden überträgt, und deren Eigenschaften, bei Benutzung elementarer Sätze und bekannter Betrachtungsweisen, leicht erkennen lässt.

Herr Kiepert definirt nämlich die allgemeinere Steiner'sche Curve, von ihm Anfangscurve genannt, als die Enveloppe der Verbindungsgeraden zweier sich auf einem Kreise mit den Geschwindigkeiten φ und ψ bewegender Punkte μ und s, wobei φ und ψ durch eine gegebene Gleichung von einander abhängig sind. Ist $\psi = -2\varphi$, so ergiebt sich die Steiner'sche Curve. Herr Kiepert behandelt den Fall, dass $\psi = \pm n \cdot \varphi$. Aus der Anfangscurve entspringen zwei mit ihr in engem Zusammenhang stehende Curven, die Fusspunktscurve, der Ort des Fusspunktes des vom Kreismittelpunkt auf eine erzeugende Sehne gefällten Lothes, und die Polarcurve, der Ort des Poles einer Erzeugenden in Bezug auf den Kreis. Von den Resultaten sollen hier nur folgende hervorgehoben werden.

Die beiden Punkte, in denen jede Erzeugende μs im Verhältniss $1:n$ getheilt wird, sind der auf ihr liegende Berührungspunkt und der Schnittpunkt mit der zugehörigen Tangente der Polarcurve. Es giebt auf dem Fundamentalkreise $n \mp 1$ Punkte, wo ein Punkt μ mit dem ihm zugehörigen s zusammenfällt. In diesen Punkten berühren sich Kreis, Anfangscurve, Fusspunktscurve und Polarcurve. Sie theilen ferner jede der Curven in $n \mp 1$ gleiche Theile. Diejenigen Durchmesser des Kreises, welche von den $n \mp 1$ Halbirungspunkten der durch die eben genannten Punkte erzeugten Bogen ausgehen, sind Rückkehrtangenten der Anfangscurve. Die ihnen zugehörigen Spitzen liegen auf einem mit dem Fundamentalkreise concentrischen Kreise mit dem Radius $\frac{n \mp 1}{n \pm 1} r$, woraus sich $n \mp 1$ unendlich ferne Punkte der Polarcurve ergeben, deren Asymptoten ein reguläres $(n \mp 1)$-Seit bilden, dessen einbeschriebener Kreis concentrisch mit dem Fundamentalkreise ist, und den Radius $\frac{n \pm 1}{n \mp 1} r$ hat. Rollt ein den ursprünglichen Kreis beständig berührender Kreis mit dem Radius $\frac{1}{n \pm 1} r$ auf jenem ersterwähnten concentrischen Kreise mit dem Radius $\frac{n \mp 1}{n \pm 1} r$, so wird die Anfangscurve von demjenigen Punkte des rollenden Kreises durchlaufen, welcher bei dieser Bewegung mit den Punkten des Fundamentalkreises zusammen fällt, wo, wie vorher erwähnt, Punkte μ und s vereinigt sind. Bei $\psi = + n \cdot \varphi$ geschieht die Berührung der Kreise von aussen, bei $\psi = - n \cdot \varphi$ von innen. Daraus folgt, dass jede Anfangscurve eine gemeine Epicycloide oder Hypocycloide ist. Es werden dann die Gleichungen der betrachteten Curven abgeleitet, wobei sich ergiebt, dass die Fusspunktscurve eine verlängerte Epicycloide oder Hypocycloide ist. Es folgt dann die Ableitung von Eigenschaften der Curven, welche mit der Definition einer Gruppe von n Erzeugenden in Zusammenhang stehen, wobei unter Gruppe diejenigen n Erzeugenden verstanden werden, welche n den Kreis in gleiche Theile theilende Punkte μ mit dem ihnen gemeinsamen Punkt s verbinden. Weiterhin wird die Evolute und Evolvente der Anfangscurve betrachtet. Dadurch wird die Berechnung der Länge der Anfangscurve $= \frac{8n}{n \pm 1} r$ ermöglicht. Ihr Flächeninhalt ergiebt sich $=\frac{n}{n+1}r^2\pi$. Die Berechnung der Längen der anderen Curven führt auf elliptische Integrale zweiter Gattung. Ihre Flächeninhalte lassen sich dagegen einfacher ausdrücken. Am Schlusse giebt Herr Kiepert an, nach welchen Richtungen hin sich noch weitere Eigenschaften seiner Curven auffinden lassen. Wenn statt des erzeugenden Kreises eine Ellipse genommen wird, so haben die durch Projection nicht zerstörbaren Eigenschaften natürlich ihre Analoga. Scht.

F. J. Studnička. Notiz zur Theorie der Trochoiden.

Casopis I. 252-253. (Böhmisch.)

In dieser kurzen Notiz werden als Ergänzung zur Theorie der Trochoiden, die in Studnička's Höh. Analysis, Bd. III. p. 85 ff. enthalten ist, die Differentialgleichungen der Trochoiden für den Fall aufgestellt, dass die Basis eine Gerade ist, wobei gezeigt wird, dass man nur r und r' aus den Gleichungen

$$r=f(\varrho),\quad \eta'=\frac{r'}{r},\quad \eta^2(1+\eta'^2)=r^2$$

zu eliminiren hat, um $\eta=\varphi(\xi)$ als Gleichung der gesuchten Trochoide zu erhalten.

Wird hingegen die Basis gesucht, auf welcher die Curve $r=f(\varrho)$ zu rollen hat, damit die Trochoide eine Gerade werde, so hat man ähnlich aus den Gleichungen

$$r=f(\varrho),\quad -y'=\frac{r'}{r},\quad y=r$$

r und r' zu eliminiren, um $y=F(x)$ als Gleichung derselben zu erhalten. W.

A. Voss. Zur Theorie perspectivischer Punktsysteme.

Schlömilch Z. XVII. 375-386.

Zwei auf einanderliegende ebene Systeme werden collinear so auf einander bezogen, dass jedem Punkt x ein unendlich naher x' entspricht, dann entspricht dem Punkt x' als einem Punkt des ersten Systems ein unendlich naher x'' u. s. f. Alle Punkte dieser Art bilden dann die aufeinander folgenden Punkte von Curven, die Verbindungslinien u entsprechender Punkte sind die Tangenten derselben, und je zwei entsprechende Gerade sind aufeinander folgende Tangenten derselben Curve. Die Gleichungen dieser Curven haben die Form:

$$x_0^\alpha \cdot x_1^\beta = x_2^{\alpha+\beta}.$$

Auch in allgemein collinearen und aufeinander liegenden ebenen Systemen liegen die Punkte x, deren Projectionsstrahl u eine Curve

$$u_0^m u_1^n = u_2^{m+n}$$

berührt, auf einer Curve, deren Gleichung sich von dieser nur durch die Constante unterscheidet.

Durch Anwendung der elementaren Beziehungen zwischen den entsprechenden Gebilden in aufeinander liegenden allgemein collinearen Systemen werden für die obigen Curven eine Reihe gemeinsamer Eigenschaften erhalten, z. B.: Diese Curven besitzen ausser den drei sich selbst entsprechenden Punkten $F_1\, F_2\, F_3$, durch welche sie gehen, weder vielfache, noch Inflexionspunkte, noch Doppeltangenten. Durch jeden Punkt geht nur eine Curve des Systems, wie auch jede Gerade nur von einer Curve berührt wird. Die Berührungspunkte der von einem Punkt A an die sämmtlichen Curven gezogenen Tangenten liegen auf einem Kegelschnitt, welcher die F-Punkte enthält und die durch A gehende Curve in A berührt, und umgekehrt, jede Gerade a schneidet die Curven in Punkten, deren Tangenten einen Kegelschnitt umhüllen, welcher die sich selbst entsprechenden Geraden $f_1\, f_2\, f_3$ berührt, und die Gerade a in demjenigen Punkte, in welchem sie von einer Curve berührt wird, etc. Diese allgemeineren Sätze werden dann auf zwei specielle Fälle angewendet, nämlich:

1) auf den Fall $x_0\, x_1 = cx_2^2$, in welchem die Curven ein Büschel sich doppelt berührender Kegelschnitte mit den gemeinsamen Tangenten $f_0\, f_1$ und der gemeinsamen Berührungssehne f_2 bilden.

2) auf die specielle Curve dritten Grades $x_0\, x_1^2 = cx_2^3$; dadurch werden eine grosse Zahl wesentlich bekannter Sätze abgeleitet.

Eine eingehende Kritik liegt nicht im Plane des Jahrbuchs;

eine Bemerkung möge jedoch hier Platz finden. In der Ueberschrift und auch vielfach in der Abhandlung wird nämlich von perspectivischen Gebilden gesprochen, während der Herr Verfasser offenbar allgemein projectivische und beliebig aufeinanderliegende Gebilde meint. Perspectivische Systeme in dem wenigstens in Deutschland allgemein üblichen Sinne (vergl. die Bücher von Steiner, v. Staudt u. a.), deren Projectionsstrahlen sämmtlich durch denselben Punkt gehen, hätte der Herr Verfasser grade ausnehmen müssen, da für diese seine Deductionen nicht gelten. Schz.

Capitel 3.

Analytische Geometrie des Raumes.

A. Allgemeine Theorie der Flächen und Raumcurven.

F. Joachimsthal. Anwendung der Differential- und Integralrechnung auf die allgemeine Theorie der Flächen und Linien doppelter Krümmung. Leipzig. Teubner.

In dem vorliegenden Buche werden von Herrn Liersemann die Vorlesungen veröffentlicht, welche Joachimsthal im Winter 1856/57 zu Breslau über die Theorie der Raumcurven und Flächen gehalten hat. Die fassliche und elegante Darstellung, die Verbindung der geometrischen Vorstellung mit der Rechnung lassen das Buch für Studirende sehr empfehlenswerth erscheinen. Die behandelten Capitel sind: Analytischer Ausdruck der Raumcurve, Tangente und Normalebene, Schmiegungsebene, erste und zweite Krümmung, Schmiegungskugel der Curven. Analytischer Ausdruck einer Fläche. Untersuchung der Flächen mittelst schneidender Ebenen. Tangentialebene und Normale, Osculation der Flächen. Krümmung der Flächen, Theorie der geradlinigen Flächen, Krümmungscurven der Flächen zweiten Grades. Theorie der

kürzesten Linien auf den Flächen. Die partiellen Differentialgleichungen der Flächen. **Wn.**

H. LAURENT. Théorie des courbes gauches. Ann. de l'Éc. Norm. (2) I. 219-230.

Der Verfasser schliesst sich mit seiner Arbeit der noch geringen Zahl derjenigen Mathematiker an, welche in neuester Zeit wieder begonnen haben, die Curventheorie auf dem natürlichen Wege fortzubilden, auf dem sie seit Monge länger als 60 Jahre fast unbeweglich stehen geblieben war. Serret gebührt das Verdienst durch sein Beispiel die correcte Methode (Untersuchung der allgemeinen Natur der Curven vor jeder Synthese), wenigstens bei den französischen Mathematikern, wieder zu Ehren gebracht zu haben; dieses wird eher verringert als erhöht, wenn man ihn unrichtigerweise zum Autor einer neu erfundenen Theorie macht. Nicht die Originalität — er ist wohl kaum in einem Stücke der Erste gewesen, — sondern die Nothwendigkeit für den Erfolg bildet den Vorzug seiner Aufstellungen, welcher wohl gegenüber solchen künstlichen Einführungen wie der der tangentiellen Coordinaten durch die Einfachheit auf den ersten Blick einleuchtet.

Laurent entwickelt zuerst, ausgehend von Serret's Formeln, die hauptsächlichsten Relationen zwischen den Bestimmungsstücken einer Curve und beschäftigt sich demnächst mit der osculirenden Spirale. Hierbei ist ihm jedoch entgangen, dass das Bogenelement im Anfang überflüssig, weiterhin hinderlich in die Rechnung gezogen worden ist, ein Mangel, der auch bei Serret hervortritt. Er fragt, welche Parallele mit der Axe der Spirale eine abwickelbare Fläche erzeugt. Es ergiebt sich, dass 1) bei jeder Urcurve ein Punkt auf der Hauptnormale in constantem Abstand von der Curve als Ausgangspunkt der Parallele genügt, und 2) der Abstand nicht constant zu sein braucht, wenn das Krümmungsverhältniss der Urcurve constant ist. Die Axe der Spirale selbst erzeugt eine abwickelbare Fläche, wenn die Urcurve der Bedingung genügt

$$\frac{RT^2}{R^2+T^2} = \text{const.},$$

wo R, T den Krümmungs- und Torsionsradius bezeichnen, eine Gleichung, die sich sofort als fertig zur Construction gelöst darstellen würde, wenn man das in R und T steckende Bogenelement heben wollte. Ferner wird die Einhüllende der die Urcurve schneidenden Parallele bestimmt, welche bekannt, hier jedoch viel zu complicirt dargestellt ist. Die von ihr erzeugte abwickelbare Fläche ist die Einhüllende der rectificirenden Ebenen; die Urcurve ist geodätische Linie auf ihr. Ferner wird der kürzeste Abstand der Hauptnormalen ermittelt als Projection des Bogenelements auf die Axe der osculirenden Spirale, in welcher er auch stattfindet. Die Projectionen der Krümmung und Torsion bezw. von der Tangente und Binormale auf den Radiusvector jenes kürzesten Abstands sind einander gleich. Ferner zeigt sich die Axe der osculirenden Spirale als Linie des kürzesten Abstands der consecutiven Hauptnormalen. Endlich wird eine die Binormale schneidende Parallele gesucht, welche eine abwickelbare Fläche erzeugt. Ihr Abstand längs der Binormale ist ausgedrückt durch

$$\int \frac{R}{T} ds.$$

Die Durchschnitte der hierin begriffenen Geraden mit der Binormale beschreiben auf der Binormalenfläche eine Schaar paralleler Curven, deren Tangenten normal zur Axe der osculirenden Spirale sind. Ihnen entspricht eine Schaar abwickelbarer Flächen, erzeugt von den Parallelen mit der Hauptnormale, und deren Gratlinien bilden die Polarfläche der Urcurve. H.

Laguerre. Mémoire sur l'emploi des imaginaires dans la géométrie de l'espace. Nouv. Ann. (2) XI. 14-21, 108-118, 241-254.

Siehe Abschn. IX. Cap. 5.

Laguerre. Sur les formules fondamentales de la théorie des surfaces. Nouv. Ann. (2) XI. 60-66.

Die Variation eines rechtwinkligen Systems dreier von einem Punkte einer Fläche ausgehenden Geraden, nämlich die der beiden

Tangenten und der dritten Normale, wird durch die Differentialrelationen der 9 Richtungscosinus bestimmt, wobei 6 Coefficienten auftreten, die noch von der Richtung der Verschiebung und von dem Gleiten der Tangenten in ihrer Ebene abhangen. Bringt man hiermit die Variation des rechtwinkligen Systems der Tangente, Binormale und Hauptnormale der Verschiebungscurve in gleicher Form dargestellt in Verbindung, so erhält man zwischen den Variationen des Krümmungs- und Torsionswinkels, dem Richtungswinkel der Curve in der Berührungsebene, dem Winkelabstand der Hauptnormale von der Flächennormale und jenen 6 Coefficienten 3 Relationen, welche vermöge der Unabhängigkeit der 2 Parameter 6 Gleichungen vertreten. Nach Elimination der Curvenelemente bleiben noch 3 partielle Differentialgleichungen 1ter Ordnung zwischen den 6 Coefficienten. Drittens wird das Quadrat des Linienelements in folgender Form entwickelt

$$\partial s^2 = E^2 \partial u^2 + 2 EG \cos 2\omega \partial u\, \partial v + G^2 \partial v^2,$$

mit der Bestimmung, dass die Axen in der Berührungsebene die Winkel zwischen den Linien $u =$ const. und $v =$ const. halbiren. Nach Einführung der vorigen Curvenbestimmungen erhält man 3 Relationen zwischen E, G, ω und den 6 Coefficienten, nebst einem Ausdruck für den Tangens des Richtungswinkels der Tangente der Curve. Die Anwendung dieser „Fundamentalformeln der Flächentheorie" auf ein System dreier Flächenschaaren soll in einem späteren Aufsatz folgen. H.

G. Blažek. Ueber das Flächendifferential. Casopis I. 30-31. (Böhmisch).

Der Verfasser zeigt in dieser kurzen Notiz, wie man in einfacher Weise die bekannten Formeln für das Flächendifferential für rechtwinklige und Polar-Coordinaten entwickeln könne, wenn man von dem Satze ausgeht, dass das Quadrat einer ebenen Fläche gleich ist der Summe der Quadrate ihrer Projectionen auf die Ebene eines rechtwinkligen Coordinatensystems. W.

A. Cayley. On the transformation of the equation of a surface to a set of chief axes. Quart J. XII. 34-38.

Die bezüglichen Axen sind Axen in einem Punkt der Oberfläche, eine von ihnen, z. B. die von Z in der Richtung der Normale, und die anderen in den Richtungen der Tangenten zu den beiden resp. Krümmungscurven. Die Gleichungen nehmen die Formen an

$$\nabla z + \tfrac{1}{2}\frac{X^2}{\varrho_1} + \tfrac{1}{2}\frac{Y^2}{\varrho_2} + \text{Gliedern in } XZ, YZ, Z^2 + \text{ etc.} = 0,$$

wo $\nabla\varrho_1, \nabla\varrho_2$ die Krümmungsradien sind. Das Neue besteht in der Bestimmung der Coefficienten von XZ, YZ und Z^2. Es wird bemerkt, dass wenn man X, Y als kleine Grössen erster Ordnung betrachtet, Z von der zweiten Ordnung ist, also die Glieder in XZ, YZ von der dritten und in Z^2 von der vierten Ordnung sind.

Cly. (O.)

W. O. Jonson. Den Cauchyanska kontaktsteorien jemte en kort framställning af den generela kontaktsteoriens uppkomst och utveckling. Upsala.

Sehr ausführliche Darstellung der Berührungstheorie für Curven und Flächen. Der Verfasser citirt als Quellen sowohl die betreffenden Originalwerke von Cauchy, als auch die Vorlesungen des Herrn Prof. Daug an der Universität in Upsala. In einer Einleitung wird über die vorläufigen Arbeiten in derselben Richtung von Lagrange und seinen Vorgängern Bericht erstattet.

Bg.

A. Cayley. Sur les surfaces orthogonales. C. R. LXXV. 324-330, 381-385.

Man kann sich die Aufgabe stellen: „Es sei eine Fläche einer Familie, die einem orthogonalen System angehört, gegeben; man soll die Familie auf die allgemeinste Art finden“.

Der Verfasser versucht die Lösung, indem er die drei Coordinaten nach den Potenzen eines Parameters entwickelt, und bemerkt, dass die gewonnenen Resultate, obgleich er erst die drei ersten Glieder der drei Entwickelungen bestimmt hat, dennoch schon Beachtung zu verdienen scheinen. Mz.

A. Cayley. Sur la condition pour qu'une famille de surfaces données puisse faire partie d'un système orthogonal. C. R. LXXIV. 1800-1803, LXXV. 177-185, 246-250.

Ist $\varrho = f(x, y, z)$ die Gleichung einer Flächenfamilie, die einem orthogonalen System zugehört, so genügt ϱ einer partiellen Differentialgleichung dritter Ordnung. Der Verfasser leitet diese ausführlich her. Im Anschluss daran fügt der Verfasser eine Verbesserung bei, indem er aus der gefundenen Differentialgleichung einen fremdartigen Factor: $\left(\frac{\partial\varrho}{\partial x}\right)^2 + \left(\frac{\partial\varrho}{\partial y}\right)^2 + \left(\frac{\partial\varrho}{\partial z}\right)^2$ ausscheidet. Mz.

A. Enneper. Bemerkungen über die orthogonalen Flächen. Gött. Nachr. 1872. 17-30, 226-239.

Vereinfachung des Beweises eines Satzes von Darboux, nämlich: „Schneiden sich zwei Systeme von Flächen orthogonal in Krümmungslinien, so existirt ein drittes System, welches zu den beiden Systemen orthogonal ist." Mz.

D. Codazzi. Sulle coordinate curvilinee d'una superficie e dello spazio. Memoria quinta. Brioschi Ann. (2) V. 206-222.

Diese 5te Abhandlung ist eine Fortsetzung des zweiten Theils der ersten Abhandlung (siehe F. d. M. I. 212). Eine Flächenschaar wird so bestimmt, dass ihr Durchschnitt mit einer zweiten orthogonal zu den isothermischen Linien sein soll, und daraus eine Reihe neuer Relationen entwickelt. H.

A. Cayley. A demonstration of Dupin's theorem. Quart J. XII. 185-191.

Die Notiz will den geometrischen Beweis des Satzes klar machen, dass drei Familien von Oberflächen, die sich unter rechten Winkeln schneiden, sich längs ihrer Krümmungslinien schneiden. Cly. (O.)

A. Cayley. Sur les surfaces divisibles en carrés par leurs courbes de courbure et sur la théorie de Dupin. C. R. LXXIV. 1445-1449.

Der Verfasser beweist folgenden Satz:

Es seien θ eine willkürliche Function von h, k; und x, y, z Functionen von h und k, so dass:

$$2\theta\frac{\partial^2 x}{\partial h\,\partial k}-\frac{\partial\theta}{\partial h}\frac{\partial x}{\partial k}-\frac{\partial\theta}{\partial k}\frac{\partial x}{\partial h}=0,$$

$$2\theta\frac{\partial^2 y}{\partial h\,\partial k}-\frac{\partial\theta}{\partial h}\frac{\partial y}{\partial k}-\frac{\partial\theta}{\partial k}\frac{\partial y}{\partial h}=0,$$

$$2\theta\frac{\partial^2 z}{\partial h\,\partial k}-\frac{\partial\theta}{\partial h}\frac{\partial z}{\partial k}-\frac{\partial\theta}{\partial k}\frac{\partial z}{\partial h}=0,$$

und ferner:

$$\frac{\partial x}{\partial h}\frac{\partial x}{\partial k}+\frac{\partial y}{\partial h}\frac{\partial y}{\partial k}+\frac{\partial z}{\partial h}\frac{\partial z}{\partial k}=0.$$

Dann erhält man durch Elimination von h und k zwischen x, y, z die Gleichung $V=0$, die eine Fläche ausdrückt, und es bestimmen die Gleichungen $h=\text{const.}$, $k=\text{const.}$ die beiden Systeme von Krümmungslinien dieser Fläche. Ausserdem ist diese Fläche durch ihre Krümmungslinien in Quadrate theilbar.

Mz.

A. Cayley. On the surfaces divisible into squares by their curves of curvature. Pr. of L. M. S. IV. 120-121.

Bericht über eine Untersuchung, die neuerdings der Akademie der Wissenschaften zu Paris mitgetheilt worden und in den C. R. publicirt ist. Siehe das vorhergehende Referat.

Cly. (O.)

A. Cayley. On the determination of the surfaces divisible into squares by means of their curves of curvature. Pr. of L. M. S. IV. 8-9.

Der Satz ist als richtig bekannt für Oberflächen zweiten Grades, aber es ist nicht zu beweisen, dass er auf diese Flächen beschränkt ist. Das Problem der Bestimmung der Oberflächen, welche diese Eigenschaft besitzen, scheint mit bedeutenden Schwierigkeiten verbunden zu sein, die bisher noch nicht geprüft sind.

Cly. (O.)

E. Combescure. Sur quelques problèmes relatifs à deux séries de surfaces. Brioschi Ann. (2) V. 236-260.

Der erste Theil der Abhandlung, welche ursprünglich einen Theil einer andern über die permanenten isothermen Linien bildete, die noch erscheinen sollte, enthält eine Anzahl Formeln, insbesondere über die Einführung der Parameter der Krümmungslinien. Die Gleichung

$$\left(\frac{\partial u}{\partial x}\right)^2+\left(\frac{\partial u}{\partial y}\right)^2+\left(\frac{\partial u}{\partial z}\right)^2=1,$$

findet ihre vollständige Lösung, indem man x, y, z zu Coordinaten eines Punkts auf der Normale einer willkürlichen Fläche im Abstand u vom Fusspunkt macht. Sind p, q, r die Richtungscosinus der Normale, ξ, η die Parameter der Krümmungslinien, R, R_1 die Hauptkrümmungsradien, und

$$\triangle^2=\left(\frac{\partial p}{d\xi}\right)^2+\left(\frac{\partial q}{\partial \xi}\right)^2+\left(\frac{\partial r}{\partial \xi}\right)^2;$$

$$\nabla^2=\left(\frac{\partial p}{\partial \eta}\right)^2+\left(\frac{\partial q}{\partial \eta}\right)^2+\left(\frac{\partial r}{\partial \eta}\right)^2,$$

so ist für eine beliebige Function v

$$\left(\frac{\partial v}{\partial x}\right)^2+\left(\frac{\partial v}{\partial y}\right)^2+\left(\frac{\partial v}{\partial z}\right)^2=\left(\frac{\partial v}{\partial u}\right)^2+\frac{\left(\frac{\partial v}{\triangle\partial \xi}\right)^2}{(u-R)^2}+\frac{\left(\frac{\partial v}{\nabla\partial y}\right)^2}{(u-R_1)^2},$$

$$\left(\frac{\partial u}{\partial x}\right)^2+\left(\frac{\partial u}{\partial y}\right)^2+\left(\frac{\partial u}{\partial z}\right)^2=\frac{1}{u-R}+\frac{1}{u-R_1},$$

$$\left(\frac{\partial \xi}{\partial x}\right)=\frac{\frac{\partial p}{\triangle^2\partial\xi}}{u-R};\quad \frac{\partial\eta}{\partial x}=\frac{\frac{\partial p}{\nabla^2\partial\eta}}{u-R_1},$$

$$\frac{1}{R-R_1}\,\frac{\partial R}{\partial\eta}+\frac{\partial\triangle}{\triangle\partial\eta}=0;\quad \frac{1}{R_1-R}\,\frac{\partial R_1}{\partial\xi}+\frac{\partial\nabla}{\nabla\partial\xi}=0.$$

$$(7)\quad\begin{cases}\dfrac{\partial^2 p}{\partial\xi^2}+\triangle^2 p=\dfrac{\partial\triangle}{\triangle\partial\xi}\dfrac{\partial p}{\partial\xi}-\dfrac{\triangle}{\nabla^2}\dfrac{\partial\triangle}{\partial\eta}\dfrac{\partial p}{\partial\eta},\\ \dfrac{\partial^2 p}{\partial\eta^2}+\nabla^2 p=\dfrac{\partial\nabla}{\nabla\partial\eta}\dfrac{\partial p}{\partial\eta}-\dfrac{\nabla}{\triangle^2}\dfrac{\partial\nabla}{\partial\xi}\dfrac{\partial p}{\partial\xi},\\ \dfrac{\partial^2 p}{\partial\xi\partial\eta}\qquad=\dfrac{\partial\triangle}{\triangle\partial\eta}\dfrac{\partial p}{\partial\xi}+\dfrac{\partial\nabla}{\nabla\partial\xi}\dfrac{\partial p}{\partial\eta},\\ 1-p^2\qquad=\left(\dfrac{\partial p}{\triangle\partial\xi}\right)^2+\left(\dfrac{\partial p}{\nabla\partial\eta}\right)^2.\end{cases}$$

Aus diesen Formeln werden dann Resultate von Weingarten, Lamé, Brioschi und Bertrand (Temperaturbewegung) abgeleitet.

Das erste Problem verlangt, 2 Schaaren sich schneidender Flächen darzustellen, so dass der zwischen den 2 Paar consecutiven Flächen eingeschlossene Canal einen durchweg sich congruenten Querschnitt habe, d. i. die Integration dei Gleichungen:

$$\left(\frac{\partial\alpha}{\partial x}\right)^2+\left(\frac{\partial\alpha}{\partial y}\right)^2+\left(\frac{\partial\alpha}{\partial z}\right)^2=g;$$

$$\frac{\partial\alpha}{\partial x}\frac{\partial\beta}{\partial x}+\frac{\partial\alpha}{\partial y}\frac{\partial\beta}{\partial y}+\frac{\partial\alpha}{\partial z}\frac{\partial\beta}{\partial z}=h,$$

$$\left(\frac{\partial\beta}{\partial x}\right)^2+\left(\frac{\partial\beta}{\partial y}\right)^2+\left(\frac{\partial\beta}{\partial z}\right)^2=k,$$

wo g, h, k beliebige Functionen der Flächenparameter α, β sind. Durch Einführung neuer Parameter u, v werden die Gleichungen verwandelt in:

$$\left(\frac{\partial u}{\partial x}\right)^2+\cdots=1;\ \frac{\partial u}{\partial x}\frac{\partial v}{\partial x}+\cdots=0;\ \left(\frac{\partial v}{\partial x}\right)^2+\cdots=F(u,v).$$

Von den 2 Bedingungsgleichungen enthält die eine nur u, die andre ist linear in v. Die Integration der ersten der so gewonnenen Gleichungen ist im Anfang angegeben; der zweiten genügt jede Funktion von ξ, η; die dritte verwandelt sich nach den Formeln in

$$\left(\frac{\dfrac{\partial v}{\triangle\partial\xi}}{u-R}\right)^2+\left(\frac{\dfrac{\partial v}{\nabla\partial\eta}}{u-R_1}\right)^2=F(u,v).$$

Sind nun R, R_1, die Hauptkrümmungsradien der Fläche $u=\text{const.}$, verschieden und endlich, und v von ξ, η abhängig, so kann die Gleichung nur bestehen, wenn

$$R, R_1, \frac{\partial v}{\triangle \partial \xi}, \frac{\partial v}{\bigtriangledown \partial \eta},$$

also nach Weingartens Satz auch $\triangle$ und $\bigtriangledown$ Functionen von v allein sind. Dann aber ist v linear in ξ, η und kann $= \xi + \eta = t$ gesetzt werden. Jetzt geht die Lamé'sche Formel

$$\frac{\partial}{\partial \xi} \frac{\partial \bigtriangledown}{\triangle \partial \xi} + \frac{\partial}{\partial \eta} \frac{\partial \triangle}{\bigtriangledown \partial \eta} + \triangle \bigtriangledown = 0,$$

indem man $\triangle^2 + \bigtriangledown^2 = \pi^2$, $\triangle \bigtriangledown = \omega$ setzt, über in

$$\frac{\partial}{\partial t} \frac{\pi \partial \pi}{\omega \partial t} + \omega = 0$$

und giebt integrirt:

$$\omega = \frac{\partial \vartheta}{\partial t}; \quad \pi^2 + \vartheta^2 = 4C^2.$$

Mittelst der Formeln (7) erhält man dann

$$\frac{\partial^3 p}{\partial s^3} + C^2 \frac{\partial p}{\partial s} = 0 \quad (s = \xi - \eta),$$

nach deren Integration mit Beachtung von $R - R_1 = \frac{1}{\omega}$ die Coordinaten durch Quadraturen erhalten werden. Das Resultat ist:

$$x = Pp - Qq; \; y = Pp + Qq; \; z = \frac{2u\vartheta - \int (R + R_1)\, \omega \partial t - s}{4C},$$

$$P = u - \frac{R + R_1}{2} - \frac{1}{2C\omega} \frac{\partial \tau}{\partial t}; \quad Q = \frac{1}{2C\pi\omega} \frac{\partial \pi}{\partial t};$$

$$\tau = C \int \frac{\triangle^2 - \bigtriangledown^2}{\pi^2} \partial t.$$

Ist hingegen $R = R_1$, also die Flächen $u =$ const. concentrische Kugeln, so ergiebt sich, wofern v von ξ und η abhängt, folgende Lösung:

$$\cos \xi = \sin \zeta \cos (v + \pi); \; \cos (\eta + \varepsilon) = \cot \xi \cot \zeta; \; \pi = \int \cos \zeta \partial \varepsilon,$$

wo ξ, η Höhe und Azimut,

$$\sin \omega = \frac{\partial v}{\partial \xi} = \sin \zeta \sin (\eta + \varepsilon); \; \sin \xi \cos \omega = \frac{\partial v}{\partial \eta} = \cos \zeta;$$

ε willkürlich.

Ist v nur von ξ abhängig, so sind $R, \triangle$ desgleichen, und man hat:

$$\frac{\partial^2 p}{\partial \xi^2} + p = 0.$$

Das zweite Problem verlangt, dass der Querschnitt jedes Canals sich durchweg ähnlich sei. Sind μ, ν die Parameter der sich schneidenden Flächen, so sind die Bedingungen:

$$\left(\frac{\partial \mu}{\partial x}\right)^2 + \cdots = f(\mu, \nu)\left(\left(\frac{\partial \nu}{\partial x}\right)^2 + \cdots\right);$$

$$\frac{\partial \mu}{\partial x}\,\frac{\partial \nu}{\partial x} + \cdots = f_1(\mu, \nu)\left(\left(\frac{\partial \nu}{\partial x}\right)^2 + \cdots\right).$$

Es werden neue Parameter ξ, η eingeführt, für welche die Querschnitte Quadrate werden, so dass $f = 1$; $f_1 = 0$. Zur Lösung dient die vorgängige Integration der Gleichung

$$\left(\frac{\partial u}{\partial x}\right)^2 + \cdots = 0,$$

welche sich zerlegt in die Gleichungen

$$\frac{\partial u}{\partial x} = i \cos \omega \frac{\partial u}{\partial z}; \quad \frac{\partial u}{\partial y} = i \sin \omega \frac{\partial u}{\partial z},$$

die nur bestehen können, wenn

$$\cos \omega \frac{\partial \omega}{\partial x} + \sin \omega \frac{\partial \omega}{\partial y} - i \frac{\partial \omega}{\partial z} = 0$$

ist. Das Integral dieser Gleichung ist:

$$x = \alpha + iz \cos \omega; \quad y = \beta + iz \sin \omega; \quad \omega = f(\alpha, \beta),$$

und das der Differentialgleichung für u:

$$u = \varphi(\alpha, \beta)$$

$$x = \alpha + \frac{iz}{N}\,\frac{\partial \varphi}{\partial \alpha}; \quad y = \beta + \frac{iz}{N}\,\frac{\partial \varphi}{\partial \beta};$$

$$N = \sqrt{\left(\frac{\partial \varphi}{\partial \alpha}\right)^2 + \left(\frac{\partial \varphi}{\partial \beta}\right)^2}.$$

Jetzt sind α, β zu eliminiren, für u zu setzen $\xi + i\eta$; dann erhält man eine Gleichung

$$\Psi(x, y, z, \xi, \eta) + i\,\Psi_1(x, y, z, \xi, \eta) = 0,$$

und die Gleichungen $\Psi = 0$; $\Psi_1 = 0$ bestimmen ξ, η in x, y, z. Hiervon folgt noch ein Beispiel. H.

E. Combescure. Sur un point de la théorie des surfaces. C. R. LXXIV. 1517-1520.

Im ersten Theil der Note wird für eine beliebige Fläche die Formel hergeleitet:

$$\pi^2 = (2Sq\pi\partial\beta + A)(2Sp\pi\partial\alpha + B),$$

wo α, β Parameter der Krümmungslinien,

$$-\pi = \frac{\partial p}{\partial\alpha} + \frac{\partial q}{\partial\beta};\ p = \frac{\partial m}{l\partial\alpha};\ q = \frac{\partial l}{m\partial\beta},$$

$$l = \left(\frac{\partial x}{\partial\alpha}\right)^2 + \left(\frac{\partial y}{\partial\alpha}\right)^2 + \left(\frac{\partial z}{\partial\alpha}\right)^2;$$

$$m = \left(\frac{\partial x}{\partial\beta}\right)^2 + \left(\frac{\partial y}{\partial\beta}\right)^2 + \left(\frac{\partial z}{\partial\beta}\right)^2,$$

und A, B willkürliche Functionen bzw. von α, β sind. Dieser Gleichung müsse die von Cayley in C. R. 3. juin 1872 eingeführte Function θ, (siehe das obige Referat p. 364), welche identisch mit l und m wird, genügen, sei daher nicht willkürlich.

Ferner geht jene Gleichung, wenn θ Function von $(\alpha + \beta)$ ist, und man

$$\frac{\theta'}{\theta} = f$$

setzt, über in

$$f'^2 = (a^2 - f^2)\ (b^2 - f^2),$$

und f wird eine inverse elliptische Function erster Gattung von $(\alpha + \beta)$. H.

A. Ribaucour. Sur la théorie des lignes de courbure. C. R. LXXIV. 1489-1491, 1570-1572.

Sind

$$Ax + By + Cz = D;\ A'x + B'y + C'z = D'$$

die Berührungsebenen zweier orthogonalen Systeme abwickelbarer Flächen in ihrer Schnittlinie, und u, v deren Parameter, so sind A, B, C, D Lösungen der Gleichung

$$\frac{\partial^2 Z}{\partial u\,\partial v} + \lambda\frac{\partial Z}{\partial u} + \gamma\frac{\partial Z}{\partial v} = \vartheta Z,$$

wo $\lambda, \gamma, \vartheta$ Functionen von u, v bezeichnen. Der Verfasser lässt nun ein System von Flächennormalen (S), die nach den von ihnen gebildeten Abwickelbaren rangirt sind, auf einer Fläche 2ten Grades (A) reflectiren, betrachtet den Fall, wo die 2 Netze, welche die beiderseitigen Abwickelbaren auf (A) ausschneiden, conjugirt sind, und gelangt zu folgenden Sätzen:

Hat ein System von Geraden die Eigenschaft von (S) in Bezug auf eine Familie homofocaler Flächen 2ten Grades, so ist jede der davon gebildeten Abwickelbaren einer dieser homofocalen Flächen umschrieben.

Der Pol der Normalebene einer unter den Abwickelbaren längs ihrer Erzeugenden in Bezug auf jene eingeschriebene Fläche liegt auf der Tangente der Berührungscurve dieser Abwickelbaren mit der Abwickelbaren des Systemes (S).

Als interessantestes Beispiel bezeichnet er das Normalensystem einer anallagmatischen Fläche 4ter Ordnung.

H.

A. Ribaucour. Note sur les développées des surfaces. C. R. LXXIV. 1399-1403.

Sind u, v Parameter der Krümmungslinien, ist

$$\partial s^2 = f^2 \partial u^2 + g^2 \partial v^2,$$

sind

$$R_1 = \frac{f}{a}, \quad R_2 = \frac{g}{b}$$

die Hauptkrümmungsradien auf einer Fläche (A), und (B), (C) deren Mittelpunktsflächen, A, B, C ihre entsprechenden Punkte, ferner ξ der Abstand eines Punktes M der Normale in B von B, und ϑ der Winkel zwischen der Berührungsebene der Normalenfläche für beliebige Variation $\partial u, \partial v$ und zwischen der Berührungsebene von (A), so ist

$$-\operatorname{tg}\vartheta = \frac{\left(a\xi + \frac{\partial R_1}{\partial u}\right)\partial u + \frac{\partial R_1}{\partial v}\partial v}{\left\{b(R_2 - R_1) + \frac{\partial g}{f\partial u}\xi\right\}\partial v - \frac{\partial f}{g\partial v}\partial u}.$$

Ist M Krümmungsmittelpunkt, so gilt die Gleichung unabhängig von $\partial u, \partial v$, zerfällt also in zwei, deren eine sich vom differentiirten R_1 frei machen lässt. Hieraus folgt zunächst ein von Mannheim (C. R. 12. févr. 1872 siehe p. 293) geometrisch bewiesener Satz, nach welchem die Verbindungslinie eines Hauptkrümmungsmittelpunkts mit dem Durchschnitt der Berührungsebene der Mittelpunktsfläche von (B) und der Normale von (C) in C ein Paraboloid

$$X\frac{R_2}{Z+R_2}\,\frac{\partial g}{fg\partial u}+Y\frac{R_1}{Z+R_1}\,\frac{\partial f}{fg\partial v}+1=0$$

erzeugt, dasselbe nach Vertauschung der Hauptkrümmungen und dasselbe für alle Flächen (A), die sich in A in 2ter Ordnung berühren. — Längs einer Krümmungslinie von (B) ist ϑ unabhängig von ξ, die Gleichung zerfällt wieder in zwei, aus denen die Sätze hervorgehen:

Damit die Krümmungslinien auf (B) und (C) einander oder conjugirten Systemen auf (A) entsprechen, muss bzw. R_2-R_1 oder $R_1 R_2$ constant sein.

Eine andere einfache Betrachtung ergiebt: Die asymptotischen Curven auf (B) und (C) entsprechen sich, wenn R_2 Function von R_1 ist. Hiervon wird auf Flächen 2ten Grades Anwendung gemacht.

H.

A. Ribaucour. Sur la représentation sphérique des surfaces. C. R. LXXV. 533-536.

Auf der Kugel vom Radius 1, auf welcher eine gegebene Fläche nach gemeinsamer Normalenrichtung sich abbildet, wird ein isometrisches orthogonales Netz, bestimmt durch

$$\partial s^2=\lambda^2(\partial u^2+\partial v^2)$$

angenommen, und für die Parameter u, v conjugirte Complexe anderer Parameter substituirt. Dadurch treten Vereinfachungen in manchen Relationen ein. So werden dargestellt die gemeinsame Gleichung der Hauptkrümmungsradien, die Bedingungsgleichung conjugirter Tangenten und die der Minimalflächen. In Betreff der letztern ergiebt sich, dass die sphärische Abbildung der Linien $\partial s=0$ auf einer Minimalfläche Generatricen der Kugelfläche sind, und dass sich ein isometrisches Netz einer Minimalfläche auf der Kugel als isometrisches Netz abbildet. Hiernach untersucht der Verfasser die Bedingung, unter der eine Flächenfamilie einem dreifach orthogonalen Flächensystem angehört, welche sich in der Form ergiebt:

$$\partial x \frac{\partial}{\partial x} l\left(\frac{\frac{\partial b}{\partial y}}{\lambda^1 \frac{\partial a}{\partial x}}\right) - \partial y \frac{\partial}{\partial y} l\left(\frac{\frac{\partial a}{\partial x}}{\lambda^1 \frac{\partial b}{\partial y}}\right)$$
$$+ \partial z\left(\frac{\partial}{\partial z} l \frac{\partial b}{\partial y} - \frac{\partial}{\partial z} l \frac{\partial a}{\partial x}\right) = 0.$$

Das orthogonale System erhält man durch Elimination von $\partial x, \partial y, \partial z$ zwischen dieser und den 2 folgenden Gleichungen:

$$\partial x\left(\frac{p}{2} + c\right) + \partial y \frac{\partial b}{\partial y} + \partial z \frac{\partial b}{\partial z} = 0,$$

$$\partial x \frac{\partial a}{\partial x} + \partial y\left(\frac{p}{2} + c\right) + \partial z \frac{\partial a}{\partial z} = 0,$$

wo

$$p = f(x, y, z)$$

die Gleichung der vorliegenden Flächenfamilie,

$$a = \frac{\partial p}{\lambda^2 \partial x}; \quad b = \frac{\partial p}{\lambda^2 \partial y}; \quad c = \frac{\partial^2 p}{\lambda^2 \partial x \partial y}$$

ist, und l die Entfernung eines Punkts der Normale von der Ebene bezeichnet, die parallel der Berührungsebene durch das Kugelcentrum geht. H.

A. Enneper. Ueber die Flächen mit einem Systeme sphärischer Krümmungslinien. Gött. Nachr. 1872. 80-100.

Der Verfasser bemerkt, dass zur Behandlung der in der Ueberschrift angegebenen Flächen nicht eine partielle Differentialgleichung, sondern nur eine gewöhnliche integrirt zu werden braucht, wobei aber die auftretenden Constanten als Functionen einer Variabeln aufzufassen sind. Diesen Weg hatte Serret eingeschlagen, jedoch, wie der Verfasser bemerkt, unter Hinzunahme einer ganz willkürlichen Beschränkung. Der Verfasser giebt dann im Folgenden eine hiervon freie Auflösung.

Mz.

A. ENNEPER. Ueber die Flächen, welche gegebenen Flächen der Krümmungsmittelpunkte entsprechen. Gött. Nachr. 1872. 577-600.

Behandlung des Falles, in welchem eine Schale der Krümmungsmittelpunktsfläche eine Kugel ist. Mz.

K. EXNER. Ueber das Wachsthum der Krümmung ebener Schnitte krummer Flächen. Schlömilch Z. XVII. 416-418.

Ein schräger Schnitt einer krummen Fläche wird mit dem Normalschnitt von gemeinsamer Tangente verglichen; k und k' seien die Krümmungen des Normal- und schrägen Schnitts, α der Winkel zwischen beiden Ebenen, w und w' ihre Differentialquotienten nach dem Bogen, p der Differentialquotient von k nach dem Winkelabstand der Tangente von der Hauptkrümmungsrichtung. Dann wird gefunden:

$$w' \cos\alpha = w + \tfrac{3}{2} kp \operatorname{tg}\alpha.$$

Entsprechen w' und w'' zwei symmetrischen Schnitten zu beiden Seiten der Normalebene, so ist

$$\tfrac{1}{2}(w' + w'') \cos\alpha = w.$$

H.

M. LÉVY. Sur une propriété des focales des surfaces. C. R. LXXIV. 176-177.

Aus einem allgemeineren Satze, wegen dessen Beweises verwiesen wird auf die 1870 von Herrn Laguerre veröffentlichte Abhandlung: Sur l'emploi des imaginaires dans la géométrie (siehe F. d. M. II. p. 339), wird abgeleitet, dass irgend eine Oberfläche und ihre Focal-Curve (Doppel-Curve der der Oberfläche und dem unendlich entfernten Kreise umschriebenen Developpablen) sich in allen ihren Punkten in einem rechten Winkel schneiden. Schz.

H. M. JEFFERY. On the principal radii of curvature of a surface referred to quadriplanar and tangential coordinates. Quart. J. XII. 86-111.

Cly.

U. Dini. Sulle superficie che hanno un sistema di linee di curvatura piane. Ann. d. Un. Tosc. XI. 1871. 5-43.

L. Painvin. Courbure en un point d'une surface définie par son équation tangentielle. Liouville J. (2) XVII. 219-248.

Der Aufsatz enthält eine grosse Anzahl von Transformationen des Ausdrucks der Krümmung einer Fläche; unter andern wird sie dargestellt durch den Quotienten zweier Determinanten 4ter und 5ter Ordnung von Differentialquotienten 2ter Ordnung.

H.

R. Pendlebury. Note on the indicatrix. Messenger (2) I. 148-149.

Es wird bemerkt, dass an gewissen Punkten auf gewissen Oberflächen (wie z. B. $(x^2+y^2)\,\varphi\left(\frac{x}{y}\right) = f(z)$) die Indicatrix nicht nothwendig ein Kegelschnitt ist, sondern eine beliebige Form haben kann, indem die Zahl der Krümmungslinien, die durch diese Punkte gehen, gleich ist der Zahl der Wendepunkte in der Indicatrix. Glr. (O.)

A. V. Bäcklund. Om orten för ytors krökningscentra. Öfvers. af Forh. Stockholm 1872.

Von Herrn Darboux sind in den C. R. LXX. (siehe F. d. M. II. p. 558) die Ordnung und Classe der Krümmungsmittelpunkts-Fläche gegeben. Die vorliegende Arbeit enthält ausser der Bestimmung derselben, auch die einiger anderer Singularitäten dieser Fläche, wie z. B. die der Ordnungszahlen ihrer Doppel- und Rückkehr-Curven. Sodann giebt der Verfasser eine Methode, um Sätze über die Krümmungsmittelpunkts-Fläche aus Sätzen über die gegebene Fläche zu gewinnen. Diese allgemeineren Betrachtungen werden dann auf Flächen 2ter Ordnung angewandt.

Bg.

A. Enneper. Bemerkungen über die Enveloppe einer Fläche. Clebsch Ann. V. 304-309.

Der Verfasser gelangt durch Rechnung zu folgendem Lehrsatz: „Für die einhüllende und eingehüllte Fläche verhalten sich in einem gemeinschaftlichen Punkte die Summen der Hauptkrümmungshalbmesser, vermindert um den Krümmungshalbmesser des Normalschnitts durch die Tangente der Charakteristik, zu einander wie die Producte der Hauptkrümmungshalbmesser.“ Hieran schliessen sich noch weitere Folgerungen. Mz.

L. Painvin. Détermination des éléments de l'arête de rebroussement d'une surface développable définie par ses équations tangentielles. Liouville J. (2) XVII. 177-218.

Es werden die Relationen zwischen den Bestimmungsstücken einer Raumcurve in tangentiellen Coordinaten u, v, w dargestellt, worunter die Coordinaten des Fusspunkts des Lothes vom Anfangspunkt auf eine zu bestimmende Ebene, hier die Berührungsebene der Tangentenfläche, dividirt durch das Quadrat des Lothes zu verstehen sind. Als neues Element tritt der osculirende gerade Kegel hinzu, d. i. derjenige, dessen Spitze der laufende Punkt ist, und der drei consecutive Tangentialebenen berührt. Hierauf folgt erst eine Bemerkung über den Fall, wo die Tangentenfläche in den imaginären Kegel $x^2+y^2+z^2=0$ degenerirt, dann eine Anwendung auf den Schnitt eines Ellipsoids und einer concentrischen Kugel. H.

A. Cayley. Corrections and additions to the memoir on the theory of reciprocal surfaces. Trans. of Lond. CLXII. 83-85.

Berichtigung eines Fehlers in der früheren Arbeit, Phil. Trans. CLIX. 201 (siehe F. d. M. II. 556), auf den Zeuthen aufmerksam gemacht hat. Er betrifft die Singularitäten, die der Verfasser „off. points“ und „off. planes“ genannt hat, und einige Zahlenwerthe, die durch ein falsches Zeichen eines Gliedes in χ unrichtig geworden waren. So wird bemerkt, dass der in

No. 51—64 der Abhandlung sich ergebende Werth von β' nicht übereinstimmen konnte mit dem in dem „Zusatz" gefundenen, und dass er in der That unrichtig war; hier wird ein Werth von β' gefunden, der, mit Ausnahme der Glieder in ω, ω', deren Coefficienten nicht bestimmt sind, mit dem in dem „Zusatz" gefundenen Werth übereinstimmt. Die Resultate sind in vollständigerer Form wiedergegeben in der neuesten Auflage von Salmon's Solid geometry. Cly. (M.)

W. Spottiswoode. On the contact of surfaces. Trans. of Lond. CLXII. 259-282.

Fortsetzung der Arbeit, Trans. of Lond. CLIX. 289 (siehe F. d. M. II. 556). In der vorliegenden Untersuchung betrachtet der Verfasser einen Punkt P, der zwei Oberflächen U und V gemeinsam ist, eine durch P willkürlich gezogene Axe und eine durch die Axe gelegte Ebene, die um die Axe gedreht werden kann. Indem der Verfasser wie in der früheren Arbeit verfährt, und die Gleichungen für die Berührung verschiedener Grade bildet und sie zuletzt von dem Azimuth unabhängig macht, erhält er die Bedingungen der Berührung für alle Lagen der schneidenden Ebene um die Axe herum. Solche Berührung wird „circumaxiale" genannt, und speciell „uniaxial" „biaxial" etc., je nachdem sie für eine, zwei oder mehr Axen besteht. Gilt sie für alle durch den Punkt gehenden Axen, so heisst sie „Oberflächen-Berührung." Der folgende Abschnitt enthält einige allgemeine Betrachtungen über die Bestimmung von Oberflächen, die eine Oberflächen-Berührung verschiedener Grade mit gegebenen Oberflächen haben; und zugleich wird hervorgehoben, wie sehr die allgemeine Theorie durch die besonderen Umstände eines jeden einzelnen Falles berührt wird. Specieller wird eine Fläche 4ten Grades untersucht, die eine 14-punktige Berührung mit einer gegebenen Oberfläche hat, und es wird gezeigt, wie im Allgemeinen solch eine Fläche vierten Grades in eine Doppel-Tangentialebene degenerirt. Cly. (M.)

W. Spottiswoode. On the contact of surfaces. Proc. of Lond. XX. 179-180.

Auszug aus einer inzwischen in den Trans. of Lond. veröffentlichten Arbeit. Siehe das obige Referat. Cly. (M.)

Ph. Lundberg. Om parallela kurvor. Upsala.

Der Verfasser, der in einem früheren Aufsatz (Upsala 1869) die ebenen parallelen Curven behandelt hat, erweitert nun seine Untersuchung zu denen von doppelter Krümmung, mit besonderer Berücksichtigung des Falles, wo die Curven equidistant sind, d. h. die Entfernung entsprechender Punkte constant. Die Verbindungslinie dieser Punkte ist Normale (im allgemeinen aber nicht Haupt-Normale) der beiden Curven; diese haben folglich gemeinsame Evolute und Polar-Oberfläche. Darauf werden 3 Gleichungen für die Curven entwickelt, welche mit einer gegebenen parallel und equidistant sind; diese Gleichungen enthalten zwei arbiträre Constante, von denen die eine die betreffende Evolute, die andere den Abstand der Curven angiebt. Folgen Untersuchungen über die Rückkehr- und Inflexionspunkte: diese, sowohl die einfachen als die doppelten, treten in den beiden Curven gleichzeitig auf, jene nicht. Die Orte der Krümmungsmittelpunkte der beiden Curven sind im allgemeinen nicht mit einander parallel. Anwendung auf einen speciellen Fall: die primitive ist eine Helix. Zuletzt wird die Differentialgleichung der parallelen und equidistanten Curven entwickelt, durch Benutzung der Eigenschaft, dass sie die Linien von stärkster Krümmung auf der developpablen Oberfläche, die von den Tangenten der Evolute erzeugt wird, sind. Bg.

C. Jordan. Sur les lignes de faîte et de thalweg.
C. R. LXXIV. 1457-1459, LXXV. 625-627, 1023-1025.

J. Boussinesq. Sur les lignes de faîte et de thalweg.
C. R. LXXV. 198-201, 835-837.

In einer früheren Arbeit (siehe F. d. M. III. p. 357) hatte Herr Boussinesq gezeigt, dass die Linie der Minimalneigung im Allgemeinen nicht, wie man gewöhnlich annimmt, mit der Kammlinie und Thallinie zusammenfällt. Herr Jordan sieht den Grund jener irrthümlichen Annahme in dem Mangel einer exacten Definition von Kammlinie und Thallinie. Er definirt dieselben so: Eine Kammlinie ist diejenige von den Falllinien, die von einem Gebirgspass (Sattel) zu einem Gipfel führt, eine Thallinie diejenige, die von einem Pass nach einer Vertiefung hingeht. Im Uebrigen unterscheiden sich Kammlinie und Thallinie in nichts von den übrigen Falllinien.

Ueber diese Definition erhebt sich dann eine Discussion zwischen den Herren Boussinesq und Jordan, die zu keinem Resultat führt. Herr Boussinesq behauptet unter Anderem, die Definition des Herrn Jordan sei deshalb nicht zutreffend, weil es in kesselförmigen Thälern eine Thallinie gebe, ohne dass von einem Gebirgspass die Rede sei. Er setzt jedoch keine exacte Definition an Stelle der obigen. Wn.

B. Theorie der algebraischen Flächen und Raumcurven.

Laguerre. Sur la représentation des formes binaires dans le plan et dans l'espace. Inst. XL. 221-222.

Die binären Formen lassen sich durch Punkte einer Geraden oder einer rationalen (ebenen oder Raum-) Curve darstellen (vgl. auch Clebsch, Theorie der binairen Formen, siehe p. 47.). Wie der Kegelschnitt zur Repräsentation quadratischer Formen, so eignet sich die cubische Raumcurve zur Darstellung einer cubischen Form, welche man durch die ihren Wurzeln entsprechenden drei Punkte, oder durch die diese Punkte enthaltende Ebene, oder endlich durch den Schnittpunkt der Schmiegungsebenen der drei Punkte abbilden kann. Von irgend 6 Punkten einer cubischen Raumcurve lässt sich ein dem Pascal'schen Satz über 6 Punkte eines Kegelschnitts analoger Satz bezüglich der jene Punkte verbindenden Sehnen aussagen, welchen der Verfasser formulirt. Bl.

Laguerre. Sur les surfaces algébriques. Inst. XL. 95-96.

Sowie in der Arbeit: Mémoire de géométrie analytique p. 329 die Theorie der binären Formen zur Untersuchung von ebenen

Curven verwendet ist, so lässt sich die der ternären Formen bei Betrachtung der Oberflächen gebrauchen. Man geht von der „gemischten Gleichung der Oberfläche“ aus, die man aus der Gleichung der Tangential-Ebene im Punkte xyz der Fläche:

$$\lambda(X-x)+\mu(Y-y)+\nu(Z-z)=0$$

ableitet, indem man

$$\frac{\lambda x+\mu y+\nu z}{\nu}$$

als algebraische Function von $\frac{\lambda}{\nu}$ und $\frac{\mu}{\nu}$ darstellt, was mit Hülfe der Gleichung der Oberfläche in Ebenen-Coordinaten unmittelbar ausgeführt werden kann. Diese Gleichung, homogen in λ, μ, ν, $\lambda x+\mu y+\nu z$, lässt sich als ternäre Form der Veränderlichen λ, μ, ν betrachten, deren Coefficienten ganze Functionen der x, y, z, jedoch als solche nicht völlig willkürlich sind.

St.

G. Bardelli. Sulle normali e sulle tangenti a superficie ed a linee algebriche. Rend. d. Ist. Lomb. (2) V. 167-173.

In dieser Note werden einige Eigenschaften von Normalen, die von einem Punkt an eine algebraische Oberfläche gezogen sind, bewiesen, speciell folgende: „Wenn die Längen $p_1, p_2, p_3 \cdots$ der Normalen einer willkürlich aufgestellten Relation

$$f(p_1\, p_2\, p_3, \cdots)=0$$

genügen müssen, so geht die Normale an dem durch diese Gleichung dargestellten Ort durch den Mittelpunkt der Massen

$$\frac{1}{p_1}\frac{\partial f}{\partial p_1},\ \frac{1}{p_2}\frac{\partial f}{\partial p_2}, \cdots,$$

wenn man diese an den Fusspunkten der Normalen vertheilt denkt.“ Für eine ebene Linie ergiebt sich folgender Satz: „Wenn die von einem Punkte aus gezogenen Tangenten $l_1, l_2, l_3, \cdots$ durch die Relation

$$\varphi(l_1, l_2, l_3 \cdots)=0$$

verbunden sind, so hat der durch diese Gleichung repräsentirte Ort zur Normalen eine Gerade, welche den Mittelpunkt der Massen

$$\frac{1}{l_1}\frac{\partial\varphi}{\partial l_1}, \frac{1}{l_2}\frac{\partial\varphi}{\partial l_2}, \dots$$

enthält, wenn man diese vertheilt denkt in den Krümmungsmittelpunkten der gegebenen Linie, die den Berührungspunkten entsprechen." Der erste dieser Sätze ist nach dem Verfasser schon von H. Painvin (Nouv. Ann. (1) XVI.), jedoch nur für den Fall der Ebene bewiesen. Jg. (O.)

M. Nöther. Sulle curve multiple di superficie algebriche. Brioschi Ann. (2) V. 163-176.

Der Verfasser stellt ein für die Theorie der eindeutigen Transformation von Flächen und Räumen wichtiges System von Formeln auf, das sich insbesondere auf diejenigen Zahlen bezieht, die Cayley „Aequivalenz" einer Curve und „Postulation" einer Curve in Bezug auf eine Fläche genannt hat.

Wenn drei algebraische Flächen eine Curve C gemeinsam haben, so ist die Anzahl der Schnittpunkte, welche die Flächen ausserdem besitzen, gleich dem Product der Ordnungen derselben minus der „Aequivalenz" der Curve C. Diese von den Ordnungen der Flächen, der Ordnung und dem Rang der Curve C abhängende Zahl hat Salmon (Raumgeometrie, bearb. von Fiedler, § 92) bestimmt, Cayley auf den Fall, dass C mehrfache Curve jeder der drei Flächen ist, ausgedehnt. Hierzu nimmt nun ausserdem der Verfasser noch ein Zerfallen von C in mehrfach sich schneidende Curven an, welche ferner eine Anzahl von Zweigen durch einen Punkt hindurchsenden können, der selbst vielfacher Punkt der Fläche sein darf (dessen Berührungskegel alsdann indess nicht in Folge der Annahmen in Theile zerfallen soll, welche für die drei Flächen übereinstimmen), und stellt, ausgehend von dem Falle, dass jene Zweige Gerade sind, die Formel für die Aequivalenz eines solchen Systems von Curven und vielfachen Punkten auf.

Unter „Postulation" einer i-fachen Curve C in Bezug auf eine Oberfläche F hat man die Zahl der linearen Bedingungen zu verstehen, welche von F erfüllt sein müssen, damit C i-fache Curve von F ist. Ist zunächst C der vollständige Durchschnitt zweier Flächen, so ergiebt sich durch eine von Jacobi auf einen ähnlichen Fall angewandte Methode (Crelle J. XV.) eine Recursionsformel, welche die Postulation einer i-fachen Curve auf die einer $(i-1)$-fachen zurückführt, und sie so für eine vollständige Durchschnittscurve zu ermitteln gestattet. Lässt man diese zerfallen, so erhält man den Ausdruck für die Postulation einer beliebigen Raumcurve.

Auch für den allgemeinsten Fall eines Systems von sich schneidenden vielfachen Curven, welche durch einen vielfachen Punkt von F mehrfach hindurchgehn, bildet der Verfasser die Postulation in Bezug auf F, wobei er auf das ebene Problem geführt wird: die Postulation einer Anzahl von vielfachen Punkten (von übrigens allgemeiner Lage) für eine ebene Curve aufzustellen, wenn diese, um den Bedingungen zu genügen, in zum Theil mehrfach zu rechnende Curven niederer Ordnung zerfällt. Er findet, dass die letztere Eigenschaft eine Reduction der Postulation um $\frac{\alpha(\alpha-1)}{2}$ für jede α-fach auftretende Curve veranlasst.

Den Schluss bilden Anwendungen auf das Flächengeschlecht und auf eindeutige Transformation von Räumen. Für die letztere stellt Verfasser ein geschlossenes System von Formeln auf, welches dem von Cremona für diese Transformationen gebildeten völlig analog ist, und aussagt:

a. dass die Flächen, mit deren Hülfe die Transformation zweier Räume in einander bewerkstelligt wird, so viele Elemente (Curven, Punkte) gemeinsam haben müssen, um eine dreifach unendliche Schaar zu bilden;

b. dass irgend 3 Flächen dieser Schaar sich im Allgemeinen nur in einem Punkte schneiden;

c. dass die Postulation der Allen gemeinsamen Elemente in Bezug auf eine Fläche gleich ist der Zahl:

$$\frac{(n-1)(n-2)(n-3)}{6},$$

wo n der Grad der Flächen ist. Bl.

G. DARBOUX. Mémoire sur les surfaces. Ann. de l'Éc. Norm. (2) I. 273-292, Inst. XL. 45-46.

Der Verfasser hat in C. R. LXVIII. 1311 (s. F. d. M. II. p. 571) die Flächen 4ten Grades, die den unendlichen Kreis doppelt, und die vom 3ten, die ihn enthalten, untersucht. Hiervon ist die Cyklide Dupin's ein specieller Fall, während sie wiederum als speciellere Flächen in Moutard's Anallagmatiques enthalten sind. Für diese allgemeineren Flächen will er den Namen Cyklide vorbehalten. Eine umfassende Definition giebt er nicht, sondern führt nur als Beispiel 4ten Grades an

$$(x^2+y^2+z^2)^2-4Ax^2-4A'y^2-4A''z^2-8Cx-8C'y-8C''z-4D=0,$$

nach Erwähnung der von Moutard bewiesenen Eigenschaft, dass die doppelt berührenden Kugeln in 5 Reihen getheilt sind, deren jede eine besondere Kugel unter rechtem Winkel schneidet, und deren Mittelpunkte auf einer Quadrique liegen. Andere elegante Eigenschaften habe Laguerre mitgetheilt. Er leitet folgende Theoreme her:

1) Das anharmonische Verhältniss der sechs Punkte, in denen die Normale der Cyklide (C) die fünf Quadriken (Q) und (C) trifft, ist constant.

2) Der Ort des Punktes auf der Normale der (C), der mit den Mittelpunkten der fünf doppelt berührenden Kugeln und dem Fusspunkt eine homographische Theilung zu einer festen Theilung bildet, ist eine Fläche 4ten Grades (M) mit Doppelkegelschnitten in endlicher Entfernung.

3) Auf jeder Cyklide giebt es eine Reihe sphärischer Kegelschnitte, welche den Doppelkegelschnitten auf den Flächen (M) entsprechen.

4) Der Ort der Mittelpunkte der Kugeln, welche die (C) längs eines sphärischen Kegelschnitts treffen, ist eine cubische Fläche (G), welche die Mittelpunkte von fünf orthogonalen Kugeln (S) und die Ecke des conjugirten, den fünf Flächen (Q) gemeinsamen Tetraeders enthält. Auf den Flächen G liegen die Fusspunkte der 30 Doppelnormalen, gefällt von den Mittelpunkten der (S) auf die (Q).

5) Die Fusspunkte der von einem Punkte (A) an eine Quadrik gezogenen sechs Normalen liegen auf einer cubischen Fläche, welche durch (A), durch den Mittelpunkt der (Q) und durch die drei unendlich entfernten Punkte in der Richtung der Symmetrieaxen geht.

6) Jede Cartesische Ovale auf einer Cyklide liegt auf einer Kugel, deren Mittelpunkt in die singuläre Focalfläche (eine der Focalflächen der fünf (Q)) fällt.

7) Die von den Normalen der (C) in allen Punkten einer sphärischen Curve erzeugten Regelflächen gehören zur Classe derjenigen, deren Generatricen die Seiten eines Tetraeders in vier Punkten von constantem anharmonischem Verhältniss schneiden. Sie sind 8ten Grades und schneiden die Seiten des Tetraeders in 4 Geraden, und eine Curve 4ten Grades in 2 Doppelpunkten.

Hieran schliesst sich eine Untersuchung über die Relationen zwischen den 5 Kugeln und den 5 homofocalen Flächen, aus welcher eine längere Reihe von Sätzen hervorgeht.

Im Inst. ist ein Auszug der Resultate gegeben. H.

C. Raumgebilde ersten, zweiten und dritten Grades.

G. Darboux. Sur les relations entre les groupes de points, de cercles et de sphères dans le plan et dans l'espace. Ann. de l'Éc. Norm. (2) I. 323-392.

Die relativ umfangreiche Literatur, welche seit Euler und Lagrange über das Tetraeder entstanden ist, (vgl. Baltzer, Determinanten, §§ 15—17), hat eine Fülle von eleganten Sätzen und Relationen zu Tage gefördert. Diese sowie die auf Kugeln und Kreise bezüglichen Relationen leitet nun der Verfasser aus einer gemeinsamen Quelle ab, indem er die Beziehungen, welche zwischen den In- und Covarianten einer quadratischen bezw. bilinearen Form und einer durch lineare Transformation aus dieser abgeleiteten Form bestehen, aufstellt und geometrisch deutet.

Seine Untersuchungen zerfallen in 3 Abschnitte.

1. Theil. Die Gleichung der einem Tetraeder umschriebenen Kugel lässt sich, unter Zugrundelegung desselben als Coordinatentetraeder, auf die einfache Form bringen:

$$(1) \qquad -\Sigma d_{ij}\,\mu_i\,\mu_j = 0, \quad i,j = 1,2,3,4,$$

wenn man unter $\mu_1 \cdots \mu_4$ barycentrische Coordinaten (nach der Bezeichnung von Möbius, vergl. auch Baltzer, Determinanten, 3. Aufl. p. 197, Note) und unter d_{ij} die Quadrate der Kantenlängen versteht. Bezieht man andererseits die Kugel (Radius R) auf ein rechtwinkliges Coordinatensystem mit dem Mittelpunkt als Ursprung, so erhält man (wenn durch T homogen gemacht wird):

$$(2) \qquad X^2 + Y^2 + Z^2 - R^2 T^2 = 0,$$

wo nun die $X, \cdots T$ mit den μ durch lineare Gleichungen, welche die Coordinaten der 4 Eckpunkte als Coefficienten enthalten, verbunden sind. Die Invarianten etc. der Formen (1) und (2) unterscheiden sich dann nur noch um eine Potenz der Transformationsdeterminante. Jede der hieraus entspringenden Relationen, geometrisch gedeutet, liefert einen Satz. Bildet man z. B. die Hesse'sche Determinante der beiden Formen, so erhält man den bekannten Ausdruck für das Quadrat des Productes aus Tetraedervolumen und Radius der umschriebenen Kugel durch die Kantenlängen; durch zweimaliges Rändern der Hesse'schen Determinante entsteht eine zugehörige Form (Contravariante), vermöge deren sich die auf die Seitenflächen und die cosinus der eingeschlossenen Winkel bezüglichen Relationen darstellen lassen, u. s. w. Der Verfasser wird bei diesem Anlass auf das auch schon von Anderen betrachtete Dreieck geführt, dessen Seiten aus dem Product der gegenüberliegenden Kanten des Tetraeders gebildet sind, und beweist mit Hülfe desselben die Umkehrung des Ptolemäischen Lehrsatzes über das ebene (reelle) Viereck, indem er jenes Dreieck auf eine gerade Linie, das Tetraeder auf ein ebenes Viereck sich zusammenziehen lässt.

Aus diesen Sätzen über die Eckpunkte eines Tetraeders lassen sich solche über Kreise in einer Ebene ableiten, wenn man sich einer von Chasles und Cayley eingeführten (imaginären) Abbildung der Punkte des Raumes auf Kreise in einer Ebene bedient, welche darin besteht, dass man einem reellen Kreise mit dem Halbmesser R diejenigen beiden imaginären Punkte des Raumes (der Verfasser nennt sie „Brennpunkte“ des Kreises) zuordnet, welche man erhält, indem man senkrecht zur Ebene nach beiden Seiten vom Mittelpunkt des Kreises aus die Länge $R\cdot\sqrt{-1}$ aufträgt (Cayley, Démonstration du théorème de M. Casey, Brioschi Ann. (2) I. 132—134, siehe F. d. M. I. p. 180). Chasles [Géométr. supér., Liouville J. (2) V.] hatte sich umgekehrt der Abbildung imaginärer Kreise auf reelle Punkte des Raumes bedient. Der Länge der gemeinsamen (äusseren oder inneren) Tangente zweier Kreise entspricht alsdann der Abstand der (auf derselben oder auf entgegengesetzter Seite der Ebene liegenden) Brennpunkte der Kreise. Dieses fruchtbare Princip lässt sich auch auf Kugeln ausdehnen, welchen alsdann die Punkte eines Raumes von 4 Dimensionen zuzuordnen sind.

2. Theil. Der Gleichung (1) kann man noch eine andere wichtige Bedeutung beilegen. Haben 2 Kugeln von den Radien R_i und R_j den Mittelpunkts-Abstand d_{ij}, und bezeichnet man mit k_{ij} die folgende als „gemeinsame Potenz der beiden Kugeln“ bezeichnete Grösse:

$$k_{ij} = d_{ij}^2 - R_i^2 - R_j^2,$$

so ist:

$$(3) \qquad \tfrac{1}{2}\Sigma - k_{ij}\mu_i\mu_j \equiv X^2 + Y^2 + Z^2 - R^2T^2 = 0,$$

die Gleichung einer Kugel, welche 4 Kugeln, deren Mittelpunkte in den Eckpunkten des Tetraeders der barycentrischen Coordinaten μ liegen, orthogonal schneidet (sphère radicale). Bildet man wiederum die In- und Covarianten der beiden quadratischen Formen (3), welche durch lineare Transformation in einander überführbar sind, so erhält man auf dem oben bezeichneten Wege interessante und theilweise neue Sätze und Relationen.

Aehnlich ergeben sich durch Betrachtung von bilinearen Formen Sätze über zwei einander zugeordnete Gruppen von Tetraedern bezw. je 4 Kugeln. Der Verfasser geht dabei von der Identität aus:

$$(4) \qquad \tfrac{1}{2}\Sigma - k_{ij}\mu_i\mu'_j \equiv XX' + YY' + ZZ' + \frac{H}{2}TT',$$

wo die k die gemeinsamen Potenzen wechselweise der Kugeln der beiden Gruppen, H die gemeinsame Potenz der Orthogonal-Kugeln je der einen und der anderen Gruppe sind, und bildet hierfür die invarianten Formen. Das Verschwinden der Grundform (4) drückt die Bedingung aus, dass zwei Kugeln mit den Mittelpunkten μ und μ', welche je zu den Orthogonalkugeln der einen und der anderen Gruppe orthogonal sind, sich auch gegenseitig orthogonal schneiden.

Diese Betrachtungen werden endlich noch auf Gruppen von einer beliebig grossen Anzahl von Kugeln ausgedehnt, und u. A. die Bedingung für die gemeinsamen Potenzen von 5 Kugeln aufgestellt, die von einer sechsten orthogonal geschnitten werden können.

Der dritte Theil beschäftigt sich zunächst mit der constructiven Lösung des von Steiner gestellten Problems: Einen Kreis zu finden, der drei gegebene Kreise unter gegebenen Winkeln schneidet. Nachdem der Verfasser eine Lösung der Aufgabe mitgetheilt, welche das Imaginäre hinzuzieht, giebt er die constructive Lösung in der Ebene unter Benutzung bloss reeller Elemente, indem er sich auf eine Betrachtung über diejenigen Schaaren von Kreisen stützt, deren Brennpunkte (siehe oben) auf einer Geraden, einem Kreis im Raum, einer Kugel angeordnet sind.

Leichter zeigt sich die constructive Lösung der Aufgabe: 4 Kreise sollen von einem fünften unter gleichen Winkeln geschnitten werden. Diese Probleme werden sodann auch analytisch behandelt und auf Kugeln ausgedehnt.

Zum Schluss stellt der Verfasser eine Relation zwischen den Potenzen eines Punktes in Bezug auf 5 Kugeln und deren gemeinsamen Potenzen auf, welche mit Untersuchungen desselben über die Darstellung der Punkte eines dreifach ausgedehnten Raumes durch 5 homogene Coordinaten, zwischen denen eine quadratische Relation existirt, in Verbindung steht.

Bl.

G. Darboux. Sur les relations entre les groupes de points, de cercles et de sphères dans le plan et dans l'espace. Inst. XL. 100-101.

Referat über die oben besprochene Abhandlung.

Bl.

Genty. Solution de la question 996. Nouv. Ann. (2) XI. 139-141.

Gegeben ist eine Oberfläche 2ten Grades und ein Tetraeder *abcd*. Bezeichnet man mit A, B, C, D die Seiten dieses Tetraeders, die den Ecken a, b, c, d entgegengesetzt sind, und mit A', B', C', D' die Polarebenen dieser Ecken, so ist

$$\Sigma \frac{\cos(A, A')}{(a, A)(o, A')},$$

wo o der Mittelpunkt der Oberfläche, constant, welches auch das Tetraeder *abcd* ist. Man soll den Werth dieser Constante bestimmen. [(a, A) bezeichnet die Entfernung des Punktes a von der Ebene A].

O.

A. Guébhard. Solution de la question 975. Nouv. Ann. (2) XI. 177-181.

Gegeben ist eine Oberfläche 2ten Grades und eine Ebene. Man soll auf der Oberfläche ein Netz von conjugirten Curven finden, deren Projection auf die Ebene ein orthogonales Netz ist.

O.

W. K. Clifford. On the contact of surfaces of the second order with other surfaces. Rep. of Brit. Ass. 1872.

Cly.

H. Faure. Théorème de géométrie. Nouv. Ann. (2) XI. 444-450.

Siehe Abschn. IX. Cap. 2. C. p. 337.

A. Steen. Om Betingelsen for at tre cirkler aller fire Kugler gaa gjennem samme Punkt. Zeuthen Tidsskr. (3) II. 56.

Siehe Abschn. IX. Cap. 2. C. p. 341.

Ed. Weyr. Ueber den Kegel zweiten Grades. Casopis I. 31-32. (Böhmisch.)

Wenn $\varphi_1, \varphi_2, \varphi_3$ die Winkel der drei Paar Hauptkanten eines quadratischen Kegels sind (die in den Hauptebenen liegenden Kanten-Scheitel-Kanten), so gilt die Gleichung

$$\cos\varphi_1 \cos\varphi_2 + \cos\varphi_2 \cos\varphi_3 + \cos\varphi_3 \cdot \cos\varphi_1 + 1 = 0.$$

Einer der drei Winkel ist immer imaginair. W.

C. Taylor. The right circular cone. Messenger (2) II. 39-40

Beweis der Eigenschaft: „Im geraden Kreiskegel ist die kleine Axe eines ebenen Schnittes die mittlere Proportionale zwischen den Durchmessern der entsprechenden Focalkugeln" und Herleitung zweier andrer bekannter Eigenschaften des Kegels. Glr. (O.)

G. Dostor. Surfaces de révolution du second degré. Nouv. Ann. (2) XI. 362-373.

Es werden die Relationen, welche zwischen den Coefficienten der Gleichung einer Fläche zweiten Grades in rechtwinkligen Coordinaten bestehn, wenn dieselbe eine Rotationsfläche sein soll, im Allgemeinen und für gewisse singuläre Fälle entwickelt, ebenso die Gleichungen für die Rotationsaxe, Aequatorialebene etc., und die Flächen werden discutirt. Neues enthält die Arbeit nicht. A.

U. Dini. Sopra alcune formole di trigonometria sferoidica. Ann. d. Un. Tosc. XI. 1871. 78-91.

Mertens. Bemerkung über die ebenen Schnitte der Flächen zweiten Grades. Borchardt J. LXXIV. 362-364.

Ableitung der Formeln, durch welche man die Axen eines auf einer Fläche zweiten Grades liegenden Kegelschnitts findet.

Mz.

E. D'OVIDIO. Sulle linee e superficie di 2° ordine. Battaglini G. X. 313-320.

Siehe Abschn. IX. Cap. 2. C. p. 338.

C. W. BORCHARDT. Ueber das Ellipsoid von kleinstem Volumen bei gegebenem Flächeninhalte einer Anzahl von Centralschnitten. Berl. Monatsber. 1872. 505-515.

Nachdem gezeigt worden ist, dass die Aufgabe nur bei 3, 4 und 5 Centralschnitten einen Sinn hat, werden diese drei Fälle einer gesonderten Behandlung unterworfen.

Im ersten Falle bietet die Aufgabe keinerlei algebraische Schwierigkeiten dar. Der zweite Fall ergiebt dieselben Gleichungen, auf welche in einer früheren Abhandlung des Verfassers (Berl. Abh. 1866) das Problem, ein Tetraeder von grösstem Volumen bei gegebenem Flächeninhalt seiner 4 Seitenflächen zu bestimmen, zurückgeführt worden ist, und findet daher seine Erledigung durch die Resultate jenes Aufsatzes. Der letzte Fall dagegen erfordert eine selbstständige Untersuchung, und hier wird die Lösung zurückgeführt auf zwei hinter einander auszuführende Quadratwurzelausziehungen.

Mr.

A. CAYLEY. On geodesic lines, in particular those of a quadric surface. Pr. of L. M. S. IV. 191-211.

Die Abhandlung enthält eine Untersuchung der Differentialgleichungen (zweiter Ordnung) der geodätischen Linien auf einer Oberfläche, in welcher die Coordinaten eines Punktes auf der Oberfläche betrachtet werden als gegebene Functionen von zwei Parametern p, q, und Untersuchungen, die damit in Verbindung stehen: Eine Herleitung von Jacobi's Differentialgleichung erster Ordnung in dem Fall einer Fläche zweiten Grades, wo die Parameter p, q die sind, welche die zwei Zweige der Krümmungscurven bestimmen; Formeln, wo die Parameter die sind, welche die zwei geraden Linien durch die Punkte auf der Oberfläche bestimmen, und eine Discussion der Formen der geodätischen Linien in den zwei Fällen eines Ellipsoids und eines schiefen Hyperboloids. Cly. (O.)

A. Cayley. On the geodesic lines on an ellipsoid.

Monthl. Not. XXXII. 35-36, 1871, Mem. of R. Astr. Soc. XXXIX. p. II. 31-53.

Die Fundamentalgleichungen für die geodätischen Linien auf einem Ellipsoid sind von Jacobi aufgestellt worden. Ist nämlich

$$\frac{x^2}{a^2}+\frac{y^2}{b^2}+\frac{z^2}{c^2}, \text{ wo } a>b>c, \text{ das Ellipsoid,}$$

so ist, wenn wir die elliptischen Coordinaten h, k einführen, und

$$\frac{x^2}{a^2+h}+\frac{y^2}{b^2+h}+\frac{z^2}{c^2+h}=1,$$

$$\frac{x^2}{a^2+k}+\frac{y^2}{b^2+k}+\frac{z^2}{c^2+k}=1$$

schreiben, oder was dasselbe ist:

$$x^2=\frac{a(a+h)(a+k)}{(a-b)(a-c)},\quad y^2=\frac{b(b+h)(b+k)}{(b-c)(b-a)},$$

$$z^2=\frac{c(c+h)(c+k)}{(c-a)(c-b)},$$

die Differentialgleichung einer geodätischen Linie:

$$C=\int dh\sqrt{\frac{h}{(a+h)(b+h)(c+h)(\beta+h)}}$$
$$+\int dk\sqrt{\frac{k}{(a+k)(b+k)(c+k)(\beta+k)}},$$

wenn β eine willkürliche Constante ist.

In der vorliegenden Abhandlung wird gezeigt, wie man mittelst der ersten dieser Gleichungen den Lauf der geodätischen Linien auseinandersetzen kann, und wie man für gegebene numerische Werthe von a, b, c ihren Lauf berechnen, construiren und durch Zeichnung darstellen kann. Speciell behandelt der

Verfasser Reihen von geodätischen Linien durch einen Nabelpunkt, (diese Linien gehen auch durch den entgegengesetzten Nabelpunkt) und den Fall, wo die Halbaxen durch die Gleichung $ac - b^2 = 0$ verbunden sind; eine Relation, welche die Formeln vereinfacht. Die Titel der einzelnen Theile der Abhandlung sind: 1) Allgemeine Betrachtungen über den Lauf der Linien; 2) Linien durch einen Nabelpunkt: 3) Formeln für den Fall $ac - b^2 = 0$; 4) Berechnung der durch die Nabelpunkte gehenden geodätischen Linien eines Ellipsoids ($a:b:c = 4:2:1$); 4a) Graphische Construction: Projection auf die Ebene der Nabelpunkte; 5) Elliptische Functions-Formeln. Im vierten Theil werden die vorher erhaltenen Formeln angewandt, und die ganze Methode veranschaulicht an der Bestimmung der geodätischen Linien durch den Nabelpunkt auf dem Ellipsoid, für welches $a = 1000$, $b = 500$, $c = 250$. Die erforderlichen Integrale werden durch Quadraturen berechnet und die Resultate in Tabellen zusammengestellt, mit Hülfe deren die geodätischen Linien wirklich gezeichnet werden. Ein Theil der Zeichnungen ist in reducirter Grösse der Abhandlung beigefügt. In dem speciellen Fall $ac - b^2 = 0$ hätte sich die Rechnung (wie im fünften Theil gezeigt wird) durch den Gebrauch von Legendre's Tafeln vereinfacht, die Methode der Quadraturen wurde jedoch vorgezogen, weil sie in ihrer Anwendung allgemeiner ist. Glr. (O.)

M. Roberts. Sur la rectification des lignes de courbure d'un ellipsoide. Brioschi Ann. (2) V. 17-19.

Ein Ellipsoid wird von einem einschaligen und einem zweischaligen homofocalen Hyperboloid orthogonal in seinen Krümmungslinien geschnitten. Auf Krümmungsbogen der erstern Art hat der Verfasser in Brioschi Ann. (2) II. 19. das Abel'sche Additionstheorem angewandt (vergl. F. d. M. I. 139) und betrachtet jetzt den Schnitt des zweischaligen Hyperboloids. Ein Bogen stellt sich als hyperelliptisches Integral erster Klasse dar. Es lassen sich daher unter Annahme zweier Relationen zwischen 5 Amplituden die diesen entsprechenden, von einem Scheitel beginnenden Bogen einer und derselben Krümmungslinie addiren, so dass die Summe dreier der Summe der beiden andern und einer algebraischen Function gleich ist, welche sich als constantes Vielfaches des Products der z-Coordinaten aller 5 Endpunkte erweist. In Betreff der erstern Abhandlung holt der Verfasser noch das Ergebniss nach, welches aus der Verlegung des Anfangs der Bogen aus dem einen Scheitel in den andern entspringt. H.

G. Darboux. Sur les théorèmes d'Ivory relatifs aux surfaces homofocales du second degré. Mém. de Bordeaux VIII. 197-280.

Siehe Abschn. IX. Cap. 5.

F. Joachimsthal. Sur le nombre des normales réelles que l'on peut mener d'un point donné à un ellipsoide. Nouv. Ann. (2) XI. 8-14, 149-156.

Fortsetzung einer Uebersetzung der in Borchardt J. LIX. 111. veröffentlichten Arbeit.

Vgl. F. d. M. II. p. 573. A.

J. J. Walker. Solution of question 3453. Educ. Times XVI. 36.

Seien Fy, $F'y'$ die Senkrechten von den Brennpunkten auf irgend eine Tangente des Schnittes eines geraden Kreiskegels, und seien CC' die Mittelpunkte der Kugeln, welche dem Kegel eingeschrieben sind und die Schnittebenen berühren, so sind die Geraden Cy, yy', $C'y'$ rechtwinklig zu einander. Hi.

Milliceut Colquham and G. S. Carr. Solution of question 3441. Educ. Times XVI. 32-33.

Wenn l, m, n Richtungscosinus einer Geraden bedeuten, so sind alle in der Gleichung

$$x^2+y^2+z^2+2lyz+2mzx+2nxy=1$$

enthaltene Flächen ähnlich, so lange das Product lmn denselben Werth hat.

Die Flächen sind in der That nicht nur ähnlich, sondern gleich. Hi.

J. Wolstenholme. Solution of question 3166. Educ. Times XVI. 57.

Durch eine der Geraden auf

$$\frac{x^2}{a^2}+\frac{y^2}{b^2}-\frac{z^2}{c^2}=1$$

und durch die kürzeste Entfernung zwischen dieser und der nächsten ist eine Ebene gelegt. Zeige, dass die Gleichung der parallelen Ebene durch den Mittelpunkt ist

$$\frac{ax(b^2+c^2)}{\sin\theta}+\frac{by(c^2+a^2)}{\cos\theta}=cz(a^2-b^2),$$

und dass diese Ebenen den Kegel

$$\{ax(b^2+c^2)\}^{\frac{2}{3}}+\{by(c^2+a^2)\}^{\frac{2}{3}}=\{cz(a^2-b^2)\}^{\frac{2}{3}}$$

umhüllen. Hi.

J. J. Walker. Solution of question 3010. Educ. Times XVI. 76.

Die Gleichung einer Rotationsfläche zweiter Ordnung lässt sich auf die Form bringen:

$$(a^2-k^2)x^2+(b^2-k^2)y^2+(c^2-k^2)z^2+2bcyz+2cazx$$
$$+2abxy+2dx+2ey+2fz+g=0.$$

Hi.

R. Townsend. On a property in the theory of confocal conics and its analogue in the theory of confocal quadrics. Messenger (2) II. 33-35.

Beweis, dass eine Fläche zweiten Grades, die doppelte Berührung mit drei festen confocalen Flächen zweiten Grades hat, eine feste Directrix-Kugel hat. Glr. (O.)

A. Clebsch. Ueber Modelle von Weiler. Gött. Nachr. 1872. 402-403.

Vorlegung und Beschreibung zweier von Weiler ausgeführten

Modelle, die sich auf eine besondere Fläche dritter Ordnung, die von Clebsch sogenannte „Diagonalfläche", beziehen.

Kln.

F. Klein. Ueber ein Modell von Neesen. Gött. Nachr. 1872. 403-404.

Das Modell stellt eine Fläche dritter Ordnung mit vier reellen Knotenpunkten vor. Mittheilung des Satzes, dass jede Fläche dritter Ordnung ohne Knoten aus der Fläche mit vier reellen Knoten durch einen einfachen die Knotenpunkte betreffenden Deformationsprocess schematisch abgeleitet werden kann.

Kln.

P. Gordan. Ueber das Pentaeder der Flächen dritter Ordnung. Clebsch Ann. V. 341-377.

Es handelt sich in diesem Aufsatze einmal darum, die Theorie des Pentaeders der Flächen dritter Ordnung auf algebraische Weise ausführlicher und strenger zu begründen, als es seither geschehen war, dann aber namentlich auch an einem entwickelten Beispiele die Methoden klar zu legen, welche die Algebra allmählich zur Behandlung solcher Probleme ausgebildet hat. Mit Rücksicht auf den ersten Punkt sei namentlich hervorgehoben, dass die Covariante fünften Grades abgeleitet wird, welche das Product der fünf Pentaederebenen vorstellt.

Kln.

F. E. Eckardt. Beiträge zur analytischen Geometrie des Raumes, insbesondere zur Theorie der Flächen dritten Grades mit vier Doppelpunkten, so wie zur Lehre von den Doppelpunkten. Clebsch Ann. V. 30-50.

Die Arbeit ist eine theils abgekürzte, theils durch Zusätze erweiterte Reproduction einer Programmabhandlung mit demselben Titel aus Reichenbach im Voigtland vom Jahre 1869, die im zweiten Bande dieses Jahrbuches p. 543 ohne Referat aufgeführt ist, die indess sowohl in Hinsicht auf die Methode, als auf die Resultate wohl besprochen zu werden verdient.

Sind $\alpha, \beta, \gamma, \delta$ vier den Abständen eines Punktes von den Seitenflächen des Tetraeders $ABCD$ proportionale Grössen, welche als die Vierebenencoordinaten des Punktes betrachtet werden, so kann man dem betrachteten Punkte einen zweiten zuordnen, dessen Coordinaten den umgekehrten Werthen der entsprechenden Coordinaten des ersten Punktes proportional sind. Dieser zweite Punkt liegt, wie unmittelbar aus dem Zusammenhange zwischen den Coordinaten hervorgeht, so, dass die beiden durch irgend eine Tetraederkante und je einen der beiden Punkte gelegten Ebenen mit den beiden durch dieselbe Kante gehenden Tetraederflächen wechselweise gleiche Winkel bilden.

Die gegenseitige Beziehung beider Punkte bildet eine im Allgemeinen eindeutige Verwandtschaft, welche die Basis der Untersuchungen des Verfassers bildet.

Einer beliebigen Ebene mit der Gleichung:

$$\text{I.} \qquad A\alpha + B\beta + C\gamma + D\delta = 0$$

entspricht auf diese Weise die Fläche dritten Grades

$$\text{II.} \qquad \frac{A}{\alpha} + \frac{B}{\beta} + \frac{C}{\gamma} + \frac{D}{\delta} = 0,$$

welche die vier Eckpunkte des Tetraeders zu Doppelpunkten (Knoten) hat, und deren Eigenschaften mit Hülfe jener Verwandtschaft untersucht werden. So entsprechen z. B. den drei Geraden der Ebene, welche die Schnittpunkte dieser Ebene mit je zwei Gegenkanten des Tetraeders verbinden, diejenigen drei Geraden, welche ausser den Tetraederkanten auf der Fläche liegen, u. dgl. m. Ausgezeichnet unter diesen Flächen ist diejenige, welche der unendlich entfernten Ebene entspricht. Sie ist der Ort der Punkte, deren senkrechte Projectionen auf die vier Tetraederflächen in einer Ebene liegen, und welche durch die 28 Halbirungspunkte der Geraden geht, die je zwei Mittelpunkte der acht dem Tetraeder eingeschriebenen Kugeln verbinden. Einer beliebigen Geraden entspricht eine Raumcurve dritten Grades, welche durch die vier Eckpunkte des Tetraeders geht, und auch für diese Curven lassen sich viele Eigenschaften durch die Verwandtschaft erkennen. Besonders hervorzuheben sind aber die folgenden Resultate: Einer Fläche zweiten Grades, welche durch die vier Punkte *A*, *B*, *C*, *D* geht, entspricht wieder eine solche, und wenn die erstere ein Kegel ist, so ist es auch die letztere. Hat man nun einen beliebigen Punkt der Fläche dritten Grades II., so entspricht demselben ein Punkt der Ebene I., und es giebt, wie leicht zu erkennen ist, zwei Kegel zweiten Grades, welche diesen letztern Punkt zum Scheitel haben, durch die vier Punkte *A*, *B*, *C*, *D* hindurchgehn und die Ebene I längs irgend einer durch den Scheitel gehenden Geraden berühren. Diesen beiden Kegeln entsprechen zwei Kegel zweiten Grades, deren Scheitel in dem betrachteten Punkt der Fläche liegen, und von denen jeder die Fläche II. längs einer Raumcurve dritten Grades berührt. Da nun der Berührungskegel einer Fläche dritten Grades im Allgemeinen vom sechsten Grade ist und, wenn der Scheitel auf der Fläche selbst liegt, zerfällt in die doppelt zu zählende Tangentialebene und einen Kegel vierten Grades, so folgt das Resultat: „dass für Flächen dritten Grades mit vier Doppelpunkten der Berührungskegel von jedem Punkte der Fläche aus in zwei Kegel zweiten Grades zerfällt.“

Auf ähnliche Weise wird dann noch eine Reihe anderer Sätze über die betrachteten Flächen bewiesen, von denen der folgende hervorgehoben werden mag:

„Die gemeinschaftliche umhüllende abwickelbare Fläche zweier Flächen dritten Grades mit vier gemeinschaftlichen Doppelpunkten zerfällt in acht Kegel zweiten Grades, deren Scheitel in der Raumcurve dritten Grades liegen, die beiden Flächen gemeinsam ist.“

Die Betrachtung der Hesse'schen Fläche der Flächen II., sowie die Anwendung der Verwandtschaft auf höhere Curven, und die wiederholte Anwendung der Transformation führen zu einer Reihe von Resultaten, die hier übergangen werden mögen.

Wendet man dieselben Betrachtungen auf Vierpunkt-Coordinaten an, d. h. auf vier Grössen, die den Abständen einer Ebene von den vier Eckpunkten eines Fundamentaltetraeders proportional sind, so erhält man eine Verwandtschaft, in welcher einem

Punkte (als Centrum eines räumlichen Ebenenbüschels) eine Fläche dritter Klasse entspricht, welche jede der Flächen des Tetraeders *ABCD* längs eines Kegelschnitts berührt, und welche von jeder beliebigen Tangentialebene in zwei Kegelschnitten geschnitten wird, und die unter dem Namen der Steiner'schen Fläche bekannt ist.

Zum Schluss sei bemerkt, dass die hier betrachtete Verwandtschaft als specieller Fall der doppelprojectivischen Verwandtschaft aufgefasst werden kann, wie Referent sie in seiner Inaugural-Dissertation: „Disquisitiones de superficiebus tertii ordinis, Berol. 1862" betrachtet hat. Vergl. auch „Sturm, synthetische Untersuchungen über Flächen dritter Ordnung, Leipzig 1867."

A.

LAGUERRE. Sur la surface du troisième ordre qui est la réciproque de la surface de Steiner. Nouv. Ann. (2) XI. 319, 337, 418.

Referat erfolgt im nächsten Bande nach vollendetem Erscheinen der Arbeit. Kln.

D. Andere specielle Raumgebilde.

E. BERTINI. Sulla curva gobba di 4^0 ordine e 2^0 specie. Rend. d. Ist. Lomb. (2) V. 622-638.

Der Verfasser will die Eigenschaften der Raumcurve vierter Ordnung und zweiter Art untersuchen, welche man als Schnitt einer veränderlichen Fläche dritten Grades (Oberfläche dritter Ordnung mit einer Doppelgeraden) und der beiden in Beziehung auf einen Punkt des Raumes polaren Hyperboloide erhält. Unter anderen beweist er folgenden Satz: „Die 4 Berührungspunkte der stationären Ebenen der Raumcurve vierter Ordnung und zweiter Art bilden ein äquianharmonisches System." Jg. (O.)

A. CAYLEY. Sur une surface quartique aplatie. C. R. LXXIV. 1393-1395.

Für Flächen giebt es eine den abgeplatteten Curven analoge Theorie. So kann z. B.: eine Fläche zweiten Grades in eine doppelt zu rechnende Ebene mit einem Grenzkegelschnitt übergehen. Hier wird nun von einer Cyclide die Abplattung betrachtet. Cyclide ist die allgemeine Fläche vierten Grades, die den unendlich entfernten Kugelkreis zur Doppellinie hat; unter Sphäroquartique wird der Durchschnitt einer Kugel mit irgend einer Fläche zweiten Grades verstanden; der Verfasser weist nun durch rein geometrische Betrachtungen nach, dass es eine abgeplattete Cyclide giebt, die zur Kante (oder Grenzcurve) eine Sphäroquartique hat. Mz.

G. DARBOUX. Sur les théorèmes d'Jvory relatifs aux surfaces homofocales du second degré. Mém. de Bordeaux VIII. 197-280.

Siehe Abschn. IX. Cap. 5.

A. CAYLEY. On the cyclide. Quart. J. XII. 148-165.

Bezieht sich auf die Cyclide im ursprünglichen Sinne des Wortes, nämlich Dupin's Cyclide. Cly. (O.)

E. F. KUMMER. Ueber einige besondere Arten von Flächen vierten Grades. Berl. Monatsber. 1872. 474-489.

Es handelt sich um diejenigen Flächen vierter Ordnung, welche Enveloppen von Flächen zweiter Ordnung sind. Ihre allgemeine Gleichung ist

$$\text{(A)} \qquad \varphi^2 = \psi\chi,$$

wo φ, ψ und χ beliebige Functionen zweiten Grades der Coordinaten sind. Die Schaar der einhüllenden Flächen ist dargesellt durch die Gleichungen

$$\text{(B)} \qquad \alpha^2\psi + 2\alpha\varphi + \chi = 0,$$

wo α den veränderlichen Parameter bedeutet. In dieser Art von Flächen sind die meisten bekannteren Flächen vierter Ordnung enthalten. Eine characteristische Eigenschaft dieser Flächen ist, dass das Strahlensystem 12ter Ordnung und 28ter Klasse, welches die Doppeltangenten einer Fläche vierter Ordnung im Allgemeinen bilden, für sie aufgelöst ist in zwei getrennte Strahlensysteme, das eine von der vierten Ordnung und der zwölften Klasse, das andere von der achten Ordnung und der 16ten Klasse. Das erste derselben wird durch die Generatrices sämmtlicher einhüllender Flächen zweiten Grades, die ja stets geradlinige Flächen sind, gebildet. Das andere ist dasjenige, welches übrig bleibt, wenn man jenes erste absondert.

Das erste dieser Strahlensysteme enthält in sich die Strahlen der acht Kegel, welche in der Schaar der einhüllenden Flächen B enthalten sind. Die Scheitel dieser acht Kegel treten noch zu der Fläche A hinzu, um die vollständige Brennfläche des gedachten Strahlensystems zu bilden. Hierin liegt ein specieller Fall des folgenden allgemeinen Gesetzes: Wenn man das vollständige System aller Doppeltangenten einer Fläche n^{ten} Grades als Strahlensystem auffasst, so besteht die Brennfläche dieses Systems, aufgefasst als Ort der Punkte, für welche zwei Strahlen in einen zusammenfallen, aus jener Fläche und aus der vollständigen abwickelbaren Fläche, welche von allen Doppeltangentialebenen jener Fläche eingehüllt wird. Der Grad jener abwickelbaren Fläche wird als $n(n-2)(n-3)(n^2+2n-4)$ angegeben, und es wird dabei bemerkt, dass in Salmon's „Analytic geometry of three dimensions" p. 419 der ersten, so wie p. 455 der zweiten Auflage, durch ein Versehn zu diesem Ausdruck der Factor 4 fälschlich gesetzt sei. Das betrachtete Strahlensystem enthält ausserdem noch acht Kegel in sich, nämlich diejenigen, welche gebildet werden von den Strahlen, welche durch die acht Durchschnittspunkte der Flächen $\psi = 0$, $\varphi = 0$, $\chi = 0$ hindurchgehn, die sämmtlichen einhüllenden Flächen zweiten Grades gemein sind und zugleich Knotenpunkte der Fläche A sind; diese acht Kegel sind die Orte der durch die Knotenpunkte gehenden Tangenten der Curve und vom sechsten Grade. Die von den Doppeltangentialebenen der Fläche A eingehüllte abwickelbare

Fläche 160ten Grades zerfällt in jeden der zuletzt genannten Kegel doppelt gezählt, in jeden der zuerst genannten Kegel einfach gezählt, und in eine abwickelbare Fläche 48ten Grades.

Es wird hierauf erwähnt, dass in gewissen Fällen das betrachtete Strahlensystem vierter Ordnung in zwei Strahlensysteme zweiter Ordnung zerfallen kann, und dass man auf diese Weise alle Strahlensysteme zweiter Ordnung erhalten kann, welche Brennflächen und nicht Brenncurven haben, mit Ausnahme des Strahlensystems zweiter Ordnung und siebenter Klasse. Den letzten Theil der Veröffentlichung nimmt die Betrachtung der Flächen ein, deren Gleichung ist

$$\text{(C)} \qquad \varphi^2 = pqrs,$$

wo φ eine Function zweiten Grades und p, q, r, s lineare Functionen der Coordinaten sind. Eine solche Fläche lässt sich auf drei verschiedene Arten als Einhüllende einer Schaar von Flächen zweiten Grades (A) ansehen und hat eine Reihe besonderer Eigenschaften, von denen hervorgehoben werden mögen die, dass die vier Ebenen $p = 0$, $q = 0$, $r = 0$, $s = 0$ die Fläche C in Kegelschnitten berühren, und dass die zwölf Durchschnittspunkte der sechs Kanten des durch jene vier Ebenen gebildeten Tetraeders mit der Fläche $\varphi = 0$ Knoten der Fläche C sind. Die vorher bei der allgemeinern Fläche A besprochenen Gebilde modificiren sich für die Fläche C, was hier nicht weiter ausgeführt werden soll. Der Herr Verfasser beschreibt zum Schluss eine Anzahl von Gypsmodellen für Flächen der zuletzt besprochenen Art (C), zu denen auch die Steiner'sche Fläche gehört, welche die Eigenschaft hat, dass alle Tangentialebenen sie in zwei Kegelschnitten schneiden. A.

R. Townsend. On a property of the wave-surface. Messenger (2) II. 28-29.

Beweis von Plücker's Satz, dass die beiden Theile der Fresnelschen Wellenfläche, welche apsidal sind zu dem Ellipsoide, dessen Halbaxen a, b, c sind, reciproke Polaren zu einander in Bezug auf das coaxale Ellipsoid sind, dessen entsprechende Halbaxen $\sqrt{bc}, \sqrt{ca}, \sqrt{ab}$ sind. Glr. (O.)

A. MANNHEIM. Remarques sur une classe générale de surfaces, et en particulier sur la surface lieu des points dont la somme des distances à deux droites fixes est constante. Darboux Bull. III. 119-122.

Für den Fall, wo die Geraden sich rechtwinklig schneiden, hat J. A. Serret das dreifach orthogonale Flächensystem gefunden, zu dem die genannte Fläche gehört. Die Belgische Akademie verlangte darauf Bestimmung der Krümmungslinien, wenn überhaupt die Geraden sich schneiden. Eine darauf eingesandte und in die Memoiren aufgenommene Arbeit von Catalan löst die Aufgabe nicht, wie er selbst sagt. Mannheim erweitert die Betrachtung, indem er beliebige Gerade nimmt, geht jedoch nicht auf Ermittelung der Krümmungslinien aus, sondern theilt nur eine aus einigen Bemerkungen hervorgehende Construction der Hauptkrümmungs-Richtungen und Radien mit, die auch in weiterem Umfange Anwendung gestattet. Seien nämlich um die 2 Geraden Rotationscylinder beschrieben, deren Durchschnitt also für constante Summe ihrer Radien auf der in Rede stehenden Fläche liegt. Dann werden Lichtstrahlen, die von dem einen Cylinder (oder seiner Axe) normal ausgehen, auf der Fläche normal zum andern reflectirt und treffen dessen Axe normal. Die Hauptkrümmungsrichtungen sind dann bezeichnet durch die Diagonalen eines Rhombus, gebildet aus den Projectionen der Indicatricen beider Cylinder auf die Berührungsebene der Fläche. Man fälle nun von einem Punkte der Fläche Lothe auf die 2 Geraden, errichte ein solches auf der Ebene beider, verbinde die 2 Krümmungsmittelpunkte der Cylinderschnitte, welche die 2, durch die 2 Lothe einzeln mit dem dritten bestimmten Ebenen bilden, und trage die Quadratwurzel des Stückes, welches die Verbindungslinie auf der Normale der Fläche abschneidet, auf dem dritten Lothe ab; dann liegt der Endpunkt auf der Indicatrix der Fläche. Mit Hülfe der Ecken des Rhombus kann man dann diese Curve, ihre Axen und dadurch die Hauptkrümmungsradien construiren. Das gleiche Verfahren lässt sich anwenden, wenn die Fläche durch eine lineare Relation zwischen den Normalabständen ihres laufenden Punktes von 2 gegebenen Flächen definirt ist. H.

G. Darboux. Sur la surface des centres de courbure de l'ellipsoide et sur les coordonnées elliptiques. Darboux Bull. III. 122-128.

Obgleich das Resultat seiner Darstellung der Mittelpunktsfläche des Ellipsoids bereits von Joachimsthal und Catalan gefunden worden ist, hält doch der Verfasser seine Herleitungsweise im Interesse der Theorie der elliptischen Coordinaten für mittheilenswerth. Damit der Schnitt

$$(\lambda-d)\;F-S=0$$

eines Ellipsoids

$$F=\frac{x^2}{a-d}+\frac{y^2}{b-d}+\frac{z^2}{c-d}-1=0,$$

und einer Kugel

$$S=(x-\alpha)^2+(y-\beta)^2+(z-\gamma)^2-R^2=0$$

ein Kegel sei, ergiebt sich für λ die Bedingung

$$(4)\qquad 1=\frac{\alpha^2}{a-\lambda}+\frac{\beta^2}{b-\lambda}+\frac{\gamma^2}{c-\lambda}-\frac{R^2}{d-\lambda}.$$

Durch die Wurzeln dieser Gleichung $\varrho, \varrho_1, \varrho_2, \varrho_3$ ausgedrückt findet man:

$$(6)\qquad \alpha^2=\frac{\varphi a}{f'a};\quad \beta^2=\frac{\varphi b}{f'b};\quad \gamma^2=\frac{\varphi c}{f'c};\quad R^2=-\frac{\varphi d}{f'd},$$

wo

$$fu=(u-a)(u-b)(u-c)(u-d)$$
$$\varphi u=(u-\varrho)(u-\varrho_1)(u-\varrho_2)(u-\varrho_3),$$

gesetzt ist; hierzu kommen die Relationen:

$$(7)\qquad \begin{cases} \alpha^2+\beta^2+\gamma^2-R^2=a+b+c+d-\varrho-\varrho_1-\varrho_2-\varrho_3,\\ \partial\alpha^2+\partial\beta^2+\partial\gamma^2-\partial R^2=\Sigma\dfrac{\varphi'\varrho_i\,\partial\varrho_i^2}{f\varrho_i}.\end{cases}$$

Diese Formeln nun lösen eine Reihe von Fragen. Für $R=0$ wird eine der Wurzeln, etwa ϱ_3, $=d$. Berührt statt dessen S das Ellipsoid, so hat die Gleichung (4) eine Doppelwurzel, etwa $\varrho_2=\varrho_3$, und (7) definirt ein krummliniges Coordinatensystem, gebildet aus Parallelen mit dem Ellipsoid und dessen abwickelbaren Normalflächen. Lässt man ϱ_2 bei constanten ϱ, ϱ_1 variiren, so durchläuft der Mittelpunkt von S die Normale von F, während S beständig F berührt; dies ist anzuwenden auf den genannten Fall $\varrho_3 = d$, wo ϱ, ϱ_1 gewöhnliche elliptische Coordinaten des Berührungspunkts der Kugel werden. Ist $\varrho_2 = a, b$ oder c, so berührt die Kugel doppelt, und ihr Mittelpunkt fällt in eine der Hauptkrümmungsebenen; für $\varrho_2 = a$ verschwindet α, und die Mittelpunkte liegen auf der xy-Ebene; ist zugleich $\varrho_1 = d$, so erhält man die das Ellipsoid doppelt berührenden Kugeln vom Radius Null. Die Punkte auf der Normale bestimmt durch $\varrho_2 = 0$, a, b, c, ∞ sind der Fusspunkt, die 3 Schnitte der Hauptebenen und der unendlich ferne Punkt; die Strecken zwischen diesen sind also constant. Sind 3 Wurzeln λ einander gleich, so liegt das Kugelcentrum auf der Mittelpunktsfläche, und so gelangt man zu Joachimsthal's Ausdruck für letztere:

$$\varrho = \varrho_2 = \varrho_3,$$

$$\alpha^2 = \frac{(a-\varrho)^3 (a-\varrho_1)}{f'a}; \quad \beta^2 = \frac{(b-\varrho)^3 (b-\varrho_1)}{f'b};$$

$$\gamma^2 = \frac{(c-\varrho)^3 (c-\varrho_1)}{f'c}; \quad R^2 = -\frac{(d-\varrho)^3 (d-\varrho_1)}{f'd};$$

$$\partial\alpha^2 + \partial\beta^2 + \partial\gamma^2 = \partial R^2 + \frac{(\varrho-\varrho_1)^3 \partial\varrho_1^2}{f\varrho_1}.$$

Aus diesen Gleichungen geht die Bestimmung der asymptotischen Linien hervor:

$$\frac{3\partial\varrho^2}{(a-\varrho)(b-c)(c-\varrho)} + \frac{\partial\varrho_1^2}{(a-\varrho_1)(b-\varrho_1)(c-\varrho_1)} = 0.$$

Ferner wird der Fall betrachtet, wo die 4 Wurzeln paarweise gleich sind. Wie Painvin in Nouv. Ann. (2) VIII. (vergl. Bull. Math. I. 57, F. d. M. II. 569) gezeigt, schneidet dann die Kugel das Ellipsoid in einer Geraden und einer kubischen Kegelfläche. Die Gerade ist Tangente, wenn alle Wurzeln gleich sind; die Kugelcentra liegen dann auf 8 Parabeln, welche die Coordinatenebenen und sich paarweise in den den Nabelpunkten entsprechenden Krümmungsmittelpunkten berühren, welche, wie Clebsch bewiesen hat, Gratlinien der Mittelpunktsfläche sind.

Schliesslich wird noch auf die Vorzüge hingewiesen, die es darbietet, wenn man statt der Kugel eine in eine der homofocalen Flächen eingeschriebene Fläche 2ten Grades nimmt. H.

S. Roberts. On parallel surfaces of conioids and conics. Pr. of L. M. S. IV. 57-81.

Enthält eine Classification und Bestimmung von Ordnung, Classe und verschiedenen Singularitäten der Parallelen zu einer Fläche zweiten Grades (centralen, parabolischen, Umdrehungs-Flächen etc.) und der Oberflächen (tubular surfaces) parallel zu einer Curve zweiten Grades (centralen und parabolischen).

Cly. (O.)

J. Wolstenholme. Solution of question 3507. Educ. Times XVI. 65-66.

Wenn Kegel zweiter Ordnung durch 6 Punkte gelegt werden, so ist der Ort der Scheitel eine Fläche 4ter Ordnung, welche 25 Gerade enthält. Für Kegel durch 7 feste Punkte ist der Ort der Scheitel eine Curve 6ter Ordnung. Hi.

R. Townsend and J. J. Walker. Solution of question 3677. Educ. Times XVII. 60-62.

Finde den Winkel zwischen der Normale in irgend einem Punkte einer ebenen Curve und der Geraden von dem gegebenen Punkte zum Mittelpunkt der Sehne, die der Tangente parallel und unendlich nahe gezogen ist. Lässt sich die Frage auf Punkte einer Fläche und der Indicatrix ausdehnen? Hi.

J. Wolstenholme, Kitchin and others. Solution of question 3283. Educ. Times XVI. 37-38.

Der Querschnitt eines geraden Cylinders sei eine Ellipse mit den Axen $2a$, $2b$. Bestimme den Ort der Brennpunkte aller ebenen Schnitte, welche durch einen Punkt in der Axe des Cylinders gelegt werden können.

Der Ort ist eine Fläche sechster Ordnung. Hi.

A. Cayley. On a certain sextic torse. Trans. of Cambridge XI. p. III. 507-523. 1871.

Der betrachtete Torsus (eine developpabele Oberfläche) ist der, der zur Rückkehrlinie eine „Excuboquartic“ oder eine unicursale Curve 4ten Grades hat. Der Verfasser macht darauf aufmerksam, dass (bei Ausschluss der ebenen Curven) eine Curve 4ten Grades entweder eine „Quadriquadric“, d. h. der vollständige Schnitt zweier Oberflächen zweiten Grades ist oder eine „Excuboquartic“ d. h. eine Curve, durch die nur eine Oberfläche zweiten Grades geht und die der partielle Schnitt dieser Oberfläche zweiten Grades mit einer cubischen Fläche durch 2 erzeugende Linien (derselben Art) der Oberfläche zweiten Grades ist. Die Quadriquadric kann allgemein sein, mit Knoten oder Rückkehrpunkten; nämlich wenn die beiden Oberflächen 2ten Grades eine gewöhnliche Berührung haben, so ist die Schnittcurve mit Knoten versehen, findet dagegen eine stationäre Berührung statt, so ist sie mit Rückkehrpunkten versehen. Die unicursale Curve 4ter Ordnung ist so beschaffen, dass die Coordinaten eines Punktes (x, y, z, w) auf ihr rationalen und ganzen Functionen' 4ter Ordnung $(*)(\theta, 1)^4$ eines variabeln Parameters θ proportional sind. Die allgemeine unicursale Curve ist in der That die Excuboquartic, die aber als specielle Fälle der unicursalen Curve (aber nicht der Excuboquartic in dem Sinne, wie sie oben definirt ist) die Quadriquadric mit Knoten und mit Rückkehrpunkten einschliesst. Der Torsus nun, der als Rückkehrlinie eine unicursale Curve hat, ist ein Torsus vom 6ten Grade; und dies ist der Grad dessen, der aus der Excuboquartic und aus der Quadriquadric mit Knoten abgeleitet ist; beim Quadriquadric mit Rückkehrpunkten findet sich eine Erniedrigung des Grades um eins, und der Torsus wird vom 5ten Grade. Der Verfasser hatte nun früher schon erhalten die Gleichungen 1) des Torsus 6ten Grades aus der Quadriquadric mit Knoten, 2) des Torsus 5ten Grades, abgeleitet aus der Quadriquadric mit Rückkehrpunkten, und 3) des Torsus 6ten Grades, der aus einer gewissen speciellen Excuboquartic abgeleitet ist; die Gleichung des Torsus jedoch, die aus der allgemeinen unicursalen Curve 4ten Grades hergeleitet wird, hatte er noch nicht ableiten können. Die Ergänzung dieser Lücke ist der Hauptgegenstand der gegenwärtigen Abhandlung. Die Gleichung dieses Torsus 6ten Grades wird abgeleitet und mit der Gleichung der Oberfläche verglichen, die der Ort der Krümmungsmittelpunkte eines Ellipsoides ist. Glr. (O.)

E. Catalan. Teorema sulle curve anti-pedali. Lettera a Boncompagni. Att. d. Acc. P. d. Linc. XXV. 349.

Kurzer Auszug aus einem Briefe, in dem die Definition der Schneckenlinie gegeben wird. Der Verfasser giebt dann ohne Beweis 2 Sätze über die antipedalen Curven einer Reihe von Schneckenlinien. Jg. (O.)

C. W. Bauer. Orthogonale Trajektorien zu der Schaar von Cycloiden, welche die Bahnlinie und einen Rückkehrpunkt gemeinschaftlich haben. Schlömilch Z. XVII. 424-428.

Die Gleichungen der orthogonalen Trajektorienschaar für das System der Cycloiden, welche die Bahnlinie und einen Rückkehrpunkt gemein haben, und den einfach unendlich vielen Werthen des Radius des erzeugenden Kreises entsprechen, werden entwickelt und discutirt. Scht.

E. Beltrami. Sulla superficie di rotazione che serve di tipo alle superficie pseudosferiche. Battaglini G. X. 147-160.

Die in Rede stehende Fläche wird durch die Curve erzeugt, deren Gleichung in rechtwinkligen Coordinaten:

$$x+\sqrt{r^2-y^2}=r\log\frac{r+\sqrt{r^2-y^2}}{y}$$

ist, indem diese Curve um die x-Axe rotirt; die Gleichung der Fläche ist also:

$$x+\sqrt{r^2-y^2-z^2}=r\log\frac{r+\sqrt{r^2-y^2-z^2}}{\sqrt{y^2+z^2}}.$$

Die zahlreichen hierüber gegebenen Theoreme können nicht weiter angeführt werden. Mz.

G. Torelli. Il teorema di Viviani sulla pseudosfera. Battaglini G. X. 128-129.

Aus einer pseudosphärischen Fläche („erzeugt von einer Linie von constanter Tangente, welche um ihre Asymptote rotirt“) schneidet ein gewisser gerader Cylinder ein Stück aus, welches gleich dem vierfachen Rechteck aus dem Radius des Cylinders und dem Pseudoradius der Fläche ist. H.

G. Darboux. Sur une classe remarquable de courbes et de surfaces algébriques et sur la théorie des imaginaires. I. et II. Mém. de Bordeaux VIII. 291.

Ueber diese Arbeit, deren dritter und umfangreichster Theil im Jahre 1873 erschienen ist, wird im nächsten Bande referirt werden. A.

Capitel 4.

Liniengeometrie (Complexe, Strahlensysteme).

G. Battaglini. Intorno ai sistemi di rette di grado qualunque. Battaglini G. X. 55-76.

Diese Arbeit schliesst sich an frühere Aufsätze des Verfassers über Liniencomplexe ersten und zweiten Grades (siehe Battaglini G. VI. VII. F. d. M. I. 205. II. 544.) sowie an Untersuchungen desselben über binäre und ternäre Formen an (Battaglini G. IX.), über welche bereits berichtet wurde (siehe F. d. M. III. pag. 38). Indem der Verfasser die Gleichung des allgemeinen Complexes symbolisch durch die Potenz eines linearen Ausdrucks oder auch das Product verschiedener linearer Ausdrücke ersetzt, gelingt es ihm, gewisse allgemeine Bildungen, wie er sie in den genannten

Formen-Untersuchungen entwickelt hat, für die Theorie der Complexe zu verwerthen. Diese Symbolik ist mit derjenigen, welche Clebsch eingeführt hat (Clebsch Ann. II. F. d. M. II. p. 602), in dem Sinne verwandt, als sie eine Vorstufe derselben darstellt. Bei Clebsch erscheinen die in Battaglini's Darstellung vorkommenden Symbole selbst wieder aus anderen Symbolen als zweigliedrige Determinanten aufgebaut, wodurch eine sehr viel grössere Leichtigkeit in solchen Fällen erzielt wird, in denen es gilt, von Linien-Coordinaten zu Punkt- oder Ebenen-Coordinaten überzugehen.

Unter den von Battaglini abgeleiteten Bildungen sei insbesondere eine Fläche $2k^{ter}$ Ordnung hervorgehoben, die Ort solcher Punkte ist, dass Kegel, die drei gegebenen Complexen k^{ten} Grades angehören, nach Battaglini's Ausdrucksweise zu einander harmonisch sind. Setzt man $k = 2$ und lässt die drei Complexe zusammenfallen, so geht diese Fläche in die Singularitätenfläche des Complexes zweiten Grades über, die sonach in anderem Sinne als erstes Glied einer ganzen Flächenfamilie erscheint, als dies nach der von Pasch gegebenen für beliebige Complexe geltenden Erweiterung des Begriffs der Singularitätenfläche der Fall ist (siehe F. d. M. II. p. 604). Kln.

S. Lie. Ueber Complexe, insbesondere Linien- und Kugel-Complexe, mit Anwendung auf die Theorie partieller Differentialgleichungen. Clebsch Ann. V. 145-256.

Diese umfangreiche und ausserordentlich reichhaltige Abhandlung, die bestimmt scheint, der analytisch-geometrischen Speculation den Zugang zu neuen, wichtigen Gebieten zu eröffnen, kann gewissermaassen nur uneigentlich unter die liniengeometrischen Arbeiten aufgenommen werden. Denn so wesentlich sie auf liniengeometrischen Vorstellungen fusst und so wichtig ihre Resultate eben für Liniengeometrie sind, so hat sie doch darin wohl ihre eigentliche Bedeutung, dass sie es mit Erfolg unternimmt, diese neueren geometrischen Anschauungen für anderweitige Gebiete zu verwerthen.

Herr Lie geht von der Betrachtung von dreifach unendlich vielen Curven im Raume aus, deren Inbegriff er, im Anschluss an die in der Liniengeometrie übliche Terminologie, einen Curven-Complex nennt. Ein solcher Curven-Complex führt ein gewisses Integrationsproblem mit sich, das in einer partiellen Differentialgleichung erster Ordnung zwischen drei Variabeln seinen analytischen Ausdruck findet. Die Curven des Complexes nämlich, welche durch einen Punkt gehen, erzeugen in demselben einen Kegel, und man kann verlangen, alle Flächen anzugeben, die in jedem ihrer Punkte den bez. Kegel berühren. Diese Flächen haben dann, wie Herr Lie zeigt, und darin liegt eine neue Interpretation partieller Differentialgleichungen erster Ordnung zwischen drei Variabeln überhaupt, die characteristische Eigenschaft, von den Curven des Complexes osculirt zu werden. Die Integralflächen eines Linien-Complexes insbesondere haben also die Linien desselben zu Haupttangenten.

Weiter entwickelt der Verfasser einen allgemeinen Begriff, der seither wohl in analytischen Untersuchungen (z. B. bei Jacobi) vorgekommen war, aber dem geometrischen Bewusstsein fern gelegen hatte, den Begriff der Berührungstransformation. Als solche wird jede Transformation definirt, die im Allgemeinen sich berührende Flächen in ebensolche überführt. Man hat drei Classen von Berührungstransformationen zu unterscheiden, je nachdem die Punkte (welche man dabei als zweifach unendliche Aggregate von Flächenelementen zu denken hat) wiederum in Punkte, oder in Curven, oder in Flächen übergehen. Die erste Classe deckt sich mit den gewöhnlichen Punkt-Transformationen; die dritte Classe entspricht der durch Plücker gegebenen Verallgemeinerung der dualistischen Umformungen des Raumes. Die zweite Classe aber ist etwas Neues: sie ordnet den Punkten des Raumes die Curven eines Complexes zu und setzt also die allgemeine Auffassung dessen, was ein Curven-Complex ist, voraus.

Ein besonderer Fall dieser Transformationen zweiter Classe, den Herr Lie näher untersucht, ist besonders merkwürdig. Er steht in genauester Beziehung zu der eindeutigen Abbildung des linearen Complexes auf den Punktraum, wie diese gelegentlich durch Nöther gegeben wurde (Gött. Nachr. 1869, siehe F. d. M. II. p. 202), wenn man voraussetzt, dass der dabei auftretende fundamentale Kegelschnitt mit dem imaginären Kugelkreise coincidirt. Sie führt nämlich die geraden Linien des einen Raumes (resp. die Flächenelemente, welche sich an eine Gerade anschliessen) in die Kugeln des anderen Raumes über (in die Flächenelemente, welche eine Kugel bedecken) und lässt sonach der Liniengeometrie eine Kugelgeometrie als etwas Coordinirtes entsprechen. Geraden Linien, die sich schneiden, sind Kugeln zugeordnet, die sich berühren. Es führt dies mit Leichtigkeit zu dem Theoreme: „dass den Haupttangentencurven der Flächen des einen Raumes die Krümmungscurven der Flächen des anderen Raumes entsprechen.“ Als ein aus ihm fliessendes Resultat erscheint die Bestimmung der Haupttangenten-Curven der Kummer'schen Fläche vierter Ordnung und vierter Classe mit 16 Knotenpunkten, von der bereits berichtet wurde (siehe F. d. M. II. p. 605). Sie entspricht der Bestimmung der Krümmungscurven auf den Flächen vierter Ordnung, die den Kugelkreis doppelt enthalten, wie diese durch Darboux und Moutard gegeben worden war.

Beide Geometrieen: Linien- und Kugel-Geometrie bieten der Anschauung eigenartige Vortheile dar, und es ist nun Lie's weiteres Bestreben, je nach dem Zwecke, den er verfolgt, zwischen ihnen abwechselnd, die Theorie partieller Differentialgleichungen mit drei Variabeln zu fördern.

Er beschäftigt sich zunächst mit drei Classen von partiellen Differentialgleichungen erster Ordnung, von denen die beiden ersten coordinirt erscheinen, während die dritte eine mehr particuläre Stellung einnimmt. Die betreffenden Gleichungen sind dadurch ausgezeichnet, dass die Monge'schen Characteristiken ihrer Integralflächen auf diesen bez. Haupttangenten-Curven, Krümmungs-Curven und geodätische Curven sind. Es ist hier wohl nicht möglich, mit kurzen Worten die interessanten Beziehungen hervorzuheben, in denen diese Gleichungen zu den Grundvorstellungen der Linien- bez. Kugel-Geometrie stehen, oder die zahlreichen Berührungspunkte dieser Untersuchungen mit früheren Arbeiten Anderer hervorzuheben. Lie wendet sich weiterhin zu partiellen Differentialgleichungen zweiter Ordnung und greift aus ihnen wiederum solche heraus, deren Characteristiken Haupttangenten- oder Krümmungs-Curven auf den Integralflächen sind. Es gelingt ihm, einen Einblick in die Bedeutung derselben zu gewinnen, und insbesondere alle diejenigen, welche ein, bezw. zwei erste Integrale besitzen, wirklich anzugeben. Die Gleichungen mit zwei ersten Integralen enthalten merkwürdigerweise keine willkürlichen Functionen mehr, sondern sind von völlig bestimmter Form.

Zum Schlusse wendet sich Lie noch insbesondere zur Theorie der Linien-Complexe und zeigt unter Anderem die Möglichkeit, die Integration des allgemeinen Complexes zweiten Grades auf Quadraturen hyperelliptischer Differentiale zurückzuführen. Siehe auch die Referate p. 161. Kln.

F. KLEIN. Ueber Liniengeometrie und metrische Geometrie. Clebsch Ann. V. 257-278.

F. KLEIN. Ueber gewisse in der Liniengeometrie auftretende Differentialgleichungen. Clebsch Ann. V. 278-302.

Die beiden vorgenannten Arbeiten sind einmal bestimmt, die allgemeine Auffassung der Liniengeometrie und die daraus fliessende algebraische Behandlung derselben, wie sie der Verfasser bereits in einer früheren Untersuchung (Clebsch Ann. II. siehe F. d. M. II. p. 605) angebahnt hatte, darzustellen. Sie stehen andererseits in der engsten Beziehung zu der soeben besprochenen Abhandlung von Lie und geben in Anlehnung an dieselbe eine allgemeine Darstellung der Beziehung zwischen Linien-Geometrie und metrischer Geometrie, sowie die fertige algebraische Lösung einer Reihe von Integrationsproblemen, die sich auf Linien-Complexe beziehen. In dem ersten Aufsatze überträgt der Verfasser insbesondere die Lehre von den Orthogonalsystemen auf Liniengeometrie und findet als Analogon zum Dupin'schen Theoreme einen Satz, der die Bestimmung der Haupttangentencurven auf einer grossen Zahl von Flächen ermöglicht. Die Haupttangenten-Curven der Kummer'schen Fläche z. B. unterliegen als specieller Fall eben dieser Bestimmungsweise. In dem zweiten Aufsatze formulirt der Verfasser zunächst gewisse in der Liniengeometrie auftretende Differentialgleichungen unter Anwendung von Linien-Coordinaten in möglichst symmetrischer Weise. Er wendet sich sodann zur Untersuchung der bez. Probleme insbesondere bei Complexen zweiten Grades mit gemeinsamer Singularitätenfläche und erledigt deren Integration durch Einführung von Linien-Coordinaten, die Jacobi's elliptischen Coordinaten nachgebildet sind. Auf diese Art erhält er z. B. in fertiger Form die Integration des allgemeinen Linien-Complexes zweiten Grades, wie sie von Lie ihrer Möglichkeit und ihren wesentlichen Eigenschaften nach erkannt war. Kln.

M. Pasch. Zur Theorie der linearen Complexe.
Borchardt J. LXXV. 106-153.

Der Verfasser hat sich zur Aufgabe gestellt, die geometrischen Vorstellungen von dem zwischen Punkt, Ebene und Gerade möglichen Lagenverhältnissen und die Resultate, welche man mit Bezug hierauf bei der Untersuchung der Complexe ersten Grades gefunden hat, in fertigen Formeln wiederzugeben resp. durch algebraische Identitäten im Sinne der Invariantentheorie zu erweisen. Er nimmt dabei durchaus auf die Erweiterung Bedacht, welche man allen liniengeometrischen Formeln ertheilen kann, wenn man die 6 Linien-Coordinaten als unabhängige Veränderliche betrachtet und dem entsprechend als Coordinaten eines linearen Complexes interpretirt. Interessant ist dabei besonders, wie die Gleichung einer Fläche zweiten Grades in diesen „Complex-Coordinaten“ drei verschiedene Formen erhält, die dreierlei geometrische Bedeutung haben. Sie sagen nämlich aus, entweder, dass der Complex unter den Linien der einen oder der anderen Erzeugung zwei zusammenfallende enthalte, oder dass der Complex mit dem ihm in Bezug auf die Fläche zweiten Grades conjugirten in Involution liege. Geht man von den „Complex-Coordinaten“ zu Linien-Coordinaten zurück, so fallen die drei Formen geometrisch wie algebraisch zusammen. Kln.

A. Clebsch. Ueber die Complexflächen und die Singularitätenflächen der Complexe. Gött Nachr. 1872. 33-44, Clebsch Ann. V. 435-442.

Es wurde bereits in Bd. II. p. 602 dieser Fortschritte und noch soeben bei Besprechung der Battaglini'schen Arbeit (p. 407) der Symbolik gedacht, welche Clebsch im zweiten Bande von Clebsch Annalen für Linien-Complexe entwickelt hat. In dem vorliegenden Aufsatze zeigt er nun, wie man vermöge derselben im Stande ist, die fertigen Gleichungen gewisser zu einem Liniencomplexe covarianter Flächen, frei von fremden Factoren zu bilden. Gedenken wir insbesondere der Gleichung der Singularitätenfläche. Dieselbe wird bei einem Complexe n^{ten} Grades von der Ordnung und Classe $2n(n-1)^2$; bei den Complexen dritten Grades insbesondere besitzt sie eine Rückkehrcurve der 96ten Ordnung, sowie eine parabolische Curve, deren Tangentenebenen eine Developpable der 96ten Classe umhüllen. Kln.

L. Painvin. Étude d'un complexe du second ordre. Nouv. Ann. (2) XI. 49-60, 97-108, 202-210, 289-297, 481-500, 529-539.

Ein specielles Studium desjenigen Complexes zweiten Grades, dessen Linien durch die Forderung characterisirt sind, dass die durch sie an ein gegebenes Ellipsoid gelegten Tangentialebenen auf einander senkrecht stehen. Der Complex hat die Fresnel'sche Wellenfläche zur Singularitätenfläche; an die anschauliche Vorstellung, welche wir von der Gestalt der Wellenfläche haben, knüpft sich eine übersichtliche Discussion der Vertheilung der Complexgeraden im Raume. Dieses Beispiel eines speciellen Complexes scheint daher sehr geeignet, in die allgemeine Theorie des Complexes zweiten Grades einzuleiten. Kln.

P. Zech. Die Geometrie unendlich dünner Strahlenbündel und die Affinität ebener Systeme. Schlömilch Z. XVII. 353-375.

Um die Verhältnisse in einem unendlich dünnen Bündel eines (zweifach unendlichen) Strahlensystems zu erforschen, genügt es nach Möbius dieses Bündel als Theil eines Systems zu betrachten, dessen Linien die entsprechenden Punkte zweier affiner ebener Systeme verbinden. Indem der Verfasser hiervon ausgeht, giebt er die Mittel, um bei drei gegebenen Geraden eines unendlich dünnen Bündels die Haupt- und Focalebenen desselben etc. zu construiren. Kln.

F. Aschieri. Sopra i sistemi di rette. Battaglini G. X. 343-347.

Ein linearer Complex ist bestimmt, wenn man eine seiner Linien sowie die conjugirte Polare kennt, die er einer zweiten gegebenen Geraden zuordnet. Hieran anknüpfend betrachtet der Verfasser ein Entsprechen zwischen zwei vierfach unendlichen Complexsystemen. Kln.

E. d'Ovidio. Sopra alcune formole in coordinate di rette. Battaglini G. X. 33-37.

Der Verfasser drückt den Winkel, den zwei Gerade im Raume mit einander machen, als Function ihrer Tetraeder-Coordinaten aus. Kln.

E. Padova. Démonstration de deux théorèmes de géométrie. Nouv. Ann. (2) XI. 210-216.

Sind

$$\begin{cases} X'x + Y'y + Z'z + T't = 0, \\ X''x + Y''y + Z''z + T''t = 0 \end{cases}$$

die homogen gemachten Gleichungen einer Geraden, so nennt der Verfasser die sechs Grössen

$$F = Y'Z'' - Z'Y''; \quad G = Z'X'' - X'Z''; \quad H = X'Y'' - Y'X'',$$
$$L = X'T'' - T'X''; \quad M = Y'T'' - T'Y''; \quad N = Z'T'' - T'Z'',$$

zwischen denen die Relation

$$FL + GM + NH = 0$$

besteht, die sechs Coordinaten der betrachteten Geraden.

Versteht man ferner unter $x'y'z't'$ und $x''y''z''t''$ die Tetraeder-Coordinaten zweier Punkte, also ihre Abstände von den Seitenflächen a, b, c, d eines Tetraeders, dessen Volumen V ist, und dessen Eckpunkte den gegenüberliegenden Seiten entsprechend mit A, B, C, D bezeichnet sind, so kann man in analoger Weise die sechs Grössen:

$$f = y'z'' - z'y''; \quad g = z'x'' - x'z''; \quad h = x'y'' - y'x'';$$
$$l = x't'' - t'x''; \quad m = y't'' - t'y''; \quad n = z't'' - t'z'',$$

zwischen denen die Relation

$$fl + gm + hn = 0$$

besteht, als die Coordinaten der Verbindungslinie beider ansehen.

Diese Definitionen unterscheiden sich, wie man sieht, von den in Plücker's neuer Geometrie des Raumes etc. (vgl. F. d. M. Bd. I. p. 198 ff.) zu Grunde gelegten nur dadurch, dass die Coordinaten homogen sind; sie gehen in dieselbe über, wenn man die t und T gleich Eins setzt, und zwar sind die ersten sechs Grössen als Axencoordinaten, die letzten sechs als Strahlencoordinaten einer Geraden zu betrachten.

Die erste Aufgabe, mit welcher sich nun der Verfasser beschäftigt, ist die, die Distanz r der beiden Punkte $x_1 y_1 z_1 t_1$ und $x_2 y_2 z_2 t_2$ mit Hülfe der Strahlencoordinaten ihrer Verbindungsgerade auszudrücken.

Zur Vereinfachung der Rechnung werden zunächst statt der Coordinaten x, y, z, t die Grössen

$$\xi = \frac{a}{3V}x; \quad \eta = \frac{b}{3V}y; \quad \zeta = \frac{c}{3V}z; \quad \tau = \frac{d}{3V}t$$

eingeführt; (so dass man also auch ξ, η, ζ, τ als die Coordinaten des betrachteten Punktes ansehen kann, wenn man für jede derselben die zugehörige Höhe des Tetraeders als Längeneinheit betrachtet), unter $f_1 g_1 h_1 l_1 m_1 n_1$ werden die Grössen verstanden, die mit $\xi\eta\zeta\tau$ ebenso zusammenhängen, wie $fghlmn$ mit $xyzt$.

Dann ist der Zusammenhang zwischen den vier Coordinaten $\xi\eta\zeta\tau$ eines Punktes gegeben durch die Gleichung $\xi + \eta + \zeta + \tau = 1$, und es ergeben sich ferner die Relationen:

$$\xi_1 - \xi_2 = h_1 - g_1 + l_1; \quad \eta_1 - \eta_2 = -h_1 + f_1 + m_1;$$
$$\zeta_1 - \zeta_2 = g_1 - f_1 + n_1; \quad \tau_1 - \tau_2 = -l_1 - m_1 - n_1.$$

Nun geht der Verfasser zur Bestimmung der Grösse r von der Formel aus:

$$r^2 = -\frac{abcd}{9V^2}\Big[\frac{\overline{AB}^2}{cd}(x_1-x_2)(y_1-y_2)+\frac{\overline{AC}^2}{bd}(x_1-x_2)(z_1-z_2)$$
$$+\frac{\overline{AD}^2}{bc}(x_1-x_2)(t_1-t_2)+\frac{\overline{BC}^2}{ad}(y_1-y_2)(z_1-z_2)$$
$$+\frac{\overline{BD}^2}{ac}(y_1-y_2)(t_1-t_2)+\frac{\overline{CD}^2}{ab}(z_1-z_2)(t_1-t_2)\Big],$$

und entwickelt daraus schliesslich die Formel:

$$r^2 = f_1^2\overline{BC}^2+g_1^2\overline{AC}^2+h_1^2\overline{AB}^2+l_1^2\overline{AD}^2+m_1^2\overline{BD}^2+n_1^2\overline{DC}^2$$
$$+2\Sigma f_1 g_1 \overline{BC}\cdot\overline{AC}\cos(BC, AC),$$

in welcher sich das Summationszeichen auf alle Combinationen von je zwei Coordinaten der Geraden bezieht.

Als zweite Aufgabe wird die Bestimmung des Volumens einer Pyramide behandelt, deren Eckpunkte G, H, J, E die Coordinaten $(xyzt)$ mit den Indices 1, 2, 3, 4 haben.

Das Endresultat ist

$$3JEGH = \frac{abcd}{27V^3}\begin{vmatrix} x_1 & y_1 & z_1 & t_1 \\ x_2 & y_2 & z_2 & t_2 \\ x_3 & y_3 & z_3 & t_3 \\ x_4 & y_4 & z_4 & t_4 \end{vmatrix}.$$

(In der Arbeit befindet sich auf p. 216 Zeile 4 von oben ein Druckfehler, das Additionszeichen + vor der Determinante ist durch ein Multiplicationszeichen zu ersetzen.) A.

Capitel 5.

Verwandtschaft, eindeutige Transformation, Abbildungen.

Laguerre. Mémoire sur l'emploi des imaginaires dans la géométrie de l'espace. Nouv. Ann. (2) XI. 14-21, 108-118, 241-254.

Die hier vorliegende Methode der geometrischen Darstellung einer complexen Mannigfaltigkeit besteht in der Abbildung derselben auf eine reelle Mannigfaltigkett von doppelt soviel Dimensionen. Ein Paar von complex conjugirten Punkten a, a' im Raum wird dargestellt durch den reellen Kreis, in welchem sich die Kegel schneiden, die von jedem der Punkte durch den unendlichfernen Kugel-Kreis gelegt werden. Sein Mittelpunkt ist die reelle Mitte der Strecke aa', seine Ebene steht senkrecht auf der reellen Geraden aa'. Um die beiden Punkte aa' zu unterscheiden, legt man diesem Kreise einen bestimmten Sinn bei. In dieser Darstellung ist als specieller Fall die vom Verfasser (Nouv. Ann. XXIX. p. 241) gegebene Abbildung der complexen Ebene enthalten.

Soll das Paar a, a' einer Raumcurve G angehören, deren Gleichungen in einem reell-definirten Coordinatensysteme demnach nur reelle Coefficienten enthalten dürfen, so müssen die darstellenden Kreise gewissen Bedingungen unterliegen. Denkt man sich durch G eine Kegelfläche gelegt, deren Erzeugende die Curve G in zwei Punkten a, a' schneiden, so liegen die zugehörigen Kreise auf einer Fläche. Betrachtet man z. B. eine Curve F von 4ter Ordnung, die auf einer Kugel S und einer Kegelfläche A von zweiter Ordnung liegt, so bilden die Kreise, welche den Schnittpunkten von F und den Erzeugenden desselben Systemes von A entsprechen, eines der Kreissysteme der anallagmatischen Fläche 4ter Ordnung, die aus S und A in bekannter Weise entsteht (siehe F. d. M. I. 300). Geht diese Fläche in eine von zweiter Ordnung über, was dann geschieht, wenn F ein Kegelschnitt C wird, so folgt der Satz: „Zieht man in der Ebene eines Kegelschnittes C Parallele von fester Richtung, so liegen die den Schnittpunkten von C mit jeder derselben entsprechenden Kreise auf einer Oberfläche 2ter Ordnung, die C zur Focallinie hat.“ Diese letztere ist demnach, je nachdem C Ellipse oder Hyperbel, ein zweischaliges Hyperboloid oder ein Ellipsoid.

Zum Schlusse folgen Bemerkungen über die Transformation durch reciproke Radien und eine Reihe von Sätzen über die Normalen der anallagmatischen Fläche. St.

A. Clebsch. Ueber ein neues Grundgebilde der analytischen Geometrie der Ebene. Gött. Nachr. 1872. 429-449, Clebsch Ann. VI. 205-215.

Siehe Abschnitt II. Cap. 3 p. 64.

L. Cremona. Sulle transformazioni razionali nello spazio. Brioschi Ann. (2) V. 131-163.

Bereits früher (siehe F. d. M. III. p. 426) wurde der neuen Theorie der eindeutigen Raumtransformationen gedacht, welche von den Herren Cayley, Cremona und Nöther unabhängig begründet wurde. In der vorliegenden Abhandlung beginnt Cremona eine ausführliche Darlegung derselben, über die wir aber erst berichten können, wenn sie vollständig vorliegt. Kln.

A. Clebsch. Ueber die geradlinigen Flächen vom Geschlechte $p = 0$. Clebsch Ann. V. 1-27.

Linienflächen, deren ebene Schnitte das Geschlecht Null haben, lassen sich bekanntlich auf die Ebene eindeutig abbilden und man kann eine solche Abbildung unmittelbar in allgemeiner Weise angeben, indem man von der rationalen Darstellung zweier ebener Schnitte der Fläche ausgeht. Herr Armenante hatte nun bereits bei einer früheren Gelegenheit die Möglichkeit untersucht, die Abbildung durch Anwendung Cremona'scher Ebenentransformationen zu reduciren (Brioschi Ann. (2) IV. 50-73, siehe F. d. M. II. p. 636). Aber er hatte dabei, sozusagen, eine allgemeine Lage der in der Abbildung auftretenden Fundamentalpunkte vorausgesetzt. Clebsch zeigt in dem vorliegenden Aufsatze, wie man allerdings immer durch Anwendung passend gewählter quadratischer Transformationen der Ebene die Abbildung erniedrigen kann, so lange getrennte Fundamentalpunkte in hinreichender Zahl vorhanden sind. Aber die Fundamentalpunkte können von verschiedenen Seiten her unendlich nahe rücken, und dann ist eine weitere Reduction der Abbildung nicht mehr möglich. Die Linienflächen vom Geschlechte Null, welche eine gegebene Ordnung besitzen, zerfallen dem entsprechend in eine Reihe von

Typen. Flächen desselben Typus können ohne Zwischentreten von Fundamentalpunkten eindeutig auf einander bezogen werden; in diesem Sinne lässt sich der Typenbegriff überhaupt auf algebraische Flächen anwenden. Kln.

M. Nöther. Zur Theorie der eindeutigen Ebenentransformationen. Clebsch Ann. V. 635-639.

Clifford, Nöther und Rosanes haben vor zwei Jahren unabhängig von einander den Satz gefunden, dass man jede eindeutige Transformation der Ebene in sich (jede Cremona'sche Transformation), durch eine Reihenfolge quadratischer Transformationen ersetzen könne, und Nöther und Rosanes haben einen allgemeinen Beweis desselben gegeben. Aber die Fälle waren nicht in Betracht gezogen worden, in denen ähnlich, wie bei der so eben berührten Abbildung der Linienflächen vom Geschlechte Null, ein Zusammenrücken mehrerer Fundamentalpunkte von verschiedenen Seiten her Statt findet. Nöther zeigt nun in der gegenwärtigen Untersuchung, indem er den allgemeinen Beweis recapitulirt, dass der Satz auch in den gemeinten singulären Fällen seine Gültigkeit behält. Kln.

A. Brill. Note über die Gleichungen der auf einer Ebene abbildbaren Flächen. Clebsch Ann. V. 401-404.

Es handelt sich darum, von den die Abbildung einer Fläche bewirkenden Functionen aus durch ein symmetrisches Verfahren zur Gleichung der Fläche aufzusteigen. Der Verfasser erörtert sein Resultat insbesondere an dem Beispiele der Steiner'schen Fläche. Kln.

A. Clebsch. Ueber die ebene Abbildung einer Fläche dritter Ordnung. Clebsch Ann. V. 414-422.

Die bekannte einfachste Abbildung der Flächen dritter Ordnung auf die Ebene erhält man auf folgende Weise unmittelbar. Man wähle drei Gerade der Fläche, *a*, *b*, *c*, von denen *a* und *c* sich nicht schneiden, *b* aber sowohl von *a* als von *c* getroffen wird. Dann beziehe man die Fläche auf das Strahlensystem, dessen Leitlinien *a* und *c* sind, und schneide letzteres mit einer durch *b* gelegten Ebene. Kln.

G. Darboux. Sur une méthode nouvelle pour l'étude des courbes tracées sur une surface algébrique. Darboux Bull. III. 221-224, 251-256. 281-285.

Eine Reihe von Aufsätzen, bestimmt, den Leser in die Theorie der eindeutigen Flächenabbildung einzuführen. Kln.

G. Darboux. Sur les théorèmes d'Jvory relatifs aux surfaces homofocales du second degré. Mém. de Bordeaux VIII. 197-280.

Die Arbeit behandelt die von Jacobi zuerst aufgedeckten Folgerungen aus dem Ivory'schen Theorem, welche im Borchardt'schen Journal Bd. LXXIII von Herrn Hermes veröffentlicht und von demselben weiter durchgeführt sind. (Vgl. dieses Jahrbuch Bd. III p. 376, 379 und 380). Es ist erklärlich, dass ein Theil der Betrachtungen des Verfassers nicht wesentlich von denen der genannten Arbeiten abweicht, und es wird deshalb unter Hinweis auf die Referate über jene genügen, diejenigen Punkte hervorzuheben, welche der vorliegenden Arbeit eigenthümlich sind.

Die Jacobi'sche Verwandtschaft ist folgendermaassen definirt. Es sind im Raume zwei feste Dreiecke ABC und abc gegeben. Die Punkte D und d entsprechen sich, wenn $DA = da$, $DB = db$, $DC = dc$ ist. Während nun in den Arbeiten von Jacobi und Herrn Hermes diese Verwandtschaft vorzugsweise benutzt wird, um gewisse Eigenschaften der confocalen Flächen zweiten Grades zu untersuchen, geht Herr Darboux auch auf eine allgemeinere Untersuchung der Verwandtschaft ein, und findet unter anderem, dass dem unendlich entfernten Kugelkreise in dem einen System der unendlich entfernte Kugelkreis in dem andern doppelt entspricht. Hiermit hängt zusammen, dass in der Definition der Verwandtschaft die sechs Distanzen DA, DB, DC, da, db, dc

ersetzt werden können, durch die Tangenten an sechs Kugeln mit den Centren *ABC*, deren Radien auf unendlich viele Weise bestimmt werden können.

Um den analytischen Character der Jacobi'schen Verwandtschaft zu untersuchen, betrachtet der Verfasser die folgendermassen definirte zwei- und zweideutige Verwandtschaft. Seien $X_1 X_2 X_3 X_4$ und $x_1 x_2 x_3 x_4$ die homogenen Coordinaten zweier Punkte, so soll sein:

$$\varrho X_i = a_{i,1}x_1 + a_{i,2}x_2 + a_{i,3}x_3 + a_{i,4}x_1 + b_i\sqrt{\Omega} \quad (i = 1, 2, 3, 4),$$

wo Ω eine homogene Function zweiten Grades der x bedeutet, und die a und b Constante sind. Diese Verwandtschaft kann bei passender Wahl der Fundamentaltetraeder in bedeutend einfacherer Weise analytisch ausgedrückt werden, nämlich durch die Gleichungen:

$$\varrho x_1 = X_1, \ \varrho x_2 = X_2, \ \varrho x_3 = X_3, \ \varrho x_4 = \sqrt{x_4^2 + x_1^2 + x_2^2 + x_3^2}.$$

Diese Gleichungen aber definiren, wenn man sie auf rechtwinklige Coordinaten anwendet, die Jacobi'sche Verwandtschaft, so dass die allgemeinere Verwandtschaft durch projectivische Relation auf die Jacobi'sche reducirt werden kann.

Eine andere Verwandtschaft allgemeineren Characters, welche der Verfasser in Zusammenhang mit der Jacobi'schen bringt, ist folgende: Seien R, R', R'', R''' und r, r', r'', r''' die Distanzen der Punkte M und m von je vier festen Punkten, oder allgemeiner die Tangenten von M und m an je vier feste Kugeln, dann soll sein

$$\frac{r^2}{aR^2} = \frac{r'^2}{a'R'^2} = \frac{r''^2}{a''R''^2} = \frac{r'''^2}{a'''R'''^2}.$$

Diese ebenfalls zwei- und zweideutige Verwandtschaft, welche die wichtige Eigenschaft besitzt, dass, wenn man M durch reciproke Radien (Inversion) in M_1 transformirt, die Verwandtschaft zwischen M_1 und m denselben Character hat, wie die zwischen M und m, ist scheinbar anderer Natur als die Jacobi'sche. Man kann aber zeigen, dass sie in gewissen singulären Fällen durch Inversion einerseits von M und andererseits von m in eine der Jacobi'schen ähnliche, aber etwas allgemeinere Verwandtschaft übergeführt wird, in welcher nur statt der Gleichheiten $MA = ma$, $MA' = ma'$ etc. die Relation

$$\frac{r^2}{aR^2} = \frac{r'^2}{a'R'^2} = \frac{r''^2}{a''R''^2} = 1$$

auftritt.

Die Jacobi'sche Verwandtschaft erscheint hierdurch als ein ziemlich specieller Fall einer allgemeinen Verwandtschaft von sehr einfacher Gesetzmässigkeit und grosser Transformationsfähigkeit.

Was nun die grosse Zahl von speciellen Resultaten betrifft, so enthält die Arbeit abgesehen von einigen Eigenschaften confocaler Flächen zweiten Grades, welche sich in den früheren Arbeiten nicht finden, die analogen Eigenschaften der Cycliden, d. h. derjenigen Flächen vierten Grades, welche den unendlich entfernten Kugelkreis als Doppellinie enthalten und welche durch die besprochenen Verwandtschaften als die den Kugeln entsprechenden Gebilde auftreten. Diese Eigenschaften können hier nicht einzeln aufgezählt werden.

Erwähnt sei noch ein, auch abgesehen von dem speciellen Gebiet der Arbeit interessanter Hülfssatz, der in der Einleitung u. A. entwickelt ist:

Wenn zwei Flächen zweiten Grades A und A' so beschaffen sind, dass sich irgend zwei ihnen bezüglich confocale Flächen längs eines Kegelschnittes berühren, so berührt jede zu A confocale Fläche M eine zu A' confocale Fläche M' längs eines Kegelschnittes, und der gemeinsame Pol der Berührungsebene, oder der Scheitel des gemeinsamen Berührungskegels P ist für alle Flächenpaare identisch. Wenn man ferner irgend eine zu A confocale Fläche N und irgend eine zu A' confocale Fläche N' auswählt, und die diesen beiden umschriebene abwickelbare Fläche bestimmt, so ist diese stets auch einer Kugel umschrieben, deren Mittelpunkt der erwähnte feste Punkt P ist.

A.

R. Heger. Bemerkung über zwei-zweideutige Verwandtschaft. Schlömilch Z. XVII. 71-78.

Besondere Betrachtung derjenigen zwei- zweideutigen Beziehungen zweier Mannigfaltigkeiten erster Stufe auf einander, bei der die Elemente des einen Gebildes so zu Paaren zusammengehören, dass ihnen dasselbe Elementenpaar des anderen Gebildes entspricht. Kln.

O. Tognoli. Sulla corrispondenza multipla fra due spazii a tre dimensioni. Battaglini G. X. 1-16, 141-147.

Im dritten Bande von Clebsch Annalen (p. 11—33, siehe F. d. M. II. p. 375) hat Wiener ein mehrdeutiges Entsprechen zweier Ebenen in der Weise untersucht, dass er zwei Curvenbüschel der einen Ebene zwei Curvenbüscheln der anderen entsprechend setzte, resp. die Schnittpunktssysteme der beiden Büschel der einen Ebene auf die Schnittpunktssysteme der Büschel der anderen Ebene bezog. In dem vorliegenden Aufsatze dehnt Tognoli in genauem Anschlusse an Wiener die bez. Betrachtungen auf drei Dimensionen aus, indem er in zwei Räumen bez. drei Flächenbüschel einander entsprechend setzt. Dabei betrachtet er insbesondere den Fall, dass eines der Büschel beiderseits aus Ebenen besteht. So hübsch dieser allgemeine Gedankengang der Arbeit ist, so mangelhaft scheint die Ausführung, denn es findet sich z. B. auf p. 3 eine Tabelle mitgetheilt, und auf p. 144 eine Transformation aufgestellt (No. 2), deren Unrichtigkeit die einfachste geometrische Betrachtung lehrt. Kln.

M. Nöther. Sulle curve multiple di superficie algebriche. Brioschi Ann. (2) V. 163-176.

Siehe Abschnitt IX. Cap. 3. B. p. 380.

L. Cremona. Rappresentazione piana di alcune superficie algebriche dotata di curve cuspidali. Mem. di Bologna (3) II. 117-128.

In seiner „Teoria delle trasformazioni razionali dello spazio a tre dimensioni“ (Gött. Nachr. 1871. siehe F. d. M. III. p. 426), deren Publication auch im fünften Bande der Annalen begonnen hat, gab der Verfasser eine Methode zur Abbildung von Oberflächen mit cuspidalen und Rückkehr-Linien auf einer Ebene. Da aber bisher weder der Verfasser noch ein Anderer ein Beispiel zu einer wirklichen Abbildung gegeben hat, so will er in der vorliegenden Arbeit diese Lücke ausfüllen, indem er 2 solcher Beispiele behandelt. Er giebt erstens die ebene Abbildung einer gewissen Oberfläche fünfter Ordnung mit einer Doppelgeraden, 2 einfachen Geraden und einer cuspidalen Curve, die eine specielle Raumcurve vierter Ordnung ist. Diese Oberfläche erhält der Verfasser mittelst einer Transformation dritter Ordnung aus einer gewissen Oberfläche zweiten Grades. Zweitens die einer gewissen Oberfläche vierter Ordnung mit einem cuspidalen Kegelschnitt, welche er mittelst einer Transformation zweiten Grades aus einer speciellen Fläche dritten Grades erhält.

Jg. (O.)

S. Roberts. On Professor Cremona's transformation between two planes and tables relating thereto. Proc. of L. M. S. IV. 121-139.

Weitere Entwickelung der Theorie, die in Cremona's Abhandlungen und in Cayley's Arbeit: „On the rational transformation between two spaces“ (Pr. of L. M. S. III. 127, siehe F. d. M. III. 426-430) enthalten ist. Tafeln für die Fälle $n = 7, 8, 9, 10, 3p+1, 3p+2, 4p, 4p+1, 4p+2, 4p+3$.

Cly. (O.)

H. G. Zeuthen. Études géométriques de quelques-unes des propriétés de deux surfaces dont les points se correspondent un-à-un. Clebsch Ann. IV. 1871. 21-49.

Siehe F. d. M. III. p. 295.

B. Igel. Ueber Abbildung eines Kreisbogenzweiecks. Schlömilch Z. XVII. 251-255.

Nachdem die durch Gleichung $u+vi = \operatorname{tg}(p+qi)$ bestimmte Abbildung discutirt ist, wird gezeigt, dass das Innere (w) eines

Kreisbogenzweiecks auf das Innere eines Kreises z abgebildet wird durch die Gleichung:

$$w = \mathrm{tg}\left(\frac{p_0+p_1}{2} + 2\,\frac{p_0-p_1}{\pi}\,\mathrm{arctg}\, z\right).$$

Die imaginäre y-Axe verbindet die Ecken des Zweiecks und wird von der x-Axe halbirt, die Hälfte der zwischen den Ecken gelegenen y-Axe ist als Einheit angesehen, die Treffpunkte der Bogen auf der x-Axe sind vom Coordinatenanfang um $\mathrm{tg}\,p_0$ und $\mathrm{tg}\,p_1$ entfernt ($\mathrm{tg}\,p_1 < \mathrm{tg}\,p_0$), die Winkel p_1 und p_0 zwischen $-\frac{\pi}{2}$ und $+\frac{\pi}{2}$ gewählt. Für $p_1 = 0$ erhält man die Abbildung eines Segmentes, für $p_1 = -\frac{1}{2}\pi$ bildet Function w eine Halbebene, der ein Kreissegment angefügt ist, auf den Kreis ab; ist $p_1 = -\frac{\pi}{2}$, $p_0 = 0$, so wird die einfache Halbebene auf den Kreis abgebildet, und es wird $w = \frac{z-1}{z+1}$, wie schon Schwarz (Borchardt J. LXX. 112, siehe F. d. M. II. p. 626) angegeben hat.

K.

B. Igel. Zur Theorie der quadratischen Transformationen. Schlömilch Z. XVII. 516-518.

Denkt man zwei aufeinanderliegende Ebenen x und y so aufeinander bezogen, dass zwischen den homogenen Coordinaten $x_1\, x_2\, x_3$, $y_1\, y_2\, y_3$ zweier Punkte folgende Gleichungen bestehen:

$$\sum_{\varkappa=1}^{\varkappa=3}\sum_{\lambda=1}^{\lambda=3} a_{\varkappa\lambda}\, x_\varkappa y_\lambda = 0, \qquad \sum_{\varkappa=1}^{\varkappa=3}\sum_{\lambda=1}^{\lambda=3} b_{\varkappa\lambda}\, x_\varkappa y_\lambda = 0,$$

so sind alle Punkte des einen Blattes eindeutig auf die des andern bezogen. Verlangt man nun, es solle dem Punkt x des ersten Blattes der Punkt y des zweiten entsprechen, während zugleich dem Punkt y des ersten Blattes der Punkt x des zweiten entspricht, so müssen entweder, wie schon früher bekannt, folgende Bedingungen erfüllt sein:

$$a_{\varkappa\lambda} = a_{\lambda\varkappa}, \quad b_{\varkappa\lambda} = b_{\lambda\varkappa},$$

oder — und dieser Fall ist noch nicht erörtert worden:

$$a_{\varkappa\lambda} = a_{\lambda\varkappa}, \quad b_{\varkappa\lambda} = -b_{\lambda\varkappa}.$$

In diesem Falle nehmen die obigen Gleichungen die Form:

$$0 = a_{11} x_1 y_1 + a_{22} x_2 y_2 + a_{33} x_3 y_3 + a_{12} (x_1 y_2 + x_2 y_1) \\ + a_{23} (x_2 y_3 + x_3 y_2) + a_{13} (x_1 y_3 + x_3 y_1)$$

an.

Setzt man

$$a_{11} \; x_1^2 + 2a_{22} x_1 x_2 + \cdots = fx,$$

so lässt sich diese Gleichung auch schreiben:

$$y_1 \frac{\partial fx}{\partial x_1} + y_2 \frac{\partial fx}{\partial x_2} + y_3 \frac{\partial fx}{\partial x_3} = 0,$$

während die zweite Gleichung die Form erhält:

$$\alpha_1 (x_2 y_3 - x_3 y_2) + \alpha_2 (x_3 y_1 - x_1 y_3) + \alpha_3 (x_1 y_2 - x_2 y_1) = 0.$$

Aus diesen Gleichungen ergeben sich für den betrachteten Fall der quadratischen Transformation folgende Eigenschaften: 1) Die Verbindungslinie zweier entsprechender Punkte x und y geht immer durch einen festen Punkt $\alpha_1 \alpha_2 \alpha_3$. 2) Jeder Geraden des einen Blattes (y) entspricht ein Kegelschnitt im andern (x), alle Kegelschnitte haben, wie in dem gewöhnlich behandelten Falle, drei Punkte α, β, γ, gemein; während aber sonst jeder Ecke des Dreiecks die Gegenseite entspricht, so entspricht hier zwar einem Punkt α die Gegenseite $\beta\gamma$, aber dem Punkt β entspricht $\alpha\beta$; $\gamma + \alpha\gamma$. Endlich haben in diesem Falle alle Punkte des Kegelschnittes $fx = 0$ die Eigenschaft, sich selbst zu entsprechen, während es im Allgemeinen nur 4 solcher Punkte giebt. K.

H. Durège. Ueber Curven dritter Ordnung und ihre Abbildung auf einem Kreise. Schlömilch Z. XVII. 433-445.

Clebsch hat nachgewiesen (Borchardt J. LXIV p. 94), dass sich die Coordinaten einer ebenen Curve 3ter Ordnung durch elliptische Functionen eines Argumentes ausdrücken lassen und dass für drei Curvenpunkte in einer Geraden die Summe der zugehörigen Argumente verschwindet. Dasselbe Resultat entwickelt Herr Durège, indem er von der Erzeugung der Curven 3ter Ordnung durch zwei projectivische Strahleninvolutionen o und o' ausgeht, von der besonderen Lage, dass in oo' zwei, entsprechenden

Strahlenpaaren zugehörige Strahlen vereinigt sind (cf. Clebsch Ann. V. 83. s. Abschn. VIII. Cap. 5 p. 283). Für den Fall, in welchem ein Scheitel o in einen Wendepunkt w verlegt wird, der andere o' Berührungspunkt m einer von w aus gezogenen Tangente ist, während die Strahlenpaare der Involution nach den conjugirten Polepaaren desjenigen Systems gerichtet sind, welchem w und m als conjugirte Pole angehören, bilden mw und die harmonische Polare W von w die Doppelstrahlen der Involution m. Bezeichnet J die Wendetangente des Punktes w, W die harmonische Polare, $T_1 T_2 T_3$ die von w gezogenen Tangenten, und nimmt man $T = x_1 = 0$, $J = x_2 = 0$, $W = x_3 = 0$ zu Seiten des Fundamentaldreiecks, so erhält die Gleichung der Curve die Form:

$$(1) \qquad x_2 x_3^2 = \gamma^2 x_1 (\alpha^2 x_1 + x_2)(\beta^2 x_1 + x_2);$$

$\alpha^2 x_1 + x_2 = 0$ und $\beta^2 x_1 + x_2 = 0$ bedeuten die Tangenten T_2 und T_3. Die Schnittpunkte einer Geraden $x_2 = \mu x_1$ erhält man alsdann aus der Gleichung:

$$\mu x_1 x_3^2 = \gamma^2 (\alpha^2 + \mu)(\beta^2 + \mu) x_1^3.$$

Setzt man nun

$$(2) \qquad \frac{\gamma^2 (\alpha^2 + \mu)(\beta^2 + \mu)}{\mu} = \lambda^2,$$

so findet sich, dass ein beliebiger Curvenpunkt $x_1 x_2 x_3$ mit Hilfe des Parameters μ ausgedrückt werden kann; man hat:

$$(3) \qquad x_1 : x_2 : x_3 = 1 : \mu : \lambda.$$

Setzt man $\frac{\beta}{\alpha} = k$ (Modul); $\mu = -\beta^2 \sin^2 am u$, so ergiebt sich:

$$(4) \quad x_1 : x_2 : x_3 = \sin am u : -\beta^2 \sin am^3 u : \sqrt{-1}\,\gamma \cdot \alpha \cos am u \cdot \Delta am u.$$

Die Bedingung, dass drei Curvenpunkte u, u', u'' in einer Geraden liegen, fordert das Verschwinden der Determinante:

$$\begin{vmatrix} \sin am u, & \sin^3 am u, & \cos am u \cdot \Delta am u \\ \sin am u', & \sin^3 am u', & \cos am u' \cdot \Delta am u' \\ \sin am u'', & \sin^3 am u'', & \cos am u'' \cdot \Delta am u'' \end{vmatrix}.$$

Nach einigen Umformungen ergiebt sich, dass der Werth dieser Determinante Null wird, wenn $u + u' + u'' = 0$ oder $=$ einem Vielfachen von $4K$ ist.

Es ist zu bemerken, dass reellen Argumenten u nicht auch

reelle Werthe von μ und damit reelle Punkte der Curve entsprechen. Um Gleichung (4) so zu gestalten, dass dies geschieht, theilt der Verfasser alle Curven 3ter Ordnung in zwei Hauptgattungen: 1) in solche, die aus zwei getrennten Theilen bestehen, welche auch nicht im Unendlichen zusammenhängen (der Theil, der sich der reellen Asymptote mit zwei in's Unendliche gehenden Aesten anschliesst, heisse U, der andere S); 2) in solche, welche aus dem Theile U bestehen, während S imaginär geworden ist. Die Curven mit isolirtem Doppelpunkt bilden den Uebergang. Nun werden die Punkte w und m auf U gewählt, dann liegen die Berührungspunkte der beiden anderen von w ausgehenden Tangenten (T_2 und T_3) auf S oder sind in Fall 2) imaginär; d. h. α und β sind entweder reell oder imaginär. Alsdann setzt man:

$$(5) \qquad \mu = \alpha \cdot \beta \cdot \mathrm{tg}^2 \tfrac{1}{2}\varphi, \quad \lambda = \gamma \frac{\sqrt{(\alpha+\beta)^2 - (\alpha-\beta)^2 \cos^2\varphi}}{\sin\varphi}.$$

Durchläuft Bogen φ alle Werthe von 0 bis 2π, so durchläuft der entsprechende Curvenpunkt den ganzen Theil U und nur diesen; jedem Punkt dieses Curventheiles entspricht ein Werth von φ und umgekehrt, so dass die Curve U durch Gleichung (5) eindeutig auf die Peripherie eines Kreises abgebildet wird.

Für Curve (1) setzt man in (5)

$$\frac{\alpha-\beta}{\alpha+\beta} = k, \quad \varphi = am\left(k'u \frac{ik}{k'}\right);$$

dann findet sich:

$$(6) \qquad \mu = \alpha \cdot \beta \frac{\Delta\, am\, u - \cos am\, u}{\Delta\, am\, u + \cos am\, u}, \quad \lambda = \frac{\gamma(\alpha+\beta)}{\sin am\, u} \quad (\mathrm{mod.} = k).$$

Für die Curven (2) setzt man:

$$k = \frac{\alpha-\beta}{\sqrt{2(\alpha^2+\beta^2)}}, \quad \varphi = am(u, k)$$

und erhält:

$$(7) \qquad \mu = \alpha \cdot \beta \frac{1-\cos am\, u}{1+\cos am\, u}, \quad \lambda = \gamma\sqrt{2(\alpha^2+\beta^2)} \frac{\Delta\, am\, u}{\sin am\, u}.$$

Die Gleichungen (6) und (7) geben die gewünschte Darstellung, und auch für diese gilt der oben erwähnte Satz über die Summe der Argumente von drei Punkten in einer Geraden. Besonderes Interesse verdienen diese Umformungen, weil sie lehren, dass die von Herrn Durège für Curven mit isolirtem Doppelpunkt (Clebsch Ann. I. 520, Ueber fortgesetztes Tangentenziehen etc. siehe F. d. M. II. p. 507) entwickelten Sätze auch für die Curvengattung (2) und für Theil U der Gattung (1) giltig bleiben. K.

L. Saltel. Sur l'application de la transformation arguésienne à la génération des courbes et des surfaces géométriques. Mém. de Belg. XXII. 1-53.

P. Gilbert. Rapport sur ce mémoire. Bull. de Belg. (2) XXXII. 334-353, XXXIII. 374.

L. Saltel. Sur quelques questions de géométrie. Bull. de Belg. (2) XXXIV. 51-52.

Die von Herrn Saltel aufgestellte Argues'sche Transformation (so genannt nach Desargues) ist eine sehr einfache eindeutige und umkehrbare Transformation, die folgendermassen definirt wird. Es sei K eine Curve m^{ter} Ordnung, P ein Punkt ihrer Ebene, Pol der Transformation genannt, S und T zwei Kegelschnitte, Fundamentalkegelschnitte genannt (coniques de référence), die sich in vier Punkten schneiden R_1, R_2, R_3, R_4. Durch den Punkt P wird eine Secante gezogen, die K im Punkte M und die Kegelschnitte in den Punkten s, s', t, t' schneiden möge. Der geometrische Ort des Punktes M', der in der durch die vier Punkte s, s', t, t' definirten Involution zu M homolog ist, ist die Argues'sche Transformirte (arguésienne) von K. Die genannte Transformation geht in die Transformation durch reciproke radii vectores über, wenn S und T Kreise sind, in die Transformation zweiter Ordnung (transf. quadrique) von Hirst, wenn S und T zusammenfallen.

Wie man sieht, ist nach dem Satze von Desargues über Involution für den Punkt P die Argues'sche Transformirte der Kegelschnitt C, der durch $PR_1 R_2 R_3 R_4$ geht; für R_1 ist es die Gerade PR_1, für R_2 PR_2, für R_3 PR_3, für R_4 PR_4. Die Punkte

P, R_1, R_2, R_3, R_4 sind die Argues'schen correspondirenden derjenigen Punkte, in denen C, PR_1, PR_2, PR_3, PR_4 die Curve K schneiden.

Die Argues'sche Transformirte D' einer Geraden D ist eine Curve dritter Ordnung. Denn D trifft C in zwei Punkten, und daher ist P ein Doppelpunkt von D', und eine durch P gelegte Secante trifft D' ausser in P nur noch in einem Punkte. Da die Gerade D jede der Geraden PR in einem Punkte trifft, so sind R_1, R_2, R_3, R_4 einfache Punkte von D'. In mehreren Fällen zerfällt D' in einen Kegelschnitt und eine Gerade: 1) Wenn D durch R_1 geht, zerfällt D' in die Gerade PR_1 und einen durch P, R_2, R_3, R_4 gehenden Kegelschnitt, und analog für R_2, R_3, R_4. 2) Geht D durch P, so besteht die Transformirte aus D selbst und C. 3) Liegt P auf $R_1 R_2$, so zerfällt D' in die Gerade $PR_1 R_2$ und einen durch R_3, R_4 und P gehenden Kegelschnitt.

Geht eine Curve K vom Grade m durch die Punkte P, R_1, R_2, R_3, R_4 resp. p, r_1, r_2, r_3, r_4 mal, so zerfällt ihre Transformirte in p mal den Kegelschnitt C, r_1 mal die Geraden PR_1, r_2 mal PR_2, r_3 mal PR_3, r_4 mal PR_4 und eine Curve K'. Schneidet man diese Transformirte durch eine Gerade D, so schneidet die Transformirte D' von D die Curve K in $3m$ Punkten. Somit schneidet auch D die Transformirte von K in $3m$ Punkten, von denen $2p$ auf den p Kegelschnitten C, $r_1+r_2+r_3+r_4$ auf den $r_1+r_2+r_3+r_4$ Geraden PR_1, PR_2, PR_3, PR_4, $m' = 3m - (r_1+r_2+r_3+r_4+2p)$ auf K', der eigentlichen Argues'schen Transformirten von K, liegen. Die Gerade PR_1 trifft K in m Punkten. Demnach ist R_1 ein $m$facher Punkt der Transformirten; er liegt nämlich r_1 mal auf den r_1 Geraden PR_1, p mal auf der p Kegelschnitten C, $r'_1 = m-(r_1+p)$ mal auf K'. Der Kegelschnitt C trifft K in $2m$ Punkten. Daher ist P ein $2m$ facher Punkt der Transformirten; er liegt resp. r_1, r_2, r_3, r_4 mal auf PR_1, PR_2, PR_3, PR_4, p mal auf den p Kegelschnitten C, $p' = 2m-(r_1+r_2+r_3+r_4)$ mal auf K'. K' ist somit vom Grade m', und die Punkte P, R_1, R_2, R_3, R_4 sind resp. $p', r'_1, r'_2, r'_3, r'_4$ fache Punkte dieser Curve. Ferner ist fast evident, dass jedem vielfachen Punkte von K ein Punkt gleich hoher Ordnung von K' entspricht. — Dies ist das erste Fundamental-Theorem von Herrn Saltel. Dasselbe geht in ein anderes, einfacheres über, wenn P auf einer gemeinsamen Secante der beiden Fundamentalkegelschnitte liegt. Die Transformation ist eine reciproke, d. h. man kann überall die accentuirten Buchstaben mit den nicht accentuirten vertauschen.

Haben zwei Curven n gemeinsame Punkte, so findet dasselbe mit ihren Transformirten statt. Demnach hat man ein Mittel, die Tangente, den Osculationskreis, die osculirende Parabel, den osculirenden Kegelschnitt in einem Punkte einer Curve zu construiren, wenn man diese Linien in dem correspondirenden Punkte der Transformirten construiren kann. Soll man z. B. die Tangente in M' an K' construiren, so construire man einen Kegelschnitt, der K in M berührt und durch P, R_1, R_2 geht. Seine Transformirte ist ein Kegelschnitt, der K' in M' berührt und durch P, R_3, R_4 geht. An diesen hat man nur in M' eine Tangente zu ziehen. — Mittelst der Argues'schen Transformation kann man aus der Construction einer Curve von gegebener Art die Construction von unzählig vielen successiven Transformirten derselben Art ableiten; z. B. die Curve sechster Ordnung, welche in P einen vierfachen Punkt, in R_1, R_2, R_3, R_4 Doppelpunkte hat, transformirt sich in einen Kegelschnitt, wenn man P zum Pol einer Argues'schen Transformation nimmt und die Fundamentalkegelschnitte durch R_1, R_2, R_3, R_4 gehen lässt. Die Construction einer solchen Curve ist daher auf die eines Kegelschnitts zurückgeführt, und es brauchen von der Curve nur 5 Punkte gegeben zu sein, die nicht mit P, R_1, R_2, R_3, R_4 zusammenfallen.

Das Princip der Dualität findet auf alle Sätze von Saltel seine Anwendung. Er zeigt ausserdem noch kurz die Ausdehnung der Argues'schen Transformation auf Oberflächen. Er hat noch eine andere eindeutige Transformation gefunden, die ihm erlaubt, mit Hülfe der Desargues'schen Involution ebene Curven, Raumcurven und Flächen zu untersuchen. Von den gefundenen Resultaten möge noch das eine hier Platz finden: Die Transformationen einer Geraden, welche Cremona auf homographische Transformationen einer andern Geraden und auf Transformation durch reciproke radii vectores zurückführt, können ersetzt werden durch eine Reihe von Argues'schen Transformationen, die an einer dritten Geraden vorgenommen werden. Mn. (Wn.)

H. J. STEPHEN SMITH. On the circular transformation of Möbius. Rep. of Brit. Ass. 1872.

Cly.

G. FRATTINI. Sulle coordinate curvilinee. Battaglini G. X. 235.

Es werden einige Sätze ohne Beweis angeführt, welche sich auf die (durch Parallelen zu den Normalen bewirkte) Abbildung einer beliebigen Fläche auf der Kugel beziehen; der Inhalt ist dem Referenten wegen mangelnder Erläuterung einiger Zeichen unverständlich geblieben. K.

J. C. MAXWELL. On the conditions that in the transformation of any figure by curvilinear coordinates in three dimensions every angle in the new figure shall be equal to the corresponding angle in the original figure. Proc. of L. M. S. IV. 117-119.

Beweis des bekannten Satzes, dass die einzige Transformationsmethode einer Figur in drei Dimensionen, bei welcher die Winkel unverändert bleiben, die Methode der Inversion oder des reciproken Radiusvectors ist. Der Verfasser bezieht sich auf eine Arbeit von Herrn Haton de la Goupillière im Journ d. l'Èc Pol. Cahier XXV. Cly. (O.)

W. K. CLIFFORD. Geometry on an ellipsoid. Proc. of L. M. S. IV. 215-218.

Die Darstellung des Ellipsoides in der Ebene hängt ab von vier concyklischen Punkten $O_1 O_2 O_3 O_4$, entsprechend dem Schnitt der Oberfläche durch den Kreis im Unendlichen, welche die „absoluten" genannt werden, und von zwei anderen Punkten i, j in der Ebene. Die ebenen Schnitte des Ellipsoides werden dargestellt durch die Kegelschnitte, durch die Punkte i, j, die Krümmungscurven durch confocale anallagmatische Linien, die als Foci gewisse Punkte u haben, welche die Gegenpunkte der Punkte 0 sind. Cly. (O.)

A. CAYLEY. On the representation of a spherical or other surface on a plane. Messenger (2) II. 36-37.

Kurzer Versuch der Chartographie, geschrieben als ein Specimen, dessen es bei „Smith's prize Examination" zu Cambridge bedurfte. Glr. (O.)

O. HENTSCHEL. Ueber einige conforme Abbildungen. Schlömilch Z. XVII. 39-66.

Die Aufgabe, das Innere eines einfach zusammenhängenden Flächenstückes w auf den Einheitskreis Z conform abzubilden, wird (cf. Riemann Doctor-Dissert. § 21) auf die Lösuug der Differentialgleichung $\frac{\partial^2 U}{\partial x^2}+\frac{\partial^2 U}{\partial y^2}=0$ (1) hinausgeführt. Ist Vi der zu U gehörige imaginäre Theil und setzt man die complexe Function $U+Vi=W$, so kann die Abbildung der $x+yi$ (w)-Ebene auf die Z-Ebene wegen der Einfachheit der Grenzbedingungen vortheilhaft vermittelt werden durch die Gleichung $Z=(w-w_0)e^{-W}$. Dabei bezeichnet w_0 den Punkt, der dem Mittelpunkt $Z=0$ des Einheitskreises entspricht. Die Abhandlung stellt nun die Form der Function W fest für den Fall, dass das Flächenstück w begrenzt wird: 1) von einem Kreise, 2) von einer Ellipse, 3) von einem Rechteck, 4) von einer Lemniskate, 5) von drei Kreisen, deren Mittelpunkte auf einer Geraden liegen, während der eine die beiden anderen, congruenten rechtwinklig schneidet. In allen Fällen wird Function W durch eine Reihe bestimmt, welche sich nachträglich summiren lässt. Für jede der genannten Abbildungen wird die Gleichung (1) in passender Weise transformirt; für die Abbildung I setzt man $x=\varrho\cos\vartheta$, $y=\varrho\sin\vartheta$; dadurch verwandelt sich die Gleichung (1) in

$$\varrho \frac{\partial \varrho \frac{\partial U}{\partial \varrho}}{\partial \varrho} + \frac{\partial^2 U}{\partial \vartheta^2} = 0.$$

Diese hat das allgemeine Integral

$$U = \sum_0^\infty {}_n \{(A_n \varrho^n + B_n \varrho^{-n}) \cos n\vartheta + (C_n \varrho^n + D_n \varrho^{-n}) \sin n\vartheta\}.$$

Nennt man den Radius des abzubildenden Kreises ϱ_1, ist ferner $w_0 = p$ (reell), und berücksichtigt man die Bedingung, dass U für alle Werthe von $\varrho < \varrho_1 \gtreqless 0$ endlich bleiben soll, dass für

$$\varrho = \varrho_1 \quad U = \log \sqrt{\varrho_1^2 - 2p\varrho_1 \cos\vartheta + p^2} = \log \varrho_1 - \sum_1^\infty {}_n \frac{1}{n} \frac{p^n}{\varrho_1^n} \cos n\vartheta,$$

so verwandelt sich obige Reihe für U in

$$\log \varrho_1 - \sum_1^\infty {}_n \frac{1}{n} \left(\frac{p \cdot \varrho}{\varrho_1^2}\right) \cos n\vartheta;$$

daraus findet sich

$$W = U + Vi = \log \frac{\varrho_1^2 - pw}{\varrho_1} \quad \text{und} \quad Z = \varrho_1 \frac{w - p}{\varrho_1^2 - pw}.$$

In entsprechender Weise wird in Fall 2) bis 5) verfahren, die Begrenzung bildet jedesmal ein Paar der krummlinigen Coordinaten; in Fall 3) benutzt man als abbildende Function

$$Z = \operatorname{tang} \frac{w}{2} e^{-W},$$

weil sich $\log \operatorname{tang} \frac{w}{2}$ in passender Weise entwickeln lässt. Nach der Ermittelung der Form der abbildenden Functionen wird das Entsprechen des Innern der auf einander abgebildeten Figuren erörtert. Siehe auch F. d. M. II. 624—628, III. 423. K.

Zehnter Abschnitt.

Mechanik.

Capitel 1.

Allgemeines. (Lehrbücher etc.)

H. Klein. Die Principien der Mechanik, historisch und kritisch dargestellt. Leipzig. Teubner.

Siehe Abschn. I. Cap. 2. p. 34.

E. Mathieu. Sur la publication d'un Cours de physique mathématique. Liouville J. (2) XVII. 418-421.

Anzeige eines grösseren Werkes, über welches im nächsten Bande zu berichten sein wird. Wn.

P. Grashof. Theoretische Maschinenlehre. Band I. Carlsruhe.

Das vorliegende Buch werden wir nach dem vollständigen Erscheinen des ersten Bandes besprechen. Ein kurzes Referat über die 1872 erschienene Lieferung, die mechanische Wärmetheorie enthaltend, findet sich in Z. d. Ing. XVI. 534-535.
Wn.

Robert Stawell Ball. Elementary lessons on applied mechanics. 12mo. (Cassell's Techn. Mans.) Cassell.

Ein gutes Buch über experimentelle Mechanik. Hi.

Wm. John M. Rankine. Manual of applied mechanics. 6th ed. post 8vo Griffin.

Hi.

K. von Ott. Die Grundzüge des graphischen Rechnens und der graphischen Statik. 2. Aufl. Prag. Calve.

Die neue Auflage dieses Werkes (die erste ist im 2ten Bande d. F. d. M. p. 661 besprochen) ist einmal dadurch verbessert, dass die Figuren in den Text aufgenommen sind, andrerseits wesentlich gegen die frühere vermehrt, indem sie die Bestimmung der in Fachwerkträgern auftretenden Kräfte enthält. Neu hinzugefügt ist auch der dritte Theil, der die Elemente der Festigkeitslehre giebt. Theorien sind aber nur soweit berücksichtigt, als es mit elementarer Mathematik möglich war. O.

Capitel 2.

Kinematik.

S. H. Aronhold. Grundzüge der kinematischen Geometrie. Verh. d. Vereins z. Beförd. d. Gewerbfleisses in Pr. 1872.

Der Verfasser versteht unter kinematischer Geometrie diejenige Disciplin, welche sich mit der Erzeugung geometrischer Gebilde durch wirkliche Bewegung beschäftigt und zwar unter der Voraussetzung, dass die bewegten Elemente, d. h. Punkte, Linien, Flächen u. s. w. starren Systemen oder Verbindungen von starren Systemen angehören.

Die Aufgabe des Verfassers ist folgende: Die Bewegung eines starren Systems sei dadurch definirt, dass eine nothwendige und hinreichende Anzahl beliebig gewählter Elemente desselben im absoluten Raume gegebene geometrische Gebilde beschreibt; es sollen die Gebilde bestimmt werden, welche von den übrigen Elementen des Systemes erzeugt werden. Er nennt das ganze

System der auf diese Weise entstandenen Curven, Flächen u. s. w. ein System der ersten Ordnung. Ferner: Wenn auf einem bewegten starren System ein zweites sich bewegt, welches ebenfalls durch eine hinlängliche und nothwendige Anzahl beliebig gewählter Elemente gegeben ist, auf diesem ein ebensolches drittes u. s. w., so sollen die geometrischen Gebilde bestimmt werden, welche bei gleichzeitiger Bewegung aller Systeme sowohl im absoluten Raume, als auf jedem der übrigen Systeme von den Elementen des n^{ten} Systems beschrieben werden. Die Gebilde, welche das n^{te} System im absoluten Raume beschreibt, bilden alsdann ein kinematisches System der n^{ten} Ordnung, diejenigen, welche das n^{te} System auf dem k^{ten} beschreibt, ein solches der $(n-k)^{\text{ten}}$ Ordnung.

Die Mittel zur Discussion liefern die Grundgesetze der relativen Bewegung, ferner Sätze der geometrischen Bewegungslehre, endlich Constructionen und Relationen zwischen den Krümmungsradien. Der Verfasser vereinigt die aus verschiedenen Quellen herstammenden Sätze durch eine systematische Darstellungsweise, welche ihm auch die für seine Zwecke erforderlichen Mittel weiter liefert. Die vorliegende Arbeit beschäftigt sich nur mit den ebenen Gebilden und bildet den ersten Theil seiner Untersuchungen, die er weiter fortzusetzen beabsichtigt. Wn.

R. S. Ball. Notes on applied mechanics. Trans. of Dublin. 1872. Quart. J. XII. 112-114.

Die Arbeit behandelt 1) parallele Bewegung, und 2) die Berührung von Hebedaumen an Maschinen. Sie enthält mehrere schöne Theoreme, von denen das folgende als Beispiel angeführt werden möge. „Bewegt sich eine ebene Figur in einer Ebene nach einem gewissen Gesetze, so giebt es in der Figur oder starr verbunden mit ihr eine Reihe von Punkten, so dass 3 auf einander folgende Lagen eines jeden Punktes dieser Reihe in derselben geraden Linie liegen, und zwei Punkte der Reihe sind so beschaffen, dass immer 4 aufeinanderfolgende Lagen in einer geraden Linie liegen.“ Csy. (M.)

R. S. BALL. On the theory of screws, a geometrical study of the kinematics, equilibrium and small oscillations of a rigid body. Trans. of Dublin. 1872.

Eine Schraube (screw) entsteht dadurch, dass man mit einer geraden Linie im Raume eine lineare Grösse (pitch, Höhe oder Steigung) in Verbindung bringt; ein Körper erhält eine Drillung (twist), wenn er parallel zu einer Schraube verschoben wird und zu gleicher Zeit um die Schraube rotirt. Das Product aus der Steigung und dem Drillungswinkel ist gleich der Verschiebung. Eine längs der Schraube wirkende Kraft und ein zur Schraube senkrechtes Kräftepaar, dessen Moment gleich dem Product aus jener Kraft und der Steigung ist, geben eine Schraubendrehung (wrench). Eine jede Drillung (oder Schraubendrehung) längs einer gegebenen Schraube kann in 6 Drillungen (oder Schraubendrehungen) längs 6 gegebenen Schrauben zerlegt werden. Wenn ein Körper, der gerade frei ist, für eine Drillung um eine Schraube A, durch eine Schraubendrehung um die Schraube B in Gleichgewicht gehalten wird, so kann umgekehrt ein um B freier Körper durch eine Schraubendrehung um A nicht gestört werden; man nennt A und B reciproke Schrauben. Man kann eine Schraube so bestimmen, dass sie zu 5 gegebenen Schrauben reciprok ist. Nun giebt es eine Fläche, Cylindroid genannt:

$$z(x^2+y^2)-2mxy=0,$$

welche verschiedene mechanische Eigenschaften besitzt. Ist auf einem Cylindroid eine Schraube gegeben, so kann eine reciproke Schraube auf demselben Cylindroid gefunden werden. Es wird gezeigt, dass wenn ein Körper den höchsten Grad der möglichen Freiheit hat, er 6 Grade von Freiheit besitzt, und diese werden ganz allgemein durch Systeme von Schrauben und reciproke Schrauben entwickelt. Die vorliegende Arbeit, welche höchst wichtige Erweiterungen für die theoretische Mechanik giebt, enthält zahlreiche neue Theoreme, von denen wir als Beispiel nur die beiden folgenden anführen: 1) Sind X und Y ein Paar wirkender Schrauben, A und B die entsprechenden momentanen Schrauben, so ist, wenn A reciprok zu Y ist, B reciprok zu X.

2) Wird ein Körper aus dem stabilen Gleichgewicht herausgebracht durch eine Drillung um eine harmonische Schraube, so wird der Körper für immer um diese Schraube oscilliren.

Csy. (M.)

R. S. BALL. On geometrical study of the kinematics, equilibrium and small oscillations of a rigid body. Quart. J. XII. 41-47.

Auszug aus einer Arbeit, die in der Royal Jrish Academy gelesen ist. Siehe das obige Referat. Cly. (O.)

G. BATTAGLINI. Nota sul movimento di un sistema di forma invariabile. Rend. di Nap. 1871.

Der Verfasser bezieht das System auf ein Fundamentaltetraeder und untersucht die allgemeinen Gleichungen der Bewegung. Diese Gleichungen bestimmen für jeden Augenblick die Geschwindigkeiten der unendlich kleinen Rotationen des Systems um die Kanten des Tetraeders und dadurch die Lage der Rotationsaxe, die sich mit den entsprechenden Geschwindigkeiten der Rotation und Translation des Systems schneidet. Jg. (O.)

E. BELTRAMI. Del moto geometrico di un solido che ruzzola sopra un altro solido. Battaglini G. X. 103-115.

Die Arbeit besteht in einer neuen Herleitung von Resultaten, zu welchen Thomson und Tait bei der Untersuchung der Bewegung zweier einander berührender Körper in ihrem Werke: „Treatise on natural philosophy, Oxford 1867“ gelangt sind. Es handelt sich um die Relation

$$(9) \quad w_0^2+\left(w_2-\frac{1}{R_1}\right)\left(w_2-\frac{1}{R_2}\right)=0$$

zwischen den Componenten der momentanen Rotationsgeschwindigkeit des orthogonalen Systems bestehend aus der Tangente der Berührungscurve, der Flächennormale und der geodätischen Normale, w_0 bezüglich auf die erste, w_2 auf die letzte, und zwischen den Hauptkrümmungsradien R_1, R_2. Der Aufsatz beginnt mit der Betrachtung einer beliebigen Curve, ausgehend auf die Bestimmung der momentanen Rotation eines orthogonalen Axensystems, welches mit dem begleitenden Axensystem, d. i. der Tangente, Hauptnormale und Binormale, die erste gemein hat, und um einen variablen Winkel ψ um dieselbe gedreht ist. Da dieses ψ einfach additiv oder subtractiv zum Torsionswinkel hinzutritt, so hätte das Resultat unmittelbar zutage gelegen, wenn der Verfasser nicht im Anschluss an die curventheoretischen Formeln von Serret (er führt als Autor dieser unzweckmässigen Anordnung Frenet an, ohne über Serret's Antheil an der Aufstellung zu entscheiden) den Torsionsradius statt des Torsionswinkels eingeführt hätte. Doch ist der gewonnene Ausdruck bedeutungslos für die weitere Untersuchung, wo nunmehr jede Curve als die Bahn des Berührungspunktes zweier auf einander folgender (bezw. auch gleitender) Flächen oder Körper betrachtet wird. Die momentane Rotation des genannten Axensystems wird nicht aus ihm, sondern direct aus den Richtungscosinus der Axen nach bekannten Formeln berechnet. So ergiebt sich:

$$w_2 = e\left(\frac{\partial u}{\partial s}\right)^2 + 2f\frac{\partial u}{\partial s}\frac{\partial v}{\partial s} + g\left(\frac{\partial v}{\partial s}\right)^2,$$

$$Hw_0 = G_1\left(\frac{\partial u}{\partial s}\right)^2 - F_1\frac{\partial u}{\partial s}\frac{\partial v}{\partial s} + E_1\left(\frac{\partial v}{\partial s}\right)^2,$$

während der Ausdruck von w_1, Componente nach der Normale, weil er die zweiten Ableitungen von u und v enthält, nicht in Anwendung kommt. Die Bedeutung der Coefficienten ist daraus deutlich, dass w_2 die Krümmung des die Curve s berührenden Normalschnitts darstellt, und w_0 für Krümmungslinien s verschwindet, während u, v beliebige Flächenparameter bezeichnen. Als dritte Gleichung kommt der Ausdruck von ∂s^2 hinzu:

$$1 = E\left(\frac{\partial u}{\partial s}\right)^2 + 2F\frac{\partial u}{\partial s}\frac{\partial v}{\partial s} + G\left(\frac{\partial v}{\partial s}\right)^2.$$

Dann ergiebt sich durch Elimination von $\frac{\partial u}{\partial s}$, $\frac{\partial v}{\partial s}$ eine Relation zwischen w_0, w_2 und den Coefficienten. Beachtet man, dass identisch

$$(Ew_2 - e)(Gw_2 - g) - (Fw_2 - f)^2 + H^2 w_0^2 = 0$$

wird, wenn man den Ausdruck mittelst der dritten Gleichung homogen macht, so ergiebt sich daraus gemäss der bekannten Werthe der Summe und des Products der Hauptkrümmungen die Formel (9). Weil diese nicht über das Vorzeichen von w_0 entscheidet, so zieht der Verfasser ihre Zerlegung in

$$w_2 = \frac{\cos^2\vartheta}{R_1} + \frac{\sin^2\vartheta}{R_2}; \quad w_0 = \sin\vartheta\cos\vartheta\left(\frac{1}{R_2} - \frac{1}{R_1}\right)$$

vor, und vereinigt beide Gleichungen wieder zu

$$\frac{\cos\vartheta\cos\Theta}{R_1} + \frac{\sin\vartheta\sin\Theta}{R_2} = w_2\cos(\vartheta - \Theta) - w_0\sin(\vartheta - \Theta),$$

wo Θ willkürlich ist und sich zur Vermittelung der Beziehungen zwischen den beiden einander berührenden Flächen verwenden lässt, indem man die Θ für beide Flächen von den respectiven Hauptkrümmungstangenten bis zu einer beliebigen gemeinsamen Tangente, die ϑ gleichfalls von erstern bis zur Tangente der Rollbahn rechnet. Folgende Resultate hebt der Verfasser hervor. Zwischen der momentanen Richtung der Rollbahn und der der momentanen Rotationsaxe findet Reciprocität statt. Die Paare (demgemäss) cinematisch conjugirter Richtungen bilden eine quadratische Involution. Es ist die unterscheidende Eigenschaft der Doppelradien der Involution, dass sie den Normalschnitten gleicher Krümmung auf der einen und andern Fläche entsprechen. Es existirt ein, und im allgemeinen nur ein Paar von Richtungen, welche im obigen cinematischen und zugleich im bekannten Dupin'schen Sinne conjugirt sind. Im erstern Sinne existirt immer ein orthogonales Paar.

Zum Verständniss ist zu beachten, dass durch Druckversehen dieselben Zeichen *E, F, G* zweierlei bedeuten. Ihre zweite Bedeutung haben sie zur Rechten der den Gl. (8) vorhergehenden Gleichungen, durch welche sie definirt sind, ferner in der ersten Gl. (8) und der dritten Gleichung des darauf folgenden Systems.

H.

H. Durrande. Propriétés générales du déplacement d'une figure de forme variable. C. R. LXXIV. 1243-1247.

Es wird angenommen, dass ein räumliches Gebilde, während es in eine Nachbarlage übergeht, so seine Gestalt ändert, dass die Projectionen der Geschwindigkeiten seiner Punkte lineare Functionen der Coordinaten dieser Punkte sind. Sind X, Y, Z diese Functionen, so erscheinen die Bedingungen in der Form $\frac{dx}{dt} = X$, $\frac{dy}{dt} = Y$, $\frac{dz}{dt} = Z$. Die Untersuchung der Veränderung eines solchen Gebildes schliesst als besonderen Fall die Verschiebung starrer Systeme in sich.

Bedeuten λ, μ, ν die Cosinus der Winkel, welche eine Richtung mit den Axen einschliesst, und bezeichnet v die Geschwindigkeit eines Punktes, welche mit jener Richtung einen Winkel φ bildet, so gelten die beiden Gleichungen

$$(1) \quad v \cos\varphi = \lambda X + \mu Y + \nu Z,$$

$$(2) \quad v \sin\varphi = \sqrt{(\mu Z - \nu Y)^2 + (\nu X - \lambda Z)^2 + (\lambda Y - \mu X)^2}.$$

Aus diesen erkennt man, dass die Ebene $\lambda X + \mu Y + \nu Z = 0$ diejenigen Punkte enthält, deren Geschwindigkeiten normal gegen die Richtung (λ, μ, ν) sind, und die Gerade $\frac{X}{\lambda} = \frac{Y}{\mu} = \frac{Z}{\nu}$ diejenigen Punkte, deren Geschwindigkeiten parallel jener Richtung stattfinden. Jene Ebene nennt Herr Durrande die der Richtung (λ, μ, ν) conjugirte Ebene (plan conjugué), und die Gerade die der Richtung (λ, μ, ν) beigeordnete Gerade (droite adjointe). Indem er in demselben Sinne, wie es Chasles in seiner Theorie der Verrückung starrer Systeme gethan hat, für eine bewegte Ebene den Begriff Brennpunkt (foyer) und Characteristik (caractéristique) einführt, kann er folgende Theoreme aussprechen: „Die einer Richtung beigeordnete Gerade ist der Ort der Brennpunkte aller Ebenen, welche senkrecht zu dieser Richtung sind.“ „Die einer Richtung conjugirte Ebene ist der Ort der Characteristiken aller Ebenen, welche normal zu dieser Richtung stehen.“

Da, wie aus (1) und (2) folgt,

$$(3) \quad (\mu Z - \nu Y)^2 + (\nu X - \lambda Z)^2 + (\lambda Y - \mu X)^2 - \operatorname{tg}^2\varphi (\lambda X + \mu Y + \nu Z)^2 = 0,$$

so liegen die Punkte, deren Bewegungsrichtung gegen die Richtung (λ, μ, ν) dieselbe Neigung φ haben, auf einem Kegel zweiten

Grades. Den verschiedenen Werthen φ entspricht eine Schaar solcher Kegel; die Polaren, welche in Bezug auf diese Kegelschaar der beigeordneten Geraden entsprechen, liegen in der conjugirten Ebene. Fasst man daher die Punkte einer Ebene in ihrem Bewegungszustand auf, so liegen alle diejenigen Punkte, deren Bewegungsrichtuugen gegen die Normale der Ebene dieselbe Neigung φ haben, auf einem Kegelschnitt; für alle Kegelschnitte, welche den verschiedenen Neigungen φ entsprechen, ist der Brennpunkt der Ebene der Pol ihrer Characteristik. In dem besonderen Fall, dass das bewegte System in sich starr ist, ist der Brennpunkt und die Characteristik der Ebene der Brennpunkt und die Directrix aller Kegelschnitte, welche den verschiedenen Neigungen φ entsprechen.

Die Ebenen $X=0$, $Y=0$, $Z=0$ schneiden sich im Allgemeinen in einem Punkt; dieser Punkt hat in der Zeit dt die Geschwindigkeit Null und wird „Geschwindigkeitscentrum" (centre de vitesse) genannt. Durch ihn gehen alle conjugirten Ebenen und alle beigeordneten Geraden, welche Richtung (λ, μ, ν) man auch auszeichnen mag. Ist das bewegte System in sich starr, so liegt das Geschwindigkeitscentrum im Unendlichen, und alle conjugirten Ebenen, sowie alle beigeordneten Geraden sind ein und derselben Richtung parallel.

Zum Schluss noch die Bemerkung, dass, da die Functionen X, Y, Z zwölf Parameter einschliessen, die Bewegung des Systems bestimmt ist, sobald die Geschwindigkeiten von vier Punkten in Grösse und Richtung gegeben sind. Schn.

H. Durrande. De l'accélération dans le déplacement d'un système de points qui reste homographique à lui-même. C. R. LXXV. 1177-1180.

Fortsetzung der vorigen Arbeit, wie auch derjenigen, die in Band III d. F. d. M. p. 440 besprochen ist. Der Verfasser leitet zuerst einige Relationen zwischen den Grössen ε, α, β, γ etc. (III. 440) her, die in dem Satze gipfeln: Der Coefficient ε der Geschwindigkeit der linearen Deformation verändert sich im umgekehrten Verhältniss, wie die Quadrate der Radii vectores einer Oberfläche zweiter Ordnung, (die der Verfasser „déformatrice" nennt). Sodann leitet er folgenden Satz her: „In der Verrückung eines Systemes von Punkten, deren Geschwindigkeiten lineare Functionen der Coordinaten sind, ist der Theil der Beschleunigung, welcher von den Parametern der Deformation abhängt, die Resultante aus 1) einer Beschleunigung normal zu einer Oberfläche zweiter Ordnung, homothetisch der zweiten Deformation und gleich dem letzten Differentialparameter der ersten Ordnung dieser Oberfläche, 2) einer zusammengesetzten centrifugalen Beschleunigung, perpendicular zum Radiusvector und auf einer Geraden, die eine Axe der Beschleunigung bezüglich dieser zweiten Componente ist."

O.

J. Somoff. Sur les vitesses virtuelles d'une figure invariable assujettie à des équations de condition quelconques de forme linéaire. Mél. math. et astr. IV.

Der Verfasser behandelt dieselbe Frage, die Herrn Mannheim in der Arbeit: „Étude sur le déplacement d'une figure de forme invariable" (Mém. prés. de Paris XX. s. F. d. M. II. 694) beschäftigt hatte. Nur sind die Bedingungen, denen die virtuellen Geschwindigkeiten unterworfen werden, allgemeiner als dort. Dieselbe Frage hat der Verfasser übrigens auch in seiner Kinematik (s. F. d. M. III. p. 434) berührt, nur ist er dort weniger in die Details eingegangen. Z. (O.)

Guiraudet. Mémoire sur le mouvement d'un point matériel sur une surface. Lille. Daniel. 8.

Der Verfasser betrachtet die Bewegung eines Punktes, der auf einer gegebenen Oberfläche zu bleiben gezwungen ist, indem er die beiden Systeme von Krümmungslinien auf der Oberfläche als Coordinaten benutzt. Siehe auch Darboux Bull. III. 195. O.

J. Carvallo. Note sur la détermination d'intégrales nouvelles. C. R. LXXIV. 173.

Discussion der Curve, welche ein beliebiger materieller Punkt beschreibt, der gezwungen ist, auf der Oberfläche eines geraden Kreiskegels zu bleiben, und auf den sonst keine äusseren Kräfte wirken. Ihre Projection auf die Horizontalebene ist eine aus 2 symmetrischen Zweigen bestehende geschlossene Curve, eine aus mehreren symmetrischen Zweigen bestehende sternförmige Curve oder eine ungeschlossene sternförmige Curve, je nachdem die halbe Oeffnung des Kegels in einem ganzen, rationalen oder irrationalen Verhältniss zu π steht. Bn.

Capitel 3.

S t a t i k.

A. Statik fester Körper.

W. Matzka. Das Projiciren der Kräfte, als Ersatz des Kräfteparallelogramms in der analytischen Statik. Grunert Arch. LIV. 1-70.

Dem Verfasser scheint die Darstellung von Kräften durch ihnen gleich gerichtete und proportionale Strecken, sowie die Anwendung des Parallelogramms der Kräfte und des Kräftepolygons nur für eine Darstellung der Mechanik angemessen, welche sich der elementaren Algebra bedient; dagegen scheint ihm dieser Vorgang für die höhere analytische Statik weder vollkommen logisch noch wissenschaftlich richtig zu sein. Er hat sich daher in seinen Vorlesungen bemüht, die Darstellung der Kräfte durch Strecken ganz zu vermeiden, und statt dessen nur die an und für sich, nach Angriffspunkt, Richtung und Stärke, bestimmten Kräfte in Betracht gezogen. Dies Verfahren veröffentlicht er in der vorliegenden Arbeit. Referent bemerkt indess, dass er persönlich sich vergeblich bemüht hat, die Gründe zu finden, wesshalb jene Darstellung in einem Falle richtig, im anderen unrichtig ist, Gründe, die übrigens nicht angeführt werden. Auch scheint die Aufgabe nicht gelöst zu sein, da der Verfasser in den einleitenden Sätzen trotzdem sich nur scheinbar von der Darstellung der Kräfte durch Strecken frei macht. Im ersten Abschnitt behandelt der Verfasser die Zusammensetzung zweier auf einen Punkt, unter einem Winkel wirkenden Kräfte. Das Resultat gipfelt in dem Satze: „Wenn zwei Paare unter gleichen Winkeln wirkender Componenten auch mit ihren Resultirenden stückweis gleiche Winkel bilden, so stehen die gleichgerichteten Kräfte in gleichem Verhältniss.“ Bei der Zusammensetzung zweier gegen einander senkrecht auf einen Punkt wirkenden Kräfte wird zuerst die Grösse, dann die Richtung der Resultirenden bestimmt. Es folgt dem die Zerlegung einer gegebenen Kraft in zwei winkelrechte, deren Componenten oder Projectionen in oder auf gewissen Axen liegen. § 4 enthält, in der allgemeinen Lehre von den Projectionen der an einem Punkte wirkenden Kräfte auf Axen und von der Bedingung ihres Gleichgewichtes, folgenden Hauptsatz: „Wenn auf einen Punkt beliebig viele Kräfte, wie immer gerichtet und stark einwirken, so ist die (algebraische) Projection ihrer Resultirenden auf irgend eine Richtung (Axe) gleich der Summe der (algebraischen) Projectionen sämmtlicher Kräfte (Componenten) auf dieselbe Axe.“ Daran schliesst sich die „rechnende“ Bestimmung der Stärke und Richtung der Resultirenden, sowie die Betrachtung des Falles, wo alle Kräfte mit ihren Projectionen in einer Ebene liegen. § 7—10: Virtuelle und Drehmomente. Im Weiteren werden dann die linearen Momente von Drehkräften besprochen. In § 18 wendet sich der Verfasser zur Betrachtung der Zusammensetzung zweier Kräfte, welche an zwei verschiedenen, aber unveränderlich mit einander verbundenen Punkten wirken. Von § 24 an folgt dann die Zusammensetzung beliebig vieler, an einem starren Systeme von Punkten in willkürlichen Richtungen wirkenden Kräfte. O.

F. Lucas. Théorèmes généraux sur l'équilibre et le mouvement des systèmes matériels. C. R. LXXIV. 1176 —1180.

DE SAINT-VENANT. Rapport sur un mémoire de M. Félix Lucas, portant le titre: Théorèmes généraux sur l'équilibre et le mouvement des systèmes matériels. C. R. LXXV. 1463-1470.

Da die Arbeit nach dem Vorschlage der Berichterstatter demnächst in extenso erscheinen wird, so verschiebt Referent die Besprechung bis zum vollständigen Erscheinen derselben. O.

QUET. Sur la force vive d'un système vibrant. C. R. LXXV. 1616-1619.

Der Verfasser erwähnt, dass er bereits im Jahre 1865 in einer Arbeit, die er der Akademie vorgelegt, folgenden Satz gefunden habe: „Les forces vives de tout système vibrant sont respectivement égales à la somme des forces vives de même dénomination qui correspondent aux divers mouvements simples, dans lesquels le mouvement produit peut se décomposer.“

Er reproducirt in der Note den damals gefundenen Beweis des Satzes. O.

F. LUCAS. Observation relative à une note précédente de M. Quet. C. R. LXXV. 1698-1699.

Reclamation gegen die Prioritätsansprüche des Herrn Quet bezüglich des obigen Satzes, der sich in der oben erwähnten Arbeit des Herrn Lucas findet. O.

DE SAINT-VENANT. Partage de la force vive due à un mouvement vibratoire composé en celles qui seraient dues aux mouvements pendulaires simples et isochrones composants de diverses périodes et amplitudes. Partage du travail dû au même mouvement composé entre deux instants quelconques, en ceux qui seraient dus aux mouvements composants. C. R. LXXV. 1425-1432, 1567-1572.

Beweis der beiden im Titel angeführten Sätze, auf die der Verfasser durch die obige Arbeit des Herrn Lucas gekommen war. In derselben waren sie jedoch nicht allgemein bewiesen; diese Verallgemeinerung giebt nun der Verfasser. O.

G. BATTAGLINI. Sulla composizione delle forze. Battaglini G. X. 133-140.

G. BATTAGLINI. Sulla teorica dei momenti. Battaglini G. X. 175-180.

G. BATTAGLINI. Sulle serie di sistemi di forze. Battaglini G. X. 180-187.

G. BATTAGLINI. Sul movimento geometrico infinitesimo di un sistema rigido. Battaglini G. X. 207-216.

G. BATTAGLINI. Sul movimento geometrico finito di un sistema rigido. Battaglini G. X. 295-302.

Nachdem zunächst die nöthigen Formeln aus der neuen Geometrie des Raumes von Plücker abgeleitet sind, setzt der Verfasser das Hauptsächlichste über die darauf beruhende Zusammensetzung der Kräfte, wie aus der Theorie der Momente auseinander. Die dritte Arbeit schliesst sich unmittelbar an die anderen an, indem sie Systeme von Kräften in derselben Weise behandelt. Es folgen dann Untersuchungen über die Bewegung eines starren Systems, die sich denen anschliessen, die im zweiten Bande dieses Jahrbuches besprochen sind. [Siehe auch Abschn. X. Cap. 2. pag. 439.] O.

G. BATTAGLINI. Nota sulla teorica dei momenti d'inerzia. Rend. di Nap. 1871.

In dieser Note werden die Trägheitsmomente eines Systems in Bezug auf einen Punkt, eine Ebene und eine Gerade betrachtet, wobei das System auf ein Fundamental-Tetraeder bezogen wird. Der Verfasser bezeichnet die Systeme von Punkten, Ebenen und Geraden, für welche die Trägheitsmomente gleich sind, und bestimmt diejenigen, für welche sich ein Maximum oder Minimum ergiebt. Jg. (O.)

E. J. Routh. Elliptic coordinates applied to moments of inertia. Messenger (2) II. 1-4.

Es werden einige Sätze über Trägheitsmomente bewiesen; z. B. 1) dass das Trägheitsmoment in Bezug auf alle Tangentialebenen zu irgend einer Fläche zweiten Grades, die confocal mit dem Drehungsellipsoid, dasselbe ist, 2) dass die Trägheitsmomente in Bezug auf die Schnitte senkrechter Tangentialebenen zu denselben Confocalen dieselben sind. Glr. (O.)

R. Townsend. Solution of question 3281. Educ. Times XVI. 23-24.

Die drei Hauptaxen durch den Schwerpunkt irgend eines homogenen erfüllten Parallelepipedons haben dieselbe Richtung wie die Hauptaxen des mit Massen homogen erfüllten Ellipsoides, welches die Seiten des Parallelepipedon in deren Schwerpunkten berührt. Für diese Hauptaxen, und folglich für jede Axe durch den gemeinschaftlichen Schwerpunkt verhält sich das Trägheitsmoment des Parallelepipedons zu dem des Ellipsoids wie $10:\pi$. Hi.

R. Townsend. Solution of question 3384. Educ. Times XVI. 76.

Die Volumina eines Tetraeders und des Ellipsoids, welches die Seiten des Tetraeders in den Schwerpunkten berührt, haben dieselben Hauptaxen im gemeinschaftlichen Schwerpunkt, und die Trägheitsmomente in Bezug auf alle Ebenen durch diesen Punkt haben dasselbe constante Verhältniss $18\sqrt{3}:\pi$. Hi.

R. Townsend. Solution of question 3307. Educ. Times XVI. 33-34.

Legt man durch den Schwerpunkt eines Massensystems irgend drei recht- oder schiefwinklige Axen OX, OY, OZ, für welche $\Sigma myz = 0$, $\Sigma mzx = 0$, $\Sigma mxy = 0$, theilt man ferner die ganze Masse M des Systems in irgend 4 Theile M_a, M_b, M_c, M_d und concentrirt je die Hälfte von M_a in der Entfernung $\pm a$ von O

auf der Axe OX, für welche $M_a a^2 = \Sigma mx$, die Hälften von M^b und M_c in ähnlicher Weise an Entfernungen $\pm b$, $\pm c$ auf den Axen OY, OZ und M_d im Schwerpunkt O, so ist das Trägheitsmoment in Bezug auf irgend eine Ebene, für das alte System dasselbe wie für das neue. Hi.

J. J. Walker. Solution of question 3628. Educ. Times XVII. 73.

Sind A, B, C, D die vier Werthe des Ausdrucks

$$\{\sin s \sin(s-a) \sin(s-b) \sin(s-c)\}^{\frac{1}{2}}$$

für die vier Dreiecke, welche auf der Oberfläche einer Kugel durch die Radien bestimmt werden, die irgend vier sich das Gleichgewicht haltenden Kräften im Raume P, Q, R, S parallel gezogen sind, so ist $P : Q : R : S = A : B : C : D$. Hi.

J. Ch. Walberer. Bemerkungen zur Theorie des Keiles. Blätter f. d. bayr. Gymnasialwesen. VIII. 231-238.

Der Verfasser glaubt, dass in der Theorie des Keiles ein Punkt noch unaufgeklärt sei. Wenn zwei gleiche, aber entgegengesetzte Kräfte parallel mit der Grundfläche des Keiles angreifen, so hebt sich deren Wirkung, der Theorie gemäss, auf, während dies in Wirklichkeit nicht der Fall sein soll. Zuerst sucht der Verfasser die Willkürlichkeit zu beseitigen, welche man allenfalls in dem gewöhnlichen Verfahren der Zerlegung einer Kraft in zwei Componenten finden könnte. Er betrachtet zu diesem Zwecke eine auf einer schiefen Ebene ruhende Kugel und ein in einer Flüssigkeit schwimmendes Prisma.

Hierauf kehrt der Verfasser zu seiner ursprünglichen Aufgabe zurück und führt den trigonometrischen Beweis für die einfache Thatsache, dass zwei in der angegebenen Weise wirkende Kräfte keine Bewegung hervorzubringen im Stande sind. Da er nun aber thatsächlich etwas Anderes beobachtet haben will, so sucht er hiefür eine Erklärung und findet dieselbe in Folgendem: „So oft in der Mechanik von Kräften die Rede ist, welche sich Gleichgewicht halten, wird selbstverständlich vorausgesetzt, dass jede

Kraft ihre volle Wirkung zu äussern vermöge und nicht durch die Eigenthümlichkeit der Angriffspunkte ein Theil der Wirkung verloren gehe. In unserm Falle beruht die Täuschung darin, dass wir bis jetzt angenommen haben, die Kräfte P und Q bringen in ihrer Richtung eine Wirkung gleich ihrer Intensität hervor, während in Wirklichkeit die tangentiale Componente $P \sin\alpha$ desshalb wirkungslos verloren gehen muss, weil sie nur einen nominellen und keinen wirklichen Angriffspunkt hat." Es scheint hier ein entschiedenes Missverstehen der Wirkung einer Kraft vorzuliegen.

Es wird alsdann versucht, diese Theorie auch noch auf das Beispiel eines Keiles anzuwenden, welcher mit einer Seitenfläche auf einer horizontalen Ebene ruht, während auf die andern Seiten, wie auch auf die Basisfläche zwei Kräfte P und Q resp. unter den Winkeln β und 90° einwirken. Ist der Winkel an der Spitze des Keiles $= 2\alpha$, so ist die richtige Gleichgewichtsbedingung

$$P \cos\alpha = Q \cos(\beta - 2\alpha).$$

Mittelst seiner Methode, die in die Ebene selbst fallende Componente als nicht existirend zu betrachten, findet der Verfasser die Gleichung

$$P = 2Q \sin\alpha \sin\beta.$$

Dies soll die allgemeine Bedingungsgleichung sein, während die erste nur unter gewissen Umständen statt hätte; wie dies möglich sein soll, dürfte schwer abzusehen sein. Dagegen scheint Herr Walberer im Rechte zu sein, wenn er die von Weissbach gegebene Formel

$$P = \frac{2Q \sin\alpha}{\sin\beta}$$

verwirft, indem dieselbe für $\beta = 180^\circ$ ein unendlich grosses P liefern würde.

Noch seltsamer gestaltet sich die Sache, wenn auch die Reibung mit berücksichtigt wird. Ist D der Normaldruck, f der Reibungscoefficient, so soll es unendlich viele Kräfte R geben, welche Gleichgewicht erhalten können; dieselben sind durch die Ungleichungen

$$2D(\sin\alpha + f\cos\alpha) > R > 2D(\sin\alpha - f\cos\alpha)$$

charakterisirt. Dass, wenn sich dies wirklich so verhielte, jedes statische Problem aufhören würde, ein bestimmtes zu sein, leuchtet ein. Gr.

Külp. Die Bestimmung des Einflusses des Rades der Fallmaschine. Grunert Arch. LIV. 206-207.

Der Verfasser bestimmt X aus der Gleichung

$$\frac{w}{2Q+X+w} = \frac{\gamma}{g}$$

und theilt ein Beispiel mit. O.

K. W. Zenger. Die Tangentialwage und ihre Anwendung zur Bestimmung der Dichte fester und flüssiger Körper mittelst einfacher Ablesung. Prag. Abh. (6) V.

Der Apparat hat den Zweck, die Dichte fester und flüssiger Körper in möglichst einfacher und bequemer Weise zu bestimmen, soll also die Aräometer ersetzen. Dies wird dadurch erstrebt, dass an dem einen Ende des Wagebalkens eingetheilte Kreisbogen angebracht sind, so dass die Bestimmung mittelst Ablesung des Ausschlagbogens erfolgen kann. Zu untersuchen, in wiefern dieser Zweck erreicht wird, gehört nicht hierher. In der vorliegenden Arbeit findet sich neben der Beschreibung des Apparats und der Methode die Theorie des Instrumentes entwickelt, und sind die mathematischen Formeln hergeleitet, die dazu dienen, aus dem abgelesenen Bogen die Dichte zu bestimmen. Mathematisch bietet diese Theorie nichts Besonderes. O.

de Pambour. Sur le frottement additionel dû à la charge des machines. C.R. LXXIV. 1459-1462.

Der Verfasser weicht in der Art, wie er die Reibung der Maschinen zu berechnen pflegt, von der gewöhnlich gebrauchten Methode ab. Er berechnet nämlich nicht die Reibung der Maschine mit der Belastung, sondern theilt die Reibung in zwei Theile, indem er erstens die Reibung der Maschine ohne Belastung berechnet, die dann also für dieselbe Maschine als constant zu betrachten ist, und zweitens den Theil der Reibung, der durch die Belastung hinzukommt (frottement additionel), für sich berechnet. Dieser Theil ist natürlich mit der Last variabel. Auf diese Weise wird die Rechnung wesentlich vereinfacht. Es sind nämlich in der Gleichung

$$(1+f')(r\nu+f\mathfrak{v}) = N$$

sowohl N wie $(r\nu+f\mathfrak{v})$ bekannte Grössen, während $(1+f')$ die zu berechnende Grösse ist. In der vorliegenden Arbeit setzt er die Vortheile seiner Methode auseinander und zeigt an einer Reihe von Bestimmungen, die er an hydraulischen Rädern gemacht, die Sicherheit derselben. O.

DE PERRODIE. Stabilité d'un voûte. Ann. d. P. et d. Ch. (5) IV. 42-84.

L. DURAND-CLAYE. Étude comparative des tracées de routes. Ann. d. P. et d. Ch. (5) IV. 335-354.

FLAMANT. Sur la poussée des terres. Ann. d. P. et. d. Ch. (5) IV. 242-268.

Alle drei Arbeiten haben rein technische Bedeutung. Referent begnügt sich daher der Vollständigkeit wegen mit Anführung der Titel. Wn.

B. Hydrostatik.

A. STEEN. Laren om homogene tunge Vaskers. Tryk paa plane Arcaler. Skrift. v. Kopenh. (5) VII.

Der Verfasser giebt eine vollständige Entwickelung der Theorie des Drucks von Flüssigkeiten auf ebene Flächen. Er beweist zuerst die folgenden beiden Sätze: „Der Gesammtdruck einer Flüssigkeit auf eine eingetauchte Fläche ist gleich dem Gewicht der in einem gewissen Cylinder enthaltenen Flüssigkeit. Der Cylinder liegt zwischen der freien Flüssigkeitsoberfläche und der gegebenen Fläche, und wird von beiden Flächen schief geschnitten. Er hat zu Basen die gegebene Fläche und eine gleiche gerade Fläche, die man erhält, wenn man die gegebene Fläche um die Schnittlinie beider Ebenen dreht bis zur freien Flüssigkeitsoberfläche."

„Der Mittelpunkt des Drucks ist die schiefe Projection des Schwerpunkts des obigen Cylinders auf die gegebene Fläche; die Projectionslinie ist parallel der Cylinderkante." Der Verfasser beweist dann eine Reihe von interessanten Sätzen über den Mittelpunkt des Drucks und leitet daraus eine graphische Construction dieses Punktes ab. Hn. (Wn.)

A. H. Curtis. Theorems relating to the centre of pressure. Messenger (2) I. 182-189.

Wenn a, b, c die Seiten eines Dreiecks sind, das in eine Flüssigkeit getaucht ist, x, y, z die senkrechten Abstände des Mittelpunktes des Drucks des Dreieckes von a, b, c; H_1, H_2, H_3 die Tiefen, bis zu welchen die Mittelpunkte von a, b, c eingetaucht sind, und N der Flächeninhalt des Dreiecks, so ist

$$x = \frac{N}{a}\left\{\frac{H_2+H_3}{H_1+H_2+H_3}\right\},\quad y = \frac{N}{b}\left\{\frac{H_3+H_1}{H_1+H_2+H_3}\right\},$$
$$z = \frac{N}{c}\left\{\frac{H_1+H_2}{H_1+H_2+H_3}\right\}.$$

Aus diesen Formeln leitet der Verfasser die Relationen her zwischen H_1, H_2, H_3, wenn der Mittelpunkt des Druckes zusammenfällt 1) mit dem Schwerpunkt, 2) mit dem Mittelpunkt des eingeschriebenen Kreises, 3) dem Mittelpunkt des umschriebenen Kreises, 4) dem Schnittpunkte der Lothe aus den Ecken auf die Seiten, 5) dem Mittelpunkt irgend eines darin eingeschriebenen Quadrats, 6) dem Mittelpunkt des Neun-Punkt-

Kreises; und löst einige Probleme, deren Lösung durch den Gebrauch obiger Formeln erleichtert wird.

Glr. (O.)

E. J. ROUTH. On the centre of pressure of a triangle and quadrilateral. Messenger (2) II. 5.

Ein anderer Beweis für die hydrostatischen Formeln in Herrn Curtis' Arbeit; siehe Messenger (2) I. 182-189, das vorhergehende Referat.

Glr. (O.)

C. M. GULDBERG. Bemaerkninger om Formelen för Höidemooling med Barometer. Forh. af Christ. 1872. 120-131.

Discussion der relativen Bedeutung derjenigen Grössen, die in der Formel für Höhenmessung mit dem Barometer auftreten.

L.

P. SCHREIBER. Untersuchungen über die Theorie und Praxis der Wagebarometer. Carl Rep. VIII. 245-316.

Der Verfasser entwickelt im ersten Theil dieser Arbeit eine Theorie des Wagebarometers. Nach einer kurzen Erläuterung des Instrumentes leitet er zunächst die drei Hauptgleichungen (Ruhegleichung, Gewichtsgleichung, Bewegungsgleichungen), zwischen den wesentlichen Stücken des Instruments ab. Nachdem er sodann diese allgemeine Theorie an einigen Beispielen klar gemacht, behandelt er speciell die Theorie eines Wagebarometers, dessen Rohr an einem Winkelhebel aufgehängt ist, in ausführlicher Weise. Dem folgt dann eine Untersuchung über die Fehler des Instruments. Die mathematischen Entwickelungen bieten keine Schwierigkeit. Der zweite Theil giebt Auskunft über die praktische Construction, wie über die Verwendung bei Beobachtungen.

O.

Capitel 4.

Dynamik.

A. Dynamik fester Körper.

J. GRAINDORGE. Mémoire sur l'intégration des équations de la mécanique. Bruxelles. Hayez. 1871.

Siehe Abschnitt VI. Cap. 6. p. 173.

H. LAURENT. Sur un théorème de Poisson. Liouville J. (2) XVII. 422-426.

Der Aufsatz bringt eine bemerkenswerthe Erweiterung des Poisson-Jacobi'schen Theorems: „Wenn $\alpha = \text{const.}$ und $\beta = \text{const.}$ irgend zwei Integrale der $2n$ gewöhnlichen Differentialgleichungen

$$(1) \quad \frac{dq_\lambda}{dt} = \frac{\partial H}{\partial p_\lambda}, \quad \frac{dp_\lambda}{dt} = -\frac{\partial H}{\partial q_\lambda}$$

sind, so ist nach diesem immer auch

$$\sum_\lambda \Sigma \pm \frac{\partial \alpha}{\partial q_\lambda} \frac{\partial \beta}{\partial p_\lambda} = \text{const.}$$

ein Integral derselben Gleichungen (wobei es allerdings vorkommen kann, dass die linke Seite sich identisch auf eine Constante reducirt)."

Laurent zeigt, dass allgemein, wenn:

$$\alpha_1 = \text{const.}, \quad \cdots \quad \alpha_\varkappa = \text{const.},$$
$$\beta_1 = \text{const.}, \quad \cdots \quad \beta_\varkappa = \text{const.}$$

irgend $2\varkappa$ Integrale des Systems (1) sind, stets auch

$$\sum_{\lambda_1 \dots \lambda_\varkappa} \Sigma \pm \frac{\partial \alpha_1}{\partial q_{\lambda_1}} \cdots \frac{\partial \alpha_\varkappa}{\partial q_{\lambda_\varkappa}} \frac{\partial \beta_1}{\partial p_{\lambda_1}} \cdots \frac{\partial \beta_\varkappa}{\partial p_{\lambda_\varkappa}} = \text{const.}$$

ein solches ist.

Dieser Laurent'sche Satz würde eine fundamentale Wichtigkeit haben, wenn es möglich wäre, durch denselben aus den $2\varkappa$ bekannten Integralen neue Integrale zu erhalten, d. h. solche, die sich nicht durch das Poisson-Jacobi'sche Theorem ableiten lassen. Nach einer Bemerkung Lie's giebt es aber keine, von der Form der Function H unabhängigen Operationen, mittelst derer man aus zwei oder mehr Integralen der Gleichungen (1) andere Integrale finden könnte, als welche aus denselben Integralen durch den Poisson-Jacobi'schen Satz hervorgehen. Mr.

N. M. Ferrers. Extension of Lagrange's equations. Quart J. XII. 1-5.

In der Arbeit werden die in Lagrange's allgemeinen Bewegungsgleichungen erforderlichen Modifikationen auf solche Fälle ausgedehnt, wo die Bedingungsgleichungen Differentiale einschliessen. Als Beispiele betrachtet der Verfasser eine schwere gleichförmig kreisrunde Scheibe, die auf einer völlig rauhen horizontalen Ebene rollt. Cly. (O.)

J. Somoff. Les remarques concernant le principe de moindre action. Mém. d. l. S. Phil. de Moscou. V.

Z.

G. Kapp. Zur graphischen Phoronomie. Schlömilch Z. XVII. 419-420.

Der Verfasser stellt sich als Aufgabe, aus der vorgelegten Bewegung eines materiellen Punktes für jede Lage desselben die wirkende Kraft ihrer Grösse und Richtung nach auf graphischem Wege zu bestimmen.

Gegeben ist die Bahncurve und die Geschwindigkeit in jedem Punkte derselben. Die letztere denkt sich der Verfasser mit Hülfe einer gewählten Einheit als Länge auf der Normale des betreffenden Bahnpunktes von diesem ab aufgetragen. Die Endpunkte liegen dann auf einer Curve, der „Geschwindigkeitscurve.“ Der Verfasser zieht das Auftragen auf der Normale dem auf der Tangente vor, weil dadurch seine Methode auch noch für geradlinige Bewegung brauchbar bleibt. Er entwickelt nun zunächst die zur Bestimmung nöthigen Stücke für ein beliebiges durch den Bahnpunkt gelegtes Coordinatensystem. Die Construction der Ausdrücke, die sich dabei ergeben, ist möglich, aber ziemlich complicirt; er lässt daher zur Vereinfachung das Coordinatensystem mit der Normale und Tangente zusammenfallen und setzt dann die Construction der so gewonnenen einfacheren Ausdrücke auseinander, woraus sich auch ohne Schwierigkeit die Grössen für beliebige Richtungen gewinnen lassen. O.

F. v. Strzelecki. Theorie der Schwingungscurven.

Wien. Ber. LXV. 189-307.

Die Schwingung eines Punktes um eine feste Gleichgewichtsaxe setzt sich aus den einfach periodischen geradlinigen Oscillationen ebenso zusammen wie eine Anzahl auf einen Punkt wirkender Kräfte, indem man die gleichzeitigen Elementaramplituden als Componenten, den Radiusvector des bewegten Punktes als Resultante betrachtet. Erstere werden die Coordinaten des Punktes genannt; die Liste ihrer Werthe dient zum analytischen Ausdruck seiner actuellen Lage, welcher dann nicht weiter reducirt wird. Der Inhalt der ganzen Abhandlung ist eine ausführliche Discussion der von dem Punkte beschriebenen Curve. Vorausgesetzt wird, dass die Oscillationsdauern unter einander in rationalen Verhältnissen stehen, demzufolge die Bahn eine geschlossene Curve ist, und in der kleinsten, durch sämmtliche Oscillationsdauern divisibeln Zeit durchlaufen wird. Die Anfangszeiten der Phasen hingegen differiren beliebig. Nach vorbereitender Aufstellung einer Anzahl combinatorischer Sätze wird zuerst die Symmetrie der Curve und die Bedingung eines Mittelpunkts untersucht, dann die Punkte der Curve betrachtet, welche bei Weglassung einer Oscillationsgruppe zusammenfallen, und theils Gipfel, theils Knoten sind. Die Schwingungscurven für 2 elementare Oscillationen hat der Verfasser nach gleichem Princip in den Jahresber. d. techn. Vereins in Lemberg vom J. 1867 behandelt. H.

R. Clausius. Ueber einen auf die Wärme anwendbaren mechanischen Satz. Schlömilch Z. XVII. 82-87.

Der Verfasser hat im Jahre 1862 in Pogg. Ann. CXVI. p. 73 folgenden Satz aufgestellt: „Die wirksame Kraft der Wärme ist proportional der absoluten Temperatur.“ Da sich nun der Satz von der Aequivalenz von Wärme und Arbeit auf den mechanischen Satz von der Aequivalenz von lebendiger Kraft und mechanischer Arbeit zurückführen lässt, so glaubte der Verfasser, dass dies auch mit dem obigen möglich sein müsse. Dies ist ihm in der That auch gelungen: Man denke sich irgend ein System materieller Punkte, die sich in stationärer Bewegung befinden. (Unter stationärer Bewegung sei eine solche Bewegung verstanden, bei der die Punkte sich nicht immer weiter von ihrer ursprünglichen Lage entfernen und die Geschwindigkeiten sich nicht fort und fort in gleichem Sinne ändern, sondern bei der die Punkte sich innerhalb eines begrenzten Raumes bewegen und die Geschwindigkeiten nur innerhalb gewisser Grenzen schwanken.) Bezeichnet man dann mit m, m', m'' etc. die gegebenen Punkte, mit x, y, z; x', y', z' $\cdots$ ihre rechtwinkligen Coordinaten zur Zeit t, mit X, Y, Z; X', Y', Z' $\cdots$ die nach den Axen genommenen Componenten der auf sie wirkenden Kräfte, so ist

$$\Sigma\frac{m}{2}\left[\left(\frac{dx}{dt}\right)^2+\left(\frac{dy}{dt}\right)^2+\left(\frac{dz}{dt}\right)^2\right] \text{ oder } \Sigma\frac{m}{2}v^2$$

die lebendige Kraft, während $-\frac{1}{2}\Sigma(Xx+Yy+Zz)$ ein Ausdruck ist, der wesentlich von den in dem Systeme wirkenden Kräften abhängt, und, wenn bei gegebenen Coordinaten alle Kräfte sich in gleichem Verhältnisse ändern, den Kräften proportional sein würde. Der Mittelwerth dieser Grösse während der stationären Bewegung ist es, den Herr Clausius das „Virial des Systems“ nennt. Der Satz heisst dann: „Die mittlere lebendige Kraft des Systems ist gleich seinem Virial:

$$\Sigma\frac{m}{2}\overline{v^2} = \tfrac{1}{2}\Sigma\overline{(Xx+Yy+Zz)}.“$$

Nachdem der Verfasser sodann den Werth des Virials für einige Fälle bestimmt, giebt er einen Beweis für den Satz. O.

R. Clausius. Ueber die Beziehungen zwischen den bei Centralbewegungen vorkommenden characteristischen Grössen. Gött. Nachr. 1872. 600-646.

Im Jahre 1871 hatte der Verfasser (siehe F. d. M. III. p. 457) für die Bewegung um ein festes Anziehungscentrum, wie für die Bewegung zweier materieller Punkte um einander Beziehungen zwischen Umlaufszeit, lebendiger Kraft, Ergal und Energie abgeleitet, unter der Voraussetzung der Bewegung in geschlossenen Bahnen. In der vorliegenden Arbeit dehnt der Verfasser diese Behandlungsweise auf den Fall aus, dass die Bahnen keine geschlossenen Curven bilden. Im ersten Abschnitte stellt der Verfasser die erste der beiden der Untersuchung zu Grunde liegenden Gleichungen für stationäre Bewegung auf, die er bereits früher besprochen hatte (siehe oben). Es ist

$$(1)\quad \frac{m}{2}\left(\frac{dx}{dt}\right)^2 = -\tfrac{1}{2}Xx + \frac{m}{4}\,\frac{d^2(x^2)}{dt^2},$$

die für den Fall stationärer Bewegung übergeht in

$$(2)\quad \frac{m}{2}\left(\frac{dx}{dt}\right)^2 = -\tfrac{1}{2}Xx.$$

In erweiterter Form können diese Gleichungen auch geschrieben werden als:

$$(1a)\quad \Sigma\frac{m}{2}v^2 = -\tfrac{1}{2}\Sigma(Xx+Yy+Zz)+\tfrac{1}{4}\,\frac{d^2(\Sigma mr^2)}{dt^2}$$

und

$$(2a)\quad \Sigma\frac{m}{2}\overline{v^2} = -\tfrac{1}{2}\Sigma\overline{(Xx+Yy+Zz)},$$

welche letztere der im vorigen Referat besprochene Satz ist. Der Verfasser erörtert nun den Zusammenhang, welcher zwischen seiner Gleichung (1a) und der Gleichung

$$\frac{d^2(\Sigma m_i r_i^2)}{dt^2} = (2k+4)U+h$$

besteht, welche Jacobi in Crelle's Journal XVII. p. 121 aufgestellt hat. Ebenso stellt er vergleichende Betrachtungen zwischen seiner Gleichung an und der Gleichung

$$\frac{d^2G}{dt^2}-2T = \Sigma\left[(x_\alpha-a_\alpha)\frac{dU}{dx_\alpha}+(y_\alpha-b_\alpha)\frac{dU}{dy_\alpha}+(z_\alpha-c_\alpha)\frac{dU}{dz_\alpha}\right],$$

die Lipschitz in seiner Abhandlung: „Ueber einen algebraischen Typus der Bedingungen eines bewegten Massensystemes“ (Borchardt J. LXVI.) aufgestellt hat.

Im zweiten Abschnitt wird die zweite Gleichung aufgestellt, die sich an den Satz von der kleinsten Wirkung mit der von Hamilton gegebenen Erweiterung anschliesst. Diese Gleichung heisst:

$$(5) \qquad -(X\delta x + Y\delta y + Z\delta z) = \frac{m}{2}\delta\bar{v}^2 + mv^2\delta\log i,$$

wo i die Zeit ist, welche der Punkt zu seiner Bewegung nöthig hat. Haben die Kräfte ein Ergal, so geht diese Gleichung über in

$$(5a) \qquad \overline{\frac{dU}{dx}\delta x + \frac{dU}{dy}\delta y + \frac{dU}{dz}\delta z} = \frac{m}{2}\delta\overline{v^2} + mv^2\delta\log i.$$

Im § 3 wendet sich der Verfasser sodann zur Behandlung von Centralbewegungen. Die Bewegung eines Punktes um ein festes Anziehungscentrum lässt sich bei Beziehung auf Polarcoordinaten als aus zwei verschiedenen Vorgängen bestehend, auffassen; nämlich erstens der Winkelbewegung des Radiusvector, die als „Drehungsbewegung“ bezeichnet wird (Umdrehungszeit ist diejenige, während welcher der Radiusvector den ganzen Winkelraum 2π durchläuft), zweitens die Bewegung des Punktes auf dem Radrusvector, der „radialen Schwingungsbewegung“ (Schwingungszeit ist die Zeit für eine Hin- und Herschwingung, die bei stationärer Bewegung in abwechselnder Annäherung an das Centrum und Entfernung von demselben bestehen wird). Die erste Gleichung lässt sich ohne Schwierigkeit in eine Form bringen, bei der es gleichgültig ist, ob die durchlaufene Bahn geschlossen ist oder nicht, sofern nur die Bewegung überhaupt stationär ist. Anders aber ist es mit der zweiten Gleichung, in der die Zeit i der betrachteten Bewegung vorkommt. Findet die Bewegung in geschlossener Bahn statt, so kann man die Betrachtung auf die einmalige Durchlaufung der Bahn beschränken, ein Fall, den der Verfasser in der Arbeit des vorigen Jahres untersucht hat. Ist die Bahn keine geschlossene, so kann sich die Betrachtung nicht auf eine einfache Zeit beschränken. Im vierten Abschnitt wendet sich der Verfasser daher zunächst zur genaueren Betrachtung der Schwingungsbewegung. Indem er die durch die Drehung hervorgebrachte Centrifugalkraft als eine vom Centrum ausgeübte Abstossungskraft betrachtet, leitet er die Gleichung her

$$m\frac{d^2r}{dt^2} = -F'(r) + mc^2\frac{1}{r^3},$$

mit deren Hülfe er die Schwingungsbewegung als eine für sich allein stehende Bewegung behandeln kann, so dass nun seine beiden Gleichungen Anwendung finden. Ebenso wird in § 5 die Drehungsbewegung gesondert betrachtet. Indem er hier eine grössere Reihe von Umdrehungen betrachtet, verschafft er sich einen Mittelwerth der Umdrehungszeit, wodurch er dann zu den für diese Bewegung nöthigen Gleichungen gelangt. Nachdem so die Gleichungen für jedes beliebige Kraftgesetz aufgestellt sind, werden dieselben im sechsten und siebenten Abschnitt auf die specielle Gruppe angewendet, wo die Kraft irgend einer Potenz der Entfernung proportional ist, wobei jedoch die $(-1)^{te}$ Potenz der Uebersichtlichkeit wegen ausgeschlossen bleibt. In § 8 werden dann die in den beiden letzten Paragraphen gefundenen Formeln, welche die den Bewegungsperioden entsprechenden Zeiten und verschiedene Mittelwerthe als Functionen zweier leicht bestimmbarer Grössen darstellen, noch einmal übersichtlich zusammengestellt. Der 9te Paragraph ist der Bestimmung der Function J_1, die in den vorherigen Rechnungen vorkommt, gewidmet. § 10 enthält die Reihenentwickelung derselben, wie auch §§ 11 und 12 denselben Gegenstand behandeln. O.

Yvon Villarceau. Sur un nouveau théorème de mécanique générale. C. R. LXXV. 232-240, 377-380.

Der neue Satz, den Herr Villarceau aufgestellt hat, lässt sich herleiten, wenn man von den Bewegungsgleichungen eines materiellen Punktes nach drei festen Axen ausgeht. Er heisst als Formel ausgedrückt:

$$\Sigma mv^2 = \tfrac{1}{2}\frac{d^2\Sigma mr^2}{dt^2} + \Sigma f\Delta - \Sigma(Xx + Yy + Zz).$$

Dabei bezeichnet v die Geschwindigkeit, r den Radiusvector des Punktes $m(x, y, z)$, X, Y, Z die Componenten nach den Axen, f

die Kraft als attractiv vorausgesetzt zwischen den Punkten m und m', $\triangle$ ihre Entfernung. Die Aehnlichkeit mit dem von Clausius aufgestellten Satze (siehe oben) erhellt beim ersten Blick. In der vorliegenden Arbeit hat der Verfasser einen Beweis dieses Satzes gegeben, der, wie bereits bemerkt, ohne Schwierigkeit ist. Er wendet den neuen Satz sodann auf eine gasförmige Masse an. Setzt man die Dichtigkeit durch die ganze Masse als constant voraus und betrachtet man die gegenseitigen Einwirkungen der Molecüle als Null, so reducirt sich die Gleichung auf $\Sigma \frac{1}{2} mv^2 = \frac{3}{2} \varpi V$, wo V das Volumen, ϖ den Druck auf die Oberflächeneinheit bezeichnet. Den Schluss der ersten Notiz bildet eine Vergleichung des Satzes mit dem von Clausius. Der Verfasser spricht seinem Satze grössere Allgemeinheit zu. In der zweiten Notiz findet sich eine weitere Anwendung des Satzes auf das allgemeine Gleichgewicht eines Gases. O.

R. Clausius. Sur l'équation mécanique dont découle le théorème du viriel. C. R. LXXV. 912-916.

Yvon Villarceau. Note concernant un théorème de mécanique. C. R. LXXV. 990-992.

de Gasparis. Lettre sur un nouveau théorème de mécanique. C. R. LXXV. 537.

Herr Clausius knüpft in der erst bemerkten Arbeit an eine frühere an und bestreitet zunächst die grössere Allgemeinheit des Satzes von Villarceau. Zum Schluss giebt er noch einige andere Formen des Satzes. Herr Villarceau antwortet darauf in der zweiten Note, indem er in der That einen Irrthum zugiebt, sich übrigens auf einen Brief von Lipschitz beruft (siehe oben das Referat über die Arbeit von Clausius). Herr Gasparis erinnert an eine Arbeit in den Atti della Accademia di Napoli vom Jahre 1865, in der er bereits analoge Resultate für das Problem der drei Körper veröffentlicht habe. O.

S. Newcomb. Note sur un théorème de mécanique céleste. C. R. LXXV. 1750-1753.

Der Verfasser bemerkt, dass die Function, die Clausius mit dem Namen Virial belegt hat, eine grosse Rolle in der Mechanik des Himmels spielt. Die mittleren Bewegungen der Planeten und die Veränderungen der Winkel, von denen die secularen Bewegungen ihrer Perihele und Knoten abhängen, können nämlich als partielle Derivirte des Virials in Beziehung auf die Elemente, als deren Functionen man sie ausdrücken kann, dargestellt werden. Um dies nachzuweisen, betrachtet er n Planeten, die ihrer wechselseitigen Einwirkung und der der Sonne unterworfen sind. O.

J. L. Wezel. Notes scientifiques. Louvain.

Die erste Note enthält Bemerkungen über physikalische Phänomene im Allgemeinen und die Theorie der Gase, die zweite elementare Beweise der hauptsächlichsten, auf Centralkräfte bezüglichen Sätze. Der Verfasser zieht folgende merkwürdige Folgerung aus der Formel, welche zwischen der grossen Axe der Mondbahn, der Entfernung von Erde und Mond, ihrer gegenseitigen Anziehung und der Zeit einer Umdrehung stattfindet: „Drückt man diese Attraction als Function der Schwerkraft g aus, so kann man die Entfernung des Mondes von der Erde allein durch Beobachtung der sideralen Umlaufszeit dieses Satelliten ableiten.“ Beiläufig bemerkt Herr Wezel, dass der Kreis der durch den Pol einer logarithmischen Spirale und zwei ihrer Punkte geht, auch durch den Schnittpunkt der Tangenten und Normalen dieser Punkte geht, was unmittelbar den Krümmungsradius dieser Curve giebt. Mn. (Wn.)

P. v. Geer. Onderzvek eener byzondere Omstandigheld der centrale Beweging. Leiden, Sijthoff.

Der erste Abschnitt enthält eine historische Bearbeitung des Gegenstandes von Newton bis auf Jacobi und Cauchy. Im zweiten Theile wird das Problem vom kinematischen, im dritten vom dynamischen Standpunkte aus betrachtet. O.

F. Tissérand. Sur le mouvement des planètes autour du soleil d'après la loi électrodynamique de Weber.
C. R. LXXV. 760-763.

In diesem Gesetze ist

$$F = \frac{fm\mu}{r^2}\left(1 - \frac{1}{h^2}\frac{dr^2}{dt^2} + \frac{2}{h^2}\, r\, \frac{d^2r}{dt^2}\right)$$

die Kraft, welche die Bewegung des Planeten um die Sonne hervorbringt. Es bezeichnen dabei f die Constante der Attraction, m die Masse des Planeten, μ die Summe dieser Masse und der der Sonne, r die Entfernung des Planeten von der Sonne, und h die Geschwindigkeit, mit der sich die Attraction im Raume fortpflanzt. Die Integration der Gleichungen dieser Bewegung ist mit Hülfe der elliptischen Functionen möglich. Man gelangt aber schneller zum Ziele, wenn man

$$F = \frac{fm\mu}{r^2} + F_1$$

setzt und F_1 als störende Kraft betrachtet. Es genügt alsdann, die Constanten der elliptischen Bewegung zu variiren. Indem nun der Verfasser dies Verfahren befolgt, gelangt er zu dem Schlusse, dass die Perturbationen der verschiedenen Elemente Null oder periodisch sind, mit Ausnahme der des Perihels, die einen secularen Theil enthält. Die Elemente bleiben also in dem Gesetze von Weber dieselben wie in dem von Newton, nur die Länge des Periheliums vermehrt sich um eine Grösse, die mit der Nähe des Planeten zu der Sonne wächst. Zum Schlusse werden die Resultate der Untersuchung auf Mercur angewendet.

O.

O. Hesse. Ueber das Problem der drei Körper.
Borchardt J. LXXIV. 97-115.

Der Verfasser gelangt durch seine Untersuchungen zu dem folgenden Theorem: Wenn man das allgemeine Problem der drei Körper beschränkt auf die Gestalt des Dreiecks, dessen Ecken die drei Körper bilden, so hängt die Lösung des engeren Problems ab von drei Differentialgleichungen der dritten Ordnung.

Wenn man aber die Principien der Mechanik voraussetzt, welche Integrale liefern, so lässt sich dasselbe abhängig machen von zwei Differentialgleichungen der zweiten Ordnung und einer Differentialgleichung dritter Ordnung.

Die Ausführung beginnt mit der Aufstellung der d'Alembert'schen Differentialgleichungen, welche das allgemeine Problem der drei Körper lösen; das bezeichnete engere Problem verlangt die Elimination sämmtlicher Variabeln aus diesen Differentialgleichungen mit Ausnahme der Radienvectoren und ihrer Differentialquotienten. Zu diesem Zwecke werden symmetrisch gebildete Functionen der zu eliminirenden Variabeln eingeführt, die sich alle durch die Radienvectoren und ihre Differentialquotienten bis zur zweiten Ordnung ausdrücken lassen, mit Ausnahme solcher, welche abgesehen von den Radienvectoren und ihren ersten Differentialquotienten allein von einer bestimmten alternirenden Function L abhängen. Der Verfasser sagt nun, dass diese Function L sich nur durch die Radienvectoren und ihre Differentialquotienten bis zur dritten Ordnung einschliesslich darstellen lässt, während thatsächlich L entweder auf dem Wege von Lagrange durch die Relationen der Winkel, welche eine Gerade mit drei im Raum gegebenen Geraden bildet, oder aus der von Bour in seiner Abhandlung über das Problem der drei Körper (Mém. sur le problème des trois corps. J. de l'Éc. Pol. Cah. 36. p. 40) aufgestellten Determinante durch die Radienvectoren und ihre ersten beiden Ableitungen bestimmt werden kann. Würde die Darstellung von L vom Verfasser so vollführt sein, dann wäre das angegebene Theorem erwiesen; er hätte dann drei Differentialgleichungen der dritten Ordnung zwischen den Radienvectoren und der Zeit (47, 48, 49), von denen die erste durch einmalige Integration auf den Flächensatz führt, die zweite auf die lebendige Kraft.

Der Verfasser hat aber, um L herzuleiten, für das Product LL', welches in der Gleichung (47) vorkommt, eine neue Darstellung gesucht, indem er von dem Flächensatz ausgehend durch Differentiation für LL' einen Ausdruck von der dritten Ordnung ableitet (54), hat jedoch nicht bemerkt, dass die neue Differentialgleichung (54) identisch ist mit der schon erwähnten (47). O.

R. A. PROCTOR. On the motion of matter projected from the Sun: with special reference to the outburst witnessed by Prof. Young in America. Monthl. Not. XXXII. 42-53. 1871.

Enthält eine mit Hülfe einer Cycloide ausgeführte graphische Construction zur Bestimmung der Zeit des Falls eines Theilchens vom übrig bleibenden Theil nach einer Kugel, deren Attraction nach dem Naturgesetz erfolgt. Glr. (O.)

VON DER HEYDEN. Bemerkungen zu der von Prof. Dr. Fresenius Jahrg. II. S. 215 d. Z. mitgetheilten Lösung einer Aufgabe vom schiefen Wurf. Hoffmann Z. III.

Die Fresenius'sche Lösung der Aufgabe, den Doppelwerth des Elevationswinkels eines Wurfes nach einem höher oder tiefer liegenden Ziele zu finden mittelst der Subtangente verwirft der Verfasser wegen ihrer Weitläufigkeit, da sie sich direct mit Polarcoordinaten sehr leicht ergiebt. H.

P. DE ST. ROBERT. Mémoires scientifiques. Tome I. Balistique. 8. Paris. Gauthier-Villars.

M. DE TILLY. Note sur quelques formules de balistique appliquée. Bull. de Belg. (2) XXXIV. 43-50.

Der Verfasser zeigt in dieser Note, wie man experimentell die Hypothesen controliren kann, die man gezwungen ist rücksichtlich der Bewegung länglicher Projectile zu machen, um diese Bewegung mit derjenigen sphärischer Projectile zu vergleichen. Er untersucht dabei nur die Projection der Bewegung auf die verticale Schussebene. Mn. (Wn.)

H. RÉSAL. Interprétation géométrique de la trajectoire apparente d'un projectile dans le vide. Nouv. Ann. (2) XI. 433-438.

Man denke sich eine Kugel, die mit einer gleichförmigen Rotationsgeschwindigkeit begabt ist und materielle Punkte mit constanter Kraft in der Richtung des Radius anzieht. Für einen Punkt, der mit einer bestimmten relativen Anfangsgeschwindigkeit in Bezug auf diese Kugel einen Bogen beschreibt, der klein genug ist, um die Richtung der anziehenden Kraft während des Durchlaufens als constant ansehen zu können, hat Bour in Liouville's J. 1863. bewiesen, dass seine Bewegung betrachtet werden kann als hervorgegangen aus der Bewegung auf einer Parabel, deren Ebene sich um eine der Rotationsaxe parallele Axe in dem Meridian des Orts dreht, und zwar mit einer Winkelgeschwindigkeit gleich und entgegengesetzt der der Kugel. Herr Resal ist bei der Untersuchung des Problems zu einem anderen Resultate gekommen. Nach ihm kann die relative Bahn betrachtet werden als das Resultat einer geradlinigen, gleichförmig veränderten Bewegung, parallel der Rotationsaxe der Kugel in einer Ebene, die sich mit einer Winkelgeschwindigkeit, gleich und entgegengesetzt der des Systems um eine Axe bewegt, parallel der letzteren und selbst bewegt mit einer gleichförmigen Translationsbewegung senkrecht auf dem Meridian des Ortes. Die Differenz zwischen seinem Resultat und dem von Bour ist dadurch hervorgerufen, dass Bour die centrifugale Beschleunigung nicht in Grösse und Richtung als constant betrachtet hat. Den Beweis für seinen Satz führt Herr Resal, indem er die Gleichungen des Problems zunächst ohne jene Einschränkung aufstellt und dann die dadurch gebotenen Vereinfachungen einführt. O.

P. Morin. Note sur le „Traité de balistique extérieur de M. le général Mayewski.“ C. R. LXXV. 647-649.

Bericht des Herrn Morin über das russisch geschriebene Buch des Herrn Mayewski. Dasselbe enthält zwölf Capitel. Das erste giebt einen Bericht über die Apparate, welche zur Messung der Anfangsgeschwindigkeiten gebraucht werden. Im zweiten Capitel findet sich die Herleitung der Bewegungsgesetze im leeren Raume mit Anwendungen. Im dritten behandelt der Verfasser die Frage nach dem Widerstand der Luft. Er kommt dabei zu dem Resultat, dass der Widerstand ausgedrückt werden kann durch ein

Glied proportional der dritten Potenz der Geschwindigkeit für sphärische und der vierten für oblonge Geschosse. Es folgt die Untersuchung der Geschossbewegung in der Luft, abgesehen von ihrer Rotation. Im fünften Capitel werden mit Hülfe der gewonnenen Regeln einige Probleme gelöst. Capitel sechs handelt von der Deviation der Geschosse, während das siebente die Bewegung länglicher Geschosse in der Luft behandelt, mit besonderer Berücksichtigung der Arbeiten von H. Gautier (F. d. M. I. p. 335) und von Herrn St. Robert. Im achten Capitel werden Anwendungen auf Probleme gegeben. Im neunten ist die Deviation solcher Geschosse behandelt. Das zehnte beschäftigt sich mit der Aehnlichkeit der Bahnen. Das elfte ist der Frage des Eindringens der Geschosse in feste Mittel und des Durchschlagens von Panzerplatten gewidmet. Im zwölften Capitel endlich finden sich Anwendungen der Methode der kleinsten Quadrate und der Wahrscheinlichkeitsrechnung auf das Schiessen. O.

M. DE BRETTES. Sur quelques lois de la pénétration des projectiles oblongs dans les milieux résistants. C. R. LXXV. 1702-1705.

Herr Didion hat in seiner Balistik folgende Sätze für sphärische Geschosse aufgestellt: „Die Längen und die Zeiten der Bahnen zweier Geschosse, die von einer gegebenen Geschwindigkeit zu einer anderen ebenfalls gegebenen Geschwindigkeit übergehen, sind proportional den Produkten der Durchmesser der Geschosse in ihre Dichtigkeiten.“ Der Verfasser hat nun zwei analoge Sätze auch für längliche Geschosse, die eine Translationsgeschwindigkeit in der Richtung ihrer Axe haben, gefunden. Versteht man unter „reducirter Länge“ (longueur réduite) die Länge eines Cylinders von demselben Durchmesser, derselben Dichtigkeit, demselben Gewicht, wie ihn das betreffende Geschoss hat, so heissen die Sätze: „Die Längen und Zeiten der Bahnen zweier verschiedener länglicher Geschosse, deren vordere Enden jedoch ähnlich sein müssen, sind unabhängig von den Durchmessern und proportional den Produkten ihrer reducirten Länge in ihre Dichtigkeiten.“ Die Note enthält den Beweis. O.

G. S. Carr. Solution of question 3444. Educ Times XVI 71-72.

Ein Massentheilchen ist in gegebener Entfernung von einer gleichförmigen unbegrenzten dünnen Platte, deren Theilchen mit einer Kraft, die dem Quadrat der Entfernung umgekehrt proportional ist, anziehen. Finde die Zeit, in der das gegebene Theilchen die Platte erreicht. Wenn f die Anziehung der Flächeneinheit und a die Entfernung von der Platte bedeutet, so ist die Zeit $= \frac{a}{\pi f}$. Hi.

R. Townsend. Solution of question 3536. Educ. Times XVI. 90.

Ein Massenpunkt beschreibt eine Ellipse unter der gleichzeitigen Wirkung gegebener Centralkräfte (umgekehrt proportional dem Quadrat der Entfernung) in den beiden Brennpunkten: Finde die Differentialgleichung zwischen der Zeit und der excentrischen Anomalie. Sie ist bei gewöhnlicher Bezeichnung

$$\left(\frac{du}{dt}\right)^2 = \frac{1}{a^3}\left(\frac{\mu}{(1+e\cos u)^2} + \frac{\mu'}{(1-e\cos u)^2}\right).$$

Hi.

Weitere Aufgaben aus der Mechanik von den Herren R. Townsend, J. J. Walker, T. Mitcheson, O. W. King, S. A. Slade, R. Tucker, Evans, W. Liverley und andern finden sich Educ. Times XVI., XVII.

J. Bode. Die Centripetalkraft und die ablenkende Kraft fester Curven. Hoffmann Z. III. 327-335.

Die Methode, welche der Verfasser an Stelle ungenannter, angeblich falscher Methode für Lehrbücher empfiehlt, ist selbst unrichtig, da sie eine Bewegung mit constanter Geschwindigkeit in gebrochener Linie zur anfänglichen Annahme macht, und eine solche unmöglich ist. H.

J. A. C. Bresse. Sur la détermination des brachistochrones. C. R. LXXIV. 854-856.

Der Verfasser erweitert das Problem dahin, dass er, statt wie Jacob Bernoulli den Punkt der Schwere zu unterwerfen, ihn beliebigen Kräften unterwirft, indem er nur die Bedingung stellt, dass es Niveauflächen und eine Kräftefunction giebt. Nach Aufstellung der allgemeinen Gleichungen führt er die Lösung des Problems für den Fall einer centralen Kraft durch, die eine Function der Entfernung von einem festen Punkte ist. O.

J. A. C. Bresse. Sur la détermination de la trajectoire d'un point pour laquelle une certaine intégrale est minimum. C. R. LXXV. 1562-1567.

Als Verallgemeinerung des Problems der Brachistochrone hat sich der Verfasser folgendes Problem gestellt: „Ein beweglicher Punkt m geht von einem gegebenen Punkt A mit bekannter Geschwindigkeit v aus. Er soll nach einem gegebenen Punkte B gelangen unter Einwirkung einer Kraft F, die eine Function der Coordinaten x, y, z ist. Auf welcher Curve muss sich der Punkt bewegen, damit das Integral $\int U ds$ (U irgend eine Function der Geschwindigkeit v) ein Minimum ist?" Nachdem der Verfasser die Frage allgemein erörtert und die Differentialgleichungen der Bahn aufgestellt hat, behandelt er speciell den Fall der Schwere und einer centralen Kraft, die eine Function der Entfernung ist; in beiden Fällen kann die Aufgabe auch ohne specielle Annahme über U auf Quadraturen zurückgeführt werden. O.

C. Ohrtmann. Das Problem der Tautochronen. Pr. Berlin.

Siehe Abschn. I. Cap. 1. p. 30.

C. Jordan. Sur les oscillations infiniment petites des systèmes matériels. C. R. LXXIV. 1395-1399.

Der Verfasser verspricht einen einfacheren Beweis für ein Resultat von Somof (Mém. de St. Pét. 1859) zu geben. Letzterer hat gezeigt, dass die Integrale des Systems von Differentialgleichungen

$$\frac{\partial^2}{\partial t^2}\frac{\partial T}{\partial q_r} = \frac{\partial U}{\partial q_r} \qquad (r = 1, 2, \cdots n)$$

in der Form

$$T = \Sigma a_{rs} q_r q_s; \quad U = \Sigma b_{rs} q_r q_s$$

auch im Fall mehrfacher Wurzeln der charakteristischen Gleichung rein periodisch in t sind. Jordan's Beweis kann jedoch nicht befriedigen, weil er dazu Substitutionen anwendet, welche die q abhängig von t machen, worauf er keine Rücksicht nimmt.

H.

H. Résal. Équation du mouvement d'une courbe funiculaire assujettie à rester plane. C. R. LXXV. 1010-1011.

Einfacher, als sie aus den allgemeinen Gleichungen von Lagrange hervorgehen, gestalten sich die Gleichungen der ebenen Bewegung eines Fadens, wenn man Bogen und Zeit zu unabhängigen Variabeln, den Richtungswinkel der Tangente α zur gesuchten Function macht. Bezeichnen v, u die Componenten der Geschwindigkeit, Φ, Ψ die der auf die Masseneinheit des Bogenelements ∂s wirkenden Kraft, beide in tangentieller und normaler Richtung zum Faden, so sind die Gleichungen:

$$\frac{\partial v}{\partial s} = u\frac{\partial \alpha}{\partial s}; \quad \frac{\partial u}{\partial s} + v\frac{\partial \alpha}{\partial s} = \frac{\partial \alpha}{\partial t};$$

$$\left(\Psi - \frac{\partial u}{\partial s} - v\frac{\partial \alpha}{\partial t}\right)\frac{\partial^2 \alpha}{\partial s^2} + \left(\Phi - \frac{\partial v}{\partial t} + u\frac{\partial \alpha}{\partial t}\right)\frac{\partial^2 \alpha}{\partial s^2}$$

$$- \frac{\partial}{\partial s}\left(\Psi - \frac{\partial u}{\partial t} - v\frac{\partial \alpha}{\partial s}\right)\frac{\partial \alpha}{\partial s} = 0,$$

wozu noch die äusseren Bedingungen kommen. Die Integration ist nicht gefunden; nur für 2 besondere Fälle liessen sich einige, hier nicht genannte Schlüsse machen. H.

H. Résal. Du mouvement relatif d'un point pesant sur une courbe comprise dans un plan vertical tournant d'un mouvement uniforme autour d'un point de ce plan. Darboux Bull. III. 29-32.

Der Verfasser behandelt das Problem zunächst für den Fall einer geraden Linie, dann für den Fall eines Kreises und endlich für den einer beliebigen Curve. Er gelangt dabei zu einer Gleichung, die nur für den erst behandelten Fall integrabel zu sein scheint. O.

H. Résal. Du mouvement d'un corps solide relié à un système matériel animé d'un mouvement relatif par rapport à ce corps. Ann. d. l'Éc. Norm. (2) I. 115-156.

Der Verfasser will den Einfluss untersuchen, den die Trägheit ausübt, die eine Folge der relativen Bewegung eines Systemes *s*, dessen Stützpunkte sich auf dem Körper *S* befinden, ist, auf die Bewegung des Körpers *S*. Nach Erwähnung der Sätze, auf die sich der Verfasser hauptsächlich stützt, behandelt er zunächst die Translationsbewegung des festen Körpers und wendet die aufgestellte Gleichung auf die Stabilität der Dampfmaschinen an. §II ist der Rotationsbewegung fester Körper um einen festen Punkt gewidmet. Die drei Componenten der absoluten Beschleunigung werden getrennt betrachtet, und dann die Anwendung auf die Bewegung eines Systemes fester Körper, die auf einander wirken, gemacht, wenn man die Erschütterungen der Molecüle berücksichtigt. In den §§ III und IV werden Fälle betrachtet, in denen das Gesetz der relativen Bewegung von *s* bekannt ist, während in § V der allgemeine Fall behandelt wird, wo die Elemente der relativen Bewegung von *s* selbst die Unbekannten des Problemes sind. Es folgen zwei Noten, von denen die erste die gewonnenen Resultate auf die Bewegung eines Eisenbahnzuges anwendet, während die zweite von dem Einflusse eines constanten Widerstandes auf die oscillirende Bewegung eines Körpers, die aus periodischen Quellen entspringt, handelt. O.

H. Résal. Équations générales du mouvement d'un corps solide rapporté à des axes mobiles. C. R. LXXIV. 10-12.

Der Verfasser hatte in einer früheren Arbeit (C. R. LXXIII.

1160. s. F. d. M. III. p. 465) die Bewegungsgleichungen des Punktes eines festen Körpers in Beziehung auf bewegliche Axen abgeleitet. Im vorliegenden giebt er eine einfache Herleitung, die sich auf folgenden Staz stützt: „Die Geschwindigkeit des Endes der Axe des Momentes der Bewegungsmenge stellt in Grösse und Richtung das Moment der Kräfte dar.“ O.

H. Résal. Étude géométrique sur le mouvement d'une sphère pesante glissant sur un plan horizontal. Nouv. Ann. (2) XI. 193-202.

Der Verfasser setzt voraus, dass die Kugel aus concentrischen homogenen Schichten besteht und vernachlässigt die Reibung des Rollens als zu gering gegen die des Gleitens. Er zeigt dann zunächst, dass die Componente der augenblicklichen Rotation um die Verticale constant ist, und betrachtet dann die Bewegung eines einzelnen Punktes der Kugel. Danach wird speciell die Bewegung des Berührungspunktes der Kugel mit der Ebene erörtert, ebenso die des Mittelpunkts der Kugel, wobei sich eine Anzahl von Sätzen ergeben, die theilweise schon von Coriolis und J. A. Euler (dem Sohne L. Euler's) aufgestellt worden sind.
O.

H. Résal. Méthode directe pour déterminer l'influence de la rotation de la Terre sur la chute des graves. Nouv. Ann. (2) XI. 348-351.

Der Verfasser bestimmt die Abweichung, die ein fallender Körper durch die Rotation der Erde erleidet. Er setzt dabei die Erde kugelförmig voraus und vernachlässigt die Fallhöhe gegen den Radius der Erde. Den Widerstand der Luft berücksichtigt er nicht. Die Ableitung selbst ist einfach und ohne besonderes Interesse. Der Verfasser gelangt zu einer bereits bekannten Formel. O.

V. Puiseux. De l'équilibre et du mouvement des corps pesants en ayant égard aux variations de direction et d'intensité de la pesanteur. Ann. de l'Éc. Norm. (2) I. 23-49.

Die Theorie des Gleichgewichtes und der Bewegung schwerer Körper wird in der Regel unter der Voraussetzung entwickelt, dass die Richtung und Intensität der Schwere unveränderlich sind. Dies ist nun aber streng genommen nicht richtig, da weder die Richtung der Schwere überall parallel ist, noch auch der Einfluss, den Sonne und Mond und die Bewegung der Erde ausüben, für jeden Punkt der Erde derselbe ist. Der Verfasser der vorliegenden Arbeit will nun die Theorie unter Berücksichtigung aller dieser Umstände entwickeln. Er betrachtet dabei die Erde als ein Rotationsellipsoid, das aus Schichten mit constanter Dichtigkeit zusammengesetzt ist. Bezeichnet man nun mit μ die Masse der Erde, mit u die Entfernung des Elementes $d\mu$ von einem äusseren Punkte M, mit f die Anziehung der Masseneinheit auf die Masseneinheit in der Entfernung s, so sind die Componenten der Anziehung auf den Punkt M die partiellen Derivirten des Integrals

$$T = \int \frac{f d\mu}{u}.$$

in Beziehung auf die Coordinaten von M.

Für die oben gemachte Voraussetzung ist dies T für alle Punkte auf demselben Parallelkreis dasselbe. Der Verfasser entwickelt nun zuvörderst die Componenten der Erdanziehung, und bestimmt dann die Componenten der Kräfte, die aus den Wirkungen von Sonne und Mond entstehen. Daraus ergeben sich dann die Componenten der in der That wirksamen Kraft:

$$\frac{d^2x}{dt^2} + 2\omega \sin\lambda \frac{dy}{dt} + \omega^2 \sin\lambda \cdot \alpha - \omega^2 \sin^2\lambda \cdot x - \omega \sin\lambda \cdot \cos\lambda \cdot z,$$

$$\frac{d^2y}{dt^2} - 2\omega \sin\lambda \frac{dx}{dt} - 2\omega \cos\lambda \frac{dz}{dt} - \omega^2 y,$$

$$\frac{d^2z}{dt^2} + 2\omega \cos\lambda \frac{dz}{dt} + 2\omega^2 \cos\lambda \cdot \alpha - \omega^2 \sin\lambda \cos\lambda \cdot x - \omega^2 \cos^2\lambda \cdot z,$$

wo ω die Rotationsgeschwindigkeit der Erde bezeichnet, λ den Winkel, den die, durch den Punkt O (nahe der Oberfläche) gelegte Coordinatenaxe Oz mit der durch den Mittelpunkt der Erde gehenden $C\zeta$ macht, α endlich das ξ des Punkts O ist. Nachdem der Verfasser sodann die Bewegungsgleichungen eines schweren Körpers aufgestellt hat, bestimmt er den Winkel, den ein Loth mit der durch den Aufhängepunkt gelegten Verticalen bildet. Beide liegen in dem Meridian des Aufhängepunkte. Der Winkel ist sehr klein, für Paris z. B. bei einer Länge von 100 m. 0,017 Secunden. Derselbe würde sonst ein Mittel geben, um durch eine Beobachtung an einem Orte die Abplattung der Erde zu bestimmen. Es wird sodann die Form eines schweren homogenen Fadens, der an einem Endpunkte aufgehängt ist, bestimmt. Der Verfasser kommt hier zu demselben Resultate, das auch Herr Bertram in der im zweiten Bande der F. d. M. p. 715 besprochenen Arbeit gefunden, dass nämlich der Faden die Form eines Parabelbogens (unabhängig von der Länge des Fadens) annehme, dessen Durchmesser parallel dem Meridian des Aufhängepunktes ist. Die convexe Seite des Bogens ist gegen den Aequator gerichtet, und der Parameter $\frac{4g}{E}$. Das Minimum desselben tritt bei 45° ein, während er im Pol und am Aequator unendlich wird, sodass der Bogen dann in eine Gerade übergeht. Bei der Betrachtung des Falles im leeren Raume gelangt der Verfasser zu den bereits bekannten Abweichungen. Den Schluss der Abhandlung bildet die Betrachtung der Bewegung eines festen Körpers um eine durch seinen Schwerpunkt gehende und mit der mittleren Verticalen dieses Punktes zusammenfallende Gerade.

O.

F. Tisserand. Sur les mouvements relatifs à la surface de la terre. C. R. LXXV. 1567-1570.

Der Verfasser transformirt die bekannten Gleichungen

$$A\frac{dp}{dt}+(C-B)qr=n[(A+B-C)c''q-(C+A-B)b''r],$$

$$B\frac{dq}{dt}+(A-C)rp=n[(B+C-A)a''r-(A+B-C)c''p],$$

$$C\frac{dr}{dt}+(B-A)pq=n[(C+A-B)b''p-(B+C-A)a''q],$$

in folgende Formen

$$A\frac{dP}{dt}+(C-B)QR=n^2(C-B)\beta''\gamma'',$$

$$B\frac{dQ}{dt}+(A-C)RP=n^2(A-C)\gamma''\alpha'',$$

$$C\frac{dR}{dt}+(B-A)PQ=n^2(B-A)\alpha''\beta''.$$

O.

R. Hoppe. Ueber den Einfluss der Rotation eines Schwungrades auf die Bewegung eines damit verbundenen Körpers. Schlömilch Z. XVII. 167-174.

Der Verfasser stellt sich die Aufgabe zu untersuchen, ob die Rotation eines Schwungrades der Axe eine Widerstandskraft gegen Ablenkung aus ihrer Richtung verleihe. Er betrachtet deshalb ein Schwungrad, dessen Axe in einem Gehäuse befestigt ist; beide werden als Rotationskörper für eine gemeinsame Axe und mit gemeinsamem Schwerpunkt betrachtet. Er erörtert zunächst den Fall, wo das Gehäuse anfänglich in Ruhe, das Schwungrad in gegebener Rotation begriffen ist, und geht dann über zu dem Fall, wo das Gehäuse um eine feste, aber ganz beliebige Axe rotirbar ist. Die Resultate, zu denen er gelangt, sind folgende: „1) Die Rotation des Schwungrades setzt einer aus der Ruhe beginnenden Ablenkung seiner Axe mittels eines Kräftepaares keinen Widerstand entgegen. 2) Sie strebt eine im Act begriffene Ablenkung in die transversale Richtung überzuführen. Sie macht die Lage der Axe nicht stabil, sondern übt nur auf das Potential der ablenkenden Kraft eine stabilisirende Wirkung in dem Sinne, dass sich dasselbe wenig ändert und periodisch auf seinen Anfangswerth zurückgeht." O.

G. M. Minchin and M. Collins. Solution of question 3093. Educ. Times XVI. 25-26 und 57.

Eine Kugel, welche gleichförmig um einen Durchmesser rotirt, wird horizontal fortgeschleudert in einer Ebene senkrecht zur Rotationsaxe. Zeige dass der Ort der momentanen Drehaxe ein parabolischer Cylinder ist. Hi.

W. STILLE. Versuche und Rechnungen zur Bestimmung der Bahn des Bumerangs. Pogg. Ann. CXLVII. 1-21.

Der Verfasser bespricht zunächst die Form dieses bekannten Instruments. Bei seinen Rechnungen setzt er voraus, dass dasselbe von 2 äquidistanten Parabelbogen begrenzt wird und dann windschief gemacht ist. Er bespricht zunächst den Einfluss, den der Luftwiderstand auf die Bewegung des Instrumentes hat. Den Ausgangspunkt dieses Theils der Untersuchung bildet die von Duhamel gegebene Formel, die der Verfasser für seinen Zweck auf die Form $dR = \varrho v^2 \sin^2\theta\, ds$ bringt, wo ds das Flächenelement, ϱ die Dichtigkeit des Fluidums, v die Geschwindigkeit des bewegten Körpers und θ der Winkel ist, den die Ebene, die vom Flüssigkeitsstrahl getroffen wird, mit der Bewegungsrichtung macht. Er berechnet sodann den Druck der Luft auf den Bumerang, indem er den Druck, der durch die Rotation desselben entsteht, für sich allein betrachtet. Nachdem der Verfasser ferner den Einfluss, den dieser Luftdruck auf die Bewegung des Instrumentes ausübt, discutirt hat, berechnet er die Bahn des Bumerangs für den Fall des sogenannten Horizontalwurfs. Er findet als Projectionsgleichungen in der xz-Ebene eine Gleichung von der Form:

$$z = Ax^2 - B\cos(\alpha - bx) + Cx + D,$$

und in der xy-Ebene

$$y = E\sin(\alpha - bx) - Fx + G.$$

Die Gleichungen werden in der vorliegenden Arbeit nur abgeleitet, jedoch keiner Discussion unterworfen. O.

E. ZETZSCHE. Aufsuchung der parallelen Drehaxen, für welche ein materielles Pendel die nämliche Schwingungszeit besitzt. Grunert Arch. LIV. 73-76.

Im Grunde dieselbe Arbeit, die bereits im 3ten Bande dieser Fortschritte p. 463 besprochen ist, nur in etwas anderer erweiterter

Ausführung. Die Resultate seiner Untersuchung spricht der Verfasser hier in folgenden beiden Sätzen aus: „Dasselbe materielle Pendel hat für alle zu den horizontalen Drehaxen D_0 oder D_1 parallele und in gleichem Abstande vom Schwerpunkte S, also für alle auf dem Mantel eines geraden Kreiscylinders, dessen Axe mit der Schweraxe D_0 zusammenfällt, liegende Drehaxen D_1 die nämliche Schwingungszeit.“ „Wenn das Pendel für 2 parallele Drehaxen D_1 und D_2, welche nicht auf derselben geraden Kreiscylinderfläche um eine durch den Schwerpunkt S des Pendels gelegte, zu D_1 und D_2 parallele Axe D_0 liegen, gleiche Schwingungszeit besitzt, so ist die Summe der Abstände λ_1 und λ_2 der Axen D_1 und D_2 vom Schwerpunkt S als Länge des dem materiellen Pendel entsprechenden einfachen Pendels zu nehmen.“

O.

E. Ronzoni. Théorie du pendule de Foucault. Mondes (2) XXVII. 422-424.

Herr J. A. Serret hat in der Sitzung vom 5. Februar 1872 eine Arbeit über die Theorie des Foucault'schen Pendels mitgetheilt. Der Bericht darüber in den Mondes hat den Verfasser vorliegender Notiz an eine eigne Arbeit über diesen Gegenstand aus dem Jahre 1853 erinnert. Bei Uebersendung derselben an Herrn Moigno theilt er demselben zugleich mit, worin sich seine Methode von der des Herrn Serret unterscheidet. Er hat nicht die Variation der Willkürlichen, sondern ein bewegliches Axensystem benutzt. Zugleich führt er in dieser Notiz einige seiner Resultate an, die mit denen des Herrn Serret übereinstimmen. Ableitungen sind in der Notiz nicht enthalten.

O.

Yvon Villarceau. Sur les régulateurs isochrones, dérivés du système de Watt. C. R. LXXIV. 1437-1445.

Nach einem kurzen Rückblick auf die bisherige Entwickelung der Regulatoren theilt Herr Villarceau dieselben in zwei Classen, nämlich diejenigen, die die bewegende Arbeit veränderlich machen, und die, welche die widerstehende Arbeit verändern. Nachdem er sodann erwähnt, dass er schon 1868 eine Abhandlung über die Theorie derselben fertig gestellt, geht er dazu über, zunächst das beiden Classen Gemeinsame zu erörtern und bespricht dann die Eigenthümlichkeiten der beiden Classen. Da diese Notiz keine mathematischen Entwickelungen enthält, verschiebt Referent ein eingehenderes Referat bis zur Veröffentlichung der Abhandlung des Verfassers selbst. O.

Yvon Villarceau. Sur le régulateur isochrone à ailette construit par M. Bréguet. C. R. LXXIV. 1481-1483.

Ein Bericht über die Verbesserungen und Versuche, die mit dem genannten Apparate seit seiner ersten Construction im Jahre 1870 vorgenommen sind. Derselbe ist nach theoretisch gewonnenen Principien und Maassen angefertigt worden. O.

H. Résal. Théorie du régulateur Larivière. Ann. d. Mines (7) II. 259-264.

Siehe F. d. M. III. p. 465. O.

Worms de Romilly. Mémoire sur divers systèmes de régulateurs à force centrifuge. Ann. d. Mines (7) I. 36-64.

Nachdem der Verfasser allgemein die Forderungen besprochen, die an einen Regulator gestellt werden müssen, leitet er für eine Anzahl bekannter Systeme die Gleichgewichtsgleichungen ab und untersucht, in wiefern die betreffenden Constructionen den aufgestellten Forderungen entsprechen. O.

J. H. Jellett. A treatise on the theory of friction. Dublin.

Der Gegenstand dieses bedeutenden Werkes ist die Entwickelung des Artunterschiedes zwischen der Reibungskraft und den bewegenden Kräften, welcher Unterschied in der Regel von den Bearbeitern der rationalen Mechanik vernachlässigt worden ist. Ausgehend von den gebräuchlichen Axiomen über die Reibungstheorie, die durch das Experiment festgestellt werden müssen, führt der Verfasser mit mathematischer Schärfe zu wichtigen physikalischen Folgerungen. So gelangt er von der Theorie des Widerstandskegels und von dem bekannten Princip aus, dass die Richtung der Reibungskraft wirkt auf ein bewegendes Theilchen, zu dem wichtigen Resultat, dass wenn ein ruhendes Theilchen sich zu bewegen beginnt, jene Reibung mit einem Male seine Richtung ändert, so dass die Richtungen der statischen und dynamischen Reibung nicht nothwendig dieselben sind. Unter der Voraussetzung, dass die Reibungskraft unbestimmt ist, behandelt der Verfasser einige sehr allgemeine Probleme über Gleichgewicht von Systemen, die durch die Reibung beeinflusst werden, und gelangt zu Ungleichungen als Bedingung des Gleichgewichts, statt der Gleichungen, welche sich ergeben würden, wenn alle Kräfte bestimmt wären. Dieses ist der Inhalt von Cap. III. Das allgemeine Problem lautet so: „Von einer Anzahl materieller Theilchen liegt ein jedes auf einer rauhen Oberfläche, alle sind untereinander durch bekannte Relationen verbunden und durch gegebene Kräfte beeinflusst; man soll untersuchen, ob eine gegebene Anzahl dieser Theilchen in der äussersten Gleichgewichtslage ist.“

In dem die Dynamik behandelnden Theile des Werkes ist der Unterschied zwischen Reibung und bewegenden Kräften aufrecht erhalten. Hier finden sich einzelne sehr elegante Formeln, die auf einen starren Körper anwendbar sind, wenn die Bewegung eine blosse Rotation ist, z. B. die Formel

$$\frac{d}{d\vartheta}(J\omega^2) = 2L,$$

wo $d\vartheta$ das Differential des Winkels, der von dem rotirenden Körper beschrieben wird, J das Trägheitsmoment um die Axe, ω die Rotationsgeschwindigkeit und L das statische Moment der um die Axe angebrachten Kräfte ist. Von dieser Formel werden verschiedene wichtige Anwendungen gegeben. Kapitel VI enthält eine elegante Discussion über „nothwendiges und mögliches Gleichgewicht“ und giebt Regeln zur Bestimmung der Fälle, wo Gleichgewicht nothwendig und wo es möglich ist. Zahlreiche Beispiele erläutern die allgemeinen Principien; mit ihrer Zusammenstellung schliesst das Werk. Csy. (M.)

M. de Tilly. Études sur le frottement. Première partie. Note relative au frottement de glissement sur les surfaces héliçoides réglées. Mém. de Belg. XXII. 1-32.

Der Verfasser verbessert verschiedene von Poncelet, Coriolis, Noble, Ferssen und Gerloff aufgestellte Formeln, die sich auf das Gleichgewicht einer Schraube und auf die Bewegung der Projectile in gezogenen Schusswaffen beziehen. Der Irrthum jener Geometer entspringt daher, dass sie stillschweigend oder ausdrücklich angenommen haben, dass die ganze Reaction der Schraubenmutter einzig aus einem normalen Druck und der Reibung besteht, während man ausserdem noch eine seitliche Reaction, die auf den vorigen senkrecht steht, in Rechnung ziehen muss. Insbesondere folgt aus der Analyse des Herrn Tilly, dass die gewöhnlichen Formeln zur Berechnung des Drucks in der Whitworth-Kanone ungenau sind.

Man macht in den auf obigen Gegenstand bezüglichen Rechnungen gewöhnlich noch verschiedene andere Hypothesen, die nicht immer zulässig sind. So ist es nicht erlaubt, den auf die ganze Breite des Schraubengangs vertheilten Druck als in einem Punkte concentrirt anzunehmen, ausser wenn jene Breite im Verhältniss zum innern Durchmesser der Spindel sehr gering ist. Jene Concentration des Drucks in einem Punkte ist zulässig: 1) wenn der Druck gleichförmig längs der Schraubenlinie vertheilt und im Innern der Mutter eine ganze Zahl von Umdrehungen ist, 2) wenn statt einer Schraubenlinie mehrere neben einander liegen, die auf jedem Querschnitt symmetrisch vertheilt sind.

Die Arbeit von Tilly schliesst mit einer sehr präcisen Unterscheidung über die verschiedene Art des Contactes.

Mn. (Wn.)

W. Hogg. Solution of question 3396. Educ. Times XVI. 41-42.

Eine Stange von gleichförmigem Querschnitt ruht innerhalb eines Kreises, dessen Ebene vertical ist. Finde die Lage, in der die Reibung grade Gleichgewicht bedingt. Hi.

R. Townsend. On a construction in rigid dynamics. Quart. J. XII. 138-145.

Giebt eine Construction für die Darstellung der Grösse und Richtung der impulsiven Wirkung eines starren Körpers, der sich frei im Raume bewegt, gegen ein festes Hinderniss, an welches ein Punkt seiner Masse, vorher in Bewegung, plötzlich unbeweglich angeheftet wird. Cly. (O.)

De St. Venant. Sur un complément à donner à une des équations présentées par M. Lévy pour les mouvements plastiques qui sont symmétriques autour d'un même axe. C. R. LXXIV. 1083-1087.

Unter den Gleichungen für die innere Bewegung plastischer Körper [cf. F. d. M. II. 723, III. 473] gilt für den Fall der Symmetrie um eine Axe die Gleichung:

$$4T^2+(N_r-N_z)^2 = 4K^2.$$

Diese ist nicht in allen Fällen richtig, sondern nur dann, wenn der grösste und kleinste Normaldruck, beide in der Meridianebene des betrachteten Punktes liegen. Ist dies nicht der Fall, so lautet diese Gleichung: $2K$ ist gleich demjenigen von den folgenden drei Ausdrücken

$$2\sqrt{T^2+\left(\frac{N_r-N_z}{2}\right)^2},$$

$$N_w-\frac{N_r+N_z}{2}-\sqrt{T^2+\left(\frac{N_r-N_z}{2}\right)^2},$$

$$N_w-\frac{N_r+N_z}{2}+\sqrt{T^2+\left(\frac{N_r-N_z}{2}\right)^2},$$

welcher den grössten absoluten Werth hat; unter N_w ist der Druck auf die Flächeneinheit der Meridianebene des betrachteten Punktes zu verstehen. Es wird dies daraus bewiesen, dass die drei Hauptdruckkräfte die Wurzeln einer Gleichung dritten Grades sind, und dass die grösste tangentiale Druckcomponente oder, was dasselbe ist, die halbe Differenz der grössten und kleinsten Normalcomponente gleich dem specifischen Coefficienten K des plastischen Widerstandes sein muss. Wn.

J. BOUSSINESQ. Lois géométriques de la distribution des pressions dans un solide homogène et ductile soumis à des déformations planes. C. R. LXXIV. 242-246.

J. BOUSSINESQ. Sur l'intégration de l'équation aux dérivées partielles des cylindres isostatiques produits dans un solide homogène et ductile. C. R. LXXIV. 318-321, 450-454.

J. BOUSSINESQ. Sur une manière simple de déterminer expérimentalement la résistance au glissement maximum dans un solide ductile homogène et isotrope. C. R. LXXV. 254-257.

Die allgemeinen Gleichungen für die Vertheilung des Drucks und für die Bewegung plastischer Körper sind von St. Venant und Lévy früher aufgestellt (F. d. M. II. 722, III. 472). In der vorliegenden Arbeit wird nun für den Fall, dass alle Bewegung einer festen Ebene parallel ist, die Lösung des Problems bedeutend weiter geführt. Die normale und tangentiale Druckcomponente auf ein beliebiges Linienelement sind auf bekannte Weise abhängig von den auf zwei rechtwinklige Linienelemente, parallel x und y, ausgeübten Druckkräften. Unter allen durch einen Punkt gehenden Linienelementen giebt es zwei, für welche die tangentiale Componente verschwindet. Der Verfasser denkt sich nun in der festen Ebene zwei Systeme von Curven, im Raume also zwei Systeme von Cylindern [isostatische Cylinder genannt] von der Beschaffenheit, dass für jedes Curvenelement irgend einer Curve der beiden Systeme die tangentiale Componente verschwindet. Beide Systeme sind orthogonal. Sind ϱ und ϱ_1 ihre variablen Parameter und ist

$$h^2=\left(\frac{\partial\varrho}{\partial x}\right)^2+\left(\frac{\partial\varrho}{\partial y}\right)^2=p^2+q^2;\; h_1^2=\left(\frac{\partial\varrho_1}{\partial x}\right)^2+\left(\frac{\partial\varrho_1}{\partial y}\right)^2=p_1^2+q_1^2,$$

so sind die Bedingungsgleichungen des Gleichgewichts, auf das neue System ϱ, ϱ_1 bezogen, integrabel und geben, unter X und X_1 willkürliche Functionen verstanden, folgende Werthe für die normalen Druckcomponenten F, F_1 je eines Curvenelements:

$$F = K\left(2\log\frac{h_1}{X_1(\varrho_1)}+1\right),\quad F_1 = K\left(2\log\frac{h}{X(\varrho)}+1\right);$$

$$\frac{h}{X(\varrho)}\cdot\frac{h_1}{X_1(\varrho_1)} = 1;$$

darin ist K der specifische Widerstandscoefficient. Ersetzt man die Parameter ϱ, ϱ_1 durch zwei andere, so dass

$$d\varrho = X(\varrho)d\varrho',\quad d\varrho_1 = X_1(\varrho_1)d\varrho'_1,\quad \text{also}\quad \frac{h}{X(\varrho)} = h',\quad \frac{h_1}{X_1(\varrho_1)} = h'_1,$$

und lässt dann die Accente fort, so werden die Gleichungen:

$$F = K(1-\log h^2),\quad F-F_1 = 2K,\quad hh_1 = 1.$$

Die letzte Gleichung $hh_1 = 1$ bedeutet, dass die Flächenelemente, die von je vier Bogenelementen ϱ, ϱ_1 begrenzt werden, in der ganzen Ebene gleichen Inhalt haben; und dies ist die Bedingung der Möglichkeit, dass ein System von orthogonalen Cylindern isostatisch ist. Diese Bedingung geht durch Transformation über in:

$$\frac{\partial}{\partial x}\left(\frac{p}{p^2+q^2}\right)+\frac{\partial}{\partial y}\left(\frac{q}{p^2+q^2}\right)=0 \text{ oder } (p^2-q^2)(r-t)+4pqs=0,$$

wenn r, t, s die zweiten Differentialquotienten von ϱ sind. Durch Einführung einer neuen Function ϖ von der Beschaffenheit, dass

$$x = \frac{\partial\varpi}{\partial p},\quad y = \frac{\partial\varpi}{\partial q},$$

und durch die Substitution $p = h\cos\alpha$, $q = h\sin\alpha$ geht die letzte Gleichung über in folgende:

$$\frac{\partial^2\varpi}{\partial\alpha^2} = h^2\frac{\partial^2\varpi}{\partial h^2} - h\frac{\partial\varpi}{\partial h}.$$

Das allgemeine Integral dieser Gleichung ist eine unendliche Summe von Ausdrücken von der Form:

$$\left(Ae^{\alpha\sqrt{n^2-1}} + Be^{-\alpha\sqrt{n^2-1}}\right)(Ch^{1+n}+Dh^{1-n}).$$

Dieser Ausdruck wird unter Annahme einer speciellen Grenzbedingung etwas weiter behandelt.

In der folgenden Arbeit geht der Verfasser zu den Gleichungen für die Bewegung über, während vorher nur die Druckvertheilung im Gleichgewichtszustande betrachtet war. Er zeigt, dass die Bedingung der Incompressibilität darauf hinauskommt, dass für jeden Punkt die Geschwindigkeitscomponente, parallel der Normale des einen isostatischen Cylinders, gleich ist der partiellen Ableitung einer gewissen Function ψ nach der Normale des andern durch den Punkt gelegten Cylinders; d. h.

$$U = h_1 \frac{\partial \psi}{\partial \varrho_1}, \quad U_1 = -h \frac{\partial \psi}{\partial \varrho}.$$

Für ψ jedoch ergiebt sich die nicht integrable Gleichung:

$$\frac{\partial^2 \psi}{\partial \varrho_1^2} = h^4 \frac{\partial^2 \psi}{\partial \varrho^2}.$$

Der letzte Theil endlich enthält Vorschläge zu einer experimentellen Untersuchung der Frage, ob K wirklich eine Constante ist.

Wn.

DE SAINT-VENANT. Sur l'intensité des forces capables de déformer, avec continuité, des blocs ductiles, cylindriques, pleins ou évidés, et placés dans diverses circonstances. C. R. LXXIV. 1009-1017.

Der Verfasser stellt als Princip, von dem er bei der Bestimmung der Intensität ausgeht, auf, dass in jedem Punkte die grösste der Differenzen zwischen den normalen Druckkräften auf die verschiedenen Seiten gleich sei (für die Einheit der Oberfläche) $2K$, dem Doppelten des Coefficienten des plastischen Widerstandes. Davon ausgehend, erledigen sich die Fälle des rechtwinkligen Parallelepipedons, des Prisma und des vollen Cylinders mit beliebiger Basis ohne Schwierigkeit. Beim hohlen Cylinder ist die Berücksichtigung der Geschwindigkeiten in den verschiedenen Theilen des Körpers nöthig. Es gelingt dem Verfasser aber auch hier, mit Hülfe der früher gewonnenen Resultate, das Problem zu lösen.

O.

E. COMBESCURE. Sur un procédé d'intégration, par approximations successives, d'une certaine équation de la plasticodynamique. C. R. LXXIV. 1041-1044.

Betrifft die näherungsweise Integration gewisser simultaner partieller Differentialgleichungen, zu denen de Saint-Venant in einer Arbeit über Plasticodynamik gelangt ist (siehe F. d. M. II. p. 722, III. 471). Die Integration wird durch Entwickelung in Reihen bewirkt, für welche die Convergenzbedingungen wohl sehr schwierig festzustellen sein dürften. Mr.

B. Hydrodynamik.

C. A. BJERKNESS. Mouvement simultané de corps sphériques variables dans un fluide. Darboux Bull. III 198.

Siehe F. d. M. III. p. 479-481. O.

J. COCKLE. On the motion of fluids. Quart. J. XII. 19-34.

Schluss der Arbeiten in Band X. p. 311 und XI. 156; siehe F. d. M. II. p. 729, III. p. 473. Cly. (O.)

SLOUDSKY. Sur les mouvements libres d'un fluide incompressible. Mém. d. l. Soc. Phil. de Moscou 1872.

Eine (nicht in einem Gefässe eingeschlossene) Flüssigkeit kann durch Bewegungen erregt werden, bei denen der Druck für alle Theilchen beständig Null ist. Der Verfasser giebt diesen Bewegungen den Namen „freie Bewegungen" und leitet die Bedingungen ab, denen die Kräfte und Anfangsgeschwindigkeiten unterworfen sein müssen, damit solche Bewegungen stattfinden. Unter Anderem beweist er, dass, wenn die Flüssigkeit nur einer anziehenden Kraft unterworfen ist, deren Richtung beständig durch einen festen Punkt geht, und deren Grösse der Entfernung von diesem Punkte proportional ist, eine solche Bewegung nicht eintreten kann. Z. (O.)

CANON MOSELEY. On the steady flow of a liquid. Phil. Mag. 1872.

Unter gleichförmigem Strom der Flüssigkeit wird in dieser Arbeit derjenige Zustand der Bewegung verstanden, den sie erlangen würde in einem Canal von gleichförmigem Durchschnitt, dessen innere Fläche durchweg dieselbe Reibung bietet, dessen Richtung gerade und dessen Gestalt constant bleibt. Die bei der Untersuchung benutzte Fundamentalgleichung lautet:

$$U = U_1 + U_2 + U_3 + U_4.$$

U ist die Arbeit, die in der Zeiteinheit auf die Flüssigkeit ausgeübt wird, welche durch den Druck derselben in dem Reservoir in die Röhre eintritt. U_1 ist gleich der Arbeit, welche in der Zeiteinheit durch die Flüssigkeit fortgeführt wird, welche vom Ende der Röhre herfliesst. U_2 ist gleich der Arbeit, die aufgewendet wird für die verschiedenen Widerstände, welche sich dem Eintritt der Flüssigkeit aus dem Reservoir in den Canal entgegensetzen. U_3 ist die Arbeit, welche erfordert wird um die Reibung in der Röhre zu überwinden. U_4 ist die innere Arbeit des Widerstandes der Schichten der Flüssigkeit in Bezug auf das Fliessen jeder einzelnen Schicht über die Oberfläche der nächst folgenden. Man durchschneide die Flüssigkeit durch eine zur Strömung senkrechte Ebene und nehme den Punkt als Anfangspunkt rechtwinkliger Coordinaten, wo dasjenige Flüssigkeitstheilchen (oder Fädchen) ist, das mit der grössten Geschwindigkeit hindurchgeht; die z-Axe sei horizontal. x, y seien die Coordinaten eines Punktes, wo irgend ein anderes Flüssigkeitsfädchen die Ebene durchschneidet, und v seine Geschwindigkeit. Dann ist, wie bewiesen wird, die Fundamentalgleichung äquivalent der folgenden:

$$w\left(\frac{h}{y} + l \sin i\right)\iint v\,dx\,dy = \frac{w}{2g}\iint v^3\,dx\,dy + U_3$$
$$- \iint \mu l \left\{\left(\frac{dv}{dy}\right) + \left(\frac{dv}{dx}\right)\right\} dx\,dy.$$

Differentiiren wir zweimal und beachten, dass

$$\frac{d^2 U_3}{dx\,dy} = 0$$

ist, so erhalten wir:

$$\left(\frac{dv}{dy}\right) + \left(\frac{dv}{dx}\right) = \frac{w v^3}{2\mu g l} - \frac{w}{\mu l}\left(\frac{h}{y} + l \sin i\right) v,$$

und

$$\frac{w}{2\mu g l} = \alpha^2, \quad \frac{w}{\mu l}\left(\frac{h}{y} + l \sin i\right) v = \beta^2.$$

Die Lösung dieser Gleichung ist:

$$v^2 = \frac{\left(\frac{\beta}{\alpha}\right)^2}{1 - \left\{1 - \left(\frac{\beta}{\alpha v_0}\right)^2\right\} e^{2\beta^2 \{x + \varphi(y-x) - \varphi(0)\}}}.$$

Schliesslich werden die unter den gemachten Voraussetzungen theoretisch gewonnenen Resultate mit den experimentellen Ergebnissen verglichen. Csy. (M.)

de St.-Venant. Rapport sur un mémoire de M. Kleitz, intitulé: Études sur les forces moléculaires dans les liquides en mouvement, et application à l'hydrodynamique. R. C. LXXIV. 426-438.

Navier und Poisson hatten schon früher für die regelmässigen Bewegungen von Flüssigkeiten mit Rücksicht auf die innere Reibung folgende Formeln abgeleitet, welche die Abhängigkeit der auf drei rechtwinklige Flächenelemente ausgeübten normalen und tangentialen Druckkräfte von den 3 Geschwindigkeitscomponenten u, v, w darstellen:

$$p_{xx} = p - 2\varepsilon\frac{\partial u}{\partial x}, \quad p_{yy} = p - 2\varepsilon\frac{\partial v}{\partial y}, \quad p_{zz} = p - 2\varepsilon\frac{\partial w}{\partial z},$$

$$p_{yz} = -\varepsilon\left(\frac{\partial v}{\partial z} + \frac{\partial w}{\partial y}\right), \quad p_{zx} = -\varepsilon\left(\frac{\partial w}{\partial x} + \frac{\partial u}{\partial z}\right),$$

$$p_{xy} = -\varepsilon\left(\frac{\partial u}{\partial y} + \frac{\partial v}{\partial x}\right),$$

$$p = \tfrac{1}{3}(p_{xx} + p_{yy} + p_{zz}), \quad \text{da} \quad \frac{\partial u}{\partial x} + \frac{\partial v}{\partial y} + \frac{\partial w}{\partial z} = 0.$$

Hierzu kommen noch drei Gleichungen zwischen den inneren Druckkräften und den äussern Kräften, ähnlich den elastischen Gleichungen. In der obigen Formel bezeichnet p_{xx} die x-Componente des Drucks auf ein Flächenelement, das zur x-Axe senkrecht ist, etc. Während aber Navier ε für die ganze Flüssigkeitsmasse als constant annahm, ist nach St.-Venant ε bei nicht regelmässiger Bewegung der Flüssigkeit nur für jeden Punkt constant, ändert sich aber von Punkt zu Punkt. Der Beweis der Richtigkeit obiger Formeln für jede in Bewegung befindliche Flüssigkeitsmasse bildet den ersten Theil der Arbeit von Kleitz, über welche hier ein Bericht von St.-Venant vorliegt. Durch Discussion obiger Formeln leitet der Verfasser sodann ab, dass die von einigen Autoren für die Reibung gemachte Annahme $f = \varepsilon_m\left(-\frac{du}{dn}\right)^m$, wo n die Normale der reibenden Fläche, ε_m eine Constante bedeutet, oder die Annahme, dass f aus einer Summe ähnlich gebildeter Ausdrücke bestehe, mit den obigen Formeln unvereinbar ist. Es folgen einige geometrische Sätze über die Vertheilung des Drucks um einen Punkt herum, z. B. dass die Ebene, für welche die tangentiale Componente ein Maximum ist, den Winkel zwischen den beiden Ebenen halbirt, auf welche der grösste und kleinste Normaldruck ausgeübt wird, etc. Die Formeln werden dann auf den Fall der gleichförmigen Bewegung angewandt, wo die Schwerpunkte aller Flüssigkeitselemente sich geradlinig, parallel und mit constanter (aber von Punkt zu Punkt variabler) Geschwindigkeit bewegen. Ueber diese Bewegung werden einige Sätze aufgestellt, und es wird zur Vereinfachung der Rechnung ein krummliniges orthogonales Coordinatensystem eingeführt, die Curven gleicher Geschwindigkeit, die Curven, auf denen die Reibung gleich Null ist, endlich die Richtung der parallelen Wasserfäden. In dem vorliegenden Auszuge ist über den Gang der Rechnung nichts mitgetheilt; wir übergehen daher die einzelnen Sätze. Bei der nicht gleichförmigen Bewegung wird ähnlich verfahren. Da jedoch die Wasserfäden hier nicht parallel sind, werden als Coordinaten eingeführt die Tangente an einen solchen Faden und zwei beliebige, auf einander senkrechte Normalen des Fadens. Zum Schluss wird die permanente Bewegung, d. h. die, bei der ein bestimmter Punkt des Raumes immer in demselben Bewegungszustande ist, behandelt. Aus der allgemeinen Theorie werden für diesen Fall Näherungsformeln abgeleitet, die sich von den gebräuchlichen durch Hinzufügung zweier neuen Glieder unterscheiden.

Die Arbeit des Herrn Kleitz enthält ausserdem Speculationen über die Bestimmung von ε, die Herr St.-Venant nicht für richtig hält (cf. das folgende Referat). Wn.

de St.-Venant. Sur l'hydrodynamique des cours d'eau. C. R. LXXIV. 570-577, 649-657, 693-701, 770-774.

Der Verfasser giebt eine historisch-kritische Uebersicht über die Formeln, betreffend die Druckvertheilung in einer bewegten Flüssigkeit, falls man die Reibung mit berücksichtigt (siehe das vorhergehende Referat). Für die regelmässigen Bewegungen sind jene von Navier aufgestellten Formeln durch die Erfahrung bestätigt; für nicht regelmässige Bewegungen gelten sie ebenfalls, nur dass dann ε für jeden Punkt zwar constant, aber von Punkt zu Punkt variabel ist. Der Verfasser bespricht nun die Versuche von Kleitz und Lévy, den Werth von ε theoretisch zu bestimmen. Die Versuche beruhen wesentlich auf der Annahme, dass Navier bei der Entwickelung obiger Gleichungen die Annäherung nicht weit genug getrieben hat. Der eine der beiden eben genannten Autoren berücksichtigt bei seiner Entwickelung höhere Potenzen der relativen Geschwindigkeiten, der andere die höheren Ableitungen der absoluten Geschwindigkeiten. Beide Methoden hält Herr St.-Venant für ungeeignet, die Aufgabe zu lösen, theils wegen Bedenken gegen die Ableitung, theils weil die schliesslichen Formeln experimentell nicht bestätigt werden. Nach St.-Venant's Ansicht muss man folgendermaassen verfahren: Für regelmässige Bewegungen ist ε in der ganzen Flüssigkeit als constant anzusehen. Jede Störung der Regelmässigkeit aber, z. B. jeder Wirbel, ändert den Werth von ε. Man suche daher, welche Umstände die Bildung derartiger Wirbel bewirken können. Hier ist namentlich die Beschaffenheit der Wand des Canals zu nennen. Ueber den Einfluss solcher Störungen auf den Werth von ε muss man dann gewisse Annahmen machen, deren Rechtfertigung die Vergleichung des Resultats mit der Beobachtung liefern muss. Diesen Weg, den Boussinesq in einer im vorigen

Jahresbericht erwähnten Arbeit (F. d. M. III. p. 487) eingeschlagen, hält St.-Venant für den allein zum Ziele führenden.

Wn.

E. Phillips. Sur l'écoulement d'un liquide sortant d'un réservoir à niveau constant par un grand orifice en mince paroi. C. R. LXXV. 1733-1735.

Beim Ausfluss des Wassers durch eine grössere Oeffnung in Form eines Rechtecks, von dem zwei Seiten horizontal sind, oder genauer, wenn der contrahirte Querschnitt ein solches Rechteck bildet, erhält man bei Berechnung der Ausflussmenge fast genau dasselbe Resultat, mag man nun auf die Verschiedenheit der Geschwindigkeit der einzelnen Wasserfäden Rücksicht nehmen, oder mag man die grosse Oeffnung ebenso behandeln wie eine sehr kleine Oeffnung, falls man nur als gemeinsame Geschwindigkeit die desjenigen Wasserfadens nimmt, der durch den Schwerpunkt geht. Dieser Satz, der für ein Rechteck und eine kreisförmige Oeffnung bekannt ist, wird hier für eine Oeffnung von beliebiger Form bewiesen, wenn nur jene Oeffnung durch eine horizontale, in ihrer Ebene liegende Linie symmetrisch getheilt wird.

Wn.

Th. d'Estocquois. Note sur le mouvement de l'eau dans les déversoirs. C. R. LXXIV. 1247-1249.

Unter der Annahme, dass ein Geschwindigkeitspotential φ existirt, und dass dasselbe nur von zwei Dimensionen abhängt, findet bekanntlich die Gleichung statt:

$$\frac{\partial^2\varphi}{\partial x^2}+\frac{\partial^2\varphi}{\partial y^2}=0.$$

Eine der möglichen Lösungen derselben ist

$$\varphi = B(y^2-x^2).$$

Die Flüssigkeitsfäden werden dann gleichseitige Hyperbeln [$xy=$ const.]. Der Verfasser wendet diese Formeln auf eine Schleuse an, bei der eine schwere Flüssigkeit zuerst auf einer horizontalen, dann auf einer geneigten Ebene fliesst und von letzterer frei herabfällt [y ist dabei vertical, x in der Richtung der Bewegung des Wassers gerechnet], und bestimmt dann experimentell die in den obigen Gleichungen auftretenden Constanten und die Lage des Anfangspunktes. Wn.

A. Steen. Om tunge Vadskers Udströmning af Sideaabninger. Zeuthen Tidsskr. (3) II. 145.

Der Verfasser stellt eine sehr einfache Näherungsformel auf, um die Ausflussgeschwindigkeit einer Flüssigkeit durch eine seitliche Oeffnung zu bestimmen. Hn. (Wn.)

J. Boussinesq. De l'influence des forces centrifuges sur l'écoulement de l'eau. C. R. LXXIV. 1026-1030. Inst. XL. 1955.

J. Boussinesq. Essai sur la théorie des eaux courantes. C. R. LXXV. 1011-1015.

Da im nächsten Jahresberichte ein ausführliches Referat des Herrn St.-Venant über die Arbeiten, von denen hier nur kurze Auszüge vorliegen, zu besprechen sein wird, so verschieben wir unser Referat bis dahin. Wn.

J. Boussinesq. Théorie des ondes et des remous qui se propagent le long d'un canal rectangulaire horizontal, en communiquant au liquide contenu dans ce canal des vitesses sensiblement pareilles de la surface au fond. Liouville J. (2) XVII. 55-109.

Ueber einen Theil der vorliegenden Arbeit ist bereits im vorigen Jahresbericht (F. d. M. III. p. 486-487) nach einem in den Comptes rendus enthaltenen Auszuge berichtet. Wir knüpfen an jenen Bericht, in dem die zu Grunde gelegten Voraussetzungen und die Methode der Entwickelung angegeben sind, an, indem wir nur bemerken, dass es dort p. 486 in der letzten Zeile heissen muss: auf einer Verticalen $y =$ const., während x der horizontalen Länge des Kanals parallel ist. Bezeichnet H die constante Kanaltiefe, h die (sehr kleine) Erhebung der Welle über dem ursprünglichen Niveau, g die Constante der Schwerkraft, so führt jene Methode in erster Annäherung auf die Differentialgleichung:

$$\frac{\partial^2 h}{\partial t^2} = gH \frac{\partial^2 h}{\partial x^2},$$

während die weitere Annäherung ergiebt:

$$(1) \quad \frac{\partial^2 h}{\partial t^2} = gH \frac{\partial^2 h}{\partial x^2} + gH \frac{\partial^2}{\partial x^2}\left(\frac{3h^2}{2H} + \frac{H^2}{3}\frac{\partial^2 h}{\partial x^2}\right).$$

Hierzu kommt für die Fortpflanzungsgeschwindigkeit w die Gleichung:

$$(2) \quad \frac{\partial h}{\partial t} + \frac{\partial (hw)}{\partial x} = 0.$$

Letztere Gleichung drückt aus, dass jedes Element der Welle beim Fortschreiten dasselbe Volumen behält. Aus diesen Gleichungen wird nun mit Vernachlässigung aller Glieder, die die vorliegende Näherung übersteigen, folgende Relation abgeleitet:

$$(3) \quad h(w - \sqrt{gH}) - \frac{\sqrt{gH}}{2}\left(\frac{3h^2}{2H} + \frac{H^2}{3}\frac{\partial^2 h}{\partial x^2}\right) = \chi(x + t\sqrt{gH}),$$

wo χ eine willkürliche Function bezeichnet. Nimmt man nun in Bezug auf den Anfangszustand an, dass für $t = 0$ h und seine Ableitung nach x verschwinden für alle positiven x, so ist für alle Theilchen, die dem vorderen Ende der fortschreitenden Wellenerhebung nahe sind, $\chi = 0$, und aus der Gleichung (3) folgt für die Fortpflanzungsgeschwindigkeit eines Elements der Welle:

$$(3a) \quad w^2 = g\left(H + \frac{3h}{2} + \frac{H^2}{3h}\frac{\partial^2 h}{\partial x^2}\right),$$

so dass die Fortpflanzungsgeschwindigkeit auch von der Krümmung der freien Oberfläche abhängt. Es folgen nun noch einige Umformungen der Gleichung (2) für h, ferner die Formeln, durch welche bei der hier durchgeführten Näherung die Geschwindigkeiten und der Druck bestimmt werden.

Der folgende Abschnitt behandelt die Bewegung des Schwerpunkts der ganzen Welle. Das Quadrat der Fortpflanzungsgeschwindigkeit dieses Punktes ist $= g(H + 3\eta)$, wo η die Höhe des Schwerpunktes über dem ursprünglichen Niveau ist; η ist constant, so dass der Schwerpunkt sich auf einer geraden Linie bewegt. -- Von besonderem Interesse ist diejenige Welle, bei der alle Theilchen sich mit gleicher Geschwindigkeit fortpflanzen (so dass w constant ist), und die bei ihrer Fortpflanzung nahezu dieselbe Form behält (onde solitaire). Die freie Oberfläche dieser Welle wird bestimmt durch die Gleichung

$$h = \frac{4h_1}{2 + e^{\sqrt{\frac{3h_1}{H^3}}(x-wt)} + e^{-\sqrt{\frac{3h_1}{H^3}}(x-wt)}},$$

wenn $w^2 = g(H+h_1)$ der constante Werth von w ist. Der Schwerpunkt dieser Welle liegt in $\frac{1}{3}$ ihrer Höhe.

Moment der Instabilität nennt ferner der Verfasser folgendes Integral:

$$M = \int_{x_0}^{\infty}\left[\left(\frac{\partial h}{\partial x}\right)^2 - \frac{3h^3}{H^3}\right]dx.$$

Dasselbe ist ein Minimum für die onde solitaire. Für irgend eine andere Welle kann der Ueberschuss des wirklichen Werthes von M über den Minimalwerth betrachtet werden als Maass der Abweichung der Gestalt dieser Welle von der onde solitaire, sowie auch als Maass für die Deformation, welche die Welle bei ihrer Fortpflanzung erleidet. Weitere Discussionen und Erläuterungen der obigen Formeln bilden den Schluss der Arbeit.

Wn.

de Pambour. Sur la théorie des roues hydrauliques: théorie de la roue à réaction. C R LXXIV. 445-449, 607-610. LXXV. 131-134, 1757-1761.

Die Arbeit enthält eine detaillirte Berechnung des Nutzeffectes der Reactionsräder. Der Verfasser verfährt dabei so, dass er die einzelnen auf das Rad wirkenden Kräfte in Rechnung zieht, den directen Stoss des Wassers, die Centrifugalkraft des Rades, die der Schaufeln, endlich die Reactionskraft, die durch die Geschwindigkeit hervorgebracht wird, welche das Wasser beim Austritt aus den von den Schaufeln gebildeten Kanälen besitzt. Da, wie die Erfahrung zeigt, das Reactionsrad sehr bald eine gleichförmige Bewegung annimmt, so müssen die wirkenden Kräfte den durch Reibung und Widerstand hervorgebrachten verzögernden Kräften in jedem Augenblick das Gleichgewicht halten. Aus der so aufgestellten Gleichung ergiebt sich unmittelbar der Nutzeffect. Besonders erläutert wird bei der Ableitung die Centrifugalkraft des Rades und der Uebergang von der absoluten Geschwindigkeit des wirkenden Wassers zu seiner relativen Geschwindigkeit in Bezug auf das Rad. Im dritten Theile seiner Arbeit wendet der Verfasser seine Formel zu einer numerischen Rechnung an, deren Vergleichung mit den Beobachtungen zwar im Einzelnen grössere, im Mittel aber nur Abweichungen von 1 Procent giebt. Im letzten Abschnitt wendet sich der Verfasser gegen die bisher übliche Methode, den wirklichen Nutzeffect aus dem theoretischen durch Coefficienten, die der Beobachtung entnommen sind, zu ermitteln, ohne die einzelnen auf das Rad wirkenden Kräfte in Rechnung zu ziehen. Wn.

J. K. Abbott. Notes on the theory of the tides. Phil. Mag. 1872. Quart. J. XII. 7-16.

Die Arbeit enthält einen elementar-geometrischen Beweis für einige Erscheinungen der Meeresströmungen. Csy. (M.)

M. A. Challis. On the mathematical theory of atmospheric tides. Phil. Mag. 1872.

Der Verfasser leitet die Lösung des Problems der Luftströmungen aus den allgemeinen Gleichungen der Hydrodynamik her. Der Einfachheit wegen werden folgende Voraussetzungen gemacht. 1) Die innere Grenze der Atmosphäre ist eine Kugel, deren Radius gleich dem mittleren Radius der Erde ist; 2) der anziehende Körper ist der Mond, welcher sich ostwärts um die Erde in der Ebene des Aequators, in seinem mittleren Abstande und mit seiner mittleren Winkelgeschwindigkeit bewegt; 3) die Erde ist in Ruhe versetzt, während die relative Winkelgeschwindigkeit der Erde und des Mondes μ ist. Nun sei $udx+vdy+wdz$ ein vollständiges Differential $d\varphi$. Die Centrifugalkraft wird vernachlässigt. Ebenso wird der Einfluss der Temperaturveränderung vernachlässigt, so dass die Relation $p=a^2\varrho$ zwischen dem Druck p und der Dichtigkeit ϱ als in allen Punkten gültig angenommen wird.

Nach diesen Voraussetzungen wird die Untersuchung auf folgende bekannten Differentialgleichungen basirt:

$$\frac{d^2\varphi}{a^2\,dt^2} = \frac{d^2\varphi}{dx^2} + \frac{d^2\varphi}{dy^2} + \frac{d^2\varphi}{dz^2},$$

$$-\frac{a^2(d\varrho)}{\varrho} = x\,dx + y\,dy + z\,dz - d\left(\frac{d\varphi}{dt}\right).$$

Csy. (M.)

C. M. Guldberg. Theorien for Vandets og Luftens Strömninger paa Jordens Overflade. Polyt. Tidsskr. 1872. 1-9.

Der Verfasser giebt eine Uebersicht über Arbeiten von Colding (s. F. d. M. III. p. 488); sodann eigene Untersuchungen. Er beschäftigt sich mit dem Golfstrome und mit der Bewegung der Luft bei Orkanen. Für das letzte Phänomen wird eine Formel aufgestellt.

L.

W. M. Rankine. Sur les roulis des navires. Mondes (2) XXVII. 611-613.

Auszug aus einer Mittheilung, die Herr Rankine dem Meeting der Naval Architects zu London im März 1872 gemacht hat.

Herr Froude hat in den Transactions de l'Institut des navals architects 1861 einen Ausdruck gegeben für die Neigung eines auf bewegtem Meer rollenden Schiffes gegen den Horizont. Diese Formel heisst:

$$\theta_s = \theta_m \frac{T_m^2}{T_m^2 - T_s^2} + A \sin 2\pi \frac{(t+a)}{T_s},$$

wo T_m die Dauer der Oscillation der Welle, T_s die Dauer einer vollständigen Oscillation des Schiffes, das im ruhigen Wasser rollt, t die Zeit gerechnet von dem Augenblick, wo sich das Schiff auf der Spitze des Berges oder in der Tiefe des Thales einer Welle befindet, θ_m die Neigung der Welle zur Zeit t, θ_s endlich die Neigung des Schiffes gegen den Horizont zur selben Zeit bedeutet, A und a ferner Constanten sind. Herr Rankine hat nun nach dem vorliegenden Auszug des Herrn Leclert aus jener Mittheilung den Fall betrachtet, wo ein Schiff, das anfänglich unbeweglich ist, den Stoss einer Welle zur Zeit t empfängt.

Es finden sich indess hier nur kurze Notizen über die gewonnenen Resultate. O.

Külp. Das Verhältniss der Wassermengen bei sinkendem und constantem Niveau. Grunert Arch. LIV. 207-208.

Der Verfasser bemerkt, dass die theoretische Zeitdauer, in der ein und dieselbe Wassermenge bei constantem und sinkendem Niveau entfliesst, beim Experiment sich nicht gleich ergebe. Er lässt daher das Behältniss sich nicht völlig entleeren, sondern sucht das Verhältniss der Wassermengen in ein und derselben Zeit bei constantem und sinkendem Niveau. Dabei findet er

$$\frac{M_v}{M_i} = \tfrac{1}{2}\left[1+\sqrt{\frac{h_1}{h}}\right].$$

O.

J. Hervert. Ueber transversal schwingende Flammen. Pogg. Ann. CXLVII. 590-604.

Der Verfasser betrachtet eine unendlich dünne Flamme (leuchtende Linie), welche aus aufeinander folgenden glühenden Kohlentheilchen besteht. Er nimmt 1) an, dass ein Kohlentheilchen an der Bewegung der umgebenden Luft (die als einfach periodisch vorausgesetzt wird), mit der ganzen Geschwindigkeit theilnimmt, 2) dass die Beschleunigung des glühenden Theilchens proportional ist der Differenz der Luftgeschwindigkeit und seiner eignen Geschwindigkeit. Für beide Fälle ergeben sich einfache Differentialgleichungen erster Ordnung, deren Integration unmittelbar ersichtlich ist. Wn.

Capitel 5.

Potentialtheorie.

Th. Kötteritzsch. Beitrag zur Potentialtheorie. Schlömilch Z. XVII. 232-244, 257-313.

Der Verfasser bespricht in § 1 die allgemeinste Form, welche die Lösung der Differentialgleichung $\Delta V = 0$ unter den bekannten in der Potentialtheorie auftretenden Grenz- und Stetigkeitsbedingungen besitzt, und stellt als solche das Potential

$$\int \frac{f\,dw}{r}$$

einer mit Masse belegten Oberfläche hin, indem er sich dabei auf einen in seinem „Lehrbuch der Electrostatik" bewiesenen Satz stützt, wonach das Potential eines mit Masse erfüllten Raumes immer reducirt werden könne auf das einer mit Masse belegten ungeschlossenen Fläche. Hiergegen ist nun, ganz abgesehen von den bedenklichen Seiten in dem Beweise des gedachten Satzes, zu bemerken, dass es einerseits Functionen giebt, welche alle characteristischen Eigenschaften eines Potentials besitzen und doch eine solche Reduction nicht zulassen (vergl. Christoffel: Zur Theorie der einwerthigen Potentiale, Borchardt J. LXIV.), und dass es andererseits auch homogene Körper, z. B. den Ringkörper, giebt, für welche dasselbe gilt. In § 2 wird nach Besprechung der bekannten allgemeinen Eigenschaften der Niveauflächen die Einführung krummliniger Coordinaten behandelt. Der Verfasser wählt hierzu die Schaar der Niveauflächen und die beiden Flächenschaaren, welche einander und die erstgenannte unter rechten Winkeln schneiden, obwohl dies nicht immer zulässig ist. Zwar giebt Herr Kötteritzsch einen Beweis dafür, dass zu einer Niveauflächenschaar immer zwei orthogonale Flächenschaaren existiren, indessen folgt die Unrichtigkeit dieses Beweises schon einfach daraus, dass derselbe ohne Weiteres auch auf eine ganz beliebige Flächenschaar anwendbar sein würde. Deshalb sind vor der Hand die weiteren Entwickelungen nur für solche Potentiale gültig, deren Niveauflächen Theile eines Systems von Orthogonalflächen sein können.

Bezeichnen nun α, β, γ die krummlinigen Coordinaten eines Punktes und entsprechen der Gleichung $\alpha = \text{const.}$ die Punkte einer Niveaufläche, so erhält man für die reciproke Entfernung $1:R$ zweier Punkte die Relation

$$\frac{1}{R} = F(\alpha_a, \beta_a, \gamma_a, \alpha, \beta, \gamma) = F\left(\frac{\alpha_a}{\alpha} z, \beta_a, \gamma_a, z, \beta, \gamma\right),$$

wo z einen von der Summe der wirkenden Massen abhängigen

Factor bedeutet. Unter der Voraussetzung, dass für $r = \infty$ $\lim rV$ einen von Null verschiedenen Werth besitze, ist, wenn die Fläche α_a die Fläche α umschliesst, $\alpha_a : \alpha < 1$, und man kann sich dann die Aufgabe stellen, die Grösse $1 : R$ nach Potenzen von $\frac{\alpha_a}{\alpha}$ zu entwickeln. Mit der Lösung dieser Aufgabe beschäftigt sich der Haupttheil der vorliegenden Arbeit (§ 3—6). In Betreff der verschiedenen hierbei in Anwendung kommenden Methoden und Sätze muss auf die Abhandlung selbst verwiesen werden, da dieselben eine auszugsweise Darstellung nicht zulassen. Es mag hier nur erwähnt werden, dass die betreffenden Entwicklungscoefficienten eine ganze Reihe von Eigenschaften gemeinsam haben, zu denen sich in der Theorie der Kreis- und Kugelfunctionen die Analoga finden. Den Schluss der Arbeit bildet eine Anwendung der entwickelten Sätze auf das Potential einer gleichförmig mit Masse belegten geradlinigen Strecke. Die Niveauflächen sind in diesem Falle confocale Rotationsellipsoide.

B.

H. de la Goupillière. Sur la transformation du potentiel par rayons vecteurs réciproques. Mondes (2) XXVII. 71-73.

Ueber diese Arbeit ist nach einem Abdruck in den C. R. LXXIII. 1438-1440 bereits im 3ten Bd. d. F. d. M. p. 496 referirt worden.

O.

J. Todhunter. Note relating to the attraction of spheroids. Proc. of Lond. XX. 507-517.

In einer Abhandlung über die Attraction der Sphäroide, welche in der Connaissance des tems für das Jahr 1829 veröffentlicht ist, zeigte Poisson, dass gewisse wichtige Formeln richtig seien bis auf die dritte Ordnung incl. der kleinen Normalgrösse. Der Zweck der vorliegenden Arbeit ist, die Richtigkeit der Formel für alle Ordnungen der kleinen Grösse nachzuweisen. Die Resultate sind in zwei Sätzen enthalten, in einem aus der elementaren Algebra und einem aus der Theorie der Laplace'schen Functionen. 1) Setzt man

$$\frac{1}{(h+3)r^{h+1}}\{(r+z')^{h+3}-r^{h+3}\}+\frac{r^h}{h-2}\{(r+z')^{-h+2}-r^{-h+2}\}=f(z)$$

und entwickelt nach steigenden Potenzen von z', so ist der Coefficient einer jeden Potenz von z' gleich dem Product von $2n+1$ in eine rationale Function von h^2+h. 2) Ist ξ' eine Laplace'sche Function der gebräuchlichen Variabeln μ' und ψ', und ξ dieselbe Function von μ und ψ, und setzt man $r<\xi'$ voraus, so ist

$$\Sigma\int_0^{4\pi} f(\xi')P'_n d\omega'$$

eine Function von ξ und seinen Differentialquotienten, welche ξ^2 als Factor enthält, also mit ξ verschwindet. Cly. (M.)

R. Townsend. On the attraction of the ellipsoid for the law of the inverse fourth power of the distance. Quart. J. XII. 66-69.

Der Verfasser bemerkt, dass, seines Wissens, die besonderen Vortheile, welche das Problem der Anziehung des Ellipsoids bei einer Anziehung nach der umgekehrten vierten Potenz der Entfernung für seine Lösung darbietet, noch wenig beachtet sind. Die geometrischen Eigenschaften, von denen die Hauptresultate abhängen, sind leicht und elementar, und die Formeln, durch welche sie ausgedrückt werden (verschieden von denen für den wichtigeren Fall des umgekehrten Quadrates der Entfernung), sind meist einfache algebraische Functionen einiger darin enthaltenen Grössen. Die Resultate schliessen die folgenden ein: Ein festes homogenes Ellipsoid — Kraft umgekehrt wie die vierte Potenz der Entfernung —:

1) Für einen innern Punkt.

a) Die Anziehung ist normal zu dem coaxialen Ellipsoid durch den Punkt, ähnlich der Oberfläche, welche die Masse begrenzt.

2) Für einen äussern Punkt.

a) Die Anziehung ist normal zu dem coaxialen Ellipsoid, confocal mit der Oberfläche, welche die Masse begrenzt.

b) Für verschiedene innere Punkte variirt die Anziehung umgekehrt wie die Senkrechte von dem Punkt auf die Polarebene in Beziehung auf die Oberfläche, welche die Masse begrenzt.

c) Die inneren Oberflächen des Gleichgewichtes sind coaxiale Ellipsoide, ähnlich der Oberfläche, die die Masse begrenzt.

b) Für verschiedene äussere Punkte auf demselben confocalen Ellipsoid variirt die Anziehung direct wie die Senkrechte vom Mittelpunkt auf die Tangentialebene zu dem Mittelpunkte.

c) Die äusseren Oberflächen des Gleichgewichtes sind coaxiale Ellipsoide, confocal mit der Oberfläche, die die Masse begrenzt.

Cly. (O.)

E. Beltrami. Intorno ad una trasformazione di Dirichlet. Battaglini G. X. 49-52.

Der Verfasser giebt einfachere Ableitungen einer Formel, die bei der Herleitung allgemeiner Ausdrücke für die Potentialfunction eines Ellipsoids von Herrn R. del Grosso in Battaglini G. VIII. p. 100 (siehe F. d. M. II p. 757) benutzt worden ist.

O.

G. S. Carr. Solution of question 3541. Educ. Times XVII. 17-18.

Ein biegsamer Draht von constanter Dicke, dessen Theile Anziehungskräfte proportional dem umgekehrten Quadrat der Entfernung ausüben, ist in der Form der Catacaustica einer Parabel für Strahlen senkrecht der Axe gebogen; A_1, A_2, A_3 sind die Anziehungskräfte auf ein Theilchen im Brennpunkt, für die ganze Curve, für die Schleife und für den Theil der Curve, welcher die grösste Anziehung nach dem Scheitel hervorbringt. Beweise, 1) dass $A_1 : A_2 : A_3 = 8 : 6\sqrt{3} : 19$ und 2) dass der Bogen der Curve, welcher vom Scheitel nach beiden Seiten bis zu einer Winkelentfernung von $23^0 44' 2''$ sich erstreckt, dieselbe Anziehung auf den Brennpunkt ausübt wie die ganze Curve. Hi.

Elfter Abschnitt.

Mathematische Physik.

Capitel 1.

Molecularphysik, Elasticität und Capillarität.

W. C. WITTWER. Antikritik. Schlömilch Z. XVII. Litz. 98-99.

Bezieht sich auf die Bd. III. d. F. d. M. p. 500 besprochene Arbeit des Verfassers. Wn.

H. SCHRAMM. Allgemeine Bewegung der Materie als Grundursache aller Naturerscheinungen. 1. Abth. Wien. Braumüller.

Eine Recension des Herrn Kötteritzsch, der die Ansichten des Verfassers als ganz verfehlt bezeichnet, findet sich Schlömilch Z. XVII. Litz. 99-101. Wn.

HANDL. Ueber die Constitution der Flüssigkeiten. Wien. Ber. LXV. 377-389.

Die Ansicht des Verfassers über die Constitution der Flüssigkeiten schliesst sich an die bekannte, am deutlichsten durch Clausius ausgesprochene an, dass die Moleküle der Flüssigkeiten sich vermöge ihrer Molekularbewegung beständig nebeneinander vorbeidrängen. Doch glaubt Herr Handl, dass dabei ihre mittlere Geschwindigkeit so gross ist, dass jedes Molekül, das sich mit dieser mittleren Geschwindigkeit bewegt, im Stande ist, sich aus der Wirkungssphäre seines Nachbarmoleküls loszureissen; die

Flüssigkeit hält nur durch den Druck des darüberstehenden Dampfes zusammen. Jedes Theilchen, das sich im Flüssigkeitsniveau mit seiner mittleren Geschwindigkeit senkrecht zum Niveau bewegt, reisst sich ebenfalls los (nicht wie Clausius meint, blos wenn eine besonders günstige Combination der progressiven, drehenden und schwingenden Bewegungen des Nachbarmoleküls eintritt). Bn.

E. Betti. Teoria della elasticità. Il Nuovo Cimento (2) VII. VIII. 5-21, 69-97, 158-180, 357-368.

Referent behält sich den Bericht bis zum vollendeten Erscheinen der Arbeit vor. Jg. (O.)

G. Curioni. Sulla resistenza trasversale dei solidi elastici. Atti di Torino VII. 597-614.

Nach Aufstellung der allgemeinen Formeln für die Werthe der transversalen Festigkeit an den verschiedenen Punkten gerader Schnitte elastischer Körper, die der Wirkung beliebiger äusserer Kräfte unterworfen sind, bespricht der Verfasser den Punkt des Null-Widerstandes, die Linien gleichen Widerstandes, und den Punkt, in dem sich das Maximum des transversalen Widerstandes findet, und giebt einfache analytische Ausdrücke dafür. Jg. (O.)

H. Résal. Équation du mouvement vibratoire d'une lame circulaire. C. R. LXXIV. 171-172, Ann. d. Mines (7) II. 226-232.

Herr Résal stellt die Bewegungsgleichungen für die Schwingungen einer elastischen Lamelle mit kreisförmiger Mittellinie auf, für den Fall, dass alle Punkte der Lamelle parallel der Ebene der Mittellinie, also theils radial (in der Richtung der Radien derselben), theils tangential (senkrecht auf dem Radius, aber in der Ebene der Mittellinie) schwingen. Herr Résal leitet aus diesen Bewegungsgleichungen das Resultat ab, dass weder die longitudinalen, noch die transversalen Schwingungen für sich allein bestehen können und findet particuläre Integrale derselben.

Wenn man den Radius der Mittellinie unendlich gross setzt, gehen Résal's Bewegungsgleichungen über in die bekannte Differentialgleichung 2ter Ordnung für die longitudinalen Schwingungen und in die 4ter Ordnung für die transversalen Schwingungen gerader elastischer Stäbe. Bn.

J. Carvallo. Deux mémoires de mécanique rationelle. C. R. LXXIV. 172-173.

J. Carvallo. Nouveau mémoire de mécanique rationelle. C. R. LXXIV. 439.

Das 1te Memoire enthält zwei neue Beweise des Satzes, dass die elastischen Kräfte, welche zwischen 2 Trennungsflächen eines Körpers wirksam sind, sich immer so vertheilen, dass die Summe der Momente der Elementarvolumina der Deformationen ein Minimum ist, das 2te die Anwendung dieses Satzes auf einen Tisch, der auf beliebig vielen Füssen ruht, das 3te einen Beweis, dass die elastischen Kräfte im Innern eines Körpers sich immer so vertheilen, dass die Variation der von allen im Innern wirksamen Kräfte geleisteten Arbeit gleich Null ist. Bn.

J. Stefan. Schwingungen eines Systems von Punkten. Wien. Ber. LXVI. 159.

Es sei ein homogener elastischer Körper in Schwingungen begriffen. Zur Zeit t seien ξ^1, ξ^2, ξ^3 die Verschiebungen in den Richtungen der Coordinatenaxen desjenigen Punktes, der ursprünglich die Coordinaten x^1, x^2, x^3 hatte. Die Grössen ξ^1, ξ^2, ξ^3 müssen dann gewissen partiellen Differentialgleichungen (den Bewegungsgleichungen des Körpers) genügen, welche als particuläre Integrale für ξ^1, ξ^2, ξ^3 Ausdrücke von der Form $f\cdot\frac{\cos}{\sin}(pt)$ liefern. Hierbei ist p eine durch die Beschaffenheit und Gestalt des Körpers bestimmte Constante, f eine Function von x^1, x^2, x^3, welche bis auf einen constanten Factor ebenfalls durch Beschaffenheit und Gestalt des Körpers und durch den Werth von p bestimmt ist. Jede Bewegung, bei der jede der Grössen ξ^1, ξ^2, ξ^3

durch einen einzigen Ausdruck von der Form

$$f(a\cos pt + b\sin pt)$$

bestimmt ist, heisst eine einfache Schwingung. Für jeden Körper sind unendlich viele Werthe des p möglich, denen auch verschiedene Functionen f zugehören; jeder Körper ist also im Stande, unendlich viele einfache Schwingungen zu machen: Die Bewegung, welche er im Allgemeinen macht, ist die Uebereinanderlagerung aller jener einfachen Schwingungen, so dass also ξ^i im allgemeinen gleich

$$\sum_{k=1}^{k=\infty} f_k^i (a_k^i \cos p_k t + b_k^i \sin p_k t)$$

ist, wobei die Constanten a, b nicht allein durch die Beschaffenheit, sondern erst durch den Anfangszustand des Körpers bestimmt sind. i kann jeden der Werthe 1, 2, 3 haben. Clebsch wies nach, dass, sobald k und l verschiedene ganze Zahlen sind, der Ausdruck

$$(f_k^1 f_l^1 + f_k^2 f_l^2 + f_k^3 f_l^3)\, dx^1\, dx^2\, dx^3,$$

über den ganzen Körper integrirt, verschwindet. Daraus folgt erstens, dass die lebendige Kraft des ganzen Körpers in jedem Momente gleich der Summe der lebendigen Kräfte ist, die dem Körper in Folge jeder einfachen Schwingung zukommen würde. Denn die erstere lebendige Kraft findet man, indem man

$$\frac{\varrho}{2} \sum_{i=1}^{i=3} \left[\sum_{k=1}^{k=\infty} f_k^i p_k (- a_k^i \sin p_k t + b_k^i \cos p_k t) \right]^2 dx^1\, dx^2\, dx^3,$$

die Summe der letzteren, indem man

$$\frac{\varrho}{2} \sum_{k=1}^{k=\infty} \sum_{i=1}^{i=3} \left[f_k^i p_k (- a_k^i \sin p_k t + b_k^i \cos p_k t) \right]^2 dx^1\, dx^2\, dx^3$$

über den ganzen Körper integrirt; beide Grössen sind aber in Folge des Clebsch'schen Satzes gleich. Zweitens liefert der Clebsch'sche Satz ein Mittel zur Bestimmung der Constanten a und b aus dem Anfangszustande des Körpers.

Die erstere Consequenz wurde von St.-Venant (C. R. LX.) an mehreren speciellen Fällen bewahrheitet und von Lippich (Wien. Ber. LIV.) etwas erweitert. In dem speciellen Falle jedoch, dass der elastische Körper eine gespannte Saite ist, wurde der Clebsch'sche Satz schon von Lagrange in dessen bekannten

Abhandlungen in den Miscell. taur. in sehr eigenthümlicher Weise bewiesen. Lagrange betrachtet die Saite zuerst als einen Inbegriff discreter materieller Punkte und lässt dann erst die Zahl dieser Punkte sehr gross werden. In diesem speciellen Falle ist der Clebsch'sche Satz identisch mit der bekannten Gleichung

$$\int_0^{2\pi} {\cos \atop \sin} kx {\cos \atop \sin} lx\, dx = 0,$$

welche zur Bestimmung der Coefficienten der Fourier'schen Reihe dient. Stefan weist nun nach, dass der Clebsch'sche Satz auch in seiner vollen Allgemeinheit nach der Methode Lagrange's bewiesen werden kann. Er betrachtet zu diesem Zwecke ein System beliebig vieler, beliebig angeordneter discreter materieller Punkte. Wie Lagrange nimmt er an, dass die Verschiebungen derselben sehr klein sind, so dass die auf jeden Punkt wirkende Kraft eine lineare Function der Verschiebungen aller Punkte ist. Unmittelbar aus den Bewegungsgleichungen der Punkte lässt sich dann der Clebsch'sche Satz ableiten. Nimmt man die Punkte dicht gedrängt, so geht das Stefan'sche Punktsystem in einen elastischen Körper über; der Clebsch'sche Satz ist also auch für den letzteren erwiesen und er hat noch eine Verallgemeinerung in so fern erfahren, als auch ein System beliebig vieler elastischer Körper mit constanter oder variabler Dichte, in denen beliebige Punkte (oder Flächen) fest oder von ihren Verschiebungen proportionalen Kräften afficirt sein können, als Grenze eines Stefan'schen Punktsystems aufgefasst werden kann. Endlich bemerkt Stefan noch, dass die Gültigkeit des Clebsch'schen Satzes nur durch die Form der betreffenden Differentialgleichungen bedingt ist, und dass daher analoge Sätze (und daher eine analoge Methode der Coefficientenbestimmung) auch bei den Integralen allgemeinerer Differentialgleichungen gelten müssen. Eine sehr allgemeine Form von Differentialgleichungen, bei denen dies stattfindet, stellt Stefan auf. Specielle Fälle davon sind die Bewegungsgleichungen von materiellen Punkten, auf die ausser den früher betrachteten Kräften noch ihrer Geschwindigkeit proportionale Widerstände wirken und die Differentialgleichungen für die Wärmeleitung.

Bn.

T. Hopkinson. On the imperfect elasticity of perfect elastic rods. Messenger (2) I. 129-131.

Das in vorliegender Arbeit betrachtete Problem ist das des Stosses zweier vollkommen elastischer Stäbe (d. h. derart beschaffener, dass keine Energie durch die Wirkung der Reibung verschwinden kann). Es wird bewiesen, dass wenn zwei Stäbe ohne Vibration zurückprallen, ihre Länge gleich sein müsse. Einige Schlüsse in dieser Arbeit sind unrichtig; sie werden im dritten Bande (1874) des Messenger berichtigt werden.

Glr. (O.)

T. Hopkinson. On the stresses produced in an elastic disc by rapid rotation. Messenger (2) II. 53-54.

Das betrachtete Problem ist das der Zersplitterung (technisch „bursting") eines Schleifsteines. Es wird gezeigt, dass der Stein mit einem radialen Bruch brechen wird, der auf der Innenseite beginnt; dass, je grösser das Loch in der Mitte des Steines, desto fester der Stein sein wird, und dass, wenn das Verhältniss des Radius des Steines zum Radius des Loches dasselbe ist, die zulässige Winkelgeschwindigkeit des Steines variirt umgekehrt wie die Quadratwurzel des Radius: also die Geschwindigkeit der Oberfläche variirt direct wie die Quadratwurzel des Radius.

Glr. (O.)

E. Phillips. Théorème sur le spiral réglant des chronomètres. C. R. LXXIV. 581-583.

Im Jahre 1871 (siehe C. R. LXXIII. 1131-1136; F. d. M. III. p. 508) hatte der Verfasser den Satz bewiesen, dass wenn die Form einer Spirale so beschaffen ist, dass, während der Bewegung kein Druck gegen die Axe des Balanciers ausgeübt wird, der Schwerpunkt der Spirale auf der Axe bleibt. In der vorliegenden Notiz beweist der Verfasser die Umkehrung des Satzes, dass, wenn bei einer Spirale der Schwerpunkt auf der

Axe bleibt, kein Druck ausgeübt wird. Der Beweis ist ohne Schwierigkeit. O.

LAVOINNE. Sur la résistance des parois planes des chaudières à vapeur. Ann. d. P. et Ch. (5) III. 276-303.

Das Problem der Biegung einer ebenen Platte unter Normaldruck ist ausführlich behandelt und Rücksicht genommen auf die Unterstützungen derselben.

Der Endzweck der ganzen Arbeit ist ein vorwiegend praktischer. Ok.

DECOMBLE. Résistance des matériaux. Ann. d. P. et Ch. (5) III. 174-203.

Von wesentlich technischem Interesse. Wn.

E. ROGER. Théorie des phénomènes capillaires. C. R. LXXIV. 1510-1513.

Der Verfasser führt als Coordinaten zur Bestimmung eines Punktes eine Schaar paralleler Ebenen, eine andere Schaar darauf senkrechter Ebenen, die sich in einer Geraden schneiden, und eine Schaar von Kugelflächen ein, deren gemeinsames Centrum in einem Punkte jener Geraden liegt. In diesen Coordinaten bestimmt er die Grössen eines Volumenelementes, eines Oberflächenelementes, etc. — Hierauf benutzt er dieselben, um die capillare Anziehung einer Wand gegen einen Flüssigkeitsmeniscus zu berechnen, wenn der Randwinkel zwischen beiden Null ist, wobei er jedoch voraussetzt, dass nur die Oberflächenelemente der Wand auf die Oberflächenelemente der Flüssigkeit einwirken, und gelangt, entgegen der gewöhnlichen Theorie, zu dem Resultate, dass für Capillarröhren von sehr kleinem kreisförmigen Querschnitte die Steighöhe rascher als im verkehrten Verhältniss des Durchmessers zunimmt. Bn.

Capitel 2.

Akustik und Optik.

G. Guéroult. Des relations entre les nombres de vibrations des sons musicaux et leurs intervalles. C. R. LXXIV. 1330-1332.

G. Guéroult. De quelques applications de la règle au calcul acoustique. C. R. LXXIV. 1403-1406.

Der Verfasser macht den Vorschlag, zur Messung des Tonintervalls nicht das Verhältniss der Schwingungszahlen, sondern den Logarithmus dieses Verhältnisses zu nehmen, so dass, wenn y die Schwingungszahl, x das Intervall von einem gegebenen Grundton an gerechnet, ist, $y=a^x$ wird. Der Verfasser zeigt die Vereinfachung, die dadurch z. B. bei Berechnung der Länge einer Saite entsteht, und beschreibt endlich einen passend eingetheilten Maassstab, der die nach obigem Princip auszuführenden Rechnungen erleichtern soll. Wn.

J. Bourget. Théorie mathématique du mouvement d'une corde dont une des extrémités possède un mouvement périodique donné. C. R. LXXV. 5-7.

Der im C. R. gegebene Auszug der überschriebenen Abhandlung erwähnt nur einige Resultate derselben in Beziehung zu den Experimenten von Melde und Gripon, mit denen er sich fast ausschliesslich beschäftigt. Die Saite behält ihre eigne Schwingung, deren Amplitude sich in hohem Grade steigert, wenn ihr Ton von dem gegebenen des Endes wenig differirt. Für den Fall vollkommenen Einklangs tritt in den Formeln eine Discontinuität ein. H.

E. Gripon. Vibration des cordes sous l'influence d'un diapason. C. R. LXXV. 201-204, 425-427.

Experimentelle Bestätigung der Arbeit von Bourget, über die F. d. M. II. p. 776 berichtet ist. Wn.

F. Braun. Ueber den Einfluss der Steifigkeit, Befestigung und Amplitude auf die Schwingungen von Saiten. Pogg. Ann. CXLVII. 64-92.

Nach einer historischen Uebersicht über die verschiedenen Bearbeitungen des Problems der schwingenden Saite, und nach einem Hinweis auf die Analogie der Saitenschwingungen mit elliptisch polarisirtem Licht reproducirt der Verfasser die Hauptresultate der Theorie aus Clebsch „Theorie der Elasticität fester Körper" (p. 253). Aus den Formeln werden einige Schlüsse gezogen, z. B. dass sich verschieden hohe Töne auf der gespannten steifen Saite mit verschiedener Geschwindigkeit fortpflanzen. Sodann wird die neue Annahme gemacht, dass die Fortpflanzungsgeschwindigkeit sich auch dem Quadrat der Amplitude proportional ändert. Die experimentelle Bestätigung der aus dieser Annahme gezogenen Schlüsse bildet den weitern Inhalt der Arbeit.

Wn.

J. Bourget. Théorie mathématique des expériences acoustiques de Kundt. C. R. LXXV. 1263-1265.

Aus dem vorliegenden Auszuge lässt sich über die mathematische Behandlung des Problems gar nichts ersehen, der Verfasser hat nur einige Sätze ohne Zusammenhang mitgetheilt.

Wn.

T. Hopkinson. The mathematical theory of Tartini's beats. Messenger (2) II. 24-27.

Wenn zwei musikalische Töne von verschiedener Höhe zusammen in genügender Stärke hervorgebracht werden, kann ein dritter und schwacher Ton beobachtet werden, der eine Anzahl von Schwingungen macht, gleich der Differenz der Schwingungszahlen der beiden bezeichneten Töne. Diese Erscheinung wurde zuerst von Lorge beobachtet im Jahre 1740 und später unabhängig von Tartini entdeckt. Erklärt wurde sie von Young und neuerdings in anderer Weise von Helmholtz. In vorliegender Arbeit wendet der Verfasser eine Methode an, welche wesentlich dieselbe ist, die von Herrn Earnshaw in einer Arbeit benutzt worden ist (in der Royal Society im Jahre 1860 mitgetheilt), um die Bewegungsgleichungen des zweiten Grades zu lösen und die von Helmholtz gegebene Erklärung zu erläutern. Glr. (O.)

de Saint-Venant. Sur les diverses manières de présenter la théorie des ondes lumineuses. Paris 1872. Darboux Bull. III. 195.

Herr St.-Venant giebt hier eine historisch-kritische Uebersicht über die verschiedenen Behandlungen der Undulationstheorie und über die den einzelnen Theorien zu Grunde gelegten Voraussetzungen. Für am meisten einwandsfrei hält er die Theorie von Boussinesq, über die im ersten Bande ausführlich berichtet ist. (Vergl. auch das folgende Referat). Wn.

J. Boussinesq. Sur les lois qui régissent, à une première approximation, les ondes lumineuses propagées dans un milieu homogène et transparent d'une contexture quelconque. Liouville J. (2) XVII. 167-176.

Die Arbeit knüpft an eine frühere Arbeit desselben Verfassers an, über die F. d. M. I. p. 362-367 berichtet ist. Für die Lichtschwingungen waren dort mit Berücksichtigung der Einwirkung der Körpertheilchen Gleichungen von folgender Form aufgestellt:

$$(1)\qquad \varrho\frac{d^2u}{dt^2}+\varrho_1\frac{d^2u_1}{dt^2}=(\lambda+\mu)\frac{d\theta}{dx}+\mu\Delta_2 u \quad \text{etc.},$$

wo u die Verschiebung eines Aethertheilchens, u_1 die eines Körpertheilchens bezeichnet, θ die räumliche Dilatation, ϱ die Dichtigkeit des Aethers, ϱ_1 die der ponderablen Theilchen, λ, μ die Elasticitätscoefficienten. In erster Annäherung setzt nun der Verfasser für u_1, v_1, w_1 lineare Functionen von u, v, w, also:

$$(2)\quad u_1=\alpha u+\xi_1 v+\varepsilon w,\ v_1=\beta v+\delta_1 w+\xi u,\ w_1=\gamma w+\varepsilon_1 u+\delta v.$$

Er transformirt diese Ausdrücke auf ein neues System orthogonaler

Coordinaten. Dann sind die Ausdrücke der neuen Coefficienten α', ξ'_1 etc. von derselben Form, wie die Coefficienten der Variabeln in der Gleichung eines Ellipsoids, wenn man dasselbe auf die Hauptaxen transformirt. Er nimmt ferner für die Lösungen der Gleichungen (1), bezogen auf das neue Coordinatensystem, die gewöhnliche Form an:

$$\frac{u}{m'} = \frac{v}{n'} = \frac{w}{p'} = J \cos \frac{2w}{\tau}\left(t - \frac{mx + ny + pz}{w} - \psi\right),$$

und setzt diese Ausdrücke in (1) und (2) ein, so ergeben sich drei Gleichungen für die Verhältnisse $\frac{m'}{p'}$, $\frac{n'}{p'}$ und für die Fortpflanzungsgeschwindigkeit w. Die weitere Discussion dieser Ausdrücke ergiebt, falls man von der Dispersion und der Drehung der Polarisationsebene abstrahirt, folgendes Resultat:

Die optische Constitution eines durchsichtigen Mediums ist geometrisch definirt durch ein gewisses Ellipsoid (Elasticitätsellipsoid) und eine Gerade von gegebener Länge und Richtung, die vom Mittelpunkt des Ellipsoids ausgeht. Das Medium kann parallel irgend einer Diametralebene des Ellipsoids zwei Systeme ebener Wellen mit nahezu transversalen Schwingungen fortpflanzen. Die Schwingungsrichtungen und die Fortpflanzungsgeschwindigkeiten erhält man auf folgende Weise: Man denke sich einen Beobachter so aufgestellt, dass seine Füsse im Mittelpunkt des Ellipsoids stehen, während der Körper längs der gegebenen Linie [Axe der Unsymmetrie] sich befindet. Der Beobachter stelle sich so, dass er vor sich zur Linken eine grosse Halbaxe a, zur Rechten eine kleine Halbaxe b von dem Schnitt des Ellipsoids mit der betrachteten Diametralebene sieht. Man ziehe dann zwischen beiden Halbaxen in demselben Schnitt zwei Halbmesser a_1, b_1 von der Beschaffenheit, dass

$$\frac{1}{a_1^2} + \frac{1}{b_1^2} = \frac{1}{a^2} + \frac{1}{b^2} \quad \text{und} \quad \frac{1}{a_1^2} \cdot \frac{1}{b_1^2} = \frac{1}{a^2} \cdot \frac{1}{b^2}(1 + \alpha^2)$$

ist, wo α die Projection der Axen der Unsymmetrie auf die Wellennormale ist. Jeder dieser so construirten Halbmesser giebt seiner Richtung nach die Richtung der dem einen der beiden ebenen Wellensysteme entsprechenden Schwingungen, seiner Grösse nach den reciproken Werth der Fortpflanzungsgeschwindigkeit desselben Systems an. Wn.

W. Sellmeier. Ueber die durch Aetherschwingungen erregten Mitschwingungen der Körpertheilchen und deren Rückwirkung auf die ersteren, besonders zur Erklärung der Dispersion und ihrer Anomalien.
Pogg. Ann. CXLV. 399-421, 520-549. CXLVII. 386-403, 525-555.

Gegen alle bisher aufgestellten Theorien der Reflexion und Brechung lassen sich wesentliche Einwände erheben. In Fresnel's Theorie wird die Dichtigkeit des Aethers in verschiedenen Körpern verschieden angenommen. Dann müsste aber ein doppelbrechender Körper in verschiedenen Richtungen verschiedene Dichtigkeit haben, was unmöglich ist, da Dichtigkeit ein räumlicher Begriff ist. Neumann's Theorie, die gleiche Dichtigkeit, aber verschiedene Elasticität des Aethers in verschiedenen Körpern voraussetzt, ist in Widerspruch mit den Folgerungen aus der Aberration, mit denen aus der Unabhängigkeit der Brechung und Interferenz des Lichtes von der Fortbewegung des Beobachtungsortes und mit denen aus dem Cauchy'schen Princip der Continuität der Aetherbewegung, Folgerungen, die durch Versuche bestätigt sind. Eine Vereinigung beider Ansichten, d. h. Ungleichheit der Elasticität und Dichtigkeit, ist mit den Intensitätsgesetzen des reflectirten Lichtes im Widerspruch. Der Verfasser der vorliegenden Arbeit lässt daher alle Modificationen, die der Aether innerhalb der ponderablen Körper erfahren soll, ganz fallen und substituirt an deren Stelle ein Mitschwingen der Körperatome mit den Aetheratomen und somit eine Rückwirkung der ersteren auf die Bewegung der letzteren. Begründet wird diese Annahme dadurch, dass durch eine Verschiebung der Aethertheilchen auch die Gleichgewichtslage der ponderablen Atome beeinflusst wird. Um ungereimte Folgerungen in Bezug auf die Aetherdichtigkeit abzuschneiden, ist die weitere Annahme nöthig, dass die Körpertheilchen in sehr viel kleineren Amplituden schwingen, als der Aether. Die mathematische Entwicklung der Theorie beginnt damit, dass auf bekannte Weise die Kraft, durch die ein Körpermolecül in seine augenblickliche Gleichgewichtslage zurückgeführt wird, berechnet wird. Alle Körper- und Aetheratome werden dabei als mit Masse begabte Punkte angesehen, zwischen je zwei von denen eine Kraft $= mm'f(r)$ wirkt. Die Function f kann verschiedene Werthe haben, je nachdem von der Wirkung zweier Körperatome oder eines Körper- und Aetheratoms die Rede ist. Die gewonnenen Ausdrücke werden speciell auf den Fall angewandt, dass ursprünglich nur ein Körpertheilchen aus seiner Ruhelage verschoben, alle andern unbewegt sind. Unter dieser Voraussetzung giebt es für jenes Theilchen drei senkrechte Schwingungsaxen, d. h. Linien von solcher Beschaffenheit, dass die einer dieser Linien parallele Kraftcomponente blos von der derselben Axe parallelen Verschiebungs-Componente abhängt und ihr proportional ist. Die drei für diesen Fall sich ergebenden Werthe der Schwingungsdauer nennt der Verfasser die dem Körpertheilchen eigenthümlichen Schwingungszeiten. Letztere sowohl, als die Richtung der Schwingungsaxen sind, wie weiter gezeigt wird, von den Verschiebungen der andern Körper- und Aethertheilchen, sowie von der dadurch bestimmten Lage des momentanen Gleichgewichtsortes jenes Körpertheilchens unabhängig. Lässt man nun die Coordinatenaxen mit den Schwingungsaxen zusammenfallen, so werden die Componenten der beschleunigenden Kräfte

$$X = -\frac{4\pi^2}{\delta^2}(\xi - \xi_0),$$

und ähnlich Y und Z. ξ bedeutet hier die Verschiebung des Körpertheilchens parallel x, ξ_0 die seines momentanen Gleichgewichtsortes, δ seine eigenthümliche Schwingungsdauer parallel x. Nun wird angenommen, der momentane Gleichgewichtsort vollführe eine periodische Bewegung von der Form:

$$(1) \quad \xi_0 = a_0 \sin 2\pi \frac{t+\alpha}{\tau},$$

so wird die Differentialgleichung der Bewegung

$$\frac{\partial^2 \xi}{\partial t^2} = -\frac{4\pi^2}{\delta^2}(\xi - \xi_0)$$

integrirt durch:

$$(2) \quad \xi = \frac{\tau^2}{\tau^2 - \delta^2} a_0 \sin 2\pi \frac{t+\alpha}{\tau} + b \sin 2\pi \frac{t+\beta}{\delta},$$

oder durch:

$$(3)\qquad \xi = -\pi\frac{t}{\delta}a_0\cos 2\pi\frac{t+\alpha}{\delta} + b\sin 2\pi\frac{t+\beta}{\delta},$$

je nachdem die eigenthümliche Schwingungsdauer δ des Theilchens mit der Schwingungsdauer τ des Gleichgewichtsortes zusammenfällt (dann gilt Gl. 3) oder nicht (in welchem Falle Gl. 2 gilt). In beiden Fällen ist die Schwingungsbewegung des Körpertheilchens in der Richtung x eine doppelte; das erste Glied ist unabhängig vom Anfangszustande; es stellt die wesentlichen Schwingungen dar. Das zweite Glied stellt Schwingungen dar, die nach Amplitude (b) und Phase (β) vom Anfangszustande abhängen, da b und β willkürliche Constante sind; dies sind die unwesentlichen Schwingungen.

Dass durch die Lichtschwingungen periodische Aenderungen des Gleichgewichtsortes eines Körpertheilchens von der Form (1) bewirkt werden, erörtert der Verfasser auf folgende Weise. Er nimmt an, dass wegen der grossen Spannung des Aethers die Lage der Aethertheilchen gegen einander durch ein Körpertheilchen nicht merklich geändert wird, und zeigt, dass dann die durch den Aether allein bewirkte Verschiebung des Gleichgewichtsortes mit der Aetherverschiebung gleich gerichtet und proportional ist. τ in der Gleichung (1) ist dann die Dauer der Aetherschwingung. Dass auch die Verschiebung der übrigen Körpertheilchen eine ähnliche Aenderung des Gleichgewichtsortes hervorbringt, scheint dem Referenten nicht genügend streng begründet. Bisher war a_0 als constant betrachtet. Im Folgenden wird diese Voraussetzung fallen gelassen und angenommen, dass die Schwingungsamplitude in einem linear polarisirten homogenen Lichtstrahl sich continuirlich ändert, und zwar langsam im Verhältniss zur Geschwindigkeit der Schwingungen. Auf diese Auffassung ist der Verfasser durch die bekannte Auffassung des natürlichen Lichtes als polarisirtes Licht mit continuirlich veränderter Schwingungsrichtung geführt. Damit ändert sich auch die Projection der Amplitude auf eine feste Richtung continuirlich. Da alle wesentlichen Schwingungen dieselbe Phase haben, wie die erregende Schwingung, so ändert sich in ihnen durch die neue Annahme nichts, während für die einzelnen unwesentlichen Schwingungen die Phase β verschieden ist. Durch Zusammensetzung der verschiedenen unwesentlichen Schwingungen ergiebt sich, dass die Amplitude der resultirenden Schwingung unendlich klein ist. Die unwesentlichen Schwingungen werden daher vernachlässigt, und die Gleichungen (2) und (3) werden nun:

$$(2a) \qquad \xi = \frac{\tau^2}{\tau^2 - \delta^2}\xi_0 = \frac{\tau^2}{\tau^2 - \delta^2} a_0 \sin 2\pi \frac{t}{\tau},$$

$$(3a) \qquad \xi = -a \cos 2\pi \frac{t}{\delta}, \text{ wo } \frac{da}{dt} = \frac{\pi}{\delta} a_0 \text{ ist.}$$

Die Gleichungen (2a) [zu der hingeschriebenen kommen noch zwei ähnliche für η und ζ hinzu], die für $\tau \gtrless \delta$ gelten, sagen aus, dass durch das Licht stets nur solche Schwingungen der Körpertheilchen erregt werden, die mit den Lichtschwingungen isochron sind. Diese Schwingungen der Körpertheilchen sieht der Verfasser als Ursache der Refraction an. Die durch die Gleichungen (3a) dargestellten Schwingungen der Körpertheilchen, die für $\tau = \delta$ gelten, und die gegen die Aetherschwingungen um $\frac{1}{4}\delta$ verzögert sind, werden als Ursache der Absorption angesehen. Besonders behandelt wird noch der Fall, wo τ nahe $= \delta$ ist. Dann findet eine Nebenabsorption statt. Der Verfasser sucht endlich seine Theorie der Vorstellung näher zu bringen durch Vergleichung mit einem Pendel, dessen Drehpunkt Schwingungen vollführt.

Im zweiten Theile untersucht nun der Verfasser den Einfluss der vorher behandelten Körperschwingungen auf die Fortpflanzungsgeschwindigkeit des Lichtes. Er leitet zunächst einen Ausdruck für das Brechungsvermögen auf folgende Weise ab. Ein Volumen V sei so klein, dass alle in demselben befindlichen Aethertheilchen in gleicher Phase schwingen, zugleich so gross, dass es eine grosse Anzahl von Körpertheilchen umfasst. Für den in V enthaltenen Aether wird die potentielle Energie zur Zeit seines Verschiebungs-Maximums, sowie seine actuelle Energie zur Zeit seiner Ankunft im Ruheorte berechnet, daraus die Energie, welche der in V befindliche Aether während seines Fallens nach dem Ruheorte an die Körpertheilchen verliert. Ebenso wird für jedes Körpertheilchen die Energie berechnet, welche dasselbe während seines Fallens nach dem Ruheorte von dem Aether empfängt, durch Summation dann die Energie für alle Körpertheilchen. Die beiden so berechneten Ausdrücke werden gleich gesetzt, woraus folgt:

$$n^2 - 1 = \frac{\Sigma m a a_0}{m' \cdot a'^2}.$$

Hier bedeutet n den Brechungsexponenten des betreffenden Körpers, m' die Masse des ganzen Aethers innerhalb V, a' die Amplitude der Aetherschwingung, m die Masse eines Körpertheilchens, a_0 die Amplitude für die Schwingung der Ruhelage, a die Amplitude des Körpertheilchens, also $a = \frac{\tau^2}{\tau^2 - \delta^2} a_0$. In der Summe kommt jedes Körpertheilchen dreimal vor, nämlich in Bezug auf seine drei Schwingungsaxen. Der Ableitung liegt die Vorstellung zu Grunde, dass die in V enthaltene mechanische Energie in V bleibe, und nur vom Aether auf die Körpertheilchen übertragen werde. Da dies jedenfalls für stehende Schwingungen richtig ist, diese aber in zwei nach entgegengesetzter Seite fortschreitende Wellenreihen zerlegt werden können, so nimmt der Verfasser es auch für diese als richtig an.

Es folgt nun die Ableitung der Ausdrücke für die Intensität des reflectirten und gebrochenen Lichtes. Die Grenzbedingungen sind dabei den Fresnel'schen ähnlich. Nur an Stelle der Gleichung der lebendigen Kraft tritt, da Elasticität und Dichtigkeit des Aethers als unveränderlich angenommen sind, das obige Princip: Die mechanische Energie in einem Volumen ist constant. Sind daher a', a'_1, a'_2 die Amplituden des einfallenden, des reflectirten und des gebrochenen Lichtstrahls, α der Einfalls-, α_2 der Brechungswinkel, n der Brechungsexponent des ersten, n_2 des zweiten Mediums, ferner:

$$\varepsilon = \frac{\Sigma m a (a - a_0)}{m' a'^2},$$

und hat ε'_2 dieselbe Bedeutung für das zweite Medium, so ist:

$$(a'^2 - a'^2_1) \operatorname{cotg} \alpha \left(1 + \frac{\varepsilon}{n^2}\right) = a'^2_2 \operatorname{cotg} \alpha_2 \left(1 + \frac{\varepsilon_2}{n_2^2}\right).$$

Die Vergleichung der gewonnenen Formeln mit der Erfahrung führt auf Widersprüche, daher wird die weitere Annahme gemacht, dass nur die potentielle Energie des Aethers und die daraus entstandene actuelle Energie in der Welle sich fortpflanze, dass dagegen die potentielle Energie, welche die Körpertheilchen in ihrem Verschiebungsmaximum haben, von der Fortpflanzung ausgeschlossen sei. Dann ist $\varepsilon = 0$ und $\varepsilon_2 = 0$, und die letzte Gleichung ist genau dieselbe, wie die, auf die bei Fresnel das Princip der lebendigen Kraft führt.

Der Schluss der Arbeit enthält Folgerungen aus der Formel für die brechende Kraft n^2-1. Ist zunächst δ klein gegen τ, so wird a durch a_0 ausgedrückt und der Ausdruck in eine Reihe entwickelt, die nach Potenzen von $\frac{1}{\tau^2}$ fortschreitet. Die durch graphische Darstellung der Reihe erhaltene Curve wird als Curve der brechenden Kraft der refractiven Theilchen bezeichnet; sie ist eine gerade Linie, wenn man nach dem zweiten Gliede abbricht. Für die absorptiven Theilchen dagegen, deren eigenthümliche Schwingungsdauer mit der eines homogenen Strahles zusammenfällt, ist jene Curve bei derselben Annäherung, falls nur absorptive Theilchen einer Art vorhanden sind, eine Hyperbel, welche zu Asymptoten hat 1) diejenige Ordinate, die der Abscisse $\frac{1}{\delta_1^2}$ (δ_1 die eigenthümliche Schwingungsdauer) entspricht, 2) diejenige gerade Linie, welche die brechende Kraft der refractiven Theilchen darstellt. Durch Discussion der Curve der brechenden Kraft werden dann noch einige Sätze über die Unregelmässigkeit der hier stattfindenden Dispersion abgeleitet und mit der Beobachtung verglichen. Wn.

O. E. Meyer. Versuch einer Erklärung der anomalen Farbenzerstreuung. Pogg. Ann. CXLV. 80-86.

Der Verfasser versucht die Erscheinung der anomalen Dispersion dadurch zu erklären, dass er zu der Differentialgleichung der ebenen Wellenbewegung:

$$\frac{d^2v}{dt^2} = \mu^2 \frac{d^2v}{dx^2}$$

auf der rechten Seite ein neues Glied hinzufügt, das entweder

$$1) = -\varkappa \frac{dv}{dt} \text{ oder } 2) = -\nu \frac{d^3v}{dt\,dx^2}$$

ist. Er begründet die Hinzufügung dieses Gliedes durch Annahme eines Widerstandes, den im ersten Falle die relativ unbeweglichen ponderablen Atome auf die Aethertheilchen ausüben, im zweiten Falle durch eine innere Reibung der schwingenden Aethertheilchen. Das Integral der neuen Differentialgleichung unterscheidet sich von dem der alten:

$$v = A\cos\alpha(\mu t - x) + B\sin\alpha(\mu t - x)$$

durch Hinzufügung eines Factors $e^{-\gamma x}$ auf der rechten Seite. Dieser Factor erklärt 1) die elliptische Polarisation, die fast immer mit der anomalen Dispersion verbunden ist; 2) folgen aus der Formel für v auf bekannte Weise Formeln für das Brechungsverhältniss, wonach dasselbe bei beiden Annahmen mit wachsender Wellenlänge zunimmt. Die numerischen Resultate dieser Formeln stimmen jedoch mit der Beobachtung nicht überein. Sodann würde aus beiden Annahmen folgen, dass Licht von kürzerer Wellenlänge stärker absorbirt wird, dass also alle Körper mit anomaler Dispersion in durchgehendem Lichte roth erscheinen müssten, was ebenfalls der Erfahrung widerspricht. Die aufgestellte Theorie ist somit nicht einwandsfrei. Wn.

J. J. Müller. Ueber die Fortpflanzung des Lichtes.
Pogg. Ann. CXLV. 86-132.

Die wesentlich experimentelle Arbeit sucht durch Beobachtungen über Verschiebung von Interferenzstreifen zu zeigen, dass die Fortpflanzungsgeschwindigkeit des Lichtes von der Helligkeit abhängt. Um dies Resultat auch theoretisch zu erklären, nimmt der Verfasser eine innere Reibung zwischen den Aethermolecülen an und fügt daher der gewöhnlichen Differentialgleichung für die Lichtschwingungen ein Glied von der Form $c\frac{\partial^3\xi}{\partial t\,\partial x^2}$ hinzu, wenn ξ die Verschiebung eines Theilchens bedeutet. (Vergl. auch das vorhergehende Referat). Durch Integration der veränderten Gleichung folgen dann folgende Sätze: 1) Die lebendige Kraft der gesammten fortgepflanzten Schwingungsbewegung nimmt ab, wenn die durchlaufene Strecke wächst. Das Princip der Erhaltung der lebendigen Kraft ist also für das Schwingungssystem nicht mehr gültig. 2) Sowohl die Fortpflanzungsgeschwindigkeit, als der Ausdruck für die Abhängigkeit der Amplitude von der durchlaufenen Strecke variiren mit Amplitude und Schwingungszahl. Die Fortpflanzungsgesetze sind also nicht mehr für alle Schwingungen dieselben.

Bei der Annahme obiger Hypothese würden die verschiedenen Strahlen sich auch im Weltraume mit verschiedener Geschwindigkeit fortpflanzen, und es würde im Weltraume eine Absorption des Lichtes stattfinden. Beide Folgerungen sucht der Verfasser als möglich hinzustellen. Wn.

K. v. d. Mühl. Ueber die Reflexion und Brechung des Lichtes an der Grenze unkrystallinischer Medien. Clebsch Ann. V. 471-559.

Die Hauptschwierigkeit in der Theorie der Reflexion und Brechung des Lichtes liegt in den Grenzbedingungen an der Trennungsfläche der beiden Medien. Das Princip der Continuität verlangt, dass 1) die drei Componenten der Verrückungen, 2) die drei Componenten des molecularen Drucks auf beiden Seiten der Trennungsfläche dieselben seien. Streng kann diesen Gleichungen nur genügt werden, wenn aus einer einfallenden transversalen Welle zwei reflectirte und zwei gebrochene Wellen, je eine transversale und eine longitudinale entstehen; und dies widerspricht der Erfahrung. Fresnel und Neumann haben daher in ihren Theorien jenes Princip der Continuität nur theilweise angewandt und dazu die Gleichung der lebendigen Kraft genommen, die bei strenger Behandlung sich erst als Folge ergeben müsste. Cauchy hat zwar das Princip der Continuität streng angewandt, die entstehende longitudinale Welle hat bei ihm aber eine rein imaginäre Fortpflanzungsgeschwindigkeit, und dies Resultat ist unverträglich mit Betrachtungen über den moleculären Druck, Betrachtungen, die nothwendig sind, wenn man das Gleichgewicht endlich begrenzter Theile eines Mediums untersucht. Diese Bedenken, die in der Einleitung eingehend erörtert werden, haben den Verfasser veranlasst, eine neue Theorie der Reflexion aufzustellen. Um die longitudinale Welle zu beseitigen, wird die von C. Neumann aufgestellte Hypothese zu Grunde gelegt, dass der Aether den Kräften gegenüber, die bei der Fortpflanzung des Lichtes auftreten, incompressibel sei. Dies schliesst die weitere Annahme nicht aus, dass die Aetherdichtigkeit innerhalb verschiedener Medien verschieden sei. Die aus diesem Princip abgeleiteten Elasticitätsgleichungen unterscheiden sich dadurch von den bekannten, dass zu jeder der drei letzteren der erste Differentialquotient einer unbekannten Function nach je einer der Coordinaten, multiplicirt mit der Dichtigkeit, vorkommt [cf. F. d. M. II. p. 782]. Als vierte Gleichung, die wegen der neuen unbekannten Function nöthig ist, hat man die Bedingung der Incompressibilität. Der Verfasser leitet diese allgemeinen Gleichungen und die zugehörigen Oberflächengleichungen aus dem Princip der virtuellen Geschwindigkeiten ab und bestimmt dann für krystallinische, durch drei rechtwinklige Ebenen symmetrisch theilbare Ebenen zwei solche Systeme von Particularlösungen, die ebenen Wellen entsprechen. Das eine System hat die bekannte Form

$$u = C_1 \cdot e^{i2\pi\left(\frac{px+qy+rz}{\lambda} - \frac{t}{T}\right)}.$$

v und w unterscheiden sich von u nur durch den Werth des Factors C_1. Für das zweite System sind u, v, w die Differentialquotienten ein und derselben Function S, die der Gleichung

$$\frac{\partial^2 S}{\partial x^2} + \frac{\partial^2 S}{\partial y^2} + \frac{\partial^2 S}{\partial z^2} = 0$$

genügt. Ihre Lösung ist:

$$S = Ce^{i2\pi\left(\frac{px+qy+rz-(\varkappa+\sigma i)(\alpha x+\beta y+\gamma z)}{\lambda} - \frac{t}{T}\right)},$$

wenn $\alpha x + \beta y + \gamma z = 0$ die Grenzebene ist, $\varkappa = \alpha p + \beta q + \gamma r$, $\varkappa^2 + \sigma^2 = 1$. Dies zweite System von Particularlösungen, das an Stelle der longitudinalen Schwingungen, wie sie aus den gewöhnlichen Gleichungen folgen, tritt, ist nothwendig, um zur Erfüllung der sechs Continuitätsgleichungen bei der Reflexion die nöthige Anzahl von willkürlichen Constanten zu haben. Der reelle Theil der Exponentialgrösse verschwindet, wenn $\sigma(\alpha x + \beta y + \gamma z)$ auf einer bestimmten Seite der Grenzebene einen negativen Werth hat.

Indem er nun zu dem eigentlichen Problem der Reflexion übergeht, wendet der Verfasser die obigen Lösungen auf zwei unkrystallinische Medien an, die in der Ebene $z = 0$ aneinandergrenzen. Für jedes Medium gelten die vier allgemeinen Gleichungen, deren Lösung eben besprochen ist. Die sechs Grenzbedingungen werden durch das im Eingang erörterte vollständige Continuitätsprincip geliefert. Dichtigkeit und Elasticität des Aethers wird als verschieden in beiden Medien genommen; die Definition der Polarisationsebene bleibt vorläufig unbestimmt. Die resultirenden Formeln übergehen wir hier und bemerken nur, dass sowohl für die Schwingungen senkrecht zur Einfallsebene, als für die der Einfallsebene parallelen Bewegungen [nur für letztere kommt die zweite Art von Particularlösungen in Betracht] die Gleichung der Erhaltung der lebendigen Kraft sich als Folge ergiebt. Jene Lösungen gelten ferner auch für den Fall der totalen Reflexion. Der Verfasser untersucht nun, unter welchen Annahmen über das Verhältniss der Dichtigkeiten beider Medien seine Formeln mit denen von Fresnel oder mit denen von Neumann übereinstimmen; denn sowohl Fresnel's als Neumann's Theorie liefern Formeln, die bis auf geringe Abweichungen durch die Erfahrung bestätigt sind. Es findet sich nun, dass, mag die Fresnel'sche oder die Neumann'sche Definition der Polarisationsebene angenommen werden, jene Uebereinstimmung nur zu erreichen ist, wenn gleichzeitig die Elasticität und die Dichtigkeit des Aethers in beiden Medien dieselben sind. Beide Annahmen gleichzeitig sind aber nicht möglich, die eine schliesst die andere aus. Mithin steht die eben entwickelte Theorie mit der Erfahrung in Widerspruch. Kleine Abweichungen von den Fresnel'schen Formeln, wie sie die Cauchy'sche Theorie liefert, könnten aus den abgeleiteten Formeln ebenfalls erklärt werden. Die oben geforderte Uebereinstimmung brauchte dann nur eine angenäherte zu sein.

Das eben besprochene negative Resultat hat den Verfasser nun veranlasst, das Problem noch von einem andern Gesichtspunkte aus zu behandeln. Er lässt die Annahme fallen, dass beide Medien in einer Ebene an einander stossen, und nimmt statt dessen an, dass in Bezug auf Dichtigkeit und Elasticität ein allmählicher Uebergang von dem einen Medium zum anderen stattfinde, ohne über die Dicke der Uebergangsschicht eine Annahme zu machen. Die Behandlung geschieht so, dass die Uebergangsschicht in m Theile getheilt wird, in deren jedem Elasticität und Dichtigkeit unverändert sind, während von einem Theil zum andern eine sprungweise Aenderung dieser Grössen stattfindet. Beim Uebergang von einer Schicht zur andern können dann die im ersten Theile gewonnenen Formeln benutzt werden. Schliesslich wird der bekannte Schluss auf den Fall der continuirlichen Aenderung gemacht. Da ein Eingehen auf die Einzelheiten der mathematischen Behandlung hier zu weit führen würde, so heben wir nur das Hauptresultat hervor. Dieses ist, dass die Intensität des reflectirten und gebrochenen Strahls sich mit Hülfe von convergirenden Reihen darstellen lässt, deren einzelne Glieder wiederholte Integrale sind, und zwar ist für jedes Glied die Anzahl der Integrationen um 2 vermehrt. Der Satz der lebendigen Kraft bleibt für jede Dicke der Uebergangsschicht gültig. Nimmt man diese Dicke im Verhältniss zu einer Wellenlänge verschwindend klein, so erhält man dieselben Formeln, wie oben bei Annahme eines plötzlichen Uebergangs. Diese Annahme ist also durch die Erfahrung ausgeschlossen.

Der Verfasser giebt dann noch eine zweite Ableitung der letzten Resultate. Statt durch Grenzbetrachtungen von der sprungweisen zur continuirlichen Aenderung der Elasticität und Dichtigkeit überzugehen, wird von vorne herein für die Uebergangsschicht Elasticität und Dichtigkeit als eine Function der Coordinaten betrachtet. Die für die Uebergangsschicht geltenden elastischen Gleichungen sind dann, insofern die Componenten des molecularen Drucks in ihnen vorkommen, dieselben wie gewöhnlich, ebenso die Ausdrücke der Druckcomponenten durch die drei Verrückungen. Nur wenn man diese Ausdrücke in die allgemeinen Gleichungen einsetzt, hat man beim Differentiiren auf jene Veränderlichkeit Rücksicht zu nehmen. Obwohl die

Dichtigkeit der Uebergangsschicht variabel ist, wird dieselbe doch während der Lichtschwingungen nicht geändert; für diese ist auch die Uebergangsschicht als incompressibel anzusehen. Die Incompressibilität lässt jedoch eine doppelte Auffassung zu, entweder die, dass eine bestimmte Stelle des Mediums, welche an der Bewegung theilnimmt, immer dieselbe Dichtigkeit besitzt. Der mathematische Ausdruck hierfür ist, wenn u', v', w' die Verrückungen für einen Punkt jener Schicht sind:

$$(a) \quad \frac{\partial u'}{\partial x} + \frac{\partial v'}{\partial y} + \frac{\partial w'}{\partial z} = 0.$$

Oder es kann statt dessen die Dichtigkeit an einem bestimmten Orte des Raumes ungeändert bleiben. Dann lautet jene Bedingung, falls ε' die Dichtigkeit bezeichnet:

$$(b) \quad \frac{\partial \varepsilon' u'}{\partial x} + \frac{\partial \varepsilon' v'}{\partial y} + \frac{\partial \varepsilon' w'}{\partial z} = 0.$$

Für die Schwingungen senkrecht zur Einfallsebene führen beide Formen der Incompressibilitätsbedingung zu genau demselben Resultat, wie vorher der Grenzübergang. Für die Schwingungen in der Einfallsebene führt nur die Bedingung (a) zu demselben Resultat, die Bedingung (b) führt zu etwas andern Reihenentwickelungen für die Intensitäten. Beide Entwickelungen fallen für $\varepsilon' =$ Const. zusammen.

Zum Schluss werden die Bedingungsgleichungen dafür aufgestellt, dass die Resultate der letzten Entwickelung mit denen der Beobachtung übereinstimmen. Solche Bedingungsgleichungen müssen existiren, da das Verhältniss der Dichtigkeiten in den beiden Medien, die Dicke der Uebergangsschicht, die Aenderung der Dichtigkeit und des Brechungsexponenten innerhalb der Uebergangsschicht bisher noch willkürlich gelassen war. Die Anzahl der Bedingungsgleichungen ist acht, und zwar haben dieselben eine verschiedene Form, je nachdem man die Fresnel'sche oder Neumann'sche Definition der Polarisationsebene zu Grunde legt. Die genauere Discussion dieser Bedingungsgleichungen, deren einzelne Glieder unendliche, nach Potenzen von $\sin^2\varphi$ [φ der Einfallswinkel] fortschreitende Reihen sind, die also in unendlich viele Systeme von je acht Gleichungen zerfallen, giebt der Verfasser an dieser Stelle nicht. Er bemerkt nur, dass die Gleichungen erster Ordnung für beide Definitionen der Polarisationsebene dieselben sind, dass dieselben ferner bei Zugrundelegung der Incompressibilitätsbedingung (b) immer erfüllt sind ohne weitere Annahmen über die disponiblen Grössen, während man bei Zugrundelegung von (a) schon aus den Gleichungen erster Ordnung Bedingungen zwischen jenen disponiblen Grössen erhält. Wn.

A. Potier. Sur les causes de la polarisation elliptique. C. R. LXXV. 617-619.

A. Potier. Sur les changements de phase produits par la réflexion métallique. C. R. LXXV. 674-677.

Die Formeln der Cauchy'schen Reflexionstheorie des Lichtes an durchsichtigen Körpern sind von Jamin experimentell bestätigt bis auf eine Formel, welche die drei Ellipticitätscoefficienten dreier Substanzen, falls dieselben zu je zwei zusammengestellt werden, verbindet. Der Verfasser hat deshalb die Cauchy'sche Theorie etwas modificirt, indem er einen allmählichen Uebergang des Aetherzustandes in einem Medium zu dem im andern annimmt. Von der auf diese Hypothese basirten Rechnung enthält jedoch der vorliegende Auszug gar nichts, sondern es sind nur einige Resultate kurz erwähnt.

In der zweiten Arbeit werden nur einige von Cauchy aufgestellte Formeln für die Metallreflexion auf ein bestimmtes Experiment angewandt. Wn.

E. Ketteler. Ueber den Einfluss der astronomischen Bewegungen auf die optischen Erscheinungen. Pogg. Ann. CXLVI. 406-430; CXVLII. 404-429, 478-479.

Fortsetzung der Arbeit, über die F. d. M. III. p. 515 und ff. berichtet ist. Der Verfasser behandelt zuerst die Theorie des Fizeau'schen Versuches über die Drehung der Polarisationsebene. Unter der Annahme, dass die Grenzfläche zweier Medien nicht fest ist, sondern sich in einer Richtung, die mit dem Lothe den

Winkel ψ bildet, mit der Geschwindigkeit g fortbewegt, leitet der Verfasser Ausdrücke für die Intensität des gebrochenen und reflectirten Lichtes ab, indem er die Cauchy'sche Form der Grenzbedingungen zu Grunde legt. Um die Bewegung der Grenzfläche in Rechnung zu stellen, sind nur die absoluten Coordinaten der Punkte der Grenzfläche durch die relativen auszudrücken und diese Ausdrücke in die Formeln für die Schwingungscomponenten des Strahles zu setzen. Die Fälle, dass das einfallende Licht in der Einfallsebene oder senkrecht dagegen schwingt, werden getrennt behandelt. Im letzteren Falle entsteht durch die Bewegung keine Modification, wohl aber im ersteren. Indem er die erhaltenen Resultate für die Intensität des reflectirten Lichtes auf einen einmaligen Wellenstoss anwendet, dessen Einfallswinkel sehr klein ist, und dazu die Annahme macht, dass, da der Anprall nur sehr kurze Zeit dauert, das Resultat dasselbe ist, wie bei ruhender Grenzfläche, leitet der Verfasser auch hier für den Fresnel'schen Coefficienten k den früher (cf. F. d. M. III. p. 516) auf anderm Wege ermittelten Werth ab:

$$k = \frac{n^2-1}{n^2}.$$

Diese Ableitung erscheint dem Referenten nicht einwandsfrei. Sodann werden die berechneten Ausdrücke für die Intensität des gebrochenen und reflectirten Lichtes angewandt auf den Fall, dass das Licht von einem ruhenden Sterne kommt und die sich bewegende Erde trifft. Der Vergleich mit der Erfahrung führt dann auf das Postulat, dass die Fortpflanzungsgeschwindigkeit im Innern eines bewegten Mediums von der Translation des Mediums unabhängig ist.

Der Verfasser glaubt, dass die Fresnel'sche und Neumann'-sche Form der Grenzbedingungen (bei beiden ist eine Gleichung die der lebendigen Kraft) eine Verallgemeinerung auf den Fall der bewegten Grenzfläche nicht zulässt, sondern nur die Cauchy'-sche Form, bei der alle Grenzbedingungen aus dem Princip der Continuität abgeleitet werden. Eine indirecte Folgerung aus des Verfassers Theorie wäre dann, dass polarisirtes Licht senkrecht zur Polarisationsebene schwingt. Ist diese Folgerung richtig, so müsste, wie aus des Verfassers Formeln hervorgeht, unter dem Einfluss der Erdbewegung die Polarisationsebene gedreht werden.

Im letzten Theile seiner Arbeit führt Herr K. dieselbe Rechnung, die vorher bei isotropen Medien angestellt war, für die Reflexion und Brechung an optisch-einaxigen bewegten Krystallflächen durch und wendet dieselbe auf ein System von optisch-einaxigen Reflexionsprismen an. Die Resultate der Rechnung werden mit der Beobachtung verglichen. Letztere ergiebt keine Aenderung der Richtung des extraordinären Strahls. Soll die Rechnung zu demselben Resultat führen, so ist die weitere Annahme nöthig, dass entweder die Geschwindigkeit des im Krystall mitbewegten Aethers, oder dessen Elasticität oder Dichtigkeit sich ändert.

Zum Schluss werden ohne Beweis Formeln mitgetheilt, um aus den Coordinaten der Wellenfläche für den Ruhezustand die entsprechenden für den Zustand der Bewegung abzuleiten.

Wn.

M. Mascart. Sur les modifications qu'éprouve la lumière par suite du mouvement de la source lumineuse et du mouvement de l'observateur. Ann. de l'Ec. Norm. (2) I. 157-214.

Die wesentlich experimentelle Arbeit beschäftigt sich mit dem Einfluss der Aberration auf die Erscheinung der Reflexion, Brechung und Interferenz, nachdem in der Einleitung die hauptsächlichsten, seit Fresnel über diesen Gegenstand veröffentlichten Arbeiten besprochen sind. Die mathematischen Betrachtungen, die der Verfasser giebt, beziehen sich auf die Ableitung des Doppler'schen Princips, die Richtungsänderungen der reflectirten Strahlen durch die Bewegung der Erde, die damit verbundene Aenderung der Wellenlänge, die Verschiebung der Interferenzstreifen. Alle mitgetheilten Rechnungen sind in fast derselben Weise, und zum Theil allgemeiner im Jahre 1871 von Ketteler veröffentlicht (cf. F. d. M. III. 515-518), ohne dass Mascart dessen Arbeit auch nur erwähnt.

Wn.

J. Boussinesq. Sur le calcul de la vitesse de la lumière. C. R. LXXV. 1573-1576.

Anknüpfend an einen Ausdruck für die Fortpflanzungsgeschwindigkeit des Lichtes, den er in einer früheren Arbeit in Liouville's Journal XIII. abgeleitet hatte, beweist der Verfasser dass für jeden durchsichtigen, isotrop-symmetrischen Körper, wenn derselbe sich im Raume fortbewegt mit einer Geschwindigkeit, die gegen die des Lichtes klein ist, die Fortpflanzungsgeschwindigkeit des Lichtes gleich ist der Summe zweier Ausdrücke: 1) der Geschwindigkeit, mit der sich durch denselben Körper, wenn er in Ruhe wäre, Lichtwellen bewegen würden, die für einen auf dem Körper befindlichen Beobachter dieselbe scheinbare Schwingungsdauer haben, und 2) des Productes aus der Translationsgeschwindigkeit des Körpers, projicirt auf die Fortpflanzungsrichtung der Wellen, und $\left(1-\frac{1}{N^2}\right)$, wo N der Brechungsindex für eine hinreichend grosse Wellenlänge ist, so dass für diese der Einfluss der Dispersion vernachlässigt werden kann. Dies Gesetz unterscheidet sich von dem Fresnel'schen dadurch, dass im ersten Gliede die scheinbare, nicht die wirkliche Schwingungsdauer vorkommt, von einer von Mascart aufgestellten Formel dadurch, dass N nicht der Brechungsindex für die grade vorliegende Schwingungsdauer ist. Wn.

G. Quincke. Optische Experimentaluntersuchungen. Ueber Beugungsgitter. Pogg. Ann. CXLVI. 1-65.

Für ein Gitter, zwischen dessen Oeffnungen sich durchsichtige Stäbe von dreiseitig-prismatischer Gestalt befinden, werden sowohl die im reflectirten, als die im gebrochenen Lichte auftretenden Beugungserscheinungen wesentlich nach bekannter Methode berechnet. Wn.

Crova. Sur les phénomènes d'interférence produits par les réseaux parallèles. C. R. LXXIV. 932-936.

Anwendung bekannter Formeln und Methoden, die mathematisch nichts Neues enthalten. Wn.

E. J. Routh. On the retardation of a wave in a crystal. Messenger (2) I. 147-148.

Enthält eine Methode, um die Verzögerung einer Welle zu finden, welche durch einen von parallelen Ebenen begrenzten Krystall geht. Die Methode ist kürzer als die, welche gewöhnlich benutzt wird. Ihre Eigenthümlichkeit besteht darin, dass nur eine einzige Seite betrachtet wird, und dies ist es, was die Rechnung vereinfacht. Glr. (O).

V. Abbia. Sur les couleurs des lames cristallisées dans la lumière polarisée. Mém. de Bord. VIII. 59-80.

Ableitung der Interferenzstreifen, die eine einaxige Krystallplatte im polarisirten Lichte zeigt, und zwar für die drei Fälle, dass die Platte senkrecht zur Axe geschnitten ist, oder parallel der Axe, oder dass endlich das Licht durch zwei der Axe parallel geschnittene gekreuzte Platten geht. Neues enthält die Arbeit weder in der Methode, noch in den Resultaten. Wn.

J. Stefan. Ueber die mit dem Soleil'schen Doppelquarz ausgeführten Interferenzversuche. Wien. Ber. LXVI. 425-453.

Auf eine Quarzplatte fällt ein Lichtstrahl von solcher Beschaffenheit, dass die eine Schwingungscomponente gegen die andere eine gegebene Verzögerung hat. Auf eine zweite Platte fällt ein anderer Strahl; nach dem Durchgang durch die respectiven Platten interferiren beide Strahlen. Es sollen die Maxima und Minima der Intensität des resultirenden Strahles gefunden werden. Der einfallende Strahl wird dadurch, dass zu jeder Componente gewisse Glieder addirt und subtrahirt werden, in zwei circular polarisirte Strahlen, einen rechts- und einen linksdrehenden, zerlegt; jeder dieser beiden Strahlen durchläuft den Quarz mit seiner eigenthümlichen Geschwindigkeit. Es folgt die Berechnung eines zweiten Versuches, bei der vor jeder der Quarzplatten eine feine Oeffnung angebracht ist. Die Rechnung selbst wird in beiden Fällen nach bekannter Methode ausgeführt und bietet in mathematischer Hinsicht nichts Neues. Wn.

H. G. van de Sande-Backhuyzen. Zur Theorie des Polaristrobometers. Pogg. Ann. CXLV. 259-278.

Bei dem Polaristrobometer von Wild sollten die in den vier Quadranten vorgenommenen Ablesungen genau um 90, 180, 270° differiren. Diese Genauigkeit wird nie erreicht, sondern es finden sich Differenzen von circa 20 Minuten, die, wie sich der Verfasser durch Beobachtung überzeugt hat, nicht von Fehlern der Kreistheilung herrühren können. Er unterwirft daher die beiden noch übrigen Fehlerquellen der Rechnung. Er berechnet zunächst, welchen Einfluss der Umstand hat, dass die Drehungsaxe des Nicols und der austretende Strahl nicht genau zusammenfallen; sodann welcher Fehler durch unrichtige Stellung der Kalkspathplatten des Savart'schen Polariskops entsteht. Die ziemlich weitläufige Rechnung erklärt die beobachteten Differenzen vollständig, so dass keine andern constanten Fehler bei dem Instrument anzunehmen sind. Zugleich ergiebt sich, dass, wenn man das Mittel aus den Bestimmungen in den vier Quadranten nimmt, der Einfluss der Fehlerquelle vollständig aufgehoben wird. Nahezu wird derselbe schon aufgehoben, wenn man das Mittel aus den Bestimmungen in zwei diametralen Quadranten nimmt. Wn.

Ch. W. Zenger. Sur la vitesse de transmission de la lumière dans les corps simples. C. R. LXXV. 670-674.

Durch mehrere, entweder gar nicht, oder durchaus nicht streng begründete Annahmen gelangt der Verfasser von der Formel für die Fortpflanzungsgeschwindigkeit des Schalls $v=\sqrt{\frac{d}{e}}$, die ohne Weiteres auf das Licht übertragen wird, zu folgender Formel für den Brechungsexponenten n eines nach dem regulären System krystallisirten Körpers

$$n = c\,\frac{m^{\frac{2}{3}}}{w^{\frac{1}{6}}},$$

wo c eine Constante, m das chemische Aequivalent, w die Dichtigkeit bezeichnet. Die Formel wird zur Berechnung der Brechungsindices verschiedener Substanzen angewandt, wobei sich eine ziemlich gute Uebereinstimmung mit der Beobachtung ergiebt.

Wn.

Ch. W. Zenger. Ueber die Lichtgeschwindigkeit in chemischen Mitteln. Casopis I. 246-252 (Böhmisch).

. Uebersetzung der in den C. R. LXXV. p. 670 (siehe das vorhergehende Referat) enthaltenen Berichte. W.

A. Handl. Notiz über absolute Intensität und Absorption des Lichtes. Wien. Ber. LXV. 129-133.

Ist a die Amplitude einer Lichtschwingung, so ist die Intensität $J = a^2 . K$. Für den Factor K, der gewöhnlich constant genommen wird, setzt der Verfasser die Reihe

$$K = \frac{A}{\lambda^2}\left(1 - \frac{B}{\lambda^2} + \frac{C}{\lambda^4} + \cdots\right)$$

und gewinnt so eine Formel, die es ermöglichen soll, die Intensitäten von verschiedenfarbigem Licht zu vergleichen. Wn.

W. Steadman Aldes. An elementary treatise on geometrical optics. 12mo. London. Bell.

Hi.

J. Hervert. Die Dioptrik vom Gesichtspunkte der neueren Geometrie. Casopis I. 71-82. (Böhmisch).

W.

L. Geisenheimer. Zur Theorie der sphärischen Aberration. Schlömilch Z. XVII. 387-416.

Es wird zuerst der Dupin'sche Satz abgeleitet, dass ein Strahlensystem, dessen Strahlen die Normalen einer Fläche sind, diese Eigenschaft durch die Brechung nicht verliert. Daran schliessen sich, unter Benutzung einiger von Kummer in die Theorie der Strahlensysteme eingeführten Begriffe, einige allgemeine Sätze, die sich auf die Indicatrix der Normalfläche, sowie auf die Vertheilung und die Intensität der Lichtstrahlen bei der Brechung an einer Ebene, an einem System von Ebenen, sowie an einem System von Rotationsflächen beziehen. Sodann werden die allgemeinen Gleichungen aufgestellt, aus denen man die sphärische Aberration für einen beliebigen Strahl in eine von den Coordinaten der brechenden Fläche abhängige Reihe entwickeln kann, sowie die allgemeinen Bedingungen für Systeme, welche Hauptstrahlen liefern. Speciell werden die gewonnenen Formeln angewandt auf eine einmalige Brechung [die brechende Fläche muss eine Kugelfläche sein, damit ein unendlich dünnes, normal auffallendes Strahlenbündel nach einmaliger Brechung sich in einem Punkte vereinigt], auf ein Prisma, eine Cylinderlinse und ein System sphärischer Linsen mit gemeinsamer Axe. Für diese Specialfälle ist die Berechnung der Aberration zu Ende geführt. Wn.

A. Cornu. De la réfraction à travers un prisme suivant une loi quelconque. Ann. de l'Ec. Norm. (2) I. 231-272.

Der Zweck der vorliegenden Arbeit ist, den Gang der Lichtstrahlen in einem Prisma zu verfolgen, und die durch das Prisma hervorgebrachte Ablenkung zu berechnen, wenn das Medium des Prismas nicht mehr isotrop ist, also Strahl und Wellennormale nicht mehr zusammenfallen. Die Resultate sollen die Grundlage einer neuen optischen Beobachtungsmethode bilden; durch Beobachtungen der wirklichen Ablenkung sollen nämlich die Elemente eines Lichtstrahls unabhängig von jeder Voraussetzung über die Wellenfläche bestimmt werden. Diese Elemente sind: die Fortpflanzungsgeschwindigkeit der Wellennormale, der Winkel zwischen Strahl und Normale, die Lage der durch Strahl und Normale gelegten Ebene. Im ersten Theil wird der Fall betrachtet, dass die einfallenden Strahlen parallel sind und in dem Hauptschnitt des Prismas liegen. Aus der Theorie der Brechung einer ebenen Welle in einem beliebigen homogenen (isotropen oder krystallinischen) Medium werden folgende Sätze vorausgesetzt: 1) Eine ebene Welle bleibt nach ein- oder mehrmaliger Brechung an einer ebenen Fläche eben. Fallen also parallele Strahlen auf das Prisma, so sind die austretenden Strahlen wieder parallel. 2) Die Richtung der mehrmals gebrochenen ebenen Welle ist nur von den verschiedenen Geschwindigkeiten der Wellennormale abhängig. Beide Sätze liegen auch der Huyghens'schen Construction zu Grunde, die ausserdem die Strahlen liefert. Diese Construction wird nun zunächst angewandt, um, falls die Wellenfläche bekannt ist, die Lage des Strahles nach der Brechung durch das Prisma zu construiren. Dabei wird der Einfachheit wegen derjenige der parallelen Strahlen genommen, der durch die brechende Kante geht. Man erhält bei dieser Construction nicht den Strahl innerhalb des Prismas, sondern nur seine Projection auf den Hauptschnitt. Analytisch ausgedrückt erhält man zur Bestimmung des austretenden Strahles und der Ablenkung dieselben Gleichungen, wie bei einem isotropen Medium, nur dass der Brechungsexponent nicht als constant zu betrachten ist. Auf bekannte Weise ergeben sich zwei Gleichungen, um den Gang der Strahlen im Prisma und daraus den Brechungsexponenten zu bestimmen. Die Ausführung der Rechnung könnte dazu dienen, eine Reihe von Tangenten an die Durchschnittscurve der Wellenfläche mit dem Hauptschnitt zu legen und so jene Curve graphisch zu bestimmen. Herr Cornu leitet aus den genannten Formeln auf ziemlich einfache Weise einige interessante Sätze über die Lage der gebrochenen Welle innerhalb des Prismas ab. Jene gebrochene Welle (oder vielmehr ihr Durchschnitt mit der Normalebene des Prismas) berührt nicht nur die Wellenfläche, sondern ausserdem eine Ellipse, deren Axen parallel der Halbirungslinie des brechenden Winkels und seines Nebenwinkels sind und die Grösse haben

$$\frac{2\cos\frac{A}{2}}{\cos\frac{A+D}{2}}, \text{ resp. } \frac{2\sin\frac{A}{2}}{\sin\frac{A+D.}{2}}$$

(A brechender Winkel, D Ablenkung). Diese Ellipse geht stets durch vier feste Punkte, die Schnittpunkte eines um die brechende Kante mit dem Radius 1 beschriebenen Kreises mit den Seiten des Primas und deren Verlängerungen. Im Falle des Minimums der Ablenkung berührt diese Ellipse zugleich die Wellenfläche in demselben Punkte, wie die ebene Welle, so dass man die Wellenfläche in diesem Falle durch die Ellipse, von der man vier Punkte und eine Tangente kennt, ersetzen kann. Danach sind folgende Aufgaben leicht zu lösen: Aus der gegebenen Form der Wellenfläche den Eintritts- und Austrittswinkel für das Minimum der Ablenkung zu berechnen, und die umgekehrte: Aus der Minimalablenkung sowie dem zugehörigen Eintritts- und Austrittswinkel den zugehörigen Punkt der Wellenfläche und die Richtung der Tangente in diesem Punkte, und damit die Richtung und Grösse der Wellennormale und des Strahls zu bestimmen. Die Gleichung, durch die das Minimum der Ablenkung bestimmt wird, ist nicht mehr, wie bei isotropen Medien $e = e'$, sondern

$$\operatorname{tg}\frac{e-e'}{2} = \frac{\nu}{\mu}\operatorname{tg}\frac{r-r'}{2},$$

wenn e, e' Einfalls- und Austrittswinkel sind, r, r' die Winkel der Wellennormale innerhalb des Primas mit den Normalen der Grenzflächen, μ und ν die Axen der obigen Ellipse. Endlich findet noch die folgende Gleichung statt: Ist β der Winkel, den die Halbirungslinie des vom eintretenden und austretenden Strahle gebildeten Winkels mit der Halbirungslinie des Prismenwinkels bildet, ist α der Winkel, den die Wellennormale innerhalb des Prismas, α' der, den der zugehörige Strahl mit der Halbirungslinie des Prismenwinkels bildet, so ist

$$\operatorname{tg}^2\beta = \operatorname{tg}\alpha .\ \operatorname{tg}\alpha';$$

die erste Linie liegt daher immer zwischen den beiden andern.

Im zweiten Theile behandelt der Verfasser die Brechung im Prisma für den Fall, dass die einfallenden Strahlen nicht mehr im Normalschnitt liegen, sondern gegen denselben geneigt sind. Der Verfasser beweist zunächst, indem er wieder denjenigen Strahl, der durch die brechende Kante geht, untersucht, folgende Sätze: 1) Die eintretende Welle bildet mit der Prismenkante denselben Winkel θ, wie die austretende. 2) Auf den Schnitt der Welle mit dem Hauptschnitt des Primas kann man das einfache Brechungsgesetz anwenden, wenn man nur statt des einfachen Brechungsindex n den folgenden nimmt:

$$m = \sqrt{n^2 + (n^2 - 1)\,\mathrm{tg}^2\theta}.$$

Er bestimmt dann das Bild einer unendlich fernen leuchtenden Linie, die durch das Prisma nahe der brechenden Kante beobachtet wird. Das Verfahren dabei ist folgendes: Die einfallenden Strahlen bilden einen Kegel mit sehr kleiner Oeffnung, dessen Spitze ein Punkt der brechenden Kante des Prismas ist; ebenso die gebrochenen Strahlen. Zunächst wird jeder dieser Kegel ersetzt durch einen mittleren Strahl, der mit dem Hauptschnitt den Winkel θ bildet. Bildet die Projection des einfallenden mittleren Strahls auf den Hauptschnitt des Prismas den Winkel e mit dem Einfallslothe, ist e' der entsprechende Winkel des austretenden Strahls, r, r' die Neigungswinkel der ebenen Welle innerhalb des Prismas gegen die Prismenflächen, so ist nach Satz 2)

$$\sin e = m \sin r,\ \sin e' = m \sin r',\ r + r' = A.$$

Daraus wird eine Gleichung zwischen e, e', A, θ abgeleitet. Für irgend einen andern Strahl des Strahlenkegels sind statt e, e', θ zu nehmen $e + de,\ e' + de',\ \theta + d\theta$. Differentiirt man nun die obige Gleichung zwischen e, e', A, θ, so erhält man eine Beziehung zwischen $de, d\theta, de'$, und somit ist die Oeffnung de' des gebrochenen Strahlenkegels bestimmt. Bei der Differentiation ist zu berücksichtigen, dass auch n mit θ variabel ist. Man kann jedoch vorher n eliminiren, indem man die Gleichung der Ebene der aus dem Prisma austretenden Welle (für den mittleren Strahl) bestimmt. Die gewonnenen Formeln werden auf den Fall angewandt, dass die leuchtende Linie eine gerade ist und ihr Mittelpunkt mit der Spitze des Strahlenkegels in demselben Hauptschnitt des Prismas liegt. Ist dann φ der Winkel, den die durch die leuchtende Linie und die Kegelspitze gelegte Ebene mit der brechenden Prismenkante bildet, φ' der entsprechende Winkel für den gebrochenen Strahlenkegel, so ist

$$\mathrm{tg}\,\varphi = \frac{de}{d\theta},\ \mathrm{tg}\,\varphi' = -\frac{de'}{d\theta}.$$

Diese Werthe werden in die obige Gleichung eingesetzt und wird dieselbe dann auf einige Specialfälle angewandt, namentlich

$$\varphi = 0,\ \varphi' = 0,\ \varphi = \pm\frac{\pi}{4}.$$

Die so abgeleiteten Formeln geben ein Mittel, den Strahl, welcher einer gebrochenen ebenen Welle innerhalb des Prismas zugehört, vollständig zu bestimmen, ebenso den Durchschnitt dieser Welle mit dem Hauptschnitt des Prismas und die Coordinaten des Berührungspunktes der Ebene mit ihrer Enveloppe, der Wellenfläche. Die Formeln vereinfachen sich bedeutend für das Minimum der Ablenkung.

Als Anhang giebt der Verfasser noch eine Ausdehnung eines im ersten Theile abgeleiteten Theorems auf den Raum. Jede ebene gebrochene Welle innerhalb des Prismas berührt nämlich ein dreiaxiges Ellipsoid, dessen Kreisschnitte die Durchschnitte der Kugel vom Radius 1, die um einen Punkt der brechenden Kante beschrieben ist, mit den Prismenflächen sind. Die grösste und kleinste Axe des Ellipsoids haben denselben Werth, wie in Theil 1) die Ellipsenaxen; sie hängen ab von der Ablenkung der Projection des einfallenden und des austretenden Strahles, und vom brechenden Winkel des Prismas. Wn.

R. A. Proctor. Note on the curve traversed by base-end (remotest from fixed pivot) of the last prism of a single or double automatic spectroscope. Monthl. Not. XXXI. 245-246. 1871.

Die Curve ist, wie leicht zu beweisen, von der Form:

$$4\cos\left(\frac{\theta}{6}+\alpha\right)\mp a\cos\left(\theta+\frac{\pi}{4}\right)=0.$$

Glr. (O).

J. B. Listing. Ueber das Reflexionsprisma. Pogg. Ann. CXLV. 25-27.

Das Referat befindet sich im vorigen Jahrgange [F. d. M. III. 522]. Wn.

A. Beck. Die Fundamentalgleichungen der Linsensysteme in geometrischer Darstellung. Wolf. Z. VII. 317-338.

Wn.

J. Casorati. Ricerche e considerazioni sugli strumenti ottici. Rend. d. Ist. Lomb. (2) V. 172-192.

J. Casorati. Le proprietà cardinali degli strumenti ottici anche non centrati. Milano. 1872.

Der Verfasser betrachtet einige optische Instrumente, die unvollkommen centrirt sind. Er stellt die Parameter des Ausfalls eines Lichtstrahls mit Hülfe von Determinanten durch einfache Ausdrücke der Parameter des Einfalls dar und beweist, dass für solche, ebenso wie für centrirte Instrumente immer eine und nur eine Gerade existirt, die den Weg des Einfalls und den des Ausfalls eines Lichtstrahls enthält. Diese Gerade enthält die 3 Paare von Hauptpunkten und vertritt überhaupt, für alle Haupteigenschaften, in einem nicht centrirten System die Stelle der Geraden der Mittelpunkte im centrirten System, weshalb der Verfasser sie „Hauptgerade" (cardinal) nennt.

In Verbindung mit diesem Werk citiren wir eine Abhandlung von A. Beck: „Die Fundamentaleigenschaften der Linsensysteme in geometrischer Darstellung", in der nach den Worten des Verfassers „die Theorie der Linsensysteme mit Einschluss der Verallgemeinerung von Casorati rein geometrisch abgeleitet werden soll". Jg. (O.)

V. v. Lang. Zur Dioptrik eines Systems centrirter Kugelflächen. Carl Repert. VIII. 20-25.

Siehe F. d. M. III p. 522.

L. Seidel. Ueber ein von Dr. Adolf Steinheil neuerlich construirtes Objectiv und über die benutzten Rechnungsvorschriften. Münch. Ber. 1872. Carl Rep. VIII. 173-183.

Herr Seidel, welcher bekanntlich der analytischen Dioptrik von jeher seine besondere Theilnahme zuwandte, entwickelt hier ganz allgemein die Theorie, welche bei Herstellung eines der astronomischen Photographie gewidmeten Objectives zu Grunde lag. Zwei Grundgedanken waren es, auf die sich das Hauptaugenmerk concentrirte und deren Realisirung einerseits, hauptsächlich der Technik, andererseits der Mathematik zugewiesen werden muss: Möglichste Unterdrückung des secundären Spectrums durch Auswahl geeigneter Glassorten und Herstellung gleichmässiger Präcision der Abbildung des Gesichtsfeldes auch für dessen äussere Theile. Die perspectivische Richtigkeit kommt dabei weniger in Betracht. Herr Steinheil wählt hiefür eine Combination von vier Linsen, welche um die Mittellinie des Objectivs symmetrisch geordnet sind. Für dieses auf den ersten Blick nicht nöthig scheinende Arrangement giebt Herr Seidel nachstehende wichtige Gründe. Ist ein der Axe parallel einfallendes Strahlenbüschel frei von Farbenzerstreuung und sphärischer Abweichung, so schneiden die einzelnen Strahlen des Büschels nach ihrer Brechung die Axe in dem sogenannten zweiten Brennpunkte des Systems. Gelangen also von diesem Punkt Strahlen in umgekehrter Richtung auf den Apparat, so treten diese Strahlen ebenfalls parallel aus der vordersten Fläche aus; ist also das System in der angedeuteten Weise symmetrisch construirt, so ist dasselbe fehlerfrei nicht nur für ein unendlich fernes Object, sondern auch für ein im ersten Brennpunkt befindliches. Es tritt demnach auch für zwischenliegende Objecte eine grössere Freiheit von Fehlern ein, als dies bei einer andern Anordnung zu erreichen ist. Hierdurch ist dann zugleich erfüllt die Gauss'sche Forderung, dass die Object-Abbildung durch die verschieden farbigen Strahlen die nämliche Grösse habe, so wie auch die von Fraunhofer gestellte Bedingung, dass nicht nur die Mitte, sondern auch die seitlichen Theile möglichst frei sind von den durch die Kugelgestalt bedingten Fehlern. Hat man ein nicht symmetrisches System von vier Linsen, so sind elf Unbekannte zu bestimmen; von diesen werden sofort fünf durch die Steinheil'sche Zusammenstellung eliminirt.

Dem Zweck des Apparates entsprechend wurden bei der Berechnung vorzüglich die chemischen Strahlen berücksichtigt. Da es ferner wünschenswerth erschien für Strahlenbüschel, die von verschiedenen Stellen im Gesichtsfelde herkommen, verschiedene Theile der Oeffnung zur Wirkung kommen zu lassen, so wurden Diaphragmen angebracht. Der weitere Verlauf der Abhandlung enthält die durchgeführten Rechnungen für ein Parallel- und zwei seitlich einfallende Büschel. Gr.

T. W. Strutt. On the diffraction of object glasses. Monthl. Not. XXXIII. 59-63.

Der Verfasser schlägt vor beim Sehen nach der Sonne mit einem Telescope die centralen Theile des Glases statt der Theile am Rande durch ein Diaphragma zu verdecken und bemerkt, dass die eigenthümlichen Vortheile einer weiteren Oeffnung auf diese Weise nicht verloren gehen, während die Unvollkommenheit, die aus sphärischer Aberration hervorgeht, verringert wird. Allgemeine Gründe für diese Ansicht werden gegeben. Die Arbeit schliesst mit der mathematischen Discussion der zwei Fälle: 1) wenn das Objectivglas völlig unbedeckt ist, 2) wenn ein enger seitlicher Rand allein zur Wirkung kommt. Glr. (O.)

A. v. Waltenhofen. Ueber eine neue Methode, die Vergrösserung und das Gesichtsfeld von Fernröhren zu bestimmen. Prag. Abh. (6) V. Carl Rep. VIII. 184-188.

Ist V' die Vergrösserung, die man erhält, wenn man unmittelbar vor dem Objectiv eines Fernrohrs eine Sammellinse von der Brennweite F aufstellt und eine genau in der Entfernung F befindliche Scala beobachtet, ist ferner L die Länge des Fernrohrs, so ist die Vergrösserung des Rohrs nach Wegnahme der Linse:

$$V = V' \frac{F}{F+L}.$$

Das Gesichtsfeld ist

$$\varphi^0 = \frac{180}{\pi} \frac{H}{F},$$

wo H die Länge ist, die der scheinbare Durchmesser des Gesichtsfeldes bei der Vergrösserung V' einnimmt. Wn.

N. Lubimoff. Neue Theorie des Gesichtsfeldes und der Vergrösserung der optischen Instrumente. Carl Rep. VIII. 336-350.

Die neue Theorie, auf die der Verfasser dadurch geführt ist, dass er das Gesichtsfeld des Galilei'schen Fernrohrs bedeutend grösser gefunden hat, als es nach den meisten Lehrbüchern sein sollte, besteht in folgendem Princip. Der bilderzeugende Apparat (Linse oder Spiegel) wird als eine Oeffnung, das Bild als ein Gegenstand betrachtet, der in bestimmter Weise hinter jener Oeffnung gelegen ist und durch dieselbe beobachtet wird. Aus diesem Princip, dessen Richtigkeit dem Referenten nicht zweifellos scheint, werden Ausdrücke für die Grösse des Gesichtsfeldes und der Vergrösserung des Galilei'schen und des Keppler'schen Fernrohrs hergeleitet. Wn.

S. Günther. Studien zur theoretischen Photometrie. Erlangen. Besold. — Darboux Bull. III. 194.

Im Anschluss an Beer's Grundriss des photometrischen Calcüls werden die allgemeinen Formeln abgeleitet 1) für die Intensität, mit der ein Flächenelement durch eine beliebige leuchtende Fläche beleuchtet wird, 2) für die absolute Lichtmenge und die mittlere Helligkeit, welche eine grössere Fläche durch ein beliebig gegebenes Stück einer leuchtenden Fläche empfängt. Von den wesentlich bekannten Formeln werden nur die ersteren auf specielle Fälle angewandt, und zwar wird die Lichtmenge bestimmt, welche ein horizontales ebenes Flächenstück von einer leuchtenden Fläche empfängt. Die leuchtende Fläche wird dabei auf die scheinbare Himmelskugel projicirt, und ein Ort der Himmelskugel durch seine sphärischen Coordinaten r, v bestimmt, wobei das Zenith zum Pol des Coordinatensystemes genommen wird. Zuerst wird der Fall behandelt, dass die leuchtende Fläche ein sphärisches Dreieck ist, dessen Seiten Bogen kleiner Kugelkreise sind. Daran schliesst sich dieselbe Aufgabe für eine Anzahl von Flächen, die von speciellen sphärischen Curven begrenzt sind. Als Grenzcurven sind stets solche Curven gewählt, bei denen die Integration sich leicht ausführen lässt.

Sodann wird die Erleuchtung eines Punktes des Saturns durch seinen Ring berechnet, falls letzterer homogenes Licht reflectirt und seiner ganzen Ausdehnung nach sichtbar ist. Es kommt dabei, da die Projectionen der Ringränder auf die scheinbare Himmelskugel sphärische Ellipsen sind, auf die Bestimmung der Erleuchtung durch einen elliptischen Sector an. Weiter wird die Beleuchtung eines Ortes der Erde durch das Zodiakallicht behandelt. Letzteres wird dabei als eine die Sonnenkugel umgebende Atmosphäre von der Form eines abgeplatteten Rotationsellipsoids betrachtet; und die variable Leuchtkraft eines Punktes im Innern jener Atmosphäre wird proportional der Grösse $1-\frac{m}{n}$ angenommen, wo m die Entfernung des betreffenden Punktes vom Sonnenmittelpunkt bedeutet, n die Länge der Linie, die man durch Verlängerung der Linie m bis zur Grenze des Ellipsoids erhält.

Im letzten Abschnitt werden die bekannten Gleichungen der Linien gleicher Lichtintensität bei Beleuchtung von einem Punkte oder mehreren Punkten, sowie bei paralleler Beleuchtung aufgestellt. Daraus wird die Stärke der Beleuchtung eines kreisförmig begrenzten Stückes einer Kugelfläche berechnet, das von parallelen Strahlen getroffen wird. Der durch den Kugelmittelpunkt gehende Strahl, der die Kugel im Mittelpunkte der Transparenz trifft, trifft dabei nicht den Mittelpunkt der Kreisfläche- Dieselbe Aufgabe für eine sphärische Ellipse führt, falls Mittel. punkt der Transparenz und Mittelpunkt der Fläche zusammen. fallen, auf elliptische Integrale. Diese letzten Aufgaben wendet der Verfasser an auf die Erleuchtung eines Flächenelements durch eine Planetenscheibe oder einen Kometen, der als Rotationsparaboloid angesehen wird. Wn.

F. Hoza. Kleinere mathematische Mittheilungen.

Grunert Arch. LIV. 164-174.

Ableitung der bekannten Gleichungen der Intensitätslinien einer Fläche, falls die Strahlen von einem Punkte ausgehen, resp. bei paralleler Beleuchtung. Im letzteren Falle sind für ein hyperbolisches Paraboloid die Projectionen der Intensitätslinien auf eine der Hauptebenen Kegelschnitte. Die speciellen Fälle werden discutirt, die Mittelpunkte der Linien und die Schattengrenze bestimmt.

Ohne Zusammenhang mit dem Vorhergehenden werden am Schluss einige bekannte Sätze über Kegelschnitte synthetisch bewiesen. Wn.

H. Burkhart-Jezler. Die Abendlichter an der östlichen Küste Süd-Amerikas. Pogg. Ann. CXLV. 196-218, 337-364.

Zur Erklärung der Erscheinung der Abendröthe werden mit Hülfe des einfachen Brechungsgesetzes die verschiedenen möglichen Fälle der Brechung des Lichtes an einer Hohlkugel, deren innerer Raum mit Luft angefüllt ist, erörtert, und es werden die Intensitätsverhältnisse der gebrochenen Strahlen nach den bekannten Fresnel'schen Formeln untersucht. Es ergiebt sich, dass das Verhältniss der beiden Kugelradien von wesentlichem Einflusse auf die Erscheinung ist. Im Uebrigen enthält die Arbeit nur Beobachtungen der oben genannten Erscheinung.

Wn.

Capitel 3.

Electricität und Magnetismus.

Th. Kötteritzsch. Lehrbuch der Electrostatik. Leipzig. Teubner 8.

Das vorliegende Lehrbuch giebt eine umfassende und ausführliche Darstellung alles dessen, was über die Electrostatik bisher geschrieben ist. Die drei ersten Capitel enthalten die allgemeinen Sätze über das Potential und die Massenvertheilung, besonders die Fundamentaltheoreme von Green und Gauss mit den bekannten Anwendungen auf die Electrostatik. In dem vierten Capitel ist eine Lösung des allgemeinsten Problems der

Electrostatik auseinandergesetzt, welche der Verfasser selbst schon früher (F. d. M. III. p. 528) veröffentlicht hat. Wenngleich die Behandlungsweise in dem vorliegenden Werk einige Vereinfachungen gegen früher erfahren hat, so bleibt doch noch eine derartige Complication der Rechnung, dass man bei Lösung von Aufgaben auf diesem Gebiet wohl meistens speciellere Methoden suchen wird.

Die beiden letzten Capitel enthalten die Wirkungen, welche electrisirte Körper auf einander ausüben, und Betrachtungen über die zu Grunde gelegten Hypothesen. Ok.

H. Helmholtz. Ueber die Theorie der Electrodynamik. Berl. Monatsber. 1872. 248-256.

Inhaltsangabe der folgenden Arbeit. Ok.

H. Helmholtz. Ueber die Theorie der Electrodynamik. (Abhandl. II, Kritisches). Borchardt, J. LXXV. 35-67.

J. Bertrand. Note sur la théorie mathématique de l'électricité dynamique. C. R. LXXIV. 965-970.

J. Bertrand. Observations à l'occasion du dernier cahier du Journal „für die reine und ang. Math.", publié à Berlin. C. R. LXXV. 860-865.

E. Riecke. Ueber das von Helmholtz vorgeschlagene Gesetz der electrodynamischen Wechselwirkungen. Gött. Nachr. 1872, 394-462.

H. Helmholtz. Vergleich des Ampère'schen und Neumann'schen Gesetzes für die electrodynamischen Kräfte. Berl. Monatsber. 1873*). 92-104.

Die in diesen Berichten (II, 800-805) besprochene Abhandlung von Helmholtz (Borch. J. LXXII.) hat in Folge der neuen

*) Die letzte Arbeit ist grösserer Uebersichtlichkeit wegen schon in diesem Jahrgang besprochen worden. Redaction.

Art der Behandlung, welche die Theorie der Electrodynamik darin erfährt, von verschiedenen Seiten lebhaften Widerspruch hervorgerufen. Wir werden hier auf die einzelnen Einwürfe gleichzeitig mit den inzwischen schon erschienenen Erwiderungen von Helmholtz eingehen.

Während in der soeben genannten Abhandlung von Helmholtz die Unzuträglichkeiten, zu denen das Weber'sche Gesetz führt, nur allgemein angedeutet sind, musste die Erwiderung Weber's (Leipz. Abh. X, 1-61; s. F. d. M. III. 526) die Discussion zunächst auf diesen ihren Ausgangspunkt zurücklenken. Helmholtz hatte gezeigt, dass jenes Gesetz schon in dem ganz speciellen Problem der Bewegung zweier Electricitätstheilchen auf ihrer Verbindungslinie zu einer unzulässigen Consequenz führt, indem bei einer gewissen Entfernung die Beschleunigung unendlich gross werden kann, und bei einer geringeren Entfernung der Coefficient der Beschleunigung, welcher der Masse entspricht, negativ wird.

Man übersieht diese Verhältnisse am besten aus der von Helmholtz aufgestellten Differentialgleichung der Bewegung eines electrischen Theilchens e in Gegenwart eines zweiten festen Theilchens e', welches sich in der Entfernung r von jenem befindet:

$$\nu\mu\left(1-\frac{\varrho}{r}\right)\frac{d^2r}{dt^2} = \frac{e\cdot e'}{r^2}\left(1-\frac{1}{c^2}\left(\frac{dr}{dt}\right)^2\right)+R.$$

Diese Differentialgleichung stimmt überein mit derjenigen eines Punktes in einem widerstehenden Mittel. Sie unterscheidet sich nur von derselben durch den Factor $\left(1-\frac{\varrho}{r}\right)$, mit welchem die Masse μ multiplicirt ist. Die hier vorkommende Grösse:

$$\varrho = \frac{2\cdot e\cdot e'}{c^2\cdot\mu}$$

nennt Helmholtz die „kritische“ Entfernung. Ist die gegenseitige Entfernung r kleiner als ϱ, so tritt der Fall einer negativen Masse ein, der eine verkehrte Mechanik zur Folge haben würde.

Hiergegen hat Weber den Einwand gemacht, dass ϱ sehr klein ausfallen muss, wegen des in dem Nenner auftretenden Factors c^2, welcher bekanntlich sehr gross ist, so klein, dass in diesem Falle andere moleculare Anziehungsgesetze gelten würden. Helmholtz macht indess darauf aufmerksam, dass der Entfernung ϱ stets ein endlicher Werth ertheilt werden kann, wenn nur die feste electrische Masse e' hinreichend vergrössert wird.

Bei einem zweiten Beispiel treten dieselben Kennzeichen der negativen Masse in Folge der Anwendung des Weber'schen Gesetzes noch auffälliger hervor. Denkt man sich ein electrisches Massentheilchen beweglich innerhalb einer Hohlkugel, welche gleichmässig mit Electricität belegt ist, so kann ebenfalls der Fall eintreten, dass der Coefficient der Beschleunigung negativ wird. Und zwar würde dieser Fall dann gleichmässig für jeden Punkt im Innern eintreten, also ohne dass die Annäherung des beweglichen Theilchens an die festen eine sehr grosse zu sein braucht. Die Folge hiervon würde eine Realisation des Perpetuum mobile sein.

Ein zweiter von C. Neumann herrührender Einwand betraf die Hypothesen, die den Kirchhoff'schen Gleichungen zu Grunde liegen sollen. Helmholtz zeigt, dass dieselben bis auf die Benutzung des Weber'schen Gesetzes unbestreitbar und bisher allgemein angenommen worden sind.

In der ersten der citirten Arbeiten von Bertrand wendet sich derselbe gegen den Ausgangspunkt der Helmholtz'schen Arbeit, indem er die Zulässigkeit eines Potentials für die Wirkung zweier Stromelemente auf einander bestreitet. Definirt man das Potential als die Arbeit, die geleistet wird, wenn man das eine Element unter Einwirkung des andern in unendliche Entfernung rückt, so lässt sich leicht aus dem Helmholtz'schen Potentialausdruck übersehen, dass eine ebenso grosse Arbeit auch geleistet werden kann, wenn man, ohne den Abstand beider Elemente zu verändern, das eine um einen bestimmten Winkel dreht. Da hierbei nach Bertrand's Anschauung keine Arbeit geleistet werden sollte, indem das Potential nur anziehende Kräfte in Richtung der Verbindungslinie bedinge, so sieht er hierin einen Widerspruch. Dieser Widerspruch verschwindet indess sofort, wenn man nicht nur auf die anziehenden Kräfte, sondern auch auf die auftretenden Kräftepaare Rücksicht nimmt, welche durch das aufgestellte Potential der Stromelemente ebenfalls bedingt sind.

Ein Potential zweier Stromelemente auf einander ist daher ebenso zulässig und giebt einen ebenso guten Sinn als das Potential zweier Magnete auf einander.

Hieran knüpft Bertrand in seiner zweiten Erwiderung an, indem er nachzuweisen sucht, dass, wenn an jedem Element eines Stromkreises ein Kräftepaar von endlicher Grösse angreift, der Stromkreis als solcher nicht bestehen kann, sondern in sich zerrissen werden müsste, sobald in ihm und in einem benachbarten Drahtkreise electrische Ströme circuliren.

Die Erwiderung von Helmholtz auf diesen Einwurf hebt den Unterschied einer absoluten und relativen Deformation einer dünnen Lamelle durch ein Kräftepaar hervor, die von Bertrand verwechselt sein soll; sie ist indess zu kurz, um diesen Punkt völlig aufzuklären.

In der citirten Arbeit erörtert Riecke die Zulässigkeit des Helmholtz'schen Potentials von einem andern Gesichtspunkt aus. Nachdem er die aus demselben resultirenden Componenten der Kräfte eines Elementes auf ein anderes, und die beiden möglichen Formen des Potentials eines geschlossenen Stromes auf ein Stromelement angegeben hat, zieht er aus letzterem die Folgerung, dass die Wirkung eines geschlossenen Stromes auf den beweglichen Theil eines anderen Stromes nicht, wie nach Ampère, senkrecht zu diesem steht. So ist z. B. die Wirkung eines Kreisstromes auf ein Drahtstück, das einen Radius dieses Kreises bildet, nach Helmholtz null, während nach Ampère eine fortdauernde Drehung dieses Radius stattfindet, wie auch der Versuch sie ergiebt

Aufschlüsse über diesen Punkt giebt die letzte Arbeit von Helmholtz. In derselben wird gezeigt, dass aus dem aufgestellten Potential der Stromelemente sich bewegende Kräfte für zwei ungeschlossene Stromtheile herleiten lassen, welche für diese Stromtheile selbst sowohl in diejenige Form gebracht werden können, welche Grassmann, als auch in diejenige, welche Ampère diesen

Kräften gegeben hat. In beiden Fällen treten aber bei Benutzung des Potentialgesetzes noch neue Kräfte hinzu, und zwar:

1) zwischen Stromenden und Stromelementen,
2) zwischen den Stromenden der beiden Leiter.

Hiernach sind auch die Bewegungen der sog. Rotationsapparate zu berechnen, wie der oben von Riecke angeführte. Bei denselben treten Gleitstellen auf, die im Sinne von Helmholtz als Stromenden anzusehen sind.

Schliesslich giebt Helmholtz selbst einen Versuch an, der geeignet ist, zwischen seinem und dem Ampère'schen Elementengesetze zu entscheiden: die Entladung einer Franklin'schen Tafel durch einen Draht, der spiralförmig einen Ringmagnet umgiebt.

Ok.

C. Neumann. Electrodynamische Untersuchungen mit besonderer Rücksicht auf das Princip der Energie. Leipz. Ber. XXIII. 386-449.

Das Weber'sche Gesetz giebt keinen Aufschluss, weder über die gegenseitige Einwirkung zwischen ponderabler und electrischer Materie, noch auch über die gegenseitige Beziehung zwischen Electricität und Wärme. Schwerlich aber dürften irgend welche electrische Erscheinungen anzugeben sein, bei denen man von der Mitwirkung der ponderablen Materie oder von der entwickelten Wärme völlig abstrahiren darf. Zur Begründung einer exacten Theorie werden daher ausser dem Weber'schen Gesetz immer noch irgend welche accessorische Annahmen erforderlich sein, so z. B. die Annahme des Ohm'schen Gesetzes, ferner das Joule'sche Gesetz, ferner die Annahme, dass die auf die electrische Materie eines Leiterelements ausgeübte Kraft sich unmittelbar übertrage auf seine ponderable Masse.

Der Verfasser vorliegender Abhandlung hat nun, an Stelle des Ohm'schen, Joule'schen und des eben genannten Uebertragungsgesetzes, andere Annahmen von etwas einfacherem Character einzuführen gesucht. Die seiner Theorie zu Grunde gelegten Prämissen sind im Ganzen folgende:

1) Je zwei electrische Theilchen wirken auf einander nach dem Weber'schen Gesetz.

2) Die negativen Theilchen sind mit der ponderablen Masse des Leiters unlöslich verbunden; die positiven Theilchen hingegen bilden in ihrer Gesammtheit ein Fluidum, welches im Innern des Leiters mit einer gewissen Reibung beweglich ist. Die Stärke dieser Reibung ist proportional mit der relativen Geschwindigkeit.

3) Die durch die Reibung verloren gehende lebendige Kraft ist als entstehende Wärme zu betrachten.

4) Die Trägheit (oder Masse) der electrischen Materie ist im Allgemeinen verschwindend klein gegenüber der Trägheit der ponderablen Materie.

Der Verfasser zeigt nun, dass das vorhin genannte Uebertragungsgesetz, und ebenso auch das Ohm'sche und Joule'sche Gesetz angesehen werden können als eine Folge dieser vier Prämissen.

Ferner gelangt der Verfasser, auf Grund seiner vier Prämissen, zu dem Resultat, dass das Princip der lebendigen Kraft im Gebiet der electrischen Erscheinungen repräsentirt sei durch zwei wohl von einander zu unterscheidende Sätze, von denen er den einen als Energiegesetz, den andern als Potentialgesetz bezeichnet.

Um näher hierauf einzugehen, denke man sich ein System von (linearen oder körperlichen) Conductoren, die in beliebigen Bewegungen begriffen sind, während gleichzeitig im Innern eines jeden Conductors irgend welche electrische Vorgänge stattfinden. Die von Aussen her einwirkenden Kräfte seien durchweg ordinärer (nicht electrischer) Natur. Ferner sei T die actuelle (oder kinetische), und F die potentielle Energie des Systemes; mit anderen Worten: es sei T die lebendige Kraft aller in dem System vorhandenen ponderablen Massen, und es repräsentire F den Ausdruck:

$$(1.) \quad F = U^0 + U - V,$$

wo U^0 das ordinäre, U das electrostatische und V das electrodynamische Potential des Systems auf sich selber bezeichnet. Alsdann lauten jene Gesetze folgendermaassen:

Das Energiegesetz: „Für jedes Zeitelement dt ist

$$(2.a)\quad d(T+F) = dS - dQ,$$

d. i.

$$(2.b)\quad d(T+U^0+U-V) = dS - dQ,$$

wo dS die von den äusseren Kräften auf das System ausgeübte Arbeit, und dQ die im System (in Folge der electrischen Vorgänge) sich entwickelnde Wärme vorstellt."

Das Potentialgesetz: „Für jedes Zeitelement dt ist:

$$(3.)\quad dT+\delta(U^0+U+V) = dS,$$

wo dS die schon genannte Bedeutung hat. Dabei bezeichnet $\delta(U^0+U+V)$ denjenigen virtuellen Zuwachs, welchen U^0+U+V während der Zeit dt annehmen würde, falls während dieser Zeit die electrischen Ladungen und Strömungen im Innern eines jeden Conductors constant blieben."

Zu bemerken ist, dass das Energiegesetz keiner Einschränkung unterliegt, während andererseits das Potentialgesetz vom Verfasser nur für den Fall abgeleitet ist, dass die electrischen Strömungen im Innern der einzelnen Conductoren als gleichförmig, und an ihren Oberflächen als tangential angesehen werden dürfen.

Vernachlässigt man (wie üblich) die durch U^0 und U repräsentirten ordinären und electrostatischen Kräfte gegenüber den durch V repräsentirten electrodynamischen Kräften, so nehmen die Formeln (1.), (2.a, b), (3.) folgende Gestalten an:

$$(\text{I.})\quad F = -V,$$

$$(\text{II.})\quad d(T+F) = dS - dQ \quad \text{oder:} \quad d(T-V) = dS - dQ,$$

$$(\text{III.})\quad dT - \delta F = dS \quad \text{oder:} \quad dT + \delta V = dS.$$

Bringt man die Formel (III.) auf den Fall zweier gleichförmiger Stromringe in Anwendung, so gelangt man zu dem (schon von F. Neumann aufgestellten) Satz, dass die ponderomotorische Einwirkung zweier solcher Ringe auf einander aus Kräften und Drehungsmomenten besteht, welche sich ausdrücken lassen als gewisse Differentialquotienten ihres gegenseitigen Potentials.

Eine Discordanz zwischen den angegebenen Gesetzen macht sich bemerklich, sobald man dieselben auf constante Magnete anwendet. Der Grund dieses Widerspruchs kann nach Ansicht des Verfassers nur darin zu suchen sein, dass constante Magnete nicht existiren, und nicht existiren können; ebenso wenig etwa, wie ein Weltkörper gedacht werden kann, der trotz der Einwirkung der übrigen Weltkörper constante Geschwindigkeit behält.

Nn.

C. Neumann. Ueber die von Helmholtz in die Theorie der electrischen Vorgänge eingeführten Prämissen, mit besonderer Rücksicht auf das Princip der Energie. Leipz. Ber. XXIII. 450-478.

In diesem Aufsatz hat der Verfasser die Prämissen der von Helmholtz aufgestellten Theorie (Borchardt's Journal, Bd. LXXII, 57-129 siehe F. d. M. II. p. 800) zu erkennen und darzulegen sich bemüht.

Nn.

C. Neumann. Vorläufige Conjectur über die Ursachen der thermoelectrischen Ströme. Leipz. Ber. XXIV. 49-64.

Die zum Gleichgewicht eines Gases erforderlichen Bedingungen lauten bekanntlich:

$$(1.)\quad \frac{1}{\delta}\frac{\partial P}{\partial x}=\frac{\partial F}{\partial x},\quad \frac{1}{\delta}\frac{\partial P}{\partial y}=\frac{\partial F}{\partial y},\quad \frac{1}{\delta}\frac{\partial P}{\partial z}=\frac{\partial F}{\partial z},$$

wo P den innern Druck des Gases, δ seine Dichtigkeit und F die Kräftefunction der von Aussen einwirkenden Kräfte bezeichnen. Dabei ist nach dem Mariotte'schen Gesetz:

$$(2.)\quad P=R(a+\vartheta)\,\delta,$$

wo R, a Constante sind, und ϑ die Temperatur vorstellt.

Die Gleichungen (1.) lassen sich zusammenfassen in die Formel:

$$(3.)\quad dP=\delta.\,dF;$$

diese aber geht, falls man durch (2.) dividirt, über in:

$$(4.)\quad d(lg P)=R\,\frac{dF}{a+\vartheta}.$$

Gleichgewicht wird daher nur dann eintreten können, wenn $a+\vartheta$ eine Function von F ist, also nur dann, wenn die Temperatur ϑ an allen Stellen einer Niveaufläche

F = Const. denselben Werth hat. Befindet sich also z. B. das betrachtete Gas in einer in sich zurücklaufenden Glasröhre und umkleidet man diese Röhre von Aussen mit irgend welchen constanten Wärmequellen, deren Temperaturen dieser Anforderung nicht entsprechen, so entsteht im Innern der Röhre eine perpetuirliche Bewegung, d. i. ein perpetuirlicher Strom.

Die vom Verfasser des vorliegenden Aufsatzes gemachte und weiter verfolgte Conjectur besteht nun in der Annahme, dass die innern Ursachen der thermoelectrischen Ströme denen des eben genannten Gasstroms ähnlich seien. Nn.

C. Neumann. Ueber die Elementargesetze der Kräfte electrodynamischen Ursprungs. Leipz. Ber. XXIV. 144-164. Clebsch Ann. V. 602-624.

Als die sichersten Stützen der Electrodynamik betrachtet der Verfasser die beiden F. Neumann'schen Integralgesetze (das ponderomotorische und das elektromotorische), ferner das Joule'sche Gesetz über die entwickelte Wärme, ferner das Princip der lebendigen Kraft, endlich das Ampère'sche Elementargesetz, und deutet einen Weg an, auf welchem man von diesen Grundlagen aus, ohne auf die innere Mechanik des electrischen Stromes einzugehen, zu dem noch fehlenden electromotorischen Elementargesetz gelangen könne. Die Form, in welcher dieses Gesetz hierbei sich ergiebt, ist folgende:

Sind zwei beliebige Körper A und B in beliebigen Bewegungen begriffen, und bezeichnet m einen Bunkt des Körpers A, ferner Dv ein Volumelement von B, so wird die von Dv während der Zeit dt im Punkte m hervorgebrachte electromotorische Kraft im Allgemeinen aus zwei Kräften zusammengesetzt sein. Die eine derselbeu fällt in die Richtung der gegenseitigen Entfernung r, und besitzt die Stärke:

$$-A^2 Dv \frac{d(rj)}{r^2},$$

wo j die Componente der in Dv vorhandenen electrischen Strömung i bezeichnet, genommen nach derjenigen Richtung von r, in welcher die Kraft gerechnet ist. Die andere ist parallel mit der Strömung i und besitzt, in der Richtung von i gerechnet, die Stärke:

$$+A^2 Dv \frac{i\,dr}{r^2}.$$

Dabei bezeichnet d diejenigen Aenderungen, welche stattfinden während der Zeit dt. Ausserdem ist A^2 eine Constante.

Für den speciellen Fall, dass der inducirende und der inducirte Körper identisch (oder wenigstens starr mit einander verbunden) sind, ist dieses Gesetz in Uebereinstimmung mit den betreffenden Formeln von Weber und Kirchhoff.

Zu Anfang des Aufsatzes findet man Bemerkungen über anderweitige Theorien. So z. B. wird gegenüber der neuerdings von Helmholtz aufgestellten Theorie nachgewiesen, dass für die ponderomotorische Einwirkung zweier electrischer Stromelemente ein Potential nicht existiren könne; denn die Annahme eines solchen Potentials stände in diamentralem Widerspruch mit den elektromagnetischen Rotationserscheinungen*). Nn.

J. Bertrand. Sur la démonstration de la formule, qui représente l'action élémentaire de deux courants. C. R. LXXV. 733-736.

Ampère hat bekanntlich das Gesetz der Wechselwirkung zweier Stromelemente auf einander aus einer kleinen Zahl von Fundamentalversuchen abgeleitet. Zwei der hauptsächlichsten dieser Versuche sind:

1) Ein geradliniger Strom und ein demselben stets sehr nahe bleibender, aber beliebig gewundener Strom üben dieselbe Wirkung auf ein Stromelement aus.

2) Ein geschlossener Stromkreis übt auf ein Element stets eine Wirkung aus, die senkrecht zu dem Elemente steht.

In der vorliegenden Arbeit sucht der Verfasser nachzuweisen, dass der erste Versuch überflüssig ist, da er als nothwendige Folge des zweiten Versuchs angesehen werden kann, und giebt dann eine kurze Ableitung des Ampère'schen Gesetzes allein auf Grund des zweiten Versuchs. Ok.

*) Auf denselben Widerspruch ist etwas später auch von Riecke aufmerksam gemacht worden. (Vergl. pag. 547 dieses Jahrganges d. F. d. M.)

F. KOHLRAUSCH. Ueber die electromotorische Kraft sehr dünner Gasschichten. Gött. Nachr. 1872. 453-465.

Bei Versuchen mit alternirenden Inductionsströmen, erzeugt durch Rotation eines Magnets innerhalb einer Drahtspirale, welche durch eine polarisirende Flüssigkeit geleitet wurden, stiess der Verfasser auf den bemerkenswerthen Umstand, dass für gewisse Umdrehungsgeschwindigkeiten die Wirkung der Polarisation aufgehoben zu sein scheint. Die Stromstärke erreicht dann sogar einen grösseren Werth, als wenn man die Flüssigkeit durch einen metallischen Leiter von demselben Widerstand ersetzt.

Diese Erscheinung ist einer gleichzeitigen Einwirkung des Extrastroms und der Polarisation zuzuschreiben und findet einen mathematischen Ausdruck in der Differentialgleichung:

$$q\frac{d^2i}{dt^2}+w\frac{di}{dt}+pi=\frac{k\pi}{\tau^2}\cdot\cos\left(\frac{\pi}{\tau}t\right).$$

Das Integral derselben

$$i=\frac{k}{\tau}\cdot\frac{\sin\left(\frac{\pi}{\tau}t\right)}{\sqrt{w^2+\left(p\frac{\tau}{\pi}-q\frac{\pi}{\tau}\right)^2}}$$

zeigt, dass der Nenner ein Minimum wird, wenn die Klammer unter der Wurzel verschwindet. Auf die weiteren interessanten Folgerungen über die electromotorische Kraft dünner Gasschichten können wir an dieser Stelle nicht näher eingehen. Ok.

E. RIECKE. Bemerkungen über die Pole eines Stabmagnets. Gött. Nachr. 1872. 251-261.

Wenn man die Pole eines beliebig gestalteten Magnets als zwei magnetische Massenpunkte definirt, deren Wirkung auf einen beliebigen äusseren Punkt gleich sein soll der Gesammtwirkung des Magnets, so ist einerseits die Aufgabe, diese Punkte zu berechnen, noch keine bestimmte, andererseits würde die Lage der Pole stets wechseln mit der Lage des äusseren Punktes. In der vorliegenden Arbeit werden weitere Bedingungen hinzugefügt, welche die Aufgabe zu einer bestimmten machen, und wird dann für verschiedene Magnete die Berechnung der Pole durchgeführt.

Für einen Stabmagnet hängt die Lage der Pole für Punkte in grösserer Entfernung ab von dem Winkel des Radiusvector des betreffenden Punktes mit der magnetischen Axe, nicht aber von der Länge des Radiusvector. Eine weitere Anwendung macht der Verfasser auf die Pole der Magnetnadel einer Tangentenbussole. Ok.

E. Riecke. Ueber die Ersetzbarkeit geschlossener galvanischer Ströme durch magnetische Doppelflächen. Pogg. Ann. CXLV. 218-234.

Das Potential eines geschlossenen electrischen Stromes ist nach Ampère identisch mit dem Potential einer magnetischen Doppelfläche, welche durch die Stromcurve begrenzt wird. Hierbei liegt die Voraussetzung zu Grunde, dass der Punkt nicht in grösster Nähe der Doppelfläche liegt. Mit Benutzung der Vieldeutigkeit des Potentials der magnetischen Doppelfläche zeigt der Verfasser, dass auch für diesen Fall die Ersetzbarkeit zulässig ist, mit Ausnahme des Falls, dass der betreffende Punkt in grosser Nähe der Stromcurve liegt.

Die allgemeinen Sätze werden dann angewandt auf einen Körper, der von Kreisströmen bedeckt ist, welche in parallelen Ebenen liegen. Die magnetische Belegung des Körpers, welche jenes System von Kreisströmen ersetzt, ergiebt sich dadurch, dass man den Körper etwas verschoben denkt in der Richtung der gemeinsamen Normale der Kreisströme und den nur in einer Lage von dem Körper eingenommenen Raum mit magnetischem Fluidum erfüllt, und zwar den, der ersten Lage angehörigen mit Fluidum von entgegengesetztem Vorzeichen, als den der zweiten Lage angehörigen Raum.

Die Rechnung wird dann noch weiter an dem Beispiele eines Ellipsoids durchgeführt. Ok.

G. Börnstein. Zur Theorie des Ruhmkorff'schen Inductionsapparats. Pogg. Ann. CXLVII. 481-524.

Für eine eingehendere Theorie dieses Apparats ist die Berechnung des Potentials einer Drahtspirale auf sich selbst, auf die andere Spirale und auf den Eisenkern nothwendig. Diese Berechnung ist in der vorliegenden Arbeit vollständig durchgeführt. Diese Potentiale lassen sich mit Hülfe elliptischer Integrale in geschlossener Form darstellen. Die weiteren Ausführungen, die Wirksamkeit des Apparats betreffend, dürfen wir wohl an dieser Stelle übergehen. Ok.

Cazin. Qualité de magnétisme des électro-aimants. C. R. LXXIV. 733-737.

Die Arbeit, welche sich mit der Bestimmung des Magnetismus eines Eisenkerns in einer Magnetisirungsspirale beschäftigt und die Resultate hierüber angestellter Versuche wiedergiebt, hat wenig mathematisches Interesse. Die aufgestellten Formeln, deren ähnliche in grosser Zahl schon von deutschen Physikern gegeben sind, haben keinen Anspruch auf Allgemeinheit. Ok.

J. Moutier. Sur les effets thermiques de l'aimantation. Inst. XL. 391-392.

Die beim Magnetisiren und Entmagnetisiren eines Eisencylinders entstehende Wärmemenge soll nach Versuchen von Cazin dem Quadrat des freien Magnetismus und der Entfernung der Pole proportional sein. Die theoretische Ableitung, durch welche Moutier dieses Resultat hier zu begründen versucht, ist so wenig präcis, dass der Referent nicht näher darauf eingehen zu können glaubt. Ok.

Fournier. D'une méthode nouvelle pour la régulation des compas. C. R. LXXV. 25-29.

Neuer Vorschlag, den schädlichen Einwirkungen der Eisentheile eines Schiffs auf den Compass durch einen compensirenden Magnetstab zu begegnen, dessen Lage gegen die Magnetnadel verändert werden kann. Beigegeben sind Andeutungen über die Berechnung der wahren Lage des Magnets. Ok.

H. Wild. Ueber ein neues Variationsinstrument für die Vertical-Intensität des Erdmagnetismus. Carl Rep. VIII. 217-226.

Mit der Beschreibung des genannten Apparats ist eine kurze Berechnung seiner Wirkungsweise verbunden. Ok.

F. Zöllner. Ueber die electrischen und magnetischen Fernewirkungen der Sonne. Leipz. Ber. XXIV. 116-128.

Es handelt sich in der vorliegenden Arbeit hauptsächlich um die Widerlegung von Einwürfen, welche gegen eine früher aufgestellte Hypothese des Verfassers (Leipz. Ber. 1871 und „Natur der Kometen", 77-162) von Zenker gemacht sind.

Die Meinungsdifferenz liegt hauptsächlich in der Frage: Darf man der Sonne einen Ueberschuss an einer Electricitätsart und damit eine electrostatische Wirkung zuschreiben?

Da mathematische Entwicklungen nicht vorliegen, so glauben wir auf diese Hypothesen hier nicht eingehen zu können.

Ok.

O. Fröhlich. Das kugelförmige Electrodynamometer. Carl Repert. VIII. 37-45.

Siehe F. d. M. III. p. 530.

J. Stuart. Investigation of the attraction of a galvanic coil on a small magnetic mass (appendix to a paper by B. G. Airy). Trans. of Lond. CLXII. 493-496.

J. Stuart. Investigation of the attraction of a galvanic coil on a small magnetic mass. Proc. of Lond. XX. 66-70.

Aus Ampère's Untersuchungen ist ein Ausdruck hergeleitet für das Potential U in Bezug auf einen äussern Punkt Q von einem geschlossenen galvanischen Kreisstrom, der durch einen Draht von unendlich dünnem Querschnitt geht; und daraus Ausdrücke für die Anziehungen X und Y des Stromes; mithin auch für die X und Y in dem Falle eines Stromes, der einen Draht

von der Form eines hohlen Cylinders von gegebener Länge und gegebenem äusserem und innerem Radius durchläuft.
Cly. (M.).

E. Beltrami. Teorica matematica dei solenoidi elettrodinamica. Il Nuovo Cimento (2) VII-VIII. 285-301.

C. H. C. Grinwis. Over de energie eener electrische lading. Versl. en Meded. Lesde deel. 140-146.

Analytischer Ausdruck der Energie einer electrischen Entladung, wenn die Electricitätsmenge dieselbe, ihr Potential ungeändert bleibt, und wenn dieselbe der Wirkung eines Inductionsstroms unterworfen ist. Aenderung dieser Energie, wenn die Grösse der electrischen Oberfläche sich ändert. Mn. (Wn.)

Momber. Vertheilung der Electricität auf zwei Kugeln. Pr. Königsberg.

Capitel 4.

Wärmelehre.

S. Carnot. Réflexions sur la puissance motrice du feu et sur les machines propres à développer cette puissance. Ann. de l'Éc. Norm. (2) I. 393-458.

Wiederabdruck der bekannten 1824 erschienenen Arbeit.
Wn.

J. Moutier. Eléments de thermodynamique. 18°. Paris, Gauthier-Villars.

E. Mach. Die Geschichte und Wurzel des Satzes von der Erhaltung der Kraft. Prag.

Der Verfasser sucht durch eine Reihe von Citaten nachzuweisen, dass schon in längst vergangener Zeit der fragliche Satz in verschiedener Form ausgesprochen und dass besonders der Grundsatz des unmöglichen Perpetuum mobile als Princip in Beweisen benutzt worden ist. Daher sieht der Verfasser jenen Satz auch nicht an als eine Folge der fortgeschrittenen, mechanischen Naturerkenntniss, sondern sucht die Wurzel desselben in der Auffassung des Zusammenhangs der Erscheinungen nach dem Causalitätsgesetz. Ok.

R. Clausius. Zur Geschichte der mechanischen Wärmetheorie. Pogg. Ann. CXLV. 132-146.

P. G. Tait. Antwort an Herrn Clausius. Pogg. Ann. CXLV. 496.

R. Clausius. Ueber die von Herrn Tait erhobenen Einwände gegen meine Behandlung der mechanischen Wärmetheorie. Pogg. Ann. CXLVI. 308-313.

Veranlasst durch Darstellungen der Entwickelung der mechanischen Wärmetheorie von Seiten englischer Physiker, besonders von Tait und Maxwell, in denen, zweifellos absichtlich, die Namen deutscher Physiker verschwiegen sind, welche wesentlich zu der Ausbildung dieser Theorie beigetragen haben, sieht sich Clausius veranlasst, gegen ein solches Verfahren zu protestiren und die historische Reihenfolge der hauptsächlichsten Arbeiten über diesen Gegenstand festzustellen.

Die hierauf folgende Erwiderung Tait's zieht besonders die Gültigkeit der Hypothese in Zweifel, welche dem zweiten Hauptsatz zu Grunde liegt. Hieran knüpft daher Clausius weitere Erörterungen über die Frage: ob Wärme „von selbst“ von einem kälteren zu einem wärmeren Körper übergehen könnte, welche ein vorwiegend physikalisches Interesse haben. Ok.

C. Szily. Das Hamilton'sche Princip und der zweite Hauptsatz der mechanischen Wärmetheorie. Pogg. Ann. CXLV. 295-302.

R. Clausius. Ueber den Zusammenhang des zweiten Hauptsatzes der mechanischen Wärmetheorie mit dem Hamilton'schen Princip. Pogg. Ann. CXLVI. 585-596.

Der zweite Hauptsatz lautet bekanntlich:

$$\int \frac{dQ}{T} \leqq 0,$$

wo dQ die Aenderung der Wärme, T die absolute Temperatur bedeutet. Identificirt man die Aenderung der Wärme in einem Körper mit der Aenderung der gesammten Energie aller Punkte desselben, die absolute Temperatur mit der gesammten lebendigen Kraft, so sieht man die Möglichkeit ein, dass der fragliche Satz auf ein Princip der reinen Mechanik, wie das Hamilton'sche zurückgeführt werden kann.

Eine derartige Ableitung hat Szily in der oben citirten Arbeit zu geben versucht. Er geht von dem genannten Princip aus, das sich auf die Form bringen lässt:

$$2 \cdot \delta \int_0^i T di = \delta E,$$

wo δE die Aenderung der gesammten Energie, T die lebendige Kraft, das Integral eine Summation über den Zeitraum i bedeutet. Der Uebergang von dieser zu jener Gleichung lässt sich durch eine sehr einfache Transformation bewerkstelligen.

In seiner Erwiderung hierauf zeigt Clausius, dass diese Ableitung eine unzulässige ist. Es sind hierbei wesentliche Schwierigkeiten übergangen, die bei dem Beweise des zweiten Hauptsatzes zu überwinden sind. Derselbe ist nämlich insofern allgemeiner als das Hamilton'sche Princip, als bei demselben nicht wie bei jenem, eine Unveränderlichkeit der Kräftefunction vorausgesetzt zu werden braucht. Ok.

R. Clausius. On the connexion of the second proposition of the mecanical theory of heat with Hamilton's principle. Phil. Mag. 1872.

Eine Uebersetzung aus Poggendorff's Annalen CXLVI. p. 585.
Csy.

A. Kurz. Ueber die Nothwendigkeit, den zweiten Satz der mechanischen Wärmetheorie zu popularisiren. Carl Rep. VIII. 161-172.

Der Verfasser theilt eine Reihe von Rechnungen und Beispielen mit, die sich zum Theil auf jenen Satz beziehen, ohne dass uns indess der im Titel angedeutete Zweck dadurch gefördert zu sein schiene. Ok.

Belpaire. Note sur le second principe de la thermodynamique. Bull. de Belg. (2) XXXIV. 502-525.

E. Folie et Glasener. Rapports sur ce mémoire. Bull. de Belg. (2) XXXIV. 448-453.

Die folgende Skizze möge den neuen, sehr einfachen Beweis des Princips von Carnot und Clausius veranschaulichen.

1) Es sei Q die von einem Körper absorbirte oder entwickelte Wärmemenge, A das Wärmeäquivalent für die Arbeitseinheit, V die Energie des Körpers, S die äussere durch den Körper geleistete Arbeit, so ist

$$dQ = A(dV + dS).$$

Die Grössen Q, V, S und die Temperatur t des Körpers (letztere nach hunderttheiligen Graden gemessen) hängen von dem äusseren, auf den Körper ausgeübten Druck und von seinem Volumen V ab. Ist der Druck an der ganzen Oberfläche des Körpers constant, so ist $dS = p\,dv$. Setzt man nun

$$(1)\quad dQ = A(X\,dp + Y\,dv) = A\left[\left(\frac{\partial V}{\partial p}\right)dp + \left(\frac{\partial V}{\partial v} + p\right)dv\right],$$

so ist

$$(2)\quad \frac{\partial Y}{\partial p} - \frac{\partial X}{\partial v} = -1.$$

2) Ist $T = a + t$ die Temperatur des Körpers, vom absoluten Nullpunkt an gezählt, so kann man als Princip annehmen, dass „bei einer isothermen Transformation bei der unendlich kleinen Temperatur ε die in Arbeit umgesetzte Quantität der Energie unendlich klein ist.“ Daraus folgt unmittelbar, dass bei irgend einer isothermen Transformation die Function $Q = \varphi(T, V)$,

welche die von dem Körper abgegebene Wärme angiebt, wenn der Körper vom Volumen V_0 das Volumen V erlangt, die Form $T\cdot\mu$ haben muss, da für $T=0$, $Q=0$ ist. μ ist dabei eine Function von T und v. Es ist somit

$$dQ = T\cdot d\mu,$$

und daher ist bei einer isothermen Transformation $\frac{dQ}{T}$ ein exactes Differential. Es gelten also gleichzeitig die Relationen (1), (2), $dT=0$ und

$$\frac{\partial}{\partial v}\left(\frac{X}{T}\right) = \frac{\partial}{\partial p}\left(\frac{Y}{T}\right),$$

woraus sich leicht ergiebt:

$$dQ\left(\frac{\partial T}{\partial p}\right) = ATdv.$$

3) Es werde nun ein in jedem Sinne unendlich kleiner Carnot'scher Kreisprocess geometrisch in einer Ebene dargestellt, wobei die Coordinaten die Grössen v und p darstellen. Den Temperaturen T und $T+\varDelta T$ mögen die isothermen Curven *ab*, *cd* entsprechen, und die adiabatischen Curven *ad*, *bc* mögen den Werthen Q und $Q+dQ$ entsprechen. Man kann sich leicht überzeugen, dass die während des vollständigen Verlaufes des Kreisprocesses absorbirte Arbeit durch den Inhalt der Fläche *abcd* gemessen wird. Nennt man diesen Inhalt $\varDelta^2 F$, so ist $d^2F = dp\cdot dv$, wobei dp der Zuwachs von p ist, wenn T auf $T+\varDelta T$ wächst, während v constant ist. dv ist dagegen der Zuwachs von v, wenn Q zu $Q+\varDelta Q$ wird. Daraus folgt:

$$d^2F = \frac{dT}{\left(\frac{\partial T}{\partial p}\right)}dv = \frac{dT\cdot dQ}{AT}.$$

Für einen Carnot'schen Kreisprocess, der nur in einem Sinne unendlich klein ist, und für einen beliebigen Kreisprocess, ist, weil $dQ = A\,dF$

$$(3)\quad dF = \frac{dT}{AT}Q,\quad \frac{Q}{T} = C,$$

und

$$\frac{Q_2 - Q_1}{Q_1} = \frac{T_2 - T_1}{T_1}.$$

Dies ist der analytische Ausdruck des Carnot'schen Satzes. Aus (3) ist eine wichtige Folgerung abzuleiten. Nimmt man nämlich an, dass der Körper von einer Reihe von Anfangszuständen ausgeht, die geometrisch durch eine adiabatische Linie dargestellt werden, die Linie der Anfangszustände, und dass für diese Linie $Q = 0$ ist, so ist für eine andere adiabatische Linie $Q = T \cdot C$. Und da allgemein $Q = T \cdot \mu$ war, so ist μ längs einer adiabatischen Curve constant.

Nimmt man daher T und μ zu unabhängigen Variabeln und zu Coordinaten, so wird ein Carnot'scher Kreisprocess durch ein Rechteck dargestellt, dessen Seiten den Axen parallel sind.

4) Die Anwendung der erwähnten neuen Coordinaten ermöglicht den Beweis des zweiten Hauptsatzes der Wärmetheorie für den Fall irgend einer umkehrbaren Transformation. Die bei einer solchen Transformation abgegebene unendlich kleine Wärmemenge, die durch die Grenzwerthe von T und μ bestimmt wird, nämlich

$$T, \quad \mu, \quad T + \Delta T, \quad \mu + \Delta\mu$$

ist bis auf ein unendlich Kleines zweiter Ordnung gleich der Wärmemenge, die bei der isothermen Transformation

$$T, \quad \mu, \quad T, \quad \mu + \Delta\mu$$

und bei der adiabatischen Transformation

$$T, \quad \mu + \Delta\mu, \quad T + \Delta T, \quad \mu + \Delta\mu$$

abgegeben wird. Im letzteren Fall ist jene Wärmemenge $= 0$, bei einer isothermen Transformation ist sie bis auf Grössen zweiter Ordnung $T \cdot d\mu$. Durch die geometrische Darstellung von dQ mit Hülfe der Coordinaten T, μ ist daher ersichtlich, dass für irgend eine umkehrbare Transformation auch $dQ = T \cdot d\mu$ ist, d. h. dass $\frac{dQ}{T}$ ein exactes Differential ist.

5) Aus dem Vorhergehenden ergiebt sich nun durch elementar-geometrische Sätze das bekannte Theorem über die Leistung thermischer Maschinen. Es ist in folgender Aufstellung enthalten:

$$\frac{S}{S + S' + A} < \frac{S + S'' + S'}{S + S' + S'' + A}.$$

Dabei sind S, S', S'', A Flächenräume in der Ebene der Coordinaten T, μ. S ist begrenzt durch die irgend einem umkehrbaren Kreisprocess entsprechende Curve, $S+S''+S'$ ist der Inhalt eines der Curve umschriebenen Rechtecks, das einen Carnot'schen Kreisprocess darstellt, $S'+A$ ist der Inhalt der Fläche, die zwischen der eben besprochenen Curve und der Axe der μ liegt.

Mn. (Wn.)

J. Stefan. Ueber die dynamische Theorie der Diffusion der Gase. Wien. Ber. LXV. 323-364.

In der Theorie der Gase, welche beruht auf einer Annahme der Bewegung der einzelnen Gasmolecüle, stehen noch zwei Ansichten einander gegenüber: die ältere, zur Zeit noch von Clausius vertretene, nach welcher die Gasmolecüle bei ihrem Zusammentreffen sich verhalten wie elastische Kugeln; und die neuere von Maxwell aufgestellte, nach welcher die Gasmolecüle sich abstossen umgekehrt proportional der fünften Potenz der Entfernung. Zur weiteren Aufklärung dieser Frage geht der Verfasser ein auf die Theorie der Diffusion zweier Gase in einander.

Da der Diffusionscoëfficient zweier Gase für verschiedene Combinationen durch Versuche bestimmt ist, so kam es auf die Berechnung desselben an. Derselbe ist:

$$K = \frac{1}{A_{12}} \cdot \frac{p}{d_1 \cdot d_2}.$$

Hier bedeutet p den Druck, unter dem das Gasgemenge steht, d_1 und d_2 sind die Dichtigkeiten der beiden Gase. A_{12} ist eine Grösse, welche von der Natur der beiden Gase und von den über die Bewegung und die Zusammenstösse gemachten Voraussetzungen abhängt und welche verschieden ausfällt, je nachdem man der einen oder anderen Theorie folgt.

Zunächst wird die von Maxwell gegebene Ableitung kurz recapitulirt.

Die Formel, zu der man auf diesem Wege gelangt, lautet:

$$K = \frac{3\pi}{8}\sqrt{2}\,\frac{\sqrt{m_1+m_2}\cdot v\sqrt{m}}{\sqrt{m_1 \cdot m_2}\left\{\frac{1}{\sqrt{\lambda_1}}+\frac{1}{\sqrt{\lambda_2}}\right\}^2}.$$

Hier bedeuten m_1, m_2 die Massen der Molecüle, v deren mittlere Geschwindigkeit. (Die mittleren lebendigen Kräfte beider Gase sind gleich; daher: $v\sqrt{m} = v_1\sqrt{m_1} = v_2\sqrt{m_2}$). λ_1 und λ_2 sind endlich die mittleren Weglängen. Dieselben sind nach Versuchen über die innere Reibung der Gase aus den Reibungscoëfficienten berechnet. Ausführlicher ist dann die Berechnung nach der Annahme von Clausius durchgeführt, und gleichzeitig ist dabei eine Reihe verwandter Probleme über die Moleculartheorie der Gase gelöst.

Der Vergleich der numerischen Resultate mit den Beobachtungen von Loschmidt giebt eine bessere Uebereinstimmung bei Benutzung der Theorie von Maxwell. Ok.

L. BOLTZMANN. Ueber das Wirkungsgesetz der Molecularkräfte. Wien. Ber. LXVI. 213-219.

Der Verfasser behandelt die Frage, ob die kleinste Entfernung, in welche zwei Gas- oder Dampf-Molecüle bei einer gegenseitigen Annäherung auf ihrer Centrale gelangen, eine Grösse hat, die vergleichbar ist mit der Entfernung zweier Molecüle desselben Körpers im flüssigen Zustande. Die Betrachtung wird an dem Beispiel des Wassers durchgeführt.

Die Frage wird dadurch gelöst, dass berechnet und gleichgesetzt werden:

1) die Arbeit, die geleistet wird bei derjenigen Annäherung zweier Wassermolecüle, die einer Zunahme des Druckes auf die freie Oberfläche um eine Atmosphäre entspricht;

2) die mittlere lebendige Kraft zweier Wasserdampfmolecüle. Letztere ist gleich Null, wenn die Molecüle in die grösste Nähe gekommen sind, welche sie erreichen können. Die gefundenen Ausdrücke 1) und 2) können gleichgesetzt werden, wenn man mit dem Verfasser annimmt, dass „die Molecüle ihre Beschaffenheit durch den Uebergang in den gasförmigen Zustand nicht ändern.“

Als Resultat ergiebt sich, dass die Entfernung der Centra der beiden Dampfmolecüle im Augenblick ihrer grössten Annäherung nur noch $\frac{2}{3}$ von der Entfernung der Wassermolecüle beträgt. Ok.

L. BOLTZMANN., Weitere Studien über das Wärmegleichgewicht unter Gasmolecülen. Wien. Ber. LXVI. 275-370.

Die Anzahl der Molecüle eines Gases, deren Geschwindigkeiten zwischen den Grenzen v und $v + dv$ liegen, ist:

$$A \cdot v^2 \cdot e^{-Bv^2} \cdot dv.$$

Dieser von Maxwell aufgestellte Satz ist von demselben bewiesen worden, indem er zeigte, dass, wenn die oben gegebene Vertheilung der Geschwindigkeit in einem Augenblick wirklich besteht, dieselbe durch irgend welche Zusammenstösse von Molecülen nicht verändert wird. Boltzmann hält diesen Beweis für ungenügend, da nicht a priori entschieden werden kann, ob nicht auch eine andere Formel dasselbe leistet.

In Abschnitt I. und II. der vorliegenden Arbeit ist daher die eben besprochene Aufgabe noch einmal behandelt. Das Resultat ist wieder die Maxwell'sche Formel. Die Ableitung ist in der Weise durchgeführt, dass für die gesuchte Function f der Geschwindigkeit (für letztere hat $B.$ die lebendige Kraft x als unabhängige Variable eingeführt) eine partielle Differentialgleichung aufgestellt wird. Dann wird der Beweis geliefert, dass wenn die Function $f(xt)$ der gefundenen partiellen Differentialgleichung genügt, der Ausdruck:

$$E = \int_0^x f(xt) \left\{ lg\left(\frac{f(xt)}{\sqrt{x}}\right) - 1 \right\} dx$$

stets abnehmen muss oder höchstens constant bleiben kann, dass also:

$$\frac{dE}{dt} \leqq 0.$$

Da E nicht negativ unendlich werden kann, so muss der letzte Ausdruck $= 0$ sein, und daraus folgt unmittelbar die Maxwell'sche Gleichung.

Der eben besprochene Beweis wird darauf noch einmal so durchgeführt, dass an Stelle der partiellen Differentialgleichung ein System gewöhnlicher Differentialgleichungen gesetzt wird. Der Vortheil dieser Abänderung besteht darin, dass man den Beweis auch führen kann, wenn man annimmt, dass das Gas nur aus einer begrenzten Zahl von Molecülen besteht.

In Abschnitt (III) sind im Anschluss an Maxwell (Phil. Mag. (4) XXXV) diejenigen Modificationen in der Geschwindigkeitsvertheilung der Molecüle eines Gases besprochen, welche bei der Diffusion mehrerer Gase in einander, bei Reibungserscheinungen und bei partiellen Temperaturänderungen eintreten. In Abschnitt IV und V werden die in den beiden ersten Abschnitten durchgeführten Betrachtungen ausgedehnt auf ein Gas, dessen Molecüle aus mehreren Atomen bestehen. Die Ableitung führt auch hier wieder auf eine Grösse E, von der bewiesen wird, dass sie constant bleiben muss. Ok.

V. v. Lang. Zur dynamischen Theorie der Gase. Pogg. Ann. CXLV. 290-294. CXLVII. 157-160. Wien. Ber. LXV. 415-419.

Durch allgemeine Betrachtungen über die Bewegung der Gasmolecüle sind Ausdrücke für den Coëfficienten der inneren Reibung und für das Wärmeleitungsvermögen der Gase abgeleitet worden. Der Verfasser sucht auf möglich einfachste Weise dieselben Ausdrücke herzuleiten, indem er (nach dem Vorbilde von Krönig) die Annahme zu Grunde legt, dass sich die Gasmolecüle nur in drei zu einander senkrechten Richtungen und mit gleichen, mittleren Geschwindigkeiten bewegen. Er gelangt dabei zu denselben Ausdrücken, wie die ausgeführtere Theorie. Nur für das Wärmeleitungsvermögen findet sich ein anderer Zahlenfactor, als in der Formel von Clausius. Dieser Umstand wird ausführlicher in der zweiten Notiz besprochen, und ein neuer Ausdruck abgeleitet, der sich besser den Versuchsresultaten von Stefan anschliesst, als die beiden früheren Formeln. Ok.

W. Sellmeier. Druck und elastischer Stoss. Pogg. Ann. CXLV. 162-164.

G. HANSEMANN. Druck und elastischer Stoss. Pogg. Ann. CXLVI. 620-623.

Anknüpfend an eine frühere Arbeit von Hausemann (s. F. d. M. III. 539) erörtert Sellmeier die Frage, ob der Druck auf eine feste Wand, der durch regelmässig wiederkehrende Stösse eines elastischen Körpers hervorgebracht wird, wiederzugeben ist durch die Formel:

$$p = m \cdot g, \quad \text{oder durch:} \quad p = \frac{m \cdot g}{2},$$

wo m die Masse, g die Beschleunigung der Schwere bedeutet.

Hansemann's Gegenbemerkung zeigt, dass die Beantwortung der Frage abhängt von der Definition der „Masse“ durch Gewicht und Beschleunigung. Ok.

S. ŠUBIC. Ueber die Constanten der Gase. Pogg. Ann. CXLVII. 302-317.

S. ŠUBIC. Ueber die Temperaturconstante. Pogg. Ann. CXLVII. 432-468.

Die Arbeit enthält speciellere Ausführungen der neueren Bewegungstheorie der Gase, und werden besonders Beziehungen zwischen verschiedenen experimentell bestimmten Constanten gesucht. Die bemerkenswertheste derselben ist der folgende Satz: „Die speciellen Wärmen der Gase bei constantem Volumen verhalten sich wie die Anzahl der Atome, aus denen ein Molecül besteht.“ Wenn man die absolute Temperatur eines Gases proportional setzt der mittleren lebendigen Kraft der fortschreitenden Bewegung seiner Molecüle, so erhält man:

$$h \cdot T = \frac{mu^2}{2}.$$

Die hier auftretende Grösse h nennt der Verfasser die „Temperatur-Constante,“ und findet für dieselbe:

$$h = \tfrac{3}{2} A,$$

wo A das Arbeitsäquivalent der Wärmeeinheit ist. Auf Grund dieses Resultats erfolgen weitere Betrachtungen über die Theorie der Gase. Ok.

Ph. Gladbach. Untersuchungen über das gesetzmässige Verhalten der Gase und Dämpfe. Pogg. Ann. CXLV. 318-328.

Speculationen über die Veränderlichkeit der Gewichtseinheit Wasserdampf, als Function von Druck und Temperatur, veranlassen den Verfasser anzunehmen, dass das Wärmeäquivalent der Arbeitseinheit nicht, wie gewöhnlich angenommen, eine Constante, sondern eine Function der Temperatur ist. Auf Grund dieser, sonst durch nichts motivirten Annahme wird eine neue Ableitung der Veränderlichkeit des Dampfvolumens in genauem Anschluss an Clausius gegeben. Ok.

W. C. Wittwer. Beiträge zur Theorie der Gase. Schlömilch Z. XVII. 13-38.

Der Verfasser führt die Wirkung zweier Gasmolecüle auf einander auf abstossende Kräfte zurück. Zweck der Arbeit ist, zu zeigen, dass wenn man als Wirkungsgesetz dieser Kräfte nicht: $-\frac{b}{r^n}$, sondern eine Reihe:

$$-\left\{\frac{b}{r^n}+\frac{c}{r^p}+\frac{e}{r^q}+\cdots\right\}$$

annimmt, dass sich dann die Abweichungen der Gase von dem idealen Mariotte-Gay-Lussac'schen Gesetz erklären lassen. Die mathematische Betrachtung des Verfassers beschränkt sich auf eine Reihe von Gasmolecülen, die in einer einzigen geraden Linie liegen.

Die Schlüsse, die aus diesen Prämissen über das Verhältniss von Volumen, Druck und Temperatur gezogen werden, können, wie leicht einzusehen, nur als erste Annäherungen gelten.

Ok.

E. Maillard. De la définition de la température dans la théorie mécanique de la chaleur et de l'interprétation physique du second principe fondamental de cette théorie. C. R. LXXV. 1479-1482.

Der vorliegende sehr kurze Auszug der Abhandlung des Verfassers giebt den Beweis eines Satzes der mechanischen Wärmetheorie, aus welchem sich als Definition der Temperatur ergiebt: die lebendige Kraft des Schwerpunkts eines Gasmoleculs.

Ok.

J. Moutier. Sur le travail interne qui accompagne la détente d'un gaz sans variation de chaleur. C. R. LXXIV. 1095-1099.

Mit Hülfe von Betrachtungen, welche Clausius über das Dulong-Petit'sche Gesetz angestellt hat, wird die innere Arbeit verglichen, welche bei der Ausdehnung der Kohlensäure und des Wasserstoffs geleistet wird. Dieselbe ist bei ersterer grösser als bei letzterem.

Ok.

F. Massieu. Note sur la loi des tensions maxima des vapeurs. C. R. LXXV. 872-876.

Mit Hülfe theoretischer Betrachtungen wird der Versuch gemacht, die Spannkraft der Dämpfe als Temperaturfunction auszudrücken. Der Verfasser gelangt indess nur zu einem sehr complicirten Ausdruck in Form einer Differentialgleichung.

Ok.

J. Bourget. Du coëfficient économique dans la thermodynamique des gaz permanents. C. R. LXXIV. 1230-1232.

Kurzer Auszug einer ausführlichen Arbeit. Einige Sätze über den ökonomischen Coëfficienten calorischer Maschinen werden ohne Beweise gegeben. So findet der Verfasser für eine Maschine, die zwischen den Reservoiren mit den Temperaturen t_1 und t_2 arbeitet, nach dem Carnot'schen Kreisprocesse diesen Coëfficienten:

$$\varrho = 1 - \frac{1+\alpha t_1}{1+\alpha t_2}.$$

Für jeden anderen Kreisprocess ist derselbe kleiner. Ok.

H. Résal. Mémoire sur les volants des machines à vapeur. Ann. des Mines (7) I. 249-270.

Ausführliche Abhandlung zu dem Bd. III. 539 dieser Fortschritte erwähntem Auszug.

Die angestellten Rechnungen haben den Zweck, die für Schwungräder günstigsten Constructionsbedingungen anzugeben.

Ok.

J. W. STRUTT (Lord Raleigh). On the vibrations of a gas contained within a rigid spherical envelope. Proc. of L. M S. IV. 93-104.

Cly.

C. A. BELLANGER. Petit catéchisme de machines à vapeur. 2me. éd. avec. atlas. 8. Paris. Gauthier-Villars.

FROSCH. Ueber den Temperaturzustand eines von zwei nicht concentrischen Kugelflächen eingeschlossenen Körpers. Schlömilch Z. XVII. 498-507.

Die vorliegende Arbeit ist die Fortsetzung einer Abhandlung (Schlömilch Z. XIII. s. F. d. M. I. p. 379) und nimmt als Ausgangspunkt die Arbeit von C. Neumann „Allgemeine Lösung des Problems über den stationären Temperaturzustand etc."

Die im Titel genannte Aufgabe erfordert die Bestimmung einer Function V_1, wo:

$$4\pi V_1 = \int \eta'_\sigma \, V_\sigma d\sigma + \int \eta'_\tau \, V_\tau \, d\tau.$$

V_σ und V_τ sind die auf den beiden Kugelflächen herrschenden stationären Temperaturen, welche gegeben sein müssen. Die Integrationen erstrecken sich über jene Kugelflächen. η'_σ und η'_τ sind zwei, schon in dem ersten Theil der Arbeit bestimmte Functionen. Die speciellere Berechnung und Transformation dieser Functionen wird durchgeführt für den Fall:

1) dass die Kugelflächen in parallele Ebenen übergehen,
2) dass die Kugelflächen sich berühren.

Ok.

H. Weber. Ueber das Wärmeleitungsvermögen von Eisen und Neusilber. Pogg. Ann. CXLVI. 257-283.

Die Arbeit enthält die experimentelle Bestimmung des äusseren und inneren Wärmeleitungsvermögens der oben genannten Metalle, nach einer von F. Neumann angegebenen Methode. Ein Stab wird an dem einen Ende bis auf eine bestimmte Temperatur u_0 erwärmt und am andern bis auf die Temperatur u_1 abgekühlt. Darauf umgekehrt das erste Ende dieselbe Zeit bis auf u_1 abgekühlt, das andere Ende bis auf u_0 erwärmt, etc. Wird dies in regelmässigen Perioden fortgesetzt, so tritt schliesslich innerhalb jeder Periode ein stationärer Temperaturzustand des Stabes ein. Die mathematische Behandlung dieser Aufgabe ist in der Abhandlung nicht ausgeführt, sondern es sind nur die resultirenden Formeln gegeben. Auf den experimentellen Theil der interessanten Arbeit können wir hier nicht eingehen.

Ok.

J. Stefan. Untersuchungen über die Wärmeleitung der Gase. Wien. Ber. LXV. 45-73.

In der ausschliesslich experimentellen Arbeit werden nur einige leicht abzuleitende Formeln der mathematischen Theorie der Wärmeleitung in festen Körpern benutzt. Anlass zu der Arbeit gab eine nach der dynamischen Gastheorie von Maxwell ausgeführte Berechnung des Wärmeleitungsvermögens der Luft, nach welcher dasselbe $\frac{1}{3500}$ von demjenigen des Eisens betragen sollte, während der Verfasser aus seinen Versuchen die sehr nahe kommende Zahl $\frac{1}{3350}$ berechnet. Ok.

Jamin et Richard. Mémoire sur le refroidissement des gaz. C. R. LXXV. 105-114, 453-458.

Die vorliegende Arbeit giebt ausschliesslich die Beschreibung und die Resultate von Versuchen über die Erkaltungsgeschwindigkeit von Gasen. Die angestellten Rechnungen sind ganz elementar und dienen nur dazu, die durch die Versuche erhaltenen Curven durch geeignete Formeln darzustellen. Ok.

P. Desains. Recherches sur la réflexion de la chaleur à la surface des corps polis. C. R. LXXV. 1102-1104, 1185-1188.

Nach der Fresnel'schen Theorie der Reflexion und Brechung der Lichtstrahlen erhält man Formeln für die Intensitäten des gebrochenen und reflectirten Strahls, die verschieden ausfallen, je nachdem das Licht senkrecht oder parallel der Einfallsebene polarisirt war. Der Verfasser vergleicht die Resultate einer experimentellen Untersuchung über die Reflexion von Wärmestrahlen an metallischen Oberflächen mit diesen Formeln, kommt dabei indess zu dem Resultat, dass dieselben einer Modification bedürfen, wenn sie die Reflexion von Wärmestrahlen, herrührend von einer Wärmequelle von niedriger Temperatur, wiedergeben sollen. Ok.

A. Genocchi. Sur l'intensité de la chaleur dans les régions polaires. C. R. LXXV. 1521-1524.

Die vorliegende Notiz ist ein kurzer Auszug einer Arbeit, die sich in den Bulletins de l'Institut Lombard (8 Février 1872) findet. Zweck derselben ist, die Irrthümer zu verbessern, die Plana begangen, bei einer mathematischen Untersuchung des Jahresmittels der Sonnenwärme für Orte der Erde zwischen dem Polarkreis und dem Nordpol. Während Plana zu dem auffallenden Resultat gelangt war, dass die mittlere Sonnenwärme vom Polarkreis nach dem Pole hin zunimmt, weist der Verfasser nach, dass dieses Resultat auf Rechenfehlern beruht und theilt die richtige Formel mit, in der elliptische Integrale auftreten.

Ok.

Zwölfter Abschnitt.

Geodäsie und Astronomie.

Capitel 1.

Geodäsie.

W. Ogilvy. New theory of the figure of the earth. 4°. London. Longmans.

Hi.

E. Folie. Sur le calcul de la densité moyenne de la terre, d'après les observations d'Airy. Bull. de Belg. (2) XXXIII. 389-409.

Ph. Gilbert et Liagre. Rapports sur ce mémoire. Bull. de Belg. (2) XXXIII. 369-372.

Dewalque. Note sur le même sujet. Bull. de Belg. (2) XXXIII. 388-389.

Herr Folie nimmt mit Airy die Erde als sphärisch an und berücksichtigt ihre Rotationsbewegung nicht. Pendelbeobachtungen an zwei auf derselben Verticalen gelegenen Punkten, von denen der eine *A* ein innerer, der andere *B* ein äusserer ist, geben das Verhältniss der Intensitäten der Schwerkraft in *A* und *B*. Dies Verhältniss hängt nicht nur von den Abständen jener beiden Punkte vom Erdmittelpunkte ab, sondern auch von der Anziehung, welche die sphärische Schicht von der Dicke *AB* auf beide Punkte ausübt. Airy nimmt an, dass die Dichtigkeit dieser Schicht eine gleichförmige ist und gleich der mittleren Dichtigkeit (2,5), die er in einem Schacht *AB* bestimmt hat. Herr

Folie hat nun dieselbe Rechnung durchgeführt unter der Voraussetzung, dass die Schicht *AB* überall eine mittlere Dichtigkeit von 1,4 hat, wegen der grossen Ausdehnung der Meere auf der Erdoberfläche, während in einem geraden Cylinder von 3 englischen Meilen, der *AB* zur Rotationsaxe hat, die Dichtigkeit 2,5 ist. Dieser Cylinder von der Dichtigkeit 2,5 endet in einer Ebene, die senkrecht zu *AB* durch *A* geht.

Während Airy für die mittlere Erddichtigkeit den Werth 6,566 abgeleitet hat, findet Folie 6,439, eine Zahl, die den durch andre Methoden gefundenen Resultaten näher kommt. Mn. (Wn.)

A. Sawitsch. Les variations de la pesanteur dans les provinces occidentales de l'empire Russe. Monthl. Not. XXXI. 221-224. 1871. Mem. of R. Astr. Soc. XXXIX. II. 19-29.

Der grosse Bogen des Meridians, der in Russland mit all der Genauigkeit gemessen ist, welche die modernen Beobachtungsmethoden zulassen, ist von besonderer Wichtigkeit geworden, um die Variationen der Intensität der Schwere in den Gegenden, die von diesem Bogen durchschnitten werden, zu untersuchen und den Verlauf dieser Aenderungen mit den Variationen zu vergleichen, die man beobachtet in der Richtung der Schwere, welche auf einer Anzahl Stationen durch astronomische Beobachtungen und geodätische Operationen bestimmt ist. Eine ausgedehnte Reihe von Pendelbeobachtungen war deshalb von der Akademie der Wissenschaften zu St. Petersburg auf gewissen Stationen zwischen Tornea in Finnland und Ismail in der Moldau angeordnet worden, und es waren nur solche Punkte gewählt, deren geographische Lage und deren Erhebung über die mittlere Höhe der See in Verbindung mit dem Bogen des Meridians bestimmt waren. Die Methode, nach der die Pendelbeobachtungen angestellt wurden, wird genau beschrieben, und es werden die Resultate von 12 Stationen mitgetheilt. Auch die Formeln für die Reduction werden aufgestellt, wobei die zur Berechnung von

$$\int_{-1}^{+1}(1+\frac{1}{16}\sin^2 u)dt$$

gebrauchte Methode auseinander gesetzt wird. Glr. (O).

A. Sonderhof. Ein Beitrag zur höheren Geodäsie.
Schlömilch Z. XVII 89-129, 177-232.

Der erste Abschnitt der Abhandlung bezieht sich auf die Theorie eines Linienvielecks, d. h. eines Systems von zwei, drei oder mehr Geraden im Raume und entwickelt die Relationen, welche zwischen den verschiedenen Bestimmungsstücken eines solchen Systems bestehen, mit besonderer Rücksicht darauf, dass die Geraden gedacht werden als Normalen einer Fläche, auf welcher geodätische Operationen auszuführen sind. Im zweiten Abschnitt werden zunächst die bekannten Sätze über Krümmungshalbmesser, conjugirte Tangenten, Krümmungslinien etc. abgeleitet und dann eine Reihe von Relationen aufgestellt für die Krümmungsradien benachbarter Krümmungslinien, für die Centrale, d. h. für denjenigen Durchmesser eines die Fläche osculirenden Ellipsoids, welcher nach dem gemeinschaftlichen Berührungspunkte gezogen ist, endlich für die Torsion des Hauptschnitts oder für den Winkel, um welchen sich die Hauptschnitte gegen die Richtung der conjugirten Tangente drehen. Abschnitt III. ist einer ausführlichen Anwendung der vorhergehenden Formeln auf das Sphäroid und das dreiaxige Ellipsoid gewidmet, wobei statt der geodätischen Linie die durch die Normale oder die Centrale gelegten Schnitte benutzt werden. Abschnitt IV. enthält Reflexionen über die Art und Weise, wie durch die astronomischen und geodätischen Messungen die Fläche selbst ermittelt wird.

B.

W. Jordan. Ueber die Bestimmung des Gewichts einer durch die Methode der kleinsten Quadrate bestimmten Unbekannten. Schlömilch Z. XVII. 350-352.

Der Verfasser zeigt, wie man bei der Methode der kleinsten Quadrate die Ausdrücke für die Gewichte der Unbekannten auf etwas einfachere Weise herleiten kann, wenn man statt von der Wahrscheinlichkeitsfunction von dem Princip der kleinsten Quadratsumme ausgeht.

B.

W. Jordan. Ueber die Bestimmung des mittleren Fehlers durch Wiederholung der Beobachtungen. Astr. Nachr. LXXIX. 219-222.

v. Andrae. Ueber die Bestimmung des wahrscheinlichen Fehlers durch die gegebenen Differenzen von m gleich genauen Beobachtungen einer Unbekannten. Astr. Nachr. LXXIX. 257-272.

G. Zachariae. Note betreffend die Bestimmung des mittleren Fehlers. Astr. Nachr. LXXX. 67-70.

Herr Jordan hatte in No. 1766-1767 der Astr. Nachr. (s. F. d. M. II. p. 841) Formeln entwickelt, um den wahrscheinlichen Fehler aus den Differenzen der beobachteten Grössen unter sich direct abzuleiten, und dabei Ausdrücke erhalten, welche eine viel genauere Bestimmung des wahrscheinlichen Fehlers zu gestatten scheinen, als die gewöhnlichen. Gegen die Richtigkeit dieser Resultate hatte Herr v. Andrae in No. 1770 den Einwurf gemacht, dass man die Differenzen nicht als von einander unabhängig ansehen dürfe, und dass deshalb die gefundenen Ausdrücke nicht zulässig seien.

Von den vorliegenden Aufsätzen enthält der erste eine Erwiderung des Herrn Jordan. Die Unrichtigkeit der von ihm aufgestellten Genauigkeitsgrenzen des wahrscheinlichen Fehlers wird zugegeben, dagegen die Berechtigung in dem vorliegenden Falle die Beobachtungsdifferenzen wie von einander unabhängige Beobachtungsfehler behandeln zu dürfen, aufrecht erhalten und der Nutzen dieser Betrachtungsweise an dem Beispiel von Längenmessungen darzuthun versucht. Der Aufsatz von Herrn v. Andrae behandelt nun in Erwiderung hierauf in eingehender Weise die Aufgabe, den wahrscheinlichen Fehler herzuleiten aus den Beobachtungsdifferenzen, und zwar aus den ersten Potenzen derselben, weil die Betrachtung der Quadrate der Differenzen und der Beobachtungsfehler zu identischen Resultaten führt. Der Verfasser erhält für den wahrscheinlichen Fehler den Ausdruck:

$$r = 0.5978 \frac{[d]}{C^{\mu}} \left\{1 \pm \frac{0.055 + 0.482m}{m\sqrt{m-1}}\right\};$$

m ist hierbei die Anzahl der Beobachtungen, $\mu = \frac{1}{2}m(m-1)$ und $[d]$ die Summe der μ positiven Differenzen zwischen den Beobachtungen. Der Aufsatz von Herrn Zachariae endlich wendet sich gegen mehrere Ungenauigkeiten in der Erwiderung des Herrn Jordan. B.

G. Zachariae. Beiträge zur Theorie des Schlussfehlers geometrischer Nivellementspolygone. Astr. Nachr. LXXX. 305-318.

Enthält einen Beitrag zur Lösung der Frage, ob die Höhendifferenz zweier Punkte unabhängig ist von dem Wege, auf welchem das die beiden Punkte verbindende Nivellement ausgeführt worden ist. Der Verfasser untersucht zunächst den Fall, wo die Niveauflächen ähnliche Sphäroide sind, und findet dass dann der Schlussfehler zweier Nivellements zwischen denselben Punkten innerhalb mässiger Grenzen eingeschlossen ist. Dagegen erhält er für den Fall, dass erhebliche Lothstörungen oder Abweichungen der Niveauflächen von der sphäroidischen Gestalt vorhanden sind, das Resultat, dass merkliche Schlussfehler auftreten können, sobald die Seiten der Nivellementspolygone in verschiedenen Niveauflächen von bedeutendem gegenseitigen Abstande liegen.

B.

M. Bauernfeind. Ein Apparat zur mechanischen Lösung der nach Pothenot, Hansen u. A. benannten geodätischen Aufgaben. Grunert Arch. LIV. 81-98.

Der Verfasser beschreibt unter dem Namen „Einschneidezirkel“ einen kleinen Apparat, welcher dazu bestimmt ist, ohne Zwischenconstructionen auf dem Messtischblatt über einer gegebenen Sehne einen Kreis zu beschreiben, welcher einen gegebenen Winkel als Peripheriewinkel fasst. Die Construction des Apparates beruht auf dem Satz: „Wenn die Schenkel eines Winkels e stets durch zwei feste Punkte gehen, so beschreibt sein

Scheitel einen Kreis.“ Der Aufsatz enthält ausser einer genauen Beschreibung des Apparats, die Vorschriften für seine Berichtigung und für seine Anwendung zur Lösung der Pothenot'schen und Hansen'schen Aufgabe, sowie eine Erläuterung seiner practischen Brauchbarkeit an einigen Beispielen. (S. F. d. M. III. p. 547). B.

J. SCHLESINGER. Eine neue Beweisführung über die Lehmann'schen Sätze bei der Pothenot'schen Aufgabe und Ableitung einer neuen Formel für die Basislänge des Fehlerdreiecks etc. Grunert Arch. LIV. 174-182.

Der Aufsatz enthält zunächst eine einfache Herleitung der Lehmann'schen Sätze über die Lage des Orientirungspunktes gegen das Fehlerdreieck, welches bei der graphischen Auflösung des Pothenot'schen Problems durch falsche Orientirung des Messtisches entsteht, und behandelt dann die Beziehungen, welche bestehen zwischen der Basislänge des Fehlerdreiecks, dem Standort des Messtisches und dem Winkel, um welchen der Messtisch falsch orientirt ist. B.

Maassvergleichungen des geodätischen Instituts. Berlin, G. Reimer.

C. BRUHNS, A. HIRSCH. Europäische Gradmessung. Berlin, G. Reimer.

P. A. HANSEN. Bemerkungen zu einem vor der permanenten Commission der Europäischen Gradmessung am 21. September vorigen Jahres zu Wien gehaltenen Vortrage. Leipz. Ber. XXIV. 1-15.

Im ersten Abschnitte wird, unter Hinweisung auf die „Supplement zu den geodätischen Untersuchungen u. s. w.“ benannte Abhandlung, in gedrängter Kürze die Reduction der Winkel eines auf dem abgeplatteten Revolutionsellipsoid liegenden sphäroidischen Dreiecks auf die eines sphärischen von denselben Seiten reproducirt. Bedeuten nämlich Δ die Fläche des Dreiecks, die Oberfläche, auf der es gebildet ist, dabei unbestimmt gelassen,

a, b, c seine Seiten, $p+1$, $q+1$, $r+1$ die Krümmungsmaasse der Oberfläche in den Winkelpunkten (oder Eckpunkten) des Dreiecks, $p'+1$ das Krümmungsmaass in der normalen Projection des Schwerpunktes des Dreiecks auf die zu Grunde gelegte Oberfläche und $q'+1$, $r'+1$ die Krümmungsmaasse sehr nahe in den ersten Drittheilungspunkten der an dem Winkel A anliegenden Seiten des sphäroidischen Dreiecks, so geschieht die Reduction des Winkels A vermittelst der Formel:

$$\delta A = -3\frac{\Delta}{40}(2p'+q'+r') - \frac{\Delta}{480}\cdot F\cdot(2p+q+r),$$
$$F = 4 - a^2 + 3(b^2+c^2).$$

Für das Revolutionsellipsoid, dessen Excentricität e eine Grösse der ersten Ordnung ist, gelten dann, wenn man die reducirten Polardistanzen der betreffenden Punkte auf dem Ellipsoid $\overline{\delta}$, $\overline{\beta}_1$, $\overline{\gamma}_1$, etc. nennt, die bis auf Grössen vierter Ordnung (ausschliesslich) genau berechnet werden müssen, um die Winkelreductionen δA, δB, δC bis auf Grössen achter Ordnung genau zu erhalten, die Ausdrücke:

$$p' = -(e^2+\tfrac{1}{4}e^4)\cos 2\overline{\delta} + e^4(3\cos^2 2\overline{\delta} - 1),$$
$$q' = -(e^2+\tfrac{1}{4}e^4)\cos 2\overline{\beta}_1 + e^4(3\cos^2 2\overline{\beta}_1 - 1),$$
$$r' = -(e^2+\tfrac{1}{4}e^4)\cos 2\overline{\gamma}_1 + e^4(3\cos^2 2\overline{\gamma}_1 - 1)$$

etc. etc.

Nach diesen Erklärungen schreitet der Herr Verfasser zur Abwehr der ihm von Herrn Weingarten in einem Vortrage, den derselbe bei Gelegenheit der Sitzung der permanenten Commission der Europäischen Gradmessung am 21. September 1871 zu Wien hielt, zur Last gelegten Fehler, in welchem u. A. gesagt wird, dass es jedem Kundigen auffallen müsse, die Lösung der zu den transcendenten Problemen gehörigen Aufgabe: „Die reducirte Breite eines Punktes zu finden, der eine durch ihre Endpunkte gegebene geodätische Linie in gegebenem Verhältnisse theilt“, von Hansen einfach durch die Anwendung sphärisch-trigonometrischer Formeln ermöglicht zu sehen, während doch eine solche in einer gewünschten Annäherung nur durch angemessene Reihenentwickelungen erhalten werden könne, freilich beruhe dieselbe aber auch auf einem sich durch die ganzen Entwickelungen hindurchziehenden Irrthume. Die Darlegung dieses Irrthumes in seinen einzelnen Theilen, den Herr Hansen begangen haben soll, glaubt Referent wortgetreu hier mittheilen zu müssen: „Der erste Fehler der Hansen'schen Berechnungsweise besteht nun darin, dass für das Complement der reducirten Breite des Theilpunktes einer geodätischen Linie AB auf dem Revolutionsellipsoid die Poldistanz desjenigen Punktes genommen wird, der die reducirte geodätische Linie (die Seite des correspondirenden Kugeldreiecks $A'B'$) in dem nämlichen Verhältnisse theilt. Dieser Fehler ist von einer Ordnung, die durch die Multiplication des Quadrates e^2 der Excentricität des Sphäroids mit einer Grösse von der Ordnung der getheilten Seitenlänge gegeben wird; daher, wenn, wie es am angeführten Orte geschehen ist, e von der Ordnung der Dreiecksseiten angenommen wird, von der dritten Ordnung. Seine Vernachlässigung ist, der Versicherung auf Seite 336, Zeile 6 von oben allerdings zuwider, unstatthaft.“ Gegen die in diesem Raisonnement enthaltenen Schlüsse hat der Herr Verfasser einzuwenden: Da sich zu jedem, auf einem beliebigen Revolutionsellipsoid zwischen den Endpunkten einer geodätischen Linie und einem der beiden Pole dieses Ellipsoids gebildeten Dreieck mit geometrischer Strenge ein Corollardreieck auf der Kugel construiren lässt, dessen Seiten die reducirten Polardistanzen der Eckpunkte, sowie die reducirte Länge der geodätischen Linie sind, und dessen an der zuletzt genannten Seite anliegende Winkel einerlei Grössen mit den betreffenden Winkeln des sphäroidischen Dreiecks haben, so erhält man für jeden beliebigen Theil- oder Verlängerungspunkt der geodätischen Linie, die Kenntniss der diesem Punkte zukommenden Länge der reducirten geodätischen Linie dabei vorausgesetzt, die reducirte Polardistanz und die Winkel derselben mit der geodätischen Linie strenge durch sphärisch-trigonometrische Rechnungen.

Wenn nun die Excentricität des Ellipsoids klein ist, so lässt sich für die Berechnung der reducirten Länge χ der geodätischen Linie, die sonst allerdings von der Auflösung einer transcendenten Gleichung abhängen würde, eine nach den graden Potenzen von *e* fortschreitende, rasch convergirende Reihe substituiren, von der hier natürlich nur die Anfangsglieder in Betracht kommen, nämlich:

$$\chi_1 = \sigma + \tfrac{1}{2}e^2\sigma\{\sin^2\tfrac{1}{2}(k+k') - \sin k\cos k'\cos^2\tfrac{1}{2}(l-l')\},$$

worin σ die Länge der geodätischen Linie, k, k' die reducirten Polardistanzen der Endpunkte der geodätischen Linie und l, l' die Azimuthe an diesen Endpunkten bezeichnen.

Versteht man unter n irgend eine Zahl < 1, unter $n\sigma$ also einen Theil der geodätischen Linie σ, und entspricht χ_1 dem $n\sigma$, so hat man, bis auf Grössen fünfter Ordnung genau, für die Länge χ_1 den Ausdruck

$$\chi_1 = n\sigma + \tfrac{1}{2}n\sigma e^2\{\sin^2\tfrac{1}{2}(k+k_1) - \sin k_1 \cos k \cos^2\tfrac{1}{2}(l-l_1)\},$$

der durch Entwickelung des eingeklammerten Factors in

$$\chi_1 = n\chi - \tfrac{1}{4}n\sigma e^2\delta k(\cos k\sin k' - \sin k\cos k'\cos(l-l'))$$
$$+ \tfrac{1}{4}n\sigma e^2\delta l\sin k\sin k'\sin(l-l'),$$
$$\delta k = k' - k_1, \quad \delta l = l' - l_1$$

übergeht, woraus folgt, dass, bis auf Grössen vierter Ordnung genau, immer

$$\chi_1 = n\chi$$

gesetzt werden darf. Die Bedeutung von k_1 resp. l_1 ist wohl von selbst klar.

Dieser Satz, von dessen Zulässigkeit man sich noch durch einen zweiten, sehr einfachen Beweis, der in der vorliegenden Abhandlung beigebracht ist, überzeugen kann, wurde zur Berechnung der reducirten Polardistanzen $\bar{\beta}_1$, $\bar{\gamma}_1$ angewandt, die also damit, da der übrige Theil der Rechnung als vollkommen strenge zu betrachten ist, bis auf Grössen vierter Ordnung genau erhalten werden können.

Weiter werden im Weingarten'schen Vortrage folgende Bedenken erhoben: „Der nächste Fehler in Hansen's Arbeit beruht in der Meinung, dass auch den drei nach dem Pol *P* reichenden sphäroidischen Dreiecken *ABP*, *ACP*, *BCP*, die über den drei Seiten eines sphäroidischen Dreiecks *ABC* construirt werden können, drei Kugeldreiecke *A'B'P'*, *A'C'P'*, *B'C'P'* correspondiren, die den Pol *P'* der Kugel zur gemeinschaftlichen Ecke haben, und deren Basen durch ein sphärisches Dreieck *A'B'C'* gegeben werden, dessen Seiten die correspondirenden reducirten geodätischen Linien des sphäroidischen Dreiecks sind, welche Meinung aus der zur Berechnung angegebenen Figur des § 33 des Supplements hervorleuchtet u. s. w.“

Sodann: „Die von ihm aufgestellten, in Beziehung auf das Sphäroid unrichtigen Relationen liefern jedoch nur die Werthe von Poldistanzen, die mit der zu behandelnden Frage in keinerlei Beziehung stehen, und die von denjenigen, welche ermittelt werden sollen, wiederum um Grössen von der dritten Ordnung verschieden sind.“

Durch Anwendung des oben erwähnten Corollardreiecks auf drei geodätische Linien, die auf dem Ellipsoid das sphäroidische Dreieck ABC bilden, gelangt man, vermöge einer rein geometrischen Betrachtung, zunächst zu der Gleichung:

$$\lambda + \lambda' - \lambda'' = 0,$$

worin λ, λ', λ'' die den Längenunterschieden der Eckpunkte gleichen Winkel in P der sphäroidischen Dreiecke ABP, ACP, BCP bedeuten. Sind nun ω, ω', ω'' die correspondirenden Winkel der Corollardreiecke in P, die mit den Winkeln λ und drei kleinen Winkeln oder Kreisbogen $\Delta\omega$ durch die Gleichungen

$$\lambda'' = \omega'' - \Delta\omega'', \quad \lambda' = \omega' - \Delta\omega', \quad \lambda = \omega - \Delta\omega$$

zusammenhängen, so ergiebt sich

$$\omega + \omega' - \omega'' - (\Delta\omega + \Delta\omega' - \Delta\omega'') = 0.$$

Für die Grösssen $\Delta\omega$ werden die Ausdrücke

$$\Delta\omega = \tfrac{1}{2}e^2\omega \sin k' \sin k'',$$
$$\Delta\omega' = \tfrac{1}{2}e^2\omega' \sin k \sin k'',$$
$$\Delta\omega'' = \tfrac{1}{2}e^2\omega'' \sin k \sin k'$$

(unter k, k', k'' dabei die reducirten Polardistanzen der Eckpunkte A, B, C des sphäroidischen Dreiecks verstanden) abgeleitet, die, selbst von der dritten Ordnung, bis auf Grössen fünfter Ordnung genau sind. Mit Hilfe der Substitution

$$\sin k = \sin k' + u',$$
$$\sin k = \sin k'' + u''$$

findet sich endlich, wenn man blos die ersten Potenzen von u' und u'' berücksichtigt, die Relation:

$$\omega+\omega'-\omega'' = \tfrac{1}{2}e^2 \frac{\omega' u' - \omega'' u''}{1-\frac{1}{2}e^2 \sin k' \sin k''} \sin k'.$$

Hat sich daher der Herr Verfasser bei seiner Berechnung der reducirten Polardistanz der normalen Projection des Schwerpunktes des sphäroidischen Dreiecks ABC der bis auf Grössen vierter Ordnung richtigen Sätze

$$\chi_1 = n\chi,$$
$$\omega+\omega'-\omega'' = 0$$

bedient, so hat er hierbei, da die Berechnung der Polardistanz sonst strenge ausgeführt wurde, und keine schädlichen Divisionen vorkommen, nur eine erlaubte Grösse übergangen, also die eben erwähnte Polardistanz bis auf Grössen vierter Ordnung genau erhalten.

Bekanntermaassen können Grössen, die, analytisch betrachtet, übergehbar sind, in der numerischen Anwendung der betreffenden Resultate nicht ganz unmerklich werden. Da nun das Hansen'sche Verfahren zur Berechnung der reducirten Polardistanz der normalen Projection des Schwerpunktes eines sphäroidischen Dreiecks verschiedene Arten derselben zulässt, so sind mit Rücksicht hierauf im Schlusskapitel einige Erörterungen in diesem Sinne niedergelegt. Beispielsweise werden drei Dreiecke betrachtet, nämlich:

	Beiläufige Werthe der Polardistanzen der Eckpunkte.	Beiläufige Seitenlängen.	Beiläufige Fläche.
I.	45° 0′, 58° 24′, 42° 16′	20° 2′, 17° 0′, 15° 0′	2° 12′
II.	0 0 20 0 18 49	18 0 18 49 20 0	2 44
III.	74 45 90 0 90 0	19 33 18 0 18 0	2 37.

Berechnet man, indem man der Reihe nach von den Eckpunkten *A, B, C* ausgeht, jedes Mal für sich die Grösse $\overline{\delta}$, was wiederum auf je zwei Arten geschehen kann, so betragen die grössten Abweichungen der einzelnen Werthe von $\overline{\delta}$ untereinander im

I^ten^ Dreieck 1″,8,
II^ten^ „ 1 ,7,
III^ten^ „ 3 ,1,

aus welchen Zahlen der geringe Einfluss ersichtlich ist, den eine veränderte Berechnungsweise in diesen, und da ziemlich extreme gewählt sind, wohl in allen Fällen auf das Resultat äussert.

Weiter begegnen wir Untersuchungen, die über die numerischen Werthe der Fehler angestellt sind, welche aus der Uebergehung der Glieder vierter und höherer Ordnung in der Gleichung $\chi_1 = n\chi$, in $\overline{\beta}_1$ und in $\overline{\gamma}_1$ erwachsen können. Es ergiebt sich u. A., dass der wirklich stattfindende Unterschied in χ stets $< q''$ sein wird. Um wieder ein dort näher betrachtetes Beispiel anzuführen, denke man sich ein auf dem Erdsphäroid liegendes sphäroidisches Dreieck, dessen Fläche durch 2°40′ ausgedrückt sein möge. Für dieses Dreieck bringt im ungünstigsten Falle eine Aenderung von 11″ im Werthe von $\overline{\delta}$ nur 0″,001 in den Winkelreductionen hervor; dagegen müssen $\overline{\beta}_1$ und $\overline{\gamma}_1$ um 22″ geändert werden, um gleiche Wirkung auf die Winkelreductionen auszuüben.

Wtn.

P. A. Hansen. Darlegung einer unbedeutend scheinenden Umformung der Endgleichungen des „Supplements zu den geodätischen Untersuchungen,“ durch welche aber eine weit grössere Genauigkeit in den numerischen Werthen derselben erlangt wird. (Nebst einer Tafel für die Krümmungsmaasse auf dem Erdsphäroid). Leipz. Ber. XXIV. 15-26.

Der Ausdruck für die Reduction eines sphäroidischen Winkels auf einen sphärischen

$$\left.\begin{aligned} -\delta A &= \frac{3\Delta}{40}(2p'+q'+r') + \frac{\Delta}{480}F(2p+q+r) \\ F &= 4 - a^2 + 3(b^2+c^2) \end{aligned}\right\}$$

wird umgeformt in:

$$\left.\begin{aligned} -\delta A &= \frac{\Delta}{480}F'(2p'+q'+r') + \frac{\Delta}{120}(2p+q+r) \\ F' &= 36 - a^2 + 3(b^2+c^2) \end{aligned}\right\}.$$

Die übrigen Endformeln des „Supplements zu den geodätischen Untersuchungen“ lassen sich auf analoge Weise umformen. Der Herr Verfasser hat sich dieser Transformation bei der Berechnung einer Reihe von sehr grossen Dreiecken bedient. Das Ergebniss des hier in der nöthigen Ausführlichkeit mitgetheilten Calculs documentirt eine wesentliche Erhöhung der Genauigkeit, die bei kleineren Dreiecken als absolut gelten kann. Für die, im Allgemeinen bis auf Grössen 2ter Ordnung einander gleichen Functionen $2p'+q'+r'$ und $2p+q+r$ wird ferner der Unterschied derselben, bis auf Grössen vierter Ordnung genau, entwickelt, der, wenn man ihn auf das Revolutionsellipsoid von kleiner Excentricität anwendet, einen Genauigkeitsgrad bis auf Grössen sechster Ordnung erreicht, nämlich;

$$\begin{aligned}(2p'+q'+r') = (2p+q+r) &- \tfrac{4}{9}e^2\cos^2\bar{\alpha}\,(a^2+2b^2+2c^2)\\ &+ \tfrac{4}{9}e^2\sin^2\bar{\alpha}\,(3b^2\cos^2\alpha' - 2bc\cos\alpha'\cos\alpha'' + 3c^2\cos^2\alpha'')\\ &- \tfrac{1}{9}(2p-q-r)(a^2+2b^2+2c^2) - \tfrac{1}{3}(q-r)(b^2-c^2);\end{aligned}$$

α' und α'' sind die Azimuthe der Dreiecksseiten b und c am Eckpunkte A, $\bar{\alpha}$ bedeutet die reducirte Polardistanz von A. Diese Formel kann nur bei kleineren Dreiecken in Anwendung kommen; bei grösseren Dreiecken muss die Berechnung von p', q', r' direct nach der, im „Supplement u. s. w.“ auseinandergesetzten Methode geschehen.

Das um die Zahl 1 verminderte Krümmungsmaass, hier mit p bezeichnet, für ein Revolutionsellipsoid, dessen halbe grosse Axe $= 1$, und dessen Excentricität $e = 0{,}0816968$ ist, entnimmt man aus der der Abhandlung beigegebenen Tafel mit dem Argumente: Reducirte Polardistanz. Die mit „Var.“ überschriebene Columne giebt die Veränderung von p, die einer Aenderung von 0,00001 in der Excentricität entspricht, wesshalb die Tafel auch für andere Excentricitäten anwendbar ist. Wtn.

C. Bruhns. Mittheilung über die Ermittelung der Coordinaten der Pleissenburg und verschiedener Thürme in Bezug auf die Leipziger Sternwarte und über die Construction eines Basisapparates. Leipz. Ber. XXIV. 352-370.

Bereits im Jahre 1861 bestimmte der Herr Verfasser auf der Pleissenburg mit Hilfe eines sechszölligen Repsold'schen Universalinstrumentes und einer kleinen Basis von ungefähr $16^{m.}$ Länge die Entfernung der Mittelpunkte der Pleissenburg und der neuen Sternwarte, sowie das Azimuth der Richtung Pleissenburg-Sternwarte. Es fand sich damals, dass die neue Sternwarte 10,7″ südlich und 60,0″ östlich von dem alten Observatorium auf der Pleissenburg liegt. Nach dem Bau der neuen Sternwarte erschien es wünschenswerth, diese Bestimmungen von Neuem vorzunehmen, und zwar gestützt auf eine grössere Basis. Die Messung der Basis geschah mit dem, von der Königl. Preussischen Landestriangulation entliehenen Bessel'schen Apparate. Der Herr Verfasser knüpft an den Gebrauch dieses Apparates, seine Feststellung etc. einige technische Bemerkungen. Ferner giebt er einige Vorschläge zur Verbesserung des Bessel-schen Apparates. Die Länge der Strecke ergab sich zu $562,4718^{m}$ = 288 Toisen 509,51 Linien mit einem mittleren Fehler des vereinigten Resultates der zweimaligen Messung von $\pm$ 0,085 Linien = $\pm \frac{1}{2900000}$ der Länge. Die Höhendifferenz findet sich aus der Basis zu $11,274^{m.}$ und genau eben so gross aus einem zweimaligen directen Nivellement. Wtn.

Gobbi-Belcredi. Degli errori azimutali del teodolite. Atti di Torino VII. 435-444.

Der Verfasser will die azimuthalen Fehler der Theodoliten untersuchen, indem er für zwei Fälle eine einfache Darstellung giebt, nämlich, wenn die optische Axe schräg zur Rotationsaxe liegt, und wenn die Rotationsaxe gegen den Horizont geneigt ist; für einen dritten Fall, wenn die Scheibe gegen den Horizont geneigt ist, will er einige Ungenauigkeiten im Beweise fortschaffen. Jg. (O.)

F. Casorati. Teoria, descrizione ed uso di alcuni strumenti topografici a riflessione. Milano 1872.

Der Verfasser giebt verschiedene Anwendungen von Prismen auf elementare Probleme der Topographie, die zum grossen Theil von den Herren Bauernfeind und Parro ersonnen sind, mit vereinfachten Darstellungen. Besonders sucht er die Anwendungen der Prismenkreuze von Bauernfeind auszudehnen, indem er das eine Prisma gegen das andere beweglich macht, ohne doch den für Instrumente, die zu Operationen niederer Gattung bestimmt sind, gestatteten Preis zu erhöhen. Er beweist, wahrscheinlich zuerst, dass: „das Bild eines leuchtenden Punktes nach der successiven Reflexion an 3 ebenen unter einander senkrechten Spiegeln in Beziehung auf den gemeinsamen Punkt der 3 Ebenen symmetrisch zum leuchtenden Punkte ist.“ Jg. (O.)

O. Schlömilch. Ueber die Bestimmung der Wahrscheinlichkeit eines Beobachtungsfehlers. Schlömilch Z. XVII. 87-88.

Reproduction der in Thomson und Tait's Handbuch der theoretischen Physik (übersetzt von Helmholtz und Wertheim Bd. I. p. 353 u. f.) gegebenen Bestimmung der Wahrscheinlichkeitsfunction $f(x) = a\,e^{bx^2}$. O.

Capitel 2.

Astronomie.

W. Klinkerfues. Theoretische Astronomie. 1ste Abtheilung. Braunschweig. Vieweg 1871.

Das Referat über das vorliegende Werk wird nach vollendetem Erscheinen folgen. O.

R. Proctor. Essays on astronomy. A series of papers with illustrations. 8vo. London. Longmans.

Hi.

Brinkley's Astronomy, revised by J. W. Stubbs and F. Brünnow. 12me. London. Longmans.

Hi.

K. Goebel. Ueber Kepler's astronomische Anschauungen und Forschungen. Halle. Waisenhaus

Der Herr Verfasser führt uns in der vorliegenden Studie in

anziehender Weise in die Gedankenwerkstatt des grossen Astronomen ein. Nach kurzer Besprechung der kosmischen Anschauungen der Jonier, Hipparch's, Ptolemäus', Regiomontan's, Copernicus' und Tycho's werden Kepler's drei „Grundgedanken" analysirt. Als ersten derselben bezeichnet Herr Göbel die Verwerfung eines blos ideellen Bewegungs-Mittelpunktes, als zweiten den Grundsatz, dass allen Planeten ein gemeinsames „punctum aequans" zukommen müsse, als dritten die Kepler's ganzes Wesen erfüllende Ahnung von der „Harmonie" des Weltsystems. Ausführlich wird die sogenannte „Hypothesis vicaria" und die Art und Weise besprochen, wie Kepler selbst sich von deren Unrichtigkeit überzeugte, ebenso die Hypothese der eirunden Curve, welche schliesslich der Ellipse Platz machen musste. Auch auf die factisch gleichgültigen, für die Geschichte des grossen Mannes selbst dagegen höchst wichtigen Speculationen über den Zusammenhang der Weltenharmonie mit den Tonscalen und regelmässigen Körpern wird näher eingegangen.

Die Auffassung des Herrn Verfassers in Bezug auf Kepler's Stellung zur Infinitesimalrechnung scheint doch etwas mehr in dessen Worte hineinzulegen, als eigentlich darin enthalten ist.

Gr.

S. Newcomb. Note sur un théorème de mécanique céleste. C. R. LXXV. 1780-1783.

Siehe Abschn. X, Cap. 4, A, pag. 463.

A. Cayley. On the variations of the position of the orbit in the planetary theory. Monthly Not. XXXII. 206-211.

Der Verfasser bemerkt, dass sich in der Planetentheorie, speciell beim Gebrauch der Methode der Variation der Elemente eine Schwierigkeit in der eigentlichen Behandlungsweise bei den Neigungen und Längen der Knoten findet, welche die weitere Entwickelung der Theorie hindert. Obgleich in der allgemeinen Theorie der secularen Variationen der Bahnen des Planetensystems θ, φ und c auf eine feste Ebene (die Ekliptik eines gewissen gegebenen Planeten) bezogen werden, so ist es jetzt in der Theorie der speciellen Planeten auch Gebrauch, die θ, φ für jeden Planeten auf eine besondere feste Ebene (die Bahn des Planeten auf einer gewissen gegebenen Ebene) zu beziehen, was zur Folge hat, dass φ und folglich $p (= \tang \varphi \sin\theta)$, und $q (= \tang \varphi \cos\theta)$, statt von der Ordnung der Neigungen zur Ekliptik nur von der Ordnung der störenden Kräfte sind. Der Verfasser meint, dass die letzterwähnte Ebene beibehalten werden müsse, und benutzt diese Idee, indem er die Störungsfunctionen nach den ersten Potenzen von p und q entwickelt.

Glr. (O.)

A. Cayley. The second part of a memoir on the development of the disturbing function in the lunar and planetary theories. Mem. of R. Astr. Soc. XXXIX. II. 55-74. Monthl. Not. XXXII. 231-232.

Die Abhandlung ist eine Fortsetzung zu des Verfassers Arbeit: „The first part of a memoir on the development of the disturbing function in the lunar and planetary theories", Mem. of the R. Astr. Soc. XXVIII. 187-215, 1859, und ist daher so betitelt, obgleich sie sich wirklich nur mit der Planetentheorie befasst. Im ersten Theil gab der Verfasser, aber nicht explicite, einen Ausdruck für den allgemeinen Coefficienten $D(\gamma, \gamma')$ in Gliedern der Coefficienten der vielfachen Cosinus von θ in den Entwickelungen der verschiedenen Potenzen $(r^2 + r'^2 - 2rr'\cos\theta)^{s-\frac{1}{2}}$ oder $(a^2 + a'^2 - 2aa'\cos\theta)^{-s-\frac{1}{2}}$, so dass das Glied, welches $\cos(\gamma U + \gamma' U')$ enthält, als von einem gewissen gegebenen Werthe erklärt wurde. Das betreffende Glied ist $D(\gamma, \gamma')\cos(\gamma U + \gamma' U')$ und daher

$$D(\gamma, \gamma') = \Sigma \frac{\Pi_1(x-\frac{1}{2})}{\Pi(x)} \eta^{2x} \Sigma M_x^\vartheta R_x^\vartheta.$$

Die Auslassung war insofern von Bedeutung, als dieser Ausdruck für den allgemeinen Coefficienten dazu dient, des Verfassers Formeln mit den Entwickelungen von Leverrier in den Annales de l'Observatoire de Paris I. (1855. p. 275-330, 353-383) zu verknüpfen. Der Verfasser resumirt hier die Frage der Ergänzung.

Die Theile seiner Abhandlung sind folgende: 1) Formeln für den allgemeinen Coefficienten $D(\gamma,\gamma')$; 2) Specielle Fälle, $\gamma+\gamma'=0$, 2, 4, 6, die in der Planetentheorie vorkommen; 3) Vergleich mit Leverrier; 4) die Entwickelung in Potenzen von e, e'; 5) Betrachtung eines speciellen Falles; 6) Leverrier's Resultate, ausgedrückt in den Argumenten $L'-\theta'$, $L'-\Pi'$, $L-\theta$, $L-\Pi$. Der reciproke Werth der Entfernung (bis zur 7ten Ordnung) wird in tabellarischer Form (7 Seiten umfassend) durch $L'-\theta'$ etc., in welche der Verfasser Leverrier's Argumente transformirt, dargestellt. Die Ausdrücke $-\frac{r\cos H}{r'^2}$ und $-\frac{r'\cos H}{r^2}$, bis zum 3ten Grade in den Excentricitäten und der Inclination entwickelt, waren von Leverrier gegeben und sind, ebenfalls in $L'-\theta'$ etc. ausgedrückt, in tabellarischer Form aufgestellt. Glr. (O.)

A. Cayley. Note on a pair of differential equations in the lunar theory. Monthl. Not. XXXII. 31-32. 1871.

Die Gleichungen sind:

$$\frac{d}{dt}\frac{d\varrho}{dt}-\varrho\left(\frac{dv}{dt}\right)^2+\frac{1}{\varrho^2}=km^2\varrho\{\tfrac{1}{2}+\tfrac{3}{2}\cos(2v-2mt)\},$$

$$\frac{d}{dt}\left(\varrho^2\frac{dv}{dt}\right)=\gamma m^2\varrho^2\{\quad\tfrac{3}{2}\sin(2v-2mt)\}.$$

Es wird bemerkt, dass es für einige Zwecke passend ist, lieber k und γ zu behalten, als sie durch ihre Werthe in der Mondtheorie, nämlich die Einheit zu ersetzen. Glr. (O.)

A. Cayley. On a pair of differential equations in the lunar theory. Monthl. Not. XXXII. 201-206.

Lösung der Gleichungen:

$$\frac{d}{dt}\frac{d\varrho}{dt}-\varrho\left(\frac{dv}{dt}\right)^2+\frac{1}{\varrho^2}=km^2\varrho\{\tfrac{1}{2}+\tfrac{3}{2}\cos(2v-2mt)\},$$

$$\frac{d}{dt}\left(\varrho^2\frac{dv}{dt}\right)=\gamma m^2\varrho^2\{-\tfrac{3}{2}\cos(2v-2mt)\}$$

in derselben Art, wie sie der Verfasser in der obigen Arbeit auseinandergesetzt hat. Die Glieder werden bis zu m^6 genommen;

in den Werthen ϱ und v_1 ist $k=\gamma$ gesetzt, so dass die Coefficienten von k, k^2, k^3 dargestellt werden. Glr. (O.)

A. CAYLEY. On the expression of Delaunay's l, g, h in terms of his finally adopted constants. Monthl. Not. XXXII. 8-16. 1871.

In Delaunay's Mondtheorie ist l die mittlere Anomalie des Mondes, g die mittlere Entfernung des Perigäums vom aufsteigenden Knoten, h die mittlere Länge des aufsteigenden Knotens, Grössen, welche direct wie die Zeit variiren, und die Coefficienten von t oder die Werthe von $\frac{dl}{dt}$, $\frac{dg}{dt}$, $\frac{dh}{dt}$ sind in seiner „Théorie du mouvement de la Lune" II. p. 237 und 238 gegeben. Diese Werthe sind aber nicht in den Constanten a, e, γ ausgedrückt, die zum Schluss angwandt und p. 800 erklärt sind. In der vorliegenden Arbeit giebt Herr Cayley die dazu nöthigen Transformationen. Glr. (O.)

A. CAYLEY. On the expression of M. Delaunay's $h+g$ in terms of his finally adopted constants. Monthl. Not. XXXII. 74.

In Folge der obigen Arbeit hat Herr Cayley einen Brief von Delaunay erhalten, in welchem derselbe mittheilt, dass er selbst Ausdrücke für l, g und h gefunden, die mit denen von Cayley (bis auf einen Druckfehler) identisch sind. Er hat auch 4 weitere Glieder für $h+g$ gefunden, die mitgetheilt werden. Glr. (O.)

A. CAYLEY. Notice of a memoir by Prof. S. Newcomb on the lunar theory. Monthl. Not. XXXI. 265-268. 1871.

Kurze Notiz über eine Abhandlung von Prof. Newcomb in den C. R. vom 3. April 1871, s. F. d. M. III. p. 555. Glr. (O.)

CH. DELAUNAY. Note sur les mouvements du périgée et du noeud de la Lune. C. R. LXXIV. 17-21.

Delaunay giebt in seiner Mondtheorie die Ausdrücke für die mittlere Bewegung des Knotens und des Perigäums der Mondbahn bis auf Grössen von der siebenten Ordnung der kleinen, dort als Grössen erster Ordnung angesetzten Quantitäten genau. Vorliegende Note enthält die Mittheilung der Fortsetzung dieser Ausdrücke bis auf Grössen neunter Ordnung. Die Substitution numerischer Werthe in diese Ausdrücke liefert für die beiden mittleren täglichen Bewegungen Zahlen, welche bis auf 0″,1 mit den aus zahlreichen Beobachtungen abgeleiteten übereinstimmen, eine Differenz, welche sich vermuthlich bei noch weiterer Approximation vermindern wird, soweit man dies wenigstens aus der Art und Weise, in welcher die bereits bekannten Coefficienten abnehmen, schliessen kann. B.

Ch. Delaunay. Variations séculaires des moyens mouvements du périgée et du noeud de la Lune. C. R. LXXIV. 152-153.

Mittheilung einer weiteren Approximation für die secularen Aenderungen der mittleren Bewegungen des Mond-Knotens und des Perigäums. B.

H. Résal. Théorie géométrique du mouvement des planètes. C. R. LXXIV. 743-746.

Enthält eine einfache geometrische Herleitung der von Lagrange in seiner Théorie géométrique du mouvement des aphélies gegebenen Formeln. Die aufgestellten Betrachtungen führen direct dazu, die Variationen der grossen Axe und der Apsidenlinie einer Planetenbahn auszudrücken durch die Componenten der störenden Kräfte, genommen längs der Tangente und Normale der Bahnellipse. B.

J. Leverrier. Mémoire sur les théories des quatre planètes supérieures: Jupiter, Saturne, Uranus et Neptune. C. R. LXXIV. 1305-1310.

J. Leverrier. Sur les masses des planètes et la parallaxe du Soleil. C. R. LXXV. 165-172.

J. LEVERRIER Détermination des variations séculaires des quatre planètes, Jupiter, Saturne, Uranus et Neptune. C. R. LXXV. 1158-1166.

B.

FAYE. Note sur les conditions d'équilibre et sur la nature probable des anneaux de Saturne. C. R. LXXV. 645-647.

FAYE. Note sur la stabilité des anneaux de Saturne. C. R. LXXV. 793-795.

B.

O. STRUVE. Sur l'exactitude qui doit être attribuée à la valeur du coëfficient constante de l'aberration. C. R. LXXV. 795-798.

B.

A. MANNHEIM. Sur un modèle de vernier. C. R. LXXV. 1495-1497.

B.

A. SCHELL. Ueber den Einfluss der Fehler des Spiegelsextanten auf die Winkelmessung. Schlömilch. Z. XVII. 465-475.

Der Verfasser leitet direct aus der Betrachtung der Figur des Sextanten auf einem einfachen Wege die schon früher von Encke und Grunert gegebene Formel für die Correction der unmittelbaren Angaben des Instrumentes ab und giebt mehrere Methoden zur Bestimmung der Fehlerconstanten an. B.

J. A. GRUNERT. Neue Auflösungen einer nautisch-astronomischen und einer geodätisch-astronomischen Aufgabe. Grunert Arch. LIV. 419-447.

„Neue ganz allgemeine analytische Auflösung der Douwer'schen Aufgabe in vollständig entwickelten Formeln.“ B.

C. F. W. PETERS. Berichtigung zu Brünnow's sphärischer Astronomie. Astr. Nachr. LXXX. 231-236.

Berichtigung mehrerer auch in die dritte Auflage des bekannten Brünnow'schen Lehrbuches über sphärische Astronomie übergegangenen Versehen und Fehler in dem Abschnitte, welcher sich auf das Passageninstrument im ersten Vertical bezieht.

B.

J. Todhunter. On the proposition 38 of the third book of Newton's Principia. Monthl. Not. XXXII. 234-236.

Newton hat es in der oben bezeichneten Proposition unternommen, die Figur des Mondes zu bestimmen. In seiner Aufstellung ist jedoch ein Fehler. Er findet

$$\frac{h}{H} = \frac{M}{m} \cdot \frac{b}{B} \quad \text{statt} \quad \frac{h}{H} = \left(\frac{M}{m}\right)^2 \left(\frac{b}{B}\right)^2,$$

wo M die Masse der Erde, B die kleinere und $B+H$ die grössere Axe derselben ist; m, h und $b+h$ bezeichnen ähnliche Grössen für den Mond. Auf diesen Fehler ist im Jahre 1768 von Paul Frisi aufmerksam gemacht worden, er wurde aber weder vorher noch nachher wieder erwähnt.

Glr. (O.)

J. C. Houzeau. Note additionnelle sur la mesure des distances de Venus au soleil, de centre en centre, pendant les passages de la planète. Bull. de Belg. (2) XXXIII. 453-497.

Antwort des Verfassers auf eine Kritik von Airy über die praktischen Schwierigkeiten, welche die Construction eines Heliometers bieten würde, dessen Princip im vorigen Bande der Fortschritte angegeben ist. (Siehe F. d. M. III. p. 559).

Mn. (Wn.)

F. Kaiser. Berigt omtrent eenige der maatregeln, die genomen zyn ter waarneming van der overgang der planeet Venus voorby de Zonneschyf, op den 8sten December 1874. Versl. en Meded. Lesde deel. 98-116.

Kurze Notiz über die verschiedenen Methoden, die vor 1872 zur Berechnung der Sonnenparallaxe angewandt sind, und etwas detaillirtere Angaben über die von den Astronomen ergriffenen Maassregeln, um den Vorübergang der Venus vor der Sonne am 8ten December 1874 mit möglichstem Nutzen beobachten zu können. Diese Angaben sind vorzugsweise für solche bestimmt, die sich nicht speciell mit Astronomie beschäftigen. Mn. (Wn.)

HOFMANN. Berechnung des Vorüberganges der Venus vor der Sonnenscheibe. Pr. Bayreuth.

Es wird in dieser Abhandlung die vollständige Berechnung aller Umstände eines Venusdurchganges mit elementaren Hülfsmitteln durchgeführt. Von Interesse ist es zu sehen, wie manche von ihrem Urheber in complicirter Form dargestellte Vorschrift sich in ein einfaches Gewand kleiden lässt. Gr.

C. FLAMMARION. Sur le temps que les planètes mettraient à tomber dans le soleil. Mondes (2) XXVII. 558-562.

C. SZILY. Encore un mot sur le temps que les planètes mettraient à tomber dans le soleil. Mondes (2) XXVII. 661-662.

Herr Flammarion hat in der obigen Notiz auf empirischem Wege die Formel $t = \frac{T}{\sqrt{32}}$ abgeleitet, wo t die Dauer des Falls eines Planeten bis zum Mittelpunkt der Sonne bezeichnet (vorausgesetzt, dass die Centrifugalkraft plötzlich Null würde), T die Umlaufszeit des betreffenden Planeten. Herr Szily sucht diesen Satz theoretisch zu beweisen, indem er von der allgemeinen Formel für den Fall auf der Sonne

$$t = \sqrt{\frac{2gr^2}{a}} = \tfrac{1}{2}a \arccos \frac{a-2x}{a} + \sqrt{ax-x^2}$$

ausgeht, wo t die Zeit des Falls für den Weg x, a die ursprüngliche Entfernung des Planeten, g die Schwere an der Oberfläche der Sonne, r den Radius derselben bezeichnet. O.

STUDIOSUS. Réclamation. Mondes (2) XXVII. 695-696.

Der Einsender, ein Italiener, bemerkt, dass der oben ausgesprochene Satz sich bereits in Santini's Astronomie T. II. p. 60 mit ganz ähnlicher Ableitung findet. O.

Th. Moldenhauer. Die Axendrehung der Weltkörper. Berlin, Weber.

Der Verfasser leitet folgenden Satz her: „Es verhalten sich die Kuben der Rotationszeiten umgekehrt wie die Quadrate der Entfernungen.“ Die Herleitung beruht indess auf einer falschen Erklärung der Rotation der Planeten. O.

E. Budde. Ueber einige Folgerungen aus der heutigen Lehre vom Kosmos. Pogg. Ann. CXLV. 463-469.

O.

A. Cayley. On the graphical construction of a solar eclipse. Mem. of R. Astr. Soc. XXXIX. p. I, 1-17. 1871.

Die Abhandlung enthält die Erklärung der graphischen Construction einer Sonnenfinsterniss, welche nach dem Verfasser bequem und einer beträchtlichen Genauigkeit fähig ist; er glaubt, dass wenn sie mit einer Scala vom Radius = 12 Zoll gemacht wird, mit Hülfe derselben ein Diagramm construirt werden kann, wie die Finsterniss-Diagramme des „Nautical Almanac,“ mit wenigstens ebensoviel Genauigkeit, als es auf einem Diagramm in jener Scala ausgeführt werden kann.

Man stelle sich die Himmelskugel als vom Mittelpunkt der Erde aus in jedem Augenblick während der Finsterniss in solcher Weise stereographisch projicirt vor — der Radius des begrenzenden Kreises der projicirten Halbkugel sei gegeben —, dass der Mittelpunkt des Mondes immer auf dem Mittelpunkt M der Projection und der Nordpol N der Erde auf einem gegebenen Radius bleibt, indem seine Lage auf diesem Radius in variabler Entfernung ist. Wäre nun die Lage des Mittelpunktes der Sonne auch für jeden Augenblick auf der Projection eingetragen, wie um die Projection der relativen Sonnenbahn zu erhalten, so würde diese Bahn (welche nicht gezeichnet zu sein braucht) eine bestimmte kurze Linie sein, nahezu gerade und dem Mittelpunkt der Projection nahe liegend. Wenn die Lage der Sonne auf der relativen Bahn in einem Augenblick mit S' bezeichnet wird, so geht die gerade Linie MS' in der Projection des Bogens des grössten Kreises durch die Mittelpunkte von Mond und Sonne, so dass, wenn E die Winkelentfernung der Mittelpunkte ist, $\tang \frac{1}{2} E$ die Länge der Linie MS' ist. Nun verlängere man $S'M$ über den Mittelpunkt M bis zu einem Punkte Z, und betrachte Z als Darstellung eines Punktes auf der Oberfläche der Erde (die Methode, um die graphische Lage von Z zu bestimmen, wird erklärt). Ferner betrachte man Sonne und Mond als gesehen von Z; es möge dabei die parallactische Depression der Sonne vernachlässigt und dem Monde eine Verrückung gleich der Differenz der parallaktischen Verrückungen von Mond und Sonne beigelegt werden, d. h. man betrachte den Mittelpunkt des Mondes als herabgedrückt durch die Parallaxe in der Richtung des Bogens MS' durch einen Bogen $0,99837 (\sigma' - \pi') \sin ZM$, wo $\sigma' - \pi'$ die Differenz der äquatorialen horizontalen Parallaxe zur Zeit der Finsterniss ist, und die Constante dem Nautical Almanac für 1836 entnommen ist. Wenn dann Q' so gewählt wird, dass seine Winkelentfernung von S' gleich der Summe der Winkelhalbmesser von Sonne und Mond ist, so ist der Ort von Q' sehr nahe ein Kreis um den Mittelpunkt S', und die entsprechenden Lagen von Z geben die Stellen auf der Erde, wo die Ränder in äusserer Berührung sind, d. h. sie geben die Halbschatten-Curve auf der Oberfläche der Erde für die Positionen S' der Sonne. Dies ist eine kurze Darstellung des Princips der Methode, die in der Abhandlung in einigen Punkten vereinfacht ist. Es wird nun gezeigt, wie die relative Bahn der Sonne durch eine erweiterte relative Bahn ersetzt werden kann und da man (um die geographischen Bezeichnungen der Figur zu gebrauchen) auf der Projection die Lage des Meridians von Greenwich, welche sich mit der Lage von S ändert, zeichnen muss, wird gezeigt, wie eine einzige vollständige Projection dazu benutzt werden kann. Die Art der Construction der relativen Bahn wird weitläufig auseinandergesetzt, und es wird bewiesen, dass die stereographische Projection der Halbschatten-Curve auf der Erdoberfläche (sowohl die Projection als auch die durch die angenäherte Methode gegebene, die in der Abhandlung beschrieben ist) eine bicirculare Curve 4ten Grades ist. Die Arbeit schliesst mit praktischen Rathschlägen und einer Anwendung auf die Finsterniss vom 21. und 22. December 1870. Glr. (O.)

E. SOYMIÉ. Extension de l'octant à la mesure d'au moins 120° en practique et 180° en théorie. Mondes (2) XXVII. 652-653.

Beschreibung einer Modification des Octanten, um auch Winkel bis zu 120° zu messen. O.

A. FREEMAN. Graphic conversion of stellar coordinates. Monthl. Not. XXXIII. 18-23.

Der Verfasser setzt auseinander, wie man mit hinreichender Genauigkeit für eine gegebene Breite ein Diagramm construiren könne, welches die Stundenkreise und die Polardistanzkreise der sichtbaren Himmelskugel darstellt in ihrer Lage gegen die Vertikalkreise und die Kreise gleicher Höhe. Glr. (O.)

J. G. GALLE. Ueber das Nordlicht vom 4. Februar d. J. und über eine Methode zur Höhenbestimmung der Nordlichtstrahlen. Pogg. Ann. CXLVI. 133-148.

Ableitung von Formeln, um aus dem Abstand der Krone des Nordlichtes vom magnetischen Zenith des Beobachtungsortes und aus der scheinbaren Höhe eines Nordlichtstrahles die lineare Erhebung der Mitte und der Endpunkte des Strahls, sowie die lineare Länge desselben zu berechnen. Wn.

Y. VILLARCEAU. Sur la constante de l'aberration et la vitesse de la lumière considérées dans leurs rapports avec le mouvement absolu de translation du système solaire. C. R. LXXV. 854-860.

Bei der Ableitung der Aberrationsconstante wird nur die Bewegung der Erde um die Sonne berücksichtigt, nicht die Bewegung des ganzen Sonnensystems im Weltenraume. Bei Berücksichtigung des letzteren ist die Aberration nicht mehr für alle Sterne constant, sondern wird für jeden einzelnen Stern bestimmt durch die (ohne Beweis mitgetheilte) Formel:

$$\frac{K}{V} = \frac{1}{\frac{U}{V}\cos k + \sqrt{1 - \frac{U^2}{V^2}\sin^2 k}}$$

Darin ist V die Geschwindigkeit des Lichts, U die Translationsgeschwindigkeit des Sonnensystems, k der Winkel, den die Richtung des Sterns mit der absoluten Bewegung der Sonne bildet, K eine Constante, die von der Bewegung der Erde abhängt, so dass $\frac{K}{V}$ die Aberrationsconstante für $U = 0$ ist. Die Struve'schen Beobachtungen reichen nicht aus, zu entscheiden, ob U gegen V zu vernachlässigen ist, sondern dazu würden correspondirende Beobachtungen auf der südlichen Erdhälfte nöthig sein.

Wn.

G. Schubring. Immerwährender Kalender. Giebel Z. (2) V. 452-458.

Die Arbeit ist ein Nachtrag zu der im vorigen Bande des Jahrbuchs p. 564 besprochenen. Sie enthält neben der Beschreibung eines weiteren Kalenders Berichtigungen und Zusätze zu der betreffenden Arbeit. O.

A. Schwarz. Der jüdische Kalender astronomisch und historisch untersucht. Breslau 1872.

Den Inhalt dieses Werkes (nebenbei bemerkt, gekrönte Preisschrift) eingehend zu besprechen, dürfte sich vorläufig noch nicht empfehlen. Es hat nämlich ein Sachverständiger, der auch als Mathematiker durch verschiedene Arbeiten in Crelle's Journal bekannte Gelehrte Slonymski, gegen den uns hier allein interessirenden Theil jener Schrift in Geiger's „jüdischer Zeitschrift" gewichtige Einwendungen erhoben, welchen Herr Schwarz (Fränkel's Zeitschrift für Geschichte und Wissenschaft des Judenthums) in einer längeren Antikritik entgegnete. Es ist deshalb wohl angezeigt, das Referat im Zusammenhang mit den anderen genannten Artikeln auf das Jahr 1874 zu verschieben. Gr.

Anhang.

G. Bellavitis. Seconda parte della XI° rivista di giornali.
Att. d. Ist. Ven (4) I. 393-458.

Theil einer kritischen Uebersicht, welche der Verfasser in den Atti d. Ist. Ven. zu veröffentlichen pflegt. Bei den mathematischen Abhandlungen, welche allmählig besprochen werden, lässt der Verfasser in einigen Fällen der kritischen Besprechung ein Verzeichniss der Arbeiten folgen, welche mit Vortheil in denselben oder ähnlichen Gegenständen zur Orientirung benutzt werden können. Jg. (O.)

J. Worpitzky. Elemente der Mathematik für gelehrte Schulen und zum Selbststudium. Erstes Heft: Die Arithmetik. Zweites Heft: Algebra, Combinationslehre nebst Wahrscheinlichkeitsrechnung, Kreisfunctionen nebst Trigonometrie. Berlin. Weidmann.

Das erste Heft behandelt nach einem einleitenden Kapitel über die Grössenlehre die sieben Operationen, zu deren vollständiger Erledigung die Theorie der Reihen, des binomischen Satzes und eine rein arithmetische Theorie der Kreisfunctionen mit hineingezogen sind, letztere hauptsächlich mit Rücksicht auf die Theorie des Imaginären. In einem Anhange werden die geometrischen Veranschaulichungen des Grössenbegriffs mit eingehender Berücksichtigung des Imaginären, in einem zweiten die numerischen Rechnungen besprochen. Aus dem Inhalte des zweiten Heftes ist hervorzuheben eine etwas erweiterte Definition der reciproken Gleichungen als solcher, bei denen die Producte je zweier zusammengehörigen Wurzeln einander gleich sind, die sich wohl in weiteren Kreisen Eingang verschaffen dürfte, da sich dieser allgemeinere Fall fast ebenso einfach behandeln lässt, wie die gewöhnlich in's Auge gefassten specielleren Fälle, und sowohl in theoretischer Beziehung von Interesse, wie rücksichtlich der Anwendung z. B. zur Behandlung cubischer Gleichungen äusserst bequem sind. An die allgemeine Theorie der algebraischen Gleichungen und die Näherungsmethoden zur Auflösung derselben sind Functionsbetrachtungen geknüpft (Maxima und Minima etc.) mit geometrischer und mechanischer Veranschaulichung. Die Wahrscheinlichkeitsrechnung geht selbstverständlich nicht über die Elemente hinaus. In der Trigonometrie, ebenen und sphärischen, welche wohl vorzugsweise aus einem praktischen Grunde mit in dies Heft gestellt ist, wird mehr als in andern Lehrbüchern betont, dass als unabhängige Variabeln der trigonometrischen Functionen der Arcus, also eine reine Zahl zu betrachten sei. Die Durchführung des Systems der Trigonometrie verbindet in bemerkenswerther Weise die Anforderungen theoretischer Durchsichtigkeit und Bestimmtheit und praktischer Verwendbarkeit, letztere namentlich durch die Einführung solcher Hülfsgrössen, die für die Lösung der meisten Aufgaben die bequemsten sind, z. B. in der ebenen Trigonometrie waltet die Tendenz vor, alle vorkommende Stücke durch $d (= 2r)$ und die Winkel auszudrücken, wodurch dem Schüler zugleich eine sehr brauchbare Handhabe zur Lösung von Aufgaben gegeben wird.

Das Buch weicht in wesentlichen Punkten bedeutend von dem Herkömmlichen ab, namentlich im ersten Hefte, auf welches sich die folgenden Bemerkungen vorzugsweise beziehen. In formeller Hinsicht ist es das ausgesprochene Bestreben des Verfassers, eine streng systematische Anordnung und streng wissenschaftliche Begründung zu geben, beides jedoch so, dass es die Fassungsgabe der Schüler, wenigstens derer auf der höchsten Stufe nicht übersteigt, und sie nicht nur mit den Resultaten, sondern auch mit der Zweckmässigkeit der Entwickelung, der eingeführten Begriffe und Begriffserweiterungen bekannt macht, und vor allem den Zusammenhang der mathematischen Disciplinen unter einander und mit der Wissenschaft überhaupt bekannt machen soll. Deshalb sind die Erfahrungen, die den Ausgangspunkt des mathematischen Denkens bilden, anfangs mit logischer Schärfe besprochen, und an jeder Stelle sind die nothwendigen Begriffserweiterungen durch Definitionen bestimmt hervorgehoben, und die statt derselben häufig beliebten Scheinbeweise vermieden. Nur an einigen Stellen scheint dem Referenten dies Princip nicht ganz streng durchgeführt, so namentlich § 4 I. und § 5 VI., wo die erste Definition der Grösse auch discontinuirliche Grössen einschliesst, während die zweite, zusätzliche, dieselben ausschliesst, und § 29 IV A, wo bewiesen wird, dass ein Product gleich Null ist, wenn der Multiplicator es ist, obwohl die Operation des Multiplicirens vorher nur für positive und negative Multiplicatoren definirt ist, die Definition also auf den Multiplicator Null erweitert werden müsste. Dagegen bildet die correcte Einführung des Irrationalen einen wesentlichen Vorzug gegenüber andern Darstellungen. Dieselbe geschieht im Anschluss an das Dividiren gleichartiger Grössen, und es wird hierbei sofort der mathematische Begriff des Unendlichen und des Grenzwerthes einer Veränderlichen scharf festgestellt, nach dessen Einführung das Irrationale keine Schwierigkeiten mehr bietet.

Was ferner den wissenschaftlichen Grundgedanken betrifft, so ist der Ausgangspunkt des Verfassers der folgende: Der Verfasser definirt die Zahl als die Form einer Grösse, d. h. als die Art, wie eine Grösse aus einer andern entsteht. Die Arithmetik ist ihm nun der Theil der Mathematik, in welchem man die Grössen ohne Rücksicht auf ihre Qualität betrachtet, in welchem also die Zahl nur als operatives Hülfsmittel der Grössenbetrachtung erscheint, während die Zahlentheorie auch von dem Quantum abstrahirt und nur die formellen Gesetze der Zahlen zum Objecte hat. (Es ist hier übrigens zu erinnern, dass aus der gegebenen Definition der Grösse nicht mit Nothwendigkeit hervorgeht, dass der Quotient von zwei constanten gleichartigen Grössen endlich sein muss, was für des Verfassers Theorie des Unendlichen nothwendig ist.) Von dem oben besprochenen Gesichtspunkte ausgehend betrachtet der Verfasser die vier ersten Operationen als an Grössen vorgenommene. Erst nachdem in der Division die Operationen des Theilens und Messens für sich behandelt sind, durch welche die Begriffe der gebrochenen und der irrationalen Zahl gewonnen werden, ist es möglich, alle gleichartigen Grössen als Producte der Einheit mit einer Zahl darzustellen, und die reelle Zahl kann nun nicht nur als operatives Zeichen (Multiplicator, Exponent etc.), sondern auch als eine ideale, continuirliche Grösse (ohne Qualität) betrachtet werden; wodurch für die folgenden drei Operationen eine bequeme Basis geschaffen ist. Diese Auffassung, consequenter durchgeführt, als in älteren Werken, und einen Gegensatz bildend zu den meisten neueren, die von der discreten Zahl ausgehen, scheint in der That den Vorzug zu verdienen, da durch sie der arithmetische Gedankenprocess klarer hervortritt, und die Anschauung in lebendiger Verbindung mit den Begriffen bleiben kann.

Beiläufig sei die Bezeichnung des Logarithmus $1\frac{a}{b} = \overset{b}{\log} a$ erwähnt, die der Verfasser vorschlägt und neben der gebräuchlichen anwendet. Dieselbe hat vor der ähnlichen im Mehler'schen Buche gewählten: $\overset{a}{\underset{b}{\times}}$ den Vortheil, auch für längere Numeri bequem zu sein.

Wenn nun aus dieser Besprechung hervorgeht, dass Referent den wissenschaftlichen Principien des Verfassers im Wesentlichen zustimmt, und das Buch als ein dem angehenden Mathematiker und dem Lehrer in vieler Hinsicht nützliches bezeichnen muss, so kann derselbe doch nicht verhehlen, dass dem ersten Hefte unbeschadet des wesentlichen Inhaltes eine minder schwerfällige Form der äusseren Darstellung (Vgl. beispielsweise § 4, VII.) dringend zu wünschen wäre, da es sich in der jetzigen Gestalt schwerlich die Verbreitung erringen wird, die es aus sachlichen Gründen zu verdienen scheint. A.

HELMES. Die Elementar - Mathematik. Recension darüber Gött. Anz. 1872. 265.

E. Netoliczka. Repetitorium der mathematischen Physik. Graz.

Chevallier et Müntz. Problèmes de mathématiques avec leurs solutions développées. 8. Paris. Gauthier-Villars.

A. de Morgan. Budget of paradoxes. London. 8°. Longmans. Hi.

G. Binder. Ein falscher Satz. Hoffmann Z. III. 367-369.

Entdeckt in der Aufgabensammlung von Gandtner und Junghans. H.

Pick. Ueber das Abtheilen grosser Zahlen. Hoffmann Z. III. 270-271.

Empfohlen wird das Abtheilen der Ziffern zu je 6 mit blossem Zwischenraum, von den Einern nach beiden Seiten hin, vor dem Decimalbruch ein Punkt oben; gegen Kober wird bemerkt, dass ein mathematisches Buch nicht „ohne Griffel in der Hand lesbar" zu sein braucht und nicht ohne ihn gelesen werden soll. H.

von der Heyden. Das Rechenlineal ein an höheren Lehranstalten einzuführendes Unterrichtsmittel. Hoffmann Z. III. 336-346.

Das Rechenlineal, dessen Einrichtung und Gebrauch der Verfasser deutlich zu machen sich bemüht, obwohl Bestimmtheit des Ausdrucks vielfach zu vermissen ist, besteht im Wesentlichen aus 2 an einander verschiebbaren logarithmisch getheilten Maassstäben. Es wird gezeigt, wie man die Resultate von Multiplication, Division, Quadratwurzeln, Kubikwurzeln, sowie die combinirter Operationen etwa bis auf 4 Stellen daran ablesen kann. Das Instrument sei überall in Frankreich, aber noch nirgends in Deutschland gekannt, und sehr wohl bei solchem Unterricht zu verwenden, wo das Rechnen nicht Gegenstand, sondern Mittel ist, z. B. bei der Chemie. H.

Stammer, Zerlang, Scherling. Bemerkungen zu Aufsätzen dieser Zeitschrift. Hoffmann Z. III. 457-464.

Ohne allgemeines Interesse. H.

J. C. V. Hoffmann. Zu dem Capitel von den Incorrectheiten. Hoffmann Z. III. 375-377.

An Incorrectheiten sind nur einzeln vorgekommene erwähnt. Unter Vorschlägen ist vielleicht zu nennen die Bezeichnung $A\grave{O}B$ für concaven, $A\check{O}B$ für convexen Winkel. H.

A. Kuckuck. Das Rechnen mit decimalen Zahlen mit besonderer Berücksichtigung des abgekürzten Rechnens. Berlin. Weidmann.

Da die Werthschätzung der Decimalbruchrechnung erst von neuster Zeit datirt, so mag der Verfasser wohl Grund haben, die gewiss unbestrittene Sache besonders zu betonen, dass der Decimalbruch im Unterricht nicht als Specialisirung aus dem gemeinen Bruch, sondern als Erweiterung direct aus dem decimalen Zahlensystem abgeleitet werden muss. Diese Auffassung ist dann auch maassgebend für die durchweg naturgemässe Methode, nach welcher das Buch mit exacter Wissenschaftlichkeit und genügender Ausführlichkeit bearbeitet ist. Es umfasst die 4 Species, geht sehr bald zu den abgekürzten und ungenauen Decimalbrüchen und abgekürzten Rechnungen über, und berücksichtigt sorgfältig die Beurtheilung des Fehlers. Als ein Missgriff in der Benennung lässt es sich nur bezeichnen, dass der Verfasser statuirt, die Summe verschieden benannter Zahlen, z. B. 6 Zehner und 7 Einer, sei nicht eine Zahl, sondern werde es erst nach Reduction. Hiernach soll also eine Summe schon vorhanden sein, ehe eine Addition möglich ist. Dies beruht augenscheinlich auf einer Verwechselung: die Summe ist nicht erst eine Mehrheit von Zahlen, nachher eine, sondern erst eine problematische (unbekannte), dann eine bekannte Zahl. H.

G. A. Vorstermann van Oijen. Theorie der Allgemeene Rekenkunde. Erste Deel. Tweede, vermeerderde druk. Sizoonhoven, van Nooten.

Dieser erste Theil einer allgemeinen Arithmetik enthält die Theorie der 7 Grundoperationen in unbenannten Zahlen. Einen grossen Vorzug vor anderen Arbeiten dürften die consequent durchgeführten geschichtlichen Nachweisungen für die Ursprünge der einzelnen Sätze und Bezeichnungsarten bilden. Ce.

E. Catalan. Nouvelle formule d'intérêt composé. J. d. Act. Fr. I.

Diese sehr merkwürdige Formel nimmt die Zinsen nicht proportional der Zeit an. Die Zinsen y von 1 Franc nach n Jahren sind:

$$y = p\left[e - \left(1 + \frac{n}{100}\right)^{\frac{100}{n}}\right]$$

$$p'\left[e - \left(1 + \frac{1}{100}\right)^{100}\right] = \text{dem Zinsfuss.}$$

p' sind die in p enthaltenen Ganzen. Der Verfasser hat y berechnet für $p = 4$, $n = (1 \text{ bis } 10)$, 10, 500, 1000, ∞. Für $n < 20$ ist y nahe proportional n, aber es convergirt mit wachsendem n ziemlich schnell gegen eine ziemlich kleine Grenze.

Mn. (Wn.)

W. Ligowski. Erklärungen und Formeln der Astronomie. Kiel. Toeche.

Separatabdruck des ersten und zweiten Anhanges aus der Sammlung fünfstelliger logarithmischer, trigonometrischer, nautischer und astronomischer Tabellen. Im ersten Anhang wird die nautische Astronomie behandelt, während der zweite eine Zusammenstellung trigonometrischer Formeln enthält. Ableitungen der Formeln sind nicht gegeben. O.

C. Bremiker. Logarithmisch-trigonometrische Tafeln mit fünf Decimalstellen. Berlin. Weidmann.

Die Tafeln sind in derselben Weise geordnet, wie die siebenstelligen von Vega, die in demselben Verlage erscheinen. Die trigonometrischen Tafeln unterscheiden sich jedoch dadurch, dass der Grad in hundert Theile getheilt ist. Beigefügt ist in Folge dessen eine Tafel zur Umrechnung der Minuten und Secunden des Winkels in die hunderttheilige Theilung. Es folgen dann noch Tafeln zur Bestimmung der Zeit nach Sonnenhöhen, und endlich eine Uebersicht über die Zeit- und Festrechnung, nebst den wesentlichen Constanten. O.

O. SCHLÖMILCH. Fünfstellige logarithmische und trigonometrische Tafeln. Braunschweig, Vieweg.

Die neue Auflage ist speciell für Schulen berechnet, d. h. möglichst billig hergestellt. Das ist nicht ohne nachtheiligen Einfluss auf die äussere Ausstattung abgegangen, was bei Logarithmentafeln wohl in's Gewicht fällt. Noch weniger empfehlenswerth aber dürfte es sein, dass in Folge dessen auch die Sammlung von Constanten und die Gebrauchsanweisung fortgefallen sind. Im Uebrigen ist die Anordnung dieselbe, wie in den früheren Auflagen geblieben. O.

V. VASSAL. Nouvelles tables donnant avec cinq décimales les logarithmes vulgaires et naturels des nombres de 1 à 10800 et les fonctions circulaires et hyperboliques pour tous les degrés du quart de cercle de minute en minute. 4°. Gauthier-Villars.

LALANDE. Tables de logarithmes pour les nombres et les sinus à cinq décimales, revues par le baron Reynaud. Édition augmentée de formules pour la résolution des triangles par M. Bailleul, et d'une nouvelle introduction. 18°. Paris, Gauthier-Villars.

LALANDE. Tables de logarithmes étendues à sept décimales par M. Marie, précedées d'une instruction par le baron Reynaud. Nouvelle édition augmentée de formules pour la résolution des triangles par M. Bailleul. 12°. Paris, Gauthier-Villars.

J. W. L. GLAISHER. Pineto's table of ten-figure logarithms of numbers. Messenger (2) II. 44-48.

Beschreibung der Methode, die Herr Pineto in seinen „Tables

de logarithmes vulgaires à dix décimales construites d'après un nouveau principe" St. Pétersb. 1871 giebt, und allgemeine Bemerkung über diese Art von Logarithmentafeln und ihre Nützlichkeit. Glr. (O.)

C. BABBAGE. Table of logarithms of natural number 1 to 108000. London. 8°. Spon.

Hi.

J. INMAN. Nautical tables. London. 8°. Trübner.

Hi.

Namenregister.

Berichtigungen.

Seite 101, Zeile 10, ist nach dem Worte „folgendem" einzuschalten: schon früher von Hoppe (Grunert Arch. XXVI.) publicirten,

Seite 107, Z. 1 v. o. statt „F. St." lies M.

Seite 208, Z. 10 v. u. statt „Function φ" lies „Function φ und ψ".

Seite 218, Z. 13 v. o. statt $2\frac{\lambda n_2 - \mu n_3}{n_1 n_2}\omega'$ lies $2\frac{\lambda n_2 - \mu n_3}{n_1 n_2}\omega$.

Seite 220, Z. 17 v. o. statt „das" lies „dass".

Seite 271, Z. 19 v. o. statt „C_n" lies „C_h".

Seite 271, Z. 21 v. o. statt „einer" lies „eine".

Seite 298, Z. 11 v. o. statt „Indice" lies „Index".

Seite 360, Z. 3 v. u. statt „Nonv." lies „Nouv.".

FSC
www.fsc.org
MIX
Papier | Fördert gute Waldnutzung
FSC® C083411

Kolibri 360 GmbH
Ferdinand-Jühlke-Straße 7
99095 Erfurt, Deutschland
produktsicherheit@kolibri360.de